삼국지로 이해하는

전략과 전술

김창진 저

문운당

저자 · 저서소개와 표지설명

저자 김창진 · 저서소개

부상하는 중국과 이를 견제하려는 패권국 미국 사이에 위치해 있는 우리의 현실은 그 어느 때보다도 실사구시(實事求是)의 전략적 지혜를 필요로 하고 있다. 급격하게 부상한 중국은 근래에 들어 세계 각국에 많은 영향력을 행사하며 패권국의 지위를 넘보고 있다. 특히 분단국이라는 현실적인 문제를 안고 있는 우리나라에게 미치는 영향은 지대하다. 이러한 상황을 지혜롭게 헤쳐 나가기 위해서는 전략·전술에 대한 이해를 바탕으로 한 중국의 저의를 통찰하는 혜안의 능력을 갖추는 것이 어느 때보다도 필요할 것이다.

저자는 이에 대한 길을『삼국지』에서 찾아보고자 하였다. 비록 소설 특유의 다소 과장된 부분이 있는 것은 사실이지만,『삼국지』의 주요장면을 전략과 전술의 차원에서 조명해 보고자『삼국지로 이해하는 전략과 전술』을 내놓게 되었다. 고전『삼국지』를 통하여 전략과 전술을 이해하고, 소설에 녹아있는 중국의 전통적 전쟁관과 군사사상은 물론이고, 난세에 펼쳤던 그들 특유의 전략을 살펴본다면 이 시대를 살아가는 우리에게 많은 시사점을 주리라 믿는다.

저서에는『전사로 읽는 전술학』(공저),『우리에게 6·25전쟁이란?』,『대통령과 통일정책』,『전쟁사와 무기체계』(2020세종도서 선정),『전쟁고아와 국가의 책무』(공저) 등이 있다. 서예에 취미를 갖고 있으며 전국규모의 대회에서 다수의 입선과 특선을 하였고, 2006년 현대미술대전 서예부문 추천작가로 선정되었다.

표지설명

책의 표지에 있는 감고계금(鑑古戒今)은 저자의 작품이다. 출처는『고려사』이며, '옛것을 거울삼아 현재의 경계를 삼는다'는 의미를 갖고 있다. 과오를 반복하지 않기 위한 전통적인 방법은 역사에서 교훈을 삼는 것이다. 저자는 이러한 뜻을 담아 표지를 선정하였다.

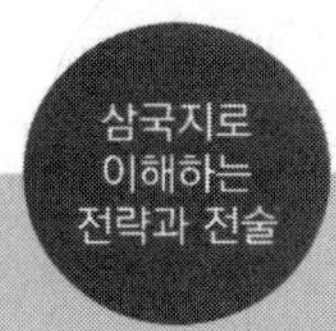

글을 쓰면서

어느 시대를 막론하고 각국은 생존과 번영을 위하여 첨예한 대립 구도를 형성하면서 역사의 수레바퀴를 돌려 왔다. 수많은 세월이 흐르는 동안 분열과 통일은 필연적으로 나타나는 빈번한 과정이었다. 필연의 과정 속에서, 한때는 강대국임을 자부하며 찬란한 문명을 꽃피웠던 국가들이 흔적도 없이 사라지기도 하였다. 반면에 약소국이었지만 힘을 키워 강대국의 반열에 오르기도 하면서 생멸의 법칙은 반복되었다. 생멸과 흩어지고 합쳐지는 것은 하나의 자연현상에 불과하지만, 인류는 이를 통하여 역사의 연결고리를 이어 왔다. 여기에는 어느 국가를 막론하고 예외는 없었다. 먼 옛날 대륙에서도 분열과 통일이 반복되고 있었으며, 그 과정에서 삼국이 정립되어 각축을 벌였던 시절이 있었다. 한 시절을 풍미했던 그들의 이야기는 생멸을 반복한 인류의 역사를 압축적으로 그려낸 대서사시였다.

그들은 가혹하면서도 의미심장했던 대서사시를 전해져 오는 이야기로만 그치게 하지 않고 활자를 이용하여 후대에 남겼는데, 그 책이 『삼국지』이다. 『삼국지』는 많은 사람들의 사랑을 받으며 오랫동안 읽히고 읽힌 대표적인 인기 소설이자 고전이다. 이것은 비단 중국에서뿐 아니라 우리나라에서도 마찬가지이다. 우리나라와 중국은 오랜 세월을 두고 문명의 교류를 이루어 왔다. 그 결과 많은 부분에서는 문화적인 동질성도 공유하고 있다. 이러한 영향으로 인하여 『삼국지』는 우리에게도 오래전부터 친숙하게 읽혀 왔던 고전 중의 하나이다. 저자 역시 『삼국지』를 애독하는 수많은 독자 중의 한명이다. 처음에는 단순히 재미가 있어서 보고 또 보았다. 시간이 지나면서 그 내면에는 많은 교훈과 삶의 지혜가 숨어 있음을 발견하였다. 그렇지만 이를 활용하는 방법까지는 생각하지 못하고 있었다. 저자는 용병술체계를 이해하기 위하여 오랜 기간에 걸쳐 노력하였으며, 인연이 닿아서 이와 밀접한 연관이 있는 전쟁사와 용병술에 대한 강의를 맡기도 하였다. 그러나 항상 쉽게 전달하지 못했다는 죄송스러움과 함께 흥미를 주지 못했다는 아쉬움을 떨칠 수 없었다. 흥미를 느끼지 못하게 했다는 것은 생명력이 부족했다는 것이다. 따라서 이를 보다 쉽고 흥미롭게 전달하고자 하는 방법을 찾고자 했으나 그리 쉬운 일은 아니었다. 전쟁사에서 나오는 전투사례를 통하여 이를 이해시키고자 하는 것이 전부였다. 여기에는 저자의 전략과 전술에 대한 짧은 지식 의 한계와 이를 쉽게 이해시킬 보다 다양한 방법을 찾지 못한 것이 가장 큰 원인이었다고 생각한다. 그렇지만 이를 좀 더 쉽고 부담 없이 접근하는 방법을 찾고자 하는 노력은 계속하였다. 그러던 중에 비록 소설이라는 한계성은 있지만, 『삼국지』에 나오는 전투장면을 적용해 보고자 자료를 발췌하여 정리해 보았다. 물론 소설 특유의 과장과 허구에서 오는 위험성도 무시할 수는 없었다. 그러나 비록 소설 속의 장면일지라도, 이를 쉽게 설명하는 자료로 활용하면 성과가 있을 것이라는 판단을 하기에 이르렀다. 인기 있는 전쟁소설에서 흥미를 바탕으로 보다 쉬운 이해를 할 수 있다면 그보다 효과적인 방법도 없을 것이라는 판단을 하기에 이르렀다.

『삼국지』에서는 각국의 이익을 위하여 첨예한 대립을 하는 과정에서 그들의 중심에 있는 최고 권력자와 국가의 전략을 책임진 주요인물들이 등장하여 흥미있는 싸움의 묘수를 펼치고 있다. 이 중에는 국가전략 차원의 굵직한 사건이 큰 흐름을 이루면서, 곳곳에서는 힘과 지혜를 겨루는 전투장면이 등장한다. 따라서 이를 중심으로 전략과 전술적인 내용을 찾아 다듬으면서 골격을 찾고자 하였다. 어느 정도 완성을 이루게 되자, 같은 값이면 시사성과 현실감을 나타내고 싶었다. 생각이 이에 미치자, 『삼국지』뿐 아니라 그동안 모아 두었던 세계전쟁사와 현재의 급박하게 돌아가는 국제정세까지도 모아서 이를 이해하는 자료의 한 축으로 구성하게 되었다. 따라서 『삼국지로 이해하는 전략과 전술』로 이름을 지었지만, 그 내용의 많은 부분을 세계전쟁사와 함께 오늘날의 국제정세까지를 포함하였다. 이것은 전략과 전술을 보다 시사성을 갖고 바라보고 이해하고자 한 것이다. 또한 지금도 자주 쓰이는 『삼국지』와 관련되는 고사성어를 함께 수록하였다. 자료를 수집하고 발췌하여 이를 전략과 전술에 접목하는 것은 생각보다 많은 시간을 요구하였다. 그렇지만 완벽함에 함몰되어 마냥 시간을 보낼 수는 없었다. 완벽한 준비는 더 나은 결과를 가져올 수는 있겠으나 시기를 상실할 우려가 있다는 현실적인 생각이 앞섰다. 따라서 부족하면 부족한 대로 소기의 결과를 내는 것도 전략과 전술에 부합되는 것이 아닌가 생각하면서 과감하게 마무리하였다. 『손자병법』에 나오는 '병문졸속(兵聞拙速)'으로 이해해 주기 바란다.

중국과 우리나라는 애증이 교차하는 관계를 이어 왔다. 우수한 문명을 전해주는 국가였던 반면에, 그들이 통일되어 강력한 국력을 갖게 되었을 때는 반드시 침략을 감수해야 했다. 현재의 중국은 대륙의 통일을 넘어 경제와 군사력에서 괄목할 성장을 보이는 중이다. 아편전쟁 이후의 굴욕에서 벗어나 그 어느 때보다 강한 중국으로 성장해 나가고 있다. 이러한 시기에 역사의 교훈을 생각해 보면, 중국을 많이 안다는 것은 환난에 대비하는 것이기도 하다. 즉, 지피지기(知彼知己)를 말한다. 중국을 아는 방법은 많을 것이다. 그중에서는 그들의 군사사상과 전략이 스며있는 고전『삼국지』를 탐독하는 것도 하나의 훌륭한 방법이다. 중국이 자랑하는 4대 명저 중의 하나인『삼국지』를 살펴보면, 그들의 자부심이기도 한『손자병법』과 일맥상통하는 내용을 많이 찾을 수 있다. 소설에 녹아내린『삼국지』의 명장면을 살펴보면『손자병법』과의 연관성을 찾을 수도 있으며, 이것은 결국 오늘날 중국을 지탱한 그들만이 지닌 DNA의 속성을 이해시켜 줄 것이다.

전략과 전술은 군사용어에서 출발하였지만, 이제는 우리사회의 넓은 분야에서 사용되고 있다. 전략과 전술은 우리의 가정생활은 물론이고 직장생활에 이르기까지 모든 분야에서 평범하게 사용되고 있다. 이것이 전략적인 사고와 전술적인 행동을 필요로 하는 이유이다. 그러므로 이를 명확히 이해하고 적용한다면 좀 더 지혜롭게 현실의 생활을 영위할 수 있으리라 생각한다. 이를 고전의 주요장면을 통하여 쉽게 이해하고 적용해 보고자 한 것이 글을 쓰게 된 동기이며 목적이다.

많은 부분이 부족하여 책을 낸다는 것에 두려움이 들기도 하였지만, 그동안 모아 놓은 자료와 주변의 격려에 용기를 내었다.

2021년 초여름을 보내며

CONTENTS

목 차

- 저자 · 저서소개와 표지설명 ········ Ⅲ
- 글을 쓰면서 ········ Ⅳ

제1장 고전에서 찾는 길 ········ 1

1. 길을 찾는 지혜 ········ 3
   반추해 보는 망국의 시간들 ········ 3
   인도-태평양에서의 주도권 경쟁과 한반도 상황 ········ 12
   지피지기의 길 ········ 28
2. 『삼국지』와 중국 ········ 31
   고전 『삼국지』 개관 ········ 31
   고전에 흐르는 중국의 전쟁관 ········ 39
3. 『삼국지』의 주요내용 전개 ········ 46
   후한 말의 혼란 ········ 46
   삼국의 정립과 발달 과정 ········ 48
4. 전략가의 용인술 조명 ········ 66
   힘의 원천, 사람의 가치 ········ 66
   만남과 선택의 갈림길 ········ 76
   용인술로 보는 전략가의 품격 ········ 80

제2장 전쟁과 용병술 ········ 113

1. 전쟁의 정의와 원인 ········ 115
   전쟁의 정의 ········ 115
   전쟁의 원인 ········ 122
2. 용병술 체계 ········ 127
   용병술 개관 ········ 127
   용병술의 유래 ········ 130
   용병술의 정의 ········ 132
   용병술체계의 개념 비교 ········ 134

용병술 이해를 위한 『삼국지』의 장면 읽기 137

제3장 전략 141

1. 전략의 유래 143
2. 전략의 정의 147
3. 전략의 분화 152
4. 정책과 전략의 관계 158
   정책과 전략의 차이점 이해 158
   정책과 전략의 관계 162
   우리나라의 국가안보전략과 군사전략 177
   우리나라의 국가안보정책 발전과정 181
5. 군사전략의 형태 184
   전략환경과 군사전략의 형태 184
   주요 군사이론가의 군사전략 형태 191
   현대 군사이론가의 군사전략 형태 196
6. 『삼국지』에서 보는 전략 199
   한나라 황실의 전략 199
   유비의 전략 213
7. 잠룡들의 생존과 승천을 위한 전략 277
   사마의의 생존을 위한 전략 277
   유비의 생존을 위한 전략 282
   도광양회와 대륙굴기 284
8. 『삼국지』에서 전략이 주는 교훈 287
   동맹전략의 중요성 287
   전쟁의 실패는 망국의 길 292

제4장 작전술 299

1. 작전술의 유래 301
2. 작전술의 정의 304
3. 작전술의 역할 307

4. 작전술의 원칙 ······ 315
5. 『삼국지』에서 보는 작전술 ······ 337
작전술 원칙의 중요성 ······ 337
제1차 북벌에서 보는 작전술 ······ 338
6. 『삼국지』에서 작전술이 주는 교훈 ······ 346
확립되지 않은 지휘통일의 한계 ······ 346
명확한 목표의 중요성 ······ 347
신속한 기동과 기습으로 적의 전투의지 상실 ······ 349
정보를 기반으로 한 신속한 기동으로 주도권 확보 ······ 350

제5장 전술 ······ 355

1. 전술의 유래 ······ 357
2. 전술의 정의 ······ 362
3. 전술의 역할 ······ 364
4. 전투의 특성 ······ 368
인간적 요소의 중요성 ······ 369
불확실성 ······ 370
위험 ······ 375
마찰 ······ 378
육체적 피로와 고통 ······ 378
5. 전투의 3요소 ······ 379
전투력 ······ 380
시간 ······ 411
공간 ······ 425
전투의 3요소에 대한 결론 ······ 433
주도권 ······ 440

• **글을 마치며** ······ 460

• **참고문헌** ······ 463

• **찾아보기** ······ 470

삼국지로 이해하는 전략과 전술

제1장
고전에서 찾는 길

1. 길을 찾는 지혜
2. 『삼국지』와 중국
3. 『삼국지』의 주요내용 전개
4. 전략가의 용인술(用人術) 조명

1. 길을 찾는 지혜

반추(反芻)해 보는 망국(亡國)의 시간들

역사는 반복된다는 말이 있다. 비록 오래전에 있었던 일이었지만, 현재의 상황 역시 과거의 그 어느 때 처럼 아주 유사하게 진행되는 경우가 많다는 것으로 이해할 수 있는 말이다. 그러므로 우리는 이러한 역사적 사실에서 현재를 통찰하는 안목을 갖추는 것이 필요하다. 불행했던 역사를 되풀이 하지 않기 위해서는 이를 기억하는 것이 필요하며 그로부터 교훈을 찾아야 한다. 그렇지 않고 불행했던 역사를 잊어버리고 그로부터 어떠한 교훈도 찾지 못한다면 그날의 역사가 또 다시 현실로 다가올 수 있을 것이다. 그렇게 된다면 역사는 반복된다는 교훈을 뼈저리게 느끼게 해 주면서 혹독한 결과를 체험하고 말 것이다. 이러한 점을 말할 때 빠지지 않고 등장하는 것이 구한말의 상황이다. 당시의 상황과 현재의 상황이 유사하다는 평가를 종종 듣는다. 그것은 한반도를 바라보는 강대국의 시선은 예나 지금이나 그 관점만큼은 동일하다는 의미이다.

중국은 우리나라의 역할을 자신들의 울타리로 간주하였으며, 일본은 한 단계 도약할 수 있는 디딤돌로 바라보았다. 그렇지만 조선의 역사에서 중국은 범접할 수 없는 황제국이었으며, 우리들에게 영원한 시혜를 베풀어 줄 대상으로 믿고 있었다. 이러한 의식은 조선 건국 초기부터 본격화되었다. 조선이라는 국호를 승인받고자 한 것 등이 하나의 사례로 설명될 수 있다. 반면에 일본에 대해서는 미개한 나라라는 인식으로 일관하였다. 해안가에서 도적질이나 하면서 문자에도 어두운 왜구에 불과하다고 평가하였다. 그렇지만 한말의 정세를 겪고 나서야 중국은 더이상 범접할 수 없는 영원한 황제국이 아니며, 일본은 미개한 국가가 아니라는 것을 인정해야 했다. 중국과 일본은 과거와 현재 어느 시대를 막론하고 한반도에 대해 그들이 갖고 있는 관점은 단 하나였다. 그것은 한반도를 장악하는 것이 해양과 대륙의 진출에 막대한 영향을 가져온다는 것이다. 특히 중국은 여전히 한반도를 장악하는 것이야말로 믿음직한 울타리를 갖게 된다고 여기고 있다. 한반도에서의 전쟁은 중국과 일본의 힘이 강할 때는 어김없이 이루어져 왔다. 대륙을 통일한 수나라와 당나라는 연이어 고구려를 침략하였다. 1636년에 홍타이지(皇太極)는 국호를 청으로 선포하고 천자를 칭하였다. 대륙의 질서가 재편되고 있던 시기였

» 인조의 삼배구고두례와 삼전도비

인조는 남한산성에서 항복의식이 행해지는 삼전도로 향하였다. 삼전도에서 세 번 절하면서 아홉 번을 조아리는 삼배구고두례의 치욕을 당하였다. 청나라는 항복의식을 거행한 삼전도에 대청황제대청황제공덕비(大淸皇帝功德碑)를 건립하라는 요구까지 하였다. 이 비는 삼전도비라고도 불리며 서울의 석촌호수 부근에 위치해 있다. 또한 수많은 백성들은 청나라에 끌려가야만 했다. 이후에 귀국하기 위해서는 몸값을 지불해야 했으며, 귀국한 여인들에게는 오랑캐에게 정절을 잃었다는 낙인을 찍었다. 그녀들은 두고두고 환향녀(還鄕女)라는 수모를 당하는 비운을 맞이해야 했다.

출처 : 영화「남한산성」에서 캡처

다. 명나라는 멸망을 눈앞에 두고 있었으나 조선은 이러한 현실을 인정하지 않았다. 즉, 변화하는 국제질서에 눈이 어두웠던 것이며, 명나라는 황제국으로 영원할 것이라는 생각으로 일관하고 있었다. 그렇지만 발호하는 청은 명나라를 멸망시키는 것이 대륙 통일의 완결판임을 알고 있었다. 그들은 이러한 중차대한 목표를 달성하기 위하여 명나라의 배후를 먼저 멸망시키고자 하였다. 그 대상은 불행히도 조선이었다. 조선은 중국 대륙의 뒷머리를 강타할 망치와도 같은 지정학적[1]인 위치에 있었다. 이를 내버려 두고 명나라를 공격하기에는 배후의 위협이 두려웠다. 청나라는 조선에 대하여 복종할 것을 요구하는 시그널을 보냈지만, 조선의 반응은 요지부동이었다. 대륙의 믿을 세력은 재조지은(再造之恩)의 명나라뿐 이라는 조선의 태도를 보는 청나라의 심기는 불편하기만 하였다. 청나라는 전쟁준비를 마치자, 형제관계가 아닌 군신관계를 요구하기에 이르렀다.

1) 지정학적(地政學的)이란 지리적 환경과 정치현상의 관계를 연구하는 학문에 근거한 것을 말한다. 지정학(Geopolitics)은 지구 혹은 토양(Geo)을 의미하는 공간과 정치(politics)의 합성어이다. 공간이 주는 정치적인 영향의 인식에서 출발하여, 공간과 국가의 관계를 연계하여 살펴보는 것이다.

조선은 방비에 충분하지도 않았음에도 불구하고 단호히 이를 거절하였다. 근거없는 자신감이었다. 1936년 병자년을 맞이하자 청나라는 군사를 휘몰아 왔다. 1636년 12월 9일에 청 태종의 일으킨 군사 12만명은 압록강을 도하하였다. 13일이 되자 평양과 개성을 거쳐 서울 근교에 군마의 모습이 나타났다. 불과 1주일 만인 14일이었다. 유목민족의 뛰어난 기동 능력은 인조의 강화도 피난길을 막기에 충분하였다. 인조의 근엄한 피난길은 더딘 반면에 그들의 날카로운 창끝을 실은 기동력은 바람과 같은 속도였다. 인조는 부득이 남한산성으로 향하였다. 그러나 항전의 기간은 불과 47일에 불과하였다. 조선군은 날카로우면서도 위력이 강한 그들의 군세를 당해낼 수 없었다.

삼전도로 향하는 조선의 국왕 모습은 처참하였으며, 현장에서의 모습은 더욱 참담하였다. 삼배구고두례(三拜九叩頭禮)의 의식을 통하여 항복하는 수모를 겪어야 했다. 조선은 더이상 명나라의 연호를 쓰지 않을 것과 청나라의 신하국이 되겠다는 의식이었다. 조선은 명에서 청으로 이어지는 신하국으로 섬겨야 하는 대상만이 바뀌었으며, 이러한 속국과 다름없는 처지는 구한말까지 이어졌다.[2] 조선은 급변하는 정세에서 주도적인 정책을 내놓지 못한 결과 치욕의 삼전도 굴욕을 당한 것이다. 이처럼 중국은 그들의 힘이 최대치를 기록할 즈음에는 어김없이 한반도를 위협해 왔다. 이것은 비단 중국만의 경우는 아니었다. 한반도의 아래에 있는 섬나라 일본도 마찬가지였다. 일본은 열도를 통일하자 대륙진출을 구실로 조선을 침략하는 임진왜란을 일으켰다. 7년의 전란을 겪는 동안 조선을 구한 것은 제대로 된 관군이 아니었다. 그보다는 조정으로부터 모함받는 이순신과 민초들의 항쟁이었다. 그러나 선조는 전란을 구한 것은 명나라의 참전 덕분이라는 말을 반복할 뿐이었다. 재조지은(再造之恩)의 은덕을 입었다는 것으로 중국에 대한 찬양은 정점을 찍었다. 불행하게도 조선은 이처럼 큰 전쟁을 겪으면서도 망각의 주기를 스스로 빠르게 앞당겼다. 그 결과 두 번의 호란을 맞이하였고, 국호를 대한제국으로 개명한 후에도 망국의 역사를 써야 하는 무능력을 보여야 했다.

고대로부터 동아시아의 질서는 중국을 중심으로 하여 자리 잡혀 있었다. 중국의 입장에서 볼 때 유라시아의 한구석 끝에 매달려 있듯이 보이는 한반도의 가치는 예나 지금이나 순망치한(脣亡齒寒)의 관계였다. 그렇지만 현재와 같이 중요하지는 않았을 것이다. 항해술이 발달하기 이전에는 해양보다는 육로를 통한 진출이 보편적이었으니 당연하기도 하였다. 또한 패권국 중국은 광활한 국토를 보유하였으며, 육상을 이용한 서역으로

---

2) 중국으로부터의 간섭은 1876년의 강화도조약 또는 1897년 10월 12일에 대한제국을 선포하기 전까지 이어진 것으로 보고 있다.

의 교역로를 이미 확보하고 있었다. 그들의 번성함은 아이러니하게도 굳이 해양으로의 진출을 중요하게 여기지 않게 된 측면이 있다. 그렇지만 19세기 중반부터 획기적으로 항해술이 발달하였고, 서구의 세력이 해양을 통하여 몰려오고 있었다. 여기에 근대화의 길을 일찍 걸은 일본이 강성해 지면서 대륙으로 눈을 돌리자, 중국이 한반도를 보는 가치는 변하기 시작하였다. 한반도는 절대적으로 유리한 이점을 주는 요충지로 인정받았다. 물론 일본은 오래전부터 한반도를 통한 대륙으로의 진출을 중요시하게 여기고 있었다. 일본은 이미 임진왜란을 통하여 이를 보여주었다. 이를 보면 일본은 일찍부터 대륙으로의 진출을 위한 발판 역할을 하는 한반도의 지정학적 가치를 깨닫고 있었던 것이다. 일본의 이러한 잠재된 인식은 구한말에 이르러 다시 한번 드러냈다. 산업혁명에 성공한 서구열강의 출현이 해상을 통하여 활발하게 되자 한반도의 중요성은 지리적으로 가까이 있는 중국과 일본, 러시아만의 문제가 아니라는 것을 인식하게 해주었다. 아시아와 태평양으로 패권을 넓히려는 주요 열강 모두에게 중요한 지정학적 공간으로 인식

≫ 조선의 상황을 그린 삽화

1887년에 프랑스 화가에 의해 그려져서 만화잡지에 실린 그림이다. 큰 물고기는 조선을 상징하고 있으며, 일본인과 청나라인이 낚시를 드리우고 있다. 그 사이에 러시아인이 눈독을 들이고 있는 그림이다. 서로 조선을 먹어치우려는 야욕과 조선의 처지를 빗댄 그림이다.

하기 시작하였다. 이러한 관심은 이미 청일전쟁을 통하여 속셈을 드러냈다. 1894년은 조선에서 청일전쟁이 일어난 해이다. 당시에 조선은 부정부패와 정부의 무능으로 인하여 먹고 살기 어려운 형편에 빠져 있었다. 급기야 1894년 2월에 전봉준이 이끄는 농민군이 들고 일어났다. 고부군수 조병갑의 폭정에 더 이상의 인내를 보일 수 없었던 농민들은 분노를 폭발시켰다. 동학농민군의 기세는 삼남지방을 휩쓸고 전주성을 함락시켰다. 이에 멈추지 않고 북상하자 조선은 이를 진압하기 위하여 청나라에 원병을 요청하였고, 이들은 1894년 6월에 아산만으로 상륙하였다. 일본은 청나라와의 조약을 명분으로 삼아 자국민을 보호하겠다며 군대를 출병하여 인천으로 상륙하였다.

그렇지만 그즈음의 상황은 정부와 동학농민군의 화약(和約)으로 해산했으므로 군대의 힘을 더 이상 필요로 하지 않았다. 당연히 조선 정부는 철군을 요청했으나 이를 수용할 리 없었다. 그들이 이 땅에 들어오기 위한 구실을 찾던 중에 조선 스스로 요청한 절호의 기회를 놓칠 리 없었다. 이들은 조선이라는 먹잇감을 사이에 두고 전쟁을 벌였다. 조선인들은 청나라군과 일본군의 싸움에 애꿎은 피해자가 되어야 했다. 청일전쟁은 조선에 대한 지배권의 다툼이었다. 재배권을 확보하기 위한 싸움은 그들의 영토가 아닌 조선의 영토와 영해에서 이루어졌다. 조선에 대하여 우월한 관계를 고수하려는 청나라와 이를 빼앗겠다는 일본과의 전쟁이었다.

전쟁에서 승세를 구축한 일본은 1895년에 요동반도를 장악하고 북경을 위협하고 있었다. 청나라는 위기를 모면하고 전쟁을 종결하기 위한 강화를 제의하게 되면서 시모노세키 조약을 체결하였다. 조약의 내용 중에는, 청나라는 조선이 자주독립국임을 인정하라는 것과 요동반도와 대만, 평후열도[3])를 일본에 할양하고 전쟁 배상을 물으라는 것등이 포함되었다. 일본이 우리나라를 자주독립국으로 인정하라고 한 속셈은 그들의 한반도 지배를 위한 수순에 불과하였다. 조선이 건국하면서부터 중국에 대해 머리를 조아리던 시대를 마감시켜주겠다는 것은 결코 아니었다. 조아리는 머리의 방향을 중국에서 일본으로 돌려놓겠다는 그들의 강한 의지였다. 중국을 중심으로 이루어졌던 모든 질서는 청일전쟁의 결과로 무너지게 되었다. 일본은 전쟁에서 승리하면서 열강의 대열에 서게 되었으며 조선의 식민지화를 더욱 가속화하는 계기가 되었다. 조선의 운명은 이미 식민지를 향하고 있었다. 그 후 일본은 동아시아에서 유일하게 식민지를 보유한 국가로 자리를 잡았다. 그렇지만 이러한 전쟁 결과와 조약내용을 알게 된 러시아는 그들의 남하

---

3) 중국 본토와 대만 사이에 있는 90여개의 작은 섬으로 이루어진 군도이다. 대만에서 약50km의 거리에 불과하다. 최근에 대만은 중국을 견제하기 위하여 용이한 지리적인 이점이 있는 관계로 비행장 등의 군사기지가 자리 잡고 있다.

정책을 위해서는 이를 좌시할 수 없었다. 러시아는 프랑스, 독일과 함께 이를 반대하고 나섰다. 러시아를 비롯한 삼국은 요동반도를 되돌려 주라는 요구를 하였다. 1895년에 있었던 이들 삼국의 반발을 삼국간섭이라고 한다. 이후에 일본은 요동반도를 돌려주는 대신에 배상금을 추가로 받기로 하면서 결국 굴복하였다. 그렇지만 삼국 역시 진정으로 동아시아의 평화를 위해서 이를 반대한 것은 아니었다. 관심은 그들의 패권을 확대하고자 하는 속셈에 있었다. 이처럼 한반도를 중심으로 한 세계의 관심은 자국의 이익을 중심으로 긴박하게 흐르고 있었다.

중국은 청일전쟁을 거치면서 황제국의 위엄이 몰락한 반면에 일본의 위상은 급부상하였다. 그렇지만 삼국간섭으로 자존심을 크게 상한 일본은 제국주의 길을 본격적으로 걷기 시작하면서 절치부심하고 있었다. 특히 러시아의 한반도에 대한 관심을 넘는 영향력의 확대는 좌시할 수 없었다. 조선 조정은 일본의 청일전쟁 승리와 삼국간섭을 보면서 러시아의 힘이 강대함을 알았다. 조선은 일본을 멀리하고 러시아를 이용하는 것이 유리하다는 판단을 하게 되면서 급격히 친러시아로 기울게 되었다. 일본의 조선에 대한 야욕은 이를 보고만 있을 수 없었다. 급기야 1895년 8월에 민비를 시해하는 을미사변[4]

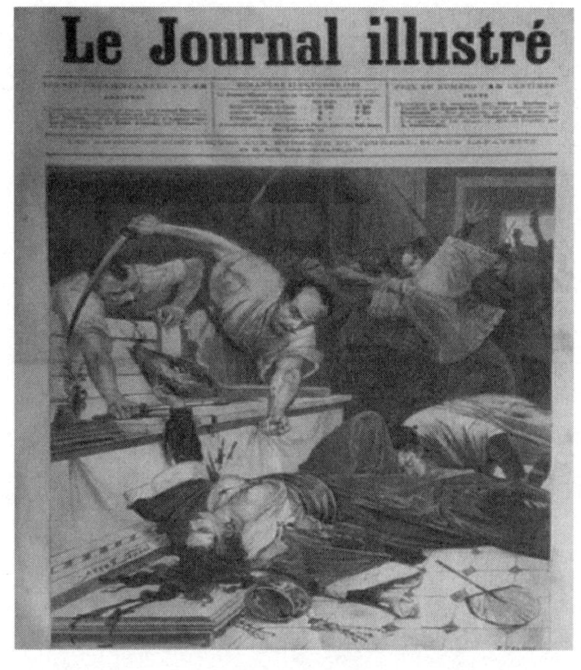

» 민비시해 사건을 다룬 프랑스의 신문 삽화

민비는 경복궁 건청궁에서 일본 낭인에 의해 시해 당하였다. 그러나 조선의 힘은 이에 대해 조치 할 능력이 없는 실정이었다. 이를 계기로 러시아 공사관으로 피신한 후 러시아의 도움을 받아 일본의 위협에서 벗어나 보고자 하였다. 환궁한 후 1897년에 대한제국을 선포하였다. 또한 민비에게는 명성황후(明成皇后)라는 시호를 내렸다.

---

4) 일본인 낭인들에 의해 민비가 살해당한 사건이다. 낭인들은 기습적으로 경복궁에 진입하여 민비를 찾아냈다. 민비는 궁녀 복장으로 위장하고 있었으나 낭인들의 눈을 피하지 못하였다. 그들은 민비를 시해한 후 시신을 불태웠다. 이를 본 고종은 두려워 러시아 공사관으로 피신하게 되었다.

을 일으키면서 역전을 노렸으나, 고종의 아관파천은 러시아의 영향력을 더욱 확대시켰을 뿐이었다.[5] 지금으로 말하면 대통령이 러시아 대사관으로 피신한 사건이므로 국가라고 할 수 없을 지경이 되고 만 것이다. 이 후에 고종은 대한제국을 선포하면서 독립국임을 천명하였지만 이를 인정해 주는 국가는 없었다. 고종의 목소리는 공허한 외침에 불과하였다. 러시아의 영향력이 급속하게 확대되자, 그즈음의 영국과 미국은 일본을 이용하여 러시아의 질주를 막아보고자 하였다. 일본과 영국, 미국은 러시아의 남하를 막는 길이 국익 면에서 유리했으므로 의견일치는 일사천리로 이루어졌다. 일본의 대한제국 침탈은 집요하고도 치밀하였다. 영국과 미국의 힘을 일본편으로 끌어들이기 위한 노력이 그것이다. 이러한 치밀하고 주도면밀한 계획에 따라 1905년 7월 미국과 가쓰라 태프트 밀약을 맺게 되었다. 이를 통하여 미국은 필리핀을, 일본은 대한제국을 먹어 치운다는 합의서에 추호의 망설임없이 도장을 눌렀다. 이어서 8월에는 제2차 영일동맹을 체결하였다. 영국과는 이미 1902년에 영일동맹을 체결한 바 있었다. 두 번의 동맹관계를 맺은 것이다. 이를 통하여 영국은 인도를, 일본은 대한제국을 먹어 치우겠다는 합의서에 의기투합한 두 국가는 회심의 미소를 머금고 서명을 하였다.

한반도를 둘러싼 역사는 이처럼 자국의 이익을 위해서는 한 치의 자비도 베풀지 않는다는 것을 증명하였다. '신사의 나라 영국', '민주주의가 가장 발달한 나라 미국'은 그동안 우리가 일반적으로 알고 있던 것과는 다른 면모를 갖고 있었다. 그렇지만 그것은 자국의 실리라는 문제에서 보면 당연한 국제질서임을 인정해야 할 것이다. 만약 그들의 국가이익이 걸려 있는 중요한 사건이 오늘 이순간에 다시 발생한다면 그날의 역사는 어김없이 되풀이 될 것이다. 되풀이 되는 그날도 과거의 그날과 마찬가지로 순간의 망설임 없이 서명할 것이다. 그러면서 외칠 것이다. "우리는 세계의 평화와 민주주의 가치를 실현시키기 위하여 위대한 결정을 하였다."고 할 것이다.

일본은 영국과 미국의 지지를 등에 업게 되자 러시아에 대한 전쟁을 준비하였다. 일본은 뤼순항과 인천항에 정박해 있던 러시아군에 대한 기습공격을 개시하면서 1904년에 전쟁을 일으켰다. 러일전쟁이 발발한 것이다. 1905년에 일본군이 뤼순항을 함락시키고 동해에서 발틱함대를 침몰시켰다. 일본의 승기로 기울게 되자 미국이 중재를 나섰다. 1905년 9월에 포츠머스 조약을 체결하면서 전쟁을 종결시킬 수 있었다. 전쟁을 통하여 일본은 러시아로부터 만주에서의 러시아군 철수, 일본의 대한제국에 대한 지배권 인정 등이었다. 이렇게 되자 러시아는 대한제국에서의 영향력을 완전히 상실하였다.

5) 고종은 러시아 공사관으로 1896년 2월에 피신하여 1897년 2월에 환궁하였다. 만 1년을 남의 나라에 있었던 셈이다.

» **조선을 사이에 두고 있는 러시아와 일본의 상황을 그린 삽화**
1905년 미국의 시사잡지에 실린 그림이다. 러시아와 일본은 조선을 사이에 두고 서로의 지배권을 확보하고자 하였다. 1905년의 조선은 생명이 다하는 형국이었다. 일본은 을사늑약으로 외교권을 강탈해 갔다. 그로부터 1910년에 경술국치를 당해야 했다.

일본은 청일전쟁과 러일전쟁을 거치면서 대한제국을 놓고 벌인 경쟁에서 완벽한 승리를 거머쥐게 되었다. 두 전쟁의 차이점을 살펴보면 일본을 중심으로 벌어진 힘의 관계를 알 수 있다. 청일전쟁에서는 삼국이 간섭하여 한반도를 지배하는 계획에 차질을 가져왔으나, 러일전쟁에서는 미국과 영국으로부터의 양해를 받아 순조롭게 전쟁을 치렀다는 것이다. 일본의 정교한 외교력을 보여주는 대목이다. 두 전쟁의 공통점은 일본, 청, 러시아 모두 한반도에 대한 지배권에서 비롯되었다는 것이다. 양 전쟁에서 장애물을 제거한 일본의 힘 앞에 서 있는 대한제국의 운명은 풍전등화에 불과하였다.

대한제국에게 도움의 손길을 던져 주겠다는 나라는 없었다. 고립무원의 신세로 전락한 것이며 국익에 냉정한 국제질서를 보여주고 있었다. 일본은 이처럼 밀약과 동맹을 통하여 영국과 미국을 붙잡아 둔 상태에서 러일전쟁을 벌였고, 미국이 중재하는 포츠머츠회담에서 대한제국에 대한 지배권을 보장받는 수순을 밟게 되었다. 이것은 대한제국에 대한 식민지 지배를 국제적으로 승인받은 것이다. 그 후 대한제국은 을사늑약과 한일병탄으로 더이상 존재하지 않는 나라가 되었다. 무능한 국가 지도부와 기득권에 얽매여 변화하는 세계의 시류를 읽지 못한 결과였다. 대한제국을 사라지게 만든 중심에 일본만이 아닌 영국과 미국이 있다는 것은 국제질서의 냉엄함을 보여주는 역사적 교훈이다. 제2차 세계대전에서 영국과 미국을 중심으로 한 연합군은 일본을 적으로 하여 전쟁을 치러 패망으로 이끌었으며, 그 결과 우리나라는 해방을 맞았다. 일본은 한반도를 다리 삼아 대륙으로 진출하고자 했으나 전쟁의 패배와 함께 모든 꿈을 버려야 했다. 그 후 미국은 1950년에 '애치슨라인'을 통하여 한국과 대만에 대한 방위에서 취약성을 드러냈다. 이러한 미국의 정책은 결과적으로 6·25전쟁 발발의 원인을 제공했다는 평가를 받아야 했다.

일본군이 청과 러시아와의 전쟁에서 승리한 원인은 이미 근대화된 신식군대였다는 것과 강대국과의 외교력으로 그들의 힘을 끌어들였다는 것이다. 일본은 일찍이 서양의 문물을 받아들이면서 근대화의 길로 접어든 반면에, 청나라는 대국이라는 아편에 취해 안일하게 변화를 바라보고 있었다. 조선 역시 지도층의 각성이 부족하였으며, 변화를 따라잡지 못하고 과거의 질서와 가치에만 연연하고 있었다. 즉, 조선은 정책과 전략의 부재로 인해 혹독한 전환점을 맞이했으며 식민지의 시대로 접어드는 계기가 되었다. 일본은 청일전쟁과 러일전쟁에서 얻은 교훈을 간직하고 있다. 적절한 절차를 거친 명분을 유지하여 국제사회의 지지를 획득한다면 한반도로 또 다시 진입하고자 할 것이다. 그들은 여건만 조성된다면 거리낌 없이 이를 시도할 것이다.

대륙으로 진출할 여건을 위하여 고대로부터 한반도에 관심을 갖고 있었던 유전자는 변질되거나 사라지지 않았을 것이다. 한말과 현재의 상황 모두의 공통점은 해양세력과 대륙세력의 충돌은 한반도를 중심으로 이루어지고 있다는 것이다. 한말의 해양세력은 영국과 미국, 일본이 대표적이었으며, 대륙세력은 중국과 러시아가 중심이었다. 현재의 국제질서는 미국을 중심으로 한 해양세력과 중국과 러시아의 대륙세력이 충돌직전에 있으며 그 중심에 우리나라가 있다. 해양세력인 미국을 중심으로 하는 일본, 호주 등이 강한 연대를 맺고 있으며, 여전히 미국은 세계의 패권국으로 지위를 누리고자 한다. 중국과 러시아는 전통적인 대륙국가이며 미국의 패권 질서에 맞서고 있다. 이들 세력은 인도-태평양에서 우위를 확보하기 위하여 고도의 경쟁을 벌이고 있으며, 그 교차점에 우리나라가 있다. 최근에 대륙세력 중국과 러시아의 공군기가 독도와 동해 상공에 빈번하게 출현한 것은 우리나라를 교차점으로 한 해양세력과 대륙세력의 충돌 조짐으로 볼 수 있을 것이다. 한말의 상황과 현재의 상황에서 반복되는 일치감을 찾을 수 있다.

❖ 인도-태평양에서의 주도권 경쟁과 한반도 상황

일찍이 아리스토텔레스는 "자연환경이 인간적 특성은 물론이고 국가에 영향을 줄 수 있다."고 하였다. 지정학적 중요성을 의미하는 말이다. 미국은 한반도에서의 전쟁을 겪으면서 지정학적 중요성을 실감하였다. 우리나라는 전란을 겪으면서 이를 더욱 절감하였다. 전투부대 파병국 16개국을 포함하여 총 67개국의 참전은 세계대전으로 불리고도 남을 수준이었다. 수많은 국가의 참전이 의미하는 것은 그만큼 많은 국가들의 이해관계가 얽혀 있다는 반증이었다. 그 전쟁은 이전에는 볼 수 없었던 이념에 의한 전쟁이었다. 제2차 세계대전이 끝나자 소련은 동유럽의 대다수 국가를 영향권 아래 끌어들이면서 공산권의 종주국 역할을 시작하였다. 제2차 세계대전의 승전에 따른 당연한 수순이었으며 서진의 발판을 구축하고자 한 것이었다. 또한 동아시아에서는 한반도의 북쪽을 장악하는 것으로 전진의 교두부를 마련하였다. 그에 더하여 대륙 중국과 그 위에 붙어 있는 몽골은 이미 공산정권이 수립되어 있었다. 만약 한반도가 소련과 중공으로부터 완전히 지배된다면, 그들 공산세력은 한반도를 전진기지로 삼아 태평양으로 남하하기 용이한 전략적 이점을 확보하게 되는 것이었다. 반면에 미국은 이를 견제할 중요한 지역을 상실하는 것은 물론이고 일본에 대한 방파제가 사라질 것이라는 불안감을 갖게 만들었다. 마치 러일전쟁 이전에 러시아가 남하하고자 했던 상황이 반복될 것임은 쉽게 예측할 수 있었다. 미국은 한반도에서의 이념의 전쟁을 통하여 한반도의 전략적 가치를 다시 평가하게 되었다.

한반도는 러시아의 남하를 저지하는 마지막 관문이기도 하면서, 중국의 태평양 진출을 막을 수 있는 길목에 해당한다. 특히 중국이 서해를 경유하여 동중국해와 태평양으로의 진출을 도모 할 경우에는 이를 감시하기 용이할 뿐만 아니라 전략무기의 배치를 통하여 중국 본토는 물론이고 동중국해 등에서의 중국의 활동을 견제하기 위한 전략적 이점을 제공할 수 있는 요충지이다. 또한 중국의 수도 북경과 베이징 등의 주요도시와의 접근성에서도 이점을 갖고 있다.

미국이 일본을 중심축으로 하여 중국의 군사력을 견제하고자 할 때에도 한반도는 일본과 중국의 중심에 위치하고 있으므로 군사력 운용에 결정적인 이점을 갖고 있다. 이처럼 한반도를 중심으로 한 지정학적 중요성은 미국의 패권 유지와 부상하는 대륙세력의 견제에 대단히 중요하게 인정되는 부분이다. 1953년에 미국과 한국이 한미상호방위조약을 체결하게 된 것도 이러한 중요성을 감안한 조치로 평가할 수 있다.[6] 조약의 체결은 미국이 한반도의 전략적 가치를 충분히 인식한 결과였다. 그 후에 미국은 한국을 냉전시대의 전진기지로 삼았으며, 한국–일본–대만–호주로 연결되는 방위체제를 구축하였다. 1993년의 북한 핵 위협은 이러한 전략적 가치를 더욱 끌어올렸다. 미국은 한반도에서의 미군 철군 또는 감축을 제한한다는 내용을 의회에서 담은 국방수권법(NDAA, National Defense Authorization Act)[7]에서 주한미군 2만 8,500여명을 의회 동의 없이 줄이지 못하도록 하는 내용을 포함하여 통과시켰다.[8] 이것은 의회 차원에서 한반도의 지정학적 중요성을 인정하였기 때문이다. 시스템을 미리 구축하여 행정부에 의한 일방적인 미군 감축과 철군을 방지하겠다는 것이다.

현재의 한반도를 둘러싼 강대국들의 이해관계의 복잡함은 과거와 다르지 않다. 그때나 지금이나 주변의 강대국들은 자국의 이익을 우선시하는 정책으로 일관하고 있다. 이것은 생존과 번영을 가르는 사활의 문제이므로 이미 당연한 이치로 자리 잡았다. 우리의 처지가 아무리 딱하게 보여도 그 어느 국가도 우리의 편에서 해결해 주지는 않는다. 비록 인도주의 손길은 주어지겠지만 근원적인 해결은 우리의 힘이 없는 한 풀어낼 수 없다는 것을 역사적인 교훈으로 이미 경험하였다. 영토를 보존하고 주권을 지켜내며 민족의 숙원인 통일을 이루는 것은 우리의 현실문제이면서 이상이다. 그렇지만 자국의 이익보다 우선하여 우리나라의 가치를 실현해 줄 국가는 존재하지 않는다.

한반도는 일본, 중국, 러시아에 둘러싸여 있다. 또한 패권의 지위를 놓치지 않겠다는 미국이 가세하고 있다. 미국은 세계 제일의 경제력을 바탕으로 태평양에서의 영향력을 유지하기 위하여 군사력을 더욱 강화하고 있으며, 중국은 이에 맞대응하는 양상이다. 미중관계는 군사적, 경제적으로 첨예하게 부딪치고 있으며 우리에게 선택을 강요하고 있다. 한반도를 둘러싼 강대국들의 사활을 건 싸움은 오늘 이순간에도 진행되고 있다. 그들의 모습은 과거와 다를 바 없이 투쟁적이다. 그렇지만 우리는 아직도 경제적으로는 중국, 군사적으로는 미국에 의존하고 있는 것이 현실이다. 이로 인해 과거의 그날처럼 강대국의 집요한 선택을 강요받고 있다.

---

6) 6·25전쟁에서 정전협정이 논의되기 시작한 것은 중공군의 참전이 있고 난 이후부터였다. 유엔과 공산 진영 모두는 어느 일방이 전쟁에서 승리할 수 없음을 인식하게 되자 정전협정에 돌입하였다. 그러나 한국은 이를 극렬하게 반대하였다. 급기야 이승만 대통령은 반공포로 석방을 통하여 정전협정의 불가를 나타냈다. 물론 이승만 대통령도 정전협정을 체결할 수밖에 없다는 것은 알고 있었다. 그러나 이승만 대통령은 이를 통하여 한국의 안보를 보장받고자 한 것이다. 정전협정에 걸림돌이 된 반공포로 석방이 일어나자 미국은 한국 정부를 우선 설득하는 것이 필요함을 알게 되었다. 정전협정 조인을 위하여 미국은 한국의 요청에 따라 한미상호방위조약을 체결하기에 이르렀다. 당시의 양국 능력을 감안할 때 상호조약은 획기적인 일이었다.

7) 1년 단위의 한시적인 법안이다. 미국의 안보와 국방정책, 국방예산과 지출을 모두 다루고 있는 법이다. 이 법안은 해마다 미국이 당면하고 있는 국가안보문제와 국방정책에 따라 그에 부합된 예산의 규모를 책정한다.

8) 아시아경제, 「미 공화당의 반란, 트럼프 거부권 행사 국방수권법 무효화」, 2021.1.2.

▸ **주변국의 군사력**

국 가	국방비	병 력	항공기	항공모함	잠수함
미 국	6,846억 달러	1,373,050여 명	2,184대	11척	67척
일 본	486억 달러	247,105여 명	332대		21척
중 국	1,811억 달러	2,035,000여 명	1,999대	2척	59척
러시아	482억 달러	900,000여 명	1,220대	1척	49척

출처 : 『The Military Balance 2020』(국제전략문제연구소, 2020년 2월), 『2020국방백서』 pp.287~288에서 재인용.

오늘날의 세계질서는 소련이 해체되면서 미국에 의한 단극체제가 유지되고 있다. 그렇지만 과거의 패권을 되찾겠다는 중국은 비약적인 부상을 하였다. 급기야는 이른바 중국몽(中國夢)[9]을 실현하고자 하면서 미국의 패권을 넘보고 있다. 중국의 부상은 우리에게 있어서 매우 어려운 국제상황의 도래를 의미하고 있다. 미국은 이를 좌시하지 않을 것이며, 이들 두 국가 사이에 있는 우리나라는 그 어느 때보다도 생존과 번영을 위한 고도의 전략을 요구받게 될 것이다.

특히 우리나라는 지정학적 특수성으로 인해 대륙세력과 해양세력이 충돌하는 지점에 있다. 그 어느 세력을 막론하고 한반도는 지정학적으로 중시되는 조건을 갖고 있다는 것은 역사를 통하여 보아왔다. 대륙으로 진출하고자 했던 일본의 야욕이 그러했으며, 부동항을 확보하여 태평양으로의 진출을 보다 수월하게 하고자 했던 러시아의 욕심이 그러하였다. 양대 세력은 한반도를 통하여 진출을 보장받기도 하지만 억제받기도 하는 양면성에 있다. 한반도의 지정학적인 이점과 특수성은 여기에 있다. 그렇기 때문에 주변의 강대국들은 한반도를 중심으로 힘의 확장을 도모하고자 하며, 그 중요성은 앞으로도 변함이 없을 것이다. 한반도를 세력권에 포함시키게 되면 대륙과 해양으로의 진출이 보다 용이한 전략적 이점을 확보할 수 있다는 당연한 분석에 따른 전략이다.

따라서 그 반도에서 살고있는 우리나라는 허약하면 이들 두 세력에 농간당하기 알맞은 위치이기도 하다. 특히 두 세력이 충돌하는 상황에서는 필연적으로 선택을 강요받게 될 것이다. 선택을 할 수 있을 정도의 국력이 되지 않았던 시절에는 양대 세력의 충돌에서 승리한 쪽의 식민지 노릇을 해야 했다. 양대 세력은 그들의 영토가 아닌 한반도에서 전쟁을 벌였으며, 그중의 승자는 한반도를 지배하였다. 냉엄한 국제질서이며 현실의 혹독함

9) 시진핑은 2012년 공산당 총서기에 선출되었다. 그는 연설을 통하여 중국몽을 실현하겠다며, 이것은 '위대한 중화민족의 부흥'을 의미한다고 하였다. 즉, 과거의 영광을 되찾겠다는 것이며, 과거의 영광이란 패권국을 의미한다. 미국을 밀어내고 패권국의 지위를 얻겠다는 공식선언인 셈이었다.

» 한미장병의 모습

세계의 안보환경은 변화하고 있다. 이에 따라 한미동맹도 군사동맹에서 글로벌 파드너십을 발휘하는 수준으로 발전하여야 할 것이다. 이는 양국에 대한 이해와 깊은 신뢰가 바탕이 되어야 가능하다. 1953년에 「한미상호방위조약」 체결에 이어, 1978년에는 한미연합사가 창설되어 연합전력 증강에 크게 기여하고 있다.

을 이미 체험하였다. 현재의 우리나라는 미국과는 상호군사동맹10)관계를 유지하고 있으며, 중국과는 전략적동반자(strategic partnership) 관계를 맺고 있다. 「한미상호방위조약」은 어려웠던 시절 경제에 전념하는 여건을 제공한 긍정적인 측면이 있다. 따라서 이를 기반으로 하여 경제적 발전과 민주화를 동시에 이루었다는 평가를 받고 있다. 중국과는 한때 열전을 벌인 관계였으나 국교가 수립되면서 현재는 가장 규모가 큰 시장으로 발전하였다. 두 강대국은 세계의 패권을 놓고 경쟁을 벌이고 있다. 그 길목에있는 한반도는 양대 세력의 전략적 이점이 동시에 작용하는 공간이다.

현재의 상황을 보면 미국과 중국은 서로의 패권을 위협하는 가장 큰 적의 관계에 있다. 이런 상황에서 우리나라는 이들 모두와 전략적 관계를 유지해야 하는 형편이다. 여기에

10) 미국과는 1953년에 '한미상호방위조약'을 체결하여 1954년에 발효되었다. 방위조약(Defense pact)의 주요내용은 '국제적 평화를 위해 무력행사 금지, 외부로부터의 무력침공에 대한 협의와 자조와 상호원조, 당사국 일방의 영토에 대한 외부의 무력공격에 대처, 주한미군의 한국주둔을 대한민국이 허여(許與), 각국의 헌법상의 절차에 비준 및 효력발생, 조약의 무기한 유효' 등을 담고 있다. 방위조약은 당사국이 적대국으로부터 공격을 당했을 경우 공동으로 전쟁을 수행하기 위한 조약을 말한다.

핵무기 개발에 열중하는 북한이라는 중요한 변수까지 갖고 있다. 그러므로 통일은 민족사적 과제를 넘어 생존과 번영을 해결할 수 있는 중대한 과제이다. 주변의 강대국은 이러한 우리의 처지를 너무나 명확히 인식하고 있다. 따라서 그들은 우리의 통일에 대한 염원을 전략적으로 이용하고자 할 것이다. 주변 강대국들은 우리의 통일에 지대한 영향을 미치는 구조로 작용하고 있지만, 그들은 우리의 희망대로 움직여 주지는 않을 것이다. 그들의 국가이익을 관철하는 수단으로 이용하고자 할 것이다. 이처럼 두 강대국을 포함한 주변의 상황은 우리에게 선택을 강요하며 통일문제에도 큰 영향을 미칠 것이다. 분명한 것은 그 어느 나라도 통일된 한반도에 의해 동북아의 질서가 급격하게 재편되는 것을 원하지 않는다는 것이다. 다만 자국의 이익에 부합되는 경우에는 쌍수를 들고 환영할 것이다.

미국과 중국은 동북아의 질서는 그들 국가의 국가이익에 따라 질서를 유지하거나 움직이기를 바라고 있다. 통일된 대한민국의 힘에 의해 새로운 질서가 재편될 우려가 있으며, 이러한 영향이 자국의 전략에 도움이 되지 않는다면 절대로 원하지 않을 것이다. 그렇기 때문에 두 강대국은 이러한 점에서 한국의 통일에 대한 딜레마를 갖게 되는 구조를 갖게 되는 것이며, 이는 한반도 남동쪽에 위치해 있는 일본도 예외는 아니다. 우리나라는 이 모두를 통일을 위한 우호세력과 경제를 발전시킬 세력으로 유지해야 하는 입장에 놓여 있다. 이러한 점을 해결한다는 것은 우리나라를 중심으로 첨예한 이해관계가 얽혀 있기 때문에 대단한 난제임에 틀림없다.

전쟁의 역사를 살펴보면 세계사는 전쟁을 통하여 강대국의 출현을 알려왔다. 이들은 국제관계의 중심축을 이루면서 세계의 질서를 주도하였다. 이들을 중심으로 만들어진 국제적인 규범은 가치를 인정받으며 당대의 질서를 주도하면서 세계사를 이끌었다. 다시 말해 전쟁이 국가를 만들었으며, 그 국가에 의해 역사가 주도되었다고 하여도 틀리지는 않을 것이다. 패권국은 앞으로도 패권을 영유하고자 할 것이며, 신흥 강국은 패권을 쟁취하고자 도전할 것이다. 따라서 미국과 중국이 각지에서 갈등을 겪으며 충돌하는 상황은 전쟁의 역사를 볼 때 당연한 현상으로 보여지는 것이다. 이들이 정치적인 수단으로 갈등을 해결하지 못하게 되면 전쟁에 직면할 수도 있다. 그렇게 되면 전쟁은 또 다른 세계의 시작을 알리며 새로운 강대국의 출현을 알릴 수도 있으며, 아직은 때가 아니라는 것을 강력히 경고할 수도 있을 것이다. 그들이 정한 최종 목표의 길목에 한반도가 자리 잡고 있다.

미국은 패권에 도전하는 중국을 억제하기 위하여 인도-태평양전략을 적극 추진하고 있으며, 중국은 과거의 영광을 재현하고자 일대일로전략[11]을 펼치고 있다. 그들이 말

11) 시진핑이 말한 중국몽은 구체적인 실체가 없는 추상적인 개념이다. 반면에 일대일로는 이를 구현하기 위한 구체화된 국가전략인 셈이다. 이것은 시진핑이 집권한 다음해인 2013년에 발표되었다.

하는 중국몽(中國夢)을 실현하고자 하는 구체적 전략이다. 미국은 아시아에 대하여 군사, 경제, 거버넌스를 축으로 하는 정책을 수립하였다. 군사적으로는 자유롭고 열린 인도-태평양을 위하여 국제법상 보장된 공해상에서의 항행의 자유를 앞세워 대만해협과 영유권을 주장하면서 인공섬을 구축한 남중국해에 대하여 군함을 통과시키고 있다. 이에 대해 중국은 자국의 영유권임을 주장하며 반발하고 있는 상황이다.

인도-태평양전략은 오바마 행정부 시절에 '아시아 재균형정책'이라는 이름으로 시작하여, 트럼프 행정부에서 인도-태평양전략으로 이어졌다. 정권은 바뀌었지만 정책의 영속성을 보장하고 있다. 이것은 자국의 이익에 유리하다는 판단에서이다. 태평양을 중심으로 한 미국과 중국의 패권 경쟁은 심화되고 있으며, 미국은 패권 유지는 물론이고 이를 더욱 강화하여 미국의 국익을 보다 확대시키는 것을 목표로 하고 있다. 트럼프의 '미국을 다시 위대하게(MAGA, Make America Great Again)'의 대선 구호는 미국의 패권을 더욱 오래 유지하고 확장하겠다는 것이었으며, 이것은 대통령 재임 기간 내내 대외정책의 기조를 이루었다. 이를 추진하는 과정에서 미국을 추격하는 중국과의 마찰은 불가피하였다. 미국은 중국의 부상에 대하여, 그동안 유지되어 온 미국 주도의 패권 질서에 대한 도전으로 보고 있다. 2018년 5월에는 태평양사령부의 명칭을 인도태평양사령부로 개칭하여 이에 대한 의지를 더욱 구체화시켰다. 2021년에 출범한 바이든 행정부에서도 전략의 기본 골격은 유지되고 있다. 인도-태평양이라는 명칭의 변경은 중국으로서는 대

≫ 남중국해에서 항행의 자유작전 중인 미 전함들

출저: 국제전략문제연구소

단히 민감하게 받아들일 수 있는 부분이다. 중국과 인도는 국경선 문제 등으로 인해 적대적인 관계에 있다. 또한 중국의 입장으로 보면, '미국은 적(인도)의 동지'가 되는 셈이다. 국제관계에서 '적의 적은 우군'이 될 수 있다. 그러나 인도와 미국은 적의 관계가 아닌 우군의 관계이며, 더욱 결속된 상태를 보이고 있다. 그러니 중국은 거대한 국가 둘을 적으로 맞이한 형국이 된 것이다. 그것도 두 국가는 군사적으로 굳게 결속하고 있는 중이므로 긴장하지 않을 수 없다. 중국은 이미 인도와는 국경선 문제로 잦은 충돌을 빚고 있다. 최근 들어 지정학적 관계가 더욱 부각되면서 대립의 구도는 더욱 첨예해지고 있다.

2020년 11월 7일 바이든은 대선 승리를 선언하면서 다음과 같은 말로써 미국의 역할을 표현하였다. "힘을 보여주는 사례(the example of power)가 아니라, 모범을 보여주는 힘(the power of example)"을 추구하겠다고 하였다. 2021년 2월 4일 취임사에서는, "우리는 어제가 아닌 오늘과 내일의 도전과제에 응하기 위해 우리는 동맹관계를 복원하고 다시 한번 세계에 관여할 것입니다. 미국의 리더십은 미국과 경쟁하려는 중국의 야심 증가, 민주주의를 훼손·교란시키려는 러시아의 의지를 포함하여, 권위주위가 다가오는 이 새로운 시기에 맞서야 합니다."[12] 그동안 트럼프 행정부에서는 미국의 이익에 우선한 독단적 주도로 동맹국과의 외교관계가 이루어지면서, 동맹국들은 동맹의 가치에 회의를 갖는 분위기가 확산된 측면도 있었다. 그렇지만 바이든 행정부에서는 기존의 동맹관계를 복원하기 위한 전략적 조치를 취하겠다는 의도이다.

11월 12일에는 바이든 대통령 당선자와 우리나라의 문재인 대통령이 한미동맹과 북핵문제 등에 관하여 전화를 이용하여 전략대화를 하였다. 이때 바이든 당선자는 우리나라를 '인도-태평양 지역에서 번영의 핵심축(linchpin 린치핀)'이라고 표현하였다.[13] 취임 이후 2021년 2월 4일 우리나라 문대통령과의 통화에서도 '동북아에서의 린치핀'이라는 표현을 사용하였다.[14] 린치핀이란 수레바퀴의 축에 꽂는 핀을 말한다. 린치핀은 비록 덩치는 작지만, 수레바퀴가 빠져나가지 않게 하는 핵심 역할을 한다. 이를 외교적으로 표현했다는 것은 '빠져서는 안 되는, 반드시 함께 가야 할 동반자'라는 의미를 갖는다.[15] 미국

---

12) 주한 미국대사관 홈페이지에서 발췌 (2021.2.10.)
13) 경향신문, 「바이든, "한미동맹, 인도-태평양 안보 핵심"... 중국 견제 시사」, 2020.11.12.
14) 동아일보, 「美, 한미동맹에 '인도태평양' 대신 "동북아 린치핀"」, 2021.2.4.
15) '린치핀'이라는 용어는 이명박 대통령과 오바마 대통령의 2010년 6월 한미정상회담에서 처음 사용되었다. 오바마는, "한미동맹은 한국과 미국뿐 아니라 태평양 전체 안보의 린치핀이다."라고 하였다. 린치핀이란 용어는 미국이 일본과의 동맹관계를 표현할 때 즐겨 사용하던 말이었다. 그런데 이것을 한미동맹 관계를 규정하면서 오바마 대통령이 표현한 것이다. 이를 바라보는 일본은 내심 불쾌하였을 것이다. 2012년 12월에 오바마 대통령은 아베 총리가 취임하기 이전에 갖게 된 통화에서 미일동맹 관계를 코너스톤(conerstone, 주춧돌)이라고 하였다. 바이든 대통령 역시 2021년에 일본의 스가 총리와 통화하면서 이와 같은 표현을 하였다.

에서 인식하는 우리나라 역할의 중요성을 나타낸 말이다. 바이든은 취임사에서, "동맹을 복원하고 다시 국제질서에 관여하겠습니다."라는 말을 함으로써 고립주의, 미국 우선주의 외교의 종언을 천명하였다. 동맹국과의 보다 원활한 관계 유지를 도모하겠다는 의지의 표현으로 읽힌다. 미국이 가장 큰 비중을 두고 견제하는 국가는 중국이다. 중국의 경제력은 날로 발전하고 있으며, 유엔 분담금에서도 미국에 이어 2위를 기록하고 있다. 국제사회에서의 비중이 그만큼 커졌다는 것이다. 이처럼 거대한 중국을 상대하기 위해서는 보다 많은 국가의 협조가 필요한 상황이며, 핵심국의 하나로 우리나라 역시 지목되고 있다. 우리나라가 받을 선택의 강요는 더욱 커질 것이며, 중국의 견제는 노골화될 것이다. 이는 안보와 경제문제로 얽혀 있는 관계이기 때문이다.

미국은 인도-태평양전략으로 역내에서 확대된 안보 네트워크를 구축하여 중국의 부상에 대응하고자 하고 있다. 미국은 주변국과의 동맹관계와 파트너십을 기반으로 한 군사 네트워크를 형성하여 이에 대비하겠다는 것이다. 이렇게 함으로써 군사적 측면에서 중국을 확실하게 압도하는 능력의 우위성을 갖추겠다는 것이다. 주요 대상 국가는 한국, 일본, 인도, 호주 등이다. 이들 국가와의 다자간 협력을 구축하여 국제법에 근거한 항행의 자유를 보장, 분쟁의 평화적 해결, 한반도 비핵화 및 동북아 지역의 비확산 체제 유지 등을 달성해야 한다고 강조하고 있다.[16] 즉, 목적(항행의 자유)과 목표(압도적인 군사력), 수단(동맹국과 우방국)을 명확히 설정하였다.

미국이 참여할 대상 국가로 우리나라를 이미 지목하고 있듯이, 중국 역시 우리나라를 중요하게 인정하는 국가이므로 선택의 강요는 계속될 것이다. 미국은 인도-태평양전략의 명칭에서 보이고 있듯이 인도에 대한 전략적 가치를 상당히 크게 부여하고 있다. 이를 보면 앞으로 인도는 확실하게 미국의 편에서 새로운 질서구축에 기여할 것으로 예상된다. 인도-태평양전략은 태평양과 아시아에서 계속하여 미국의 패권을 유지하고 강화하겠다는 것이며, 이것은 궁극적으로는 미국의 국익과 직결된다. 미국은 자국의 이익과 패권 유지를 위한 방안 중의 하나로 중국에 비해 월등히 우세한 군사력을 유지하는 것을 목표로 하고 있다. 이를 위하여 동맹국 및 우방국과의 군사적 네트워크를 구축하겠다는 구상을 실현하고자 하는 것이다. 세계 최강의 미군이 군사동맹을 더욱 추진하여 그 능력을 더욱 배가시키고자 하는 중이다.

전략의 추진에 있어서 미국은 '미국-일본-인도-호주'를 중심으로 한 이른바 '쿼드(Quad) 방어선'을 구축하고자 하고 있다. 쿼드는 이들 4개국이 참여하고 있는 안보회의

16) 국방부, 『2018 국방백서』(서울 : 국방부, 2018), p12.

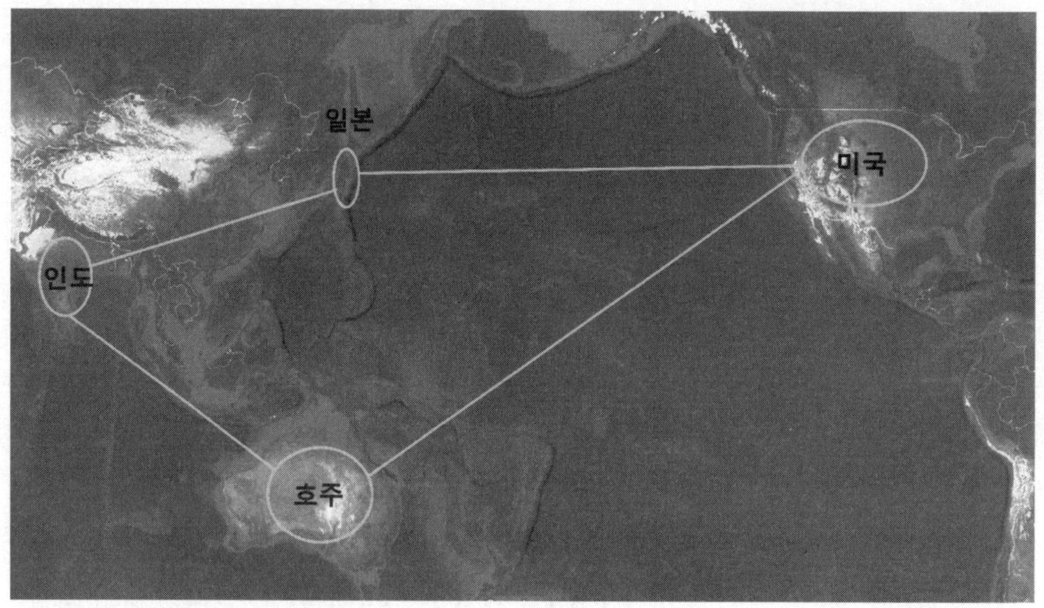

» 미국·일본·인도·호주가 참여하는 쿼드

체 성격을 갖고 있다. 그렇지만 중국을 견제하기 위한 기구로서의 성격이 크다는 것은 누구나 다 아는 사실이다. 4개국 이외에 우리나라, 베트남, 뉴질랜드 등 3개국을 참여하도록 하는 '쿼드 플러스'를 구축하고자 하는 것이 미국의 의도이다. 아시아지역에서의 미국의 동맹정책은 과거에는 양자동맹 관계 위주로 구성하였으나, 이제는 다자동맹 관계로 변화를 모색하고 있다. 유럽에서의 나토와 유사한 군사동맹관계를 구축하겠다는 정책의 변화로 볼 수 있다.

미국은 동맹국과 우방국과의 협조체제를 강조하고 있다. 상호 공조와 운용을 통하여 전력을 극대화시키고자 하고 있다. 이에 따라 전통적인 우방국은 물론이고 그동안 적극적인 동맹관계를 맺지 않고 있었던 국가와도 새로운 관계정립을 도모하고 있다. 그러므로 전통적인 동맹국에게는 더욱 적극적인 책임과 역할을 주문하고 있다. 우리나라는 미국의 입장으로 보았을 때 전통적인 군사동맹을 맺고 있는 중요한 국가이므로 이에 대한 참여를 강력히 요구받고 있다. 이것은 주둔 비용으로 불리는 방위비분담금 특별협정(SMA, Special Measures Agreement)[17]을 살펴보면 더욱 구체적으로 알 수 있다.

17) SMA는 1991년 처음 체결되었다. 이후에 1~5년 주기로 개정돼 오고 있다. 이 중에서 5년짜리 협정은 버락 오바마 대통령 시절에 두 차례 체결되었다. 2009년의 8차 SMA와 2014년의 9차 SMA에서였다. 당시에 바이든 대통령은 부통령으로 재직 중인 시절이기도 했다. 그러나 트럼프 전 대통령은 2019년에 10차 SMA에서 1년 주기로 만들었다. 2021년 11차 SMA에서는 이를 다시 5년으로 환원시켰다. 적용시한을 6년으로 한 것은 '기존의 5년 협정 + 2020년의 미납 분담

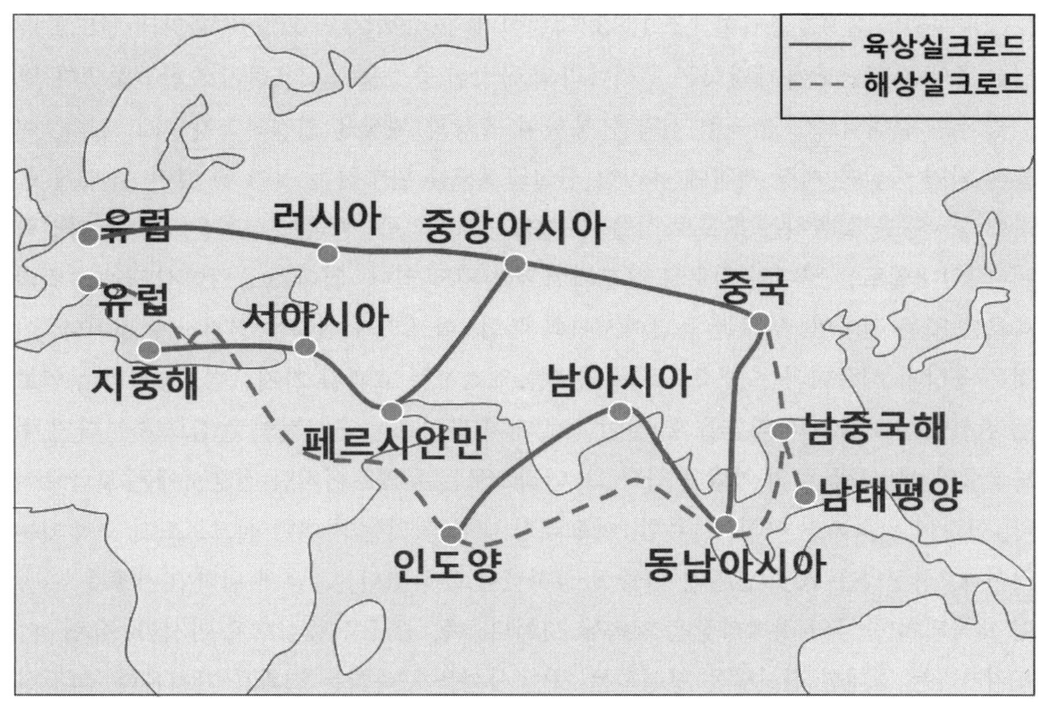

» 중국의 일대일로

실크로드는 육상 3개, 해상 2개의 루트를 추진하는 것을 목표로 하고 있다. 육상은 ① 중국-중앙아시아-러시아-유럽 북부 ② 중국-중앙아시아-페르시아 만-서아시아-지중해 ③ 중국-동남아시아-남아시아-인도양으로 연결하며, 해상은 ① 중국-남중국해-인도양-유럽 ② 중국-남중국해-남태평양으로 진출하는 것이다.

한국과 미국은 2020년 3월 말에 제11차 협상의 7차 한미 회의에서 분담금으로 전년 대비 13% 인상된 약 1조 1,700억 원을 내는 것으로 실무선에서 합의하였다. 그러나 트럼프 대통령이 50% 인상된 13억 달러(약 1조 5,900억 원)를 갑자기 요구하면서 협상이 막판에 결렬되기도 하였다.[18] 분담금 증액을 놓고 양국은 이견을 좁히지 못하고 있었다. 이것은 한미동맹에 있어서도 중요한 문제였다.

한미 양국은 2021년 3월 5일부터 3월 7일까지 미국 워싱턴에서 개최된 9차 회의를 통해 제11차 방위비분담특별협정(SMA) 체결을 위한 협상을 최종적으로 타결하였다. 1년 넘게 끌어온 협상을 바이든 행정부가 들어서면서 마무리 짓게 되었다. 이것은 바이든 대통령이 취임하면서 언급한 '동맹 복원'과도 관련이 있다. 2021년도에 부담할 총액은

금'을 적용한 결과였다. 트럼프 대통령 시절부터 계속된 11차 SMA 협상은 분담금 증액 문제를 놓고 합의안에 도달하지 못하고 있었다. 그로 인해 2020년 분담금을 내지 않은 상태였기 때문에 6년의 기간을 적용하게 되었다.

18) 동아일보, 「바이든 당선후 한미 방위비 협상 재개」, 2020.12.1.

2020년 대비 13.9% 증가한 1조 1,833억원이다. 2022년부터 2025년까지의 연도별 분담금 총액은 전년도에 해당하는 우리나라의 국방비 증가율을 적용하기로 합의하였다.[19]

중국은 일대일로(一帶一路)전략을 통하여 육상과 해상을 연결하고자 하고 있다. 이렇게 되면 중국은 시장 개척에 유리한 신실크로드를 완성하는 것이 될 것이며, 이를 통하여 중국몽을 실현하는 루트로 삼을 수 있을 것이다. 즉, 중국몽 실현을 위한 국가전략이다. 일대일로는 일대와 일로로 양분되어 추진되고 있다. 일대는 중앙아시아와 유럽의 육로를 잇는 것이며, 일로는 동남아시아와 유럽, 아프리카 대륙을 연결하는 것이다. 이것은 육상과 해상이라는 양축으로 무역로를 개척하는 효과를 가져온다. 평시의 무역로는 전시에는 보급로의 역할을 할 것이다. 2개의 무역로는 군사적인 관점으로 본다면 주보급로와 예비보급로의 역할을 한다. 표면적으로는 무역로이지만 전쟁시에는 보급로이다. 이것이 완성되면 아시아, 유럽, 아프리카 대륙을 잇는 거대한 실크로드가 구축되는 것이다. 시진핑은 2049년까지 이를 완성하겠다고 하였다. 그렇게 된다면 새로운 시장이 개척되어 중국의 경제성장은 지속될 것이다. 즉, 중국을 중심으로 아시아, 유럽, 아프리카라는 거대한 신시장을 형성하는 기반 시설을 구축하는 결과를 가져온다. 막강한 경제력을 바탕으로 하여 세계 각국과의 동맹관계를 형성하기에 용이할 것이다. 그렇지만 미국에게는 심대한 위협으로 작용할 것이다. 경제력에서도 미국을 압도하겠다는 야심찬 계획을 보인 것이다.

미국은 이에 대하여 다른 나라에 대한 패권적 영향력을 행사하는 것이라고 주장하고 있다. 그렇다면 우리나라는 미국과 중국이 패권을 다투는 국제질서의 변혁기를 맞아 과연 어떠한 전략을 수립해야 할 것인가의 문제를 따져 보아야 한다. 현재의 미국과 중국의 국력으로 보았을 때 아직은 미국의 우위가 확연해 보이지만 앞으로도 영원할 것이라는 보장은 없다. 두 국가의 관계는 치열한 다툼이 계속되고 있다. 안보와 통상의 문제는 어느 하나를 포기할 수 있는 문제가 아니다. 안보는 미국을 선택하고, 통상은 중국을 선택할 수 있는 단순한 관계가 아니다. 두 국가 모두는 이를 묵인하지 않을 것이다. 어느 때보다도 전략적 판단을 요구하고 있다.

미국은 추격하는 중국을 견제하기 위한 정책과 전략을 구사하고 있다. 이미 역내의 상황은 미국을 중심으로 한 안보협력체계가 작동하고 있으며, 미국은 한국의 참여를 요구하면서 안보협력을 위한 시스템을 더욱 보완하고자 하고 있다. 이와 같이 한반도를 둘러싼 역내의 환경은 복잡하게 형성되면서 예측 불허의 상황으로 전개되고 있다. 국가

19) 외교부보도자료, 「제11차 한미 방위비분담특별협정(SMA) 협상 최종 타결」, 2021.3.10.

이익을 추구하는 2개의 강대국은 우리나라에게 선택을 강요하고 있다. 우리나라와 군사동맹 관계에 있는 미국이 설정하고 있는 인도-태평양전략은 부상하는 중국을 견제하는 것임은 부인할 수 없는 사실이다. 또한 중국이 이에 반발하면서 우리나라를 자국 편으로 끌어들이고자 하는 것도 이미 밝혀진 사실이다. 미국은 안보를, 중국은 통상을 내세우며 우리나라에게 시그널을 보내고 있다. 과거 미국이 사드 배치를 추진하고자 할 때 우리나라는 중국으로부터 경제보복을 당하기도 하였다. 중국은 우리나라가 안보문제를 이유로 미국에 경도되는 것을 좌시하지 않겠다는 의지를 보인 것이다. 그렇지만 현실적으로 우리나라는 미국과 한미동맹을 체결하여 이를 유지하고 있으므로, 안보와 통상문제에서 대단히 어려운 해법을 찾아야 할 형편이다. 사드는 2017년 4월에 경북 성주에 선정한 기지로 반입되었다.[20] 미군이 운용하는 사드는 종말단계 고고도 지역방어(THAAD, Terminal High Altitude Area Defense)체계를 말한다. 이는 미국 미사일방어(MD) 체계의 핵심 전력 중 하나이며 사거리 3,000km급 이하의 단거리·중거리 탄도미사일을 40~150km의 고도에서 직접 파괴하는 탄도미사일 방어체계이다.[21]

중국이 이를 반대하는 이유는 자국의 군사정보 보호에 있다. 한국에 사드를 배치하게 된다는 것은, 한국이 미국의 미사일방어체계(MD체계)에 편입된다는 것을 의미하는 것이며, 또 다른 하나는 사드의 레이더망에 중국이 포함되어 자국의 안보에 문제가 발생하기 때문이다. 그렇지만 우리나라는 한미 상호방위조약 제4조에 근거하여 기지건설에 필요한 부지를 제공하였다.[22] 이를 본 중국은 우리나라에 대하여 노골적으로 적대감을 드러냈으며, 이는 통상보복으로 이어졌다. 중국은 통상보복이 없다고 부인하였다. 그러나 우리나라의 외교부장관과 미국의 에드 마키(Ed Markey) 상원의원을 비롯한 상·하원 대표단과의 면담 과정에서 이와 같은 내용이 언급되었다. 미국의 의원들은 사드 배치 관련 문제의 근원인 북핵 문제보다 한국에 대한 경제적 보복을 지속하고 있는 중국에 대한 실망감을 표시하였다는 보도가 있었다.[23]

한때 우리나라는 중국으로부터 '3불 약속'을 하였으니, 이를 이행하라는 요구를 받기도 하였다.[24] 중국은 중국외교부를 통하여 '3불 약속'이라고 표현하였다. 이를 두고 우리

---

20) 2014년에 당시 한미연합사령관에 의해 최초로 전개 요청 발언이 있었다. 이에 대해 중국은 2015년 한중국방장관회담에서 우려의 뜻을 표명하였고, 2016년 미중정상회담에서 시진핑 주석은 이에 대해 "한국에 사드 배치는 단호히 반대한다."고 하였다.

21) 국방부, 『2016 국방백서』(서울 : 국방부, 2018), p61.

22) 한미 양국이 1953년 10월 1일 체결한 상호방위조약 제4조 (배치권리/허여) 상호합의에 의하여 결정된 바에 따라 미합중국의 육군, 해군과 공군을 대한민국의 영토 내와 그 주변에 배치하는 권리를 대한민국은 이를 허여하고 미합중국은 이를 수락한다.

23) 외교부 보도자료, 「강경화 장관, 미국 상·하원 대표단 면담」, 2017.8.22.

24) 한국일보, 「"3불 약속 지켜라" 한국 거듭 압박하는 중국」, 2017.11.1.

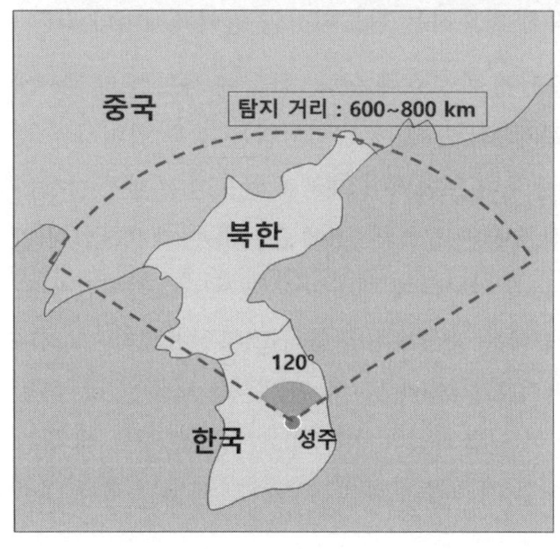

» **사드체계(위)와 레이더 범위 추정도**

사드는 현존하는 가장 우수한 미사일방어 체계라고 볼 수 있다. 2005년부터 미국에서 실시한 요격실험에서 모두 성공을 거두었다. 패트리엇 미사일과 함께 방어체계를 구축하면 수도권의 방공능력 향상에 도움이 된다는 것이 군의 입장이다.

나라의 정부에서 '약속'이라는 표현에 대하여 항의하였고, 중국도 이를 수용하여 '입장표명'으로 표현을 수정하였다.[25] 중국이 주장하는 '3불 약속'이란 우리나라가 중국에게 한 약속으로, ① 사드를 추가배치하지 않고 ② 미국의 미사일방어(MD)체계에 가입하지 않으며 ③ 한·미·일 안보협력이 군사동맹으로 발전하지 않을 것이라는 세 가지를 말한다. 이에 대해 정부에서는 약속한 것이 아니라, 우리의 입장을 설명해 준 것이 전부라는 입장이었다.[26] 그렇지만 이것 역시 논란의 소지를 안고 있다. 우리나라의 정부가 중국에서

25) 대한경제, 「정부, 중 '3불 약속'표현에 공식항의」, 2017.11.2.

말하는 '약속'을 하였다면 이는 대단히 중요한 문제이다. 또는 정부의 설명대로 '입장표명'에 불과한 말을 하였다 하여도 주권국으로서의 안보문제에 대해 지나치게 저자세로 일관했다는 비판을 피할 수는 없을 것이다. 중국은 자국의 안보를 위하여 주권국에 부당한 주장을 할 수 없다는 것을 인정해야 할 것이다. 이것은 한미동맹의 근간을 흔드는 문제로 발전할 수 있다. 이때의 상황을 보면 청일전쟁의 상황과 닮은 측면을 볼 수 있다. 그것은 양 강대국의 싸움에 끼여 있다는 것이며, 분쟁의 장소가 한반도라는 것이다. 사드 배치를 두고 양국이 싸우는 통에 피해를 감수해야 하는 우리나라의 상황은 그때와 유사한 점이 보인다. 전철을 되풀이 하지 않기 위해서는 변화에 따른 능동적인 대처가 필요하다.

트럼프 행정부가 들어서면서 미국은 자국의 이익에 우선하는 정책을 더욱 노골화하여 추진하였다. 전통적인 군사동맹 관계에 있는 미국의 미국우선주의정책에 따라 이를 힘으로 뒷받침하는 인도-태평양전략이 우리나라의 안보에 어떻게 투사되고 투영되는지를 분석해 보는 것은 생존을 보장받고 번영을 추구하는 차원에서 대단히 중요한 과제이다. 이러한 미국의 전략은 바이든 행정부에서도 계속 유지될 것으로 보인다.

바이든 대통령은 2021년 2월 10일 취임 이후 시진핑과 첫 전화통화를 하였다. 백악관은 성명을 통해, "바이든 대통령은 중국의 강압적이고 불공정한 경제 관행, 홍콩 탄압, 신장 지역의 인권침해 및 대만을 포함한 지역 내의 독선적인 행동에 대해 근본적인 우려를 표시했다."고 밝혔다.[27] 또한 11일 백악관에서 만난 일부 상원의원들에게 중국문제에 대하여, "우리가 행동하지 않으면, 그들은 우리의 점심을 먹어 버릴 것(eat our lunch)"이라고 언급하였다.[28] 그렇지만 시진핑은 바이든의 언급을 내정간섭 문제라며 수긍하지 않았으며, 중국의 핵심이익을 존중해 줄 것을 요구하였다. 두 정상이 자국의 핵심이익을 놓고 충돌한 것으로 볼 수 있다. 양국이 주장하는 핵심이익의 접점을 찾아 타협하기에는 많은 어려움이 따를 것으로 보인다. 중국은 미국의 견제를 강력히 저지하기 위해 필사의 노력을 하고자 할 것이며, 미국은 동맹을 끌어 들여 중국의 약진을 견제하고자 할 것이다.

이를 보면, 우리나라를 둘러싼 양 강대국을 중심으로 한 국제환경은 복잡하고 미묘한 관계로 얽혀 있음을 발견할 수 있다. 2019년 6월 한미 정상회담에서 공동언론 발표를 통하여 "지역·글로벌 이슈에서도 한미 양국은 동맹국으로서 적극 협력할 것입니다. 아시아·태평양은 양국의 평화와 번영 유지에 핵심적인 지역입니다. 우리는 개방성·포용

---

26) 동아일보, 「남관표, "3불원칙 중에 약속한 건 아니다」, 2020.10.22.
27) 동아일보, 「바이든, 시진핑 통화 다음날 "중이 우리 점심을 먹어버릴 것"」, 2021.2.15.
28) 미국에서 '점심을 먹어 치워 버린다'의 말은 '누군가를 이기거나 물리친다'는 의미를 나타낸다.

성·투명성이라는 역내 협력 원칙에 따라 한국의 신남방정책과 미국의 인도·태평양 전략간 조화로운 협력을 추진하기로 했습니다."라는 입장을 밝혔다. '조화로운 환경'이란 추상적이기도 하지만 이를 구체화시켜 실행한다는 것은 대단히 어려운 과정이 될 것이다. 우리나라의 외교전략을 살펴보면, '안보는 미국, 경제는 중국'에 치우치는 경향을 보이고 있다. 양강대국의 사이에서 이를 적절히 활용해야 한다는 주장은 지속적으로 대두되고 있다. 그렇지만 이러한 우리의 선택을 양강대국이 묵인해 줄리는 만무하다. 우리나라는 냉엄한 현실에서 냉정한 선택을 스스로 하여야 할 것이다. 이른바 '안미경중(安美經中)전략'은 냉엄한 현실에서 존립하기 어려운 전략이다. 강대국의 틈바구니에서 양강대국 모두에게 외교적으로 고립되지 않는 것이 중요하다. 이러한 환경에서 우리가 구사할 전략을 심도 깊게 탐색해 보면서 길을 찾아야 할 것이다.

구한말의 상황을 반추해 보면 허약한 국력을 가지고는 자주성을 유지할 수 없었다. 힘이 없게 되면 어느 하나의 강대국에 흡수되고 만다는 경험을 하였다. 따라서 국력의 신장을 위한 노력만이 외교적으로는 자주성을 유지할 수 있으며, 강대국을 사이에 두고 있더라도 균형감을 유지할 수 있을 것이다. 미국과 한미동맹을 체결할 당시에는 미국과 비교할 수 없는 국력과 군사력이었다. 그러나 현재는 군사전략으로부터 군사기술에 이르기까지 호환성은 물론이고 상호보완의 수준까지 도달하기에 이르렀으며 전시작전권 환수를 목표로 하고 있다. 실로 놀랄 만한 성과를 보였다. 우리는 전쟁을 치르면서는 미군과의 연합작전, 전쟁 이후에는 연합연습과 훈련을 통하여 미군과의 돈독한 관계를 유지하였다. 이러한 과정에서 그들에 대하여 많은 것을 이해하고 알게 되었다.

» 한미 양국군의 연합상륙훈련

한미동맹은 세계적으로 가장 성공한 사례로 꼽힌다. 미군으로부터의 안보지원을 통하여 경제성장에 전념할 수 있었으며, 기록적인 성장을 달성했다는 평가를 받는다.

» **상하이 푸동 모습(위는 1990년, 아래는 2018년)**

1990년에 중국공산당은 상하이 푸동을 개발 및 개방하기로 하였다. 20년이 지난 지금 푸동은 세계적으로 유명한 금융 중심구가 되었다. 수백 개의 다국적기업 지역본부를 비롯하여 상하이 증권거래소, 외환거래센터 등이 있으며 수천 개의 첨단기술기업이 몰리면서 중국 개혁개방의 상징이 되었다. 중국은 경제력의 발전에 힘입어 군사력도 증가일로에 있다.

출처 : 주한중국문화원

이제는 미국을 맹추격하는 중국에 대해서도 현대적 차원에서의 심도 깊은 분석이 필요한 시점이 되었다. 중국은 우리와는 이웃 국가이며 고대로부터 수많은 교류를 하면서 문명의 동질성을 유지하고 있다. 중국은 우리에게는 애증이 교차하는 국가이기도 하다.

문물을 교류하는 동반자이면서 때로는 침략자이기도 하였다. 현대의 중국은 높은 교육열을 바탕으로 과거의 영광을 재현시키고자 노력하는 흔적이 곳곳에서 발견되기도 한다. 중국은 우리나라와 1992년 수교하였으며 현재는 전략적 협력 동반자 관계로 격상되었다. 그간의 관계 설정에 대해 주중대사관의 자료를 살펴보면 다음과 같이 정리된다.[29)] 우호협력관계(1992년) → 21세기를 향한 협력동반자 관계(1998년) → 전면적 협력동반자 관계(2003년) → 전략적 협력동반자 관계(2008년)로 발전하였다. 수교 이후 양국의 교역규모는 1992년 63억불에서 2019년에는 2,434억불로 약 39배 증가하였으며, 최대의 교역 대상국으로 자리 잡았다. 인적교류 역시 1992년 13만 명에서 2019년에는 1,037만 명으로 약 80배의 증가를 보였다. 정리해 본다면 중국은 우리에게 있어서 중요한 이웃이자 협력의 파트너인 관계이면서 경계의 대상이라는 양면성을 갖고 있다.

지피지기(知彼知己)의 길

중국과의 관계는 설령 우리가 원하지 않더라도 중국과 우리나라는 떼어낼 수 없는 관계에 있다. 고대로부터 동일한 문화권을 형성하면서 오랜 역사를 통하여 애증의 관계를 지닌 이웃의 국가이다. 지각변동이 크게 발생하지 않는 한 지정학적으로 얽힌 숙명적인 관계는 계속될 것이며, 이러한 점에는 크게 이견이 없을 것으로 보인다. 그러므로 우리는 중국을 이해하는 안목이 필요하며, 그중에서도 그들의 전쟁관과 군사전략을 이해하는 것은 생존과 번영을 위하여 대단히 중요한 일이다. 이를 위해서는 그들의 정서와 전쟁관과 군사전략이 녹아 있는 고전을 찾아보는 것도 하나의 방법이 될 것이다.

『삼국지』는 당대에 펼쳤던 중국의 국가전략, 군사전략이 스며들어 있으며 그들의 전쟁관을 엿볼 수 있기도 하다. 또한 현대의 중국이 구사하는 국가정책에서도 공통점을 찾게 해 주기도 한다. 그들의 유전자는 그들이 자랑하는 고전의 영향을 받으며 오랜 세월을 거치면서 형성되어 왔을 것이다. 따라서 숙명적인 관계에 있는 중국을 이해하고 극복하기 위해서는 그들이 아끼는 고전『삼국지』속에서 지피지기(知彼知己)의 지혜를 찾아보는 것도 하나의 좋은 방법일 것이다. 또한『삼국지』는 중국의 고전을 넘어 이미 인류의 고전으로까지 자리 잡았음을 인정해야 할 것이다. 고전의 가치는 처음 만들어진 당대는 물론이고 오랜 세월이 지나면서도 변하지 않는 진리와 가치를 내포하고 있다.

29) 주중대사관 홈 페이지에서 검색한 내용임(검색일: 2021.3.3.)

그러므로 이를 읽고 내면의 숨은 의미를 찾아 본다는 것은 나름의 가치를 갖고 있을 것이다.

통일된 대륙은 또 다시 말기의 혼란한 시대를 맞아 삼국이 정립되면서 이들 국가는 첨예한 대립을 벌이며 패권을 쟁취하고자 하였다. 한나라 말기에 난세의 시대를 맞은 것이며, 이것은 분열의 시대를 의미하고 것이다. 혼란을 맞아 나타났던 수 많은 군웅들은 세월이 지나면서 보다 강대한 세력에 의해 하나 둘씩 정리되었다. 결국에는 조조, 유비, 손권이라는 3인에 의하여 삼국이 정립되었다. 삼국은 세력의 균형을 유지하기 위하여 치열하게 경쟁하기도 하였으며, 때로는 국가의 이익에 따라 동맹관계를 형성하여 다른 하나의 국가를 상대로 전쟁을 벌이기도 하였다. 어쩌면 통일보다는 국가존망이 일차원적인 문제였을 것이다. 삼국은 대립과 동맹관계를 통하여 경쟁하면서 점차 통일을 향하여 나아가기 시작하였다. 분열과 통일의 연속되는 과정은 이처럼 예나 지금이나 변함없이 진행되고 있다. 역사는 되풀이 된다는 반복성을 보여준다. 특히 중국의 통일은 한반도에 미치는 영향이 지대하였다.

대규모의 병력을 동원하여 한반도를 침략했던 시기의 중국은 통일왕조를 완성한 시대였다. 수나라와 당나라는 대륙을 통일하고 다음으로 진행하고자 한 과업은 한반도를 복속시키고자 하는 일이었다. 반대로 중국이 분열된 시기에는 이러한 침략의 역사가 드물게 나타났다. 현재의 중국은 아편전쟁으로 굴욕을 겪으면서 중심에서 물러난 청나라 이후 최고의 번성기를 달리고 있다. 중국은 완전한 대륙의 통일을 위하여 '하나의 중국'이라는 정책을 기치로 내걸고 있다. 자치권을 인정받고 있던 홍콩에 대하여는 '홍콩보안법'을 제정하여 중앙정부의 통제력을 강화하고 있다. 또한 대만과의 관계에서는 미국의 대만에 대한 지원과 개입을 적극 경고하고 있다. 이뿐 아니라 신장위구르 지역의 독립운동을 지속적으로 탄압하고 있다. 이러한 일련의 상황을 중국의 역사에서 찾아보면 완전한 통일을 이루고자 하는 과정으로 볼 수 있다. 이를 위하여 중국은 유엔을 비롯한 세계 각국의 우려속에서도 무력을 동원하고자 할 것이다. 그들의 고대로부터 내려오는 전쟁관에서 이를 예측해 볼 수 있다.

지금 이 시간에도 지구상에서는 치열한 생존과 발전을 위한 다툼이 지속적으로 발생하고 있다. 생존과 발전을 위하여 분열(독립)되고자 하는가 하면, 또 다른 쪽에서는 통일을 통하여 생존과 발전을 이루고자 고심하고 있다. 또한 패권의 지위를 유지하기 위하여 또는 패권을 쟁취하기 위하여 국가전략을 수립하고 이를 뒷받침하기 위한 군사전략을 구사하고 있다. 삼국이 벌였던 패권 경쟁은 오늘날에도 많은 시사점을 주고 있다.

혼란과 혼돈의 시대는 비단 오늘날만은 아니었다. 『삼국지』의 영웅들이 활약했던 시대에도 유사하였다. 전략적 안목을 갖고 감탄사가 절로 나올 신묘한 국가전략을 수립한 당시의 인물들을 떠 올리게 한다. 물론 『삼국지』는 소설이라는 한계를 가지고는 있지만 절제절명의 상황을 극복하는 전략과 전술에서 많은 교훈을 얻을 수 있다. 오늘을 사는 지혜를 얻기 위해서는 끊임없는 역사와의 대화가 필요하며, 고전은 이에 대해 한 발자국 가까이 갈 수 있는 좋은 반려자가 된다.

우리나라는 오랜 역사를 통하여 중국과의 밀접한 관계를 유지하여 왔으며, 현재에도 여전히 주변국 중에서 핵심적인 위상을 유지하고 있다. 이는 한반도가 갖고 있는 지정학적 위치에서 오는 중요성으로 인한 결과였으며 앞으로도 크게 변함은 없을 것이다. 중국은 협력의 관계이기도 하지만, 북한을 사이에 둔 우리나라는 군사적으로는 예민한 관계에 있는 국가이다. 우리가 중국을 군사적으로 깊이 있게 알 필요가 여기에 있다. 따라서 중국의 전쟁관이 녹아 있는 『삼국지』는 지피지기(知彼知己) 차원에서 도움이 되리라 본다. 또한 당면한 현실을 극복해 나갈 교훈과 지혜를 『삼국지』에서 찾아보는 것은 의미가 있을 것이다.

중국은 일찍부터 수많은 병서가 존재하여 왔다. 가히 '병법의 나라'라고 하여도 손색이 없을 지경이다. 무경칠서라는 동양을 대표하는 일곱 가지의 병법서를 이미 오래전부터 갖고 있었다. 무경칠서는 '육도, 삼략, 손자병법, 오자병법, 사마법, 이위공문대, 울료자'의 일곱 가지의 병서를 말한다. 이중에서 『손자병법』은 동서양 모두에서 인정하는 병법서이다. 『삼국지』를 읽다 보면 그들이 자랑하는 『손자병법』의 많은 부분이 스며들어 있는 것을 발견하게 된다. 이러한 연관성은 현재까지도 그들의 국가정책에서 찾아볼 수 있다. 병법은 '속임수'를 기본으로 한다. 그러므로 전략과 전술 역시 속임수를 바탕에 둔다는 사실은 지극히 당연하다. 『삼국지』를 읽다 보면 6·25전쟁 당시 그들이 구사했던 전략과 전술의 배경을 이해하는 실마리를 제공받기도 할 것이다.

2. 『삼국지』와 중국

고전 『삼국지』 개관

우리가 흔히 부르는 『삼국지』는 진수(陳壽, 233~297)[30]의 정사 『삼국지(三國誌)』에 나오는 위(魏)·촉(蜀)·오(吳) 삼국의 역사를 바탕으로 하여 쓴 소설을 말한다. 정사 『삼국지』는 280년에 편찬되었다. 소설 『삼국지』는 정사 『삼국지』에 기반을 두고 원명 교체기에 살았던 나관중(?~1400)에 의해 쓰여졌다. 그러므로 약 1,100여년이라는 시공의 차이가 발생한다. 그렇지만 나관중에 의한 소설 『삼국지』가 쓰여지기 이전에도 삼국의 전쟁 이야기는 만담꾼들에 의해 전해져 내려오고 있었다. 중국에서는 나관중의 『삼국지』가 나오기 이전부터 천하의 패권을 놓고 기나긴 세월 동안 삼국이 벌였던 전쟁 이야기가 입에서 입을 통하면서 재미를 붙여왔다. 긴 세월과 무대의 광활함에 걸맞게 이야기 속에는 다양한 인물들이 개성과 특색 있는 모습으로 묘사되어 민중의 사랑을 받아 오고 있었다.

시대적 기간은 후한말의 184년부터 진나라에 의해 통일을 이루는 280년까지의 기간을 말한다. 후한말의 혼란한 상황을 거치면서 위·촉·오 삼국이 정립되었으며, 이때부터 삼국은 본격적으로 패권 다툼을 벌이게 된다. 『삼국지』에 등장하는 영웅들을 중심으로 한 이야기는 오랜 세월을 거치면서 각색되기도 하였는데, 이것은 듣는 이들의 흥미를 유발시키기 위함이었을 것이다. 영웅호걸들이 천하의 패권을 놓고 펼치는 대서사시는 전쟁을 중심으로 이어지고 있다. 그 속에서 벌어지는 음모와 지략은 비록 거대한 목적을 가지고 있다 하여도, 평범한 민초들이 치열한 삶의 현장에서 벌이는 생활상에서도 닮은꼴을 찾아볼 수 있다. 이것이 『삼국지』가 갖고 있는 공감력이기도 하다. 이러한 과정을 거치면서 『삼국지』는 웅장하고 재미있는 이야기꺼리로 거듭 태어나게 되었으며, 오랜 세월 동안 인구에 회자되는 동력이 되었다.

이렇다 보니 송나라 시대에는 『삼국지』를 이용한 전문 이야기꾼까지 생겨났다. 전문 이야기꾼의 손을 거치면서 이야기는 흥미에 흥미를 한층 더 덧붙였다. 흥미로운 영웅들의 이야기는 듣는 사람은 물론이고 말하는 사람도 신이 났으며, 그 내용은 끝이 없는 대

30) 정사를 기록한 진수는 소설 『삼국지』에 나오는 진식의 아들이다. 그는 군령을 어겼다는 죄로 제갈량에 의해 참수된 인물이다.

≫ 산 능선을 따라 축조된 만리장성

출처 : 주한중국문화원

서사시였다. 오랜 세월을 거치면서 이러한 이야기를 집대성한 내용의 책이 나오기 시작하였다. 그러나 흥미 본위로 구전되다 보니 정사의 『삼국지』와는 너무나 동떨어지는 대목도 나타났다. 야담에 기초한 내용을 중심으로 만들어진 책이었기에 흥미는 있으나 정사와의 차이는 존재하고 있었던 것이다. 이에 나관중은 정사에서 크게 벗어난 부분을 바로잡아 장회소설[31]의 형식으로 소설을 편찬하였다. 그는 정사의 사실적인 기록과 그동안 구전되어 온 이야기를 집대성하여 소설책을 만들어 냈다.

그가 『삼국지』를 집필한 때는 소설의 무대가 되는 시대로부터 대략 1000여년의 세월이 지난 원말명초 시절이었다. 이것이 오늘날 일반적으로 줄여서 『삼국지(三國志)』라고 부르는 『삼국지연의(三國志演義)』이며, 원명은 『삼국지통속연의(三國志通俗演義)』이다. '연의'의 사전적 의미는 '사실을 쉽게 이해할 수 있도록 재미있게 설명'한다는 것이다. 그러므로 『삼국지연의』는 정사의 사실을 기본으로 하여 재미있게 만든 소설이라고 보면 될 것이다. 천년의 세월을 거치면서 수많은 이야기가 보태지면서 구전에 구전을 거듭하였고, 나관중은 이를 보다 체계적으로 정리한 것이라고 보면 될 것이다. 수많은

31) 장편소설의 내용을 전개하는 방식을 말하는데, 방대한 소설의 내용을 여러 개의 장이나 회로 구분하여 서술한 것을 말한다.

세월을 거치면서 인생의 희로애락(喜怒哀樂)까지도 투영시킨 재미있는 이야기가 소설책으로 나온 것이다. 우리나라의 선조실록에도 언급되는 것으로 보아 그 이전부터 읽혀지고 있었을 것으로 짐작된다.

우리나라에서도 많이 읽힌 원인은 조선의 통치이념인 충효의 덕목과 소설에서 보여주는 군주에 대한 충절 등에서 일치하는 부분이 많았기 때문으로 추정해 볼 수 있다. 오늘날 번역되는 『삼국지』의 대부분은 청나라 시절인 1679년에 모성산과 모종강 부자에 의해 만들어진 『삼국지연의』이다. 이들 부자는 촉한정통론(蜀漢正統論)에 기초하여 문체를 간결하게 정리하면서 작품의 통일성을 높였다. 즉, 유비를 주인공으로 삼았다는 것이다. 이것은 정사와는 차이가 있는 부분이다. 그렇지만 뜻을 이루지 못한 영웅을 중심으로 하였기 때문에 소설의 재미는 더 좋아졌을 개연성도 있으며, 이점이 민중의 공감을 더 많이 이끌어낼 수도 있었다고 보인다.

평범한 보통 사람들의 인생살이에서도 성공하여 부귀영화를 누리는 계층보다는 목표한 바를 이루지 못하고 살아가는 경우가 더 많다. 이러한 부분은 규모의 차이는 있으나 동일한 감상을 끌어내는데는 충분하였을 것이다. 대부분의 평범한 사람들은 일상에서는 크게 성공하기 보다는 현상유지에 만족하면서 소박한 삶을 살아가는 부류가 월등히 많다. 원대한 포부와 목표를 갖고 젊은 시절에 호기롭게 출발했으나 일명 '금수저'가 아닌 이상 갖가지 장애물에 걸려 중도에 좌절하였던 기억을 많은 사람들이 갖고 있다. 이러한 질곡진 삶을 겪으며 살아온 많은 사람들은 이루지 못한 응어리진 한(恨)을 간직하고 있으며, 대망을 이루지 못한 아쉬움을 유비의 모습에서도 보았을 것이다.

소설에서 나오는 유비 삼형제와 제갈량을 비롯한 주요인물 역시 변변한 바탕을 갖고 출발한 부류는 아니었다. 이들은 입신출세를 뒤로 하고 대의명분을 간직한 채 험난한 길을 걸었으나, 그들의 목표를 달성하지는 못하였다. 오히려 이러한 점이 많은 대중에게 공감을 불러일으키며 위안을 주기도 했을 것이다. 그렇지만 정사 『삼국지』에서는 정통성을 위나라로 삼고 있다. 그렇기에 당연히 조조를 주인공으로 삼는다. 삼국을 통일한 진나라는 조조가 세운 위나라를 이은 나라이며, 정사 『삼국지』를 편찬한 진수는 진나라 시대의 인물이다. 그렇기 때문에 그는 자신이 몸 담고 있는 진의 전신이자 진나라를 태동시킨 위나라를 정통으로 삼게 되었을 개연성도 존재한다. 이는 과도한 추정은 아닐 것이다.[32] 그렇지만 단순히 정사와 소설의 저자가 살았던 시대만을 가지고 주인공을 운운하기에는 부족하다.

32) 조조의 위나라(220~265)는 불과 45년 밖에는 존속하지 못했다. 이후에 서진(265~316), 동진(317~419), 남북조(420~589) 시대를 거치면서 다시 분열되었다. 그 후 중국 대륙은 수나라에 의해 통일되는 과정을 겪는다.

역사를 거치면서 시대적 분위기에 따라 요구하는 인물상을 찾게 되면서 소설에 등장하는 주요인물(조조와 유비)의 가치는 변화를 겪었다. 즉, 국가의 통치이념의 영향을 받으면서 존경과 타도의 대상에 변화를 가져왔다는 것이다. 하나의 예를 들면, 남송 시대의 성리학자들은 대의명분을 중요시 하였다. 따라서 '촉한정통론'이 중요하게 인정되던 시절이었으며 무엇보다도 국가에 대한 충절이 요구되고 있었다. 이 시기는 송나라가 북방의 유목민에게 시달림을 크게 받고 있었다. 어지러웠던 시기는 『삼국지』의 무대가 되었던 후한말의 상황을 떠올리게 하는 일치감이 있다. 그러므로 이를 활용하여 국가 차원에서는 변치 않는 충절 의식을 고양시킬 필요성이 대두되었을 것이다. 이러한 시대적 분위기는 만담가의 유창한 달변에까지 영향을 미쳤을 것이며, 이야기를 듣고 있는 민중들은 비록 쓰러져가는 왕조일망정 나라에 충성을 다하고자 했던 유비의 행위는 본받아야 마땅한 표상으로 다가왔을 것이다. 또한 제갈량, 관우, 장비의 유비를 향한 의리와 절개는 그 시대를 사는 모든 민중이 따라야 할 최상의 가치였으며, 그로 인해 그들의 활약에 환호를 하였을 것이다. 그 못지않게 그들이 패전하는 대목에서는 탄식을 내뿜으며 아쉬움을 나타냈을 것이다.

그렇지만 『삼국지』의 진정한 주인공은 독자가 선택할 영역이 아닌가 생각한다. 각자가 그리는 이상적인 인물을 '나의 주인공'으로 삼고 인생의 거울로 삼는다면 『삼국지』 읽기에 성공한 것으로 생각해도 될 것이다. 『삼국지』는 중국의 4대 기서(奇書)로 불리는 『수호전(水滸傳)』, 『서유기(西遊記)』, 『금병매(金瓶梅)』 중의 하나이다. 최근에는 기서라

» 중국의 4대 명저(『삼국지』, 『수호지』, 『서유기』, 『홍루몽』)

출처 : 주한중국문화원

는 말 대신에 4대 명저(名著)라고도 하며, 『금병매(金瓶梅)』 대신 『홍루몽(紅樓夢))』을 포함시키기도 한다.

후한말은 십상시라 불리던 정치 환관들이 극성을 부리던 시절이었다. 제11대 환제 때부터 권력의 중심으로 진입하기 시작한 환관들은 영제가 즉위하고 나서부터는 조정의 권력을 완전히 장악하기에 이르렀다. 이러한 비정상적인 정치 상황은 나라를 더욱 혼란스럽게 하였으며, 마침내 황건적이 발호하는 빌미를 주고 말았다. 혼란한 시기를 맞아 각지에서 입지를 다지며 기회를 엿보고 있던 지방의 실력자들은 이를 물리치자는 명분으로 군대를 일으키기 시작하였다. 바야흐로 수많은 군웅들은 치열한 각축전을 벌이면서 천하를 차지하기 위한 쟁탈전에 돌입하였다.

『삼국지』는 이러한 시대적 배경을 안고 출발하고 있다. 본격적으로 삼국이 전쟁에 돌입한 것은 촉한 건국으로부터 동오가 멸망하는 과정까지이다. 그러므로 후한 말부터 보아도 100여년이 되지 않는다. 혼란의 시대와 등장하는 영웅들 그리고 그들이 엮어가는 대서사시는 대륙의 스케일 만큼이나 웅장한 장면의 연속을 다루고 있다. 또한 혼란한 시대를 극복하겠다고 나선 수많은 등장인물들은 각자의 특징 있는 캐릭터로 인해 특유의 흥미를 주고 있다. 등장하는 인물만도 약 400여 명에 달한다.

이로 인해 책을 읽는 동안 독자는 자신도 모르는 사이에 이들 영웅호걸 중에서 호감이 가는 인물과 자신을 감정이입시키기도 한다. 이러한 과정에서 그를 롤모델로 삼아 인생을 사는 교훈과 지혜를 터득하게 만들기도 한다. 우리 모두는 인생을 살면서 리더이자 팔로워로서의 역할을 하고 있다. 영원한 리더도 영원한 팔로워도 없다. 역할은 수없이 반복의 과정을 겪는다. 특히 이것은 현대를 살아가는 모든 사람들의 숙명이기도 하다. 『삼국지』는 리더에게는 리더십을 팔로워에게는 팔로워십의 교훈을 명확하게 주고 있다. 이 과정에서 인간의 진면목과 본능적인 반응까지도 적나라하게 담아내고 있다. 목표를 달성하기 위한 기발한 계책과 조직을 장악하고 결속시키는 리더십, 탐욕에 찌든 상상을 초월하는 인간의 본능을 묘사한 것은 『삼국지』가 갖고 있는 매력이기도 하다.

이로 인해 가장 오랫동안 남녀노소를 불문하고 다양한 계층에서 읽히는 대중성 높은 책으로 이미 오래전부터 위치를 굳혔다. 이토록 오랫동안 읽혔다는 것은 모든 계층의 공감을 받았기 때문이다. 공감을 불러일으킨 것은 너무나도 인간적인 면모를 그려냈다는 것이 하나의 요인이다. 범접할 수 없는 리더이지만 그의 인간 본성을 적나라하게 보여주기도 하면서, 평범한 등장 인물들의 본성까지도 정밀하게 묘사하고 있다. 최고 권력자 황제로부터 조직의 하층부를 구성하는 다양한 인물을 등장시켜 권력을 장악하기

» 중국인에게 '어머니의 강'으로 불리는 황하의 모습

출처 : 주한중국문화원

위한, 또는 목숨을 부지하기 위해 고군분투하는 인간 본성의 밑바닥까지 적나라하게 노출시키고 있다.

인간의 본성과 결합된 치열한 경쟁 구도를 두고 펼치는 대서사시는 더욱더 큰 공감을 불러일으키기에 충분하였다. 어느 시대를 막론하고 치열하고 첨예한 대립을 피할 수는 없었으며, 이러한 현상은 권력자뿐 아니라 소시민의 생활에서도 동일하게 나타나는 현상이다. 영웅호걸을 내세웠지만 결국은 평범한 소시민의 이야기로 치환하여 볼 수 있는 것이다. 즉, '나의 모습'을 소설의 등장인물을 통하여 볼 수 있었던 것이다. 『삼국지』에서 독자들은 소설 중에 등장하는 인물들이 본질적으로 갖고 있는 인간의 양면성을 보면서 삶의 본질이 무엇인가를 되묻기를 반복하면서, 지혜를 터득할 수 있는 통로를 발견할 수 있다. 또한 국제질서의 흐름과도 비교해 볼 수 있다.

미국을 중심으로 하는 패권주의와 이를 추격하는 중국의 모습은, 수많은 세월의 흐름이 있었지만, 창과 방패를 주무기로 삼았던 삼국이 추구하던 천하통일의 야망 실현과 너무나 닮아있다. 21세기를 사는 현대에도 그 옛날의 이야기가 반복되고 있는 것이다. 다만 무대가 중국에서 전세계로 확대되었을 뿐이다. 『삼국지』의 무대가 전개된 시기로부터 시간은 흐르고 흘러 벌써 이천여 년의 세월을 바라보고 있다. 그렇지만 그때의 이야기는 지금도 많은 사람들에게 회자되고 있으며, 어려운 상황이 등장할 때마다 비유되곤 하면서 해답의 실마리를 제공하기도 한다.

중국에서는 "젊어서는 『삼국지』를 읽고 늙어서는 『삼국지』를 읽지 말라."라는 말이 있다고 한다. 이 말은 다양한 해석을 할 수 있지만, 젊은 사람이 읽게 되면 인생을 사는 슬기로운 지혜를 간접적으로 구할 수 있는 귀중한 책이라는 뜻으로 받아들일 수 있다. 그렇지만 늙은 사람이 읽게 되면 너무나 귀중한 교훈을 갖고 있는 책이라는 것을 뒤늦게 알고, 젊은 시절에 일찍 읽지 못한 자신의 어리석음을 한탄하면서 후회만을 할 수도 있다는 염려가 숨어 있는 말이 아닌가 싶다. 그러나 100세 시대를 사는 현대에 있어서는 비록 젊었을 때는 읽지 못했을지라도 나이 든 후에라도 한 번쯤은 읽어 볼 가치가 있는 책으로 보아도 좋을 것이다. 또한 『삼국지』에서 이야기하는 다양한 문제들은 비록 과거 속의 일이지만, 다시 한번 되새겨 보면 오늘의 문제이자 내일의 문제임을 알게 한다. 즉, 오늘을 현명하게 살며 내일을 준비하기 위해서는 반드시 필요한 내용임을 공감하게 된다. 과거를 살았던 사람이나 현대를 사는 사람들 어느 누구를 막론하고 인간의 본성은 별반 차이가 없기 때문이다.

소설 속에서 펼쳐지는 각종 권모술수는 국가를 위한 또는 전쟁과 전투에서 승리하기 위한 대의명분과 함께 인간의 본성을 담고 있다. 난무하는 투쟁 속에서 살아남기 위해 벌이는 온갖 권모술수는 치열한 삶의 현장을 그대로 재현하고 있다. 이것은 평범한 직장 생활에서 벌어지는 치열한 생존을 위한 투쟁과 너무도 닮아있다. 그렇기 때문에 읽는 독자로 하여금 공감을 끌어낼 수 있으며, 정의와 불의를 가리게도 하는 것이다. 또한 질서에 순종시키는 결과로도 작용하였다. 인간의 적나라한 본성을 보이면서 첨예한 지혜와 기 싸움을 펼치는 장면은 흥미와 교훈을 주는 명대사와 고사성어를 수없이 만들어 내기도 하였다. 얼핏 보면 같아 보이지만 분명한 차이가 있는 다양한 상황은 항상 새로운 기대와 관심을 끌어내면서 창의성의 본질을 일깨우기도 한다. 그리고 그 장면에서 책을 읽고 있는 독자 자신과 소설 속의 주인공이 오버랩 되기도 할 것이다. 그만큼 실생활과 밀접한 연관이 있다는 것이 흥미를 끈다.

『삼국지』를 반복해서 읽다 보면, 내가 롤모델로 삼았던 주인공이 어느 순간 바뀌고 있음도 발견한다. 그만큼 세파를 겪으며 치열한 삶을 살았다는 증거일 것이며, 시간이 흐르면서 본인이 처한 상황이 많이 변해 있다는 사실을 발견하게 해주는 것이다. 그러므로 자주 읽을수록 항상 새로운 감각을 이끌어내는 묘미를 갖게 한다. 또한 동일한 장

» 고색이 깃든 중국의 도시 풍경

출처 : 주한중국문화원

면을 놓고도 젊은 시절에 느꼈던 감정과 중년 또는 장년 시절에 읽는 느낌이 다르다. 아마도 이것이 『삼국지』의 가장 큰 매력일 것이다.

『삼국지』에 나오는 다양한 전투장면은, 군인들에게는 '싸워 이기는 전략과 전술'을, 기업인에게는 첨예한 생존환경에서 살아남는 경영전략을, 평범한 직장인에게는 사람과 사람과의 관계에서 원만한 처세를 할 수 있는 아이디어를 제공해 줄 수 있는 지침서이기도 하다. 비록 고대의 전투장면이지만 그 속에서 많은 교훈은 물론이고 '싸워 이기는 법'을 배울 수 있다. 이것은 군인뿐 아니라 일반인에게도 동일한 효과를 줄 것이다. 전투의 본질은 아무리 무기체계가 발전하여도 변하지 않으며, 전투의 본질과 일상생활에서의 생존을 위한 삶의 본질 또한 동일한 이치를 갖고 있다. 그러므로 『삼국지』의 전투장면은 누구에게나 해당되는 상황으로 받아들여도 문제가 없을 것이다. 따라서 이를 거울로 삼는다면 어려운 현실을 극복하는 현명한 지침을 제공받을 수 있을 것이다. 본서에서는 『삼국지』의 원 명칭인 『삼국지연의』로 기술하지 않고 일반적으로 부르는 『삼국지』로 통일하여 기술하기로 하겠다.

❖ 고전에 흐르는 중국의 전쟁관

국가의 형태는 부족단위의 오랜 세월을 거친 후에야 비로소 나타나게 되었다. 세월이 흐르면서 분열된 형태의 국가들은 끊임없는 통일전쟁을 벌였다. 통일은 반드시 민족의 통일만을 의미하지는 않았다. 보다 강한 국가로 존재하기 위하여 주변 국가들을 복속시키는 과정까지도 모두 포함되었다. 그결과 국가는 점차 현대의 모습을 갖추게 되었다. 그렇다고 하여 현대의 모습이 영원한 완성품이라는 것은 아니다. 분열과 통일의 과정은 끊임없는 진행형에 불과하다. 인류의 역사를 전쟁의 역사라고 하는 것은 분열과 합쳐지는 연속작용이 멈추지 않고 발생했으며, 앞으로도 발생한다는 의미를 갖고 있다. 합쳐진 국가는 다시 분열되고 또다시 합쳐지는 영원한 진행형을 멈추지 않을 것이다. 전쟁은 계속될 것이며 그 결과로 새로운 국가의 모습이 나타날 것이다.

국가는 전쟁의 결과로 만들어진다. 이러한 현상은 대륙을 품고 있는 중국에서도 예외는 아니었다. 오히려 땅의 넓이만큼이나 수없이 조각난 국가들로 나누어져 있었다. 이로 인해 더욱 치열한 과정과 오랜 세월을 겪으면서 합쳐지고 나누어지는 과정을 거듭해 오다가 오늘날에 이르렀다. 그렇기에 '천하대세(天下大勢) 분구필합(分久必合), 합구필분(合久必分)'이라는 말을 나오게 만들었을 것이다. 합쳐지고 다시 나누어짐을 거듭하면서, 국가는 세워지고 무너짐을 반복한다는 그들의 역사관을 문학적으로 표현한 구절이기도 하다. 또한 이것은 그들의 전쟁관이기도 하다. 이것은 비단 중국만의 경우는 아니었으며, 하늘 아래 존재하는 모든 나라의 공통된 모습이었다.

중국 역시 수많은 전쟁을 통하여 통일과 분열을 거듭하였다. 수많은 국가로 나누어져 있었을 초기에는 절대강자가 없는 상태였다. 그렇지만 살아남기 위해서, 또는 주변을 아우르는 세력이 되기 위해서 갖은 노력을 다했을 것이다. 살아남는 것을 넘어 강자로 존재하기 위한 국가전략 수립에 고심하면서 기회를 엿보았을 것이다. 이러한 과정속에서 진시황제는 통일된 제국을 이루었으나 역사의 법칙을 증명이나 하듯이 다시 분열되기 시작하였다. 혼란한 시기에는 걸출한 인물이 나타나서 시대의 흐름을 주도하는 것도 역사에서 많이 볼 수 있는 장면이다. 진시황 사후의 혼란한 시기에 유방이라는 걸출한 인물에 의해 다시 합쳐졌다. 유방은 항우보다 세력이 약했으나 결국에는 승리하였다. 그는 항우의 신뢰를 받기 위해 자신을 한껏 낮추는 처신을 하였다. 오랜 세월 동안 군사력을 강화시키면서 결전을 도모할 기회를 엿보고 있었다. 그 결과 해하전투에서 사면초가(四面楚歌)라는 고사성어를 만들어 내면서 항우를 깨뜨렸다. 유방의 처신을 보면 오늘날 중국이 구사하는 국가전략을 알 수 있다. 유방은 힘을 키울 때까지 기다린 것이며,

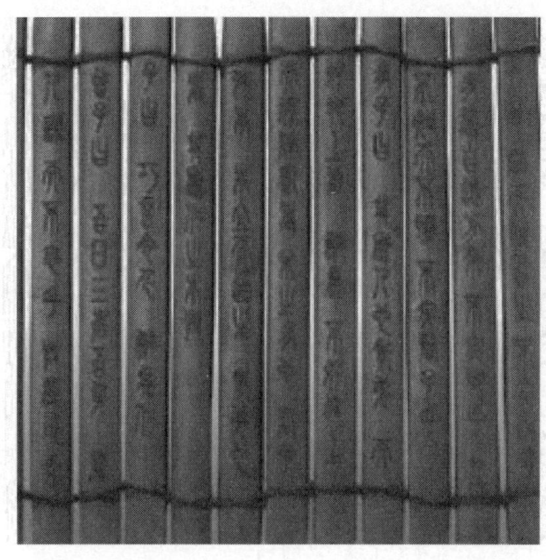

» 죽간(竹竿)

종이가 발명되기 이전에는 대나무 조각을 사용하여 문자를 기록하였다. 『손자병법』 역시 죽간을 이용하여 기록한 병서이다. 1972년에 한나라 시대의 무덤을 발국하였는데 여기에서 『손자병법』죽간이 발굴되기도 하였다.

출처 : 주한중국문화원

이것은 오늘날의 도광양회(韜光養晦)와 시대만 다를 뿐 동일한 전략이다. 그가 세운 한(漢)나라는 오늘날 중국의 본류를 이루게 하였다. 다시 합쳐진 한나라는 태평성대를 누렸으나 영원할 수는 없다는 것을 보여주었다. 다시 삼국으로 나뉘어 통일을 목표로 온갖 술수가 난무하는 전쟁을 겪었다.

삼국이 펼치는 전쟁에서 그들이 추구하는 전쟁관을 먼저 살펴보는 것이 전략의 형태를 도출해 내고 분석하는데 유리할 것으로 생각된다. 여기에서 말하는 전쟁관은 전쟁수행을 위한 가장 효과적인 방책으로 한정하고자 한다. 전쟁은 하지 않고 이기는 것이 최선의 방책이라는 것과 전쟁을 할 수밖에 없다면, 무엇이 최선의 방책인가는 『손자병법』에서 찾아볼 수 있다. 손자는 전쟁하는 방법을 등급을 정하여 설명하고 있다. 『손자병법』 모공(謀攻)편에서 전쟁의 등급을 다음과 같이 나누었다. '상병벌모(上兵伐謀), 기차벌교(其次伐交), 기차벌병(其次伐兵), 기하공성(其下攻城)'이 그것이다.

이를 풀이해 보면, '전쟁 수행의 최상은 전략을 세워 적의 모략을 깨뜨리는 것이며(상병벌모), 차선책은 적의 외교를 단절시키는 것이며(기차벌교), 그 다음이 적의 군대를 치는 것이며(기차벌병), 최하의 방법은 적의 성을 공격하는 것이다(기하공성).' 손자는 이와 같은 말로써 그의 전쟁관과 군사전략을 일목요연하게 단적으로 표현하였다. 이를 한 단어로 요약하자면 '부전승(不戰勝)과 선승이후구전(先勝而後求戰)' 사상이라고 할 수 있다. 이것은 국가전략과 군사전략의 영역을 알게 해주기도 한다. 또한 용병술체계에서 말하는 군사전략과 전술의 영역을 보다 쉽게 이해시켜 준다. 즉, 상병벌모(上兵伐謀), 기차벌교(其次伐交)는 국가전략 차원의 영역이며, 기차벌병(其次伐兵)은 군사전략의 차원, 기하공성(其下攻城)은 전술 차원의 영역으로 볼 수 있다.[33] 이를 보면 손자는 오래전부터 현대적 개념의 용병술 체계로 전쟁의 수준을 구분하고 있었음을 알게 해준다.

『노자(老子)』에서 나오는 전쟁관과 군사전략을 살펴보면, '이정치국(以正治國), 이기용병(以奇用兵), 바르게 나라를 다스리고 전쟁은 속임수로 한다'고 하였다. 전쟁은 계책이 중요함을 말하고 있다. 전쟁에서 세우는 계책의 중심에 속임수가 있음을 말하고 있다. 정치는 바르게 해야 하지만 전쟁은 속임수로 승리해야 한다는 것이다. 오늘날의 정치 지도자들이 음미해 볼 가치가 있는 구절이기도 하다. 전쟁과 전투의 수행은 군사의 영역이지만 전쟁을 시작하고 끝내는 것은 정치의 영역이다. 전쟁의 시작은 온갖 고난을 감내해야만 한다. 그러한 국가적인 차원의 큰일은 정치의 영역이다. 그러니 정치지도자들은 국익에 입각하여 이에 대한 판단을 하여야 한다. 국익을 위한 판단은 평소의 올바른 국정수행에서 비롯된다.

그렇지만 일단 전쟁이 시작되면 군사지도자들은 다양한 계책으로 이를 승리로 이끌어야 한다. 그 중심에 속임수가 있다고 하였다. 이는 최소의 희생으로 최대의 성과를 달성하여 조기에 전쟁을 종결시키기 위함이다. 손자와 노자의 군사사상에서 이를 발견할 수 있다. 이러한 사상은 『삼국지』에서도 찾아볼 수 있다. 유구한 역사를 거치면서 그들의 전쟁관과 군사사상이 소설에까지 투영된 결과이다. 중국은 많은 국가들로 분열되었던 관계로 어느 국가를 막론하고 대체적으로 열세의 국력으로 지내야 했다. 즉, 주변에 있는 적대적인 국가가 어느 국가와 연합한 경우에는 상대적으로 자국보다 우위의 세력을 형성하게 된다. 따라서 그들의 전략은 강한 적을 상대로 이기는 방법을 찾고자 하였으며, 그 결과로 나타난 것이 동맹의 중요성과 속임수라는 계책이다. 속임수는 보다 깊게 해석할 필요가 있다. 이것은 단순히 상대방을 속이는 행위가 아니다. 상황에 맞는 유연성을 바탕으로 한 속임수를 말하는 것으로 보아야 한다. 고정된 틀과 단기적인 안목에 갇혀 유연성을 상실하지 말라는 것이다. 상황을 고려하지 않은 천편일률적인 적용은 오히려 부작용을 발생시킬 수 있다. 원칙을 적용하기 위한 계획이 아니라, 상황에 부합된 계획이어야 한다. 상황에 적합하게 적용하는 것이 유연성의 핵심이다. 상황에 적합한 유연성은 전체적인 국면을 조망할 능력이 가능할 때 발휘할 수 있다.

이에 대해서는 관우의 죽음을 통하여 그 교훈을 찾을 수 있다. 『삼국지』의 인물 중에서 관우는 출중한 무예를 갖춘 명장으로 묘사되고 있다. 그렇지만 그는 아쉽게도 유연성을 갖추지 못했다. 또한 전술전기에는 탁월한 무장이었지만 전체를 보는 전략적 안목

---

33) 이종학, 『전략이론이란 무엇인가』 (대전 : 충남대학교출판문화원, 2012), p7.

» 중국군의 군사퍼레이드

6·25전쟁 당시 중공군의 편제는 야전군 - 병단 - 군으로 구성되었다. 그러나 오늘날에는 야전군과 병단은 폐지되었고 집단군이 최상위 부대 편제이다. 현재 중국군의 총병력은 2,035천여명으로 세계 최대 규모를 자랑한다. 베이징군구의 38집단군은 전차를 대량으로 보유하고 있어 기동력과 화력이 우수한 전형적인 기갑군단이다. 난징군구의 31집단군은 수륙양용전차를 다수 보유하고 있으며, 유사시 대만에 투입될 수 있는 상륙전 능력이 우수한 군단이기도 하다.

출처 : 주한중국문화원

은 무용에 비해 출중하지 못하였다. 그가 죽음에 이르게 된 것은 유연성 부족과 보다 멀고 넓게 보는 전략적 안목의 부족에서 비롯되었다. 오나라와의 동맹이 중요한 상황에서 자존심 상하는 일을 참지 못하고 큰일을 그르친 것이다. 이에 대한 내용은 '삼국의 정립과 발달과정'에서 서술하기로 하겠다.

현재의 중국을 만들었다는 평가를 받는 모택동의 16자전법 역시 유연성에 기초를 두고 있음을 발견할 수 있다. 이 역시 『손자병법』을 뿌리로 삼고 있다. 또한 그들의 군사사상의 중요한 근간을 이루고 있다. 모택동의 16자전법은 '적진아퇴(敵進我退, 적이 공격하면 퇴각하고) 적주아요(敵駐我擾, 적이 주둔하면 교란하고) 적피아타(敵疲我打, 적이 피곤하면 공격하고) 적퇴아추(敵退我追, 적이 퇴각하면 추격한다)'라는 16자로 이루어져 있다. 유연성을 바탕으로 적을 속이는 것에 중점을 두고 있는데, 상선약수(上善若水)의 이치를 따르고 있다. 물이 흐르듯이 처지에 맞게 전투를 하라는 것이다. 강한 적에게는 계속 전투를 유인하여 제풀에 지쳐서 결국에는 쓰러지게 만드는 것이다. 이것은 전투의 기본을 나타내고 있다. 공격과 후퇴, 집중과 분산을 유연하게 적용하여 적을 쓰러지게 만드는 것이야말로 상선약수의 이치를 따르는 것이다. 특히 아군보다 강한 적을 상대로 승리하는 방법을 말하고 있다.

국공내전에서 장개석 군대는 모택동의 군대에 비하여 강성하였다. 충분한 장비와 병력으로 무장되어 있었다. 미국으로부터의 막대한 지원도 받고 있었다. 그렇지만 최종적인 승자는 모택동 군대가 차지하였다. 장개석은 미국의 막대한 군사지원을 받고 있었던 관계로 무장 능력은 우수한 군대였다. 그 반면에 모택동 군대는 변변한 무기를 갖추지 못한 상태였다. 그러나 모택동의 군대를 당해내지 못한 채 대만으로 쫓겨 가야만 했다. 모택동이 자신들보다 강한 적을 이길 수 있었던 것은 16자전법에서 찾아 볼 수 있다. 모택동은 6·25전쟁에서도 유엔군의 인천상륙작전을 정확히 짚어냈다. 모택동은 낙동강 전선에서의 상황을 다음과 같이 평가하면서 유엔군의 상륙작전에 대비히야 함을 강조하였다고 한다. "낙동강선에 모든 전력을 집중하고도 돌파하지 못하는 것은, 그만큼 유엔군의 전력이 강화되고 있다는 것이다. 또한 후방지역에 상륙할 가능성이 높다. 그 지역은 인천, 원산, 남포, 군산 등이 될 것이다. 그중에서 가장 가능성이 높은 곳은 인천이다." 이를 보면 모택동은 전체적인 상황을 보는 안목이 탁월하며, 『손자병법』에서 말하는 상대방(맥아더)을 아는 능력인 지피지기(知彼知己)에 밝았음을 알 수 있다.

천안문의 모택동 초상화

출처 : 주한중국문화원

맥아더는 제2차 세계대전에서 상륙작전을 성공시켜 전세를 역전시킨 경험을 갖고 있었다. 그는 이러한 상대방의 특성과 강점을 파악하고 있었던 것으로 짐작할 수 있다. 또한 인천을 꼭 찍어서 우선순위를 가장 높게 본 것은 풍부한 식견에서 비롯된 것으로 평가할 수 있다. 인천은 주요 항구 중에서 서울로 향하는 가장 빠른 길이며, 서울과의 도로망이 가장 잘 발달되어 있었다. 또한 수도서울이 갖고 있은 상징성과 역사성을 알고 있었다. 서울의 역사성은 조선이 건국된 이래 근대를 거치면서 변함없는 수도의 역할을 하여왔다. 수백년의 세월이 흐르면서 우리나라 사람들의 인식은 '서울은 가장 중요한 도시'라는 인식이 자리잡혔다. 그러므로 우리나라 사람들에게 있어 서울은 다른 어느 도시에게 느끼지 못하는 정서를 각별히 간직하고 있었다. 따라서 서울을 수복했다는 것은 전쟁에 대한 자신감을 갖게 만드는 상징성을 갖고 있었다. 그는 이러한 모든 것을 종합적으로 판단하여 서울과 가장 근거리 항구도시인 인천을 지목한 것으로 평가할 수 있다.

중국은 거대한 국가이지만 아이러니하게도 군사전략은 강한 적을 대상으로 하는 것에서 발전시켜 왔다. 그 과정에서 속임수는 필수적인 요소로 자리를 잡은 것이다. 그렇게 된 까닭은 분열과 통일을 반복하였던 것도 하나의 이유로 삼을 수 있을 것이다. 수많은 조각으로 분열된 각각은 약한 존재이다. 그들은 약체를 보완하기 위하여 연합을 도모했으며 계략을 동원하였다. 강한 적을 상대하기 위해서는 속이는 것보다 더 효율적인 것은 없었다. 주변국과의 동맹은 가상 적국에게는 위협적인 요소이다. 이는 동맹을 통하여 월등한 능력을 구비하게 되었음을 의미하므로 민감하게 받아들이는 요인이 되기도 한다.

2017년 6월 30일 문재인 대통령과 미국의 트럼프 대통령은 처음으로 정상회담을 하였다. 그리고 공동성명을 채택하여 발표하였는데, 여기에는 중국이 민감하게 반응하는 내용이 포함되어 있었다. 그 내용으로[34] ① 대한민국은 상호운용 가능한 킬-체인, 한국형 미사일 방어체계(KAMD) 및 여타 동맹 시스템을 포함하여, 연합방위를 주도하고, 북한의 핵·미사일 위협을 방어, 탐지, 교란, 파괴하기 위해 필요한 핵심 군사 능력을 지속적으로 확보해 나갈 것이다. ② 양 정상은 역내 관계들을 발전시키고 한·미·일 3국 협력을 증진시켜 나가겠다는 공약을 재확인하였다. 양 정상은 3국 안보 및 방위협력이 북한의 위협에 대응하여 억지력과 방위력을 증진시키는데 기여하고 있음을 확인하였다. ③ 트럼프 대통령과 문 대통령은 북한의 위협을 억제하고 방어함으로써 공동의 안보를 강화하는 것으로부터, 강력한 역내 관계를 더욱 발전시키고, 양국 경제 관계와 글로벌 파트너십을 진전시키는데 이르기까지, 한미동맹이야말로 동맹의 모범이 되고 있다는 점을 강조하였다. 등이

34) 청와대 정책브리핑, 정책뉴스 「한미정상회담 공동성명」, 2017.7.1.

포함되어 있었다. 중국은 이에 대하여 강하게 불만을 나타냈다. 특히 한·미·일 3국 협력과 역내관계의 발전에 대하여 노골적으로 불만을 표출하였다.

중국은 한국이 미국, 일본과의 군사적 협력관계를 강화할수록 상대적으로 열세의 위치에 놓이게 된다. 중국이 이를 억제하기 위하여 노력하는 것은 당연한 그들의 국가전략이다. 우리나라를 미국과 일본으로부터 분리시키는 것이 그들의 전략임을 예측해 볼 수 있다. 공동선언문에서 역내 질서를 구체적으로 열거하지는 않았지만 남중국해에서의 중국의 군사력 패권 강화는 질서를 해치는 것이라는 해석이 가능하다. 그러므로 중국은 세력을 확장하기 위해 공을 들이고 있는 남중국해에서의 군사적 패권 유지를 위해서는 한·미·일 3국의 협력을 와해시킬 필요성이 대두된다. 미국이 항행의 자유를 앞세우며 남중국해에서 펼치는 군사적 활동을 견제하고 있다. 여기에 한국마저 적극적으로 참여한다면 대단히 신경이 곤두서는 상황이 되는 것이다. 중국은 이러한 자국의 이해관계에 따라 집요하게 한국을 압박하기 시작하였다. 중국은 그들의 의도대로 더 이상의 동맹관계 발전을 막고자 하고 있다. 주변국들이 동맹을 통하여 보다 우위의 위치에 서는 것을 방지하고자 집요한 노력을 다할 것이다. 그들이 자부심으로 여기는 병서에는 이미 이러한 내용을 담고 있다.

대체적으로 뛰어난 성과를 달성한 전쟁과 전투의 이면에는 노련한 전략가와 전술가들이 존재하였다. 또한 그들이 거둔 승리는 최소의 피해를 추구하였다는 점이다. 『삼국지』에서도 이를 위한 다양한 계책(전략)이 등장한다. 『삼국지』의 주요 등장인물이 통일을 목표로 싸우는 과정에서 영웅들이 펼치는 전략의 형태를 발견할 수 있다. 여기에서는 영웅들이 펼치는 주요 특징을 분석하여 이를 전략형태의 틀로 삼고자 한다. 이를 위하여 주요 이론가들이 주장한 전략의 정의 등에서 전략의 형태를 도출해 내고자 한다. 즉, 분석의 틀로 삼고자 하는 것이다. 이러한 절차를 거쳐 『삼국지』에서 볼 수 있는 군사전략의 형태를 보다 객관성 있게 제시하여 군사전략의 개념을 보다 쉽게 이해하는 데 도움을 주고자 한다. 즉, 전쟁의 본질과 주요 이론가들이 말하는 전략의 형태와 『삼국지』에서 나타나는 각종 계책을 비교하여 이를 전략의 형태로 정하기로 하겠다. 여기에서 언급하는 전략은 당시의 시대적 상황을 고려하여 '국가전략과 군사전략'이 복합된 개념으로 이해하면 될 것 같다. 따라서 『삼국지』에서 말하는 전략은 군사전략이자 국가전략이기도 하다는 것이다. 작전술과 전술에 있어서도 『삼국지』의 주요장면을 이와 대입하여 살펴보기로 하겠다. 이에 앞서 『삼국지』의 주요 흐름과 삼국의 군주 3인의 리더십을 언급하면서 장을 정리하기로 하겠다.

3. 『삼국지』의 주요내용 전개

❖ 후한(後漢) 말의 혼란

중국을 최초로 통일하고 진나라가 건국된 해는 기원전 221년이었다. 진시황은 통일 전쟁을 주도하여 주변의 한·위·초·연·조·제(韓·魏·楚·燕·趙·齊) 6개국을 정복하고 천하를 통일하였다. 본격적인 전쟁에 나선지 17년 만에 이룬 업적이었다. 이로써 중국은 춘추전국시대(기원전 403년~기원전 221년)로 불리는 혼란기를 끝냈다. 그는 통일제국에 적합한 법령을 제정하면서 제도를 통일하는 등 많은 업적을 남겼다. 그러나 중국 최초의 통일제국을 이룩했던 진나라는 불과 얼마 가지 못하였다. 절대군주 시황제가 죽자 제국의 운명은 15년을 넘기지 못하였다. 통일국가 진나라는 2대를 채 넘기지 못하고 멸망한 것이다.

진나라의 멸망은 또다시 천하를 분열로 몰고 갔다. 기나긴 전쟁을 끝내고 유방에 의해 한나라가 건국되었다. 진나라에 이어 다시 통일을 한 것이다. 한나라는 전한(前漢)과 후한(後漢)으로 구분한다. 중간에 멸망하는 과정이 있었으나 다시 회복하여 한나라의 정통을 이었다. 이를 구분하기 위하여 전한과 후한으로 나누는 것이 일반적이다. 전한과 후한의 중간에 신나라가 있었으나 8년~23년(약15년)까지 존속하고 멸망하였다. 한나라는 400여 년을 이어져 왔으나 점차 분열의 징후가 나타났다. 분열의 징후를 보인다는 것은 중앙정부의 힘이 약화되었음을 의미한다. 황제의 명에 따라 일사불란하게 움직이던 중앙집권체제가 서서히 무너지기 시작한 것이다. 이것은 전형적인 말기의 현상을 나타내는 것이며, 이를 기회로 지방의 호족세력들은 각자의 세력을 구축하여 독립하고자 하는 현상을 보이고 있었다. 도탄에 빠진 백성들에게 다가온 것은 '태평도'라는 사이비 종교를 앞세운 황건적이었다. 그렇지만 이들은 조정과 각지의 군벌들에 의해 진압되었다. 이러한 과정에서 토벌을 명목으로 세력을 키운 군벌들은 야심을 드러내기 시작하였다. 황건적은 사라졌지만 혼란은 더욱 가중되었으며, 그 중심에는 군벌이 있었고, 그들에 의해 분열은 더욱 가속화되고 있었다. 『삼국지』의 큰 줄거리는 통일로 가는 과정을 담고 있다. 그 속에서 야망을 품은 군웅들이 출현하였으며, 저마다 통일을 이루겠다는

≫ 진시황릉의 병마용갱

진시황은 기원전 221년에 중국을 최초로 통일하였으며 황제라는 칭호를 최초로 사용하였다. 병마용갱(兵馬俑坑)은 중국 산시성 시안시에 있는 진시황릉에서 1km가량 떨어져 있는 유적지이다. 1974년에 한 농민이 우물을 파다가 우연히 발견했다고 한다. 사마천의 사기에 기록된 진시황릉은 기원전 246년에 공사를 시작하였으며 70만여 명의 인부를 동원했다고 전해지고 있다.

출처 : 주한중국문화원

목표를 향하여 주도권을 차지하고자 수많은 싸움을 벌이는 과정을 전개한다. 이 과정에서 서서히 군소세력은 평정되거나 흡수되면서 최종적으로 삼국이 겨루게 되었다. 이들 국가는 세월이 흐르면서 위·촉·오로 국명을 정하면서 제각기 통일을 꿈꾸었다. 군소세력은 서서히 평정되었으며, 삼국이 정립되었다. 이중에서 조조에 의해 건국된 위나라에 의해 삼국은 통일되었다. 그렇지만 통일을 이룬 것은 조조의 후손이 아닌 사마씨 가문이었다. 조조의 후손을 몰아내고 권력을 물려 받은 사마씨 가문은 마침내 통일을 이루었으며 진나라를 출범시켰다.

이처럼 중국의 역사도, 여타의 국가들이 그러했듯이 분열과 통일의 연속이었다. 『삼국지』의 상황 전개에 따른 이해를 돕기 위해서는 기본적인 지리를 이해하는 것이 필요하다. 이를 함께 살펴보면서 소설의 진행에 따라 주요 단계별로 구분하여 줄거리를 요약해 보기로 하겠다. 먼저 전국의 13개주를 대표하는 주요군벌들의 할거, 삼국의 정립과 대립, 패권쟁취를 위한 치열한 과정, 통일의 순으로 살펴보면 도움이 되리라 본다. 또한 당시의 시대적인 분위기도 함께 고려하면서 이해하는 것이 필요하다. 삼국이 정립되기 이전인 후한 말기는 중앙집권이 약화되면서 지역별로 군벌들이 발호하고 있었다.

군벌들은 무력을 갖춘 실질적인 실력자들이었다. 이들에게 있어 혼란한 시기는 권력 쟁취를 위한 절호의 기회이기도 하였다. 따라서 수많은 세력들이 난무하는 것은 당연한 현상이었다. 그렇기 때문에 13개주의 각지에서는 군사력을 바탕으로, 그 지역의 중심 세력으로 자리 잡는 인물들이 윤곽을 보이기 시작하였다.

삼국의 정립과 발달 과정

▸ **『삼국지』의 전개 과정 요약**

구 분	주요상황	상황전개
[1] 분열과 군웅할거	황건적 출현 십상시의 난 권력의 공백 관도대전(200년)	유비 삼형제의 황건적 토벌을 위한 도원결의 조조와 원소등에 의해 진압 동탁의 등장과 반동탁 연합군 결성(원소, 조조 등) 원소와 조조의 전쟁, 조조의 대승과 중원 차지
[2] 삼국의 대립	삼국의 정립 적벽대전(208년) 삼국의 대립	유비의 삼고초려, 제갈량의 천하삼분지계 구상 제갈량과 주유의 활약으로 조조 대패 유비의 입지 강화와 천하삼분지계 완성
[3] 패권의 쟁취	한중쟁탈전 대립과 확장 이릉대전(220년) 북벌	조조와 유비의 한중에서의 싸움, 유비의 승리 조조, 유비, 손권의 패권 다툼과 관우의 죽음 촉의 오나라 공격 실패, 삼국의 균형 상실 제갈량의 출사표와 북벌, 사마의 등장
[4] 통일된 천하	통일완성(280년)	진나라 건국과 사마염에 의한 통일전쟁 종결

[1] 분열과 군웅할거

인류의 긴 역사에서 단연 두드러지는 것은 국가의 흥망성쇠이며, 이를 두고 역사는 반복한다고 말한다. 중국 대륙의 역사도 예외는 아니었다. 그 중심에는 항상 전쟁이 있었다. 전쟁은 새로운 질서를 만들어 냈다. 전쟁의 결과에 따라 새로운 패권국이 등장하면서 주변의 질서를 주도하였다. 그렇지만 강대한 세력을 자랑하던 패권국도 힘을 잃는 시점은 반드시 나타났다. 한 국가가 망해 갈 때는 반드시 징후가 나타난다. 대표적인 징후가 부정부패의 만연이다. 부정부패는 권력을 소수가 독점하면서 발생하는 전형적인 현상이다. 유방에 의해 한나라가 건국되어 통일된 태평성대를 구가하였으나 점차 초기의 분위기는 쇠퇴하면서 말기의 증세가 나타나기 시작하였다. 한나라도 말기에 이르자 국가 멸망의 징후는 여지없이 나타나고 있었다. 바로 환관의 잘못된 권력의 전횡과 이에 따른 황건적의 발호이다. 이처럼 혼란한 시기에 황실의 먼 종실인 유비는 관우, 장비와 함께 복사꽃이 흐드러지게 피어오른 어느 날 도원결의를 맺었다. 그들은 무너져 내리는 나라를 일으키고 태평성대를 이루겠다는 포부를 안고 탁현의 누상촌에서 의기투합하였다. 그리고 이어서 황건적을 토벌하기 위해 출전하였다. 그렇지만 그들의 군세는 보잘 것 없었다. 그즈음 수많은 군벌들은 황건적 토벌을 명분으로 앞 다투어 모여들기 시작하였다. 그렇지만 마음 한구석에는 권력쟁취를 우선으로 두고 있었다.

황건적의 난은 관군과 각지에서 일어난 의병, 지방의 군벌들에 의해 진압되었다. 혼란한 현상은 필연적으로 조정의 권위 추락을 동반한다. 반면에 각 지역에서 기회를 살피는 군벌들에게는 세력을 확장하기 좋은 기회였다. 조정의 권위는 추락하였고 환관들에 둘러싸인 황제는 무력하기만 하였다. 오히려 '십상시'로 불리는 환관들에게 환심을 사고자 할 뿐이었다. 이들에게 잘 보인 관리들은 보다 좋은 자리를 꿰어차는 부패의 고리를 이어 가고 있었다. 이때 궁중에서는 환관의 폐해를 뿌리 뽑고자 대장군 하진은 지방의 유력한 군벌들을 불러들였다. 그중에는 원소와 조조도 포함되어 있었다. 하진은 지방 군벌 중에서 세력이 강했던 동탁을 낙양으로 불러들였다. 그렇지만 이를 미리 인지한 십상시에 의해 하진은 그들의 손에 죽게 되었다.

이를 본 원소와 조조는 환관들을 모두 죽이는 십상시의 난을 일으켰다. 조정은 혼란의 연속이었다. 더구나 대장군 하진의 죽음은 권력의 공백을 가져왔다. 하진의 요청으로 궁궐로 향하던 동탁은 이 소식을 알고 기민하게 움직였다. 권력을 장악할 절호의 기회로 여긴 것이다. 조정을 장악하고자 하는 야심 많은 동탁은 이틈을 놓치지 않았다. 낙양에 입성한 동탁은 손쉽게 권력을 장악하였다. 동탁은 권력을 잡게 되자 전권을 무리하게 휘두르기 시작하였다. 황제를 폐위하고 새로운 황제를 세우기도 하였다. 이를 본 조조는 군벌들에게 연락하여 동탁 제거를 촉구하였다. 이에 따라 원소와 조조, 손견, 공손찬, 도겸 등을 중심으로 반동탁 연합군이 결성되었다.

여기에서 잠시 주요인물들이 세력을 구축한 과정을 살펴보면 내용 흐름의 이해에 도움이 될 것이다. 주요인물을 중심으로 살펴보면 다음과 같다. 공손찬은 유주의 군벌이었다. 그는 북방의 선비족과의 전투에서 용맹을 떨치며 유주에서 위치를 확보하고 있었다. 또한 유비와는 한때 동문수학한 관계이기도 하였다. 원소는 기주에 본거지를 구축한 군벌이었다. 공손찬이 기주를 공격하자, 기주목 한복은 원소에게 원병을 요청하였다. 원소는 요청을 받고 군사를 몰아 기주를 점령하였으나 철군하지 않고 눌러앉아 버렸다. 후에 원소는, 그의 아들 원담이 청주를 빼앗아 버리자 그 지역까지 차지하면서 세

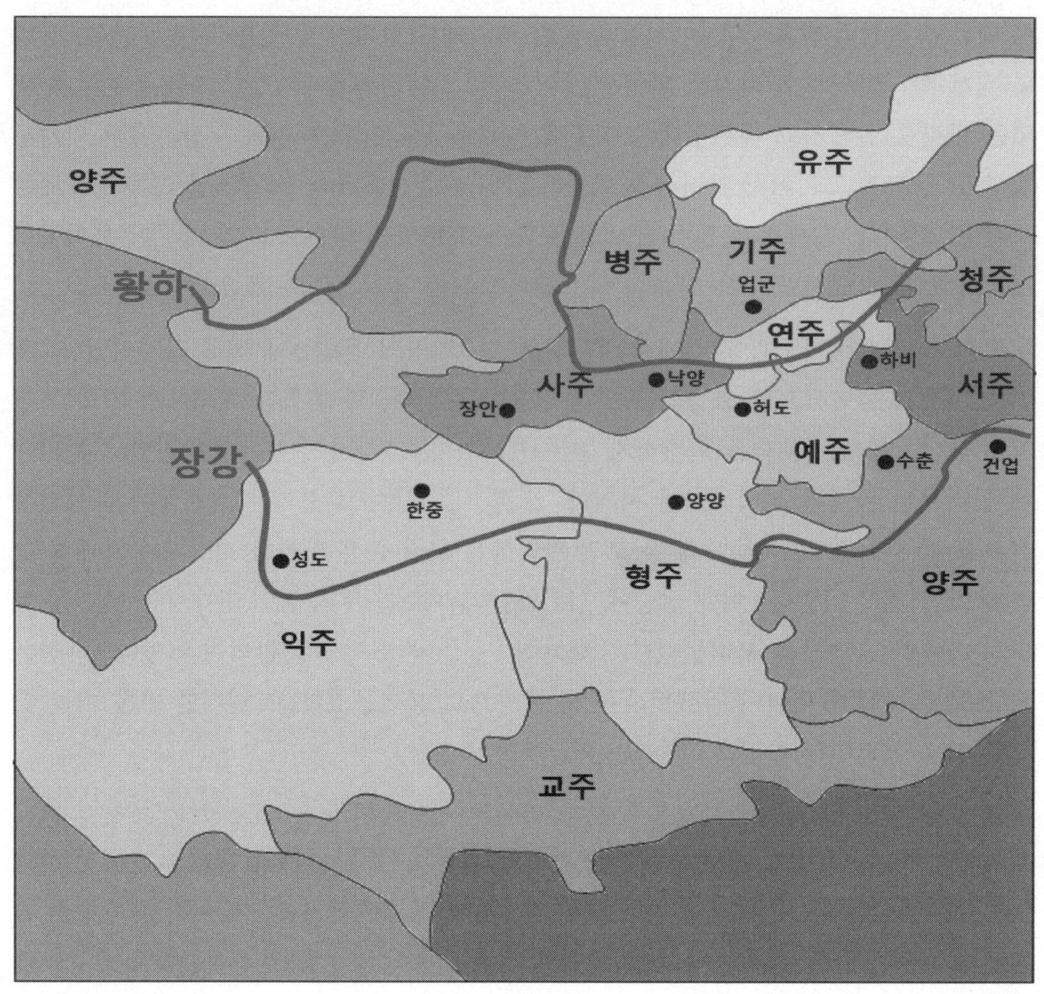

》 후한13주

후한시대에는 13개 주로 지방조직을 나누었으며, 행정단위는 주→군→현으로 이어졌다. 주에는 '자사' 또는 '주목', 군에는 '태수', 현에는 '현령'이라는 직책이 다스렸다. 일반적으로 중원이라고 함은 양자강 동쪽의 이북지역 평야지대를 말하며 농경생활에 유리한 자연조건을 갖추고 있다. 그런 관계로 서쪽의 익주, 형주, 교주 등과 비교해 보면 보다 많은 주가 밀집되어 있었음을 알 수 있다. 반대로 이남지역은 면적은 컸지만 중원에 비하여 상대적으로 낙후된 지역이었다. 이남지역에서의 각주의 면적이 상대적으로 크다는 것은 그만큼 개발이 안 된 상태였다는 것을 말한다. 후한 말기에 각주는 지방의 유력한 군벌에 의해 지배되면서, 세력을 확장하고자 하는 양상을 보이고 있었다. 양주는 두 곳이 있었다. 동남의 양주(揚州)와 서북의 양주(涼州)이다. 양주(涼州)는 서량이라고도 한다.

력을 구축하였다. 이로써 원씨 가문은 상당한 세력을 형성하게 되었다. 조조는 황건적의 잔당들이 청주에서 위세를 떨치며 연주를 향하고 있을 때 황제의 명에 따라 연주로 파견되었다. 여기에서 그는 황건적을 토벌하고 연주목에 앉게 되었다. 그는 이를 통하여 세력을 구축할 수 있는 발판을 마련한 것이다. 뿐만 아니라 청주병 30만을 얻게 된 것은 그의 큰 자산이 되었다. 조조는 위세를 몰아 예주를 세력권에 포함시켰다. 그즈음 서주자사 도겸은 조조로부터 공격을 받았다. 이유는 그의 아버지를 도겸의 부하가 죽였다는 것이었다. 조조는 서주를 초토화시키는 만행을 자행하여, 그의 잔인함을 드러내는 계기가 되고 말았다. 서주가 공격을 받자 서주자사는 청주자사에게 도움을 청하게 되는데, 이때 유비를 파견하였다. 유비는 이즈음에 현령의 직책을 수행하고 있었다. 유비가 운이 따랐던지, 연주에서 반란이 발생하자 조조는 서주 공격을 멈추고 군사를 돌릴 수밖에 없었다. 이로써 유비는 어부지리로 서주목이라는 자리를 차지하게 되었다. 그러나 유비는 서주목을 여포에게 빼앗기는 일이 발생하였다. 유비는 다시 쫒기는 신세가 되고 말았다. 그후 유비는 아이러니하게도 자신이 공격했던 조조에게 몸을 의탁하게 되었다.

원술은 형주의 북방에 있는 남양태수였는데, 후에 양주자사를 죽이고 양주를 차지해 버렸다. 형주의 형세는 다소 복잡하여, 형주의 서쪽 무릉군은 형주자사 유표가 장악하고 있었던 반면에, 동쪽의 장사군은 장사태수 손견이 장악하고 있었다. 유표가 자사의 직책을 갖고는 있었으나 온전하게 권한을 행사하지는 못하고 있었다. 그러나 둘의 싸움에서 손견이 죽자 형주자사 유포는 그의 세력을 동으로 넓히는 계기가 되었다. 손견의 아들 손책은 그의 아버지 손견이 죽자 세력이 쇠락하게 되면서, 양주의 수춘에 본거지를 갖고 있던 원술에게 의탁하게 되었다. 뒤를 이은 손책은 여기에서 세력을 넓히게 되는데, 그는 양주의 동쪽 끝에 있는 곡아, 오, 회계를 공격하여 입지를 넓히기 시작하면서 여강과 단양군까지 점령하였다. 이로써 강남의 많은 지역을 차지하였다.

이때 원술은 스스로 황제를 칭하는 일이 발생하였다. 황제를 모시고 있던 조조는 황제의 명임을 앞세워 원술을 치러 나섰다. 원술은 마침내 멸망을 맞았고, 조조는 원술의 본거지를 확보하게 되면서 세력을 더욱 넓혔다. 익주는 유장이 세력을 떨치고 있었는데, 그 북쪽의 한중에는 태수 장로가 버티고 있었다. 한중의 장로는 야심만만한 인물이었다. 그는 한중 땅을 익주에서 독립시키고자 하고 있었다. 양주(涼州)는 서량이라고도 하는데 여기에는 마등과 그의 아들 마초가 있었다. 병주, 옹주, 사주는 동탁의 영향권에 있었다. 그러나 후에 동탁이 죽게 되자 병주는 원소, 옹주와 사주는 조조의 세력으로 편입되었다.

그럼 시간을 거슬러 올라가서 동탁과 반동탁연합군의 상황을 살펴보기로 하자. 반동탁 연합군은 한때 위기에 몰리기도 했으나 관우의 활약으로 화웅의 목을 베면서 사기를 되찾았다. 사태가 여의치 않자, 위기를 느낀 동탁은 낙양에서 장안으로 수도를 이전하였다. 동탁이 빠져나간 낙양에 반동탁 연합군이 입성하였다. 이때 낙양에 입성한 손견은 어느 우물에서 옥새를 발견하게 되었다. 그 옥새는 황제를 상징하고 있었으므로 손견은 대단히 흡족하게 생각하였다. 불탄 낙양에서의 군벌들은 더이상 동탁을 제거하기 위한 연합군이 아니었다. 각자의 이해득실에 따라 움직이기 시작하였다. 이때 천도한 장안에서는 동탁을 제거하기 위한 계략이 사도 왕윤에 의해 진행되고 있었다. 그는 초선을 이용하여 동탁 암살을 모의하였다. 왕윤은 그의 딸 초선의 미모를 앞세워 동탁과 동탁의 양아들 여포와의 삼각관계를 만들었다. 동탁과 여포는 초선을 사이에 두고 서로 의심하며 시기하기 시작하였다. 결국 왕윤의 의도대로 동탁은 그의 아들 여포에 의해 살해되기에 이르렀다. 동탁이 죽었으나 모든 것이 정리되지는 않았다. 오히려 그의 부하였던 이각과 곽사는 군사를 동원하여 왕윤을 죽이고 장안을 점령하였다. 이렇게 되는 과정에는 동탁의 부하였던 이각과 곽사가 왕윤에게 항복을 청했으나 묵살당한 것이 원인으로 작용한 측면이 있다. 궁지에 몰리자 죽기 살기로 덤벼든 것이다.

이각과 곽사는 한때 장안을 점령하면서 기세를 올렸으며 황제까지 수중에 넣었다. 그렇지만 이들은 선정을 펴지 못하였으며, 서로의 반목으로 대결하기에 이르렀다. 이들이 서로 반목하면서 혼란해지자 이틈을 이용하여 황제는 낙양으로 돌아왔다. 그러나 황폐한 낙양의 모습과 평정되지 않은 정국으로 노심초사 하던 황제는 하루하루를 불안하게 보내야 했다. 황제의 주변에서는 조조를 불러들여 정국을 평정하고 안위를 도모하는 것이 옳다고 건의하였다. 황제는 이를 받아들였으며 조조의 힘을 빌리고자 하였다. 조조는 절호의 기회를 놓치지 않고 입궁하였다. 그는 황제의 권위를 배경으로 이각과 곽사를 물리치면서 가장 강력한 인물로 부상하였다.

한편 원소는 한때 연합군이었던 공손찬을 제압하면서 하북 일대를 손에 넣는 강력한 세력을 구축하였다. 공손찬의 유주를 차지하면서 중원은 원소(유주, 기주, 병주, 청주)와 조조(옹주, 사주, 예주, 연주, 서주)로 양분되는 상황을 맞게 되었다. 이것이 적벽대전 이전의 분할된 모습이었다. 중원은 조조와 원소로 양분된 것이다. 그 이외의 익주, 형주, 양주, 교주는 덩치는 컸으나 중원에 비하면 영양가 높은 지역은 아니었다. 그나마 익주는 분지형태의 평야지대가 있어 군량미 확보 등에 유리한 측면과 중원으로 향하는 주요 길목인 한중을 갖고 있을 뿐이었다. 그러므로 원소와 조조의 싸움이야말로 패권의 향방을 가르는 분수령이라 할만하였다.

야망이 큰 두 세력은 함께 존재할 수 없었다. 필연적으로 조조와 원소의 패권 다툼은 피할 수 없었다. 그들은 관도에서 부딪쳤다. 이것이 『삼국지』 3대 전쟁 중의 하나인 관도대전이다. 여기서 조조가 승리하여 패권을 장악하면서 그 위세를 천하에 떨치게 되었다. 조조는 관도대전을 승리하면서 하북지방의 패권까지 장악하였다. 조조는 중원이라는 노른자위를 모두 차지하는 위치를 굳힌 것이다. 동쪽의 손견은 그가 죽자 그의 아들 손책이 원술에 의탁하면서 천신만고 끝에 강동 일대에서 다시 웅거하고 있는 상태였다. 양주는 손씨 일가에 의한 호족정권의 경향이 컸던 지역이다. 손책은 '작은 항우'라는 뜻의 '소패왕'으로 불렸던 인물이다. 이러한 손책은 그가 점령했던 오군 태수 허공의 식객들에 의해 허무하게 생을 마감하게 되면서, 그의 아우 손권이 제위를 물려받았다.

한편 유비는 그때까지 변변한 터전을 잡지 못하고 있었다. 그는 오랜 세월 동안 지방의 유력 인물들에게 도움을 받으면서 겨우 살아가는 형편이었다. 그는 많은 인물들에게 신세를 지고 있었다. 그에게 거처를 제공해준 인물로는 공손찬, 도겸, 조조, 여포, 원소, 유표 등을 들 수 있다. 그렇지만 유비는 원대한 꿈을 버리지 않았다. 언젠가는 한나라의 황실을 중흥시키겠다는 결기를 여전히 간직하고 있었다. 또한 인재를 구하기 위하여 노력한 끝에 제갈량을 군사로 맞이하였다. 그를 영입하기 위하여 세 번이나 몸을 굽혀 찾아간 결과였다. 이것이 그 유명한 삼고초려가 나온 배경이기도 하다. 이 시기의 유비는 유표가 다스리는 형주 땅의 어느 고을을 맡고 있었다. 유비는 유표의 도움을 받으면서 근근이 하루하루를 버티는 정도였다. 유비는 어느 날 말을 달리다가 문득 자신의 허벅지를 바라보았다. 비록 의탁하고 있는 신세였지만 끼니는 거르지 않아 허벅지의 살이 많이 올라 오히려 말이 힘들어 하는 것을 느낄 정도였다. 그만큼 무위도식했다는 표시였다. 나이는 들어가고 있었지만 기반도 없이 의탁만을 해왔던 세월이 서글퍼지며 초조감을 느끼게 하였다. 반면에 원소를 격파하고 하북의 대평원인 중원을 차지한 조조는 형주를 마저 차지하고 강동의 손권을 공격하기 위하여 준비하고 있었다.

비육지탄(髀肉之嘆)이란 안일하게 무위도식하면서 목표를 향하여 매진하지 않을 때 사용하는 말이다. 유표에게 의탁하고 있던 유비가 말을 달리던 중에 문득 자신의 허벅지를 바라보다가 눈물을 흘렸다. 그동안 전장을 누비지 못하고 있다 보니 허벅지에 살만 붙어 있었다. 이를 바라 본 유비는 한탄하면서 눈물을 흘렸다는 고사에서 유래하였다.

그즈음 형주는 유표의 뒤를 이은 유장이 다스리고 있었는데, 심약한 그는 조조의 공격 소식을 듣자 바로 항복하였다. 조조의 천하통일은 한 발 더 가까이 다가오고 있었다. 상황이 이렇게 되자 형주에 거처하던 유비는 또다시 피난자의 신세가 된다는 불안감을 떨칠 수 없었다. 유비는 초빙한 제갈량에게 계책을 물었다. 제갈량은 손권과 연합이 필

》 **제갈량의 초상화와 후손들의 마을**

출처 : EBS세계견문록, 『삼국지』에서 캡처

요함을 건의하였다. 유비는 제갈량의 계책을 듣고 마지막 기대를 걸 수밖에 없었다. 유비의 전폭적인 신임을 받는 제갈량은 오나라의 손권을 만나기 위해 길을 떠났다. 제갈량은 연합군 결성의 필요성을 역설하면서 조조와의 일전을 주장하였다. 손권은 제갈량의 논리 정연한 정세에 대한 설명을 듣고, 연합군의 필요성을 인정하였다. 손권은 유비와의 연합만이 조조를 막는 유일한 방도임을 깨달았다. 적벽대전의 시작을 알리는 순간이었다. 여기에서 조조가 승리하면 대륙의 통일은 일찍 이루어졌을 것이다. 그러나 세상일은 그의 뜻대로 호락호락 진행되지 않았다.

[2] 삼국의 대립

군웅할거 시대의 혼란했던 상황은 점차 사라지면서 최종 강자의 시대를 맞게 되었다. 위·촉·오 삼국으로 정립되기 시작하였다. 이를 삼국의 성립과 존속기간을 정리해 보면 다음과 같다.

▸ 삼국의 성립과 존속

국가	주요내용
위나라 (220년~265년/45년)	조위라고도 부르며, 조조의 아들 조비에 의해 건국 삼국 중 가장 강성, 중원이북을 중심으로 세력 형성 사마의의 손자 사마염에게 황위를 양위하면서 멸망
촉나라 (221년~263년/42년)	촉한, 서촉으로도 부르며, 유비에 의해 건국 익주를 중심으로 세력 형성, 조비에 의해 멸망

국가	주요내용
오나라 (229년~280년/58년)	동오라고도 부르며, 손권에 의해 가장 늦게 건국 양자강 이남을 중심으로 세력 형성, 가장 오래 존속 진의 사마염에게 멸망
진나라(서진) (265년~316년/51년)	사마염에 의해 건국, 위의 조환에게 양위 받음 국호를 진으로 하고, 동오를 멸망시켜 삼국통일

삼국의 정립은 세력의 균형을 이루는 계기가 되었으나, 그렇다고 평화를 보장하는 의미는 아니었다. 오히려 각국은 대륙 통일의 주체세력이 되기 위하여 보다 치열한 대립의 과정을 겪게 되었다. 이러한 과정을 초기에는 조조, 유비, 손권이 주도하였다. 또한 그들은 유능한 책사를 두고 전쟁의 승리를 위하여 고군분투하였다. 우리에게 많이 알려진 제갈량(제갈공명), 사마의(사마중달) 등이 대표적인 인물들이다. 유비가 초빙한 책사 제갈량의 능력은 손권과의 회담에서 출발하였다.

당시에 강동은 손책이 죽고 손권이 다스리고 있었다. 손권은 주유를 도독으로 임명하고 유비와 힘을 합치기로 하였다. 여기에서 『삼국지』 3대 전쟁 중의 하나인 적벽대전이 벌어진다. 적벽대전에서 동남풍의 위력을 이용한 제갈량의 묘책으로 조조군은 궤멸당

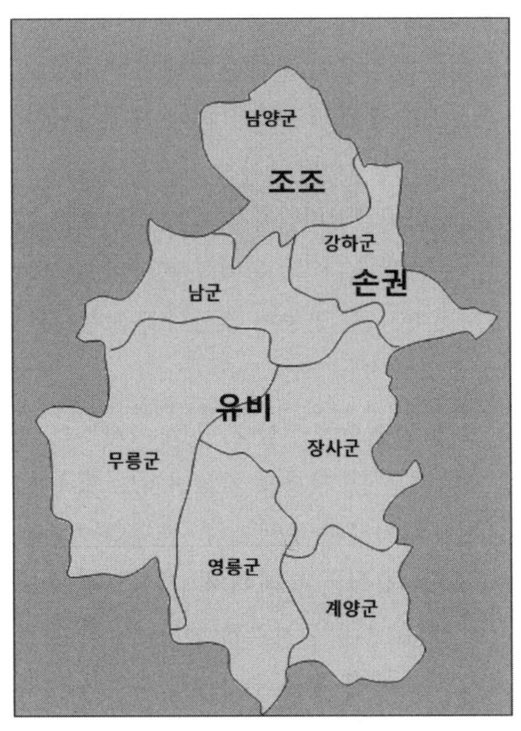

》 적벽대전 이후의 형주

유비는 형주의 유표에게 의탁하고 있는 상태에서 제갈량을 얻었다. 이후 적벽대전에서 손권과 연합하여 조조에게 승리하면서 기틀을 마련하였다. 유비는 적벽대전에서 승리하면서 형주를 기반으로 삼을 수 있었다. 형주의 유표가 죽고 뒤를 이은 유기마저 병사하자, 유비는 형주목에 올라 천하삼분지계를 구축하여 독립하기 시작하였다. 그렇지만 형주의 남부는 손권의 영토였으므로, 유비는 그 땅을 빌리는 형식을 취하여 세력을 구축할 수 있었다.

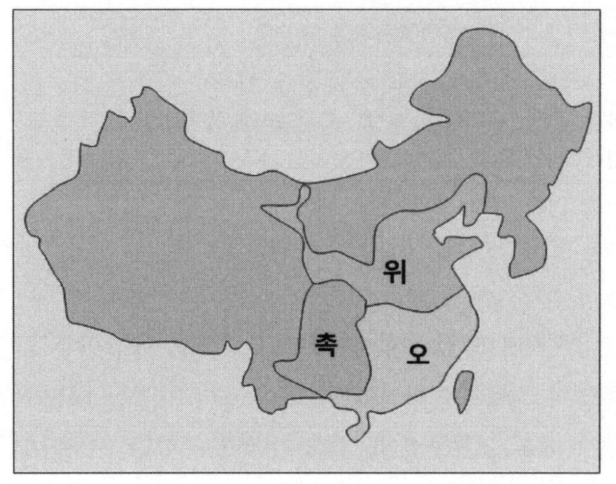

현재의 중국 지도와 삼국시대의 지도

삼국의 영토는 전쟁에 따라 변천을 겪었다. 삼국의 세력이 팽팽하게 맞설 당시의 지역 분포를 보면 위나라가 가장 노른자위 땅을 대부분 차지하고 있었다. 굳이 영토를 중심으로 한 순서로 보면 위·오·촉으로 볼 수 있다. 위나라는 양자강 이북의 대부분 지역과 형주 일부 지역, 오나라는 양주와 교주 그리고 형주의 대부분 지역, 촉나라는 익주와 형주의 일부지역을 차지하면서 세력의 균형을 유지하였다.

하고, 제갈량은 일약 최고의 군사로 부상하였다. 적벽대전에서 유비는 제갈량의 교묘한 계책에 따라 형주 일대를 장악하였다. 적벽대전의 의의는 대단히 크다. 조조는 사실상 천하통일을 목전에 두고 있었다. 여기에서 좀 더 순조롭게 오나라를 정벌한다면 일찌감치 통일을 완성할 수 있었다.

만약 그랬다면 삼국이라는 말은 생겨나지 않았을 것이다. 그러나 조조는 적벽대전에서 대패함으로써 꿈을 깨야만 했다. 그렇지만 유비는 웅거할 터전을 마련하게 되었고, 비로소 삼국이 정립하는 형국으로 발전하게 되었다. 유비는 적벽대전을 통하여 형주의 일부를 차지하면서 익주로 진출할 수 있는 길을 열었다. 형주는 삼국이 분할한 형태로 변하였다.

형주의 북쪽 남양군은 조조, 동쪽의 강하군은 손권, 서쪽 남군은 유비가 차지하였다. 유비는 이후에 그 남쪽으로 세력을 넓혀 무릉, 장사, 영릉, 계양군까지 차지하게 되면서 제갈량이 구상한 천하삼분지계를 완성하는 단계로 접어들었다. 이 시기를 기준으로 삼국을 국력 면에서 비교해 보면, 조조의 위나라, 손권의 오나라, 유비의 촉나라 순으로 볼 수 있다. 이러한 국력의 차이는 삼국이 멸망하기까지 큰 변동이 없었다고 보는 것이 일반적이다.

적벽대전을 통하여 제갈량은 그의 존재감을 크게 알렸으며, 『삼국지』는 이때부터 제갈량의 역할을 집중 조명하게 된다. 그렇지만 오나라는 큰 전쟁을 치르면서도 얻은 것이 별로 없는 처지로 전락하였다. 형주를 온전하게 차지하지 못했으니, 손권의 입장은 실속없는 전쟁을 치른 셈이었다. 마치 재주만 부리고 실리는 유비에게 넘겨준 꼴이 되었다. 이러한 상황을 맞게 된 손권은 노숙을 유비에게 보내서 형주를 되돌려달라고 하였다. 하지만 제갈량은 익주(서촉)를 얻을 때까지 형주에서 있을 수밖에 없다며 노숙을 도리어 설득하였다. 제갈량의 치밀한 계획과 언변술에 노숙은 발길을 돌려야만 했다. 모든 것이 제갈량의 의도대로 진행되었다.

마침내 유비는 형주에서 뜻을 펼칠 기반을 구축하기에 이르게 된 것이다. 세력이 어느 정도 형성되고 안정이 되자 유비는 형주 방어를 관우에게 맡기고 익주를 점령하기 위하여 출병하였다. 마침 익주의 유장은 익주 북쪽의 한중의 장로에게 위협을 받게 되자 유비에게 구원을 요청한 상태였다. 익주는 주변이 산맥으로 둘러싸인 분지였으며 땅이 넓고 비옥하여 예부터 천혜의 땅이라고 불리는 곳이다. 따라서 이곳을 차지한다면 충분히 자급자족하면서 군량을 비축할 수 있는 곳이었으며, 무엇보다도 북상에 유리한 길목에 해당되었다. 유비의 출병은 성공을 거두어 지리적으로 중요하고 풍부한 곡물 생산이 가능한 익주를 차지하게 되었다.

이즈음에 조조는 장로의 항복으로 한중을 차지하였다. 한중은 위와 촉의 경계선에 해당하는 지역이었다. 국경을 맞댄 한중은 지리적으로 중요성을 갖고 있었다. 조조가 익주를 공격한다면 그 길목에 해당되는 지역이었으며, 유비 역시 위나라를 공격하기 위해서는 이를 발판으로 삼을 길목에 해당되는 지역이었다. 따라서 유비는 통일의 대업을 이루기 위해서는 북상 루트를 확보할 필요성이 있었다. 그러므로 유비는 한중을 차지하기 위하여 조조와의 일전을 도모해야 했다. 이를 한중쟁탈전이라 한다.

유비는 지역의 험준한 지형을 이용하여 지구전을 벌이면서 조조를 괴롭히는 전법을 구사하였다. 조조의 군세는 강했지만 치고 빠지는 유비를 쓸어버리기는 곤란한 상황에 처하였다. 한중은 당시의 익주에 있었다. 현재는 산시성 남부에 위치해 있으며, 황하와 양자강을 연결하는 교통의 요충지이다. 파촉지역으로도 불리는 지역이다. 사천은 전략적 이점을 충분히 주는 지역이다. 위로는 진령산맥이 발달하여 방어에 유리하며, 양자강 상류의 넓은 분지는 경작에 유리하였다. 따라서 유비가 익주를 손에 넣은 것은 군량미 확보와 방어에 유리한 이점을 갖게 되었다는 의미가 있다.

파촉지역은 이미 오래전부터 그 가치를 증명하였다. 한나라의 시조 유방이 항우와 싸울 당시에도 파촉지역을 근거지로 하였다. 여기에서 충분한 군량미를 확보하여 결국에는 승리할 수 있었다. 반면에 항우는 진령산맥이라는 험난한 길을 넘어야 진입할 수 있는 변방에 불과하다고 보았다. 항우는 중원에 해당하는 지역만을 중요하게 보았다. 유방은 비록 쫓겨서 한중 땅으로 들어왔지만 이 지역을 기반으로 하여 새롭게 일어났다. 유방이 한중 땅으로 들어온 것은 항우와의 격돌에서 패했기 때문이다. 유방은 중원의 패권을 놓고 항우와 경쟁했으나 항우를 당해내지 못하였다. 항우는 유방에게 한중에서 왕 노릇이나 하며

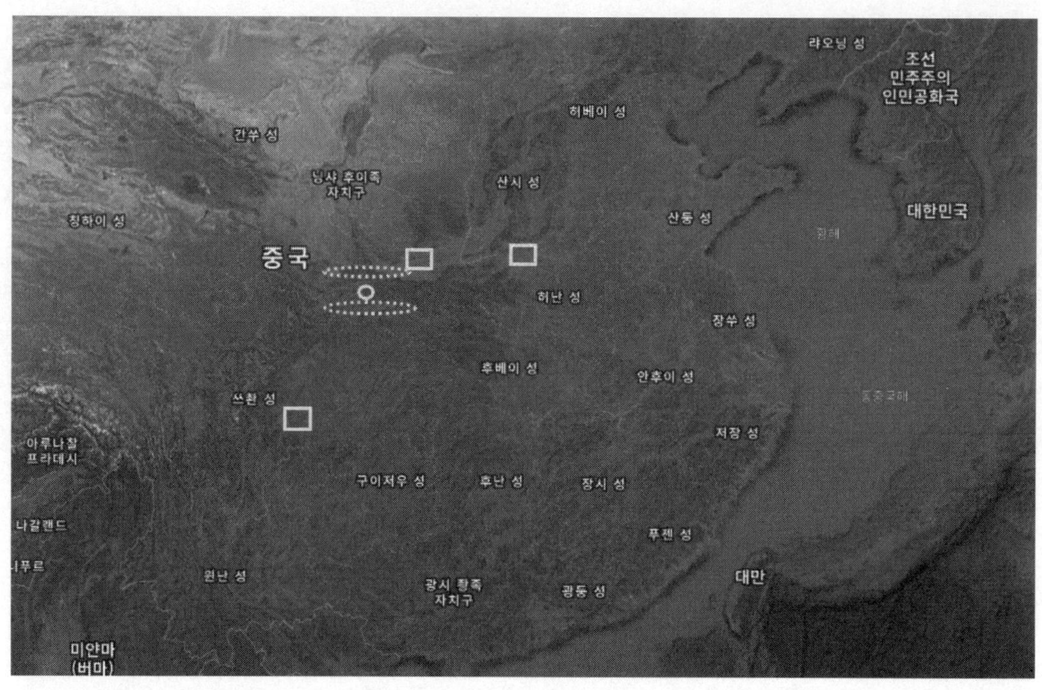

≫ 한중지역의 위치와 중요성

타원형 점선 원 사이의 실선 원으로 표시한 지역이 한중이다. 한중은 산맥으로 둘러싸인 분지이며, 이를 극복해야만 장안과 낙양으로 진출할 수 있는 요지이다. 작전도로의 성격을 갖는 잔도는 주로 진령산맥을 따라 구축되었다. 위의 타원형 점선 원이 진령산맥이며 아래의 타원형 원은 대파산맥이다. 사각형 표시 중에서 아래의 사각형은 촉의 수도 성도(청두), 위의 좌측은 장안(시안), 우측은 낙양(뤄양)이다.

조용히 살라고 하면서 한왕(漢王)에 봉하였다. 유방은 관중(關中)을 떠나서 절벽길을 따라 한중(漢中)으로 향하였다. 그는 수모를 당하면서도 희망을 버리지 않았다. 또한 철저하게 계산된 행동을 하였다. 한중에 도착하자 유방은 항우의 경계심을 풀기 위한 제스처에 들어갔다. 유방은 한중에 도착하자, 절벽을 따라 만든 잔도(棧道)를 불태우게 하였다. 유일한 통로를 제거함으로써 다시는 중원을 넘보지 않겠다는 항우를 향한 제스처였다.

유방은 군사력을 강화하며 재기를 모색하였다. 드디어 군사력을 키운 유방은 한신을 대장군으로 삼아 관중을 공격하였다. 이때에도 제스처를 보였다. 잔도를 보수하는 척 하였다. 이에 관중을 수비하던 항우의 초나라 장수 장한은 잔도를 경계하기 시작하였다. 그 틈을 이용하여 험준한 산악을 극복하고 우회하여 관중을 함락시켰다. 유방에게 있어 파촉은 천하통일을 이룰 수 있게 한 지역이었다. 유비 역시 이 지역을 근거지로 하여 충분한 전력을 준비하여 천하통일의 꿈을 이루고자 하였다. 이 지역을 차지했다는 것은 북벌을 준비할 토대를 구축했다는 의미가 될 수 있는 것이며, 선대의 역사를 돌이켜 볼 때 의미가 상당한 지역이다. 즉, 선조의 얼이 스민, 길조가 깃든 지역으로 생각하기에 충분하였다. 사천은 이와 같은 역사적인 의미를 주는 지역이며, 산악과 평야지대를 잘 갖추고 있어 전략적으로도 중요한 지역이었다. 조조는 지형을 이용하여 지구전을 펼치는 유비군의 전법에 말려들면서 한중을 두고 난처한 처지에 빠지게 된 것이다. 조조는 이러지도 저러지도 못하는 상황에 직면하였다. 조그마한 한중땅을 얻자니 희생이 너무 클 것 같았고, 포기하자니 아깝다는 생각이 들었다. 마침내 조조는 철군을 결심하였다. 계륵의 고사를 만든 싸움이기도 하였다.

드디어 조조와의 한중을 사이에 둔 전투에서 유비는 승리하게 되었다. 유비는 한중쟁탈전에 대단한 공을 들여 준비하였는데 결실을 본 것이다. 이를 위하여 형주의 일부지역인 강하, 장사, 영릉, 계양군을 오나라의 손권에게 넘겨주는 결단력을 보였다. 손권이 공격한다면 전선이 2개로 형성되는 불리점을 미리 차단한 셈이다. 유비는 한중쟁탈전에서 승리함으로써 사천지역 일대의 서촉과 한중 지역를 모두 아우르는 기반을 구축하였다. 특히 방어에 유리하면서도 동서남북 어느 곳으로도 진출하기가 유리하다는 이점을 확보하였다는데 의미를 크게 부여할 수 있다. 유비의 형주 안착은 삼국정립의 의미가 있으며 익주를 차지했다는 것은 국력을 급속도로 키울 수 있다는 유리점을 갖고 있었다. 즉, 천하 재패를 위해 한 판을 겨루어 볼 위상을 보다 견고하게 구축할 수 있었다. 유비는 비로소 위와도 견줄 수 있는 팽팽한 세력균형의 한축을 이루게 되었다. 또한 이 시기가 유비에게는 가장 찬란한 전성기에 해당된다. 그러나 유비는 이를 기점으로 큰 시련을 겪게 된다. 관우의 죽음이다. 유비는 익주를 차지하면 형주를 모두 돌려주겠다고 손권과 약속했지만 이를 완전히 반환하지는 않은 상태였다. 그러자 손권은 전쟁을 통해서라도 이를 되찾고자 하였다. 생각이 여기에 미치자, 손권은 전쟁을 수행할 전략을 구상하였다. 손권은 조조와의 긴밀한 관계를 유지하는 것이 가장 유리한 전략적인 상황을 조성하는 것이라는 판단에 이르렀다.

손권은 독자적으로 유비를 공격하여 전쟁을 성공시키기는 자신의 세력이 부족함을 알고 있었다. 이에 손권은 조조에게 함께 형주를 공격하여 점령한 후 반으로 분할하자고 제의하기에 이르렀다. 야심가 조조는 흔쾌히 응하였다. 유비를 없앤 후 손권을 차례로 치면 쉽게 통일을 달성할 수 있다는 판단이었다. 둘의 이해관계가 맞아 떨어지자, 이제는 유비를 상대로 조조와 손권이 힘을 합치게 되었다. 적벽대전에서의 동맹은 깨어지고, 적벽대전에서의 적과 동맹관계를 맺은 것이다. 그즈음 유비는 형주에 이어 익주까지 손에 넣게 되면서 한나라 중흥의 꿈은 한 발자국 앞으로 다가왔다고 느끼고 있었다. 이러한 기분 좋은 상상을 하는 사이에 조조의 군대는 형주로 출병하고 있었다. 이 소식을 들은 유비는 정세의 급변을 뒤늦게 깨닫고 급히 관우에게 막아 싸울 것을 지시하였다. 이제부터 관우의 불행이 시작되고 있었다.

[3] 패권의 쟁취를 위한 전쟁

『삼국지』는 관우의 죽음을 분기점으로 크게 변화를 몰고 온다. 관우는 형주를 굳건히 지키고 있었다. 그러던 중에 조조의 공격 소식을 접한 유비는 먼저 선수를 칠 것을 명하였다. 초전에 관우는 기세를 몰아 많은 성들을 점령하면서 맹위를 떨쳤다. 가는 곳마다 승리했으며 조조의 휘하 장수들을 사로잡기도 하였다. 조조는 당황하였다. 그렇지만 관우의 불행은 이때쯤 시작되었다. 오의 육손은 관우가 출병하고 없는 틈을 이용하여 형주를 점령하였다. 관우가 없는 형주는 수비가 취약하였다. 손권은 육손의 계책에 따라 이 상황을 놓치지 않고 형주를 손쉽게 점령한 것이다.

형주는 대단히 중요한 지리적 이점을 갖고 있었다. 관우는 형주 함락 소식을 듣고 급히 회군하였다. 그렇지만 조조와 오의 연합군은 보다 강해져 있었으며, 이로 인해 도리어 쫓기는 형국이 되고 말았다. 관우는 군사를 잃고 맥성으로 도주하기에 이르렀다. 맥성은 오군에게 포위되었다. 관우는 인근의 유봉과 맹달에게 구원병을 보내 달라고 요청했지만 소식이 없었다. 관우는 서촉으로 도주로를 선택했으나 사로잡혔다. 그는 아깝게도 삼형제 중에서 가장 먼저 생을 마감하는 운명을 맞이하였다. 관우는 “옥은 깨어져도 그 빛은 변하지 않는다.”는 마지막 마음의 말을 남기면서 사라져 갔다. 관우를 죽음으로 몰고 간 사연은 다음과 같다. 하루는 오나라에서 관우의 딸과 손권의 아들을 결혼시키자는 제의를 관우에게 하였다. 그 말을 사신으로부터 들은 관우는, “범의 자식을 개의 자식과 혼인을 시켜 달라는 것인가?”라며 일언지하에 거절하였다. 만약 관우가 좀 더 안목을 가지고 이 기회를 활용했다면 그의 죽음은 물론이고 촉의 운명을 그처럼 빠르게 앞당기지는 않았을 것이다.

그의 죽음에 이르는 보다 근원적인 원인을 살펴보면, 유연성과 대관소찰(大觀小察) 능력의 부족을 말할 수밖에 없다. 전략적 안목의 부족이라고 평가할 수밖에 없다. 당시의 상황을 고려했을 때, 관우는 국력이 월등한 위나라와의 싸움에 대비해야 했다. 관우는 강한 적과 싸우는 방법을 찾아야 했다. 그러기 위해서는 누군가와 손을 잡아야 했다. 국제적 정세를 고려하면 동맹을 구축하는 것이 절실한 환경이었다. 촉나라가 위나라와 싸우기 위해서는 그 이전에 오나라와의 동맹관계를 구축할 필요가 있었다. 이것은 오나라도 마찬가지였다. 위나라의 침입에 대비하기 위해서는 국력이 상대적으로 약한 오나라와 촉나라는 서로 결속하여야 하는 환경에 놓여 있었다. 그러나 관우는 이를 깨닫지 못했다. 깨달았다고 하더라도 이를 실행하는 방안을 찾지 못하였을 것이다. 관우의 일대기를 살펴보면, 그는 출중한 무예 실력을 갖추고 있었으며, 단기필마로 적을 제압하는 장면이 곳곳에서 나온다. 적장 화웅의 목을 베는 장면과 오관육참에서는 그의 무예가 신의 경지에 이르렀음을 보여주고 있다. 이러한 그의 뛰어난 무예 실력은 지나치게 그를 오만하게 만들었으며 동맹의 중요성을 깨닫지 못하게 한 측면이 있었다. 오만함으로 유연성을 상실했고, 자신의 능력을 과신하여 이웃의 도움을 받는 것에 인색하였다.

한편 조조의 뒤를 이은 조비는 황제를 허수아비로 만든 것에 만족하지 않고 헌제를 협박하여 스스로 황제가 되었다. 이렇게 되자 유비도 한나라의 정통성을 계승한다는 의미에서 황제에 오르고 나라 이름을 촉으로 정하였다. 유비는 관우가 죽은 것에 대하여 몹시 억울해하였다. 그는 즉시 오나라 정벌을 명하였다. 그러나 제갈량을 비롯한 대부분의 신하들은 이를 제고 할 것을 간청하였다. 그렇지만 유비의 복수심을 꺾지는 못하였다.

이때 오나라 정벌을 준비하는 과정에서 장비가 부하 장수들에게 죽음을 당하고 말았다. 유비는 더욱 복수심에 타올랐다. 모든 불행의 시작을 오나라의 형주 침략으로 규정하고 있었으므로 복수심의 발로는 당연하였다. 유비는 70만 대군을 이끌고 출병하기에 이르렀다. 유비는 대군의 힘을 거세게 몰아 오군을 격파하였다. 손권은 강화를 청하면서 형주를 돌려주겠다고 하였지만, 유비는 이를 거절하면서 공격의 고삐를 늦추지 않았다. 유비는 여기에서 멈추어야 했다. 다급해진 손권은 육손을 도독으로 임명하여 유비군을 막도록 하였다. 육손은 지연전을 전개하면서 유비군의 진을 빼기 시작하였다. 드디어 유비군은 이릉에 도달하였다. 『삼국지』 3대 전쟁 중의 하나인 이릉대전이 벌어지는 찰나였다. 이 전쟁의 결과 유비는 크게 패하면서 백제성으로 쫓기어 갔으며 여기서 생을 마감하기에 이르렀다. 사사로운 복수심은 유비의 몰락은 물론이고 그의 죽음까지 가져왔다.

관우는 그 누구보다도 출중한 무예를 갖춘 명장으로 묘사되고 있다. 그렇지만 그는 아쉽게도 용맹과 충절은 갖추었지만 정세를 관망하고 이를 활용하는 안목은 부족하였다. 전술전기에는 탁월한 무장이었지만 전체를 보는 전략적 안목은 무용에 비해 출중하지 못하였다. 그렇기에 그의 죽음은 유연성 부족과 보다 멀고 넓게 보는 전략적 안목의 부족을 거론하지 않을 수 없다. 관우의 전략적 차원의 오판은 자신마저 죽게 되었으며, 이로 인해 최고 통치자 유비는 평정심을 상실하는 결과로 이어졌다. 사적인 감정에 치우친 유비는 지도자의 품격을 상실하고 권위만을 지키고자 하는 위험한 인물로 전락하고 말았다. 유비가 벌인 전쟁은 참패로 이어졌으며 촉은 이때부터 급격히 쇠락의 길을 걷게 되었다. 너무나 당연한 결과였다. 지도자의 품격은 이처럼 중요하다는 교훈을 깊게 던지고 있는 대목이다.

》 유비가 죽음을 맞이한 백제성

출처 : EBS세계견문록, 「삼국지」에서 캡처

유비의 뒤를 이어 유선이 황제에 즉위하였다. 제갈량은 오와의 화친을 도모하면서 선제의 유언에 따라 북벌을 계획하였다. 이전에 제갈량은 북벌을 위하여 주변을 평정하고자 하였다. 이러한 계획에 따라 남만을 공격하여 맹획을 일곱 번 사로잡고 일곱 번 풀어주는 '칠종칠금'의 고사를 낳기도 하였다. 그의 남만 공격은 위나라를 공격할 때 후방의 안정을 기하려는 신중한 조치였다.

▸ **촉의 위나라 북벌**[35)]

차수	연도	주관	주요사항
제1차	227년	제갈량	사마의 복귀, 맹달의 거사와 가정전투 실패
제2차	228년	제갈량	보급문제 애로 극복 실패
제3차	229년	제갈량	사마의의 지구전으로 인해 한중으로 철수
제4차	231년	제갈량	사마의의 지구전과 보급문제로 실패
제5차	234년	제갈량	목우유마로 보급문제 해소 노력

35) 북벌은 연구자에 따라 6차까지 분류하기도 한다.

제갈량은 그 유명한 출사표를 올리고 위나라를 정벌하기 위한 북벌을 단행하였다. 그러나 맹달과의 반란계획이 사마의에 의해 진압되었으며, 설상가상으로 가정전투에서의 패배로 인해 1차 북벌은 실패로 끝났다. 뒤이어 총 5차례의 북벌을 단행했지만 위나라에는 사마의라는 걸출한 장수가 있었다. 제갈량은 끝내 북벌을 성공시키지 못하고 오장원에서 234년에 숨을 거두었다. 제갈량은 그가 이루지 못한 후사를 강유에게 맡겼다. 강유에 의해 북벌이 다시 시도되었지만, 오히려 위의 공격을 받게 되었다.

위나라 등애는 천혜의 요새 검문각(劍門閣)[36]을 우회하여 촉의 수도 성도에 나타났다. 멀고 먼 산악을 극복하면서 천신만고 끝에 촉나라의 성도에 입성하였다. 촉나라는 검문각을 우회할 것이라는 사실을 전혀 예측하지 못하였다. 성도에 입성한 위나라의 군대를 보자 기겁을 할 뿐이었다. 촉나라의 황제 유선은 263년에 항복하기에 이르렀다. 유비가 피땀으로 세운 촉나라는 이렇게 멸망하였다. 이로써 한나라의 중흥을 위해 노력했던 유비의 열망도 완전히 빛을 잃었다.

이때의 위나라는 사마의와 그의 큰아들 사마사가 차례로 죽게 되면서, 실권은 사마의 아들 사마소가 장악하고 있던 때였다. 그러므로 촉나라는 위나라의 공격으로 망하게 되었지만, 실질적인 역할은 사마의의 아들 사마소에 의해 멸망했다고 보아야 할 것이다.

≫ 검문각과 촉으로 가는 험준한 길

촉도는 험난하기로 이름이 높았다. 그나마 접근이 가능한 길은 검문각(劍門閣)을 향하여 좁게 뻗은 하나의 길이 있을 뿐이었다. 위나라의 장수 등애는 검문각을 돌파하기 어렵다는 사실을 직감하고 비록 험준한 길이지만 우회하기로 결심하였다. 등애는 갖은 고생 끝에 준령을 넘어 촉의 성도에 도달하여 항복을 받아냈다.

---

36) 사천성의 검문각은 장안으로 연결되는 통로였다. 이 길을 촉도라 한다. 주변은 절벽으로 이루어져 있어서 방어에 유리한 지형적인 이점이 있었다.

[4] 통일된 천하

위나라는 조조의 뒤를 이은 조비가 죽고 조예가 뒤를 이었다. 조예가 죽으면서 조상과 사마의를 불러 어린 태자 조방을 잘 보필하라는 당부를 하였다. 어린 태자가 황위를 계승하면서 위나라의 권력 구도는 위험한 형편이 되었다. 사마의는 그동안 제갈량의 공격을 잘 막아내면서 탄탄한 입지를 구축하고 있었다. 이로 인해 그의 세력은 강해지는 단계에 있었다. 조상은 이러한 사마의의 권세를 경계하기 시작하였다. 사마의를 여차하면 제거할 심산이었다. 이를 눈치 챈 사마의는 병을 핑계로 낙향을 자처하였다. 그는 고의로 병자 행실을 하면서 조상의 경계를 피하고자 한 것이다. 그렇지만 그는 절치부심하며 재기의 기회를 엿보고 있었다.

사마의는 재기를 엿보던 중 절호의 기회를 포착하였다. 새해를 맞이하여 조상과 어린 황제가 성묘를 떠난다는 소식이었다. 사마의는 조상과 어린 황제가 궁을 비운 사이에 이를 놓치지 않고 군사를 일으켜 조정을 장악하였다. 이를 고평릉 사변이라 한다. 모든 것을 장악한 사마의에게 더 이상의 적은 없었다. 그는 조상을 잡아 들여 죽여 없앴다. 조상이 죽게 되자 어린 황제는 크게 힘을 잃었다. 이제부터는 사마의의 세상이 된 것이다. 사마의 일족의 세력은 막강해져 갔다. 사마의는 위의 황제로부터 구석(九錫)[37]의 특전까지 받았다. 사마의가 죽자 그의 권세는 두 아들에게 대물림 되었다. 사마의는 그의 아들 중에 사마사와 사마소를 항상 전쟁터에 데리고 다니면서 철저한 교육을 시켰다. 그러므로 그 아들들은 능숙하게 상황을 관리하는 능력을 갖고 있었다. 사마소가 촉나라를 멸망시키자 신하들은 황제에게 그를 왕으로 봉해야 한다고 건의하였다. 무력한 황제는 그들의 눈치만을 살펴야 했다. 사마소는 진왕이 되었고, 그의 아들 사마염을 세자로 세웠다. 265년에 사마소가 죽자 사마염이 실권을 장악하였다. 사마염은 진왕의 자리를 이으면서 위나라의 5대 황제 조환을 내쫓고 스스로 황제가 되었다.

이렇게 됨으로써 조조가 터전을 마련한 위나라는 멸망하고 말았다. 생전에 사마의에게 병권을 맡겨서는 안 된다고 한 조조의 유언을 듣지 않은 결과였다. 위나라는 한때 신하였던 사마씨에게 넘어가고 말았다. 사마의가 온갖 수모와 견제를 기나긴 세월을 인내하며 버텨온 결과였다. 사마염은 나라 이름을 진으로 하였으며 낙양을 수도로 하였다. 280년에 사마염은 두예와 왕진으로 하여 오나라를 정복하기에 이르렀다. 마침내 대륙은 사마염에 의해 통일을 맞이하였다.

---

37) 황제가 공로가 큰 신하에게 내리는 아홉 가지의 특전을 말한다.

통일을 위한 치열한 출발은 조조, 유비, 손권이었으나, 이들은 모두 서막을 열었을 뿐이다. 최종 주자는 조조가 등용시켰던 사마의 가문의 사마염이었다. 제갈량과 지략의 대결을 펼쳤던 사마의는 결국 제갈량의 집요한 공격을 물리치면서 북벌을 무산시켰다. 그 후 사마의 후손은 조조가 세운 위나라를 멸망시키고 진나라를 건국하기에 이르렀다. 이로써 천하는 다시 통일을 맞이하였다.

4. 전략가의 용인술(用人術) 조명

힘의 원천(源泉), 사람의 가치

회사를 세계적인 기업으로 키우기 위한 원천을 선정하라고 한다면 과연 무엇을 꼽을까. 이는 답변하는 자에 따라 다양하게 나타날 것이다. 그중의 하나로 선정될 가능성이 매우 높은것 중의 하나가 '사람'이라고 여겨진다. 어느 조직을 막론하고 사람의 중요성은 최고의 가치로 여길 것이다. 여기에서 원천(源泉)이라고 표현한 것은 일의 출발점은 사람으로부터 시작한다는 것을 역사가 말해주고 있기 때문이다. 역사를 만드는 중심에는 항상 출중한 인물이 있었다. 이들에 의해서 씨줄과 날줄이 엮어졌으며, 이것이 인류의 역사가 되었다. 이 과정에서 나라의 흥망이 결정되기도 하였다. 또한 이들이 보이는

» 영화 「아이, 로봇」에 등장하는 로봇의 모습

긴장감과 박진감은 더욱더 흥미를 유발시키며, 그 결과 오랜 세월이 흘렀어도 드라마나 영화로 재탄생되기도 한다. 이를 보는 독자들은 환호와 탄식을 교차하면서 매력에 빠져든다. 이것은 모든 일의 중심에는 인물이 있으며, 인물이 차지하는 비중이 대단히 크다는 사실을 증명해 주는 것이다.

『삼국지』에서의 등장인물은 다양하며, 이들은 각각의 역할에 적합한 특유의 개성을 보여준다. 이들은 그들의 개성 못지않게 출중한 능력으로 전략과 전술을 선보이며 성공과 실패를 가른다. 『삼국지』의 명장면은 인물 중심으로 이어지고 있다. 그 어느 것도 인물보다 더 많은 흥미를 유발시킬 요인은 없을 것이다. 이것이 인물의 중요성이다. 그러므로 전략과 전술의 성공요인은 인물에 의해 결정되며, 그들이 차지하는 비중은 대단히 클 수밖에 없다. 이들의 자리를 아무리 우수한 무기체계로 대체하더라도 그 공백은 크게 발생한다. 특히 고대의 전쟁에서 쌍방의 무기체계는 비슷한 수준이었다. 따라서 출중한 장수에 의해 구사되는 보다 앞선 전략과 전술은 항상 압도적인 승리를 거두게 하는 원동력이었다. 또한 그들이 보여주는 치밀하고 역동적인 용병술과 그들의 내면에 숨겨져 있는 인간적인 모습은 영원한 우상으로 자리매김 하기도 하면서 역사의 인물로 추앙받게 만들기도 한다.

선각자들은 아무도 고안하지 못한 전략과 전술로 전쟁의 패러다임에 일대 변혁을 가져왔다. 대표적인 사례로, 한니발이 칸네전투에서 포위섬멸로 완벽한 승리를 거두었고, 알렉산더는 그의 아버지가 개발한 '망치와 모루전법'을 발전시켜 정복전쟁을 성공으로 이끌며 전쟁영웅으로 등극하였다. 이들 사례의 중심에는 출중한 인물이 있었다는 공통점이 있다. 무기체계는 현대에 들어오면서 다양화되었으며 성능면에서 급격한 차이를 나타냈다. 과거 전쟁에서 무기체계의 차이는 그리 크지 않았다. 그렇지만 현대의 전쟁에 등장하는 무기체계는 하루가 다르게 보다 다양화되고 있으며, 파괴력이 향상되고 있다. 적보다 먼저 보고 먼저 타격하는 무기체계는 전쟁의 승패를 가르는 주요 요인으로 자리 잡아가고 있다. 우수한 무기체계에 의해 전장이 지배될 가능성이 점차 확대되고 있다. 현대전은 전략과 전술도 중요하지만 그만큼 무기체계의 비중이 크게 작용한다. 대표적인 무기체계가 미 공군의 F-22랩터 라고 불리는 스텔스전투기이다. F-22랩터는 기존 전투기와 벌인 모의 공중전에서 241:2로 압승을 거두었다.[38] 쉽게 표현하면 F-22랩터 1대의 성능은 기존 전투기 100대 이상의 능력을 갖추었다는 것이다. 무기체

38) 동아일보, 「하늘의 학살자 랩터」, 2017.12.5.

계 자체의 엄청난 격차를 보인 사례이다.[39] 불과 얼마 전까지만 하여도 무기체계의 수준은 비슷하였고, 단지 수량의 차이였다. 그렇지만 이제는 수량보다도 압도적인 성능이 중요시되고 있다. 압도적인 무기체계를 보유한 국가는 그렇지 못한 국가에 비하여 전투에서 승리할 가능성이 월등히 높아졌다. 그렇다면 앞으로의 전쟁과 전투는 무기체계의 발달이 모든 것을 압도할 것인가? 즉, 지금까지 있었던 전략과 전술을 구사하는 사람의 능력은 감소할 것인가? 하는 의문이 들기도 한다. 그렇지만 아무리 무기체계가 우수하다 하여도 전략과 전술을 구사하는 사람의 능력을 무시할 수는 없을 것이다. 베트남전을 생각해 보면 쉽게 수긍이 될 것이다.

인류가 지구상에서 세운 국가는 수없이 많았고 당대를 아우르는 강대국이 존재하였다. 그러나 당시에는 강국이었지만 현재는 이름만을 전하는 국가도 많이 존재한다. 흥망의 역사는 반복을 거듭하는 것이지만 흥하고 망하는 배경에는 원인이 있었다. 국제질서는 자국의 이익을 우선시하는 약육강식의 논리에 따라 움직였음은 인류의 깊은 역사 속에서 쉽게 찾아볼 수 있다. 역사속의 강대국은 뛰어난 기술력을 바탕으로 강력한 군사력으로 무장하였으며, 이를 근원으로 삼아 세력을 확장하여 왔다. 그렇기 때문에 인류의 역사는 전쟁의 역사라고 하는 것이다. 전쟁의 역사는 강대국을 탄생시키기도 하면서 강대국을 역사 속에서 지우기도 하였다. 이러한 전쟁의 역사를 주도한 주인공은 인간이었다. 이것은 앞으로도 마찬가지일 것이다. 아무리 과학기술이 발전한다고 해도 그 중심에서 인간을 제외하기는 어려울 것이다. 그만큼 인간은 무한한 창의력과 잠재력을 가지고 있는 존재인 것이다.

역사학자 아놀드 토인비(Arnold Toynbee, 1889~1975)는 "과학자가 더 많이 발견해 주면 우리는 전보다 더 행복해 진다."라는 말을 남겼다. 이것은 과학기술의 발전이 모든 문제를 해결해 줄 것이라는 지극히 희망적인 말이면서도 과학기술에 대한 당시의 지나친 맹신을 담고 있기도 하다. 과학기술이 발달하여 아무리 편리한 시대가 오고, 이러한 발달로 인간을 대신하여 로봇이 전투하는 시대가 온다 하여도, 여전히 전쟁의 주체이자 주역은 사람에서 벗어나기는 어려울 것이다. 과거의 전쟁에서 체험하지 못한 혜

---

39) 1970년대 미국 록히드사는 스텔스기 개발 프로젝트를 시작하였다. 드디어 스텔스 전투기 F-117을 개발하였다. 이 전투기는 1989년 미국의 파나마 침공 때 처음으로 출전하였다. 실전에 투입하여 파나마의 주요 기지들을 초토화시켰다. 그러나 파나마군은 미군의 스텔스기 존재를 알지 못하였다. 그들의 레이더망에 걸리지 않았기 때문이다. 당시에는 유일의 스텔스기였으며 이를 방호할 무기체계는 개발되지 못한 상태였다. 21세기에 접어들면서도 첨단 스텔스기의 개발은 계속되었다. 록히드마틴과 보잉사가 공동 개발한 F-22 랩터이다. 대당 1억 5000만달러나 되는 높은 가격이다. 이보다 가격은 싸지만 성능이 비슷한 스텔스기는 F-35A이다. 현재 우리나라 공군도 이를 보유하고 있다.

아릴 수 없는 다양한 상황이 넘실대는 전장에서는 여전히 인간이 주체가 될 수밖에 없을 것이다. 전장의 상황은 과거의 상황이 반복되는 경우도 있지만 전혀 새로운 상황이 전개되는 공간이다. 그러므로 사람의 중요성과, 이들이 전략·작전술·전술 등의 이해를 통하여 상황을 극복하는 능력의 요구는 더욱 증대될 것이다. 각개 전투원의 역할은 로봇과 무인으로 구동되는 드론 등을 비롯한 기계에 의해 수행된다 하여도, 상황을 총괄하여 관리하는 영역은 사람에서 기계로 대체되기에는 어려울 것이다. 로봇이 개발되어 점차 발전되면서 인간의 역할 영역도 변화를 가져왔다. 긍정적인 측면은 위험하고 힘든 일을 로봇으로 대체할 수 있다는 것이다. 그로 인해 인간의 삶은 토인비의 말처럼 더욱 여유롭고 안전할 것으로 기대된다.

그렇지만 인간의 일을 로봇이 대부분 장악한다는 것은 재앙에 가까울 것이다. 인간이 느끼는 오랜 가치 중의 하나는 노동을 통하여 느끼는 만족감과 존재감이었다. 이러한 가치를 로봇이 점령해 버린다면, 이것은 재앙 수준이 될 것이다. 이러한 인식의 확산으로 인해 이를 경계하는 서적이 등장하기도 하였다.[40] 그동안 인간만이 하던 많은 부분의 일들이 로봇의 기능이 점차 향상되면서 로봇의 영역은 점차 확장되고 있다. 그렇지만 인간만이 할 수 있는 역할은 여전히 존재한다. 특히 창의성을 기반으로 하는 분야는 영원히 인간의 몫이 될 것이다. 인류는 오랜 세월을 두고 진화하면서 타인의 감정을 이해하고 공감하는 능력을 갖고 있다. 또한 상상력과 직관력은 인간만이 갖고 있는 최대의 장점이자 기계가 넘볼 수 없는 영역이다. 아무리 우수한 성능을 갖고 있는 기계일지라고 인간의 상상력과 직관력을 넘어설 수는 없다. 로봇을 통하여 인류의 생활이 좀 더 편리해진다고 해서 모든 영역에서 인간이 배제되지는 않을 것이다. 생산의 주체는 될지라도 관리의 주체가 되기는 어렵다는 것이다.

많은 국가들은 상대국과 전쟁을 벌이면서 국가 차원의 수많은 전략을 수립하였다. 각국은 국가전략과 군사전략에 기반하여 국가의 이익을 관철시키고자 노력하였다. 이를 수행하기 위한 전투현장에서는 수많은 전술가들이 창의적인 방법으로 전투를 수행하면서 치열한 전투를 벌였다. 이를 통하여 국가의 이익 관철에 크게 기여하기도 하였다. 그 중심에는 전략가와 전술가라는 인물이 있었다. 군사전략이란 '국가목표를 달성하기 위하여 군사력을 건설하고 운용하는 술과 과학'이라고 정의하고 있다. 이를 뜯어놓고 보면 '국가목표 달성'이라는 목표, '군사력 건설과 운용'이라는 수단, '술'이라는 방법으로 나

---

40) 2016년에 『인간은 필요 없다』라는 책자가 서점가에 등장하였다. 저자는 스탠포드대학교 법정보학센터 교수이자 인공지능학자인 제리 카플란이었다. 저자는 이 책을 통하여, 미래에는 로봇과 인간의 공존을 위한 고민이 필요함을 말하였다.

누어 볼 수 있다. 방법은 '어떻게'를 구체화시키는 것이며 그 주체는 인간이다. 이는 전술의 정의에서도 대동소이하다. 따라서 그 중심 주체는 인간임을 알 수 있다. 이런 측면에서 인간의 중요성을 중심으로 언급해 보기로 하겠다. 『삼국지』의 중요 장면에서도 어김없이 역량 있는 인물들의 활약상이 나오며, 이러한 인물을 얻기 위한 극적인 과정도 전개되고 있다. 결국에는 이들이 전략과 전술 성공의 중심에 있었다고 보면 될 것이다. 고대로부터 전쟁을 주도하는 핵심은 인간이었다. 아무리 장비가 첨단으로 발달하여도 그 중심은 인간이 될 것이다. 전장의 상황은 경우의 수가 무한적으로 발생한다. 과거에는 전혀 마주하지 않았던 상황에 직면하기도 한다. 그러므로 과거로부터 축척시킨 데이터에서 대응방법을 찾기 어려운 상황에 마주칠 수도 있다. 더군다나 전투는 다양한 전장상황이 시시각각으로 변화하는 공간이다. 전투는 전쟁을 위한 수단이다. 전투는 전투현장에서 국한되지만 전쟁은 그렇지 않다. 전쟁의 결과에 미치는 영향은 멀리는 외교관계까지도 포함된다. 그러므로 이에 대한 대응을 적절히 하기 위해서는 다양한 분야에 대하여 평시부터 대응력을 갖추어야 한다.

전쟁에 미치는 요인은 외교관계는 물론이고 자국 내에서의 여론에 이르기까지 다양하다. 이처럼 복잡하고도 다양한 전장상황과 고려해야 할 요소가 다변적인 구조 속에서의 올바른 분석과 판단은 인간만이 그 역할을 수행할 수 있다. 고대로부터 전쟁과 전투를 이끄는 중심의 인물에 대해서는 각별하게 분석하고 평가하였다. 우리는 그들을 지휘관과 참모라고 통칭한다. 그중에서도 지휘관의 역할은 가장 중요하다. 그러므로 지휘관으로 갖추어야 할 자질과 능력에 대해서는 수많은 군사이론가와 전쟁수행 경험자들이 중요한 영역의 하나로 다루어 왔다. 그들은 어떠한 상황에서도 고도의 창의성 발휘를 필요로 하는 술(術)적인 능력을 구사하는 주체이며, 위험의 영역에서도 강한 팀웍을 유지시켜 총력전을 이끌어 내는 핵심이다. 이처럼 창의성과 총력전을 이끌어 내는 중심에는 인간이 있었다. 역사상 위대한 인물의 공통점은 인재를 발굴해내는 혜안과 이들이 능력을 발휘할 수 있게 적재적소에 기용했다는 공통점이 있다. 『삼국지』에 등장하는 주요 인물들도 예외는 아니었다. 그중에서도 조조의 인재 활용술은 단연 돋보인다. 그런 영향으로 그는 인재의 홍수에 묻혀 지냈다고 해도 과언이 아니다. 그가 가장 강력한 국력을 유지할 수 있었던 것은 여러 가지의 이유를 들 수 있지만, 그중의 하나로 인재를 알아보는 능력과 이들을 활용하는 안목이었다.

복잡하게 얽혀 있는 실타래를 풀다 보면 모든 실을 온전하게 살리기는 어렵다. 그중에는 매듭이 너무 많이 생겨 아깝지만 끊어 버리지 않으면 안 되는 부분도 발생한다. 그렇지만 끊겨진 부분이라고 해서 소중하지 않은 부분이라고는 할 수 없다. 하지만 끊겨진 부분은 더이상 온전한 능력을 발휘하기에는 한계가 있다. 인간과 인간의 관계도 이와 다르지 않다는 것을『삼국지』를 보면 알게 된다.『삼국지』에서는 치열한 경쟁에서 살아남아 중요한 직책에 기용되기도 하지만, 잘못 만난 인연으로 출중한 능력을 갖고 있음에도 중용되지 못하거나 죽음으로 가는 경우도 수없이 등장한다. 주변의 추천 또는 우연한 인연으로 능력을 인정받아 중책에 기용된 이들은 그들의 능력을 발휘하면서 난제를 해결하는 중심에 등장한다. 이들의 활약은 신출귀몰하며 이것이 어우러져『삼국지』의 묘미를 느끼게 한다. 이들이 펼치는 박진감과 긴장감의 연속은 시간이 흐르는 줄 모르게 하기도 하면서, 그들이 끌어 올리는 결과물에 따라 탄식과 환호성이 교차하기도 한다. 중요한 것은 그들에 의해 전개되는 전략과 전술을 보면, 인간의 중요성을 새삼 알게 해 준다는 것이다. 따라서 전략과 전술의 성공 중심이 인간임은 오래전부터 증명되어 왔다고 보아도 될 것이다.

이러한 인간의 중요성은『손자병법』에서도 전쟁을 하기 이전부터 그 중요성을 말하고 있다. 계편에서 언급한 도천지장법(道天地將法)이 그것이다. 도천지장법(道天地將法)은 전쟁을 하게 되었을 경우, 전쟁에 앞서 승리할 수 있는가를 판단하기 위한 분석의 틀로 삼은 주요 요소들을 말한다. 손자는 군사작전의 승패에 미치는 영향 요소를 다음의 다섯 가지로 보았다. 결국 다섯 가지의 중심에는 사람이 있음을 알 수 있다. 이를 요약해 보면 다음과 같이 정리할 수 있다.

▸ **도천지장법(道天地將法)의 의미와 주체**

구 분	의 미	주 체
道(도)	전쟁의 명분과 비전제시 → 상하의 일체감 조성	사람(군주, 백성)
天(천)	시기의 적절성과 주변의 정세 → 정세의 변화 파악	내·외적 환경 요소
地(지)	전장의 유·불리점 → 성공에 미치는 영향 요인 파악	내·외적 환경 요소
將(장)	전쟁 수행의 핵심주체 확보 → 전장에서 능력 발휘	사람(장수)
法(법)	제도와 법률, 군기와 사기 등 → 엄정과 유연성 유지	사람(장수, 군졸)

도(道)는 하나의 목표에 대한 조직구성원 모두의 단결된 힘이다. 하나로 단결된 힘은 모두가 공감할 수 있는 명분과 평소의 신뢰로부터 출발한다. 천(天)은 시기의 적절성이다. 이는 단순히 시기만을 의미하지는 않는다. 국제정세의 변화를 읽어야 한다. 지(地)는 전장의 선택이다. 이에 대한 최선의 선택을 도출해야 한다. 장(將)은 내부의 능력 있는 인재의 발굴과 능력에 따른 배치를 의미한다. 이를 통하여 성과를 견인할 수 있다.

법(法)은 획일적인 적용보다는 엄(嚴)과 정(情)을 조화롭게 할 수 있는 유연성 있는 리더가 필요하다는 것을 말하고 있다. 리더의 조직 운영 능력에 따라 동일한 규모와 성격의 조직일지라도 성과에서는 큰 차이가 발생한다.

이를 조선 건국 이전의 고려말 상황으로부터 이성계의 위화도회군까지를 살펴보면서 비교해 보면 일맥상통하고 있다. 고려말기의 국내정세는 공민왕 때에 신진 사대부들이 과거를 통하여 정계에 진출하면서 개혁의 분위기가 돌았다. 그러나 기득권 세력의 횡포는 신진 세력의 진출을 억제하면서 개혁은 쉽게 이루어지지 않았다. 이때는 홍건적과 왜구의 침입이 빈번하였는데, 이를 격퇴시킨 신흥 무장으로 최영과 이성계가 있었다. 신흥 무장 세력은 신진 사대부와의 결속으로 권문세족을 정계에서 축출하는데 성공하였다. 그러나 이후에 신진 사대부는 온건파와 급진파로 분열하였다. 즉, 동일한 목표를 향한 단결된 역량이 분열되고 있었던 것이다. 이러한 상황에서 개혁을 이루고자 했던 공민왕이 죽고 우왕이 즉위하였다. 국제정세는 원명교체기를 맞아 치열한 다툼이 전개되고 있었으며, 주원장에 의해 1368년에 명나라가 건국되었다.

원나라를 몰아내고 중원을 차지한 명나라는 철령 이북의 땅을 내놓으라며 고려를 압박하였다. 이러한 국제정세 속에서 고려 조정은 요동정벌을 놓고 분열되었다. 요동정벌

» 요동정벌에 나서는 조선군

출처 : KBS 드라마, 「정도전」에서 캡처

을 주장하는 우왕과 최영은 이성계와 조민수를 장수로 삼아 1388년에 출병을 주도하였다. 이것은 도(道)의 측면에서 상하가 일심을 이루지 못하고 분열된 형국이었다. 이성계는 요동정벌의 불가함을 네 가지[41]를 들어 주장하였다. 그가 지적한 것 중에는 시기에 대한 내용이 등장한다. 농사철에 군사를 일으키는 것은 불리하다는 것과 장마철에 접어들어 활과 화살이 제대로 성능을 발휘하지 못한다는 내용 등이다. 이것은 천(天)에 해당되는 내용이다. 또한 원거리 원정을 하면 상대적으로 남쪽 지방이 소홀하여 왜구의 침입이 활발할 것이라는 우려를 나타냈다. 이것은 지(地)에 해당한다. 이성계는 요동정벌을 반대했던 인물이었는데 굳이 이를 장수로 임명한 것은 적절치 못했다. 즉, 장(將)에 적절한 인물을 임명했다고 볼 수 없다. 출병 반대론자인 그는 정벌의 부당함을 주장하면서 회군을 단행하였다. 법(法)이 지켜지지 않았다.

이러한 점을 보면 전쟁은 국가를 망하게도 하므로 신중히 생각해야 한다는 손자의 경고를 떠올리게 한다. 고려는 이리하여 망하게 되었다. 비록 전쟁으로 인해 더 비참해 질 수도 있었다는 가정으로 이를 반박할 수도 있겠지만, 중요한 것은 믿는 장수에게 제대로 발등을 찍혔다는 것이다. 그렇지만 이를 알아보지 못한 것은 어떠한 변명도 통할 수 없다. 그것은 지도부의 무능이었다.

도천지장법(道天地將法)의 다섯 가지는 의미를 부여하는 바에 따라 다양하게 현실에 접목할 수 있다. 그렇지만 핵심으로 등장하는 것은 인간이라는 사실이다. 손자가 인간의 중요성을 그의 병법서 서두에 등장시킨 이유를 되새겨 보아야 한다. 중국인들의 사랑과 존경을 받으며 중국 역사상 최고의 성군으로 인정받는 당 태종 이세민은 이와 관련하여 『정관정요(貞觀政要)』[42]에서 인재의 중요성을 다음과 같이 설파한 대목이 있다. "위정지요(爲政之要) 유재득인(惟在得人), 용비기재(用非其才) 필난치치(必難致治), 정치의 요체는 오직 사람을 얻고자 하는데 있다. 인재를 기용하지 못하면 다스리는 데 힘을 쓰기가 어렵다." 인재 기용의 중요성을 핵심적으로 표현한 말이다. 모름지기 사람의 관계는 '나를 알아주는 사람, 나의 능력을 적재적소에 발휘하게 해 줄 사람'을 만나는 것

---

41) ① 작은 나라가 큰 나라를 치는 것은 불리하다. ② 농번기인 여름철에 군사를 출병시키는 것은 민심에 해롭다. ③ 군사가 부족하면 왜구들의 노략질이 발생할 것이다. ④ 무덥고 비가 오는 시기라서 활의 아교가 녹아내려 사용에 불리하며 전염병에도 취약할 것이다.

42) 당태종의 사후 약 50년이 지난 무렵인 640년경에 만들어진 정치 문답집이다. 이 책은 당 태종의 정치에 관한 중요한 언행을 10권 40편으로 편찬한 책을 말한다. 예로부터 제왕학의 교과서로 인정받았다. 우리나라에서는 고려 때부터 조선시대에 걸쳐 개인의 수양은 물론 조정에서 국정 전반을 논할 때 중요한 자료로 인용되었다. '정관(貞觀)'은 당나라 태종 시절의 연호를 말한다. 당태종 시절은 중국 역사상 대표적인 태평성대의 세월이었다. 따라서 그의 치세를 높이 평가해 '정관의 치(治)'라 하였다. '정관정요'의 의미는 '정관의 치'를 가져온 정치의 요체라는 뜻으로 풀이한다.

이 가장 큰 행운임을 알아야 할 것이다. 이러한 차원에서 크고 작은 모든 일의 중심에 있는 사람의 중요성을 되새겨 보아야 할 것이다.

이것은 『삼국지』의 3인의 군주에서도 공통점을 발견할 수 있다. 그들은 방법에서의 차이는 있을지라도 보다 유능한 인재를 발굴하고자 애썼으며 적재적소에 보직시키려 노력하였다. 손권은 그의 형이 갑자기 죽게 되자 19세에 오나라의 실권을 잡았다. 기득권 집안에서 태어난 덕분에 대단히 이른 나이에 기반을 잡은 측면은 있다. 조조는 비교적 부유한 집안에서 출생하여 그다지 큰 어려움 없이 보냈으며, 40세에 기반을 구축하고 있었다. 손권만큼의 탄탄한 배경은 되지 못했지만 비교적 무난한 상태로 볼 수 있다. 그에 비하여 50세에 접어든 유비는 변변한 기반없이 노숙하는 신세였다. 빈곤한 관계로 어린 시절의 유비는 그리 넉넉하지 못하였다. 그의 어머니는 베를 짜며 생계를 이었으며, 유비는 돗자리를 팔아 연명하는 처지였다. 이를 보면 유비는 비록 황족 출신의 집안이었지만 기득권과는 거리가 멀었으며 경제적으로 곤궁하였다. 따라서 손권과 조조와 비교하면 대단히 늦게 출발하고 있었다. 『삼국지』에서는 일명 기득권층과 흙수저에 해당하는 층을 주요인물로 등장시켰다. 극단적인 대비를 통하여 각각의 캐릭터는 특유의 리더십을 보여주고 있다. 공통점은 인재 발굴의 중요성을 나타내고 있다는 점이다.

이것은 오늘날과 같이 치열한 생존경쟁의 현장에서 의미를 새롭게 부여하고 있기도 하다. 경쟁의 현장에서 도태되지 않기 위해서는 인재를 중시해야 한다는 메시지를 담고 있는 듯하다. 반면에 인재는 발굴도 중요하지만 끊임없는 교육과 지도를 통하여 양성해야 함도 알게 해 준다. 제갈량의 뛰어난 지혜에 대해서는 거의 모두가 동의하는 내용이다. 그러나 그의 인재확보를 위한 노력과 용인술에 대해서는 동의하기 어려운 부분이 나타난다. 뛰어난 지혜에 대비되어 의문이 남는다는 것이다. 제갈량의 실책을 꼽으라면 거의 모든 일을 혼자서 처리하려 했다는 것이다. 이것은 그의 큰 단점이자 국가로 보아서는 큰 실책이었다. 인재확보를 위한 적극성과 주변 인물들의 특성을 고려한 인재 활용에 인색하였다는 것은 정책의 영속성 유지 차원에서 문제가 되는 것이다. 물론 그가 생존하고 있을 때는 별다른 문제가 발생하지 않았다. 제갈량은 능력은 출중했지만 인재를 발탁하고 키우는 것에는 그러하지 못했다. 크고 작은 일을 구분하여 덜 중요한 것은 아랫사람에게 위임하면서 인재를 키울 줄 아는 지혜는 부족했던 것으로 보인다. 그 결과 그의 사후에 촉나라를 실질적으로 이끌 전략적인 두뇌를 가진 인물이 부족했다고 평가받는다.

제갈량의 카리스마가 사라지자 결국에 촉나라는 위나라에게 멸망당하는 처지를 겪게 되었다. 인재를 미리 발굴하여 역량있는 인재로 키우는 국가 차원의 노력이 부족한 결과였다. 제갈량은 유비를 진정으로 보필하며 국가의 전략을 수립하였다. 그러나 등용된 207년부터 그가 사망한 234년까지 인재를 키우지 못한 전략적인 실책이 있었다. 무려 27년간 죽도록 일에만 몰두한 결과였다. 적절히 여유를 찾으면서 자신을 대신할 사람을 찾아야 했지만 그러하지 못하였다. 물론 촉나라에 맹장들이 없었던 것은 아니다. 그러나 국가의 전략을 수립하는 것과는 다른 차원의 문제이다. 전략을 다룰 만한 후계자를 미리부터 키우는 것은 국가의 미래를 좌우하는 문제이다. 제갈량은 사람을 보는 안목에서도 한계가 있었다. 어쩌면 제갈량은 그에게 모든 것을 위임한 유비보다도 못했다고 평가받을 수 있다. 유비가 제갈량을 알아보고 삼고초려한 것은 유비의 사람 보는 안목이 높았다는 것을 뜻한다. 또한 제갈량에게 크고 작은 일을 위임한 것도 능히 모든 일을 처리할 만한 능력을 갖고 있다는 신뢰였다. 유비는 사람 보는 안목도 뛰어났지만, 일단 믿는 사람에 대한 신뢰도 대단했음을 알게 해준다. 또한 유비는 죽기 전에 제갈량에게 신신당부한 것이 있었다. 그것은 인물과 관련한 것이었다. 그 유명한 읍참마속의 고사를 낳게 만든 마속의 활용에 관한 일이었다.

유비는 "마속(馬謖)이 뛰어난 장수이기는 하나 큰일을 맡길만한 인물은 아니므로 유념하시오."라는 말을 유언으로 남겼다. 어쩌면 이것은 유언보다는 제갈량에 대한 준엄한 경고였다. 유비는 제갈량의 사람을 보는 안목까지도 통찰하고 있었으므로, 이를 조용하고 품위 있게 말할 것이다. 마속은 제갈량이 신임하는 부하 장수였으며 이로 인해 총애받고 있었다. 유비는 제갈량 스스로 그의 사람 보는 눈을 반성해 보기를 바라고 있었을 것이다. 그러나 제갈량은 이를 알아듣지 못하였다. 그는 자신의 단점을 보완할 기회를 날려 버리고 말았다. 그러므로 이 대목은 유비의 제갈량과 마속 모두를 보는 안목을 보여주고 있다. 유비는, 제갈량이 마속의 깊이까지는 알지 못하고 있다는 것을 알고 있었다. 마속의 용맹은 인정해 줄 수 있지만, 전략적인 사고의 부족함을 꿰뚫어 보고 있었던 것이다. 그런데도 제갈량은 마속을 신임하고 있었으며 가정전투에서 선봉을 맡겼다.

만약 제갈량이 그를 중용하지 않았다면 북벌은 더 큰 성과를 내었을 것이다. 그를 중용한 결과로 말미암아 전투는 참패하였다. 제갈량이 군율에 따라 눈물을 머금고 마속의 목을 베었다는 읍참마속은 그의 사람 보는 안목에서 출발한 결과였다. 그러나 그 후에도 그는 후계자를 찾고자 하는 노력을 보이지 않았다. 단지 마속에게 잘못 임무를 맡겼다는 책임만을 인정하였다. 책임을 지겠다는 의지로 그는 스스로 그의 벼슬도 깎아내렸다. 그러나 제갈량의 더 큰 책임은 큰일을 당하고 나서도 촉나라를 짊어질 전략가를 양성하지 못했다는 것이며, 이것이 제갈량의 한계였다.

만남과 선택의 갈림길

사람은 한평생을 살아가면서 다양한 사람과 교류를 맺는다. 이것은 인연으로 작용하여 개인의 행복과 불행이 교차되기도 하다. 그러므로 나를 이끌어주고 나의 꿈을 이룰 수 있는 터전을 제공해 줄 수 있는 좋은 사람을 만난다는 것은 행운이다. 이것은 우연히 이루어지기도 하지만 개인의 노력을 통하여 만남이 성사되기도 한다. 『삼국지』에서도 이를 보여주는 장면이 많이 등장하고 있다. 그 중의 대표적인 사례를 보면서 선택의 중요성을 살펴보고자 한다. 『삼국지』에서 가장 무용이 뛰어난 인물을 꼽으라면 사람에 따라 차이는 있으나 '여포'를 지목하는데 주저하지 않는다. 여포는 『삼국지』에 등장하는 인물 중에서 최고의 무용을 자랑하는 인물이다. 그러나 그는 무용은 뛰어 났지만 지략은 턱없이 부족한 인물이었다. 여포는 지략도 부족했지만 인품도 지극히 부족하여 부하를 제대로 관리하지 못한 인물이기도 하다. 이러한 자를 주군으로 선택하여 일생이 어긋난 인물이 있었는데, 그가 진궁이라는 사람이다. 그는 처음에는 조조와 함께 했으나 조조의 비정함을 목격하고 결별하게 되는 결정적인 사건이 있었다. 만약 그가 조조를 주군으로 섬겼다면 그의 능력은 『삼국지』 곳곳에서 오랫동안 계속되었을 것이다. 진궁이 조조와 결별하고 여포와 인연을 맺게 된 과정을 보면 인맥 형성의 중요성을 알게 해 준다.

조조는 원성 높은 동탁을 살해하고자 했으나 실패하였으며, 그때부터 도주자의 신세가 되어 고향을 향하여 달아나고 있었다. 조조는 동탁에 의해 이미 수배령이 내려진 상황이었다. 그러던 중에 진궁과 만나게 된다. 조조는 고향으로 도주하던 중에 관문에서 잡혀 진궁 앞에 끌려 나오게 되었다. 관문의 책임을 지고 있던 진궁은 조조를 문책하였다. 진궁은 조조야말로 한실에 충성을 다하는 의로운 신하라고 생각하게 되었다. 생각에 이에 미치자 진궁은 조조를 풀어주면서 함께 도주하기로 하였다. 둘은 역적 동탁을 제거하기로 의기투합하였다. 진궁은 기회주의자는 아니었다. 그는 충절과 도덕을 중시하는 인물이었다. 이러한 그가 조조에게 지극히 실망하는 사건이 벌어졌다.

조조는 도주하던 도중에 은신처를 찾고자 하였다. 그는 자신의 부친과 절친한 사이였던 여백사라는 사람의 집에 찾아갔다. 여백사는 절친의 아들인 조조를 반갑게 환대하였다. 여백사는 조조를 대접하기 위하여 술을 구하러 가겠다며 잠시 기다리고 있으라고 한 후 집을 나갔다. 이때 뒤뜰에서 칼 가는 소리와 함께 의심스런 대화가 들려왔다. "저것을 묶어서 죽일까?"하는 말이었다. 이를 들은 조조는 크게 당황하면서 진궁에게 말하였다. "필시 저들이 우리를 잡아 죽이려 하는 것 같소. 여백사는 우리를 밀고하기 위해 계획적으로 집을 나간 것이오." 이러한 말을 듣자 진궁도 오싹함을 느꼈다. 조조는 망설이지 않고 칼을 뽑아 들고 집안의 사람들을 모조리 죽여버렸다. 그렇지만 잠시 후 그들은 뒤곁에서 버둥거리는 돼지를 보았다. 돼지를 잡으려 한 그들은 졸지에 죽음을 맞은 것이었다. 조조는 자신을 죽이려 하지 않았다는 것을 뒤늦게 깨달았으나 이미 일은 크게 벌어진 뒤였다. 돼지를 술안주로 만들려 하고 있었던 것인데, 조조는 이를 오해한 것이다. 그렇지만 이미 돌이킬 수 없는 상황이 되어 버렸다.

조조는 서둘러 진궁과 함께 집을 나왔다. 그런데 마을 어귀에서 여백사가 걸어오는 것이 보였다. 그의 손에는 술병이 들려 있었다. 이들을 발견한 여백사가 놀라서 물었다. "무슨 일이 있는가? 왜 그리 급히 가는 것인가?" 이에 조조는 급한 일이 생겨서 어쩔 수 없다고 둘러댔다. 아쉬워하는 여백사를 뒤에 두고 조조와 진궁은 길을 재촉하였다. 그러던 중에 갑자기 무슨 마음을 먹었는지 조조는 뒤돌아서 여백사에게 향하였다. 어느새 그의 손에는 칼이 뽑혀 있었고 여백사의 목을 단칼에 베어 버렸다. 일을 벌린 후 조조는 태연하게 말하였다. "살려두면 우리가 가족을 죽였다고 원한을 갖게 될 것이오. 후환을 없애야 했소." 진궁은 조조의 비정함을 직접 목도한 것이다. 이에 여백사는 "죄 없는 사람을 죽인다는 것은 옳은 일이 아니오." 이를 계기로 진궁은 조조와 결별하였다. 이로써 각자의 길로 떠나게 되었다. 이후 동탁을 제거하기 위한 반통탁연합군이 결성되었으며 이때 조조 역시 참가하였다. 동탁이 제거되자 조조는 출세의 길에 접어들었다.

조조와 진궁은 세월이 흐른 후 다시 만나는 일이 발생하는데, 그곳은 서주였다. 서주는 도겸이 다스리고 있었다. 그는 조조의 세력이 강성해져 가자 조조의 마음을 사고자 하였다. 마침 조조의 부친이 조조를 만나기 위하여 길을 떠나는데 이를 기회로 조조에게 잘 보여 출세의 길을 찾고 싶었다. 그는 부하 장개를 시켜 조조의 아버지 조숭을 호위하게 했다. 호위 도중에 장개는 재물을 많이 갖고 있는 조숭을 보고 욕심이 생겨 그를 죽이고 재물을 취하였다. 이에 조조는 격분하였고 서주를 침공하였다. 이때 도겸은 진궁을 조조에게 보내 사건의 내막을 해명하려 하였다. 진궁은 조숭을 죽인 것은 도겸이 아닌 장개임을 설명하면서, 조조군의 침략으로 서주 백성들이 곤란을 겪고 있으니 서주에서의 싸움을 중지해 줄 것을 요청하였다. 그러나 조조는 "내 아비를 죽인 원수를 갚고자 함이오." 라고 말하면서 이를 거절하였다. 진궁은 조조를 설득하지 못하자 도겸에게 가지 못하고 진류태수 장막에게로 갔다. 여기에는 원술과 원소의 세력에 밀려 곤궁한 처지에 처한 여포가 장막에게 의탁하고 있었다. 이것이 진궁과 여포가 엮이게 되는 계기가 되었다.

진궁은 조조가 서주를 공격하고 있다는 것과 이로 인해 조조의 본거지인 연주가 비어 있다는 상황을 말하였다. 그러면서 여포에게 함께 연주를 공격하자고 제안하였다. 마땅히 갈 곳 없었던 여포가 마다할 리가 없었다. 용맹을 앞세운 여포의 활약으로 연주는 물론이고 복양성까지 함락당했다는 소식이 조조에게 전해졌다. 조조는 대경실색하였다. 조조는 군사를 돌릴 수밖에 없었다. 조조는 연주를 되찾기 위해 급히 말을 몰았다. 진궁은 조조가 연주를 되찾기 위해서는 태산을 통과할 수밖에 없으니 매복하고 있다가 조조를 궤멸시켜야 한다고 하였다. 그러나 아둔한 여포는 이를 듣지 않았다. 조조는 우려했던 험지를 무사히 통과하자 여포의 한계를 알게 되었다. 조조는 여포의 지략이 부족함을 알고 그의 진을 기습하기로 하였다. 그렇지만 진궁은 이를 미리 예견하고 있었다. 진궁은 여포에게 조조군이 승세를 몰아 오늘밤에 야습할 것이라고 하면서 군사를 매복시켜 놓자고 하였다. 다행인지 여포는 진궁의 건의를 받아들였다. 그 결과 조조군은 대패하였다. 진궁은 여기에서 그치지 않고 복양성에 있는 부호를 설득하여 조조에게 내통하겠다는 편지를 띄우게 하였다. 조조는 이 말을 믿고 복양성을 공격하였으나 성문은 열리지 않았다. 조조는 함정에 빠졌음을 알았으나 이를 돌이키기에는 이미 그 시기가 한참 늦은 후였다. 조조군은 또 다시 패배하였다. 여포는 진궁의 도움으로 연속하여 조조를 깨트릴 수 있었다. 그러나 여포의 영광은 여기까지였다. 계속된 승리에 도취하였으며, 자신의 능력으로 승리했다는 자만심에 빠졌다. 이후에 여포는 진궁의 건의를 무시하면서 연이은 패배를 당하였다. 그렇지만 주변의 건의를 무시하는 태도는 바뀌지 않았다. 상황이 이렇게 흐르자 급기야는 여포의 부장이었던 송헌, 위속, 후성이 배신하였다. 결정적인 사건은 여포가 어느 날 금주령을 내리면서 시작되었다.

부하 중 하나가 금주령을 어긴 것을 알고, 여포는 태형을 무자비하게 가했다. 앙심을 품은 부하는 일당과 모의하여 여포를 잡아서 조조에게 바치기로 하였다. 그동안 부하들은 여포의 아둔함과 편협함을 보아온지라 그들의 마음을 잡기에는 한참 못 미쳐 있었다. 그들은 여포의 적토마와 방천화극을 빼앗고 진궁과 함께 여포를 묶어 조조에게 바쳤다. 적토마를 잃게 된 여포는 도주할 수도 없었다. 조조는 진궁의 재주를 알고 있었으므로 그를 자기 신하로 만들려고 하였다. 그렇지만 진궁은 목숨을 구걸하지는 않았다. 조조는 진궁의 마음을 알게 되자 더이상 설득하려 하지 않고 목을 베었다. 조조는 그의 목을 베었지만, 그의 노모를 비롯한 식솔은 잘 보살펴주도록 지시하였다. 조조의 또 다른 면모를 보여주며 그릇의 크기를 짐작하게 하는 대목이다. 그에 반해 여포는 목숨을 부지하기 위하여 죽을 때까지 조조에게 매달렸다. 그의 마지막 길은 무장답게 당당하지 못하였다. 『삼국지』 최고의 무용을 자랑하던 여포의 내면은 너무나 보잘것 없는 인물이었음을 보여주고 있다.[43)]

---

43) 당시에 여포는 무력에서만큼은 최강자로 인정받는 무장이었다. 그는 왕윤의 연환계에 의해 양아버지인 동탁을 죽인 인물이기도 하다. 그 이전에도 그는 양부를 죽여 배신의 아이콘으로 평가받는다.

》 방천화극을 들고 적토마에 탄 여포

출처 : KBS 2TV, 「신 삼국지」에서 캡처

무력만 가지고는 부족하다. 여기에 언변과 문장이 따라야 한다. 문무겸전(文武兼全)이 필요하다는 것이다. 아무리 무예가 출중하여도, 지적인 능력이 부족하다면 큰 그릇이 될 수 없다는 교훈을 주고 있다. 진궁은 올곧은 자세를 견지한 공직자였다. 우연히 조조를 잡게 되었지만 벼슬까지 버리고 그와 함께 하고자 했다. 그렇지만 그의 냉혈한 모습에 환멸을 느끼고 다른 길을 걸었다. 그러나 그릇이 너무 작은 여포를 만나는 바람에 큰 뜻을 펼칠 수는 없었다. 그의 운명은 여포를 만난 순간 마구간에 묶인 말의 신세가 되었던 것이다.

진궁은 천리마였으나 여포는 그의 능력을 알아보지 못하였다. 여포의 한계이자 진궁의 운명이었다. 진궁이 만약 냉혈한 인간이지만 큰 뜻을 품고 있던 조조와 함께 하였다면, 『삼국지』의 주요 국면에서 그가 활약하는 대목이 나왔을 것이다. 누구를 막론하고 어느 인물을 만나는가에 따라 그의 인생길이 바뀌는 경우를 많이 볼 수 있다. 제대로 된 사람을 만나는 것 자체가 인생의 전략적 성공을 의미한다. 그렇지만 가장 어려운 일임에는 틀림없음을 『삼국지』는 보여주고 있다.

❖ 용인술(用人術)로 보는 전략가의 품격

국가를 비롯하여 어느 조직을 막론하고 최고의 의사결정권을 갖는 자의 권한과 책임은 실로 막중하다. 그들의 건전한 결심을 유도하는 시스템이 있다고 하여도, 독선과 무능은 결국 국가를 위기로 내몰았다. 비록 소설 속에서지만 잘못된 판단과 결심으로 전투의 실패, 망국에 이르게 한 사례 등은 시사하는 바가 크다. 여기에서는『삼국지』의 중심인물에 대한 인물평과 함께 그들의 용인술을 조명해 보면서 교훈을 찾아보고자 한다.

삼국의 군주는 오늘날의 기업에서는 경영의 핵심인물인 최고경영자이고, 군대에서는 전쟁을 주도하는 최고지휘관이다. 즉, 전략가이다. 따라서 오늘날의 기업과 군대에서는 그들의 모습에서 타산지석(他山之石)의 교훈을 얻을 수 있다.『삼국지』의 중심인물 선정은 독자에 따라서 다소의 이견이 있을 수도 있다. 여기에서는 삼국의 군주를 중심으로 하였다. 이들을 중심으로 삼국은 치열한 다툼을 전개하였고 중요한 줄거리를 만들어 냈다. 당시의 국가체계는 군주에 의해 모든 것이 독점되던 시대였다. 당연히 국가의 크고 작은 모든 일에 대한 최종적인 결심은 군주에 의해 이루어졌다. 그만큼 군주의 역할은 광범위했으며 초법적인 권한을 행사하였다. 그렇지만 이러한 결심을 보좌하면서 주도한 핵심인물들이 있었다. 그들은 실질적인 역할에서 더 박진감 있고 극적인 역할을 하였다. 반면에 군주의 경계심에 밀려 겨우 빛을 보는 인물도 있었다. 대표적인 인물이 역량을 마음껏 펼친 제갈량이며, 견제의 대상으로 살다 간 사마의이다. 그들이 보인 전략과 전술적인 식견은 어쩌면『삼국지』의 대부분을 차지한다고 하여도 과언은 아닐 것이다.

이러한 점을 고려한다면 이들에 대한 평가도 함께 하여야 마땅하다. 제갈량과 사마의에 대한 평가는 앞으로 소개하는 전략 등에서 충분한 평가를 할 수 있으리라 보인다. 이런 관계로 여기에서는 3명의 군주에 대해서만 살펴보기로 하겠다. 3인의 군주가 통치자로서 보이는 용인술을 비교해 보면서 그들의 전략적 안목을 조명해 보기로 하겠다. 또한 삼국을 이끈 군주의 용인술과 전략적 안목을 살펴보는 것은 각국의 정체성 이해에 도움이 될 것이다. 이들을 평가하기 위해서는 평가요소를 선택하여야 할 것이다. 주요사건을 중심으로 그들의 특징을 나열하면서 객관성을 유지하는 것이 필요하리라 본다. 객관성을 유지를 위한 방편으로 손자가 그의 병법에서 말한 장수의 도를 기준으로 하였다. 즉, 지(智, 지식) 신(信, 신의) 인(仁, 인애) 용(勇, 용기) 엄(嚴, 엄정)이다.[44)]

---

44) 육도삼략(六韜三略)에서는 오재(五才)를 들고 있다. 오재란 다섯 가지의 재능으로 '용(勇) 지(智) 인(仁) 신(信) 충(忠)'이다. 지략이 뛰어나면 전쟁을 잘하고, 용기가 있으면 적이 쉽게 공격하지 못하고, 인이 있으면 부하를 사랑하여 상하를 단결시키고, 신의가 있으면 신뢰를 받아 존경을 받으며, 충성심이 있으면 국가와 백성만을 생각하며 다른 생각을 갖지 않는다.

이러한 덕목은 현대의 조직에서도 중요하게 여기고 있으며 지도자의 덕목으로 많이 인용되고 있다. 이것만 보아도 이 다섯 가지는 그 유효함을 증명한 결과로 볼 수 있을 것이다. 객관성을 확보한 덕목이라는 것이다. 그러므로 이 다섯 가지를 분석의 틀로 삼았다고 보면 될 것이다. 지식이 있어야 전략과 전술에 능통하게 되는 것이며, 신의가 있어야 공정함이 유지되며, 인애가 있어야 아랫사람을 보살필 수 있고, 용기가 있어야 과단성과 결단력이 나오며, 엄정이 있어야 명을 확립할 수 있다. 이 다섯 가지는 리더의 품격을 일목요연하게 핵심적으로 정리하였다고 여겨진다. 여기에 나오는 다섯 가지를 한마디로 정리하자면 군주는 '균형(均衡)'의 덕목을 갖추어야 한다는 말이 가장 적합할 것이다.

◇ 위나라의 조조

『삼국지』는 '촉한정통론'에 입각하여 쓰였다. 그러므로 유비와 대척점에 있었던 조조에 대해서는 부정적이고 인색하게 묘사되어 있는 부분이 많다. 부도덕하고 개인의 야심을 위하여 물불을 가리지 않는 인물로 많이 묘사되어 있다. 즉, 목적을 위해서는 물불 가리지 않는, 남을 배려할 줄 모르는 인애가 부족한 냉혈한 인간으로 인식하게 만드는 부분이 많이 나타난다. 그의 마음에 들지 않으면 누구든지 쉽게 제거하는 장면이 『삼국지』 곳곳에서 나오고 있다. 또한 잔꾀에 능하고 응기응변으로 위기를 모면하는 부분은 긍정과 부정적인 측면 모두를 생각하게 만들기도 한다. 반면에 유비는 후덕하고 너그러운 군주의 모습으로 묘사하였다. 그렇지만 조조는 그의 천재적인 용인술과 상황 대처 능력은 탁월을 넘어서고 있다. 또한 재치 있는 문장은 보는 이의 무릎을 치게 만들기도 하였다. 그가 남긴 시를 보면 문학적인 기질도 남달랐던 인물이다.

» **조조(155년~220년)**

자는 맹덕(孟德)이며 어릴 적부터 꾀가 많았다고 한다. 난세의 영웅 또는 간웅이라는 상반된 평가를 받는 인물이다. 그의 아들 조비에 이르러 한나라를 멸망시키고 낙양을 도읍지로 하여 위나라를 세웠다.

조조는 타고난 문학적 기질로 30여 편의 시를 남겼다. 그중 '고한행(苦寒行)'은 그를 따라 전장에 나서는 군졸들의 모습을 보고 안타깝게 생각하는 구절이 나온다.[45] 고향을 떠난 군졸들은 태항산의 험한 산줄기를 넘으며 굶주림과 추위를 무릅쓰고 있었다. 조조는 부하들의 애처로움을 바라보며 다음과 같은 시를 짓기도 하였다. 그중의 일부만 살펴보면 다음과 같다.

行行日已遠(행행일기원)　행군한 길이 멀기만 한데
人馬同時飢(인마동시기)　사람도 말도 함께 허기가 졌네
擔囊行取薪(담낭행취신)　짐 담을 자루를 메고 덤불을 찾고 있네
斧冰持作糜(부빙특작미)　얼음을 깨어 죽을 끓이고 있네
悲彼東山詩(비피동산시)　서글프도다. 동산에 부치는 시
悠悠令我哀(유유사아애)　그 절실함이 나를 슬프게 하네

부하들을 바라보는 조조의 안쓰러움 심경이 묻어나는 시이다. 그의 문학적 재능과 함께 부하를 아끼는 마음을 짐작하게 해 준다. 소설 속에서는 냉혈한 인물로 묘사되어 알수 없었던 그의 심성에 내재된 인애를 보여주는 사례이기도 하다. 조조는 문학적 자질뿐 아니라 서예에도 능하였다. 그가 남긴 글자 중에서 유일하게 남아있는 것이 '곤설(衮雪)'이다. 곤설이란, 흐르는 물이 소용돌이치면서 튀어 오르는 물방울이 마치 눈과 같다는 의미이다. 이때의 '곤(衮)'은 '흐르다'의 뜻이 있는 곤(滾)으로 써야 마땅한데 조조는 삼수변을 생략하였다. 이때 주변에 있는 신하들이 그 뜻을 물으니, 옆에 물이 흐르는데 굳이 쓸 필요가 없을 것 같다고 응수하였다. 이때는 한중 땅을 놓고 유비와 결전을 벌이던 어느 날, 포하강을 찾은 날이었다.

조조는 『삼국지』의 진정한 주인공으로 평가받는 인물이기도 하다. 그의 업적은 현대를 살아가는 지혜를 가장 많이 배울 수 있는 인물이라는 재평가를 받는다. 현실적인 인물이라는 것이다. 조조의 특징으로는 상황에 대한 치밀한 평가, 인재를 보는 안목과 이들을 부리는 뛰어난 용인술, 불리한 상황을 역전시키는 능력, 장기

45) 혹자는 '고한행'을 조비의 작품이라고 주장하기도 한다. 205년에 원소가 관도대전에서 패하자 그의 부하였던 병주자사 고간이 조조에게 항복하였다. 그러나 그 후 고간은 조조에게 반기를 들었다. 이에 조조는 고간을 정벌하고자 출병하였으며 태항산을 넘을 때 추위에 배고픔에 고생하는 군졸들을 보고 지었다. 태항산은 중국의 산서성과 산동성을 가르는 산이다.

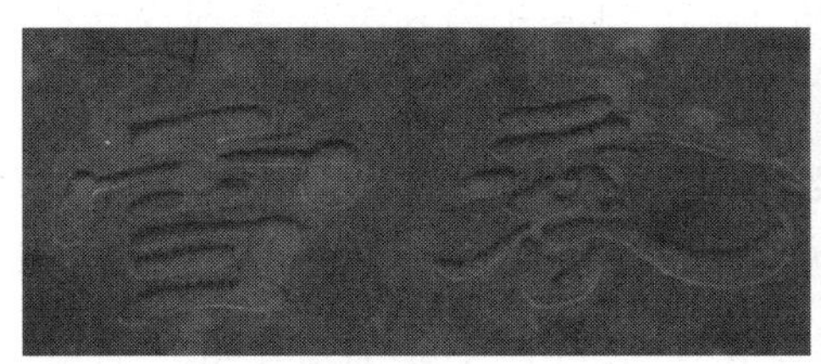

》 조조가 쓴 '곤설(衮雪)'

조조가 쓴 곤설(衮雪)은 그의 재치가 묻어나면서, 야심을 함께 보였다는 평을 받기도 하는 글자이다. 물수변이 빠진 '곤(衮)'은 황제의 곤룡포를 의미한다. 조조는 일부러 삼수변을 빼는 것으로 황제에 등극하고 싶다는 본심을 보였다는 평을 받는다.

출처 : EBS세계테마기행, 「중국 도읍지전」에서 캡처

적으로 정세를 보는 전략적인 안목 등을 들 수 있다. 그렇지만 자신의 지위를 위협할 만한 자는 능력이 아무리 출중해도 가차 없이 제거하는 냉혹함이 『삼국지』의 곳곳에서 나온다. 양수를 죽이는 대목이 대표적이며, 군사들이 배고픔으로 인해 원성이 높아지자 이를 무마시키기 위하여 희생양으로 책임자의 목을 베는 장면은 오싹하게 만들기도 한다. 『삼국지』에서 이처럼 묘사한 것으로 인해 그에 대한 선입감은 목적을 위해서는 인정사정을 가리지 않는 냉혈인으로 대체적으로 인식하고 있다. 이러한 점은 촉한정통론의 근거에 따라 실제와는 과장되게 표현되었거나 왜곡된 부분도 많이 존재한다고 보인다.

조조의 집안을 살펴보면 그는 환관의 집안이었다. 그는 후한 말 환관이었던 조등의 양아들 조숭의 아들로 태어났다. 조숭은 본래 하후씨라고 알려져 있다. 조조는 후한의 어지러웠던 시기에 활개치고 있던 황건적의 난을 평정하는데 공을 세웠다. 이어서 일어난 십상시의 난에 이를 진압하기 위해 입성한 인물이다. 십상시의 난을 통하여 조정의 실권은 동탁에게 돌아갔다. 실로 혼란한 시기였다. 조조가 난세를 걸어온 흔적을 살펴보기로 하자. 난세가 영웅을 만든다고 했듯이 조조 역시 이에 해당하는 인물이다. 조조는 황건적의 난이 일어났을 때 연주[46]로 파견을 나가 있던 상태에서 활약을 하고 있었다. 당시 연주자사로 있던 유대는 황건적과

46) 현재의 중국 행정구역으로 보면 산동성의 서남부와 허난성의 동부지역에 해당하는 곳이다.

싸우다가 전사를 하였다. 이틈을 이용한 조조가 연주에서 황건적을 물리치면서 손쉽게 연주자사가 되었다. 아이러니하게도 연주사사가 되도록 힘쓴 사람은 관도대전에서 조조에게 패한 원소였다. 당시에 원소의 세력은 연주지역을 아우르면서 막강한 위세를 자랑하고 있었다. 그러므로 원소의 입장에서 볼 때 연주자사라는 직위는 대단한 것으로 보이지 않았다. 그렇지만 조조에게는 세력을 구축할 수 있는 기반이었다. 조조는 연주를 중심으로 독자적인 세력을 구축할 기회와 토대를 갖추게 되었다. 이것은 조조의 기회포착 능력이 출중했음을 보여주는 대목이기도 하다. 그러나 조조에게도 난관은 다가왔다. 그가 서주로 원정을 나간 사이에 그의 부하였던 진궁이 장막과 연계하여 조조에게 반기를 든 것이다. 그들은 연주를 여포에게 바치게 되었다. 당연히 조조의 영역은 크게 축소되었다.[47] 그렇다면 여기에서 부하의 배신 배경을 살펴 볼 필요가 있다. 그것은 그의 리더십과도 관련이 있는 것이기 때문이다.

진궁은 조조가 신임한 부하 중의 하나였으며, 진궁 역시 조조에게 능력을 인정받을 만큼 많은 공을 세웠다. 그러한 심복 장수가 배신한 것은 조조의 잔인성에 원인을 두고 있다. 조조는 진궁을 신임하였고 진궁도 조조의 신임을 받을 만한 능력이 있는 인물이었다. 조조가 연주를 차지하는데 혁혁한 공이 있는 신하이기도 했다. 장막은 조조와 원소 등이 반동탁군을 결성할 때 함께 하였다. 또한 조조가 어려움에 처할 때 많은 도움을 주기도 하였다. 여기까지만 보면 이들이 조조를 배신할 이유가 없다. 오히려 결속력이 탄탄한 상태였다. 그런데 조조가 연주를 차지하고 나서 아버지를 모셔오는 과정에서 뜻하지 않는 일이 발생하였다. 조조의 아버지 조숭은 아들의 권유에 따라 연주를 향하던 중에 도겸에게 살해당하고 말았다. 이에 조조는 복수를 결심하고 도겸의 거처인 서주 침공을 강행했다. 그러나 예상과 달리 조조는 성을 함락시키지 못하고 고전을 겪게 된다. 워낙 도겸이 끈질기게 저항했기 때문이다. 조조는 식량이 고갈되자 철수를 할 수밖에 없는 상황이 되었다. 깨끗이 철수를 하면 되었는데 철수 과정에서 일반 백성들을 마구잡이로 잡아 죽였다. 또한 식량이 떨어지자 약탈을 일삼았다. 조조군에 의한 폐해가 심각할 지경이 되었다. 서주 백성 10만 가량이 죽었다고 하니 얼마나 많은 사람이 살상되었는지 짐작이 된다. 그러나 조조는 이에 멈추지 않고 서주를 다시 침공하였다. 이때에도 조조군은 백성을 상대로 하여 약탈을 자행하여 마을을 황폐화 시켰다.

47) 진궁은 조조와 결별한 계기가 된 여백사 살해사건 이후에, 조조의 책사로 연주를 얻는데 큰 공헌을 하였다.

『삼국지』의 주인공으로 등장하는 유비는 이 당시에 조조와 조우하게 되었다. 유비는 당시에 도겸을 돕고 있었다. 조조의 이러한 지나친 행위를 보던 진궁과 장막은 당연히 크게 실망하였다. 실망이 크다 보니 배신으로 이어진 것이다. 이들의 배신으로 조조는 도겸에 대한 공격을 멈추고 연주로 돌아오게 되었다. 이를 보았을 때 신뢰 관계였던 진궁과 장막의 배신은 조조의 잔인함에서 비롯되었다고 볼 수 있다. 선량한 백성을 상대로 한 대학살극은 조조의 잔혹한 성정을 보여준 사건이었다. 이밖에도 그의 잔인성은 여러 차례 등장한다. 동탁 암살에 실패하고 쫓기는 과정에서 그에게 호의를 베풀고자 했던 여백사의 가족을 죽이는 장면이다. 물론 오해를 하여 죽이게 되었지만 여백사마저 매정하게 목을 베는 장면은 그를 패륜아로 보아도 족하게 만드는 소설 속의 한 장면으로 등장한다. 이러한 점이 모여 조조의 악한 면모가 만들어지고 조명되었으며, 그 결과 수많은 그의 업적에도 불구하고 존경받지 못하는 인물로 평가절하 된 측면이 있다.

반란을 진압하기 위해 연주로 돌아온 조조는 원소의 지원을 받아 반란 이전으로 되돌리는 데는 성공하였다. 연주를 평정한 조조는 더욱 실권을 장악하기 위해 노력하였다. 급기야 조조는 후한의 마지막 14대 황제인 헌제를 즉위시키는데 성공하면서 실권 장악의 정점을 찍었다. 황제를 앞세운 조조의 입지는 크게 강화되었으며, 그는 이를 통하여 세력을 급속도로 성장시키는 계기가 되었다. 삼국정립의 한 축을 가장 먼저 다진 것이다. 세력을 다진 조조는 원술과 여포, 유표 등을 제압하면서 그의 명성을 천하에 떨쳐 나갔다. 세력이 강성해진 조조는 원소와도 대립의 구도를 형성하기 시작했다. 과거에는 일방적인 도움을 받았으나 이제 대등한 세력으로 커진 조조였다. 더군다나 그는 황제를 모시고 있다는 명분을 갖고 있었다. 언제라도 황제의 명을 앞세울 수 있는 여건을 갖추고 있었던 것이다. 이처럼 조조의 세력이 강성해지자 원소의 조바심도 점점 표면화 되면서 견제의 칼날을 세우게 되었다. 조조는 더 이상 원소의 도움을 받는 처지가 아닌 경쟁의 관계에 접어든 것이다. 그러던 중에 터진 것이 관도대전이다. 전력은 원소군이 우세를 점하고 있었다. 압도적인 전력 차이를 극복하고 조조는 결국 원소를 대파하였다. 원소에 비해 열등한 세력을 갖고도 그를 이겼다는 것은, 조조의 군사적인 재능을 보여주는 사례이다. 즉, 전략과 전술을 이해하는 지략과 용맹함이 있었으며, 부대를 부리는 엄정함의 결과로 보아야 할 것이다.

조조의 명성은 원소를 제압하면서 절정으로 다다랐다. 중원의 패자는 뒤바뀌고 있었던 것이다. 황건적의 난을 명분으로 삼아 이를 제압하겠다고 나선 천하의 군웅들은 하나 둘씩 사라지고 있었다. 수많은 군웅 중에서 원소는 당대 최고의 세력을 갖고 있었다. 그렇지만 조조는 원소를 상대로 관도대전을 승리로 이끌었다. 이를 계기로 그는 일약 스타의 반열에 들게 되었으며 이른바 실질적인 중원의 주인으로 등극하는 발판을 구축하였다. 관도대전은 중원의 패권을 다투는 싸움이었다. 조조가 관도대전에서 승리했다는 것은 이미 절반의 통일을 완수한 것이나 다름없었다. 원소는 한나라에서는 최고의 명문가로 손꼽히는 집안의 후손이었다. 그러므로 원소는 여타의 군웅보다는 한 수 위의 위치에서 출발한 상태였다. 일명 금수저인 셈이었다. 그를 상대로 한 관도대전에서의 승리는 넘을 수 없다던 높은 산을 넘은 것이나 다름없었다. 관도대전 이전까지의 조조는 원소와 비교해 보면 그 세력이 그리 크지 않았다. 보잘 것 없던 세력에 불과했던 조조가 원소를 꺾었다는 것은 그의 군사적 능력을 입증했다는 의미도 가지고 있었다.

조조는 능력을 최우선으로 하여 사람을 대우하였다. 결코 외적인 문제에 얽매이지 않았다. 그 예를 들어 보면 사수관 싸움에서 관우를 첫눈에 알아보는 대목이 등장한다. 사수관을 향하여 공격하던 반동탁연합군은 화웅이라는 적의 맹장에 막혀 사기가 크게 저하되었다. 화웅을 대적하기 위해 보내는 장수마다 모두가 적수가 되지 못하고 불귀의 객으로 돌아오는 상황이었다. 주인 잃은 말 홀로 외롭게 진영으로 돌아올 뿐이었다. 이때 관우가 나섰다. "소장이 나가서 화웅의 목을 가져오겠습니다." 그러자 좌정하고 있던 장수들이 물었다. "그대는 처음 보는 장수인데 누구시오?" 관우는 짤막하게 대답하였다. "예, 저는 유비를 모시는 마궁수로 있는 관우입니다." 그러자 모두가 실소를 자아냈다. 이를 듣던 원소가 한마디 던졌다. "너 따위 근본도 없는 자가 무슨 헛소리를 하느냐? 썩 물러가라." 이 말을 듣던 조조가 중재에 나섰다. "보아하니 의기가 남달라 보이는데 한번 출전을 시킵시다. 관직이 그렇게 중요한 것은 아니지 않소?" 조조의 설득으로 관우는 겨우 출전을 명받게 되었다. 조조는 관우에게 출전에 앞서 따뜻한 한 잔의 술을 권하였다. 이에 관우는 무장답게 우직하게 말하였다. "고맙습니다만, 술잔이 식기 전에 화웅의 목을 가져와서 마시겠습니다." 『삼국지』의 명대사 중의 한마디로 꼽히는 장면이 탄생하는 순간이었다.

말을 마친 관우는 청룡언월도를 고쳐 들고 말을 몰았다. 그가 진영을 나간 지 얼마 지나지 않아 함성이 크게 일면서 관우의 모습이 보였다. 그의 말안장에는 화웅의 목이 매달려 있었다. "남기고 간 술 한잔 마시겠습니다. 아직 식지 않았군요." 여기에서 조조와 원소의 사람을 알아보는 안목이 보인다. 원소는 경력과 출신 등

》 관우에게 술잔을 권하는 조조

조조는 병법에도 능하였으며 문학적인 기질도 뛰어났다고 전해진다. 그렇지만 무엇보다도 사람을 보는 혜안이 그의 가장 큰 자산이었다. 사수관 싸움에서 관우를 첫눈에 알아보고 술 한잔을 권하는 그의 모습에서 그릇의 크기와 안목을 보여주고 있다.

출처 : KBS 2TV, 「신 삼국지」에서 캡처

을 중요시 한 반면 조조는 실력을 중요시 하는 장면이 극적으로 교차하고 있다. 이를 보면 조조는 천하를 얻을 혜안을 갖고 있었음을 소설의 한 장면에서 이미 복선으로 암시하고 있다. 사람은 누구나가 자신의 품은 뜻을 펼치기 위해 노력하고 노력한다. 그렇지만 모든 사람이 그 뜻을 이루지는 못한다. 노력이 부족해서가 아니라는 것까지를 『삼국지』에서는 말해 주고 있다. 뜻을 펼치고 재능을 발휘할 수 있는 중요한 위치에 가기 위해서는 실력이라는 한 가지 요건만으로는 부족하다는 것을 알려주기도 한다. 출신과 그럴듯한 이력 없이는 어렵다는 것도 원소의 입을 빌어 우회하여 말하고 있다. 얽히고 설킨 복잡한 인생사에서의 성공을 가르는 것은, 실력은 물론이고 각종의 요인이 존재한다.

한편, 관도대전에서 크게 패한 원소의 가문은 쇠락의 길을 걷게 된다. 원소는 패전의 충격에서 벗어나지 못했다. 패전은 원소뿐 아니라 그의 가문까지도 급격한 쇠락으로 내몰아치는 길목이었다. 그가 죽자 그의 아들 둘은 후계자 다툼을 벌이게 되면서 가문의 내분이 일어났다. 원소는 원담과 원상이라는 두 아들을 두었으나 후계자 문제마저도 정리하지 못하고 세상을 뜬 것이다.[48] 그렇지만 조조는 이 기회를 놓치지 않았다. 그는 혼란을 틈타 과감하게 원소군을 공격하였다. 적의 혼란한 상황을 간파하고 이를 절대 놓치지 않고 공격을 감행했다는 것은 그의 판단력과 결단력을 보여 준다. 대업을 이룩하기 위해서는 과거의 사사로운 정을 과감하게 정리할 줄 아는 인물임을 알게 해 준다.

48) 원소는 세 명의 아들을 두었는데, 이중에서 두 아들이 권력 다툼을 벌인 것이다.

어린 시절의 원소는 조조에게 많은 호혜를 베풀었으며 친구관계였다. 하지만 조조는 이를 단칼에 정리한 것이다. 공과 사의 엄격한 구분으로 볼 수 있는 대목이다. 조조는 원소 세력을 온전히 흡수하게 되면서 중원의 강력한 위치를 점유하였다. 조조는 황제 헌제보다도 더 강력한 권력을 갖게 되었으며, 이를 바탕으로 후에 스스로를 위왕이라고 칭하였다. 조조가 원소군을 전광석화와 같이 흡수하는 데에서 보았듯이 그는 군사를 부리는 재능이 있었으며, 통솔력도 뛰어났다. 그는 『손자병법』에 주석을 달 정도로 전략과 전술을 이해하는 출중한 인물이었다. 이러한 타고난 재능으로 많은 전투를 승리로 이끌었으며 조직을 관리하는 강력한 카리스마를 발휘하였다.

나관중은 촉한정통론에 따라 유비를 부각시키려 했으나 조조의 능력을 감출 수는 없었다. 조조는 최고의 위용과 권위는 물론이고 실력을 갖추고 있었다. 조직을 관리하는 비범한 능력이 있었으며, 이러한 그의 능력은 하나의 국가를 세우기에 충분하였다. 그러나 그는 다재다능 했음에도 불구하고 인간미에서는 좋은 평판을 받지 못하고 있다. 그의 용인술은 타고났다는 평가를 받는다. 뛰어난 용인술은 항상 그의 곁에 많은 사람들이 모이게 하였다. 대표되는 인물이 순욱과 순유, 가후 등의 유능한 책사들이 있었다. 무장으로는 하후연, 하후돈, 장합, 장료, 서황 같은 장수들이 존재했다. 그들이 능력을 충분히 발휘한 것을 보면 능력과 잠재력을 평가하여 적재적소에 기용했음을 짐작하게 해 준다. 그 결과 조조의 진용에는 항상 인물이 풍부하였다. 인물이 바다를 이루었다는 평가를 받는다. 조조가 인물을 보는 안목을 갖고 있었으며 주변의 사람들이 그를 따르게 만드는 비범함을 갖추었기 때문에 가능한 일이었다. 무엇보다도 능력 우선주의에 입각한 '사람관리'를 한 결과였다. 우리는 흔히 천리마보다 이를 알아본 백락(伯樂)의 지혜를 가져야 한다고 말한다.

아무리 뛰어난 명마라 하더라도 이를 알아보지 못하면 평범한 구실밖에는 하지 못하고 생을 마친다. 그러므로 명마(인물)를 보는 안목을 갖추어야 한다는 것이다. 조조는 이에 꼭 맞는 인물이었다. 이러한 사실을 보면 그는 인물을 영입하고 영입한 인물에게 비전을 제시하고 희망을 갖게 만드는 능력을 갖추고 있었음을 알 수 있다. 당연히 중용된 인물들의 충성심은 보통을 넘어섰으며, 이것은 그의 세력 확장과 유지의 기반이 되는 무형적 요인이었다. 그러나 후환이 두려운 인물은 가차없이 제거하는 비정한 면을 보이고 있다. 계륵의 고사에 등장하는 양수라는 인물도 비상한 안목으로 인하여 조조에게 죽게 된 대표적 인물이다. '계륵(鷄肋)'은 닭의 갈비뼈를 말한다. 먹을 것이 거의 없지만 맛은 있어서 버리기도 아까운 부분이다. 이로 인해서 계륵은 '크게 도움은 되지 않지만 남을 주기에는 아까운 것' 등을 이를 때 쓰이는 고사성어가 되었다.

계륵(鷄肋)은 조조와 유비가 한중 땅을 놓고 싸울 때 나온 말이다. 조조는 계속 공격할 것이냐 포기할 것이냐를 두고 고심하고 있었다. 조조는 내심 희생에 비해 큰 이득은 없어 보이지만 버리기는 아깝다는 생각을 하고 있었다. 이때 그의 부하 하후돈이 오늘 밤의 군호를 어찌할 것인가를 물었다. 마침 조조는 닭백숙의 갈비 부분을 먹으려는 순간이었다. 조조는 무심코 '계륵'이라고 말했다. 이 말을 전해들은 주부였던 양수가 이를 다음과 같이 해석하면서 주변에 말하였다. "아무래도 철군할 것 같으니 준비를 미리 해야 할 것 같소." 주변에서 그 이유를 묻자 "이곳을 버리기는 아깝지만 차지하고자 할 만큼 가치 있는 땅은 아니라고 판단한 듯하오." 이는 조조의 생각과 딱 맞아 떨어지는 말이었다. 이들은 조조의 명령 없이 철군준비를 하기 시작했다. 이 장면을 조조가 목격하고 자초지종을 물었다. 결국 양수의 해석임을 알고 나자, 조조는 그를 죽이게 되었다. 똑똑하지만 위험한 인물이라는 판단에서였다. 계륵은 닭갈비이다. 먹자니 먹을 것이 없지만, 버리자니 맛도 괜찮아서 아까운 부위이다. 따라서 대단히 난처한 상황에 빠져 있을 때의 상황을 계륵과 같다고 한다. 이러지도 저러지도 못하는 난처한 상황'을 비유하는 말로 쓰인다. 쓸모는 별로 없으나 버리기는 아까울 때 주로 사용한다.

노우지독(老牛舐犢)은 송아지를 핥는 어미 소의 사랑이란 뜻이다. 양수가 조조에 의해 죽은 후 그의 아버지 양표는 대단히 슬퍼하였다. 이러한 양표의 모습을 본 조조는 양수를 죽인 것을 후회했다고 한다. 자식을 깊이 사랑함을 비유할 때 사용하는 말이다. 지독지애(舐犢之愛)라는 말도 동일한 의미로 쓰이고 있다.

그러나 모든 사람에게 그렇게 하지는 않았다. 조조는 관우에 대해서는 대단한 정성을 기울여 대접하였다. 그렇지만 결국 관우는 조조의 곁을 떠나겠다고 하였으며, 조조는 이를 허락하였다. 자신의 명을 거역한 것이나 다름없었으나 죽이지는 않았다. 이러한 것을 보면 조조는 의리를 지키는 무장에게는 너그러웠다. 또한 죽은 부하 가족의 생계를 위하여 정성을 기울인 면도 있다. 앞에서 진궁의 배신을 언급하였다. 조조는 진궁을 잡아 처형하였다. 그렇지만 조조는 진궁의 가족에게 후하게 대우를 해주었다고 한다. 진궁이 비록 배신은 했지만, 그의 공로와 고마움은 별도로 생각하고 있었던 것이다.

어찌 보면 그의 냉정함은 공과 사의 출발점이었다. 조조는 법령을 중시하여 기강을 세우는 일에도 엄격하였다. 엄정한 군기는 조직관리와 용병의 기본이다. 엄정한 군기의 필요성은 내부의 기강을 유지하여 명령의 적시적인 실행을 보장한다. 또한 엄정한 군기는 백성의 마음을 끌어들일 수 있는 가장 효과적인 수단이다. 즉, 군대를 신뢰하게 만드는 출발점이다. 해이해진 군기는 대민피해 등을 야기시켜 반전여론을 형성시키기도 한다. 반전여론이 형성되면 전쟁의 정당성마저도 희석되어 더 이상의 전쟁을 불가하게 만들기도 한다. 그만큼 민심은 중요한 것이다. 『삼국지』에서도 엄정한 군기확립의 필요성을 보이는 대목이 나온다. 조조는 건안 3년 198년에 반군 원술을 치겠다고 황제에게 고하고 출병하였다.

때마침 농번기였다. 들판에는 보리가 무르익어 있었다. 그러나 보리를 거두는 농민의 모습은 보이지 않았다. 조조는 이를 알아보도록 하였다. "승상! 농민들이 보이지 않는 원인을 알아보았습니다. 이유는 출병하고 있는 군졸들이 두려워서 감히 군대행렬 근처에 오지 못하고 있다고 합니다. 그래서 보리농사를 지었으나 거두지를 못하고 있다고 합니다." 이 말을 들은 조조는 크게 당황하였다. 그것은 백성들이 군대를 신뢰하지 못한다는 말이기 때문이었다.

예로부터 농경국가에서의 농사는 모든 것의 근본이었다. 그렇기에 '농자천하지대본(農者天下之大本)'이라는 말은 아무리 산업화가 되었다고 하여도 오늘날까지

» 중국의 농촌 풍경

출처 : 주한중국문화원

회자되는 것이다. 고대의 농경국가는 농사에 따라 군대의 강약까지 좌우하였다. 다시 말하면 군대의 강약은 농민들이 만든다고 하여도 과언이 아니었다. 이처럼 국가의 근본을 떠받치는 농민들이 군대를 두려워한다는 것은 심각한 문제였다. 조조는 민심의 심각함을 전해 듣자 직접 마을에 사는 주민들을 불러 모아 이를 확인하고자 하였다.

"보리농사가 잘 된 것 같은데 왜 제때에 수확을 하지 않느냐?" 그러나 서로 눈치만 살필 뿐 아무도 대답을 하지 않았다. 그 이유는 군대를 두려워하여 감히 아무 말도 하지 못하는 것이었다. 상황의 심각함을 알게 되자 조조는 명령을 내렸다. "내가 출병을 하는 것은 역도를 토벌하여 백성을 편하게 살게 함이다. 그런데 백성들이 그러한 출병 길에 있는 군대를 두려워한다면, 이것이야 말로 곧바로 시정시켜야 할 일이다. 앞으로 모든 군졸들은 백성들에게 불편을 주는 행위를 절대 금하라. 특히 농사지은 밭을 지나갈 때는 더욱 조심하여 불편이 없도록 하여라. 만약 이를 어기는 자가 있다면 엄히 다스리겠다."

농사철에 조조가 군사를 일으킨 것은 농민들의 입장에서 보면 심각한 문제였다. 그렇지 않아도 일손이 부족한 시기인데 군역에 동원된다면 이것은 노동력의 손실인 것이다. 이러한 현실 앞에 어느 누구라도 군대가 지나는 행렬 앞에서 농사를 짓겠다고 나서기는 어려운 것이다. 자칫하면 군졸로 끌려갈 수도 있으며, 공연히 트집을 잡히면 벌을 받을 수도 있다는 두려움이 있기 때문이었다. 이러한 점을 간파한 조조는 마을 주민들에게 농작물을 훼손하는 자와 주민에게 불편을 주는 자는 군법으로 엄히 다스리겠으니 걱정 말고 생업에 나서 줄 것을 권유하였다. 백성의 마음을 얻는 것이 중요함을 알고 있었던 것이다. 이러한 조조의 말을 전해 들은 농민들은 들판으로 나와서 보리 베기를 하기 시작하였다.

조조의 엄명에 따라 군졸들은 보리밭을 지날 때 보리를 밟지 않기 위해 조심하면서 지나갔다. 그런데 행군 중에 산새 한 마리가 푸드덕 소리를 내며 갑자기 날아올랐다. 조조의 말이 놀란 나머지 보리밭으로 들어가 보리를 밟고 말았다. 조조는 순간 당황하였다. 그러나 안정을 취하자 이렇게 명하였다. "내가 타고 있는 말이 보리를 밟았으니 나에게 벌을 물어라." 이를 들은 측근이 송구스러워하며 "승상의 죄를 어찌 물을 수 있겠습니까?"라며 말하였다. 조조는 더욱 강경하게 말하였다. "아니다. 내가 법을 세웠으나 내가 법을 지키지 못했다. 나의 죄를 다른 사람이 묻지 못한다면 내 스스로 내 죄를 벌하겠다." 말을 마친 조조는 친히 칼을 빼어 들더니 자신의 상투를 자르고 이를 창끝에 메달아 전군에게 보이도록 하였다.

할발대수(割髮代首)란 '목 대신 머리카락을 자르다'라는 말이다. 조조는 농민을 보호하기 위하여 엄한 법을 시행하겠다고 하였는데, 새 소리에 놀란 자신의 말이 보리를 밟아 망치게 되자 난처한 상황에 빠졌다. 이때 임기응변에 강한 조조는 자신의 목을 대신하여 상투를 베어버렸다. 조조의 순발력이 돋보이는 대목이기도 하다. 조조가 양주를 공격하고자 할 때였다. 조조가 양주를 공격하게 된 것은 조조의 과오에서 비롯되었다. 조조는 한해 전에 양주를 공격하여 태수 장수로부터 항복을 받았다. 그런데 여기에서 조조는 장수의 숙모 추씨의 미모에 반했다. 그는 그녀와 밀애를 즐기다가 이를 장수에게 들키고 말았다. 비록 장수는 항복을 한 처지였지만 이를 참기 어려웠다. 장수는, 조조가 잠든 틈을 이용하여 급습하였다. 조조는 겨우 아들 조앙(曹昻)의 말을 타고 도망칠 수 있었다. 그러나 조앙과 친위대장 전위(典韋)가 죽게 되었고 어렵게 빼앗은 양주마저 다시 잃게 되었다. 이에 따라 조조는 다시 양주를 공격하고자 군대를 동원하였으며 행군 중에 이러한 사건이 발생하였다.

조조는 "승상인 나를 벌 줄 사람이 없어 나 스스로 나를 벌하였다. 상투는 나의 목을 대신한 것이라 생각하라." 이를 본 군졸들은 더욱 더 군율을 지키려고 노력하였으며 백성들은 조조의 행동에 감탄하였다. 여기에서 할발대수(割髮代首)라는 고사성어가 나왔다. 백성의 마음을 얻지 못하면 아무리 훌륭한 전략이라 하더라도 힘을 받지 못한다. 또한 결국에는 실패하게 된다. 이에 조조는 그의 상투를 자르는 것으로 마무리 한 것이다. 그의 엄격함과 함께 임기응변의 탁월함이 함께 보이는 대목이다.

조조는 현대적인 감각을 갖고 국가를 관리하였다. 그는 둔전제, 원호법 등을 시행하여 국력의 신장을 이뤄냈다. 오늘날에는 당연한 복지정책이었으나, 당시에는 쉽게 생각하지 못하는 부분이었다. 이러한 제도를 과감하게 시행한 것을 보면 그의 사고방식과 실행력은 아무도 흉내 낼 수 없는 진취성이 있었다는 것을 보여준다. 이와 관련된 특이한 점은 조조의 사후에 발생하였다. 조조가 죽자 이러한 제도는 폐지해야 할 제도로 취급되었다. 이에 대해서는 비판과 옹호론이 교차된다. 시행할 여건이 충분하지 못한 상태에서의 무리한 출발이었다는 비판론과, 역시 조조가 아니면 할 수 없다고 보는 옹호론이다. 어쩌면 평범한 사람들은 조조를 흉내 낼 수 없다는 반증이기도 하다. 어쨌든 당시에 그러한 제도를 고안해 냈다는 것과 그것을 실행했다는 것에서 그의 비범함과 강한 행정력을 알 수 있다. 강한 행정력은 본인과 조직에 대한 깊은 신뢰와 용기가 있어야 가능한 것이다. 그는 시대를 통찰하는 능력과 환경의 변화를 감지하고 이에 대처하는 유연함을 갖고 있었다는 것은 분명하다. 조조는 전쟁을 승리로 이끌고, 국가를 경영할 만한 출중한 능력을 갖고 있었다. 특히 문학적 소양까지 갖춘 지략과 전쟁을 지도할 때의 과단성 있는 용기는 위나라를 가장 강한 국가로 만든 초석이었다. 또한 수많은 인재가 넘쳐났다는 것은 냉정함 못지않게 신뢰를 바탕으로 부하와 조직을 관리했기 때문으로 평가할 수 있다. 그는 인재를 얻기 위하여 210년에 구현령(求賢令)이라는 원칙을 발표하였다. 이것은 능력에 따라 관직을 주겠다는 것으로, 당시로서는 파격적인 선언이었다. 조조는 이와 같이 인재를 얻기 위해 파격적인 아이디어를 내었으며, 공평무사(公平無私)한 관리를 하였다. 이 때문에 그의 진영에는 언제나 많은 인재의 물결이 넘실댔다.

그는 지(智, 지식) 신(信, 신의) 인(仁, 인애) 용(勇, 용기) 엄(嚴, 엄정)의 균형을 갖춘 리더였지만, 『삼국지』에서는 촉한정통론의 영향으로 인애가 부족한 것으로 묘사되었다고 여겨진다. 그렇지만 조조의 냉혈함은 전쟁 시기라는 특수성을 감안해 본다면 충분히 이해되는 대목이기도 하다. 상대적으로 목표지향적 성향이 강했던 그의 삶과 조직의 안정을 우선적으로 생각하는 과감한 결단력은 잔혹함을 더욱 돋보이게 한 측면이 있어 보인다.

◇ 촉나라의 유비

유비의 외모는 남다른 특징이 있었음을 정사와 연의 모두에서 묘사하였다. 팔과 귀가 유난히 컸던 것으로 말하고 있다. 팔은 무릎까지 닿고, 귀는 어깨까지 닮을 정도였다고 기록되었다. 유비의 특징으로는 순박하고 인정이 많은 후덕한 인물이라는 외형적인 모습과 함께 대단히 치밀하고 주도면밀한 계산을 통하여 주변을 포석하는 행보를 장점이라고 할 만하다. 또한 믿는 사람에게는 전권을 모두 위임하는 무한한 신의, 본심을 잘 드러내지 않고 기회를 관망하는 신중함 등을 들 수 있다. 대체적으로 보면 유비는 사람 좋아 보이는 외형이면서, 내심은 야심이 있는 인물로 묘사되었다. 외유내강의 대표적 인물로 볼 수 있다. 겉으로 보면 유약한 듯 했지만 야심이 있었고 결정적인 순간은 혈투를 마다하지 않았던 인물이다. 특히 명분과 의리를 중시하였는데 이는 대권을 향한 실리를 추구한 전략이었다. 그는 한나라 고조 유방의 후손이었으므로, 대의명분을 중시한다는 것은 그의 대권론에 대한 정당성을 부여하는 것이었다. 그러므로 그에게 있어 이보다 더 적절하

» 유비(161년~223년)

자는 현덕(玄德)이며, 성도를 도읍지로 하여 촉나라를 세웠다. 한나라 황실의 먼 친족이었다. 탁현(현재의 하북성 탁주)에서 홀로 된 어머니와 함께 돗자리와 신발을 만들어 팔면서 생계를 이어갔다.

고 효율적인 이미지는 없었다. 그의 후덕한 이미지는 대권전략의 가장 큰 무기였던 명분과 의리를 보완해 주는 측면도 있었다. 후덕함은 통합의 이미지로 나타난다. 그러므로 유비를 대표하는 단 하나의 이미지를 꼽으라면 대체적으로 후덕한 군주의 모습을 든다.

그의 혈통은 한나라의 황손이었지만, 집안은 매우 어려운 형편이었다. 생계가 어려워 돗자리를 짜면서 생활하였으며 일찍 아버지를 여의었다. 이러한 가정 형편상 어머니와 함께 짚신과 돗자리를 짜서 생활해야 하는 고단한 어린시절을 보내야만 했다. 어려운 형편이었지만 신망이 두터웠던 노식의 문하생으로 공부하였다. 이때 함께 공부를 했던 인물 중에 공손찬이 있었다. 그는 초반에 등장하는 인물이다. 유비가 공부를 할 수 있었던 것은 집안 어른인 유원기의 도움이 있었다고 전해진다. 유비는 공부를 즐겨 하는 학구파는 아니었던 것 같다. 한량 같은 생활을 하면서 사람들과 교류하길 좋아했다. 성품은 말수가 적었으며 속내를 잘 드러내지 않는 경향이 있었다는 인물평으로 보아, 그는 어릴 적부터 매우 신중한 성격이었던 것으로 보인다. 기분 나쁜 일이 있어도 잘 참아 넘겼던 같다. 그래서인지 많은 사람들로부터 인기가 좋았다고 전해지는 것을 보면 리더의 기질을 타고 난 측면이 있다. 그는 공부보다는 사람들과 교류하며 때를 기다린 인물로 볼 수 있다.

『삼국지』의 유명한 장면으로 나오는 도원결의가 이때쯤이다. 그렇지만 정사에는 관우와 장비를 만나 도원결의를 맺었다는 사실은 나오지 않는 것으로 보아 소설의 전개를 위한 내용으로 보인다. 삼형제는 황건적의 난이 일어나자 유비를 중심으로 의병들을 모집하여 진압을 떠났다. 그들은 전공을 세워 어느 시골의 현령으로 부임했으나 순탄하지 못한 관직생활을 하였다. 설상가상 반군들에게 패하면서 함께 수학했던 공손찬에게 의탁하게 되었다. 순탄하지 못했던 관직 생활의 장면은 유비를 의롭고 청렴한 인상으로 각인시켰다. 벼슬을 탐하지 않는 청렴한 성품과 올바르지 못한 길을 걷지 않겠다는 신의를 보여준 장면이기도 하다.

유비는 조조와 조우하게 되는데, 조조가 서주를 침공하였을 때이다. 유비는 도겸을 도왔다. 운이 좋았던지 도겸이 병사하자 서주목은 고스란히 유비에게 돌아왔다. 그러나 안락함은 오래가지 못했다. 그가 받아주었던 여포에게 서주를 잃게 되었다. 이때 서주의 부호였던 미축이 유비를 돕겠다고 나섰다. 유비가 여포의 배신으로 가장 힘든 시절을 보내고 있을 때, 미축은 자신의 재산을 들고 와서 유비를 돕겠다고 한 것이다. 미축은 인접의 쟁쟁한 군벌에게 가지 않고 유비를 선택하였다. 가장 어려운 유비를 선택하게 한 원인을 유비의 인품에서 찾을 수밖에 없을 것이다. 이러한 어려움을 겪고 있을 때 극적이라면 극적인 상황이 전개된다. 갈 곳 없게 된 그는 아이러니하게도 조조에게 의탁을 요청하였다. 어제까지는 조조를 적으로 하여 싸운 관계였는데, 날이 밝자 먹고 재워주기를 요청한 것이다. 그러나 조조는 이를 기꺼이 받아주었다. 조조의 지도자다운 면모와 유비의 뻔뻔함이 교차되는 순간이었다. 조조는 그를 예주목으로 삼아 섭섭하지 않게 대우하였다. 그렇지만 조조의 측근들은 유비를 좋게 보지는 않았다. 유비가 조조를 공격한 전적 때문만이 아니라, 그의 그릇됨이 마냥 남 밑에서 복종하지 않을 것이라고 여겼기 때문이다.

유비는 시간이 지날수록 특유의 친화력과 포용력으로 주변의 환심을 사고 있었던 것이다. 따라서 그들은 미리 유비를 제거하여 후환을 없애야 한다고 여겼다. 그중에서도 정욱은 이에 대하여 강경파를 대표하였다. 그는 조조에게 하루빨리 죽여야 한다고 건의하였다. 그러나 조조는 정욱를 비롯한 강경파들의 건의를 물리쳤다. 오히려 그는 유비에게 더욱 정성을 다하였으며 조정에 건의하여 유비를 좌장군에 이르게까지 하였다. 그렇다면 조조의 복안은 무엇이었을까? 조조는 앞에서도 언급했듯이 인간성에서는 약점을 갖고 있었으며 그도 이를 잘 알고 있었다. 특히 서주에서의 만행은 백성으로부터 외면을 받기에 충분한 사건이었다. 조조는 이러한 분위기를 반전시킬 필요가 있었다. 그의 철저한 계산에 의해 후덕한 이미지의 유비는 충분한 이용 가치가 있었다.

어쨌든 조조로부터 정식의 직책을 받은 유비는 세상에 널리 이름을 알리는 계기가 되었다. 유비는 어려운 시기였지만 조조를 만나 함께 성장하는 계기가 되었다. 조조의 치밀한 계산이 있었다고 하여도 유비는 평범하면서도 특별한 능력이 있었음을 알게 해주는 대목이 있다. 어느 날 조조는 유비를 위하여 주연을 베풀었다.

여기에서 조조는 유비에게 다음과 같은 대화를 나누었다.

조조가 묻기를 "현덕공은 원소와 원술을 영웅이라고 말하는데 이를 어떻게 보시오"라고 하였다. 이를 듣던 유비는 "모든 사람들이 생각하듯이 영웅이라 생각합니다."라고 말하였다. 그러나 유비의 본심을 꿰뚫고 있다는 듯이 조조는, "원소와 원술의 세력이 지금은 강하다고 하지만, 천하의 영웅은 오직 현덕공과 조조 둘 뿐이오. 원소와 원술은 영웅에 해당되지 않소. 우리와 같은 반열이 아니오!"라고 말하였다. 조조는 큰 세력이 아닌 유비를 이처럼 크게 평가하고 있었지만, 원소와 원술은 한 수 아래라는 평가를 내리고 있었다. 결과적으로 조조는 사람을 정확히 보고 있었다는 것을 알 수 있다. 이 대목에서 조조의 안목 못지않게 유비의 타고난 능력도 짐작하게 해 준다. 유비의 잠재된 능력은 아무리 감추려 해도 감출 수 없었던 것 같다. 또한 조조의 측근들도 능력이 출중했음을 알 수 있다. 그들 대부분은 유비의 그릇이 크고 야심이 있다는 것을 알고 있었던 것이다. 조조의 능력만큼이나 그가 거느린 참모들의 능력도 출중하였다. 이를 보면 조조의 사람 쓰는 진면목을 알 수 있게 해 준다.

유비가 조조에게 의탁하고 있을 당시의 어느 날이었다. 조조는 사냥 준비를 갖추고 입궐하여 황제 헌제에게 사냥을 나가자고 권했다. 헌제는 내심으로는 내키지 않았으나 조조의 권유로 나가게 되었다. 여기에는 유비도 함께 하였다. 조조는 황제의 권위를 빌려 수많은 군졸들을 이끌고 사냥에 열중하였다. 때마침 사슴 한 마리가 황제의 곁에서 달아나고 있었다. 헌제가 화살을 날렸으나 모두가 빗나갔다. 헌제는 곁에 있던 조조에게 활과 화살을 건네었다. 조조가 쏜 화살은 사슴에게 명중되었고, 상황을 모르는 군졸들은 "황제 폐하 만세!"라고 함성을 질렀다. 황제의 화살은 황제 전용의 표식이 있었으므로 당연히 군졸들은 황제가 직접 명중시킨 것으로 생각한 결과였다. 그렇지만 조조는 당연하듯이 함성이 들리는 쪽을 향하여 손을 흔들어 답례를 보냈다. 모두가 아연실색하였다. 감히 황제를 곁에 두고 황제 행세를 하는 순간이었다.

이때 분노에 찬 표정의 인물이 있었다. 그는 관우였다. 그의 손은 어느새 칼집을 움켜쥐고 있었다. 옆에 있던 유비는 관우에게 속삭였다. "쥐를 잡다가 독을 깨서는 안 된다." 이것은 인내력을 갖고 때를 기다리는 그의 면모를 볼 수 있다. 삼고초려와 함께 유비의 인내력을 알 수 있는 대목이다. 그의 이러한 처신으로 인해 조조 역시 유비를 소홀히 대접하지 않았다. 그러나 두 영웅이 함께 하기에는 상황이 허락하지 않았다. 당시 조정에서는 조조가 황제를 능가하고자 하는 권위를 보이려 하자, 이를 보다 못한 중신들은 조조를 제거하기 위한 모의를 하였다. 그 중심에는 헌제의 국구[49]인 동승이 있었다. 그는 이 모의에 유비가 동참하기를 요청하였으며, 유비는 이에 동의하는 뜻을 보였다. 그러나 이러한 모의는 곧 발각되었으며 대대적인 색출이 시작되었다. 절체절명의 순간이 다가오고 있었다. 유비는 하루바삐 몸을 피해야 했다.

유비는 원술 토벌을 이유로 조조에게 급하게 떠나야 됨을 말하였다. 유비는 성공적으로 원술을 격파하고 서주까지 손에 넣었다. 그 후 유비는 원소와 동맹을 맺게 되었다. 이제 유비는 조조에게 몸을 의탁하는 처지가 아니었다. 라이벌로 위치를 굳히는 단계였다. 조조는 조기에 유비의 세력을 약화시키기 위하여 왕충과 유대에게 토벌을 명했으나 오히려 패배하였다. 조조는 자신이 직접 토벌하겠다고 나섰다. 이때 유비는 크게 패하여 급히 원소에게 도망갔다. 사정이 급하여 두 아우는 물론이고 부인들도 챙기지 못하였다. 관우는 어쩔 수 없이 조조에게 항복하였다. 항복의 조건은 두 형수의 안전을 보장하는 것과 언제라도 형님 유비의 거처가 확인되면 떠나겠다는 것이었다. 어찌 보면 파격적인 항복조건을 내세운 것이다. 그러나 조조는 이를 받아들였다. 이것은 조조가 그만큼 관우를 탐내고 있었다는 반증이기도 하였으며, 그가 관우의 마음을 돌려놓을 수 있다는 자신감이 있었기 때문이다.

조조는 관우에게 여포가 타던 적토마를 선물하기도 하면서 환심을 사고자 노력하였다. 한편 유비는 조조에게 패한 뒤 원소와 함께 더욱 본격적으로 조조와 대립구도를 형성하게 되었다. 원소 진영에 유비가 있다는 소식을 들은 관우는 조조에게 약속을 이행할 것을 요구하고, 유비를 찾아 분연히 길을 떠난다. 조조는 관우의 마음을 돌리지 못한 것이 못내 아쉬웠지만, 갑옷을 선물로 주면서 그를 보낸다. 관우는 복귀하는 길에 그 유명한 오관육참으로 불리는 무용을 보였다.

오관육참(五關六斬)은 유비를 향한 관우의 변함없는 의리를 칭송한 말이다. 관우는 조조에게 항복한 후 유비가 살아 있다는 소식을 듣고 약속대로 조조의 곁을 떠나고자 하였다. 조조는 아쉬웠지만 약속을 지켜야만 하였다. 관우는 유비를 향하여 다섯 관문을 지나게 되었는데, 관문을 지키는 조조의 부하들은 관우를 순순히 보내지 않으려 하였다. 관우는 어쩔 수 없이 그들 여섯 명의 목을 베게 되었으며, 여기에서 나온 말이다.

49) 황제의 장인을 말한다. 즉, 황후의 아버지이다.

이러한 대목은 삼형제의 신의를 다시 한번 조명해 주었고 관우의 무용을 신비에 가깝게 묘사하였다. 신비로운 무장으로 인식되는 관우가 향한 곳은 그의 맏형 유비였다. 관우가 사력을 다하여 유비를 찾아 떠나게 되는 장면은 결과적으로 유비의 신의를 더욱 돋보이게 만들고 있다. 유비에게 있어서 신의는 그 무엇보다도 짙게 각인되어 있다. 유비의 최고의 덕목이 된 셈이다. 유비는 원소와 함께 더욱 세력을 강화하고자 유표를 끌어들였다. 이때 유비는 여남에 진을 형성하였다. 조조의 목표는 오로지 유비였다. 조조는 직접 대군을 이끌고 유비를 공격하였다. 유비는 크게 패하여 유표에게 몸을 의탁하였다. 유표는 패배한 유비를 환대하였다. 번번이 패하여 의탁하는 유비는 딱한 신세에 불과할 뿐이었다. 그렇지만 원소에 이어 유표마저도 환대하는 모습을 볼 수 있다.

이러한 것을 보면 유비는 약삭빠르게 움직이지는 않고 대의를 위한다는 명분을 크게 내세우고 있었으며, 이것은 그의 신의가 어느 정도인지 짐작하게 해주는 대목이다. 결국 이러한 것이 모여 유비는 정의와 대의명분이 있는 영웅으로 각인되고 있었다. 시종일관 원칙있는 모습을 보였다는 것이다. 그러므로 의탁하는 신세였지만, 많은 사람들이 그를 중심으로 모여들게 되었다. 이러한 일련의 현상을 보이는 것은 유비만이 지닌 매력이었다. 유비에게는 사람을 끌어들이는 힘이 있었다. 유비는 비록 남의 신세를 지는 처지였지만 모든 사람들이 곁에 두고 싶어 하는 끌리는 힘을 갖고 있었다. 그는 공손찬, 조조, 원소 등에게 의탁한 인연을 갖고 있었지만, 한결 같이 그에게 선의를 베풀었다. 이것은 유비의 사람을 끌어당기는 힘뿐 아니라, 유비라는 평판 좋은 인물을 수하에 데리고 있다는 것에서 얻을 수 있는 장점이 작용하기도 한 결과였다. 그만큼 유비는 그가 다스리는 고을의 백성들로부터는 신망이 두터운 인물이었다. 유비에게는 백성들이 의지하고자 하는 안정감을 느끼게 하는 무언의 힘이 있었다. 유비가 머무는 좁은 고을에 사람들이 모여들자 유표의 불안감도 함께 커졌다. 유표는 천하통일의 야심을 품을 만한 인물은 되지 못했다. 또한 그릇의 크기도 많은 인물들을 품을 만큼 넉넉하지 않았다.

유표라는 인물은 형주를 편안하고 무탈하게 통치하는 것이 최고의 목표였다. 그런 그에게 유비가 오래 머무르게 되자 주변의 세력들이 모여드는 것은 큰 부담으로 작용하였다. 유표에게 있어 유비는 너무나 큰 그릇이었다. 유비가 형주로 들어갔다는 사실을 알게 된 조조는 여간 신경이 쓰이지 않을 수 없었다. 조조는 유비의 크기를 알고 있었다. 현재의 유비는 비록 변변한 본거지 없이 겨우 생명을 유지하고 있지만, 언젠가는 큰일을 도모할 것이라는 인물임을 이미 직감하고 있었다. 반면에 형주의 유표가 그리 큰 인물이 되지 못함도 알고 있는 터였다. 그러므로 형주를 유비가 차지하게 된다면 세력을 본격적으로 떨칠 여건을 마련하는 것임을 짐작하고 있었다. 이렇게 되면 큰 위협으로 작용하리라는 것을 조조는 불안하게 바라보고 있었다. 이즈음 유비는 제갈량을 군사로 영입하였다. 삼고초려(三顧草廬)의 고사는 이때 탄생하였다. 유비는 제갈량을 만나기 이전에 서서를 영입하였는데, 그로부터 제갈량을 반드시 영입해야 할 인재라는 권유를 받게 되었다. 그 후 그를 만나기 위해 세 번을 찾아갔다. 유능한 인재를 확보하기 위해 보인 그의 모습을 보여주는 상징적인 일화이다.

유비는 제갈량을 군사로 삼아 군사에 대한 모든 계획과 실행을 맡겼다. 관우와 장비보다도 높은 직급이며 실질적인 권한을 모두 위임하였다. 그렇지만 이렇게 되자 갈등이 발생했다. 관우와 장비와는 섭섭한 마음을 갖게 되었다. 그들은 기득권 세력이자 형제 관계였다. 또한 원년 멤버이기도 하였다. 유비는 유능한 인재를 확보하는 것으로 만족하지 않고, 그에 걸맞게 능력을 발휘하도록 권한을 부여하고자 했

≫ 제갈량을 얻기 위한 삼고초려 장면

출처 : KBS 2TV, 「신 삼국지」에서 캡처

으나 뜻밖의 복병을 만난 것이다. 여기에서 또 하나의 고사성어를 탄생시켰다. 유비는 두 아우를 불러놓고, 제갈량과 자신과의 관계를 수어지교(水魚之交)라고 하였다. 즉, 자신을 물고기, 제갈량을 물에 비유한 것이다. 제갈량이 없이는 뜻을 펼칠 수 없음을 분명히 말하였다. 자신이 큰일을 하기 위해서는 물이 필요하며, 제갈량은 물의 역할을 할 인물이라는 점을 간곡히 말하였다. 그러니 더 이상 두 아우가 불만을 갖을 수는 없었다. 제갈량을 기용하는 과정에서 믿고 맡기는 용인술의 스타일을 보여주고 있다. 이 역시 신의가 바탕이었다.

유비가 늦게나마 기반을 잡게 된 것은 제갈량을 얻고부터였다. 제갈량은 출중한 재주로 적벽대전을 손권과 연합하여 승리를 거두면서 형주를 차지하는 작전을 주도하였다. 이러한 과정을 거치면서 관우와 장비라는 기득권층과의 주도권 싸움도 정리되어 갔다. 적벽대전을 거치면서 실력으로 이들을 제압하게 되었다. 그 이후부터는 특유의 카리스마로 정국을 순조롭게 주도하였다. 유비의 성장은 제갈량을 영입한 것이 결정적인 역할을 하였다. 이를 보면 인물의 중요성을 알 수 있으며, 동시에 왜 제갈량이라는 인재가 가장 세력이 미약한 유비를 선택하였을까 라는 의문이 들기도 한다. 제갈량과 같은 뛰어난 안목을 갖고 있던 인물이 삼고초려 하나 때문에 유비를 선택했다고는 말하기는 부족함이 있다. 앞에서 언급한 유비의 덕목은 이미 알려질 만큼 알려져 있었다. 제갈량 역시 이를 알고 있었을 것이다. 그는 소문으로만 듣던 유비를 삼고초려라는 시험으로 다시 한번 됨됨이를 확인해 본 것이다. 역시 그의 인품은 소문과도 같았음을 알게 되었고, 뜻을 함께 할 가치를 지닌 인물로 평가한 결과였다고 보는 것이 타당할 것이다.

유능한 인물을 얻기 위해서는 이처럼 빈번한 수고를 감수해야 한다. 또한 인내를 갖고 기다리고 기다리는 처신이 필요하다. 한 사람의 인재를 얻은 대가는 확실히 나타났다. 유비는 제갈량을 얻게 되면서 비로소 삼국정립의 기틀을 마련하였다. 영입한 제갈량은 오나라의 손권과 연합하여 촉을 공격하고자 남하하는 조조를 격파하였다. 그는 적벽대전을 치루면서 신기에 가까운 능력을 선보였고 이를 분수령으로 하여 삼국이 정립되었다. 적벽대전은 촉을 건국하는데 결정적인 계기가 되었으며, 조조의 승승장구에 제동을 걸어 그의 거침없는 독주를 방지하였다. 이로써 삼국이 세력의 균형을 이루기 시작하였으며 제갈량의 활약은 계속되었다. 이처럼 유능한 인재를 얻게 되면 그로부터 파생되는 효과는 대단하다.

유비는 제갈량을 얻기 전에는 변변한 기반이 없었다. 그렇지만 그를 만나면서는 전체의 판을 흔들어 놓았다. 그동안 거처도 없이 쫓겨 다니던 유비의 상황은 확연히 달라졌다. 마치 물고기가 물을 만난 것과 같았다. 번듯한 발판을 구축한 공로는 제갈량이지만, 그 이면에는 이를 알아보고 영입하기 위해 남다른 노력을 한 유비가 있었다. 유비는 제갈량을 영입하여 그에게 권한을 대폭적으로 위임하였다. 그의 탈권위적인 면모와 신의를 보여주고 있다. 관우와 장비와의 관계에 있어서도 형제관계라는 특수한 점도 있었으나, 탈권위적인 모습을 곳곳에서 보여주고 있다. 이러한 그의 모습은 대체적으로 모든 사람들에게도 마찬가지였다. 이것이야말로 유비의 큰 장점이자 자산이었다. 이로 인해 백성들로부터도 크게 존경을 받았고, 신하들과는 일반적인 군신관계에서는 볼 수 없는 신의를 바탕으로 소통을 지속하여 보다 끈끈한 결속을 유지하였다. 이것이 바탕이 되어 비록 몸을 의탁하는 시절이 많았음에도 불구하고, 그는 세력을 키울 수 있었다.

유비가 형주에 있을 때 관도대전에서 패한 원소가 사망하였다는 소식이 전해졌다. 이때 조조가 혼란을 틈타 이들을 공격하여 원소의 세력을 흡수하기 시작했다는 소식도 함께 듣게 되었다. 이것은 큰 변화를 예고하는 것이었으며, 유비에게는 기회로 작용할 수도 있는 상황이었다. 유비는 기민하게 움직였다. 조조의 근거지 허도를 치기로 했다. 조조가 출전하고 방비가 허술하게 된 허도를 치기로 한 것이다. 유비가 상황의 변화를 예의 주시하면서 세력 확장의 기회를 놓치지 않는 결단성을 보인 대목이다. 조조는 이러한 소식을 듣게 되자 유비에 대하여 이를 갈았다. 그는 즉시 그의 심복 하후돈에게 10만의 군사를 몰아 유비를 잡아 죽이라고 명령하였다. 양군은 박망파에서 맞붙었다. 삼고초려를 통하여 영입한 제갈량은 기대를 버리지 않고 훌륭한 전술을 구사하여 조조군을 대파시켰다.[50] 이후 유비는 제갈량의 신묘한 계책이 나오는 적벽대전에서 오나라와 연합하여 조조군을 크게 격파하면서 세력을 과시하는 계기가 되었다.

유비의 면모가 조조와 비교되는 장면이 있다. 조조가 원소의 세력권에 있었던 하북을 평정하고 형주를 장악하기 위하여 50만의 대군을 이끌고 공격하였다. 조조의 50만 대군이 형주를 향한다는 소식이 전해지자 형주는 충격에 휩싸였다. 조조는 천하통일을 이루고자 하였으며, 형주와 익주를 차지하면 동쪽의 손권은 쉽게 굴복할 것으로 생각하고 있었다. 형주의 유표는 조조가 군사를 일으키기 전에 사망하였는데, 장남 유기와 차남 유종 간에 내분이 일어났다. 후계를 계승하는 것에 대한 문제였다. 유비는 장자인 유기가 계승하기를 바라고 있었으나, 토착 세력 중의 일부는 차남을 밀고 있었다. 그중에 하나가 채씨 일가였는데, 그들은 조조에게 나라

50) 정사에서 제갈량 영입은 박망파전투 이후로 기술되어 있다.

를 넘기는 것이 현명하다고 조언하였다. 이를 듣고 유종은 조조에게 항복하였고 이로 인해 형주는 조조에게 넘어가고 말았다. 이를 듣고 유비는 크게 낙담하였으나 어쩔 수 없는 상황이었다. 이에 따라 유비는 형주를 떠나기로 하였다. 여기에서 형주의 백성들이 유비를 따라가겠다고 나서는 장면이 나온다. 유비와 조조가 대비되는 순간은 여기에서 나타났다. 형주의 백성들은 조조의 잔혹함을 이미 알고 있었다. 그 반면에 유비는 백성을 진심으로 보살피는 인물이라고 각인되어 있었다. 그러니 유비를 따르고자 하는 것은 당연한 결과였다. 10만의 백성이 따르겠다고 나섰다. 유비의 측근들은 그들을 데려가는 것은 위험 부담이 크므로 버려야 한다고 주장하였다. 백성들과 함께 가면 행군 속도는 느려진다. 그렇게 되면 조조군의 추격을 따돌리기는 어려워진다. 조조는 유비가 강릉성으로 향한다는 소식을 듣자 정예병으로 추격을 명령하였다. 그리고 그도 대군을 이끌고 추격에 나섰다. 그렇지만 유비는 무모하리만큼 고지식하게 백성을 이끌고 행군하였다. 비단, 행군 속도만이 문제가 아니었다. 당장에 백성을 먹일 식량도 문제였다. 그도 이러한 위험을 모르는 바가 아니었지만 백성을 버릴 수 없다는 신념은 요지부동이었다. 이러한 결정은 유비의 가장 큰 장점이자 그릇의 크기를 보이는 것이었으며, 냉혈한 조조와 비교되는 장면이었다.

속도가 느린 유비의 행렬은 조조군의 급습으로 무너졌다. 유비는 또 다시 혈혈단신으로 위기를 뚫고 탈출해야 했다. 어찌 보면 현명하지 못한 처신이었지만, 이것이야말로 유비의 자산이었다. 이러한 그의 애정과 신의는 눈앞에서는 크게 손해를 보았지만 결국은 유비에게 유리한 상황으로 조성되었다. 유비는 백성을 위하는 진정한 군주라는 소식은 입에서 입으로 전해졌다. 조조의 추격은 유비에게 풍전등화의 위기였다. 유비는 그의 두 부인과 아들과도 피난길에 헤어지는 처지에 이르기까지 했다. 이때 등장하는 인물이 조자룡이다. 그는 한때 조조에게 항복했다는 소문이 돌 정도로 피난길은 악전고투를 겪고 있었다. 그러나 유비는 조자룡을 믿고 있었다.

그의 신의를 저버리지 않고 조자룡은 그의 아들을 안고 피투성이가 되어 돌아왔다. 그는 갑옷 속에서 유비의 아들 아두를 꺼냈다. 조자룡은 유비의 두 부인과 아두가 조조군에게 붙잡혔다는 말을 듣고 조조군의 진중으로 뛰어든 것이었다. 그는 홀로 조조군을 수없이 베면서 두 부인을 찾을 수 있었다.[51] 감부인을 먼저 구

51) 조자룡이 아두와 두 부인을 구하기 위해 조조 진영을 누비고 다녔다는 기록은 정사에도 나오는 사실이다. 소설에서의 과장은 있었겠지만 조자룡의 무용을 알 수 있는 대목이기도 하다.

출하고 미부인을 구출하기 위하여 다시 조조군의 진영으로 뛰어들었다. 미부인과 아두를 발견했으나, 미부인은 탈출에 방해가 된다면서 우물로 뛰어 들어 자결하였다. 하는 수 없이 조자룡은 아두 만을 갑옷 품안에 넣고 탈출해 왔다. 이 말을 들은 유비는 아들 때문에 큰 장수를 잃을 뻔했다며 아두를 집어 던지려 하였다고 묘사하고 있다. 유비는 그만큼 부하를 사랑했다는 대목이다. 이때부터 조자룡은 이름을 날리게 되는 계기가 되기도 하였다. 여기에서 장비의 그 유명한 장판교전투에서의 기백이 나온다. 유비는 장비에게 조조군의 추격을 다리를 이용하여 저지시키라는 명령을 받고 불과 수십 명의 병졸만을 이끌고 장판교에 도착하였다. 잠시 후 조조군은 추격을 해 왔다. 장비는 다리를 끊고 조조군을 향하여 외쳤다. "내가 익덕 장비다. 누구든지 죽을 각오가 되어 있다면 앞으로 나와라. 나는 이미 죽음을 각오하고 있다. 죽고 싶은 자는 내 앞으로 나와라." 장비의 포효를 듣고 조조군은 더 이상 공격하는 자가 없었다. 장비는, 유비가 무사히 빠져나갔다는 말을 듣고 나서야 장판교를 나와 유비에게 향하였다. 그러나 유비는 처량한 신세였다. 급한 불은 껐지만 돌아갈 곳이 없었다. 조조군은 강릉성을 유비에 앞서 점령한 상태였기 때문이다. 그렇지만 유비는 희망을 버리지 않았다. 그에게는 아직도 따르는 무리가 있었다. 신의를 바탕으로 한 그의 진실성은 고난이 따를수록 더욱 빛을 발하고 있었다.

장판교에서 장비의 활약으로 위기를 가까스로 넘긴 유비에게 다시 백성들과 그의 군사들이 합류하기 시작하였다. 유비의 능력은 이처럼 평범한 듯 했지만 그 누구도 넘보지 못하는 특이함이 있었다. 그렇기 때문에 돌아갈 곳 없다는 것을 알면서도 그의 주변에는 사람이 모여든 것이다. 유비를 끝까지 따르고자 했던 부하와 백성들도 유비를 계속 따르는 것이 고생을 면해 준다고 기대하지는 않았을 것이다. 그래도 그들은 유비의 곁을 떠나지 않았다.

조조가 적토마를 선물하면서 큰 직책을 주겠다는 간청에도 미동조차 하지 않았던 관우, 피난길마저 함께 하겠다는 백성들은 분명 유비의 무언가에 끌렸던 것이다. 그것은 유비의 인애와 신의였다. 유비가 보여주는 인정과 후덕함은 백성의 따름으로 이어졌으며, 장수들을 향한 무한의 신의는 유비를 위해서는 어떠한 위험이라도 망설임 없이 몸을 던지는 모습을 보이게 만들었다. 유비는 기반이 약한 상태로 출발하였다. 그러나 많은 사람들이 그를 따랐다는 사실은 사람에 신의와 책임지는 모습이 따랐기 때문일 것이다.

유비를 진정으로 따랐던 인물들은 관우와 장비 형제뿐이 아니었다. 유비는 타인을 믿고자 했고 일을 도모하면서 발생한 책임은 스스로 지고자 하였다. 이러한 그의 모습은 많은 사람을 감동시켰으며 따르게 하였다. 유비 역시 조조와 마찬가지로 사람의 재능을 알아보는 안목이 있었다. 가장 대표적인 것이 제갈량을 삼고초려를 통하여 군사로 삼기에 이른 대목이다. 이러한 유비였기에 비록 패전을 당하여 거처할 곳을 잃더라도 사람은 항상 따랐던 것이다. 유비의 결정판은 적벽대전으로 볼 수 있다. 당시에 유비는 세력의 기반을 상실한 상태였다. 목숨을 부지하기도 어려운 상황에서 적벽에서의 전투를 승리로 이끈 것은, 그가 제갈량이라는 인재를 영입한 것이 가장 크게 작용하였다. 적벽대전의 승리를 통하여 유비는 오랜 기간의 방랑과 의탁에서 벗어났다. 그가 차지한 형주와 익주 땅은 비옥하여 터전을 일구는 데는 더없이 적합하였다. 만약 유비가 철저히 실리를 추구하는 조조와 같은 방법으로 백성을 대했다면 어떠한 결과가 되었을까? 조조는 기본 바탕이 마련된 상태였으므로 철저하게 실리 위주의 행동을 하여도 크게 문제될 것이 없었다. 그렇지만 유비는 빈약했던 상황이었다. 베풀 여건이 없는 유비가 추구할 수 있었던 것은 인정과 신의였다. 유비는 무엇보다도 실리에 앞서 명분과 정의를 중요하게 생각하면서 주변의 인물들을 포용하고자 하였다. 그 바탕에는 항상 인애와 신의를 두고 있었다.

유비는 전투에 소질이 부족한 것처럼 묘사되고 있지만 그렇지만은 않았다. 비록 제갈량의 활약이 돋보였지만, 유비는 적벽대전이라는 큰 전투를 승리로 이끌었고, 또한 유장을 공격할 때에는 직접 군을 이끌었다. 아마도 그의 무공이 다소 낮게 평가되는 것은 그의 측근에 있었던 관우와 장비라는 무장의 전공을 돋보이게 하려다 보니 자연스럽게 나타난 결과로 보인다. 그는 그만의 방법으로 난세를 극복하면서 영웅의 면모를 보인 인물이다. 그만의 무기는 신의였으며 인애와 겸손한 태도였다.

『삼국지』의 인상적인 장면 가운데 하나로 꼽히는 도원결의는 첫 장면에 등장한다. 의리로 뭉친 삼형제는 도중에 뿔뿔이 흩어졌다가 다시 재회한다. 그리고 죽음을 통하여 차례로 작별한다. 이는 유비의 높은 신의를 작가가 의도적으로 강조한 부분으로 보인다. 죽는 순간까지 신의를 최고의 가치로 여겼다는 것이 유비에 대해 가장 높은 점수를 줄 수 있는 부분이다. 그렇지만 유비는 치명적인 약점을 보이고 있다. 관우의 죽음을 지나치게 사적(私的)으로 몰고 갔다. 그는 군주의 신분이었다. 형제간의 우애에 앞서 국가의 백년대계를 고민해야 할 군주였다. 그는 형제간의 우애를 국가의 공적(公的) 업무보다 우선시 하였다. 결국 이릉대전을 일으켰지만 대패하면서 마지막은 초라하게 생을 마감하였다. 그의 동생 장비 역시 마찬가지였다. 이들 삼형제는 국가를 위하여 큰 업적을 남겼으나 공적업무를 초월하는 사조직으로 존재함으로써 국가의 불행을 가져왔다. 이시대를 사는 공직자에게 선공후사(先公後私)의 본분을 잊게 되면 국가에 어떠한 결과를 초래하는지 보여주고 있다.

◇ 오나라 손권

오나라의 손권은 입지가 탄탄한 상태로 권좌를 물려받은 인물은 아니다. 손권은 그의 아버지 손견과 그 뒤를 이은 장남 손책의 갑작스런 죽음으로 인하여 통치자의 위치를 올랐다. 충분한 통치자 수업을 받지 못한 상태로 보면 될 것 같다. 나이 또한 스물이 되지 않은 상태였다. 그와 경쟁하는 조조는 이미 오십을 바라보고 있었고, 유비 또한 사십대를 넘긴 경험이 풍부한 지도자였다. 이뿐 아니라 오나라 지역은 중원으로부터는 먼 거리였으므로 오래전부터 호족세력들의 기세가 강한 지역적인 특색을 갖고 있는 곳이었다. 그러므로 자칫 통치에서 허점이 보이면 그들로부터 오히려 역공을 당할 분위기를 안고 있었다. 이러한 내외적인 환경을 고려할 때 그의 위치는 불안한 상태를 유지할 수밖에 없었다. 또한 오나라의 지리적 위치가 방어에 유리한 지역도 아니었다. 위나라로부터는 북방을 위협받을 수 있었으며, 촉나라에게는 측방이 노출되는 지형적인 불리점을 갖고 있었다. 그러나 손권은 오나라를 촉나라보다도 더 오래 지탱시켰다. 그는 오나라를 90년 동안 지탱시키는 초석을 마련하였으며, 이로 인해 수성의 천재라는 평가를 받는다.

» 손권(161년~223년)

자는 중모(仲謀)이며 부춘(현재의 절강성 부양)에서 손견의 차남으로 태어났다. 형 손권이 죽자 그 뒤를 이었다. 건업(남경)을 도읍지로 하여 오나라를 건국하였으며, 국력을 고려한 수세전략을 적절히 구사했다는 평가를 받는다.

그는 오나라를 삼국의 한 축으로 당당히 만들었다. 특히 그의 부친과 형이 이루지 못한 형주를 점령했다는 것은 그의 출중한 능력을 말해 준다. 따라서 손권은 조조와 유비와 비교할 때 결코 한 수 아래의 군주는 아니다. 그렇지만 말년과 후계자 문제를 매끄럽게 해결하지는 못하였다. 정신이 혼미해지기도 하면서 판단력이 저하되는 상황까지 보여 젊은 시절의 호기를 많이 상실하였다. 이것은 그가 보인 과오였다. 어쨌든 그는 71세의 나이로 생을 마감할 때까지 52년 동안 오나라를 위나라와 촉나라로부터 지켜냈다. 불리한 주변의 환경에서 그가 이토록 수성에 성공한 것은 남다른 면이 있다는 것이며, 이를 발굴해 보는 것이 필요하리라 본다.

손권의 능력을 논하기 전에 먼저 그의 아버지와 형의 죽음을 살펴볼 필요가 있다. 그들은 모두 허망하게 목숨을 잃었다. 손권의 아버지인 손견은 '강동의 호랑이'로 불렸다. 그의 무공이 대단했음을 짐작케 하는 별칭이다. 『손자병법』으로 유명한 전국시대의 손무가 그의 조상이다. 그래서인지 손견은 뛰어난 무예와 전술 식견을 갖춘 인물이었다. 손견은 이러한 장점을 앞세워 원술 밑에서 많은 전공을 세웠다. 동탁군을 토벌할 때는 반동탁연합군의 선봉으로 도성에 입성하였다.

어느 날 그에게 기분 좋은 징조가 찾아왔다. 도성의 어느 우물에서 광채가 영롱하게 비추는 것을 보았다. 손견은 우물을 뒤져보게 하였는데 뜻밖에도 옥새를 발견하였다. 이는 상서로운 행운의 빛으로 해석되었다. 손견은 옥새를 손에 넣자 병을 핑계로 고향으로 향하게 되었다. 그러자 반동탁연합군의 총책인 원소가 이를 알고 형주자사 유표에게 밀서를 보내 손견을 공격하게 하였다. 손견과 유표의 싸움이 시작되었다. 손견이 공격해 오자 유표는 이에 맞서 황조를 보냈다. 전투에서 손견은 황조를 맞아 연전연승을 거두며 기세를 올리고 있었다. 그러나 황조를 무리하게 쫓다가 매복한 황조군의 화살을 맞고 죽음을 맞았다. 아버지의 뒤를 장남 손책이 이어받았다. 손책은 무엇보다도 세력을 확장하는 것이 시급하고 중요하다는 것을 인식하고 있었다. 그렇지만 그는 군사력이 없었다. 이미 손견이 대부분의 군사력을 상실한 후였다. 자연히 그의 아들 손책은 군사력이 없게 되자 원술에 의탁하게 되었다. 따라서 그는 아버지가 손에 넣은 옥새에 대해서는 그리 중대하게 여기지 않았다. 그는 원술에게 군사를 빌리는 조건으로 옥새를 넘겨주게 되었다. 그는 원술로부터 3천의 군사와 말 500필을 옥새를 주고 지원받았다. 그에게 중요한 것은 고토를 회복하여 재기할 여건을 만드는 것이었다.

이후에 원술은 옥새를 믿고 황제를 참칭하다가 조조에게 걸려 패망의 길을 걷게 되었다. 원술은 애초부터 그릇의 크기가 작았다. 그는 사치를 일삼고 백성을 수탈의 대상으로 삼아 민심을 잃고 있었다. 옥새를 얻었지만, 그의 것이 되기에는 한참 멀었던 것이다. 손책은 그의 부친처럼 기개가 있었으며 무예도 뛰어났다. 그는 강동의 소패왕으로 불릴 정도로 자질이 출중하였다. 이러한 그의 자질은 강동지역을 모두 평정시킬 정도로 강성하였다. 그는 대담함이 있었다. 조조가 원소와 전투를 벌이자 이를 기회로 조조의 본거지를 공격하여 중원으로 진출하고자 하는 뜻을 품었다. 손책은 강동(江東)에서 자신의 세력을 확장하여 중원으로 진출하고자 하였다. 이에 따라 손책은 세력을 더욱 확장하면서 강동을 잠식하기 시작하였다. 그는 형식적인 옥새보다는 실질적인 군사력을 얻어서 세력을 넓히고자 하였다. 그러자 이를 보고 있던 강동의 오군(吳郡) 태수 허공(許貢)은 이러한 손책을 제거하는 것이 타당하다는 상소를 황제 헌제(獻帝)에게 알리기 위하여 사람을 보냈다. 하지만 상소문을 전달하기도 전에 손책의 부하에게 붙잡히고 말았다. 손책은 크게 분노하면서 허공을 죽이게 되었다. 이것은 앞에서 언급한 강동지역의 분위기를 말하는 사례이기도 하다. 그런데 평소 허공에게 큰 은혜를 입고 있었던 식객 세 사람이 이를 묵과하지 않기로 작당하였다. 그들은 허공의 원수를 갚기 위해 기회를 엿보게 되었다. 어느 날 손책이 사냥에 나선다는 소식을 듣고 이를 기회로 삼기로 하였다. 그들은 매복하여 있다가 사냥에 나선 손책을 공격한 것이다. 이를 보면 평상시부터 주변의 세력을 관리하는 것이 왜 필요한지를 알 수 있다.

손책은 죽지는 않았지만 큰 부상을 입게 되었다. 그러나 날이 지나도 회복이 되지 못하였고 부상은 더욱 악화되는 상태였다. 부상을 회복하지 못하고 그는 죽음을 눈앞에 두게 되었다. 그는 회복이 어렵다고 판단하고 그의 동생 손권을 불러 후사를 맡겼다. 불행은 아버지에게서 끝나지 않고 장남까지 이어진 것이다. 손책은 국가의 재건을 위해 옥새라는 상징성보다는 군사력이라는 실질적인 선택을 하였다. 그의 이러한 리더십은 강동 재건의 발판을 마련하는 자산이 되었다. 그 후 그가 죽게 되자 뒤를 이은 손권은 비탄에 빠져 슬퍼하고 있었다. 그러자 손책의 가신으로 있던 장소가 다음과 같이 고언 하였다. “지금 위급한 상황 속에서 하염없이 슬픔에만 잠겨 있으면 마치 스스로 문을 열어두고 도둑을 맞이하는 격입니다.” 즉, 개문납적(開門納賊)의 과오를 범해서는 안된다는 말이었다. 이 말을 들은 손권은 슬픔을 털고 일어나 국가를 보전하기 위하여 노력하였다.

그는 적벽에서 유비와 연합하여 조조를 물리치고 삼국정립의 기틀을 마련하였다. 이처럼 자타가 공인하는 맹주의 뒤를 손권이 이은 것이다. 손권은 물려받은 오나라를 수성하는데 중점을 두고 통치를 하였다. 그는 수세전략을 선택하였다. 앞에서 언급했듯이 지정학적인 위치에서 강동지역은 대단히 불리한 위치였다. 수세전략에 중점을 두었다는 것은 그만큼 손권이 신중하고 신중했던 인물이라는 반증이다. 모험을 건 확장보다는 안정적인 수성을 고수한 인물이다. 즉, 차선책을 채택한 것이다. 이를 위해서는 기본적으로 인내심이 수반되어야 한다. 또한 정책 결정 과정에서 부딪히는 반대파를 아우르는 통합의 묘책을 발휘해야 가능하다.

삼국의 군주들 모두는 인재를 발굴하고 기용하는데 모두가 발군의 실력을 갖고 있었다. 손권도 연륜은 비록 상대적으로 낮았지만 조조와 유비 못지않았다. 손권의 능력에서 눈에 보이게 탁월한 것은 신분 고하를 따지지 않고 인재를 찾아 활용했다는 것이다. 그는 손책의 참모로 활약한 장소와 주유를 계속하여 중용하였다. 이후 주유는 적벽대전을 승리로 이끄는 주역이 되었다. 그의 형이 중용하던 인물을 그대로 자리를 지키게 하였다. 물론 손권의 어린나이와 동생이라는 신분의 한계 등을 고려할 때 따르는 사람들이 적을 수도 있었을 것이다. 그렇지만 최고의 위치에 오르게 되면 일반적으로 본인 측근의 사람 위주로 진용을 꾸린다. 일종의 논공행상이며, 구시대와 결별한다는 의미도 함께 갖고 있다. 또한 자신이 평소부터 가까이 교류한 인물들은 믿을 수 있다는 이점을 갖는다. 그러나 손권은 자신의 측근보다는 형의 주요 참모들을 계속하여 기용함으로써 정책의 연속성과 통합의 반석을 마련하고자 하였다. 이것이 그의 특색이자 장점으로 볼 수 있다. 그가 형에 이어 수성을 성공하게 만든 요인이었다고 볼 수 있다. 요즈음의 정치인들이 되새길 대목이기도 하다.

그는 인재 등용에 과감성을 보였다. 출신보다는 실력을 우선하여 입각시켰다. 특히 신분은 중요한 고려요소가 아니었다. 그가 중용한 주요 인물들의 면면을 보면 다음과 같다. 여몽은 하급관리에 지나지 않았으며, 감택은 농사꾼, 오찬은 목동 신분이었다. 여몽은 그의 매형이 손책의 중신이었던 인물이다. 손권이 여몽을 중용한 것은 적벽대전과 황조와의 전투에서 그의 능력을 알아본 결과였다. 여몽은 손권의 형 밑에서 일하던 하급관리였지만 능력 하나만으로 오나라 도독의 자리에까지 오른 인물이다. 입지전적의 인물로 성장이 가능했던 것은 손권의 인사시스템이 있었기 때문이다. 그는 관우를 생포하는 전공을 세우며 형주를 되찾는 일등공신이 되기도 하였다.

여몽은 학문적인 능력은 부족했으나 이를 극복하고자 많은 노력을 하였다. 후에 여몽은 괄목상대라는 말을 들을 정도로 학문적 능력을 인정받는 수준에 이르게 되기도 하였다. 손권은 이와 같이 능력이 있다면 신분의 높고 낮음을 기준으로 삼지 않았다. 손권은 제갈량의 형인 제갈근을 중용하여 크고 작은 일에 조언을 구하기도 하였다. 이러한 인물의 기용은 참으로 어려운 결단이다. 그의 동생이 언제든지 적국이 될 수 있는 유비의 최측근이라는 것을 감안하면 더욱 그렇다. 그를 감시와 탄압의 대상으로 삼아 일거수일투족을 예의 주시하는 것이 당연하였을 것이다. 보통의 군주들이라면 이렇게 함으로써 정적을 정리하는 매개체로 삼기도 했을 것이다. 그러나 손권은 인물을 기용함에 있어 통합과 함께 개방성도 보였다.

손책의 뒤를 이은 초기에 강동의 호족들은 손권을 무시하려는 태도가 있었다. 곳곳에서 이러한 징후는 나타나고 있었다. 이를 평정시킨 것은 눈에 띄는 인재들을 능력과 소질에 맞게 적재적소에 배치하여 통합을 시킨 결과였다. 그러한 노력으로 주변의 호족들을 안정적으로 관리하였다. 또한 그가 신중하기만 한 것은 아니었다. 신중함 못지않게 결단력과 단호함도 겸비하였다. 조조가 원소와의 싸움을 끝내고 중원을 평정하게 되자 다음 차례는 강남과 형주였다. 조조군은 전쟁 준비를 끝내고 양자강을 따라 남하하고 있었다. 이때 조정의 의견은 분분하였다. 그러나 그는 단호하게 전쟁을 결심하였다. 적벽대전을 결심하는 과정에서 발생한 일이었다. 전쟁에 대하여 많은 신하들이 반대하고 있었으나 손권은 단호하였다. 그

» 책상을 내리쳐 토막을 내는 손권

출처 : KBS 2TV,「신 삼국지」에서 캡처

가 조조와의 결전을 발표하였다. 그러나 여전히 항복을 권유하는 신하들이 있었다. 그러자 그는 국론분열을 방지하고 전쟁에 집중해야 될 때임을 직감하고 모든 신하들을 집결시켰다. 손권은 칼을 들어 책상을 내리쳐 두 토막으로 만들면서 외쳤다. "나에게 더 이상 항복을 말하는 자가 있다면 저 책상처럼 만들겠다."라고 말하며 결연한 의지를 보였다. 이는 그의 단호함과 결연함을 보여주는 단적인 예가 되었으며, 통합을 이끌어내는 동력이 되었다.

결국에 손권은 적벽에서 유비와 연합군을 편성하여 5만의 병력으로 조조에게 처절한 패배를 안겨주었다. 그렇지만 패주하는 조조를 손권은 추격하지는 않았다. 이것은 수세전략에 따른 것이다. 그는 위험성을 안고 싸우는 것을 경계하였다. 항상 안정을 택하여 전략을 구현하고자 하였다. 적벽대전에서의 승리는 손권의 입지를 안정적으로 만들었다. 적벽대전에서 조조의 패배는 형주에서 손을 떼게 한 반면, 손권과 유비는 전략적 요충지이자 물산이 풍부한 형주를 나누어 차지하게 되었다. 무엇보다도 큰 소득은 이로 인해 강동 호족들이 손권에게 절대적으로 복종하는 계기가 되었다는 것이다. 이로써 손권은 강동지역을 완벽하게 장악하게 되었다. 손권이 신임하는 무장이자 책사였던 주유는 적벽대전이 끝난 후 죽음을 맞는다. 그에 대한 손권의 신뢰는 실로 두터웠다. 손권은 주유의 빈자리를 노숙에게 맡겼다. 노숙은 외교술이 뛰어나 주변을 안정적으로 관리하는데 능력을 발휘한 인물이다. 당시의 손권이 처한 정세를 고려하면 적절한 등용이었다.

손권은 유비와 조조를 적절히 활용하여 안정을 도모해야 했다. 변화하는 정세에 따라 두 국가와 동맹관계를 체결하는 것이 필요하였다. 노숙은 이러한 업무에 능통한 인물이었다. 수세전략을 외교와 연계하여 구현하는데 적합한 인물이었다. 노숙의 뒤를 이어서 여몽이 발탁되었다. 여몽은 나중에 관우를 사로잡을 정도로 지략을 갖고 있었다. 이러한 인물들의 면모를 볼 때 손권의 사람을 발탁하는 능력은 매우 뛰어났던 것으로 평가할 수 있다. 이외에도 육손이라는 인물을 중용하였는데, 그는 이릉대전에서 승승장구하던 유비를 제압시키는데 혁혁한 공을 세웠다.

손권의 인재 발탁능력은 매우 우수했을 뿐 아니라 이들을 관리하는데 정성을 다하였다. 정사『삼국지』에서도 손권의 인물 발탁 능력에 대하여 인정하고 있다. '재능 있는 자를 알아보고 등용시키며, 지혜로운 자를 존중한다'라는 말로 그의 안목을 평가하였다. 손권은 이러한 능력을 바탕으로 우수한 인재를 모아 수성에 성공한 인물이다. 그러나 그에게 최대의 전략적 실책은 관우의 목을 베어 버린 것이다. 관우를 참한 것은 조조의 입장에서는 더없이 좋은 결과였다. 그것은 촉나라와 오나라가 원수지간이 될 수밖에 없다는 것을 뜻한다. 그렇지만 오나라의 입장에서는 균형외교의 실패를 의미한다. 반면에 조조에게는 힘 안들이고 양국을 원수 관계로 만드는 계기가 되었다. 둘의 관계는 한동안 동맹까지 발전하기에는 어려운 수렁에 빠지게 되었다. 급기야 이릉대전을 벌이게 됨으로써 양국의 힘을 손도 대지 않고 뺄 수 있는 기회가 굴러들어온 것이다. 당시의 상황은 위나라가 강력한 위상을 보이던 시절이었다. 따라서 유비와 손권은 연합하여 위나라를 견제하는 전략이 요구되던 시점이었다. 그러나 손권은 목전의 위협만을 고려하여 관우의 목을 벤 것이다. 그것도 오나라가 직접 처단했으므로 촉과의 관계는 급속도로 악화되었다.

손권이 수성의 달인이라는 평가를 받는 것은 유능한 인재를 모아서 안정적으로 내치를 펼친 것만을 갖고 말하는 것은 아니다. 그것은 결과로 나타났다. 가장 막강하다던 조조의 군대라 할지라도 손권을 대상으로 한 군사적 대결에서는 오나라의 땅을 조금이라도 차지하지 못하였다. 조조에게 손권은 신경이 크게 쓰이는 존재였다. 특히 적벽대전에서 패배한 이후로 조조에게 손권은 무시할 수 없는 존재로 자리 잡았다. 손권은 자신의 능력을 제대로 파악하고 있었던 같다. 손권은 위나라의 조조와 촉나라의 유비와 맞서면서 영토를 확장하고자 하지는 않았다. 그렇기 때문에 천하를 통일하겠다는 야망도 보이지 않았다. 이처럼 무리할 줄 모르는 손권의 처세에 따라 강동은 안정감을 누릴 수 있었으며, 이것이 손권을 수성의 달인이라는 평가를 받게 만든 이유 중의 하나가 되었다.

손권의 인품 중에서 귀감을 꼽으라고 한다면 검소함을 생활철학으로 삼았다는 것이다. 궁궐에 화려한 치장을 하지 않았으며, 궁녀의 수도 많지 않았다고 전해진다. 손권의 생활이 이러하다 보니 신하들도 자연스럽게 검소한 생활을 즐겼으며, 그 결과 백성의 삶은 점점 풍요로워졌다. 손권의 이와 같은 생활은 자연스럽게 모든 사람으로부터 존경을 받기에 이르렀다. 그는 자연스럽게 황제에 추대되었으며 오나라를 건국할 수 있었다. 이러한 점은 조조와 유비와도 대비된다. 그들은 스스로 권력욕을 나타내면서 황제라는 칭호를 받고자 하였다.

손권은 스스로의 능력을 알고 있었으며 결코 욕심을 부리지 않고 내실 있게 국가를 경영하였다. 그가 이러한 평가를 받게 된 것은 강성한 위나라의 공격을 촉나라와의 동맹을 통하여 적절히 막아냈기 때문이다. 이것은 그의 지략이 출중했다는 것을 말한다. 적벽대전은 많은 반대에도 불구하고 치른 전쟁이었다. 그의 용기였으며 승부수를 던질 줄 아는 마인드를 알게 해준다. 이를 통하여 손권은 잠재된 반대 세력을 제압하면서 안정을 구축할 수 있었다.

무엇보다도 안으로는 신분을 고려하지 않은 실력 위주의 인재 중용과 신뢰를 구축하여 내부를 통합으로 이끈 것은 그의 가장 큰 업적이자 장점이었다. 밖으로는 촉과의 동맹관계를 적절히 활용하였다. 오와 촉은 수시로 동맹을 맺으며 위를 견제했다. 상황에 따라서는 위와도 동맹을 체결하는 유연성을 보이기도 하였다. 삼국의 군왕인 유비, 조조, 손권 모두에게서 볼 수 있는 공통점은 우수한 인재를 발굴하고 적절히 활용했다는 점이다.

제2장
전쟁과 용병술

1. 전쟁의 정의와 원인
2. 용병술 체계

1. 전쟁의 정의와 원인

전쟁의 정의

전쟁에 대한 정의는 전쟁을 연구하는 학자들뿐 아니라 다양한 분야의 전문가들에 의해서 이루어져 왔다. 이들은 각자의 분야별 특징을 기반으로 하여 전쟁을 정의하고자 하였다. 즉, 분야별 관점에 따라 전쟁을 바라보았다. 이들이 내린 정의는 다양하지만 힘과 힘의 대결이라는 점에서는 공통점을 나타내고 있다. 먼저 전쟁의 사전적 정의를 보면, ① 국가와 국가, 또는 교전단체 사이에 무력을 사용하여 싸움 ② 극심한 경쟁이나 혼란 또는 어떤 문제에 대한 아주 적극적인 대응을 비유적으로 이르는 말 등으로 설명하고 있다. 사전적 정의에서 말하는 전쟁의 주체는 국가 또는 사람으로 조직된 집단이며, 전쟁은 이들이 벌이는 힘의 대결이라는 것이다. 또한 전쟁은 이들 간의 싸움이거나 어느 상황과의 싸움(대응)까지도 의미하는 것으로도 볼 수 있다. 이를 보면 전쟁은 국가와 국가가 벌이는 힘의 대결만으로 한정하고 있지 않음을 알 수 있다.

사회가 분화되면서 과거에 비해 보다 다양한 위험 상황에 직면하는 것이 일상이 되었다. 그로 인해 수많은 분야에서의 위협의 증가는 계속되고 있다. 일상의 주변환경 문제와 연관된 '먼지와의 전쟁', '교통과의 전쟁', '폭염과의 전쟁' 등이 대표적인 사례이다. 현대의 생활환경은 전쟁이라는 용어를 광범위하게 사용하게 만들고 있다. 이러한 현상은 사전적 정의에서 언급한 바와 같이 심각한 상황에 대한 문제해결 자체도 '전쟁'으로 인식하게 만들고 있다. 즉, 전쟁의 개념을 더욱 확장시키고 있다고 보면 될 것이다.

그렇지만 본서에서는 국가와 국가 또는 정치집단과의 힘의 대결을 전쟁으로 한정하여 다루기로 하겠다. 즉, 국가 또는 정치집단 사이에서 벌어지는 군사적인 충돌을 전쟁으로 한정하겠다. 전쟁에 대한 정의는 수많은 인물들에 의하여 다양하게 제시되어 왔다. 각각의 분야를 대표하는 이론가의 입장에서 내린 전쟁의 정의에는 그 원인까지도 나타내는 경우를 찾아 볼 수 있다. 전쟁의 원인을 파악하는 것은 그에 대한 해결책이나 효과적인 대응책을 제시할 수 있다는 점에서 매우 중요한 의미를 갖는다. 그러므로 전쟁의 정의를 통하여 전쟁의 원인과 전쟁의 예방 등을 함께 생각해 볼 수 있을 것이다.

1925년에 미국에서 전쟁의 원인을 규명하는 회의에서 나온 내용을 조사해 본 결과 약 250개 이상의 원인이 나왔다고 한다. 참으로 다양한 원인이 나왔다. 이처럼 많은 원인은 전쟁의 정의를 보다 다양하게 규정짓게 만들기도 한다. 다양한 원인과 정의가 나온 것은 각자의 분야를 중심으로 전쟁을 바라보았기 때문으로 분석된다. 전쟁에 대한 다양한 정의는 전쟁의 원인을 제공하는 요인이 그만큼 많았음을 의미하고 있다. 표면상으로는 단순한 동기에서 시작된 것처럼 보이지만, 실제로는 복잡한 관계 속에서 이루어져 왔다는 것이다.

오랜 역사 속에서 불멸의 군사이론가로 추앙받는 동양의 손자와 서양의 클라우제비츠(Clausewitz)가 설파한 전쟁의 정의를 먼저 살펴보기로 하겠다. 중국의 전쟁사상의 기원은 춘추전국시대에 손자(기원전 535년~?)에 의해 저술된 『손자병법(The Art of War)』[1)]까지 거슬러 올라간다. 『손자병법』은 동서고금의 수많은 군사전문가는 물론이고 조직의 리더들에게 가장 많이 읽힌 병법서이자 고전이다. 손자는 그의 저서 『손자병법』의 첫머리에서 '병자국지대사(兵者國之大事) 사생지지(死生之地) 존망지도(存亡之道) 불가불야(不可不也)'라며 서문을 열었다. 또한 '부전이굴인지병(不戰而屈人之兵) 선지선자야(善之善者也)' 라는 말로써 전쟁 수행의 신중함을 주문하였다. '전쟁은 국가의 존망을 결정하는 중대사이므로 마땅히 살펴서 하여야 한다. 그러므로 싸우지 않고 적을 굴복시켜 승리함이 최선의 방법이다' 라는 의미로 풀이할 수 있다.

» 손자(손무)

손자는 전쟁에 대한 냉철한 현상이해와 통찰을 통하여 전쟁지도자로서의 전쟁수행을 위한 기본적인 인식을 강조하였다. 전쟁은 국가의 존망과 직결된다는 사실에 특히 유의해야 한다고 하였다. 또한 전쟁은 아무리 승리로 종결하였다 하더라도 그 피해는 불가피한 것임을 말하였다. 이를 음미해 보면 손자는, 전쟁이 미치는 영향은 물론이고 전쟁의 성격과 본질까지도 짧으면서도 강렬하고 명확하게 결론지었다고 볼 수 있다. 손자는 싸우지 않고 이기는 방법을 최선이라 하였으며, 이를 우리는 흔히 손자의 '부전승사상'이라는 말로 요약하기도 한다. 손자가 말한 전

---

1) 『손자병법』은 기원전 5세기경에 손무(기원전 541년~482년)가 저술한 병법서이다. 손무는 춘추시대의 말기에 살았던 인물이며, 당시의 중국 천하는 수많은 제후들이 패권을 장악하기 위하여 약육강식의 원리에 따라 치열한 전쟁을 벌이고 있던 시대였다. 손무는 13편에 걸쳐 총 6천여자의 글자로 전쟁과 이를 수행하는 병법을 압축하여 설명하였다.

쟁의 정의에서 그의 전쟁사상은 이미 나타나 있었다. 손자는 전쟁의 폐해에 대하여 깊은 통찰을 하고 있었다. 때문에 그는 이를 최소화하는 것이 으뜸이라는 결론에 도달하여 '싸우지 않고 이기는 것이 최선'이라고 한 것이다. 동양의 전쟁관을 중국의 전쟁사상이라고 하여도 과언은 아니며, 이는 손자의 전쟁사상이기도 하다. 그렇지만 그의 사상을 조금 더 깊게 생각해 보면, 손자라는 대전략가이자 군사이론가조차도 전쟁을 없앨 수는 없다고 본 것이다. 그러므로 전쟁을 수행할 수밖에 없는 상황이라면 '싸우지 않고 해결하는 것이 최선의 방법'이라고 『손자병법』의 첫머리에서 말하고 있다. 현대의 개념으로 본다면 억제전략으로 볼 수 있다. 또한 '피로스의 승리'를 경계한 말이기도 하다.[2] '피로스의 승리'란 전쟁에서 승리를 이루었지만 큰 피해를 입어 결국에는 패망으로 이르게 되는 경우를 말한다. 따라서 승자일지라도 패자와 함께 멸망의 길로 갈 수 있음을 경계하고 있다.

손자는 전쟁을 예방할 수도 있지만 모든 전쟁을 예방할 수는 없음을 인정하고 있었다. 그러므로 '싸우지 않고 이기는 것이 최선'이라고 하면서도, 전쟁을 하게 될 경우를 대비하여 이기는 방법을 제시하였다. 『손자병법』은 분량 면에서 볼 때 전쟁을 하는 방법에 대하여 더 많은 부분을 할애하고 있다. 이것은 전쟁을 예방한다는 것에는 한계가 있음을 인정한 것으로 보아도 될 것이다. 국가의 존망보다 더 중요한 것은 없다는 사실에 대하여 손자는 그의 병서에서 말하고 있다. 중국의 역사에서도 전쟁은 수많은 국가의 탄생과 소멸을 가져왔다. 더군다나 그가 활약하던 시절은 춘추시대였다. 춘추시대는 왕을 중심으로 하는 정치적인 격동기였으며 전쟁 또한 많이 발생하고 있었다. 이러한 시대적인 특징을 손자는 직접 목격하면서 전쟁의 폐해를 실감했으며, 백성의 고통을 체감하고 있었다. 따라서 그는 싸우면 반드시 이기는 전략과 전술에 대하여 기술하고자 한 것이다.

시대적인 특징은 전쟁관의 정립을 요구한다. 전쟁이 상대적으로 많았던 시절에는 전쟁에 대한 근본적인 문제를 고민한 인물, 전쟁하는 방법을 선도적으로 이끌 인물이 출현하였다. 그중의 한 인물이 바로 손자이다. 『손자병법』이 위대한 군사명저로 손꼽히며 다양한 분야에서 폭넓게 인용되고 활용되는 것은 보편타당한 원리를 바탕으로 하고 있기 때문이다. 그는 한자 특유의 의미가 함축된 짧은 문장으로 전쟁과 전투에 대해 통찰

2) 고대 그리스 북서부의 도시국가 에페이로스의 피로스(Pyrrhus) 왕이 로마와의 전쟁에서 승리하였을 때 사용한 말이다. 그는 로마와의 전쟁에서 승리는 하였으나 너무나 많은 손실로 인해 국가가 멸망할 지경까지 이를 수 있음을 경계하면서, "로마와 또 다시 전쟁을 벌여 승리하더라도 우리가 멸망에 이르게 될 것이다."라고 말하였다.

한 내용을 담아 모든 사람들로부터 공감을 얻었다. 모든 사람들이 시대를 초월하여 공감한다는 것은 치열한 경쟁을 벌이는 어느 조직에서나 통용될 수 있는 보편성을 갖고 있다는 것이다. 오늘날 『손자병법』이 군사분야를 넘어서 다양한 조직에서 험난한 파고를 넘는 지침서로 활용되는 것은 이러한 보편성을 갖고 있기 때문이다.

» 클라우제비츠

클라우제비츠(1780~1831)는 『전쟁론』에서 "전쟁이란 상대를 굴복시켜 자기 의지를 실현하기 위하여 사용하는 폭력행위이며, 다른 수단을 가지고 하는 정치의 연장이다."라고 정의하였다. 그는 정의를 내리기에 앞서 전쟁이란 무엇인가라는 물음을 던짐으로써 전쟁의 본질을 이해하는 것이 필요함을 암시하였다. 그는 전쟁의 정의에서 전쟁은 정치목적을 실현하는 하나의 수단임을 분명하게 명시하였다. 전쟁을 수행하는 목적은 자기(국가)의 의지를 실현하는 것이며, 그 수단은 폭력(무력)을 사용한다는 것이다. 또한 클라우제비츠는 목적을 달성하기 위한 목표를 명확히 제시하였다. 그 목표는 적을 굴복시키는 것으로 보았다. 즉, 상대를 굴복시키는 것이 자기의지를 실현하는 것으로 본 것이며, 이를 위해서는 적을 격멸해야 한다고 주장하였다. 철저한 격멸은 상대를 굴복시킬 수 있으며, 이것이야말로 자기의 의지를 관철시킬 수 있다고 본 것이다.

클라우제비츠의 전쟁관은 '절대전사상'이 주류를 이루고 있다. 그의 전쟁관의 핵심은 폭력의 무제한적인 행사이며 철저하게 적을 격멸하는 것으로 의지를 실현을 이룰 수 있다고 하였다. 즉, 섬멸전략이라고 볼 수 있다. 의지를 관철하기 위해 벌이는 전쟁 수행은 오직 유혈에 의존하는 직접적인 방법을 통하여 가능하다고 본 것이다. 따라서 적을 무력화시키기 위한 힘의 무제한적인 발휘 등이 그의 사상의 근간을 이루고 있다. 동양과 서양의 대표적인 군사이론가의 정의에서, 각각의 전쟁관과 전쟁수행 방법을 엿볼 수 있다. 어느 면에서는 동·서양의 전쟁에 대한 인식과 정서의 차이를 보여 주는 의미 깊은 정의라고 보인다.

군사이론가들 뿐만 아니라 사회 기능적 입장에서의 주요 사상가들과 학자들도 자신이 속한 사회 기능적 입장에서 전쟁에 대하여 다양한 정의를 하였다. 각 분야별 주요 이론가와 전쟁을 지도한 인물들이 내린 전쟁의 정의로는 다음과 같은 내용이 있다. 국공

» **중국의 첫 유인 우주선 발사**

2003년 10월15일 중국은 첫 유인 우주선 '선저우 5호'를 발사하여 우주비행의 꿈을 이뤘다. 세계에서 세 번째로 유인우주 기술을 독자적으로 정복했음을 상징한다. 중국은 1964년 10월16일 원자폭탄 실험과 1967년 6월의 수소폭탄 실험에도 성공한 바 있다. 이는 병서에 이어 무기체계의 기술까지도 크게 발달시켰음을 의미하고 있다.

출처 : 주중문화원

내전을 통하여 대륙을 통일한 중국의 모택동은 "집단 간의 모순을 해결하기 위한 투쟁이며, 전쟁은 유혈정치이고 정치는 무혈전쟁이다."라고 하였다. 제2차 세계대전 당시 야전지휘관으로서 전쟁을 직접 경험한 영국의 몽고메리 원수는 전쟁을 "경쟁관계에 있는 정치집단 간에 발생하는 장기적 무장충돌이다."라고 정의하였다. 그러나 그는 반란과 내란은 전쟁에 포함되지만 개인적 폭동이나 폭력은 전쟁이 아니라고 강조하였다. 이들의 견해는 전쟁을 국가와 국가 또는 정치집단 간의 투쟁현상으로 보고 있다.

법학자 그로티우스는 "전쟁은 힘에 의한 투쟁의 상태이다. 그러나 개인 간의 투쟁 등은 아니다."라고 하였다. 철학자 키케로는 전쟁을 "힘에 의한 투쟁"이라고 정의하였다. 사회학자들은 키케로의 전쟁의 정의에는 동의하면서 "사회적으로 인정되는 집단 간의 분쟁형태"로 범위를 규정하였다. 즉, 인간세상에서의 투쟁이라고 한정한 것이다. 한편 형식을 무시하는 심리학자들은 국가 간의 적대정도를 당사자의 인식수준을 고려하여 전쟁을 정의하고자 하였다. 이것은 객관적인 견지에서는 전쟁이라고 할 수 없다고 해도, 주관적인 판단에서 위협의 정도에 따라 전쟁이라고 규정할 수 있다는 것이다. 객관적인 판단보다는 적대행위를 당하고 있는 해당 국가의 체감 정도가 중요하다는 것이다.

앞에서 살펴보았듯이 전쟁의 정의는 매우 다양하게 내려진다. 이것은 정의를 내리는 시대적 상황과 전쟁을 보는 다양한 분야별 시각에 따라 견해를 달리할 수 있다는 것을 의미한다. 분야별 이론가의 견해와 사전적인 의미 그리고 다양한 분야에서 전쟁을 연구하는 학자들의 주장을 종합하여 공통점을 찾아보면, 전쟁의 본질이 투쟁이라는 것에는 대체적으로 일치된 견해를 보인다. 이들의 견해를 광의의 개념과 협의의 개념으로 전쟁을 정의해 보면 다음과 같다. 먼저 광의의 개념에서의 전쟁이란 '국가와 국가뿐 아니라 국가와 집단, 집단과 집단 그리고 인간과 자연환경, 특정 문제를 해결하기 위한 투쟁'도 전쟁의 범위에 포함할 수 있다. 그렇지만 협의의 개념으로 본다면 '설정한 목표를 달성하기 위하여 무력(폭력)을 수단으로 하는, 국가와 국가 또는 정치적 목적을 달성하려는 국가와 집단 그리고 이에 준하는 집단과 집단 간의 투쟁 현상'이라고 정의할 수 있다. 즉, 인류사회에서만 존재하는 정치집단 간의 조직적 무력투쟁으로 보고 있다.

우리나라의 군에서는 '상호 대립하는 2개 이상의 국가 또는 이에 준하는 집단이 정치적 목적을 달성하기 위해서 자신의 의지를 상대방에게 강요하는 조직적인 폭력행위이며 대규모 지속적인 전투작전'으로 정의하고 있다.(합동기본교리, 2009)

전쟁은 인류사회의 기나긴 역사에 있어서 불가피하게 존재하여 왔으며, 앞으로도 계속될 인간만의 독특한 형태이다. 전쟁은 목적 지향성을 지니고 있으며, 앞으로도 국가의 이익이나 권리와 같은 정치적 목적을 달성하는 수단이 될 것이다. 이를 보면 인류의 역사는 전쟁의 역사라는 의미를 되새겨 보게 한다. 이것은 전쟁을 외면한다고 해서 전쟁의 발생을 해결할 수 없다는 것이다. 오히려 전쟁에 관심을 갖고 굳건한 상무정신을 세워야 전쟁을 방지할 수 있는 굳건한 울타리가 만들어 질수 있다는 의미로 이해해야 할

» 6·25전쟁으로 불에 탄 보신각종과 전쟁고아의 모습

것이다. 이런 점에서 베제티우스의 "평화를 원하거든 전쟁을 준비하라."는 말은 영원한 명언으로 남을 것이다.

전쟁은 살상과 파괴라는 부정적인 측면을 갖고 있다. 부정적인 측면을 갖고 있는 전쟁은 아이러니 하게도 관심의 대상이었으며, 많은 국가들에 의해 강대국으로 성장하기 위한 수단으로 활용되었다. 보다 큰 영토를 차지하여 보다 넉넉하게 살기 위한 욕망은 어찌 보면 인간의 본능적인 현상이기도 하다. 이로 인해 전쟁은 강대국일수록 더 큰 관심을 보여 왔다. 히틀러의 야망 역시 이러한 관심에서 출발하였다. 독일과 전쟁을 한 국가들이 전쟁에 많은 관심을 갖고 있지는 않았다. 즉, 전쟁에 관심이 없었지만 상대국인 독일은 전쟁에 더 많은 관심을 갖고 있었다. 그 결과 전쟁은 피할 수 없었다. 이처럼 상대방의 전쟁에 관한 관심은 나와의 전쟁에도 관심이 많다는 것을 의미한다.

고대로부터 현대까지의 세계사를 살펴보면 강대국의 흥망은 전쟁과 깊은 관련성을 갖고 있다. 전쟁의 결과에 따라 강대국의 반열에 오르기도 했으며 패망의 길로 접어들기도 하였다. 따라서 전쟁에 대비한다는 것은 대단히 중요한 과제이다. 전쟁에 대한 준비만이 생존이라는 사실은 우리 민족만이 아니라 세계사 속에서 이미 입증되었다. 현재 우리가 바라보고 있는 우리나라의 국경선과 세계 지도는 전쟁이 만들어 놓은 결과라고 하여도 과언은 아닐 것이다. 전쟁을 거치면서 국경선이 조정되기도 하였으며, 심한 경우에는 국가와 민족이 소멸의 길을 걷기도 하였다. 이처럼 냉정한 현실은 전쟁을 하게 된다면 반드시 이겨야 하는 이유가 되었다. 이를 위하여 전략과 전술을 끊임없이 발전시키고 무기체계를 발달시켜야 하는 것은 국가와 민족의 생존 차원에서 다루어야 할 과제이다.

전쟁은 국가의 존망과 관계되는 일임을 명심해야 한다. 그렇지만 전쟁은 평화와의 대척점에 위치해 있다. 그러므로 아무리 전쟁이 인류의 역사이며, 정치적 해결의 최종적인 수단일지라도 모두에게 정의로운 전쟁으로 인정받기는 매우 어려운 문제이다. 전쟁을 수행하는 당사국에서도 이에 대한 뜨거운 찬반 논쟁은 발생할 것이다. 그것은 평화와의 대척점에 있다는 사실 하나만으로도 충분히 예측할 수 있다. 그러나 전쟁에서 반드시 이겨야 한다는 것에 대해서는 견해를 달리하기 힘들 것이다. 전쟁의 정의를 통하여 전쟁의 목적과 수단을 알 수 있었는데, 목적을 달성하기 위한 주요수단은 군사력이다. 주요수단인 군사력을 이용하여 이들을 조합하여 운용하는 요체가 용병술체계이며, 용병술체계는 전략, 작전술, 전술로 이루어져 있다.

❖ 전쟁의 원인

전쟁의 정의는 연구자의 관심 분야에 따라 다양하게 나온다는 것을 살펴보았다. 그렇지만 힘의 충돌이라고 보는 견해에는 것에는 대체로 일치되었다. 정의와 마찬가지로 전쟁의 원인 역시 다양하게 원인을 분석한다. 비록 동일한 전쟁일지라도 연구자에 따라 다양한 분석을 내놓을 수 있다. 여기에서는 국제정치 관점에서의 전쟁원인을 살펴보기로 하겠다. 전쟁은 국가의 몰락 또는 새로운 도약을 가져올 수 있는 중차대한 문제이다. 생존과 직결되는 전쟁을 한다는 것은 국가 지도부의 충분한 심사숙고 과정이 따르기 마련이다. 충분히 살펴보아 명분과 승리 확률이 충분할 때 실행을 결심할 것이다. 피상적으로는 단순한 사건에 의하여 발생한 것처럼 여겨지지만, 그 이면과 과정을 살펴보면 복잡한 관계로 얽혀 있다. 대표적인 사례 중의 하나를 들어보면 제1차 세계대전이다. 세르비아의 한 청년이 오스트리아 황태자를 향하여 총을 쏘아 암살한 것은 피상적으로 나타난 전쟁원인이다. 그렇지만 그 이면에는 보다 다양한 이해관계가 있었다. 전쟁에 참여한 국가의 숫자를 보면 이를 알 수 있다. 그러므로 한 청년의 돌발적인 행동으로 인해 전쟁이 발생했다고는 보는 것은 원인분석으로 충분하지 않다.

전쟁의 원인을 찾고자 하는 노력은 수많은 분야에서 진행되어 왔다. 여기에서는 '투키디데스의 함정(Thucydides Trap)'에 대하여 살펴보기로 하겠다. 투키디데스(Thucydides, 기원전 460~400 무렵)는 『필로폰네소스 전쟁사(History of the Peloponnesian War)』를 저술하였으며, 전쟁에 직접 참여한 그리스의 장수이자 역사가였다.[3] 그는 전쟁의 원인을 국제적인 힘의 관계에서 분석하였다. 필로폰네소스전쟁은 지금으로부터 2500년전인 기원전 431~404년에 그리스 반도에서 벌어진 아테네와 스파르타의 전쟁이었다. 투키디데스는 아테네의 힘의 성장이 기존의 패권국이었던 스파르타의 불안감을 가져온 것이 직접적인 전쟁의 원인이라고 분석하였다. 한때는 페르시아의 공격에 맞서 동맹관계를 유지했으나 결국 그리스의 패권을 두고 승부를 가르는 전쟁을 피하지 못하였다.[4] 이 전쟁은 후에 그리스의 몰락으로 이어졌다는 평가를 받는다. 정치학자 그레이엄 앨리슨(Graham T.

---

3) 투키디데스에 의해 전쟁의 원인을 분석한 『필로폰네소스 전쟁사』가 집필된 시기에, 동양에서는 손무에 의한 『손자병법』이 저술되고 있었다.

4) 페르시아전쟁은 기원전 499~449년에 걸쳐 이루어졌다. 이 전쟁은 크게 마라톤전투, 테르모필레전투, 살라미스해전 등으로 구분된다. 도시국가로 이루어진 그리스는 각국이 동맹이 맺어 페르시아의 공격에 대항하여 결국은 승리하였다. 전쟁을 주도하는 중심 역할은 아테네와 스파르타였으며, 전쟁이 끝나면서 아테네는 새로운 강국으로 급부상하였다.

Allison)[5]은 이 전쟁의 발생 원인을 분석하면서 전쟁의 원인을 설명하였는데, 이를 '투키디데스의 함정'이라고 하였다.

두 국가는 그리스에서 두각을 나타내는 강대국이었다. 아테네는 페르시아와의 전쟁에서 승리하면서 그리스의 도시국가들 중에서 강력한 신흥 강대국으로 성장하였다. 이를 바라보는 기존의 강대국이었던 스파르타의 마음은 편치 않았다. 패권의 향유를 계속 유지하고 싶은 심정은 여전한데, 치고 올라오는 아테네가 두렵기까지 하였다. 아테네는 마라톤전투와 테르모필레전투, 살라미스해전 등에서 승리를 주도하면서 그리스에서 확고한 위상을 차지하기 시작하였다. 그리스는 도시국가 형태였으므로 두 국가는 라이벌이자 동맹관계를 유지하고 있었다. 전투가 발생하면 그리스의 도시국가들은 대부분 연합군을 구성하여 전투를 벌였다. 그렇지만 아테네와 페르시아와의 전투였던 마라톤전투에서는 아테네가 스파르타의 도움을 받지 못했다. 당시에 스파르타는 아테네의 지원요청을 자국의 사정을 이유로 들어주지 않았다.

테르모필레전투에서는 연합군을 조직하였으며 주역은 스파르타군이었다. 페르시아군은 병력의 우세함을 앞세워 스파르타군을 향해 공격하였다. 그러나 협곡에서의 공격은 대군이라도 소수의 병력만이 공격에 투입될 수밖에 없는 한계가 있었다. 스파르타군을 비롯한 연합군은 협곡의 애로에 그들의 장점인 방진을 편성하고 장창을 이용하여 공격을 막아냈다. 오히려 페르시아군의 피해가 누적될 뿐이었다. 비록 병력은 우위였지만 지형의 유리점을 활용한 그리스 연합군의 방진에 막혀 페르시아군은 더 이상 진출이 곤란하였고 급격히 사기가 저하되고 있었다. 페르시아의 크세르크스는 다른 공격방법 찾기에 골몰하였다. 교착 상태가 지속되는 상황이 7일째 되는 날, 그리스의 목동 에피알테스가 협곡을 우회할 수 있는 소로를 알려주었다. 드디어 그리스 연합군의 배후를 공격할 우회로를 찾아낸 것이다.

크세르크스는 병력의 일부를 우회로를 이용하여 배후를 공격하였다. 그리스 연합군의 배후가 혼란스럽게 되었으며 급격히 방어체계가 붕괴되었다. 그들은 같은 동족의 배신으로 무너진 것이다. 이 전투를 기록한 역사가 헤로도토스의 기록을 보면 300명이 최종적으로 방어했다는 내용이 나온다. 당시에 스파르타의 레오니다스 왕은 스파르타군 300명을 남기고 다른 그리스 연합군의 군사들에게는 후퇴를 권유했다고 한다. 그 덕분에 연합군은 협곡에서 탈출하여 재기를 도모할 수 있는 시간을 확보할 수 있었다. 그리

5) 하버드대학교의 국제문제연구소장인 그는 2017년에 『예정된 전쟁(Destined For War』을 출간하였다. 저서에서는 '투키디데스의 함정'에 대하여 교훈을 가져야 한다고 말하고 있다. 그는 현재 충돌하고 있는 미중간의 패권 경쟁을 '투키디데스의 함정'으로 보고 있으며, 미중 양국은 이러한 역사적인 교훈에서 전쟁을 예방하는 해결책을 찾아야 한다고 말하고 있다.

» 현대화된 무기로 훈련하는 중국군 모습

고 그 소중한 시간은 살라미스해전을 승리로 장식하게 었다. 그리하여 결국은 그리스 연합군이 최종승리를 거두었다. 살라미스해전의 주역은 아테네였다. 그리스는 페르시아와의 전쟁에서 승리하였으며 특히 아테네는 델로스 동맹을 주도하면서 더욱 강력한 결속력을 보이고 있었다. 드디어 아테네는 그리스의 맹주 노릇을 하기 시작하였다. 아테네는 그로부터 약 47년 동안 경제적으로 번영해졌으며 정치적으로는 민주정치의 전성기를 보였다. 또한 예술과 학문에서도 인접의 도시국가들을 선도해 나갔다. 이 기간이 아테네에게는 황금시대였으며 그리스의 중심국으로 위세를 떨쳤다. 아테네는 명실공히 그리스의 맏형이었으며 절대적인 힘을 보이고 있었다. 아테네는 더욱 세력을 확장하고자 하였으며, 강한 힘을 이용하여 동맹국들에게 무리한 요구를 하기 시작하였다. 이렇게 되자 이에 반기를 들기 시작하는 국가들이 나타났다.

스파르타는 펠로폰네소스 동맹으로 아테네의 독주를 경계하면서 상황을 예의 주시하고 있었다. 이러한 상황이 지속되던 중 아테네와 스파르타가 그리스의 패권국이 되고자 벌인 전쟁이 필로폰네소스전쟁이었다. 이 전쟁은 기원전 431년~기원전 404년까지 무려 27년이나 지속되었다. 필로폰네스전쟁의 결과는 스파르타의 승리로 끝났다. 그 결과 델로스 동맹은 해체되기에 이르렀고 아테네는 몰락의 길을 걸었다.[6)]

6) 그렇지만 영원한 챔피온은 없었다. 스파르타도 장기간의 전쟁으로 국력이 크게 쇠퇴하게 되었으며, 한때 동맹국으로 우호적인 관계를 유지했던 테베에게 그리스의 패권을 빼앗기고 말았다. 테베 역시 영원하지는 못하고 알렉산더에 의해 정복되었다. 이로써 그리스의 영광은 사라졌다.

≫ 세계최초의 핵 추진 항공모함 엔터프라이즈(CVN-65)함

미국에서 건조한 함정으로 1961년 11월 취역하였다. 쿠바미사일 위기와 베트남전쟁에 참전하였다. 푸에블로 피랍 사건 등에서도 활약하였다. 미국은 핵 항모를 통하여 세계 질서를 주도하였으며 그 중심에서 엔터프라이즈(CVN-65)함이 활약하였다. 2017년에 55년의 활약을 뒤로 하고 퇴역했다.

전쟁의 원인을 요약하면 패권국과 새로운 패권국으로 부상한 국가와의 싸움이라는 것이며, 패권국은 새로운 신흥 패권국의 등장을 두고 보지는 않는다는 것이다. 즉, 패권국 스파르타는 신흥 패권국의 지위를 노리고 부상하는 아테네를 반드시 무너뜨려야 하는 국가로 간주하였으며, 반대로 아테네는 스파르타를 반드시 넘어야 할 대상으로 보았다는 것이다. 따라서 이들은 피할 수 없는 전쟁의 관계로 발전했다는 것이다. 이와 같이 패권국이 신흥 패권국의 등장을 절대로 허용하지 않으려는 현상을 '투키디데스의 함정'이라고 한다.

이를 현재의 미국과 중국의 관계로 비교해 볼 수 있다는 것이다. 현재의 정세를 보면, 중국은 패권국인 미국에 강력하게 도전하고 있는 상황이다. 두 국가는 무역전쟁을 전개하고 있다. 또한 인도-태평양정책을 추진하는 미국은 남중국해를 겨냥하고 있다. 남중국해는 중국의 태평양 진출을 위한 교두보인 셈이다. 그러므로 미국의 정책은 중국의 태평양 진출을 제어하기 위한 방안이며, 신흥 패권국으로 부상하려는 움직임을 용인하지 않겠다는 것이다. 그뿐 아니라 홍콩, 대문문제로 부딪치면서, 양국의 관계는 악화일로를 걷고 있다. 이러한 상황을 볼 때 두 강대국이 펼치는 행보는 과거 아테네와 스파르타의 그리스 패권 경쟁과 너무나 닮아 있다. 미국과 중국은 경쟁의 속도를 높이면서 주변의 세력을 자국의 세력에 편입시키려고 노력하고 있다. 다만 무대의 범위가 그리스에서 지구촌 각지로 영역이 확장되었을 뿐이다. 기술문명의 발달은 급기야 세계화에 이르게 하였으므로 당연한 결과이다. 그리스의 두 국가에서 주도한 동맹관계와 아주 흡사하게 줄세우기를 주도하고 있다. 당시의 그리스에서도 아테네와 스파르타는 각각의 동맹을 체결하여 이를 주도하였다.

그로부터 2500년의 세월이 흐른 오늘날의 상황도 매우 유사하게 움직이고 있다. 미국은 '인도-태평양전략(Indo-Pacific strategy)'에 따라 '쿼드(Quad) 방어선'을 구축하고 있다. '미국-일본-인도-호주'를 중심으로 하는 방어선을 구축하고자 하는 것이다. 여기에 우리나라, 베트남, 뉴질랜드 등 3개국을 참여시키고자 하고 있다. 중국은 일대일로전략에 따라 역시 각국을 자국의 세력권 안으로 끌어모으고자 하고 있다. 그 옛적의 그리스 모습과 너무나 흡사한 상황이다.

이러한 상황에서 우리는 길을 찾아야 한다. 소련이 해체되면서 냉전시대는 종말을 맞았지만 지구촌 곳곳에서 전쟁은 계속되고 있다. 중국은 경제력의 성장에 힘입어 군사력을 더욱 강화하면서 패권국을 지향하고자 하고 있다. 중국은 육상과 해상 모두에서 힘을 과시하고자 하고 있다. 미국은 중국의 성장을 지켜만 보고 있지는 않을 것이다. 미국은 중국의 성장을 패권국 미국에 대한 도전으로 받아들이고 있다. 이러한 시대를 맞아 '투키디데스의 함정'이 21세기에도 계속될 것인지의 문제는 세계 각국에게 중요한 관심사이다.

2. 용병술 체계

용병술 개관

전략(戰略, Strategy)과 전술(戰術, Tactics)은 용병술(用兵術, Military Art) 체계상의 용어이다. 그리고 그 중간단계에 작전술(作戰術, Operational Art)이 있다. 용병술이란 국가안보전략을 바탕으로 전쟁을 준비하고 수행하는 활동이며 국가안보목표를 달성하기 위한 군사전략, 작전술 및 전술을 망라한 이론과 실제를 말한다.[7] 각각의 용어에 포함되어 있는 전(戰), 병(兵) 등의 단어에서 보듯이 군사활동의 영역임을 짐작하게 해 준다. 용병술체계상의 이들 용어를 전쟁 수준면에서 보면, 전략은 전쟁의 최상위에서 운용되며, 전술은 전투에서 발휘되는 개념이다. 기간면에서는, 전략은 장기적인 계획인 반면에 전술은 그보다는 단기간에 해당된다.

현대의 사회에서는 전략과 전술이 많은 분야에서 쓰이고 있으며 보편적인 용어로 자리 잡았다고 해도 과언은 아닌 것 같다. 특히 전략이라는 용어는 다양한 분야에서 폭넓게 쓰이고 있다. 예를 든다면 학원가에서의 '입시전략', 일반 기업체 등에서의 '경영전략', 운동경기에서의 '우승전략' 등을 들 수 있다. 이를 보면 전략은 현대사회에서 보편적인 용어로 폭넓게 사용되고 있음을 알 수 있다. 이중 경영분야에서는 오래전부터 이를 연구하여 발전시켜 왔으며, 이를 '경영전략', '비즈니스전략', '판매전략' 등 다양하게 사용하고 있다. 그렇다면 전문군사용어가 사회의 많은 분야에서 사용되는 이유를 잠시 살펴보는 것도 필요할 것이다. 가장 큰 이유중의 하나가 일반사회에서의 생존경쟁 원리와 군대에서의 승리를 추구하는 원리가 일맥상통하는 바가 있기 때문일 것으로 보인다. 즉, 조직을 운영하는 원리와 추구하는 목적 등에서 공통점을 찾을 수 있다는 것이다. 그렇기 때문에 널리 사용되고 있는 것이다. 오히려 본래의 의미가 훼손되지 않으면서도 간결한 의미를 주므로 더욱 광범위하게 사용되고 있다는 느낌을 갖게 해 준다.

이처럼 전략과 전술은 군사활동의 영역에만 사용되었던 용어였으나, 이제는 생존의 원리가 유사한 다양한 분야에서 공통적으로 사용하는 용어로 자리 잡았다. 경영에서의

7) 육군본부, 『군사용어사전』(대전: 국군인쇄창, 2012), p.350.

조직관리와 시장확보(생존)를 위한 활동, 군대에서의 조직관리와 승리추구(생존)는 유사함과 공통점을 갖고 있다. 이들의 공통점은 다음과 같이 목표와 수단, 환경 등에서 비교해 볼 수 있다.

▸ **군사전략과 경영전략 비교**

구 분	목 적	수 단	환 경
군사전략	국가의지 관철	사람, 군사력	전투현장
경영전략	경영이익 추구	사람, 기술력	산업현장과 시장

경영과 군사분야에서의 전략 비교는 표에서 보듯이 목적과 수단 그리고 환경(현장)에서 유사한 공통점을 갖고 있다. 따라서 경영분야에서는 전략이라는 용어를 오래전부터 사용하여 왔다. 물질문명의 발달은 현대사회를 더욱 다양화시켰다. 다양화된 현대사회는 인접 분야의 장점을 받아들이면서 자연스럽게 용어의 교류도 이루어졌다. 대표적인 용어가 전략과 전술로 볼 수 있다.

현대사회는 특정분야만의 고유 영역으로 인정되던 분야마저도 타 분야와 서로 연계되면서 겹쳐지는 공통부분이 확대되는 현상을 보이고 있다. 그렇다고 군사영역과 비군사영역의 구분이 완전히 상실된 것은 아니다. 다만 현대사회의 다양성, 복잡성, 연계성 등으로 인하여 그 경계를 명확히 구분 짓기는 점차 곤란해지는 측면이 있다. 이를 굳이 구분한다는 것은 더 이상 의미 없을 수도 있다. 또한 국가의 모든 구성요소가 상호 유기적으로 연계되어 작용하고 있기 때문에 경계의 구분은 더욱 모호해지는 면도 있다. 그러므로 이를 굳이 구분하기보다는 현대사회의 특징을 고려하여 이해하는 편이 훨씬 발전적인 접근방법일 것이다. 이와 같은 현대사회의 특징으로 인하여 전략과 전술이라는 용어는 군사영역뿐만 아니라 다양한 분야에서 광범위하면서도 평범하게 쓰이게 되었다고 보면 될 것이다. 이들 용어는 광범위하게 사용되고 있으며, 이제는 특정분야 또는 성질을 지칭하는 명사에 의하여 수식을 받으면서 광범위하게 사용되고 있다. 따라서 다양한 분야에서 일반화된 용어로 사용되고 있다.

전략과 전술은 가용한 수단을 활용하여 생존 또는 승리의 추구를 가치로 삼는다. 이것은 전투현장뿐만 아니라 산업현장에서도 마찬가지이다. 비록 총을 들지 않았지만, 생존하고 발전해야 한다는 것은 모든 조직에서 상식적인 문제이다. 힘의 우위를 확보하고 있어야 끝까지 살아남아 번영을 도모할 수 있다. 역사상 수많은 강대국이 존재했지만 흔적도 없이 사라지기도 하였다. 이러한 현상은 산업현장에서도 동일한 이치이다. 경쟁

≫ 1967년 아시아경기대회에서 권투 우승자 모습

경기에서 최종 우승자가 되기 위해서는 수많은 훈련은 물론이고, 상대선수에 대한 면밀한 분석도 철저히 이루어져야 가능하다. 또한 이를 기초로 이길 수 있는 전술을 펼쳐야 최종 승리를 쟁취할 수 있다. 챔피온이 된다는 것은 힘과 지략의 대결에서 상대를 능가했을 때 가능한 것이다.

출처 : 국가기록원

의 사회에서는 힘의 우위에 의해 존망이 결정된다. 그렇지만 계량화된 수치로 환산되는 것만을 힘으로 볼 수는 없다. 나타난 힘만이 모든 것을 지배하지는 못한다. 그러므로 군대는 보다 우수한 무기체계를 갖추고, 전략과 전술을 발전시키기 위해 노력하는 것이며, 일반사회의 조직에서는 보다 우수한 인재를 확보하고 기술을 개발하기 위한 노력을 경주하는 것이다. 치열한 경쟁은 피할 수 없는 현상이다. 그렇지만 때로는 목표를 달성하기 위하여 경쟁하는 조직과 협력을 이루기도 한다. 시장 환경의 변화에 탄력적으로 대응하기 위한 전략 차원의 협력이 필요하기 때문이다. 이를 보면 전쟁에서의 승리와 현대사회의 경쟁에서 살아남고자 하는 것에서는 공통된 목적과 원리가 존재하고 있음을 알게 해 준다.

공통의 원리가 존재하는 현장에서의 용어 차용은 당연한 이치로 받아들일 수 있다. 이와 같이 전략과 전술이라는 용어는 군사영역에서 출발했지만 이제는 다양한 분야에서 사용되면서 더욱 분화되는 현상을 보고 있다. 군대조직은 물론이고 여타의 조직에는 공통분모와 공통목적이 존재하고 있다. 그것은 사람과 조직을 관리하고 이들을 활용하여 생존해야 한다는 것이다. 사람이라는 동일한 수단을 핵심으로 하는 조직에서는 승리의 원리도 동일하다는 추론이 가능하다. 물론 수단으로는 사람이외에도 각 분야의 고유 특성이 반영된다. 군사영역은 무기체계라는 또 다른 중요한 수단이 존재하고, 일반회사에서는 제품의 주요소재 등이 있을 것이다. 이처럼 고유 수단의 차이와 특성으로 인해,

각각은 전혀 다른 조직으로 존재한다. 그렇지만 생존을 최고의 가치로 여기는 궁극적인 목적은 동일하다. 그러므로 승리를 위한 원리는 많은 부분에서 서로 공감하는 부분이 발생할 것이다. 무엇보다도 중요한 것은 그 중심에서의 주역이 사람이라는 점이 가장 큰 공통점이다. 사람은 신속한 상황 인지 능력을 갖고 있으며 과거의 경험에 기반하여 적절하고 합리적인 의사결정이 가능한 능력이 있다. 직관력은 돌발상황을 미리 예측하여 대비하게 한다. 또한 사람은 특유의 공감능력을 갖고 있다. 타인의 입장에서 당면한 상황과 사물에 대해 이해하는 능력을 갖고 있다는 것은 사람만의 특성이자 능력이다. 이러한 특유의 능력은 조직에서의 존재감을 높이며, 개인의 행복지수를 높여주는 요인으로 작용한다. 또한 조직의 역동성을 보장하는 중요한 원천이 된다. 전략과 전술은 이러한 특징을 공유하고 있는 사람이 구사하는 능력이다. 군대와 산업현장 모두에서 오랫동안 동일한 용어를 사용하고 있다는 사실은 동일한 원리와 핵심 주체의 동일성이 있었음을 나타내기 때문이다. 본서에서는 전략과 전술에 대한 내용을 주로 군사적인 측면을 중심으로 하여 정리해 보기로 하겠다.

용병술의 유래

단어의 뜻으로 본다면, '용(用)'은 '쓰다, 활용하다'의 의미이다. '병(兵)'은 '군졸'을 의미하며 넓게는 '무기'까지도 포함한다. '술(術)'은 '꾀를 부리다'의 의미를 갖고 있다. 이를 풀이해 보면 '군대를 부리는 술책'으로 이해할 수 있다. 그러므로 최초에는 전략·전술처럼 군사적인 용어로 쓰였을 것이다. 그러나 전략·전술과 마찬가지로 용병술이라는 용어도 더 이상 군사 분야에서만 쓰이고 있지는 않다. 오늘날에는 다양한 분야에서 광범위하게 쓰이고 있는 일상화된 용어가 되었다. 용병술이란 용어가 언제부터 사용되었는지를 명확하게 식별하기는 어렵다. 그러나 앞에서 살펴본 단어의 뜻에서 나타난 군사 전문용어로 나타났음을 추정해 보면, 군대의 규모가 커지기 시작하면서 쓰이기 시작했을 것으로 보인다.

이러한 전문용어가 현대에는 리더의 역할을 하는 인물들의 조직과 인사관리를 평가할 때에도 광범위하게 사용되고 있다. 특히 스포츠계의 감독과 군의 지휘관은 유사한 면이 많이 존재한다. 무엇보다도 선수를 기용하는 것과 조직적인 경기진행 능력은, 군의 지휘관이 전투를 지휘하는 모습과 많은 부분에서 유사점을 발견할 수 있다. 스포츠계에서의 감독은 적절한 시점에 선수를 교체하여 경기의 흐름을 변화시켜 승부를 결정

≫ 감독에 의해 전술훈련 중인 축구선수들

짓게 만들기도 하고, 역전의 시기를 마련하기도 한다. 이때 우리는 '감독의 용병술이 빛났다' 등의 말을 통하여 용병이라는 용어를 사용하기도 한다. 또한 감독이 보여주는 선수들의 포지션과 독특한 공격과 수비의 모습을 보면서 전략과 전술이라는 말로 이를 설명하기도 한다. 이처럼 경기운영을 위한 선수의 포지션과 공수의 적절한 배분 등은 감독이 구사하는 전략과 전술이며 용인술이다. 즉, 전체적인 안목을 보는 감독의 능력(전략)과 변화하는 상황을 극복하기 위한 감독이 갖고 있는 다양한 노하우(전술), 적합한 선수기용의 능력(용인술)을 설명하는데 적절한 용어이다. 용병술은 이처럼 전략, 전술과 마찬가지로 많은 부분에서 사용하는 일상화된 용어가 되었다.

용병술이란 용어는 인류가 오랜 전쟁의 역사를 거치면서 그 의미가 정립된 것으로 보인다. 동양병법의 진수로 평가받는 『손자병법』의 작전(作戰)편에서는 '범용병지법(凡用兵之法), 무릇 용병의 법은 ~'이라는 구절에서 '용병'이라는 용어가 등장하며, 모공(謀攻)과 군쟁(軍爭)편 등에서도 나타난다. 물론 여기에서 나오는 용병은 앞에서 설명한 전략 또는 전술과도 유사한 의미를 갖고 있다. 따라서 『손자병법』에서 볼 수 있는 용병은 현대의 용병술체계에서 보이는 전략, 전술, 용병과 동일한 의미로 보아도 무방할 것이다. 용병술체계는 군사조직이 보다 발전되고, 전쟁에 동원되는 수단의 다양화, 전쟁 양상의 복잡화 등이 복합적으로 작용하면서 발전된 개념이다. 과거에는 용병이라는 하나의 용어로 전략과 전술, 용병술 모두를 담아낼 수도 있었으나, 현대는 하나의 용어만으로 이 모든 것을 포괄하기에는 곤란해졌다. 즉, 군대조직의 거대화, 전쟁 양상의 복잡화, 수단의 다양화 등이 진행되었다. 그러므로 하나의 용어만으로 모든 것에 대한 의미를 설명하기에는 부족하게 되었다. 이러한 측면에서 『손자병법』 등에서 나오는 각종용어에 대한 유연한 이해가 전제되어야 할 것이다. 어쨌든 『손자병법』에 용병이라는 용어가 사용된 것으로 보면 손자의 활동시기인 춘추시대 또는 그 이전부터 통용되기 시작한 것으로 보인다.

군대의 기능 중에서 가장 중요한 것은 전쟁억제와 전쟁수행 능력이다. 이는 고대의 국가에서도 마찬가지였음을 『손자병법』에서 발견할 수 있다. 전쟁억제는 평시의 영역이며 전쟁수행은 전시의 영역이다. 이를 수행하는 중심에 용병술체계가 있다. 용병술체계는 인류가 오랫동안 전쟁과 전투에서 얻은 이기는 지혜를 모아 놓은 결정체이다. 그러므로 전쟁과 전투를 성공적으로 수행하기 위해서는 전쟁의 승패를 좌우하는 전략·작전술·전술에 대한 개념을 이해하는 것은 물론이고 이를 능수능란하게 적용하고 수행할 줄 아는 능력을 갖추어야 한다. 카르타고의 명장 한니발은 완벽한 전투로 전승을 이끌었으나 전쟁에서는 패배하였다. 그 결과 전쟁에서 이긴 로마는 천년제국의 발판을 구축한 반면에 카르타고는 쇠락의 길을 걸어야 했으며 끝내는 멸망하였다.

용병술의 정의

국가 차원에서 수행하는 전쟁은 국가의 생존이나 번영 등 국가목표를 달성하기 위해 수행한다. 따라서 국가는 전쟁에서 승리하기 위하여 국가전략의 개념에 따라 군사력을 조직하고 운영하는 활동이 이루어진다. 용병술은 '국가전략을 달성하기 위하여 군사전략·작전술·전술을 망라한 이론과 실제'를 말하는 것이다. 군사작전이란 이러한 용병술을 바탕으로 가용한 군사력을 운용하는 계획되고 체계화된 군사행동을 말한다.[8)]

군사작전은 전쟁과 분쟁 또는 평시에 군사적 수단을 사용하는 모든 군사행동을 포함한다. 그러므로 전시에만 국한되는 것은 아니며, 전투행위를 수반하지 않는 경우도 있다. 평시에 국민을 대상으로 한 민사작전 등은 비전투행위의 군사작전이다. 용병술은 모든 군사작전을 성공시키기 위한 활동이며, 이는 국가전략을 달성하기 위한 목표를 가지고 전쟁을 준비하고 수행하는 활동이다. 그러므로 궁극적으로는 국가목표에 귀결되어야 한다. 용병술체계를 상위의 개념부터 나열해 보면 군사전략·작전술·전술로 구분

---

8) 합동참모본부, 『군사기본교리』 (2002), p.56.

한다. 전쟁수준에 따라 군사작전을 지휘하는 체계는 국방부, 합동참모본부, 야전군, 군단급 이하 제대로 이루어져 있다.

각각의 제대는 각각의 수준에 부합되는 용병술을 적용하여 행사한다. 각각의 전쟁수준에서는 그 수준별로 목표를 설정하여 상하체계와의 연관성을 유지하여야 한다. 전쟁의 수준을 분류하는 목적은 각 수준별로 설정한 각각의 목표들이 긴밀한 연관성을 유지하면서 국가의 전쟁목표 달성에 보다 용이하게 연계시키기 위한 것이다. 다시 말하면, 전쟁의 수준을 구분하는 것은 국가의 전략목표로부터 전술목표에 이르기까지 이들의 능력에 따라 달성할 목표를 연계성 있게 제시한 것이다. 그러므로 하위제대는 상위제대의 목표달성에 기여하는 것을 목적으로 하여야 한다. 이를 수행하는 국가전쟁지도기구로부터 전술제대까지 상호 연계성을 명확하게 하여 최종적이고 궁극적으로는 전략목표를 달성함으로써 국가목표에 기여하여야 한다. 따라서 이는 목표 달성을 위한 관념적인 구분인 것이며 각각의 수준을 독립적인 개념으로 분류하는 것은 아니다. 전쟁의 수준별 목표는 용병술체계의 수준과 일치한다.

» 인천상륙작전에 이어 서울로 진군하는 국군부대의 모습

❖ 용병술체계의 개념 비교

용병술체계는 국가목표를 달성하기 위하여 국가전쟁지도 기구로부터 전술제대에 이르기까지 군사력을 운용하는 전략·작전술·전술의 연관된 일련의 체계이다. 군사전략과 작전술 그리고 전술은 공히 국가목표를 달성하기 위한 군사적 수단인 셈이다. 이들 체계는 시간 및 공간적으로 용병술체계 내에 서로 밀접한 관계를 맺고 있는 군사활동이다.

20세기 이전까지의 용병술체계는 전략과 전술로 설명되었다. 전쟁의 결과를 보면 단일전투에 의해 승패를 결정짓는 경우가 많았다. 그러나 산업혁명에 이은 무기체계의 발달, 프랑스혁명이 바꾼 전쟁성격의 변화, 세계대전에서 보인 전쟁지역의 확대 등은 용병술체계에도 영향을 미쳤다. 다양한 무기체계, 전장의 확대와 기간의 장기화 등은 전쟁의 승패에 대한 요인을 보다 다양하게 만들었다. 특히 넓은 전장에서 이루어지는 전투와 전투를 연계하는 것이 전쟁의 승리와 밀접한 관계를 보였다. 이에 따라 전략과 전술의 교량 역할을 하는 작전술이 태동하기 시작하였다.

군사전략은 작전술과 전술에 대한 지침을 제공하는 최상위의 개념이다. 그렇지만 전략과 작전술 그리고 전술은 개념상의 차이에도 불구하고 이에 대하여 명확하게 선을 긋듯이 정리하기는 곤란하다. 이들은 상호 연계성을 가지고 있으며 중첩되는 부분도 필연적으로 발생한다. 독립적으로 존재한다기 보다는 상호 연계성을 갖고 있다고 이해하여야 한다. 그러므로 이들을 독립적인 영역으로 구별하고자 하는 것보다는 연계성을 감안하여 이해하는 것이 필요하리라 본다. 그렇지만 개념상의 차이는 존재한다. 기간 면에서는 장기적이며, 범위면에서는 보다 포괄적인 성격을 갖는 것이 전략이다. 전술은 전략에 비해 상대적으로 단기적이고 특정 국면에 대한 대응이므로 순발력 있는 임기응변적 능력을 요구한다. 전투현장에서의 대응능력은 주로 전술에 해당되는 영역이다. 군사전략·작전술·전술의 개념을 상호 비교하여 그 범위와 수준에 따른 목적과 수단, 기능 등을 구분해 보면 다음과 같이 정리할 수 있다.[9]

---

9) 김창진 외, 『전사로 읽는 전술학』(인천: 진영사, 2017), pp.8~11.

▸ **용병술체계의 전쟁수준 및 담당영역**

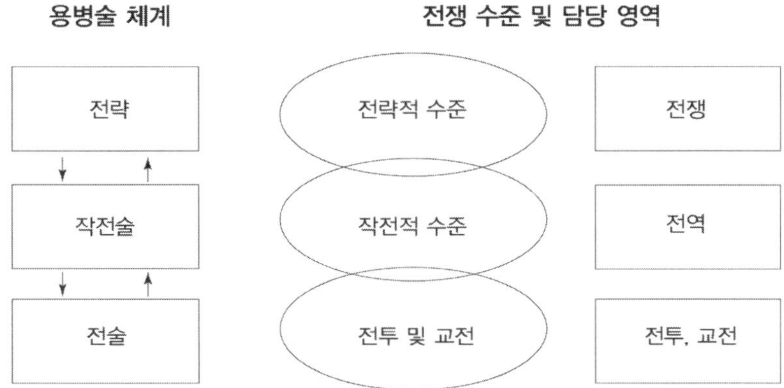

▸ **용병술체계의 상관관계**[10]

구 분	군사전략	작전술	전 술
목 적	국가목표 달성 국가안보목표 달성	군사전략목표 달성	작전술목표 달성
목 표	無血勝利 → 전쟁 또는 전투없이 승리	적 전투의지 파괴 (전투의 최소화)	적 전투력 격멸
수 단	경계, 기동, 배비, 전투	기동, 배비, 전투	전투(사격, 기동)
시/공간	작전기동 이전의 군사행동 (全國土, 戰區, war)	전장까지의 기동 (戰役, Campaign)	접적이후 군사행동 (戰場, Battlefield)
기 능	전술, 작전술 실패 만회 가능	전략실패 만회 불능 전술실패 만회 가능	전략, 작전술실패 만회 불능
책 임	국방부, 합참	합참, 야전군	군단 이하 제대

◇ 목적

군사전략의 목적은 국가목표 달성이라는 다소 포괄적이고 광범위한 성격을 지니고 있다. 국가목표를 달성하기 위해서는 국가의 주요 기능이 모두 해당된다. 정치, 경제, 사회, 문화, 군사 등의 모든 기능 중에서 군사부문의 국가목표와 국가안보목표를 달성하는 것이 목적이다. 이에 비해 작전술은 군사전략의 목표를 달성하는데 있으며, 전술이 갖는 목적은 작전술의 목적을 달성하는데 있다. 따라서 군사전략은 작전술에, 작전술은 전술에 그 임무와 지위를 부여할 수 있고, 작전술과 전술은 부여된 임무완수를 통하여 군사전략과 작전술의 목적달성에 기여하여야 한다. 상위 개념의 용병술체계에서 수립한 목표달성에 기여해야 한다는 것이다.

10) 육군 교육사, 『군사이론연구』 (대전: 육군인쇄공창, 1989), p.337.

◇ 목표

군사전략의 목표는 모든 가능한 방법을 동원하여 전쟁을 억제하는 것이며, 억제에 실패 시에는 전쟁 또는 전역(轉役)에서 가능한 전투에 의하지 않고 국가목표를 달성하는 고차원적인 전쟁 수행을 목표로 한다. 반면에 작전술은 전쟁 또는 전투에서 주도권 장악 또는 적의 의지를 마비시켜 전투를 최소화함으로써 전략 및 전술을 유리한 방향으로 이끄는데 그 목표를 둔다. 전술은 유혈수단인 직접적인 전투기술을 통하여 적 전투력의 격멸을 목표로 한다. 각각의 영역에서 목표가 수립되지만 목적과 마찬가지로 상위 개념에서 수립한 목표 달성을 추구한다.

◇ 수단

군사전략의 목표를 달성하기 위해서 전쟁 이전에는 전투력 양성과 동원 등의 수단으로 전쟁을 억제하고 전쟁을 준비한다. 전쟁 이후는 경계와 기동 그리고 배비와 전투 등의 수단을 복합적으로 사용한다. 작전술은 군대를 전쟁의 수단인 전투에 가장 유리한 방향으로 개입시키는 기동과 배비, 전투를 주요수단으로 하여 그 목표를 달성한다. 전술은 전쟁 이후의 전투행동에 대한 문제이므로 전장 내에서 사격과 기동 등의 직접적인 수단을 통하여 그 목표를 달성한다.

◇ 시간과 공간

군사전략은 시간과 공간의 측면에서 볼 때 용병술체계 내에서 가장 광범위한 지역을 대상으로 삼고 있으며, 장기적인 안목으로 전쟁에서 승리하기 위한 전투력의 조성과 배비를 다룬다. 즉, 전 국토를 대상으로 하여 작전기동 이전의 군사행동의 계획 및 지침으로 볼 수 있다. 작전술은 전투가 발생하고 있는 전장에 군대를 가장 유리하게 개입할 수 있도록 적과 접촉되기 이전에 이루어지는 전장까지의 기동을 말한다. 그에 비해 전술은 전장이라는 부여받은 제한된 공간에서 시간적으로는 단기적으로, 편제된 전투력을 사용하는 전투실행 방법이다. 이는 배비된 전투부대가 전장 내에서 최대의 충격효과를 발휘할 수 있도록 사용하는 적과 접촉된 이후의 군사행동 기술이다.

◇ 기능

기능적으로 군사전략은 전쟁의 전체적인 계획과 실천을 담당한다. 작전술은 전투 현장의 기동과 배비 그리고 전투를 통제한다. 전술은 제한적이고 부분적인 전투 수행 기술이다. 따라서 군사전략은 작전술을, 작전술은 전술을 통제하고 지원하는 기능이다. 그리하여 상위 체계의 성공과 실패는 하위 체계의 성공과 실패에 결정적이다. 즉, 군사전략상의 승리는 작전술 또는 전술의 실패를 만회할 수 있고, 작전술의 성공도 전술상의 실패를 만회할 수 있다. 그렇지만 하위 개념이 상위 개념의 실패를 만회할 수는 없다.

◇ 책임 및 과업

용병술체계에서 제대별 기준에 의해 책임과 과업을 적용할 경우 국방부와 합동참모본부의 최고지휘관이 책임을 지는 분야가 군사전략이고, 합동참모본부와 야전군의 지휘관이 책임을 지는 영역이 작전술 분야이다. 전술은 통상적으로 군단급 이하 제대의 지휘관이 담당하는 전투실행방법에서의 책임영역이다.

이상과 같이 군사전략, 작전술, 전술에 대한 개념적인 차이를 목적으로부터 책임 및 과업 순으로 구분해 보았는데, 각각에 따르는 개념상의 차이는 존재하는 것으로 볼 수 있다. 그러나 실제로 접근해 보면 이들에 대한 명확한 구분은 어려운 것이 사실이다. 그것은 전쟁수준별로 각각의 목적과 목표는 설정되어 있으나 독립적인 것이 아니라 상호 연계성을 가지고 보완적인 관계에서 작전이 수행되기 때문이다. 즉, 개념상의 차이에도 불구하고 실제적으로는 명확하게 구별이 될 수 없는 유기적인 관계에서 작용한다는 것이다. 이것은 마치 멀리서 바라보는 무지개의 색채 구분과 비슷한 개념이다. 무지개를 멀리서 바라보면 각각의 색채 구분은 좀 더 명확하게 보이면서 일곱 가지의 색깔이 보이는 듯하다. 하지만 막상 이들 색채의 영역을 분명하게 구분해 보고자 하면 그 경계를 찾기는 대단히 어려운 것과 같은 이치로 보아야 한다.

용병술 이해를 위한 『삼국지』의 장면 읽기

『삼국지』는 소설 특유의 과장과 허구를 갖고 있다. 그렇지만 정사를 바탕으로 쓰인 것이므로 주요전투는 대체적으로 사실적인 내용에서 출발한다. 다만 극적인 장면을 연출하기 위한 특유의 과장된 기법에 대해서는 소설로 이해하면 될 것이다. 예를 들면 적벽대전에서 제갈량이 기도를 통하여 동남풍을 불게 하였다는 등의 과학적이지 못한 내용을 말할 수 있다. 그렇지만 이는 제갈량이 현지의 기후특성을 분석한 결과로 이해해야 할 대목이며, 이를 전투에 활용하여 대승을 거두었다는 것으로 받아들여야 한다. 이를 막연히 황당하지만 단순한 재미로만 치부해 버린다면 원하는 결과를 얻기란 어려울 것이다.

적벽대전에서는, 기후가 전략과 전술에 미치는 영향을 분석하고 이를 활용하는 지혜를 배워야 한다는 것이다. 그러한 마음으로 소설의 장면을 바라볼 때 그 속에 숨겨진 의

» 중국의 현대화 된 무기(YJ-83미사일)

미를 되새기는 것이 될 것이며, 전투에서 기상의 중요성과 이를 활용하는 지혜의 소중함을 알게 되는 것이다. 아무리 황당한 내용일지라도 이것들이 전략과 전술에 미치는 측면으로 바라본다면 소기의 성과를 얻게 된다는 것이다. 그러므로 소설의 황당한 내용일지라도 전쟁(전투)의 목적과 이를 달성하기 위한 과정에서 벌어지는 군사행동을 보다 심층깊게 파악하기 위한 노력이 필요하다. 이러한 노력이 누적되다 보면 용병술체계를 중심으로 한 군사이론을 이해하는데 많은 도움이 될 것이다. 즉, 소설의 장면으로 이론을 쉽게 이해할 수 있다는 것이며, 많은 교훈도 도출할 수 있을 것이다.

소설은 연속되는 줄기를 토대로 하여 특유의 흥미를 갖게 하면서 전개된다. 그러므로 재미를 위한 과장과 허구는 필수적인 요소로 등장하는 것이 일반적이다. 그렇지만 이러한 내용 속에서 군사적인 이론과 실제를 도출해 내는 것이야말로 군사적인 식견과 안목을 높이는데 필요하다고 생각한다. 이것은 군사적인 분야에서뿐만 아니라 전략과 전술이라는 용어를 통용하는 모든 분야에서도 마찬가지라고 여겨진다. 사소함 속에서 진리를 발견하는 것은 통찰하는 능력이 출중하기 때문이다. 소설 속의 주요 전투장면과 인물들은 상호 연관성과 연계성에 의하여 주요장면에 등장하여 긴박한 상황을 전개해 나간다. 즉, 시작부터 끝까지 독립된 인물과 상황처럼 보이지만 일련의 상관관계에 있다. 이것은 우리의 평범한 인생살이도 마찬가지라고 생각한다. 이를 용병술체계에 대입해 본다면『삼국지』에 등장하는 주요인물과 그들이 벌이는 주요장면은 전략과 전술이라는 일련의 고리로 연결되어 있다. 각각의 인물이 짜내는 계책은 직위와 상황에 따라 전략과 전술로 이해하면 될 것이다.

전략과 전술은 독립된 개체이기보다는 상호 연관을 갖고 때로는 중첩되는 부분을 지니고 있다. 이것들은 일련의 연계성을 갖고 있으며, 모든요소들은 상호 간에 유기적인 상관관계를 갖고 있다. 그러므로 보다 명확하고 쉽게 용병술체계를 이해하기 위해서는 『삼국지』에 등장하는 주요 전투장면과 인물들이 펼치는 뛰어난 계책을 용병술체계를 중심으로 바라보고자 하는 것이 필요하다. 또한 원리나 원칙을 군사적인 상황 속에 억지로 대입시키고자 하기 보다는 재미있게 묘사된 소설 장면 속에서 찾아보는 것이 필요하다. 이렇게 한다면 유연한 사고력 향상에도 도움이 될 것으로 보인다.

전략과 전술의 보다 쉬운 이해를 위하여 전례를 최대한 포함하고자 하였다. 이를 위하여 『삼국지』뿐만 아니라 우리나라의 6·25전쟁과 세계대전, 베트남전, 중동전에 이르기까지 소중한 전례를 찾아 소개하였다. 동서양에서 벌어진 수많은 전쟁과 전투 속으로 빠져 들어가 전략과 전술을 이해하기 위해 노력한다면 보다 실사구시(實事求是)의 지식이 되리라 생각한다.

삼국지로 이해하는 전략과 전술

제3장
전 략

1. 전략의 유래
2. 전략의 정의
3. 전략의 분화
4. 정책과 전략의 관계
5. 군사전략의 형태
6. 『삼국지』에서 보는 전략
7. 잠룡(潛龍)들의 생존과 승천을 위한 전략
8. 『삼국지』에서 전략이 주는 교훈

1. 전략의 유래

원시사회는 단순한 생활을 영위하였기에 사용하는 언어와 용어도 단순하였을 것이다. 그렇지만 문명의 발달은 점차 다양한 용어를 만들어 낼 수밖에 없는 환경을 만들어 냈다. 발달된 문명은 수많은 현상을 파생시켰고, 이에 따라 과거의 용어만을 가지고 이를 담아내기에는 부족한 면이 너무 커지게 되었다. 현대생활에서 가장 널리 그리고 가장 많이 사용하고 있는 '스마트 폰'을 대표적인 예로 들 수 있다. 스마트 폰이라는 용어는 그리 오랜 역사를 갖고 있지 않다. 스마트 폰의 기능은 다양하다. 초기의 전화기는 단순한 통화의 기능만을 수행하는 기기였다. 그렇지만 별의 별 기능이 모두 탑재된 기기의 출현은 새로운 명칭을 요구하기에 이르렀다. 과거의 통화만을 주된 기능으로 하는 기기에 대해서는 전화기라는 용어만 가지고도 설명이 충분하였다. 모든 정보를 실시간으로 검색할 수 있는 첨단화된 전화기가 어느 날부터 대중화되기 시작하였다. 이러한 전화기가 대중화되자 이를 표현할 용어의 필요성이 나타났다. 전자분야의 비약적인 발달로 인하여 통화 기능뿐만 아닌 다양한 기능을 보유한 첨단화된 전화기가 만들어진 결과였다. 이처럼 첨단화된 전화기의 등장은 종전의 일반전화와는 확연히 구별되었으므로 이에 대한 새로운 용어의 탄생을 가져오게 만들었다. 전화의 기능을 포함한 엄청난 종류의 다양한 정보 기능까지를 담고 있는 첨단화된 기기의 등장은 이처럼 그동안 존재하지 않았던 용어를 필요로 하면서 생긴 당연한 현상이었다. 이처럼 문명의 발달은 없던 용어를 생성시키는 현상을 만들어 내기도 한다. 그 결과 첨단 전화기를 일컫는 '스마트 폰'이라는 새로운 용어는 대중화되었으며, 이제는 너무나 친숙한 용어가 되었다.

이와 같이 기술과 문명의 발달은 없던 용어를 만들어 내기도 한다. 전략이라는 용어도 마찬가지로 보면 될 것이다. 본서에서 중점으로 삼아 기술하고자 하는 전략과 전술이라는 용어도 문명의 발달로 생성된 여타의 용어와 마찬가지로 먼 과거에는 존재하지 않았다. 그러나 인류의 역사와 함께 전쟁의 유구한 역사가 지속되면서 없던 용어가 만들어졌으며, 이러한 과정에서 자연스럽게 생성된 용어로 이해할 수 있다. 전쟁에서의 승리는 생존과 번영의 길이기도 하였으나, 패배는 멸족과 노예로의 전락을 의미하였다. 실로 전쟁에서 승리하는 문제는 예나 지금이나 국가 차원의 중대한 문제 중의 하나이다. 국가 차원의 중대한 전쟁에서 승리를 거두기 위해서는 무기를 발달시키는 것과 함께 조직적이고 효율적인 작전수행을 필요로 한다. 이러한 필요는 다양한 군사용어를 만들어 내는 요인이 되었다. 전략이라는 용어도 이러한 과정을 거치면서 생성된 용어중의 하나로 보면 될 것이다. 이를 고려해 보면 전략이라는 용어는 전쟁을 거치면서 승리를 추구하는 과정에서 나타난 하나의 용어로 볼 수 있다. 원시시대에도 '싸움(전쟁)'은 존재하였다. 그렇지만 일단의 무리를 중심으로 하는 지극히 단순한 싸움이었다. 비록 이들이 목숨을 건 혈투를 벌였어도 지극히 단순한 구조 하에서의 싸움이었다. 그렇기에 그에 대한 모든 것은 '싸움'이라는 용어 하나로 표현하여도 무난하였을 것이다. 그러나 인구가 증가하고 국가의 골격이 갖추어지면서 군대는 점차 조직화되고 체계화되면서 규모도 거대화되기 시작하였다. 거대해진 군대는 국가의 이익을 관철시키는 최후의 수단으로 사용되기 시작하였다. 정치적인 목적을 실현시키는 수단으로 성장한 것이다. 이처럼 점차 진화된 군대는 전문용어를 등장시켰다.

여기에 산업혁명으로 인한 기술의 발달은 보다 성능 좋은 무기를 대량으로 생산하게 되었으며, 이를 활용하는 싸움의 기술은 군대의 주기능인 전쟁수행과 관련된 용어를 보다 다양화시키기에 충분하였다. 군대조직과 무기체계의 발달은 전쟁 수행 능력을 보다 전문적으로 진화시켰다. 진화된 전쟁 수행 능력에 따라 이를 표현할 용어의 필요성도 함께 요구되었다. 전략은 18세기 말기 이후부터 사용되기 시작한 용어로 보고 있다. 특히 20세기 후반에 들어 이 용어가 많이 쓰이기 시작했다. 물론 그 이전에도 전략과 유사하거나 동등하게 쓰였던 용어는 존재하고 있었다. 『삼국지』에서 '전략'과 동일한 의미를 갖는 용어를 찾아보면 '계략(計略)'이 있다. 계략이 갖는 용어의 의미를 살펴보면 다음

» 무용총 수렵도[1] 벽화의 활 쏘는 장면
인류의 오랜 기예 중의 하나는 사냥술이다. 사냥은 생존을 위한 수단이기도 했으며, 반복되는 과정을 통하여 싸우는 기술을 터득하는 계기가 되기도 하였다.

1) 중국의 만주 지역인 길림성 집안현에 있으며, 1935년에 처음 조사되었다. 현실의 서측 벽에 있는 그림이다. 무용총이란 이름이 붙여진 이유는 현실의 동측 벽에 무용하는 사람들의 그림이 있어서 이처럼 명명하였다.

과 같다. 계략을 한자어로 풀이해 보면 현대에서도 첨예하게 작용하는 영토분쟁과 마찬가지로 고대사회에서도 영토에 대한 중요성은 똑같이 중요했음을 짐작하게 해 준다. 계(計)는 '계산한다'의 뜻이며 략(略)은 '측량하여 땅의 경계를 정하다', '경영하다'의 뜻과 타인으로부터 무언가를 '약탈하다'와 '꾀'의 의미까지도 갖고 있다. 이러한 의미를 갖고 있는 말이 군사작전의 용어로 사용되었다는 것은 고대사회에서 땅의 중요성을 알게 해 준다. 전쟁을 통하여 지키고자 한 중요한 가치가 무엇이었는가를 짐작하게 해 주기도 한다. 이는 영토의 점유를 놓고 벌였던 치열했던 현장의 싸움을 상상하게 만들어 주고 있다. 땅의 경계를 정하기 위하여 온갖 술책(꾀)이 동원되었을 것이다. 즉, 영토를 확보하기 위하여 치밀하고 다양한 술책을 구사했다는 것이다. 이것이 오늘날 말하는 전략이고 이를 달성하기 위한 전술이었다.

고대사회에서 땅의 경계를 정한다는 것은 국가뿐 아니라 개인에게도 대단히 심각하고 중대한 일이었다. 이는 농업위주의 단순한 경제활동 환경을 고려해 보면 보다 쉽게 이해 될 것이다. 고대사회에서 개인에게 땅의 경계를 정한다는 것은 생존 차원에서 매우 중대한 일이었다. 이것은 현대에서도 재산권과 관련되는 중요한 일이지만, 측량 기술이 발달하지 않았던 고대사회에서는 다양한 수단이 동원되었을 것이다. 즉, 다양하고 기묘한 술책이 동원되어 영역을 정하고자 하였을 것이다. 제대로 해결이 진행되지 않으면 급기야는 무력에 기반한 힘에 의한 경계가 이루어졌을 것이다. 땅의 문제는 국가에게는 영토의 문제이다. 영토문제는 국가와 국가 간의 분쟁을 촉발시키는 전통적인 원인 중의 하나였다. 그러므로 이처럼 중차대한 일에서는 힘을 이용한 무력시위는 물론이고, 최후의 수단으로 전쟁을 수행하면서 승리하기 위한 각종 속임수가 다양하게 나타났을 것이다. 그렇기에 사전적 의미에서의 계략도 '어떤 일을 이루기 위한 꾀나 수단'으로 정의하고 있다. 이러한 용어가『삼국지』에 등장하는 것으로 보면 대단히 오래전부터 사용되었을 것으로 보인다.

그렇다면 전략의 의미와 그 유래를 살펴보자. 전략(戰略)이란 의미도 한자어의 뜻을 이용하여 풀이해 보면 쉽게 이해할 수 있을 것이다. 전(戰)은 '싸움'이며, 략(略)은 계략에서 설명한 내용이다. 조합해 보면 전략은 '싸움에서 부리는 꾀'라는 의미를 담고 있음을 알 수 있을 것이다. 한편 전략의 영어 표현은 'Strategy'이다. 이는 그리스어의 'Strategos'에서 유래하였다. 이 말에는 '군대를 이끌다'는 의미를 담고 있다. 고대 그리스의 강성한 도시국가 중의 하나였던 아테네는 10개의 부족으로 이루어져 있었다. 10개의 부족은 Strategos가 통솔하는 1개 연대를 아테네에 파견하였다. 10개의 부족이므로 총 10개의 연대로 이루어진 군대였다. 즉, Strategos는 10명의 장수로 이루어지

» **38도선에서의 그리스군 모습**

그리스는 6·25전쟁에 육군과 수송기편대를 지원한 참전국이다. 연인원 4,992명을 파병하였다. 사진은 북진 작전으로 38도선에 도달한 그리스군의 모습이다.

는 구조였다. 그렇지만 10명이 제각각의 목소리를 낸다면 효율적인 지휘가 곤란하다. 따라서 이중에서 1명의 대표를 선출하여 군대의 통솔을 맡겼다. 아테네군의 총사령관이 되는 것이며, 지휘체계의 일원화로 이해하면 될 것이다. 그러므로 여기에서 선출된 Strategos는 여타의 Strategos 보다 권위가 높은 것은 물론이고 국가 관리와 군사력 운용의 중요한 역할을 수행하는 직위였다. 총사령관인 Strategos에 의해 군대의 무력을 구사하는 것을 Strategia라고 하였다. 이것은 총사령관이 행사하는 '장수의 술(將帥術, The art of General)'을 의미한다. 장수가 이끄는 조직은 일반적으로 규모가 크다는 특징이 있다. 그러므로 싸움에서의 장수는 예하의 소규모 싸움에 집중하기 보다는, 그가 통솔하는 보다 큰 부대의 전체적인 상황을 조망하면서 싸움의 계획을 수립해야 하는 직책이다. 소규모의 싸움은 예하의 조직을 관리하는 책임자에게 맡기고 총사령관은 보다 고차원적인 계획을 수립하여야 한다. 그래야만이 결정적인 큰 전투에서 승리할 수 있고 궁극적으로는 전쟁에서 이길 수 있다. 이러한 배경을 갖고 있는 Strategia라는 말이 변천하여 오늘날의 '전략(Strategy)'으로 발전하였다. 용어가 생성되면서 발전된 유래만을 보더라도, 전략은 순수한 군사분야에서 사용된 전문용어였음을 알 수 있다.

2. 전략의 정의

용어의 유래에서 살펴 본 전략의 최초 의미는 '싸움을 통하여 경계를 정하는 술책(꾀)'이었다. 즉, 이를 위한 '싸움에서 이기는 방법'을 구사하는 것이 전략임을 알 수 있었다. 여기에서는 전략의 정의를 주요 이론가들의 견해와 사전적 정의 등을 살펴보면서 그 의미를 고찰해 보고자 한다.

▸ **전략의 정의**

이론가	전략의 정의
사전적 정의	전쟁을 전반적으로 이끌어 가는 방법이나 책략
군사용어의 정의	제수단과 잠재역량을 발전시키고 운용하는 술과 과학
손자	병자궤도야(兵者詭道也, '전략은 속이는 것이다')
클라우제비츠	전쟁의 목적을 달성하기 위한 전투의 운용에 관한 술(術) (전술은 적과의 교전에서 승리하기 위한 군사력 운용 술(術))
헬무트 몰트케	전쟁의 변화하는 환경을 승리 추구에 부합되도록 발전시키는 것이며, 가장 곤란한 상황과 압박 하에서 활동하는 기술
리델하트	정책의 제목적을 달성하기 위해 군사적 수단을 배분하고 응용하는 술(術)

사전적 의미에서의 전략은 '사회적 활동을 하는 데에 있어서의 방법이나 책략, 전쟁을 전반적으로 이끌어 가는 방법이나 책략'으로 정의하고 있다. 사전적 정의를 보면 전략이라는 용어는 전문군사 분야뿐 아니라 사회의 다양한 분야에서 사용함을 알 수 있다. 군사용어사전에서의 정의는 '이익을 저해하는 것을 방지 및 제거하고 이익을 극대화시키기 위해 목표를 설정하고 방책을 수립하여 제수단과 잠재역량을 발전시키고 운용하는 술(術)과 과학(科學)'이라고 하고 있다.[2] 여기에서 말하는 '이익'은 추구하고자 하는 목적이며, '방지 및 제거'는 적국의 전쟁수행 능력과 전쟁수행 의지를 약화시키는 것을 의미한다. 그러므로 이를 위한 핵심적인 전쟁수행 방법을 전략이라고 보면 될 것이다. 우리나라에서는 전략에 대한 정의가 수준별로 세분화되어 있다. 여기에 대한 주요 정의는 '전략과 정책'의 관계에서 살펴보기로 하겠다. 고대 중국에서는 전략의 의미를 나타내는 말

2) 우리나라 육군에서 정의하는 전략의 정의이다. 우리나라에서는 군과 관련된 전략에 대한 구분을 살펴보면, '전략, 국가전략, 국가안보전략, 국방전략, 군사전략'으로 구분하여 설명하고 있다.

로 앞에서 살펴 본 책략 이외에도 '병법(兵法)'과 '병도(兵道)' 등이 쓰여 왔다. 『손자병법』에서도 전략이라는 용어는 등장하지 않는다. 이를 보면 손자가 『손자병법』을 집필할 당시에는 전략이라는 용어가 보편적인 군사용어로 사용되지는 않았음을 알 수 있다. 그렇지만 손자가 전략의 개념을 갖고 있지 않았다고는 볼 수 없다. 그의 저서에는 오늘날의 전략을 의미하는 내용이 많이 나온다. 이를 보면 전략이라는 용어는 그 당시에 존재하지 않았지만 개념은 존재하였다고 보면 될 것이다. 개념은 존재했으나 용어가 태동하지 않았다는 것으로 이해하면 될 것이다.

『손자병법』에서 전략에 해당하는 용어를 찾아보기 전에 전쟁에 대한 언급을 살펴보기로 하겠다. 그가 제1편의 제목으로 정한 '계(計)'를 보면 전쟁을 이해할 수 있다.[3] 계는 계산한다는 의미를 갖는다. 즉, 이기는 방법을 꼼꼼하게 계산하듯이 따지고 나서 전쟁을 하라는 의미이다. 손자는 전쟁의 폐해를 가볍게 보아서는 안 된다는 엄중한 경고를 앞세워 서문을 열었다. 손자는 '병자국지대사(兵者國之大事)'라는 말을 통하여 전쟁을 정의하였다. '전쟁은 국가의 중대사'라고 말하면서 이어지는 말로써 전쟁을 경고하였다. 그는 '전쟁은 국가의 존망이 달린 것이니 깊이 살피지 않을 수 없다'는 말을 전제로 하여, 적국과 비교할 요소를 세세하게 열거하였다. 비교요소를 가지고 싸우기 이전에 미리 승리할 확률을 예측할 수 있다고 하였다. 시계편에서 나오는 '병(兵)'에서 전쟁의 의미를 찾아 볼 수 있다. 『손자병법』에서의 '병'은 전쟁을 의미하고 있으며, 전쟁이라는 의미속에는 전략을 함축시켜 말하고 있다. 시계편을 살펴보면 전쟁을 하기 전에 적국과의 비교를 통하여 강점과 약점을 파악해 보고, 전쟁에서 이기는 방법을 찾아야 한다는 전략의 목표와 방법을 주문하고 있다. 이를 보면 제1편의 시계편에서는 전쟁과 전략의 중요성을 모두 제시

» 바둑과 전략

바둑은 수많은 수의 싸움이다. 수는 다양한 전략과 전술을 말한다. 이기는 바둑을 두기 위해서는 결정적인 수가 필요하다. '장고 끝에 악수'라는 말은, 오랜 고민 끝에 던진 수가 결정적인 패착으로 작용함을 말한다.

3) 『손자병법』의 제1편에 해당하는 계편(計篇은 일반적으로 시계편(始計篇)이라고도 한다. 이는 13개 편 중에서 첫 번째로 시작하는 편명이라는 의미이다.

한 것으로 볼 수 있다. 『손자병법』에서 전략의 본질을 갖고 있는 용어로 등장하는 것은 '궤도(詭道)'이다. 『손자병법』의 시계편(計篇)에 '병자궤도야(兵者詭道也)'라는 말이 나온다. 이는 "용병하는 데에는 꾀를 사용하는 것이다."라는 의미로 풀이할 수 있다. 궤도란 '속이는 방법'을 말하므로, 그가 말한 전략은 '적을 속이는 군사력 운용의 술(術)'이라고 정의할 수 있다. 또한 전술에도 적용할 수 있는 의미이기도 하다. 이것은 『손자병법』에 등장하는 가장 대표적인 전략에 대한 정의로 볼 수 있으며, 주요 이론가들이 주장한 정의와도 일맥상통하는 부분이다. 『손자병법』에는 이밖에도 전략의 의미로 볼 수 있는 다양한 표현이 등장하는데, 이것은 다음 장에서 관련되는 내용에 따라 인용하기로 하겠다.

『전쟁론』의 저자 클라우제비츠는 전략을 '전쟁의 목적을 달성하기 위한 전투의 운용에 관한 술(術)'이라고 하였다. 운용의 본질은 적보다 유리한 환경을 조성하는 것이며, 이것은 적을 기만하는 것에서 출발한다고 하였다. 손자와 클라우제비츠 모두가 동일한 개념의 전략관을 지니고 있었다고 보면 되는 대목이다. 클라우제비츠는 전략을 "전쟁목적에 따라 하나의 전쟁목표를 부여하며 이를 위한 전역계획을 수립하고 개별의 전투들을 배비(配備)하는 것"이라고 하였다. 몰트케[4]는 "군사지휘관이 군사목적의 달성을 위하여 군사적 수단을 배비하고 운용하는 기술"이라고 하였다. 『전략론』의 저자 리델하트[5]는 "정책의 제목적을 달성하기 위해 군사적 수단을 배분하고 응용하는 술(術)"이라고 하였다. 그는 전략에 대한 논의는 계속되어야 한다고 했는데, 이는 전략은 군사적 요인만 갖고는 정의가 곤란함을 의미하는 말로 보인다. 즉, 국가의 제요소에 의해 정의되

---

4) 프로이센의 장군(1800~1891)이며, 근대적 참모 제도의 창시자이기도 하다. 덴마크와의 전쟁, 프랑스의 전쟁 등을 승리로 이끌었다. 그는 프로이센군의 통수권의 독립과 군제(軍制)의 근대화를 도모한 인물이다.

5) 리델하트는 제1차 세계대전에 직접 참전하였다. 전투 중 부상으로 1927년에 영국군 대위로 퇴역하였다. 그는 고대의 페르시아전쟁부터 제1차 중동전까지를 다룬 『전략론』을 집필하였다. 전략론은 '간접접근전략'의 중요성을 담고 있다. 전략론에서 30개 전쟁, 280개 전역을 분석해 본 결과, 280개 전역 중 6개 전역만이 직접접근(Direct Approach)을 통해 승리했고 나머지 274개 전역은 모두 간접접근 (Indirect Approach)에 의해 승리를 달성했다고 결론 내렸다. 이것은 『손자병법』과도 궤를 함께 하는 내용이다. 그는 제1차 세계대전의 경험으로 진지전의 참혹성에 대하여 교훈을 얻게 되어 기계화부대의 중요성을 주장하면서 기계화이론을 발전시켰다. 그는 장차전에서 승리하기 위해서는 전차를 이용한 기습적인 공격으로 적의 심리적인 마비를 달성하여 전투의지를 분쇄하기 위한 적의 급소를 공격하는 것이 필요하다고 하였다. 이를 효과적으로 달성하기 위해서 주장한 것이 타격이론이다. 리델하트의 이론은 독일군이 전격전으로 발전시켜 제2차 세계대전에서 전역을 휩쓸기도 하였다.
리델하트는 우리나라의 6·25전쟁을 예견하기도 하였다. 1946년 영국 로이터 통신 기자의 질문에서였다. "제2차 세계대전이 끝났는데 앞으로 전쟁이 발발한다면 어디로 예상합니까?" 리델하트는 주저없이 답변하였다. "네! 한반도입니다." 그의 예견대로 우리나라는 4년 후에 전쟁의 화마에 휩싸였다. 그는 북한군의 전략적 실패도 지적하였다. 역시 그의 이론에 근거한 내용이다. "북한군이 제2차 세계대전 당시 독일군의 기갑부대 운용을 참고하여 경부축선 등 어느 한 방향에 전차부대를 집중 투입해 종심 깊은 돌파와 전과확대, 그리고 신속한 추격을 실시 했다면, 미군이 한반도에 투입되기도 전에 부산까지 점령할 수 있었을 것이다." 북한군은 전차의 집중운용에 미숙하였으며 전차부대를 너무 늦게 증강하였다. 북한군은 8월 하순이 되어서야 제16, 제17기갑여단을 편성하여 낙동강 전선에 투입했다. 그 시점이 좀 더 빨랐다면 미군의 참전 이전에 한반도를 석권했을 것이라는 분석이었다.

어야 한다는 것이다. 이는 다양하게 발전하고 분화하는 현대의 특징을 고려하면 더욱 설득력이 있다고 보인다. 또한 그의 주장을 분기점으로 하여 전략의 영역이 전시에만 한정시키는 것에서 평시까지를 포함하는 개념으로 확대되었다. 리델하트에 이르러 전략은 전시와 평시를 모두 아우르는 것으로 보았다는 평가를 받는다. 전략의 개념을 확대하여 바라본 결과였다.

앞에서 말한 손자와 클라우제비츠의 전쟁의 정의를 살펴보아도 전략은 군사적인 개념만을 포함하지 않는다는 것은 확실해 보인다. '국가의 중대사', '정치의 연속' 등으로 표현한 것은 국가를 지탱하는 모든 분야가 해당된다는 개념이다. 그러므로 아주 오랜 세월부터 군사전문가들은 전략의 개념을 대단히 넓게 보고 있었음을 알 수 있다. 이를 보면 이미 우수한 전략가들은 전략의 영역을 전쟁만으로 국한시키지는 않았으며, 국가를 구성하는 주요 구성요소들을 모두 포괄하는 것으로 보고 있었음을 알 수 있다. 즉, 국가의 모든 자원과 영역을 포함하여 말하고자 하였다는 것을 알 수 있다. 앙드레 보프르는 "분쟁을 해결하기 위하여 폭력을 사용하는 대립적인 두 의지간의 변증법적인 예술"이라고 하였다. 그 역시 이를 위한 수단은 군사적인 수단만을 의미하지 않는다고 하였다. 국가 차원의 총력전의 의미를 이해해 보면 이는 당연한 견해이다.

국가총력전의 태동은 1789년 7월에 일어난 프랑스혁명과 관련이 깊다. 프랑스혁명은 절대권력에 맞선 일반민중이 주체가 되어 일으킨 혁명이었다. 이 혁명은 정치적인 의의 못지않게 군사적으로도 큰 영향을 가져왔다. 정치적으로는 자유와 평등을 기본으로 하는 근대사회를 확립하였으며, 군사적으로는 국민의 군대를 출현시키는 계기가 되었다. 정치적으로 일반민중이 국가의 중심이 되었다는 것은 매우 큰 의미를 갖는다. 이전에는 군주의 군대였으나 이제부터는 국민의 군대로 성격이 전환되었다는 것을 의미하고 있다. 예전의 전쟁은 군주의 전쟁으로 인식되어 왔으며, 이로 인해 일반민중은 큰 관심을 갖지 않았다. 그렇지만 국가의 주인이 국민이 되었다는 것은 전쟁수행의 주체 역시 국민이라는 것이다. 그러므로 국민은 전쟁수행의 의무를 능동적으로 감당해야 했다. 따라서 전쟁은 근대화된 개념의 국가총력전으로 이어지게 되었다. 특히 나폴레옹전쟁은 이를 확립시켰다. 국가총력전은 국가의 모든 자원을 총동원한다. 그러므로 이는 군사적 요소와 비군사적 요소 모두를 포함하는 것이다.

현대의 국가안보는 군사력을 비롯한 국력의 모든 수단을 투입하는 것으로 개념이 확대되었다. 군사력은 다차원적인 성향을 갖고 있다. 과거에는 일반적으로 지상, 해상, 공중에서의 군사력으로 구분하였다. 하지만 현대는 지상력, 해양력, 공중력에 더하여 사이버 파워 등으로 구분하고 있다.[6)]

» 알프스를 넘는 나폴레옹

나폴레옹전쟁은 국민총력전시대를 본격적으로 알렸다. 나폴레옹이 알프스를 넘는 장면을 그린 그림은 2개가 있다. 좌측은 자크 루리 다비드의 그림으로 백마를 타고 위풍당당하게 넘는 모습이다. 화려하게 그린 가상의 그림이다. 반면에 우측은 폴 들라로슈의 그림으로 나귀를 타고 넘는 모습을 사실적으로 표현하였다. 나폴레옹은 백마를 좋아했다고 한다. 그의 애마는 이집트산의 아랍마였다고 하며, 마렝고라 불렀다. 마렝고전투를 기념으로 애마의 이름을 지었다고 전해진다.

국가와 국가 간의 외교는 물론이고 경제적인 역학관계까지 다양하게 얽혀 있다. 따라서 이러한 점을 고려한다면, 전략에 대한 견해는 국가안보 수단으로 군사력 이외의 것이 더욱 증대된다는 의미를 나타내고 있다. 전략을 흔히 장기적인 개념과 전체를 포괄하는 큰 그림으로 설명한다. 클라우제비츠는 “전술은 전투에서 병력의 운용이며, 전략은 전쟁목적을 달성하기 위한 전투의 운용”이라고 하였다.

전략은 전쟁의 목적을 달성하기 위한 구체적인 목표를 설정한다. 전쟁은 정치적 목적을 달성하기 위한 마지막 수단이며, 주된 수단은 군사력이다. 군사력을 이용하여 정치적인 목적을 달성하는 연결 고리의 역할을 수행하는 것이 전략이다. 전쟁목적을 달성하기 위해서는 수많은 전투를 겪어야 한다. 전략은 전술이 지향해야 할 목적과 방향을 제시해 준다. 전술의 영역은 전투와 교전으로 이루어진다. 전술은 전투에서의 승리를 통하여 전략이 추구하는 목적과 목표 달성에 기여한다. 그렇지만 전투에서의 승리가 전략의 승리를 보장하지는 않는다. 전략의 승리에 기여할 뿐이다.

---

6) 나종남 역, 『군사전략 입문』 (서울: 도서출판 황금알, 2018), p.25.

3. 전략의 분화

전쟁은 국가 차원의 총력전으로 수행한다. 전쟁을 수행하는 요소가 단순했던 시절에는 '군사전략이 곧 국가전략'으로 성립될 수 있었다. 그러므로 초기의 전략이라는 용어는 군사력에 중점을 둔 개념으로 출발하였으며, 이는 곧 국가전략의 역할을 했다. 예나 지금이나 국가의 영속성을 지키는 것은 가장 중요한 일이며, 핵심적인 수단이자 최후의 수단은 군사력이다. 현대와 비교해 볼 때 상대적으로 단순했던 시절의 국가보위 요소는 대체로 군사력에 집중되어 있었다.

그렇지만 현대에는 군사력만을 핵심수단으로 보기에는 무리가 있다. 현대의 전쟁은 군사력을 중심으로 한 군사적인 요소와 비군사적인 요소 모두가 중요시되고 있다. 그러므로 어느 때보다도 유기적인 결합이 더욱 요구되고 있다. 또한 국가의 주요 행정기능(정치·외교, 경제·과학, 사회·문화, 군사 등)은 개념상으로는 구분이 가능하므로 각각의 전략을 수립하고 있다. 국가목표 달성을 위한 각각의 기능은 정치·외교전략, 경제·과학기술전략, 사회·문화전략, 군사전략 등으로 분화되어 있다. 그렇지만 모두가 유기적으로 연계되어 국가목표의 달성을 지향한다. 그러므로 국가의 모든 기능을 총괄하고 역량을 집중할 컨트롤타워로서의 역할과 지침을 제공할 국가전략이 필요한 것이다. 즉, 과거에는 군사전략으로 전쟁예방과 수행이 가능했지만 현대의 분화된 사회에서는 국가의 주요정책을 관할하는 모든 분야를 통합한 국가전략을 구축해야 한다.

▸ **국가정책과 국가전략의 관계**7)

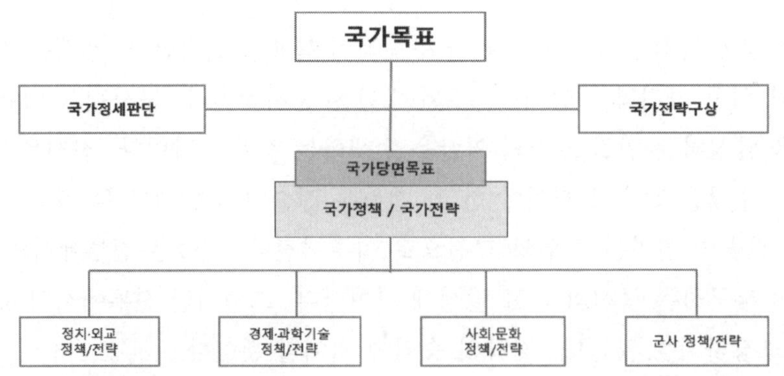

7) 합동참모본부, 앞의 책(2000), p.5.

세계대전 이전의 시대에는 전략을 군사분야에 국한된 개념으로 이해하는 경향이었으나, 이후부터는 비군사분야까지를 포함하기 시작하였다. 이러한 변화는 산업혁명의 영향을 크게 받은 결과였다. 산업혁명으로 종전의 가내공업 위주의 생산은 기계식 공장공업으로 전환되면서 중공업이 발달하였고 근대무기의 대량생산이 가능하게 되었다. 근대무기의 대량생산은 전쟁의 격렬도를 더욱 끌어 올렸다. 기동수단의 발달은 전역의 물리적 확대를 가져오면서 전쟁의 승리는 군사적 수단만으로는 한계를 보였다. 전쟁의 장기화까지 겹치면서 전쟁지원을 위한 경제력 투입이 전쟁 승리의 중요한 요인으로 자리잡게 되었다. 그 어느 때 보다도 국가총력전으로 굳어지게 된 것이다. 산업혁명은 모든 사회구조를 역동성 있게 변화시키면서 연계성을 더욱 중시하게 만들었다.

이와 같은 현상은 제1차 세계대전을 거치면서 전쟁은 국가총력전의 양상을 더욱 뚜렷하게 보여 주었으며 특히 경제력의 중요성은 더욱 크게 자리 잡았다. 경제력이 중요시되고 있다는 것은 다양한 민간분야의 참여가 확대되고 있다는 것이며, 이처럼 총력전 양상에 따라 군사력은 말할 것도 없고 국가를 구성하는 모든 분야가 동원되게 되었다. 전쟁수행을 위해서는 군사적요소와 비군사적요소를 구분하는 것이 무의미하게 되었다.

» 제1차 세계대전 당시 영국의 군수공장에서 일하는 여성 노동자

군사적인 분야 못지않게 비군사적인 분야의 중요성이 크게 나타났다. 더 이상 전략이 갖는 의미는 군사력과 이를 바탕으로 수행하는 군사행동에만 국한되지 않게 되었다. 종전의 군사전략이라는 하나의 용어를 가지고는 전략의 모든 의미를 담아내기 어려운 상황이 나타나기 시작한 것이다. 이러한 흐름은 이제까지의 군사전략보다 상위의 전략 개념을 요구하였다. 즉, '전략 = 군사전략'이라는 등식이 더 이상 통하지 않게 되었다. 따라서 제2차 세계대전을 거치면서 종전의 전략 개념은 진화를 거듭하면서 국가 차원에서 통제하는 전략의 필요성과 중요성이 더욱 증대되었다. 군사전략보다 상위 개념의 전략이 필요하게 된 것이다. 이러한 요구는 인류문명의 발달에 따른 필연적인 결과이기도 하였다.

이 시간에도 사회는 계속하여 발전하고 있으며 이러한 발전은 또 다른 변화를 요구할 것이다. 이처럼 빠른 발전과 그에 따른 변화는 또 다른 전략의 개념을 요구하기도 할 것이다. 이것은 전략의 진화를 의미하는 것으로 보면 될 것 같다. 세계대전은 전쟁수행에 참여하는 국가가 보유한 모든 역량을 동원시켰다. 전쟁은 무력사용은 물론이고 그 이상의 모든 국가요소를 동원시켜야 수행이 가능하게 만들었다. 국가의 모든 역량이 투입되는 전쟁을 효과적으로 지도하고 통제할 진화된 전략을 요구하는 시대를 맞게 된 것이다. 따라서 군사전략의 상위개념이 정립되면서 이를 국가전략으로 통칭하는 추세로 변하였다. 영국에서는 이를 대전략(Grand strategy)으로 표현하기도 하는데, 이는 국가전략과 동일한 것으로 보아도 무방하다고 보는 견해도 있다.

국가전략이 나타난 것은 현대의 국가구성 요소는 그만큼 비군사적인 분야가 확대되었음을 의미한다. 또한 전쟁수행에서도 비군사적 요소의 중요성이 점차 중요시 되면서 이를 군사분야와 통합할 필요성이 대두되었다는 것을 반증하는 결과이다. 국가전략과 군사전략의 개념을 비교해 보면 다음과 같이 정리해 볼 수 있다.

▸ 국가전략과 군사전략 비교

구 분	목 표	자 원	수행주체	기 간
국가전략	국가목표 달성	국가의 총자원	정치가	전·평시의 모든 기간
군사전략	국가전략 지원 국가목표 달성	군사력	군사 지도자	

국가전략이 갖는 함의는 국가목표의 달성에 있다. 어느 시대와 국가를 막론하고 국가의 존재 목적은 생존과 번영을 추구하여 왔다. 국가목표는 헌법의 가치[8)]를 실현하는 것

≫ 경계작전을 펼치는 국군장병

출처 : 『2016 국방백서』

이며, 국가이익을 달성하는 것으로 구체화되어 나타난다. 국가목표는 국가이익 추구를 목표로 하며, 국가정책과 국가전략 수립의 근거를 제공한다. 국가이익은 국가목표 설정의 기초를 제공한다. 국가이익은 헌법에 반영된 바를 최우선적으로 추구할 기본적인 가치이다. 헌법에 근거하여 찾아볼 수 있는 국가이익은 '국가안전보장, 자유민주주의와 인권 신장, 경제발전과 복리증진, 한반도의 평화적 통일, 세계평화와 인류공영에 기여 등으로 요약할 수 있다. 국가이익을 보호하고 증진하기 위해서는 국가정책과 전략이 이에 지향되어야 한다. 이는 국가의 모든 역량이 집중되어야 함을 의미한다.

국가전략은 국가의 목표를 달성하기 위하여 국가의 총자원을 그 수단으로 삼는다. 군사전략은 이를 뒷받침하는 역할을 한다. 군사전략의 수단은 군사력이다. 그러므로 평시에는 군사력의 건설에 중점을 두어 강병을 육성하고, 전시에는 이를 운용하는 것에 중점을 두게 된다. 군사전략의 목표는 평시에는 군사력의 건설을 통하여 전쟁을 억제하는 것

8) 헌법 전문, '유구한 역사와 전통에 빛나는 우리 대한국민은 3 · 1운동으로 건립된 대한민국임시정부의 법통과 불의에 항거한 4 · 19민주이념을 계승하고, 조국의 민주개혁과 평화적 통일의 사명에 입각하여 정의 · 인도와 동포애로써 민족의 단결을 공고히 하고, 모든 사회적 폐습과 불의를 타파하며, 자율과 조화를 바탕으로 자유민주적 기본질서를 더욱 확고히 하여 정치 · 경제 · 사회 · 문화의 모든 영역에 있어서 각인의 기회를 균등히 하고, 능력을 최고도로 발휘하게 하며, 자유와 권리에 따르는 책임과 의무를 완수하게 하여, 안으로는 국민생활의 균등한 향상을 기하고 밖으로는 항구적인 세계평화와 인류공영에 이바지함으로써 우리들과 우리들의 자손의 안전과 자유와 행복을 영원히 확보할 것을 다짐한다'

이며, 억제가 실패할 경우에는 과감한 군사력의 운용으로 전쟁을 승리로 이끌어야 한다. 『2020 국방백서』에서도 군사전략의 목표를 명확히 규정하고 있다. "외부의 도발과 침략을 억제하고 억제에 실패 시 '최단 시간 내 최소 피해'로 전쟁에서 조기에 승리를 달성한다."는 것을 목표로 삼고 있다. 이와 같이 군사전략은 국가전략을 지원하고 국가목표를 달성하는 하나의 수단이자, 최후의 수단으로 기능을 발휘한다.

현대에는 오히려 평시를 관리하는 군사전략이 더욱 중요시되는 경향을 보이기도 한다. 평시의 관리는 앞에서 언급했듯이 전쟁을 최대한 억제하는 것이 주된 목표이다. 이것은 전쟁을 발발시켜서 얻는 이익보다는 전쟁 이외의 다른 수단으로 자국의 이익을 관철시키는 것이 가장 효과적인 방법이기 때문이다. 싸우지 않고 국가의 이익을 관철시키는 것을 말하는 것인데, 이는 강력한 군사력의 뒷받침이 제공되어야 가능한 것이다. 공간적인 면에 있어서도 적과 직접접촉하고 있는 전선뿐만 아니라 적과의 접촉이 없는 모든 지역까지도 포함하는 것으로 확대되었다. 국가전략과 군사전략 모두는 전시라는 시간적 한정에서 벗어나, 평시와 전시 모두를 포괄하는 시간성을 갖고 있다. 영역에 있어서의 국가전략은 정치의 영역이며, 군사전략은 군사지도자의 영역이다. 이는 클라우제비츠가 말한 "전쟁은 또 다른 정치의 수단이다."와 손자의 "전쟁은 국가의 큰일이므로 깊이 살펴야 한다."라는 말의 의미를 다시 한번 생각하게 한다. 군사전략은 국가전략에 복무하는 하위개념이라는 의미로 이해하면 될 것이다.

현대의 전쟁은 군사력과 군사력의 경쟁은 물론이고 해당 국가의 경제력을 비롯한 국력의 총체적 결전이다. 국가총력전의 시대인 것이다. 국가총력전은 국가의 모든 자원과 역량을 포함하고 있으므로 이에 따라 정치·외교전략, 경제·과학기술전략, 사회·문화전략, 군사전략 등으로 분화되어 나타났다. 군사전략은 당연히 그중 하나의 전략이다. 현대의 전쟁은 국가 잠재력의 총체적 동원을 필요로 한다. 그러므로 전쟁 수행에 직접적으로 작용하는 자원은 물론이고 전쟁수행에 도움이 되는 잠재력을 갖춘 국가의 모든 자원을 총동원한다. 이처럼 다양하고도 잠재적인 능력까지도 국가전략을 구성하는 하나의 요소가 되다 보니 전략의 앞에 쓰이는 명사에 따라 전략의 성격과 자원의 유형을 나타내기도 한다. '전략물자'[9] 등과 같이 앞에 쓰이기도 하면서 국가 차원으로 관리해야 하는 특정 물자의 중요성을 말하기도 한다. 그렇지만 이렇게 '전략'으로 수식되는 물자라고 하여도 이를 전략적으로 사용할 때만이 전략물자 또는 무기가 될 수 있다. 전술적

9) 전쟁수행에 필요한 물자와 그 물자의 충분한 양, 질 또는 획득시간이 어떠한 이유를 불문하고 불확실성이 있으므로 획득준비가 요구되는 주요 물자를 말함. 출처: 군사용어사전(육군본부, 2012, p.431.)

차원의 영역에서 상황의 확대를 국한시킬 목적으로 사용했다면, 그것은 전략물자 또는 전략무기라고 하기에는 곤란하다. 또한 오늘날에는 전략이라는 용어가 전쟁을 목적으로 하거나 국가전략의 차원과는 다른 다양한 영역으로 확대되어 사용되고 있다. 즉, 일상의 분야에서도 광범위하게 쓰이는 용어로 변하였다. 어느 특정 분야에서 수립한 목표를 달성하기 위한 계획과 행동을 의미하기도 한다. 학교의 경우 '입시전략' 등을 사용하기도 한다. 이처럼 사회의 발달과 영역의 분화에 따라 군사적인 수단의 사용을 넘어 보다 광의의 개념을 포함하여 변화하고 있다.

4. 정책과 전략의 관계

정책과 전략의 차이점 이해

정책과 전략의 정의를 살펴보면서 차이점을 이해하기로 하겠다. 정책(政策)이 갖고 있는 사전적 의미는 '정치적 목적을 실현하기 위한 방책'을 말한다. 여기에서 말하는 정치적 목적은 그 범위가 대단히 방대하다. 범위가 크다는 것은 이를 다루는 대상이 다양함을 말한다. 대상이 다양하다는 것은 연구자에 따라 바라보고자 하는 다양한 측면이 존재하고 있으며, 그에 따라 이에 대한 정의도 다양하게 나온다는 것이다. 그러므로 정책에 대한 일치된 의견의 통일을 기대하기는 어렵다고 보아야 한다.

일반적으로 말하는 정책의 정의는 다음과 같다. '정책은 바람직한 상태를 이룩하려는 정책목표와 이를 달성하기 위해 필요한 정책수단에 대하여 권위 있는 정부기관이 공식적으로 결정한 기본방침'[10]이라고 말한다. 전략에 대한 용어에 대해서는 앞에서 충분히 살펴보았으므로 자세한 언급은 생략하기도 하겠다. 정책의 유형은 구분하기에 따라 다양하게 나올 수 있으므로, 이 모두를 다룬다는 것은 너무나 광범위하다. 국가 차원에서 수립하는 정책의 유형은 정부의 조직에서 담당하는 기능에 따라 분류할 수 있다.[11] 즉, 국방·외교·통일 등으로 분류할 수 있다. 예를 든다면 '국방정책', '외교정책', '통일정책' 등으로 분류하는 것이다. 전략의 분류도 역시 이와 같이 분류할 수 있음을 살펴 보았다. 정책이라는 용어도 전략과 마찬가지로 다양한 분야에서 사용되고 있다. 전략의 쓰임새처럼 특정 분야를 지칭하는 명사와 함께 복합 명사화되어 사용되고 있다. 특정 분야의 명사가 수식어로서 작용 하면서 광범위하게 사용되고 있다.

정책과 전략을 비교해 보면 다음과 같다. 앞에서 언급했듯이 정책과 전략이라는 용어의 쓰임은 현대생활에서 너무나 광범위하고 다양하므로 한정시키는 것이 필요하리라 본다. 여기에서는 군사분야만으로 국한하여 기술하기로 하겠다.

---

10) 정정길, 『정책학원론』(서울: 대명출판사, 2000), p.52.
11) 정정길, 앞의 책(2000), p.67.

▸ **정책과 전략의 비교**

구분	역할	성격	기간
정 책	목표 구현의 방책과 지침	정적(靜的), 정치적	장·단기, 특정시점
전 략	정책 구현의 술(術)	동적(動的), 군사적	비교적 장기

정책과 전략의 용어를 살펴보면 목표 달성을 구현한다는 면에서는 동일한 개념으로 정의되고 있다. 정책은 목표 달성에 필요한 지침과 방책을 말하며, 전략은 목표 달성에 필요한 술(術)적인 측면이 포함된다고 볼 수 있다. 이들은 공히 목적과 목표의 달성과 구현이라는 구체성을 내포하고 있다. 이를 구현하는 과정에서 정책은 정적(靜的)인 개념인 반면에 전략은 동적(動的)인 개념으로 나타난다. 전략은 정책과 비교해 볼 때 구체화하는 과정에서 술(術)적인 측면이 중요하게 나타난다. 동적인 개념이면서 보다 구체적인 구현방법인 것이다. 군사전략은 군사력에 한정하는 개념이며, 술(術)적인 측면이 더욱 중요시 된다는 것이 정책과 크게 구별된다. 이것은 국가전략에 있어서도 마찬가지이다. 술은 기본적으로 인간의 창의성을 바탕으로 한다. 전략에서는 이를 구상하고 수립하는 단계를 거치면서 독특한 창의성을 필요로 한다. 이것은 해당국가의 군사사상과 지리적 특징, 전략적인 국제환경의 특성 등을 고려하여 정립된다. 창의성이야 말로 인간만이 발휘할 수 있는 능력이며 묘미이기도 하다. 인간만이 갖고 있는 창의적인 구상은 그 어느 첨단장비로도 대체 할 수 없는 부분이기도 한 것이다.

표에서 군사적인 분야에서의 정책과 전략에 대하여 특징적인 개념을 예를 들어 비교해 보았다. 목표를 구현하는 역할, 성격과 기간에 따른 특징이다. 정책은 방책과 지침을 제공하는 것이며, 이는 비교적 정적이며 특정시점에 해당되는 경우가 많다. 전략은 이를 구현하기 위한 구체적인 방안을 말하므로 술적인 측면이 중점을 이룬다. 그러므로 동적인 경향을 갖고 있으며 비교적 장기간에 해당된다. 이를 미국의 베트남전에 관한 내용을 살펴보면 이해가 용이할 것이다.

베트남전쟁에서 미군의 군사전략은 시작에서 철군할 때까지 동일하게 전개되었다. 비교적 장기간에 걸쳐 군사전략을 유지한 셈이다. 그러나 미국은 쉽게 굴복되지 않는 북베트남의 항전과 반전여론에 밀려 베트남전에서 발을 뺄 수밖에는 처지에 직면하게 되었다. 즉, 정책의 전환이 필요하였다. 미국은 베트남전 철군 정책을 고려해야 했으며 그 수순으로 '닉슨 독트린'[12)]을 발표하였다. 미군이 베트남전에 개입하게 되면서 파병

12) 1979년 7월에 괌에서 미국의 닉슨 대통령이 발표한 아시아에 대한 대외안전보장정책이다. 핵심은 '아시아의 방위는 아시아인의 힘으로 한다' 는 것이다. 즉, 베트남전의 철군을 의미하고 있었으며, 앞으로는 이와 같은 전쟁에서의 군사적 개

» 거리에서 처형되는 베트콩

의 규모는 계속 증가하였다. 정점을 찍은 것은 1967년의 약48만명이 주둔한 시기였다. 이 시기에는 우리나라도 전투부대를 파병하기에 이르렀다. 우리나라의 파병 규모는 미국 다음으로 많은 병력이었다. 이때까지만 하여도 미국은 막강한 화력을 믿고 있었으며 승리로 전쟁을 종결할 것으로 확신하고 있었다. 그렇지만 베트남전은 미국의 기대와는 다르게 흘러갔다. 1968년 1월 북베트남은 구정공세를 감행하면서 미 대사관을 공격하였다. 구정공세는 결과만 놓고 보면 미군의 승리로 볼 수 있다. 미군은 2,500여명이 손실된 반면에 베트콩은 37,000여명의 손실을 입고 후퇴한 전투였다. 그러나 남베트남의 주요도시와 자국의 대사관이 공격받았다는 소식은 고스란히 매스컴을 통하여 본국의 국민들에게 제공되면서 전쟁에 대해 부정적인 인식을 갖는 미국인이 많아져 갔다. 이 중에서 전쟁의 잔인성을 폭로하면서, 전쟁을 계속한다는 것에 염증을 느끼게 만드는 장면이 중계되었다. 그것은 생포한 베트콩을 거리에서 즉결처분하는 장면이었다.[13)]

입을 피하겠다는 선언이었다. 이를 '괌 독트린'이라고도 한다. 1970년을 전후한 세계정세는 미국을 중심으로 한 자유진영과 소련과 중국을 중심에 둔 공산진영 간의 극렬했던 대립이 점차 화해의 분위기를 찾게 되는 시기였다. 이러한 정세 변화의 시기에 닉슨은 베트남전 종전을 내걸고 당선되었다. 당시에 미국은 막강한 군사력을 투입하고 있었으나 전쟁은 오히려 깊어지고 있었다. 따라서 미국은 결과적으로 베트남전에서 실패할 가능성이 커지고 있었던 반면에 국제적인 환경은 화해의 시대에 접어들고 있었다. 따라서 미국의 대외안전보장정책은 변화가 필요한 시점이기도 하였다.

13) 김창진, 『전쟁사와 무기체계』 (서울: 문운당, 2019), p.344.

이러한 장면을 안방에서 TV를 통해 지켜 본 미국인들의 반응은 전쟁반대로 급격히 기울어졌다. 미국인들의 전쟁에 대한 의구심과 여론은 급격히 악화되어 간 것이다. 미국인들은 미 당국의 전쟁수행 능력을 불신하기 시작하였다. 미국의 전쟁지도부는 계속되는 반전시위로부터 명분없는 전쟁이라는 지탄을 들어야 했다. 미군은 화력과 장비의 우세를 통한 소모전 위주로 전쟁을 진행하면서 전면전을 하고자 했으나, 장비와 화력이 빈약한 베트콩은 시종일관 '치고 빠지는 식의 전투'를 구사하는 특유의 게릴라전으로 맞서고 있었다. 특히 땅굴을 이용한 집요한 공격은 미군이 대응하기에 매우 곤란하였다. 이러한 베트콩의 전략은 미군의 첨단 장비와 우세한 화력을 조롱하기라도 하듯 언제라도 어디라도 출몰하면서 미군을 괴롭히고 있었다. 이제는 미국인뿐만 아니라 국방부의 고위급까지도 전쟁의 승리를 낙관하지 못하는 상황으로 흘러가게 만들었다. 이처럼 미국의 정세는 지지부진한 전쟁으로 반전분위기가 고조되고 있었으며, 1968년에는 대통령 선거를 맞고 있었다. 공화당의 대통령후보 닉슨은 공약으로 베트남전 종식을 내걸었다. 선거를 맞은 반전여론은 더욱 확산되는 국면을 맞았다. 따라서 미국은 베트남전에 대한 정책의 변화가 불가피해졌다. 이러한 변화에 따라 베트남전에서의 미군 운용에 관한 정책의 변화는 기정사실화되고 있었다.

닉슨은 선거에서 승리하였고 1969년 1월에 미국의 제37대 대통령으로 직무를 시작하였다. 미국인의 반전여론 확산은 군의 사기와도 직결되고 있었으며, 닉슨은 선거공약에 따라 베트남전에 대한 정책의 변화를 결심하게 되었다. 결국 미국은 베트남에서의 철군으로 정책을 결정하였다. 정책의 변화에 따라 미군은 철군준비를 위한 수순에 돌입하였다. 철군을 위한 정책의 수립과 실행은 비교적 짧은 기간에 완료할 수 있다. 정책은 이와 같이 특정시점을 목표로 추진되기도 한다. 그렇지만 장·단기에 걸쳐 유지되기도 한다. 그에 반해 미군의 군사전략은 비록 정책의 변화에 따라 철군준비를 할 수밖에는 없었으나 변함없이 지속성을 유지하였다. 미군의 베트남전에 대한 군사전략은 '섬멸 후 안정화작전'이었다. 미군은 군사전략으로 세운 섬멸전을 달성하기 위하여 공세적인 작전을 감행하여 북베트남군의 군사력을 무력화하고자 하였으며, 이에 따른 전술적인 차원의 군사행동이 수색섬멸작전이었다. 미군의 수색섬멸은, 적정규모의 수색병력을 이용하여 적을 포착하면 대규모 화력을 집중하여 섬멸하는 방식이었다. 즉, '수색 → 포착 → 타격 → 섬멸 → 안정화'의 과정이었다. 이러한 과정을 거쳐 적의 위협이 제거된 지역에 대해서는 안정화 작전으로 적의 게릴라 소탕과 주민보호작전을 전개하였다. 베트남전에서 미군의 이러한 군사전략은 미군이 철군하는 시점까지도 동일하게 진행되었다. 따

미국의 반전여론 확산
베트남전에 대한 반전여론이 확대일로에 있었던 미국은 혼란한 시기를 맞고 있었다. '히피운동'이라는 사회반항운동이 유행이었던 시절이기도 하였다. 젊은이들의 이러한 운동이 반전여론과 맞물려 더욱 격렬하게 전쟁에 반대하는 분위기를 조성하게 되었다.

라서 이러한 점을 보면 미국의 베트남전에서의 정책은 특정시점, 전략은 비교적 장기적이라는 특성을 갖고 있었다고 볼 수 있다. 그렇지만 장기와 단기라는 개념은 시간상에 있어서의 절대성이 아닌 상대성으로 보아야 할 것이다. 즉, 정책보다는 전략이 장기적인 경우가 많다는 것이다. 이것은 정책과 전략의 성격을 보면 이해가 된다. 정치성의 색채가 보다 짙은 정책은 주변 환경의 변화에 따라 기민하게 반응해야 한다. 따라서 급격한 변화를 요구받기도 하면서 정책의 급선회가 추진되기도 한다. 미군의 베트남전은 개입 명분을 구축하면서 이루어졌으나, 국내외의 상황 변화는 철군을 고민하게 만들었다. 전쟁을 보다 빠르게 종결시키지 못한 결과 나타난 환경의 변화는 철군을 요구하게 만들었다. 즉, 정치적인 상황은 이미 철군을 통하여 그 답을 구할 수밖에 없었던 것이다. 그렇지만 군사전략은 철군이 완료되는 시점까지도 유효하게 유지되었다.

정책과 전략의 관계

본서에서는 전략과 전술로 이어지는 용병술을 중심으로 기술하고 있으므로 군사분야에서 말하고 있는 정책과 전략에 관련되는 개념의 용어를 중심으로 하여 이를 수준별로 정리해 보는 것이 필요하리라 본다. 이에 대한 정의를 바탕으로 실증적 사례를 살펴보면 정책과 전략의 관계를 보다 이해하기가 용이할 것이다. 다음의 표에 등장하는 용어의 정의는 『군사용어사전』과 『국방백서』에 수록된 내용을 참고로 하였다.[14)]

14) 『군사용어사전』은 육군본부에서 2012년에 발간한 책자이며, 『국방백서』는 2018년에 발간된 내용 중에서 발췌하였다.

▸ **우리나라의 수준별 정책과 전략에 관한 정의**

용어	정의
국가목적	주권국가의 생존과 번영을 성취하기 위한 국민적 또는 국가적 열망을 이론적 체계화 과정을 거쳐 헌법, 법률 및 선언 등을 통하여 표방하는 국가존립의 목적
국가목표	국가가 국가목적을 달성하고 국가이익을 보호 및 증진하기 위하여 국가정책과 전략이 지향되고 국가의 모든 노력과 자원이 집중되어야 할 목표
국가정책	국가목표를 구현하기 위한 국가의 행동방책 또는 지침
국가전략	국가목표를 구현하기 위하여 국력의 제 수단을 발전시키고 운용·조정하는 술과 과학
국가안보정책	국가목표를 추구함에 있어 대내·외 안보정세 속에서 군사·비군사적 위협으로부터 국가안보목표를 달성하기 위하여 정치·외교, 정보, 군사, 경제, 과학기술, 사회·문화 등 국가안보의 모든 수단을 사용하고 개발하는 방책
국가안보전략	국가의 안전보장을 달성하기 위하여 가용자원과 수단을 종합적이고 체계적으로 활용하는 국가의 행동계획
국방정책	국가안보정책의 일부로서 외부로부터의 위협이나 침략에 대해 국가의 생존을 보호하기 위하여 군사, 비군사에 걸쳐 각종 수단을 유지, 조성 및 운용하는 정책
국방전략	국가안보전략을 지원하면서 국방목표를 달성하기 위해 국방의 제요소를 효과적으로 준비·계획·운용하는 방책
군사정책	국방정책의 일부로서, 국가의 평화와 독립을 지키기 위하여 군사력의 유지, 조성 및 운용을 도모하는 군사에 관한 각종 정책
군사전략	국가목표를 달성하기 위하여 군사력을 건설하고 운용하는 술과 과학

표에서 제시한 수준별 정책과 전략의 정의를 보면, 정책은 정치적 차원의 성격이 있는 반면에 전략은 군사적 차원의 성격이 강하다. 군사정책이 되었든, 군사전략이 되었든 공통점은 전쟁에서의 승리이다. 전쟁은 국가 차원의 문제이다. 전쟁의 결정은 정치적 영역에서의 차원이며 수행은 군사적 영역에서의 차원이다. 그러므로 전쟁과 정치는 불가분의 관계라는 것은 재론의 여지가 없다. 클라우제비츠가 말한 전쟁의 정의를 음미해 보면, 군사정책이 정치적 차원의 성격을 갖게 될 수밖에 없다는 것을 이해할 수 있을 것이다.

정책과 전략은 표에서 보는 바와 같이 각각의 수준을 갖고 있다. 정책과 전략 모두는 각각의 분야에서의 수준을 기준으로 하여 상위의 정책과 하위의 개념으로 구분할 수 있다. 정책과 전략은 각각의 계선을 유지하고 있다. 계선상에서는 상하의 개념이 명확하게 정리된다. 그렇다면 동일수준에서의 정책과 전략을 상하 관계로 구분할 수 있는가의 문제가 있다. 다시 말하면, 국방정책은 군사정책보다는 상위의 개념이지만, 국방정책이 국방전략보다는 상위의 개념으로 인정할 수 있느냐의 문제이다. 정책이 방향 또는 지침을 제공한다고 하여 이를 상위의 개념이라고 규정한다는 것에는 반론이 있는 것이 현실이다.

표에서 정리되어 있는 정책과 전략은 동일한 목표를 지향한다. 이를 본다면 그 위상은 동일하다고 볼 수도 있을 것이다. 그렇지만 앞에서 언급한 지향하는 성격을 고려하면 문제는 좀 더 복잡해진다. 정책은 정치적 목적 달성을 갖고 있다. 이는 군사적 목적 달성을 포괄하는 개념이다. 군사적 목적 달성은 정치적 목적 달성의 한 부분으로 볼 수 있다. 이렇게 본다며 동일 수준에서의 정책과 전략은 상하의 개념으로 정리될 수 있다. 또한 국가목표를 달성하기 위한 국가정책은 이를 위한 행동방책이나 지침을 제공하는 것이며, 국가전략은 이를 달성하기 위해 상황에 적합한 술을 구사하고 운용하는 것을 말하는 것으로 정의하고 있다. 정리해 보면, 정책은 목표 달성을 위하여 '무엇을 할 것인가?'에 중점을 두고 있으며, 전략은 목표를 달성하기 위하여 '어떻게 할 것인가?'에 중점을 두고 있는 것이다. 종속된 개념으로 보아도 무방하다는 것은 이러한 논리에 의해서 나오는 말이다.

그렇지만 현재의 일반적인 추세는, 동일 수준에서의 정책과 전략은 통합된 개념으로 사용되기도 한다. 실제적으로 국가기관에서 발행하는 내용의 책자를 살펴보아도 이와 같이 통합하여 다루고 있음을 알 수 있다. 동일 수준에서의 정책과 전략을 구분하지 않고 통합된 개념으로 사용한 사례를 문재인 정부의 국가안보정책과 전략에서 살펴보기로 하겠다. 이것은 하나의 문서에서 정책과 전략을 모두 다루고 있는 경우이다.

문재인정부에서는 2018년에 『문재인 정부의 국가안보전략』을 발간하였다. 이 책자는 국가의 안보정책 관련 최상위 문서의 성격을 갖고 있으며, 외교·통일·국방 분야의 안보정책 방향에 관련한 국가 차원의 기본지침을 제시하고 있다. 제목으로만 본다면 국가안보전략을 수록한 책자라고 할 수 있으나, 수록된 내용과 연계하여 보면 정책과 전략을 통합한 내용으로 이루어져 있음을 알 수 있다. 문재인정부에서는 별도의 안보정책서를 발간하지는 않았다. 따라서 이것은 정책과 전략을 통합하여 하나의 책자로 발간했음을 알게 해 준다. 만약 안보정책서를 별도로 발간하였다면 정책서와 전략서의 관계를 명확히 밝힐 필요가 있었을 것이다. 즉, 이 둘의 위상과 역할의 구분이 필요하다는 것이다. 『문재인 정부의 국가안보전략』은 정책과 전략을 구분하지 않고 통합된 개념으로 사용할 수도 있다는 것을 보여 주고 있다. 즉, 정책이 반드시 전략의 상위 또는 선행개념의 필수조건으로 작용하지는 않는다는 것이다.

» 『문재인 정부의 국가안보전략』 책자와 개념

그렇다면 이 책자의 내용을 살펴보기로 하겠다. 내용의 구성은 국가안보 목표, 국가안보전략 기조, 국가안보전략 과제의 순서로 기술하였으며, 분야별로 보면 외교·통일·국방을 중심으로 하고 있으며 국민안전을 포함하여 다루었다. 책자의 서문에서는 "국가안보의 목표는 '평화 지키기'에서 나아가 '평화를 만드는 안보'에 있다."고 하였으며 발간 목적은 '국민에게 국가안보전략을 보고 드리기 위함'이라고 밝혔다. 정부에서 바라보는 정세판단은 현재의 시대를 평화를 만드는 전환기로 판단하고 있었다. 즉, 이념의 질서가 무너지고 새로운 환경이 조성된 상황에서 지구상에 남은 마지막 냉전구도를 해체하여 평화를 만들 중요한 기회로 평가하고 있었다. 문재인 정부가 출범한 2017년과 다음해인 2018년의 주변국 정세는 자국의 이익을 관철시키기 위하여 한반도를 중심으로 긴박하게 움직이고 있었다. 따라서 한반도 문제가 세계문제로 주목받는 시기였다고 해도 과언이 아니었으며, 이것은 국가전략 구상을 위해 고려할 주요 요인이었다.

'미국을 다시 위대하게(Make America Great Again)'라는 기치를 내걸고 2017년 임기를 시작한 트럼프 대통령은 미국우선주의 정책을 표방하였다. 미국의 이익을 우선적으로 고려하겠다는 정책이었다. 따라서 당시에 트럼프 대통령은 우리나라에 우호적이지만은 않을 것이라는 예상이 지배적이었다. 동맹국 상호주의를 내세워 주한미군 철수와 방위비 인상을 요구할 것을 예상하게 해 주고 있었다. 그는 한국을 비롯한 동맹국들이 미국의 군사력에 무임승차하고 있다는 인식을 갖고 있었다. 그로 인해 미국의 이익과 관련된 한반도 문제는 철저히 미국 위주로 끌고 갈 경향이 매우 클 것으로 보고 있었다. 예측대로 미국은 철저히 자국의 실리 위주로 정책을 추진하여 동맹국들과도 소원한 관계를 초래하기도 하였다. 이어진 바이든 행정부에서는 소원해진 동맹국들과의 관계를 복원하여 패권국의 지위를 공고히 하고자 하고 있다. 그렇지만 전임 행정부의 미국우선주의 정책이 크게 흔들리지는 않을 것으로 보여지며, 특히 대중국에 대한 정책은 오히려 더욱 강화될 것이으로 보고 있다. 미국과 확고한 동맹을 유지하는 이웃의 일본 아베 신조 일본 총리는 2018년 9월 치러진 자민당의 총재선거에서 승리하였다. 이로써 아베는 2021년까지는 일본을 이끌 것으로 보였지만 도중에 하차하였다. 이후에 스가 총리가 뒤를 이었지만 그도 조기에 사퇴하였으며, 기시다 총리가 후임 총리로 선출되었다.[15] 그렇지만 자민당이 계속하여 집권하면서, 정책의 일관성도 지속될 것으로 보여진다. 옛 소련의 영화를 꿈꾸는 블라디미르 푸틴 러시아 대통령도 2018년 3월에 재선에 성공하면서 러시아의 영향력을 발휘하려고 하고 있었다. 이들 국가는 모두 한반도를 통과하는 것이 대륙과 태평양으로의 진출에 용이하다는 공통점이 있으며, 각국의 지도자가 모두 강력한 리더십을 소유하고 있다는 특징을 갖고 있었다.

중국은 G2국가로 부상하면서 군사력 뿐 아니라 경제력의 증강을 줄기차게 성장시키고자 2013년부터 '일대일로(一帶一路, One belt, One road)'정책을 추구하고 있었다. 이 정책이 성공하게 되면 중국 주도의 거대한 시장이 생겨나게 되는 상황을 맞게 될 것이다. 여기에는 단순한 시장개척의 의미 뿐 아니라 문화·학술·과학교류가 전개되면서 다양한 인적교류까지 동반할 것이다. 그렇게 된다면 중국의 위상은 경제력은 물론이고 다양한 영역에서 강국의 지위를 확보하게 되는 것은 물론이며 정치적 영향력도 강화될 것임은 쉽게 예측해 볼 수 있는 대목이다. 이 프로젝트를 북한과 연계시킨다면 북한은 중국의 경제권에 흡수될 가능성이 농후해 질 것이다. 그렇게 되면 우리나라가 통일을 염두에 두면서 북한과 추진하고자 하는 '한반도 신경제공동체' 구현에 미치는 영향이 발생할 것이다.

이러한 중국의 정교한 움직임에 대하여, 미국은 이를 견제하고 아시아·태평양지역의 우위를 계속적으로 유지하기 위하여 우리나라와 일본과의 동맹관계를 강화하는 한편 필리핀·인도·싱가포르·베트남 등과의 군사협력을 강화하고 있다. 미국은 이미 2014년에 필리핀과 '방위협력확대협정'을 체결하여 현지 군사기지와 시설에 대한 사용권을 확보하였다. 인도와는 2015년에 정상회담을 통하여 군수지원협정을 체결하였다. 싱가

15) 내각제의 일본은 여당의 총재가 총리를 맡게 되어 있다.

» 2021년 G20정상회의에서 각국의 정상들

포르와는 2015년에 '방위협력합의서'를 개정하여 군사분야의 협력 등을 강화하였다. 베트남과는 2016년에 오바마 대통령의 방문을 통하여 베트남의 무기수출 금지조치를 완전히 해제하기도 하였다. 공교롭게도 2017년 출범한 문재인 정부와 이들 각국의 지도자들은 임기가 중복되어 있었다. 어느 누구가 지도자가 되든지 이들을 상대로 치열한 각축전을 벌여야 하는 상황이었다. 국가안보정책과 전략 수립에 가장 주목해야 할 대상은 북한이다. 북한은 2017년 신년사를 통하여 남북관계의 개선 필요성을 언급하기도 했으나, 2017년을 '싸움준비 완성의 해'로 정하고 핵 개발과 투발수단의 전력화를 예고하였다. 북한은 2017년 9월 3일 제6차 핵실험은 단행하여 한반도 뿐 아니라 세계의 우려를 다시 한번 자아내게 하였다. 그러나 2018년 신년사에서는 우리나라의 평창동계올림픽을 계기로 관계개선의 의지를 보이면서 남북관계의 개선을 도모할 수 있는 여지를 남겼다. 그 후 동계올림픽에 특사단과 대표단을 보내면서 남북관계의 전환이 이루어지는 계기가 되었다.

이윽고 4월 27일에는 11년 만에 남북정상회담이 성사되었다. 이어서 5월 26일에 평양에서 남북정상회담이 열렸으며 9월 18일부터 20일까지 다시 한번 정상회담이 이루어졌다. 또한 역사상 처음의 북미정상회담이 2018년 6월 12일에 싱가포르에서 개최되었다. 첨예한 이념의 대립이 상존하는 한반도의 변화는 전세계의 시선을 주목시키기에 충분하였다. 이에 따라 국가안보목표로는 북핵 문제의 평화적 해결 및 항구적 평화정착 동북아 및 세계 평화·번영에 기여, 국민안전과 생명을 보호하는 안심사회 구현으로 정해졌다. 북핵 문제의 평화적 해결 및 항구적 평화정착은 국제사회와의 공조를 통하여 한반도에서

» 2018년 평창동계올림픽 개막식 장면

의 완전한 비핵화와 평화체제 구축, 남북 간 신뢰구축 및 군비통제의 포괄적인 추진으로 북한의 핵문제를 평화적으로 해결하고 굳건한 한미동맹을 바탕으로 우리의 국방역량을 강화하여 한반도의 항구적인 평화정착을 뒷받침한다는 것이다. 첫 번째로 제시한 목표는 이를 힘으로 구현할 국방정책과 밀접한 관련을 갖고 있다. 동북아 및 세계평화·번영에 기여한다는 목표는 역내 국가들과의 공조를 통하여 한반도 문제를 주도적으로 해결해 나간다는 것이다. 두 번째로 제시한 목표는 외교·통일과 관련이 깊다. 국민의 안전과 생명을 보호하는 안심사회 구현은 국민의 재산과 권익을 보호하는 것이다. 또한 사이버위협, 테러, 재난, 생활안전 등 다양한 위협과 위험에서 국민의 안전과 생명 보호를 목표로 한다는 것이다. 안보 목표를 보면 과거의 안보를 보는 시각에서 탈피했다는 점을 알 수 있다. 북한의 위협에 국한하지 않고 한반도를 초월하여 세계 속에서의 안보를 구상하여 이를 목표로 삼았다는 것이다. 안보의 위협요소를 보다 다양하게 평가하고 있음은 '국민안전과 생명을 보호하는 안심사회 구현'에서 잘 드러나 있다. 전통적인 북한관련 안보위협에서 국민의 일상생활을 위태롭게 하는 분야까지로 확장한 것은 의미가 크다고 볼 수 있다. 국가안보목표는 국가안보정책과 국가안보전략에서 달성해야 하는 공동의 목표이다.

국가안보전략기조는 한반도 평화·번영의 주도적 추진, 책임국방으로 강한 안보 구현, 균형있는 협력외교 추진, 국민의 안전확보 및 권익보호로 삼고 있다. 이는 분야별로 추진할 방향을 제시하고 있다. 국가안보전략과제는 한반도 비핵화 및 항구적 평화정착 추진, 지속 가능한 남북관계 발전 및 공동번영 실현, 한미동맹 기반 위에 우리 주도의 방위 역량 강화, '국민'과 '국익' 중심의 실용외교 추구, 안전한 대한민국을 위한 국가위기 관리체계 강화 등 5개를 선정하였는데, 이는 '국가안보 목표 달성을 위해 무엇을 추진할 것인가'에 해당하는 것으로 정부가 중점적으로 추진해야 할 과제를 말하고 있다.[16]

『문재인 정부의 국가안보전략』과 국방정책서라고 볼 수 있는『2020 국방백서』를 비교해 보면서 정책과 전략의 관계를 군사분야를 중심으로 살펴보기로 하겠다. 참여정부 시절인 2003년의『국방백서』는『참여정부의 국방정책』이라는 명칭으로 발간된 바 있다.

▸ **문재인 정부의 국가안보전략과 국방정책 목표**

전략과제(문재인 정부의 국가안보전략)	『2020 국방백서』의 국방정책 목표
한반도 비핵화 및 항구적 평화정착 추진 ① 평화적 접근을 통한 북핵 문제 해결 ② 한반도 평화체제 구축 ③ 군사적 신뢰 구축 및 군비통제 추진	• 외부의 군사적 위협과 침략으로부터 국가보위 • 평화통일 뒷받침 • 지역의 안정과 세계평화에 기여

문재인 정부의 국가안보전략의 목표는 앞에서 설명했으므로 생략하기로 하겠다. 2020년에 발간한『2020 국방백서』에서의 국방정책 목표 중 첫 번째는, 외부의 군사적 위협과 침략으로부터 국가보위는 북한의 대량살상무기에 대한 위협에 대한 대비와 한반도에서의 완전한 비핵화와 평화정착 노력을 군사적으로 뒷받침하겠다는 것이다. 또한 잠재적인 위협과 테러·사이버공격, 대규모의 재난 등으로 인한 초국가적이고 비군사적인 위협에 대한 대응능력도 지속적으로 발전시키겠다는 것이다.[17] 두 번째의 목표인 평화통일 뒷받침은 우리 주도의 국방역량을 구축하여 한반도의 평화를 힘으로 뒷받침할 수 있도록 하겠다는 것을 말한다. 세 번째의 목표인 지역의 안정과 세계평화의 기여는 굳건한 한미동맹을 바탕으로 주변국과의 군사적 우호협력 관계 증진으로 국제평화유지활동 및 국방교류 협력 등을 통하여 동북아지역의 안정과 세계평화에 기여하겠다는 것을 말한다. 이와 같은 정책의 목표를 달성하기 위한 실증적인 사례를 '한반도 비핵화 및 항구적 평화정착 추진'에서 살펴보기로 하겠다.

16) 국가안보실,『문재인 정부의 국가안보전략』(서울: 청와대 국가안보실, 2018),p.32.
17) 국방부,『2020국방백서』(서울: 국방부, 2020), pp.33.

남북의 정상은 2020년까지 총 5차례의 회담을 가졌다. 최초의 회담은 2000년에 김대중 대통령과 김정일 위원장, 두 번째 회담은 2007년 노무현 대통령과 김정일 위원장과의 회담이었다. 문재인 대통령은 김정은 위원장과 3번의 회담을 가졌는데 그 중에서 중요한 회담은 2018년 4월 27일의 판문점 회담과 그해 9월에 있었던 평양에서의 회담이었다. 4월 27일 판문점에서는 회담의 결정체인 역사적인「판문점선언」을 '한반도의 평화와 번영, 통일을 위한 판문점 선언'이라는 제목으로 발표하였다.

그 내용 중에서 군사분야에 관련된 것을 요약하여 정리해 보면 다음과 같다.「판문점선언」에서는 군사적 긴장완화와 전쟁위험 해소를 위한 남과 북의 공동 노력으로, ① 상대방에 대한 모든 적대행위 전면 중지, 비무장지대의 평화지대화 ② 서해 평화수역 조성으로 우발적 충돌 방지 대책 마련, 안전어로 보장 ③ 국방부장관 회담 등 군사당국자 회담 수시 개최 등을 주요 내용으로 하였다.

2018년 4월 27일의 남북정상회담에 이어 평양에서 2018년 9월 18일부터 20일까지 남북의 정상은 회담을 가졌다. 이때에는「9월 평양선언」을 합의하기에 이르렀다. 이를 기반으로「평양선언」과 함께 2018년 9월 19일에는 남북 국방장관은「판문점선언을 위한 군사분야 합의서」를 양 정상이 지켜보는 가운데 체결하였다. 이에 대한 군사분야에

》 역대 대통령의 남북정상회담

최초의 남북정상회담은 2000년 6월에 김대중 대통령과 김정일 국방위원장과와의 회담이었다. 2007년 10월에는 노무현 대통령과의 회담이 있었다. 이후 2018년에는 문재인 대통령과 김정은 국무위원장과의 회담이 이루어졌다.

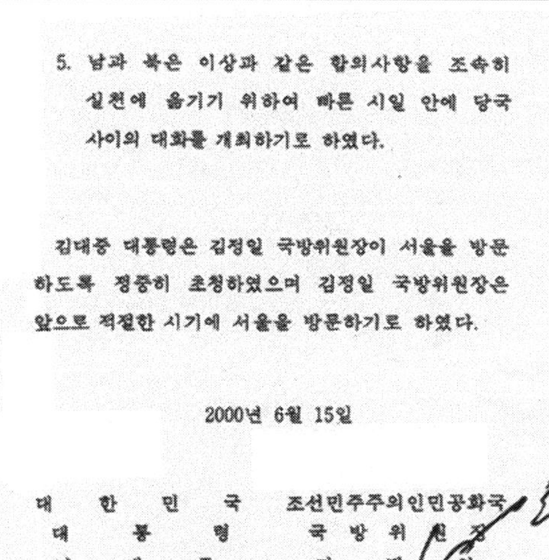

5. 남과 북은 이상과 같은 합의사항을 조속히 실천에 옮기기 위하여 빠른 시일 안에 당국 사이의 대화를 개최하기로 하였다.

김대중 대통령은 김정일 국방위원장이 서울을 방문하도록 정중히 초청하였으며 김정일 국방위원장은 앞으로 적절한 시기에 서울을 방문하기로 하였다.

2000년 6월 15일

대 한 민 국	조선민주주의인민공화국
대 통 령	국 방 위 원 장
김 대 중	김 정 일

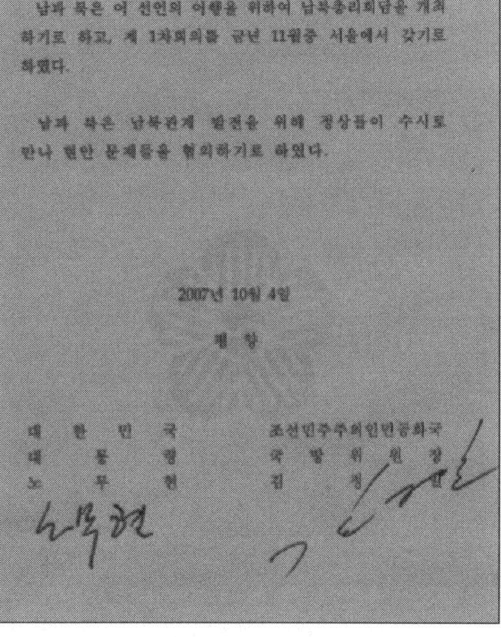

남과 북은 이 선언의 이행을 위하여 남북총리회담을 개최하기로 하고, 제 1차회의를 금년 11월중 서울에서 갖기로 하였다.

남과 북은 남북관계 발전을 위해 정상들이 수시로 만나 현안 문제들을 협의하기로 하였다.

2007년 10월 4일

평 양

대 한 민 국	조선민주주의인민공화국
대 통 령	국 방 위 원 장
노 무 현	김 정 일

남과 북은 한반도 비핵화를 위한 국제사회의 지지와 협력을 위해 적극 노력하기로 하였다.

양 정상은 정기적인 회담과 직통전화를 통하여 민족의 중대사를 수시로 진지하게 논의하고 신뢰를 굳건히 하며, 남북 관계의 지속적인 발전과 한반도의 평화와 번영, 통일을 향한 좋은 흐름을 더욱 확대해 나가기 위하여 함께 노력하기로 하였다.

당면하여 문재인 대통령은 올해 가을 평양을 방문하기로 하였다.

2018년 4월 27일

판 문 점

대 한 민 국	조선민주주의인민공화국
대 통 령	국 무 위 원 회 위 원 장
문 재 인	김 정 은

» 역대대통령의 남북정상회담에서의 선언문

남북정상회담을 성사시킨 역대대통령들은 정상회담 후 선언문을 발표하였다. 상단 좌측은 김대중 대통령과 김정일 국방위원장의 6·15공동선언, 상단 우측은 노무현 대통령과 김정일 국방위원장의 10·4공동선언, 하단 좌측은 문재인 대통령과 김정은 국무위원장의 4·27판문점 공동선언이다.

서의 내용은 '군사적 긴장완화'에 중점을 두고 있었다. 그 내용을 보면, ① 판문점선언 군사분야 이행합의서를 평양공동선언의 부속합의서로 채택 ② 남북군사공동위원회를 조속히 가동하여 군사분야 합의서의 이행실태를 점검 및 우발적 무력충돌방지를 위한 상시적 소통과 긴밀한 협의 진행 등 이었다. 합의서에 육상·해상·공중을 비롯한 모든

» 「판문점선언을 위한 군사분야 합의서」 체결 장면

공간에서 상대방에 대한 일체의 적대행위를 전면 중지하는 조치들을 실천해 나가는 것을 포함하였다. 또한 비무장지대를 평화지대로 만들기 위한 실질적인 군사대책 강구와 서해 북방한계선 일대를 평화수역으로 만들어 우발적인 군사적 충돌을 방지하고 안전한 어로활동을 보장하기 위한 군사대책 추진 등을 진행하기로 하였다. 정세의 변화를 반영한 남북정상의 선언이 이어지자 이를 이행하기 위한 정책과제 도출이 이루어져야 했다. 이를 뒷받침 할 행정기능에서 각각의 정책을 도출하는 과정이다. 이는 남북 모두의 공통적인 상황이기도 하였다. 여기에서는 군사분야로 국한하여 도출된 정책과제를 살펴보기로 하겠다. 다만 그 내용에 대해서는 안보에 대한 개인적인 입장과 신념에 따라 부정적인 견해를 보이는 경향도 있을 것이다. 여기에서는 정책결정과 그에 따른 일련의 조치를 살펴보는 것으로 한정하겠다. 「판문점선언」과 「9월 평양선언」에 따라 남북의 군사당국은 군사분야 합의사항 이행을 위하여 2018년 10월 28일에 '제10차 남북장성급군사회담'을 개최하였다.

이 후에는 「판문점선언을 위한 군사분야 합의서」에 대한 사안별 이행사항을 추진하고 추진방향을 마련하는 절차가 남았다. 정부에서는 그해 연말에 이러한 발전적인 분위기를 담아 『문재인 정부의 국가안보전략』이라는 책자를 발간하게 되었다. 여기에서 밝힌 국가안보목표는 '북핵 문제의 평화적 해결 및 항구적 평화정착, 동북아 및 세계평화

·번영에 기여, 국민의 안전과 생명을 보호하는 안심사회 구현'으로 삼았다.[18] 가장 우선적인 목표로 '북핵문제의 평화적 해결 및 항구적 평화정착'을 추구하고자 하였다. 또한 국가안보전략의 기조를 통하여 그동안의 남북 간 군사적 긴장 상태를 완화하고 신뢰를 구축하겠다는 추진 방향을 제시하기에 이르렀다. 이것은 문재인 정부의 국가안보정책에서 중요한 근간을 이루고 있다. 군사적 긴장 상태의 완화를 통하여 『문재인 정부의 국가안보전략』 목표 중의 하나인 '항구적인 평화정착'을 이루고자 하는 것이며, 이것은 추진할 방향을 제시한 것으로 볼 수 있다.

국가안보전략의 목표와 방향이 정해지자 군사분야에서는 당연히 이를 달성하기 위한 정책목표가 수립되고 이를 추진할 과제가 염출되었다. 이것은 『2018년 국방백서』를 통하여 발표되었다. 백서에서는 국가안보전략의 목표를 구현하기 위해 '유능한 안보, 튼튼한 국방'을 군이 달성해야 할 국방비전으로 설정하였다. '유능한 안보'는 우리 주도의 전쟁 수행능력을 구비하여, 대내외의 침략으로부터 대한민국의 영토와 주권을 수호하고 국민의 안전과 생명을 보호하는 것을 말한다.[19] 이를 위해서는 우수한 첨단전력, 실전적인 교육훈련 및 강인한 정신력 등을 전제로 한다. '튼튼한 국방'은 전방위 군사대비태세를 확립하는 것을 말하고 있다. 이는 한미동맹을 바탕으로 우리 주도의 강력한 국방력을 갖추어서 적의 도발을 억제하며, 억제 실패 시에는 전쟁에서 승리하는 대비를 말한다.

국방정책의 목표는 '외부의 군사적 위협과 침략으로부터 국가를 보위, 평화통일을 뒷받침, 지역의 안정과 세계평화에 기여 등으로 삼았다. 정책의 기조는 ① 전방위 안보위협 대비 튼튼한 국방태세 확립 ② 상호보완적이고 굳건한 한미동맹 발전 및 국방교류협력 증진 ③ 국방개혁의 강력한 추진을 통한 한반도 평화를 뒷받침하는 강군 건설 ④ 투명하고 효율적인 국방운영체제 확립 ⑤ 국민과 함께하고 국민으로부터 신뢰받는 사기충천한 군 문화 정착 ⑥ 남북 간 군사적 신뢰구축 및 군비통제 추진으로 평화정착 토대 구축 등을 선정하였다. 이와 같은 목표와 방향을 살펴보면 「판문점선언」과 「판문점선언 이행을 위한 군사분야 합의서」라는 안보환경의 변화에 따라 국가안보정책과 국방정책을 수립하는 과정으로 이어졌음을 알 수 있다. 즉, 이를 추진하기 위한 일련의 과정이 연계성을 가지고 유지되었다는 것이다. 이와 같은 정책의 수립과정을 도표로 제시해 보면 다음과 같다.

---

18) 국방부, 앞의 책(2018), p.30.
19) 국방부, 앞의 책(2018), p.34.

▸ **국가안보정책수립과정**

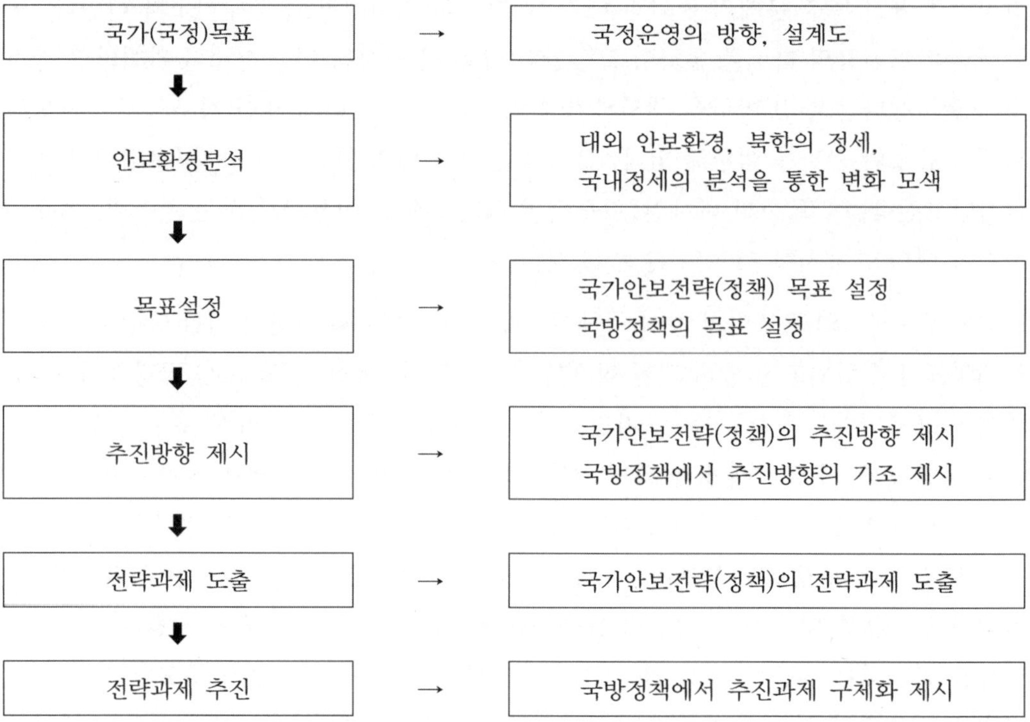

국가(국정)목표	→	국정운영의 방향, 설계도
⬇		
안보환경분석	→	대외 안보환경, 북한의 정세, 국내정세의 분석을 통한 변화 모색
⬇		
목표설정	→	국가안보전략(정책) 목표 설정 국방정책의 목표 설정
⬇		
추진방향 제시	→	국가안보전략(정책)의 추진방향 제시 국방정책에서 추진방향의 기조 제시
⬇		
전략과제 도출	→	국가안보전략(정책)의 전략과제 도출
⬇		
전략과제 추진	→	국방정책에서 추진과제 구체화 제시

정부에서는 안보환경의 변화와 동계올림픽 개최라는 국내적 상황을 분석하여 국가안보전략의 목표와 추진방향을 수립하였다. 가장 상위의 개념인 국가안보정책(전략)에서는 '한반도 비핵화 및 항구적 평화정착'에 이에 대한 내용을 포함하였다. 국방정책에서도 이에 대한 내용을 보다 구체적으로 담고 있다. 『2018 국방백서』에서의 '지역의 안정과 세계평화 기여'라는 목표는 이에 대한 이행을 추진하고자 하는 것이다. 『문재인 정부의 국가안보전략』에서 명시하고 있는 목표는 북핵 문제의 평화적 해결 및 항구적 평화정착, 동북아 및 세계 평화·번영 기여, 국민안전과 생명을 보호하는 안심사회 구현이었다. 이를 분석해 보면 안보위협요소를 대단히 폭 넓고 다양하게 보고 있다는 것을 알 수 있다. '안심사회 구현'은 전통적인 개념의 안보위협요소만을 의미하지는 않는다. 생활저변에서 발생하는 다양한 위협요소를 말한다. 즉, 재해와 재난 등이 모두 포함된다. 이처럼 안보위협요소의 다양화는 이를 대비하기 위한 가용요소 또한 다양화될 수밖에 없음을 예견할 수 있다. 이러한 추세를 고려하면 군사·비군사 요소를 모두 통합한 대비책이 강구되어야 할 것이다. 즉, 군사분야에 관한 군사정책이라 하더라도 군사적인 분야만을 가지고 정책을 수립한다는 것은 현대의 추세에 부합되기 어렵다는 것이다. 이것은

비단 정책에서만이 아닌 전략에서도 동일한 추세로 보아야 할 것이다. 그러므로 군사전략의 경우에도 군사력 활용을 근간으로 삼기는 하되 비군사적 요소와의 유기적인 협조체제를 이루어야 한다. 이러한 점을 고려해 보면, 국가의 주요 안보관련 요소를 거론할 때 군사·비군사 분야로 구분할 수는 있다. 그러나 이들을 운용할 때에는 모든 요소를 총체적으로 결합하여야 한다. 안보의 개념이 점차 확대되는 현상을 고려하면 그동안 정립된 용어의 정의도 다양한 각도에서 조명해 보아야 할 것이다.

용어라는 것은 사회의 변화와 기술의 발달 등으로 인해 새로 생성되기도 하지만 통합되거나 소멸되기도 한다. 특히 '한반도 비핵화 및 항구적 평화정착 추진'의 목표는 ① 평화적 접근을 통한 북핵 문제 해결 ② 한반도 평화체제 구축 ③ 군사적 신뢰 구축 및 군비통제 추진이라는 세개의 항으로 나누어져 있다. 이중의 세 번째 항은 군사분야의 핵심으로 볼 수 있다. 이를 구현하기 위한 국방정책의 기조는 총 6개항으로 이루어져 있다. 이중에서 제6항에 명시한 내용은 '남북 간 군사적 신뢰구축 및 군비통제 추진으로 평화정착 토대 구축'이다. 『2018 국방백서』에서는 이에 대한 추진실적과 향후 방향을 '제7장 한반도 평화체제 구축의 군사적 보장'에서 제시하고 있다. 전략과제의 추진으로 볼 수 있다. 비무장지대(DMZ) 내 남북 각 11개 감시초소(GP)에 대한 시범철수를 위하여 철거를 완료하였으며, 2018년 12월 12일에는 시범 철수한 비무장지대의 GP에 대

» 2020년 12월 12일 시범 철수 GP에 대해 상호 검증하는 남북의 군인들

해 상호 검증을 하였다. 이는 DMZ를 실질적인 평화지대로 복원하고 있다는 것이며, 국제연합(UN) 등 국제사회는 이를 군비통제 추진의 대표적 모범 사례로 평가한 바 있다.

또한 상위 정책의 추진동력을 제공하는 역할을 한다. 국방부에서는 '9·19 군사합의 주요 이행현황'을 통하여 이러한 관계를 언급하였다. 2019년 12월에 국방부는 「국민과 함께 평화를 만드는 강한 국방」이라는 업무보고를 통하여 '「9·19 군사합의」 적극 이행을 통한 남북 간 군사적 신뢰구축'이라는 항목에서 이에 대한 추진실적을 제시하였다. 주요내용은 '지상·해상·공중 적대행위 중지, 판문점 공동경비구역(JSA) 비무장화, DMZ 內 상호 감시초소(GP) 철수, DMZ 내(內) 남북공동유해발굴 추진, 한강하구 공동이용 보장, 남북군사공동위 가동 등에 관한 추진실적'이었다.

여기에서 기대되는 효과로 '한반도 비핵화 및 남북관계 발전을 위한 추동력 제공, 한반도 항구적 평화정착을 위한 국민적 공감대 확산을 언급하였다. 이를 보면 상위 정책의 목표 달성을 위한 구체적인 추진이 하위 정책의 역할임을 보여 주고 있다. 이상의 흐름을 살펴보면 상위의 국가안보전략(정책)에 부합되도록 하위의 국방정책에서는 이를 더욱 구체화 시키고 있음을 알 수 있다. 각각의 동일계선에서의 정책과 전략은 상하관계로 나누어진다. 즉, 분명한 상하관계이며 종속관계임을 알게 해 준다. 국가안보정책은 국방정책의 상위개념이다. 국방정책은 국가안보정책의 일부로서 외부로부터의 위협과 침략에 대하여 국가를 보호하여야 한다. 이를 수행하기 위하여 군사·비군사분야에 걸쳐 각종 수단을 유지, 조성 및 운용을 도모하여야 한다. 군사정책은 국가안보정책의 하위개념이며 비군사분야를 제외한 군사에 관한 정책을 말한다. 군사정책은 국방정책의 핵심 위상을 갖고 있다.

이들 정책은 정의상으로는 구분이 가능해 보인다. 하지만 국가안보정책과 국방정책, 군사정책을 명확하게 구분하기는 점차 어려워지고 있으며 통합시킨 개념으로도 사용되고 있다.[20] 이러한 경향은 우리나라의 국방부에서 발행하는 『국방백서』[21]를 참고해 보아도 이를 알 수 있다. 『국방백서』의 내용을 살펴보면 국가안보전략에 이어 국방정책과 군사전략을 밝히고 있다.[22] 표와 비교해 보면 국가안보정책과 국방정책 그리고 군사정책이라는 일련의 흐름과는 다소의 차이가 있다. 즉, 군사정책을 언급하지 않고 있음을

20) 연구자에 따라 군사정책은 국방정책과 분리하기 보다는 유사하거나 동일한 개념으로 보기도 한다. 또한 국가안보정책과 국방정책, 군사정책을 동일한 개념으로 이해하기도 한다. 그렇지만 어떠한 경우라도 군사정책은 핵심적인 정책으로 인정하고 있다.

21) 우리나라의 『국방백서』는 1967년에 최초로 발간되었다. 현재에는 2년 주기로 국방부에서 발간하고 있다.

22) 국방부, 앞의 책(2018), pp.30~33.

발견할 수 있다. 이는 국방정책과 군사정책을 구분하기 보다는 하나의 공통된 개념으로 보고 있다는 의미로 해석할 수 있을 것이다. 전략의 흐름에서도 이러한 공통된 개념을 발견할 수 있다. 표에서 보듯이 국가안보전략, 국방전략, 군사전략으로 흐르지 않고 있다. 즉, 국방정책에 이어서 국방전략을 별도로 언급하지 않고, 곧바로 군사전략으로 이어지고 있다. 이것 역시 국방전략과 군사전략을 구분하기 보다는 하나의 공통된 개념으로 보고 있다는 의미로 보인다. 그렇지만 군사전략은 국방정책에 통합시켜 언급하지 않고 별도로 언급하고 있다. 이는 '국가목표를 달성하기 위하여 군사력을 건설하고 운용하는 술과 과학'이라는 군사전략의 정의를 보면 이를 이해하는데 용이하리라 본다. 군사전략은 순수한 군사력 운용에 중점을 두고 있으므로 이를 통합하기에는 곤란할 것이다.

리델하트는 "군사전략은 정책의 목적을 달성하기 위하여 군사적 수단을 분배, 적용하는 기술"이라고 하였다. 리델하트는 이러한 관계가 동일 수준에서라는 단서는 달지 않았지만, 그가 말한 정책을 국가정책으로 한정한다면 당연한 말이다. 그렇지만 군사정책까지로 그 의미를 확대할 수 있을지는 좀 더 살펴 볼 필요가 있을 것이다.

지금까지 정책과 전략의 관계를 살펴보았다. 논의하는 관점에 따라 다양한 견해는 있을 것으로 본다. 또한 국방정책과 군사정책 그리고 국방전략과 군사전략을 용어상에서는 구분하고 있지만, 실제로 사용함에 있어서는 구분하지 않고 있음을 알 수 있었다. 『국방백서』에서는 국방정책과 군사정책과 통합하여 국방정책이라는 통합된 용어로 사용하고 있으며, 국방전략과 군사전략은 군사전략으로 통합하여 사용하고 있음을 알 수 있었다. 앞에서 언급하였던 중국이 지향하는 바를 정책과 전략 차원에서 살펴보면, 중국몽(中國夢)은 그들의 국가목표에 해당하며 일대일로는 국가목표를 달성하기 위한 국가정책으로 볼 수 있다. 중국이 남중국해에 건설한 인공섬에 군사력을 배치하는 것은 이를 실천하기 위한 군사전략의 구체적인 과제를 실행하는 것으로 이해할 수 있을 것이다.

우리나라의 국가안보전략과 군사전략

국가전략은 국가목표를 달성하는 역할을 수행한다. 국가의 생존과 번영 추구를 보장하는 것이며, 헌법의 가치가 실현될 수 있도록 하는 것이다. 국가전략이란 '국가목표 구현을 위하여 총제적인 국력을 운용하고 조정하는 술과 과학'이다. 국가의 목표는 국가이익이 대상과 범위를 개념화한 것이며, 헌법의 가치를 실현하는 것이다. 헌법 제10조에 의하면, 국가는 국민의 권리를 보장할 의무를 명시하고 있다.[23] 이는 국가가 존재하고 있을 때만이 가능하다. 과거 일제식민지 시절에서는 국가의 멸망으로 이 모든 것이 철저히 무시되었다.

국가안보전략이란 국가와 안보라는 2개의 개념을 통합한 의미를 갖고 있다. 이 2개의 개념을 통합한 국가안보전략은 국가의 생존을 통하여 국민의 권리를 보장하는 것이다. 안보환경은 과거와는 비교할 수 없게 복잡하게 전개되고 있으며 이를 총괄할 국가차원의 대응은 더욱 요구되고 있다. 앞의 표의 용어 중에서 국가안보전략은 국가안전보장과 국가전략을 하나로 묶은 고유명사이다.[24] 사전적 의미에서의 국가안전보장이란 '대외적 불안이나 위협, 침략으로부터 국가의 평화와 독립, 안전을 지키는 일'을 말한다. 이는 외부로부터의 국가의 생존과 관련되는 것이다. 안보에 대한 개념이 발전됨에 따라 외부의 위협뿐 아니라 국가차원에서 대응해야 할 위기·재난, 사이버 위협과 테러 위협에 이르기까지 범위가 확대되고 있다. 보호해야 할 대상의 범위도 확대되고 있다. 국가의 위상이 상승함에 따라 내국민에서 머무르지 않고 재외국민의 안전과 권익도 국가의 안보 영역에 포함되고 있다. 국가의 생존은 그 어느 것보다 우선시해야 할 가치임은 너무나 자명하다. 이는 헌법에서도 천명하고 있다. 헌법 제91조는 국가안전보장에 관련되는 대외정책·군사정책과 국내정책의 수립에 관한 대통령의 자문에 응하기 위하여 국가안전보장회의를 두는 것으로 명시하고 있다. 외부의 위협으로부터 국가를 방위해야 함을 헌법에서 명시하고 있으며, 이를 총괄하는 국가기구로 국가안전보장회의(NSC, National Security Council)[25]를 두고 있다.

---

23) 제10조 모든 국민은 인간으로서의 존엄과 가치를 가지며, 행복을 추구할 권리를 가진다. 국가는 개인이 가지는 불가침의 기본적 인권을 확인하고 이를 보장할 의무를 진다. 제11조 ①모든 국민은 법 앞에 평등하다. 누구든지 성별·종교 또는 사회적 신분에 의하여 정치적·경제적·사회적·문화적 생활의 모든 영역에 있어서 차별을 받지 아니한다. ②사회적 특수계급의 제도는 인정되지 아니하며, 어떠한 형태로도 이를 창설할 수 없다. ③훈장 등의 영전은 이를 받은 자에게만 효력이 있고, 어떠한 특권도 이에 따르지 아니한다. 제12조 ①모든 국민은 신체의 자유를 가진다. 누구든지 법률에 의하지 아니하고는 체포·구속·압수·수색 또는 심문을 받지 아니하며, 법률과 적법한 절차에 의하지 아니하고는 처벌·보안처분 또는 강제노역을 받지 아니한다. ②모든 국민은 고문을 받지 아니하며, 형사상 자기에게 불리한 진술을 강요당하지 아니한다. 제24조 모든 국민은 법률이 정하는 바에 의하여 선거권을 가진다. ③모든 국민은 신속한 재판을 받을 권리를 가진다. 형사피고인은 상당한 이유가 없는 한 지체 없이 공개재판을 받을 권리를 가진다. ④형사피고인은 유죄의 판결이 확정될 때까지는 무죄로 추정된다. ⑤형사피해자는 법률이 정하는 바에 의하여 당해 사건의 재판절차에서 진술할 수 있다. 제26조 ①모든 국민은 법률이 정하는 바에 의하여 국가기관에 문서로 청원할 권리를 가진다. ②국가는 청원에 대하여 심사할 의무를 진다. 제34조 ①모든 국민은 인간다운 생활을 할 권리를 가진다. ②국가는 사회보장·사회복지의 증진에 노력할 의무를 진다. ③국가는 여자의 복지와 권익의 향상을 위하여 노력하여야 한다. ④국가는 노인과 청소년의 복지향상을 위한 정책을 실시할 의무를 진다. ⑤신체장애자 및 질병·노령 기타의 사유로 생활능력이 없는 국민은 법률이 정하는 바에 의하여 국가의 보호를 받는다. ⑥국가는 재해를 예방하고 그 위험으로부터 국민을 보호하기 위하여 노력하여야 한다.

24) 문영일, 『바로잡아 쓴 동아시아 종주민족국가 한국의 역사와 한국국가안보전략사상사』, (서울: 21세기 군사연구소, 1995), p.32

» 2017년 을지연습에서의 국가안전보장회의(NSC) 장면

국가안전보장회의는 국가안전보장에 관련되는 대외정책, 군사정책과 국내정책의 수립에 관한 대통령 자문기관의 역할을 한다. 군사전략은 국가적 차원의 전쟁수행을 담당 영역으로 하는 최상위의 군사력 운용개념을 말하며, 평시의 군사력 건설까지도 포함하는 개념이다. 군사전략은 앞의 표에서 정의하고 있듯이, 궁극적으로는 국가목표 달성을 위해 군사력을 건설하고 전쟁의 승리를 추구하는 바를 구상하고 적용하는 것을 말한다. 군사전략은 현재의 직면하고 있는 위협과 미래의 예상되는 위협에 대한 평가를 바탕으로 이에 대응하는 목표, 수단, 방법을 결정한다. 이것은 군사작전에 필요한 기초를 제공한다. 군사전략의 주요 역할에 대해서는 전쟁의 정의, 국가정책과 국가전략, 국방전략 등에 관한 정의를 중심으로 정책과 전략과의 관계 등을 통하여 살펴보기로 하겠다. ① '전쟁은 정치의 다른 수단이다'라는 의미에서 군사전략의 기능을 찾아보면, 군사전략은 국가의 이익을 추구하는 최후의 수단으로 작용한다는 것이다. 이것은 최후의 수단이자 가장 빠른 수단으로 작용할 수 있다. 그렇지만 그 만큼 수반될 수 있는 희생을 감수해야 하는 양면성을 갖고 있다. 군사전략은 국가목표 달성을 위한 최후의 방법으로 사용하는

25) 국가안전보장회의는 1963년에 설치되었다. 그렇지만 중요도에 비해 비중있게 인정받지 못한 측면이 있다. 이는 권력의 측근에 있던 기구의 위상이 상대적으로 강했기 때문으로 풀이할 수 있다. 위상과 역할이 강화된 것은 국민의 정부 시절로 보고 있다. 김대중 대통령은 정부 출범 직후인 1998년 국가안전보장회의에서 외교·국방·통일 정책을 총체적이고 통합적으로 협의 운영하는 기구로 위상을 정립하였다. 참여정부 시절인 노무현 정부 출범 직후에는 국가정보원의 비중을 축소하면서 국가안전보장회의를 보다 더 확대시켜 그 위상을 강화하였다. 국가안전보장회의 구성은 대통령, 국무총리, 통일부장관, 외교통상부장관, 국방부장관, 국가정보원장, 대통령비서실장 및 대통령이 임명하는 약간의 위원 등으로 하고 있다.

수단임은 동서고금의 역사를 통하여 이미 증명되었다. 그러므로 주변의 안보환경의 변화에 대응할 수 있는 물리적인 군사력을 건설하고 이를 투사할 능력을 보유하여야 한다. ② 군사전략은 국가전략이 추구하는 국가목표를 달성하기 위한 실현수단의 하나이다. 이것은 국가전략을 구성하는 하나의 부분으로써 역할을 한다는 의미이다. 평시와 전시에 달성할 군사전략의 목표는 최종적으로는 국가의 목표와 일치되어야 하며 이를 달성하기 위하여 군사활동을 전개하여야 한다. ③ 군사전략은 전쟁을 수행하여 달성하고자 하는 목표와 이를 위한 군사력 운용의 방향을 제시해 준다. 즉, 하위 개념의 작전술과 전술에 대한 수행 개념을 구체화하기 위한 방향과 지침을 제공한다. 군사전략은 작전술과 전술에 대하여 보다 상위 차원의 목표를 명확하게 인식시켜 주며 이를 구현할 방향과 지침을 제공하는 것이다. ④ 전쟁을 억제 또는 준비 및 실행의 핵심적 주체이다. 군사전략의 주요 역할은 전쟁 이전과 전시로 구분하여 볼 수 있다. 전쟁 이전에는 군사력을 건설하고 유지 및 관리하는 것이다. 전쟁에 대비하여 군사력을 건설하고 유지하기 위한 교육훈련, 교리 및 무기체계 등의 발전에 주력하는 것을 말한다. 이것은 군사력 운용보다는 군사력 양성과 육성에 중점을 두고 있다. 이는 적국으로 하여금 전쟁을 포기하게 만들기도 한다. 이렇게 된다면 전략은 성공한 셈이다. 싸우지 않고 소기의 목적을 달성했다는 것은 무혈승리를 의미한다. 그렇지만 억제 실패시에는 적과 싸워서 전쟁을 승리로 종결시켜 국가목표를 달성하여야 한다. 이를 용병기능이라고 한다.

이와 같이 군사전략은 평시의 군사력 건설을 통한 전쟁억제의 역할과 전시의 용병 기능으로 나누어 볼 수 있다. 군사전략은 군사행동의 방향을 결정하고 군사작전의 유리한 상황과 여건을 조성하는 등 군사 분야의 준비와 실행을 핵심과제로 한다. 군사전략의 수행은 국방부와 합동참모본부 등의 국가전쟁지도 기구가 주관한다. 우리는 흔히 '이겨놓고 싸운다'라는 말을 한다. 이 말이야 말로 전략이 갖고 있는 위치와 중요성을 함축적으로 표현한 말이다.

서두에서 언급한 카르타고의 명장 한니발은 알프스산맥을 넘어 기습적으로 로마를 공격하면서 칸네에서 대승을 거두었으나 결국은 패배하였다. 이는 전술에서는 이겼으나 전략의 목표를 달성하지 못한 것을 의미한다. 또한 전략의 실패는 전술의 승리로 극복하지 못한다는 것을 보여 준 전례이기도 하다. 누적된 전술의 승리가 전략의 승리로 연계될 수 없다는 것을 증명해 주었다. 그러므로 이것은 전략의 중요성과 위치 그리고 전술과의 관계를 단적으로 보여주었다는 평가를 받는다.

제2차 세계대전을 거치면서 인류는 가공할 위력의 원자폭탄을 등장시켰다. 이처럼 강력한 무기의 등장은 전략에도 크게 영향을 미쳤다. 이전까지의 전쟁에서의 전략목표는 적을 굴복시켜 승리를 쟁취하는 것이었다. 적의 굴복을 위하여 다양한 전력을 활용하면서 보다 많은 적을 섬멸시키는 것이 승리의 관건이었다. 그런 관계로 전략의 핵심은 보다 많은 적을 살상할 수 있는 개념으로 발전되어 왔다. 그렇지만 가공할 위력의 핵무기가 등장하면서 승리는 파멸이 될 수도 있다는 경각심을 안겨 주었다. 핵전쟁은 승리뿐 아니라 자칫하면 공멸이라는 개념을 분명히 보여주었다. 미국만이 보유했던 핵무기는 점차 시간이 지나면서 독점의 영역을 벗어났다. 가공할 무기의 위력은 다 함께 파멸될 수 있다는 교훈을 얻은 것이다. 이러한 영향으로 인해 이후부터는 전쟁을 억제하기 위한 전략으로 중심축이 이동하기 시작하였다. 그러나 인류가 아무리 전쟁은 파멸이라는 교훈을 얻었다 하여도 전쟁이 사라진다는 것은 기대하기 어렵다. 그것은 현재까지도 인용되는 전쟁의 정의에서 이미 암시하고 있다. 따라서 이를 억제하고 방지하기 위한 전략, 만약 전쟁이 발생한다 하여도 이에 대한 피해를 최소화하는 작전술과 전술의 개발이 필요하다는 것에는 모두가 공감할 것이다. 다시 한번 전략의 기능 중에서 전쟁 억제를 생각하게 해주고 있다.

전략의 목적을 『전략론』의 저자 리델하트는 다음과 같이 말하였다. “전략의 목적은 적의 저항 가능성을 감소시켜 전투를 해야 할 필요성을 가장 낮게 만드는 것이다.” 즉, 싸우지 않고 문제를 해결하는 방법을 전략의 가장 큰 기능으로 본 것이다. ‘전투를 할 필요성을 가장 낮게’라는 말이 의미하는 것은 억제전략을 말하는 것으로 보면 될 것이다. 전투를 추구하지 않고 유리한 전략적 상황을 조성하는 것이 전략임을 말하고 있다.

우리나라의 국가안보정책 발전과정

우리나라의 경우 국가안보정책에 대한 공식적인 문건이 작성된 것은 노무현 대통령의 참여정부시절이다. 2004년에 「평화번영과 국가안보」를 발간하여 한반도와 동북아의 공동번영을 강조하였다. 이어서 들어선 이명박정부는 2009년에 「성숙한 세계국가」를 통하여 상생·공영의 남북관계와 실리 외교 지향을 천명하였다. 박근혜정부 시절에는 2014년에 「희망의 새 시대 국가안보전략」에서 한반도 신뢰 프로세스와 통일시대 준비를 목표로 제시하였다. 문재인정부에서는 국정의 목표를 ‘평화번영의 한반도 실현’에 두고, 안보환경의 급변에 따른 능동적이고 적극적인 대응을 위한 국가안보정책의 기조를 수립하였다.

'평화번영의 한반도 실현'은 문재인정부가 출범하면서 내세운 정책이다. 문재인정부의 국가안보정책의 주요목표는 북핵 문제의 평화적 해결 및 항구적 평화정착, 동북아 및 세계 평화·번영에 기여, 국민 안전·생명을 보호 하는 안심 사회 구현으로 설정하였다. 특히 주목할 점은 대규모 재해·재난 등 다양한 위협과 위험으로부터 국가를 지키는 것을 포함했다는 것이다. 재해와 재난으로부터 오는 위협과 위험에서의 컨트롤타워 역할은 정부임을 밝혔으며, 이는 안보의 영역이 다양해졌다는 의미이기도 했다.[26] 오늘날의 안보위협은 과거와는 다르게 다양한 분야에서 다가오고 있다. 전통적인 안보위협은 적대국에 의한 군사적 분야에 해당되는 영역이 주를 이루었으나, 최근에는 초국가적·비군사적 위협이 증대되고 있다. 대표적인 비군사적 위협에는 전염성 질병, 자연재해, 지구 온난화에서 오는 환경의 문제 등이 주요 안보현안문제로 부상하고 있는 실정이다.

최초의 국가안보정책서에 대한 주요내용을 잠시 살펴보기로 하겠다. 참여정부는 국가안전보장회의(NSC) 상임위원회 명의로 「평화번영과 국가안보」라는 제목의 책자를 2004년 3월 4일에 발표하였다. 이는 우리나라의 안보정책 구상을 밝힌 최초의 국가안보정책서라는 평가를 받고 있으며, 역대정부와는 차별화되는 부분이기도 하다. 「평화번영과 국가안보」는 총 8장으로 구성되어 있다. '새로운 안보환경, 참여정부의 안보정책 구상, 북한 핵문제의 평화적 해결과 한반도 평화체제 구축, 한미동맹과 자주국방의 병행 발전, 남북한 공동번영과 동북아 협력 주도, 전방위 국제협력 추구, 대내적 안보기반 확충, 평화와 번영의 동북아시대를 향하여'로 구성하였다. 안보정책 구상에는 국가안보의 목표를 제시하였으며, 이를 실현을 위한 전략기조와 이를 추진하기 위한 추진체계를 제시하였다. 참여정부에서는 당시의 국제정세를 냉전의 종식에도 불구하고 불안정성은 오히려 증가하고 있음을 지적하면서 국가간에의 전통적인 위협 이외에도 테러와 대량살상무기확산 등의 새로운 안보문제가 오히려 확산되고 있음을 새로운 안보의 문제로 제기하였다. 9·11테러 이후 세계는 테러의 공포가 확산되었으며 이를 방지하기 위한 국제적 노력이 강화되고 있었다. 그렇지만 세계도처에서 진행되는 테러는 확산일로에 있었던 것이 당시의 국제적인 상황이었다.

---

26) 이것은 세월호 사건의 교훈에서 나온 것으로 보인다. 2014년 4월 에 제주도로 향하던 한 척의 여객선이 침몰하는 사건이 발생하였다. 이 사고로 총476명의 승객 중에 295명이 사망하고 9명이 실종되었다. 희생자 중에는 고교생 246명이 포함되어 더욱 안타까움을 크게 하였다. 사고의 원인으로 여러 가지를 나열할 수 있겠으나 무엇보다도 신속한 구조가 이루어지지 않았다는 점에서 국가에 대한 불신은 국민들의 가슴속 깊이 새겨지게 되었다. 서서히 침몰하는 과정을 생중계하는 TV화면에는 세월호의 유리창에 매달려 있는 학생들의 애처로운 모습을 비추고 있었다. 그러나 구조다운 구조는 이루어지지 않았다. 이를 바라보는 국민의 심정은 희생자에 대한 안타까움과 국가의 책무에 대한 실망감이었다.

» 참여정부의 국가안보정책서(좌, 2004년)와 국방정책서(우, 2003)

참여정부에서는 안보환경을 '북한 핵문제와 군사적 위협, 주한미군 재배치와 한미동맹의 발전, 동북아 전략적 상호관계의 유동성, 세계화·정보화의 심화 및 지역협력 강화, 다양한 안보위협의 대두' 등 다섯 가지로 분석하였다. 이에 대해 국가이익을 실현하고 국가안보 목표를 달성하고자 국가안보 전략기조를 네 가지로 설정하였다. 각각의 내용을 살펴보면 다음과 같다. 평화번영정책은 기존의 화해협력정책을 계승하여 발전시킨 정책으로서, 통일·외교·국방 등 안보정책 전반을 관통하는 기조로 삼았다. 균형적 실용외교는 대외관계에서 상이한 목표와 요구들 간의 균형을 취하고, 설정된 목표를 달성하기 위해 외교적 유연성을 발휘하는 것을 말하고 있다. 협력적 자주국방은 동맹을 발전시키고 대외 안보협력을 활용하면서 대북 억제에서 우리가 주도적인 역할을 수행한다는 것이다. 포괄안보는 대내외의 다양한 안보 위협과 도전에 효과적으로 대처할 수 있도록 제반 분야에서 안보역량을 강화해 나가겠다는 것이다. 이와 같은 내용을 담아 그동안에는 체계적으로 정립되지 않았던 안보정책서를 발간한 것은 나름의 의미를 갖고 있다.

5. 군사전략의 형태

군사전략의 기능에 대해서는 전쟁 이전의 전쟁억제 기능과 전시의 용병을 통한 승리로 국가목표를 달성하는 기능이 있음을 이해하였다. 현대사회는 다양한 분야에서 전략이라는 용어를 사용하고 있으며, 전략의 앞과 뒤에 쓰이는 명사에 따라 그 성격을 알 수 있었다. 즉, 복합명사화하여 성격을 규정하고 있는 것이 일반적인 추세로 자리잡고 있다. 이러한 현상은 군사전략에서도 예외는 아닌 것 같다. 군사전략에서도 전략 앞에 쓰이는 명사에 따라 전략의 형태를 나타내는 것이 보편화 되어 있다. 이처럼 복합명사화하여 전략을 분류한다면 대단히 다양한 형태의 군사전략이 나타날 수 있다. 너무나 다양하게 분류하면 이를 구분하는 것 자체로 의미를 퇴색시킬 수 있다. 그러므로 앞에서 언급한 바와 같이 각국에서 일반적으로 채택하는 군사전략의 형태를 제시하고, 주요 이론가들의 전쟁의 정의와 전쟁을 분석한 결과와 이에 대한 견해, 현대의 군사전문가에 의한 분류 등을 바탕으로 전략의 형태를 한정시키고자 한다. 이렇게 한정시킨 전략형태를 다음 장에서 『삼국지』의 주요장면과 비교해 보기로 하겠다. 『삼국지』에서는 주로 책략 또는 계략이라는 용어가 나온다. 이를 전략과 동일한 차원으로 간주하여 군사전략에 대한 이해를 돕도록 하겠다.

전략환경과 군사전략의 형태

군사전략의 형태는 다양하게 분류할 수 있다. 우리나라의 경우에는 군사전략의 수립목적, 접근방법, 대응방법, 적용기간 등에 따라 분류하고 있다. 또한 전쟁의 수단과 작전영역을 고려하여 형태를 나누기도 한다.

▸ **군사전략의 형태**

구 분	전략형태	구 분	전략형태
수립목적	억제전략, 수행전략	대응방법	대칭전략, 비대칭전략
접근방법	직접전략, 간접전략	적용기간	단기전략, 장기전략
무기수단	핵전략, 재래식전략	작전영역	해양전략, 우주전략 등

군사전략을 수립하기 위해서는 지정학적인 위치와 주변국과의 관계, 전시에 동원할 수 있는 국력과 이에 대한 동력을 제공할 국민성, 보유한 무기체계, 당면하고 있는 국제질서와 그에 따른 자국의 위상, 국가전략 등을 심층 깊게 고려하여야 한다. 일반적으로 군사전략이 추구하는 목적을 달성하기 위한 군사전략은 '억제전략'과 '수행전략'으로 구분해 볼 수 있다.

'억제전략'은 군사행동을 취했을 경우에 얻는 이익보다는 손실과 위험이 크다고 판단될 때 주로 취하는 전략을 말한다. 상대국이 도발을 하지 못하도록 억제하고자 하는 전략이다. 말 그대로 전쟁을 억제하겠다는 전략을 말한다. 여기에는 무기체계의 비약적인 발달이 크게 작용하였다. 현대의 무기체계는 급속히 발전하면서 급기야는 핵무기를 생산하여 실전에 배치한 상태이다. 인류는 핵무기의 가공할 위력을 실감하였으며, 다시 한번 핵무기를 사용한다면 상대국과 함께 공멸할 수 있다는 두려움을 갖게 되었다. 보다 앞선 무기체계를 개발하기 위한 노력을 하면서도, 이의 발달로 인한 전쟁에 대한 두려움은 과거 어느 때 보다도 더욱 커진 상황이다. 따라서 전쟁을 억제하는 길만이 인류 모두가 생존할 수 있다는 공감대를 형성시키기에 이르렀다. 억제전략이 중요한 이유이다. 그렇지만 억제에 실패했을 경우에는 전쟁은 불가피하다.

'수행전략'은 군사행동을 수행하기 위한 전략을 말한다. 수행전략은 통상 세 가지의 형태로 나타난다. '공세전략', '수세전략', '수세 후 공세전략' 등이 대표적이다.[27] 공세전략과 수세전략은 작전의 형태에 따른 분류이기도 하다.[28] 과거에는 작전형태를 고려하여 공세전략과 수세전략으로 구분하는 것이 일반적이기도 하였다. 수행전략은 세 가지로 구분하기도 하지만 이들 전략이 모두 단독 또는 독립적인 개념으로 작용하는 것은 아니다. 이들은 서로 유기적이며 보완적인 관계를 형성하고 있다. 즉, 억제전략을 채택하면서 억제가 실패할 경우를 대비하여 '수세 후 공세'의 전략을 병행하여 채택하고 있는 경우가 대표적이다.

우리나라의 경우에도 평화공존이라는 인류의 보편적 가치를 추구하기 위하여 억제전략을 기조로 하고 있다. 그러나 억제에 실패하여 전쟁 상황이 발생하면 적의 공격을 최대한 저지하면서 공세의 발판을 마련한 후에 과감한 공세전략으로 전환한다는 전략을 채택하고 있다. 공세이전에는 당연히 수세전략을 고수하게 된다. 반격의 여건을 조성하

---

27) 육군교육사령부(1987), 앞의 책, p.182.

28) 작전형태는 크게 공격작전과 방어작전으로 분류하고 있는데, 여기에 지연작전 등을 포함하기도 한다. 작전형태는 각국의 군사사상, 안보환경에 따라 차이를 보인다.

» 원폭으로 피해를 입은 히로시마의 건물 잔해

는 단계이다. 대부분의 주권국가의 군사전략이 이에 해당한다. 이러한 전환은 하나의 순서 개념만은 아니다. 다만 억제전략을 채택하는 경우 선제적인 공격은 허용하지 않는 것이 일반적이다. 그렇기 때문에 수세적인 국면이 상당 기간에 걸쳐 전개되기도 할 것이다. 이와 같은 상황을 고려해 보면 억제전략은 수세 후 공세전략과 함께 발전시켜야 할 전략의 형태로 보면 될 것이다. 공세전략은 전쟁의 주도권을 장악하기 유리한 측면이 있으며 적극적이고 능동적인 전략이다. 반면에 수세전략은 적의 공격을 방어한다는 수동적인 면은 있지만, 오랜 기간에 걸쳐 자국의 국토 특징에 적합한 방어준비를 할 수 있다는 이점이 있다. 즉, 열세한 군사력으로 보다 강한 적을 상대하기 유리한 전략형태이다. 억제전략은 앞에서도 언급했듯이 세계대전을 거치면서 사용한 핵무기의 교훈에서 크게 영향을 받았다. 인류는 전쟁을 조기에 종결하여 전쟁의 피해를 줄여보고자 개발한 핵무기의 사용에 따른 처참한 결과를 목격하면서 전쟁의 확산을 억제하고자 노력하였다. 물론 과거에도 전쟁에 대한 폐해를 인식하고 이를 억제하고자 하는 노력은 계속되었다. 그렇지만 전쟁은 확산 일로로 치달았으며 결국에는 두 번의 세계대전을 치르게 되었다. 세계를 전쟁터로 만든 두 번의 대전은 유사 이래 보기 드문 대량 살육전을 전개하였다. 이를 조기에 종결하기 위해 더욱 강력한 무기인 핵무기를 개발하였다. 소망

대로 전쟁은 종결되었지만 무기의 위력을 실감한 인류는 트라우마에 시달려야 했다. 그 후 시간이 경과하면서 여타의 무기가 그러하였듯이 미국도 이를 계속하여 독점하지는 못하였다. 경쟁 상대의 강대국들이 이를 보유하기에 이르렀다. 이에 따라 핵 공격에는 핵으로 대응한다는 핵무기 사용에 대한 국가 차원의 보복 핵전략이 마련되었다. 핵전략은 핵무기를 전쟁의 수단으로 사용하게 되는 것을 고려한 전략의 형태이다. 핵무기의 개발은 무기의 수단에 따른 전략의 형태로 발전하였다. 1960년대의 냉전시기에 미국과 소련은 핵전략을 구사하였다. 이를 '상호확증파괴(mutual assured destruction)'라 하며 약칭으로 MAD라 한다. 핵전략의 핵심이다. 이것은 핵무기 보유국이 전쟁을 하게 될 경우 공멸할 수 있다는 불안감을 이용한 전략개념이다. 상대방이 핵으로 공격하면 핵으로 보복하겠다는 것이 핵심이다. 핵무기의 위력을 충분히 알고 있는 상태에서 핵무기를 보유한 상대국에 핵무기를 사용하지는 못할 것이라는 가정에서 나온 것이다. 핵전쟁만큼은 막아야 한다는 의지가 핵무기의 성능을 익히 알고 있는 각국의 전쟁지도부를 지배하고 있었다는 증표이기도 하였다.

미국과 소련은 냉전체제를 유지하면서 경쟁적으로 핵무기를 보유하고자 하였다. 이들 국가는 수 만발에 이르는 핵탄두를 보유하게 되었지만 정작 핵전쟁이 발발하지는 않았다. 이를 가능하게 한 것이 상호확증파괴이다. 보복에 따른 위험 부담을 회피하고자 한 것에서 출발하였다. 즉, 핵무기로 공격하면 핵무기의 공격을 받는다는 취약성을 안고 있었던 것이다. 공멸을 원하지는 않는다는 것을 서로가 인정한 셈이다. 인류는 경험을 통하여 핵전쟁의 참혹함을 알게 되었고 억제전략이 어떠한 전략보다도 현명함을 깊이 인식하게 되었다. 그 옛날 손자가 "싸우지 않고 승리하는 것이 최선이다."라고 외쳤건만 참혹한 경험을 통하여 뒤늦게 이해를 한 결과이다. 이와 같이 각국이 처해있는 특수한 요인과 함께 전쟁이 미치는 국가적인 영향 등을 고려하여 평시의 전쟁 방지를 위한 전략이 억제전략이다. 인류의 보편적 가치인 안정과 평화를 추구하는 전략으로 이해하면 될 것이다. 무기의 비약적인 발달로 인해 전쟁을 수행할 경우에 전쟁에서 얻는 이익보다는 손해가 오히려 크다는 판단에서 취하는 군사전략이다. 억제전략의 주요수단 중의 하나가 강력한 동맹국과의 훈련이다. 우리나라의 경우 한미연합훈련이 대표적이다. 도발과 전쟁억제의 성격을 갖고 있다. 그렇지만 억제전략이 실패했을 경우를 대비해야 한다. 공세전략은 국가의 현실적인 상황이 주변국의 공격 기도를 조기에 분쇄하지 못할 경우 생존에 절대적으로 불리할 경우에 주로 채택하는 전략이다. 대표적인 국가로 이스라엘을 들 수 있다. 이스라엘은 국토의 종심과 면적, 인구수 등으로만 평가한다면 소국에 불과하다. 특히 짧은 국토의 종심은 적에게 기습당하여 한번이라도 밀리면 회복이 불가능할 정도이다.[29] 그러므로 그들은 국가를 존속시키는 군사전략으로 주변의 위협을 선제적으로 제압하여 위협을 제거하거나 최소화하고자 하였다. 지정학적 특징에서 출발하였음을 알 수 있다. 이스라엘은 주변의 아랍국에 둘러싸인 지리적인 특징을 갖고 있다. 아랍국이라는 바다에 둘러싸인 섬지역과도 같은 모양이다. 약 850만의 인구에 불과한 반면에 주변의 아랍국은 1억 이상의 압도적인 규모이다. 이스라엘은 수천 년의 기간을 나라 없이 유랑하면서 유대인 학살이라는 처참한 경험을 한 민족이다. 당연히 국가를 보존해야 한다는 국민성은 그 어느 국가보다도 높으며, 이로 인해서 국민 대다수는 국가의 공세전략에 대하여 지지를 보내는 환경이 미리부터 조성되어 있었다. 국토의 극히 제한적인 상황을 고려하면 생존을 위해서는 주변을 약화시켜야 한다는 점에 국민 대부분이 공감한 결과이다. 이와 같이 이스라엘은 역사와 지리적 환경, 주변국과의 관계, 국민성 등을 고려하여 공세전략을 추구하고 있다.

이스라엘은 이러한 전략의 영향으로 아랍국을 선제공격하면서 제3차 중동전쟁을 발생시켰다.[30] 기습적으로 아랍국을 공격하여 단 6일 만에 전쟁을 승리로 종결시켜 '6일전쟁'이라고도 한다. 기습공격(奇襲攻擊, Surprise Attack)을 단행하여 크게 성공한 것이다. 이스라엘은 이 전쟁을 통하여 가자지구, 요르단강 서쪽의 서안지구, 골란고원, 시나이 반도의 8,600㎢에 해당하는 지역을 점령하였다. 그 후 1982년에 시나이반도는 이집트에 반환되었지만 나머지 지역은 아직도 이스라엘이 차지하고 있다. 이처럼 이스라엘은 공세전략에 따라 선제적인 기습공격으로 군사대국으로의 이미지를 굳혀 나갔다. 기습공격은 공세전략의 대표적인 군사행동중의 하나이다. 그러나 후에 이스라엘은 '수세 후 공세전략'으로 전략의 방향을 전환하였다. 그 결과 제4차 중동전쟁에서는 아랍국으로부터 기습공격을 받았다. 이스라엘은 군사력의 저력을 바탕으로 전세를 역전시켰으나 그 후유증은 만만치 않았다. 이스라엘은 역전을 통하여 전쟁에서 승전했음에도 불구하고 전쟁지도부인 다얀사령관과 메이어 수상이 사임하는 상황까지 내몰렸다. 그렇지만 이스라엘은 여기에서 귀중한 교훈을 얻었다. 인구와 영토의 면적, 주요산업의 생산 능력 등이 아랍의 연맹국에 비하여 크게 제한됨을 절감하였다. 단 한번의 실패로 국가가 소멸될 수도 있다는 취약점을 안고 있다는 것을 절실하게 인식한 것이다. 그 반

---

29) 면적은 2만 770㎢이며 남북길이가 약 400km, 동서길이가 가장 넓은 곳이 121km이다. 면적으로 보면 우리나라 경상북도(19,031㎢) 보다 약간 큰 규모이다.

30) 공세전략에 따라 아랍국을 선제공격한 제3차 중동전 당시의 이스라엘 인구는 고작 280만 명에 불과하였다. 반면에 아랍 14개국은 1억 500만 명이었다. 이스라엘은 이들과 전쟁을 벌여 승리를 거머쥐었고 이를 '6일전쟁'이라고도 한다. 이 전쟁을 통하여 이스라엘은 다시 한번 군사강국의 이미지를 굳히게 되었다.

» 이스라엘의 대전차 방벽인 바레브라인(좌), 모세다얀과 이스라엘군(우)

이스라엘은 제3차 중동전쟁 이후에는 전략을 변경하였다. 수세 후 공세로 전략을 변경하면서 주요 전차 기동로에 방벽을 구축하였는데, 이를 바레브라인이라고 한다. 그 후 제4차 중동전쟁에서 이스라엘은 아랍국의 기습공격으로 초전에는 크게 고전하였다. 전략 변경의 영향을 크게 받았다고 평가할 수 있다.

면에 아랍연맹은 이러한 불리점을 감당할 국가의 능력을 보유하고 있음을 인정하게 되었다. 전쟁지속 능력을 냉철하게 인정한 것이다. 이러한 점은 이스라엘이 휴전협정과 이후의 평화협정에 응할 수밖에 없게 만든 원인이기도 하였다.[31] 이후에 이스라엘의 전략방향은 공세전략으로 전환되었다. 이스라엘은 주변의 아랍국이 핵무기를 보유하는 것을 원하지 않았다. 그렇지만 아랍국들은 자국의 군사력 강화를 위하여 핵무기 보유를 위한 움직임을 보이고 있었다. 이러한 움직임을 감지한 이스라엘은 그들의 공세전략에 따라 군대를 움직였다.

이스라엘은 마침내 선제공격(先制攻擊 ,Preemptive Attack)을 감행하였다. 1981년 6월 7일에 8대의 F-16 전투기와 F-15 전투기 6대를 동원하여 이라크 한복판에 있는 오시라크 원자로를 폭격하여 파괴시켰다. 이로 인해 이라크의 후세인은 핵개발 계획에 심각한 타격을 입었다. 이스라엘은 여기서 멈추지 않았다. 2007년 9월 6일에는 자정을 기하여 시리아의 알 키바르 핵시설에 대하여 F-15 전투기를 이용하여 핵 원자로 파괴공격을 감행하여 이를 성공시켰다. 이스라엘은 오랜 기간 동안 정보력을 동원하여 이곳에서 북한 기술의 지원을 받아 원자로가 건설되고 있다는 사실을 알아냈다. 이때 공격을 받은 시리아는 정작 별다른 반응을 보이지 않았다. 이유는 공습받은 시설이 핵

31) 김창진, 『전쟁사와 무기체계』 (서울: 문운당, 2019), p365.

≫ 프랑스의 마지노선과 영화「퓨리」에서의 마지노선 요새

프랑스는 제1차 세계대전을 거치면서 참호전과 베르덩전투의 교훈에 집착되어 있었다. 특히 베르덩전투는 강력한 요새가 없었기에 피해가 컸다는 결론을 내렸다. 그들은 독일군이 공격할 경우를 대비하여 국경선을 따라 철벽을 구축하기로 하였다. 그렇지만 독일군은 마지노선을 우회하여 이를 무용지물로 만들어 버렸다. 마지노선은 룩셈부르크에서 스위스 국경에 이르는 콘크리트장벽이었다. 무려 1927년부터 1936년까지의 10년간에 걸쳐 완성하였다. 대표적인 수세전략으로 볼 수 있다.

무기와 관련이 있다는 사실이 밝혀지면 시리아는 국제적으로 곤란한 상황에 직면할 수 있었기 때문이다.[32] 2019년에는 시리아 중서부 지역에 위치한 마시아프 소재의 군사기지를 공습하였다. 이 이외에도 이스라엘은 자국을 겨냥할 수 있는 적국의 전략무기 생산시설 등에 공습을 감행하였다. 공세전략의 대표적인 군사행동으로는 앞에서 말한 기습공격과 선제공격이 있다.[33] 이처럼 각국이 유지하는 군사전략은 군사력 사용을 구체적으로 지도하게 된다. 중요한 것은 각국의 이익과 국가의 환경에 부합된 군사전략을 채택하는 것이며, 이를 추진할 군사력이 구비되어야 한다는 사실이다.

수세전략은 적의 공세가 개시되기 이전에는 가용한 군사수단을 사용하지 않는다. 다만 적의 공격이 개시되면 적의 공격을 저지, 격퇴하여 적의 침략을 막아내는 것이다. 그러므로 지극히 수동적인 전략으로 볼 수 있다. 전술에서의 방어와 마찬가지로 수세전략은 방자의 입장에서 모든 전략을 수립하므로 방자가 갖는 이점과 불리점을 모두 갖는다. 즉, 미리부터 적의 공격에 대비한 방어준비를 갖추어 놓은 상태에서 적의 공격을 기

---

32) 시리아는 이스라엘의 공습 후에 핵과는 무관하다고 밝혔다. 그러나 1년 뒤에 국제원자력기구(IAEA)는 현장에서 방사능 물질을 수거하여 핵시설이었음을 입증하였다.

33) 군사용어사전에서 정의하는 기습공격은 '불의의 공격으로 적에게 심리적, 물리적 충격을 가하여 혼란을 조성하고 기습의 효과를 이용하여 주도권을 장악함으로써 유리한 여건 하에서 전쟁을 수행하고자 하는 것'으로 말하고 있다. 선제공격은 '적의 기선을 제압하기 위하여 먼저 공격하는 행위이며, 전투의 주도권을 쥔다는 관점에서 중시되고 있으나, 최근에는 자위권의 확대 차원에서 실시하는 공세행동을 포함하는 개념으로 사용한다'로 하고 있다. 이 둘의 개념을 비교해 보면 전쟁과 전투이다. 즉, 기습공격은 전쟁으로의 확장이며 선제공격은 제한된 목표만의 타격을 말하는 것으로 이해할 수 있다.

다린다는 이점이 있다. 그러나 공격하는 적은 보다 자유로운 행동의 자유를 갖고 있다. 이점이 방자의 불리점이다. 자유기동에 상대적으로 유리한 공자는 전력의 핵심을 공자가 원하는 방향에 집중하여 선택한 지점에서 결전을 하고 할 것이다. 그러므로 방자는 공자의 공격방향으로 움직이는 수동성이 있으며 이러한 영향으로 공자에 비해 소극적으로 대처하게 된다. 국가적으로는 중립국의 경우에 수세전략을 취하며, 그렇지 않은 경우에는 군사력이 가상 적국에 비해 열세인 경우에 취하게 된다.

우리나라의 역사에서도 중국이라는 거대한 강국에 맞서 군사행동을 계획한 적은 있으나 실행한 적은 거의 없다. 그것은 중국에 비해 군사력이 열세였던 탓이다. 열세한 군사력으로는 수세전략을 취할 수밖에 없다는 한계가 있다. 중국의 '도광양회(韜光養晦)'는 수세전략으로 볼 수 있다. 중국은 '빛을 감추고 어둠 속에서 힘을 기른다'는 수세전략으로 미국과의 격돌을 피해왔다. 그러나 이제는 '대륙굴기'라는 공세전략으로 전환하고 있다. 공격을 할 만한 역량이 비축되었다는 자신감의 표현으로 볼 수 있는 대목이기도 하다.

주요 군사이론가의 군사전략 형태

전략이라는 용어가 존재하지 않았던 시대부터 전쟁을 깊이 있게 연구하고 그 원리를 찾고자 했던 주요 군사이론가들에 의해 전쟁의 정의는 규정되어져 왔다. 또한 그들이 전쟁을 정의한 내용 등에서 전략의 형태를 만나볼 수 있다. 여기에서 소개하는 내용은 주요 군사이론가들이 전쟁을 바라본 개념을 통하여 전략의 형태를 찾아보았다. 이중에 간접접근전략은 작전술 차원으로 이해하는 것이 타당하므로 작전술분야에서 언급하기로 하겠다.

『삼국지』에서는 다양한 계책으로 작전을 성공시키는 장면이 많이 등장한다. 이것은 '간접전략(Indirect Approach)'으로 구분하였다. 이는 리델하트가 말한 '간접접근전략'과는 차이점을 갖고 있다. 『삼국지』에서는 다양한 계책이 많이 나온다. 이러한 내용은 연구자에 따라서는 전술과 가깝게 볼 수도 있을 것이다. 그렇지만 여기에서는 '간접전략'이라는 용어를 사용하여 전략의 한 형태로 구분하였다. 『삼국지』에서의 '간접전략'의 수단은 군사력 수단뿐만이 아닌 다양한 수단을 사용하고 있다. 『삼국지』의 초반 장면에서 나오는 '미인계', '고육계' 등은 여기에 해당하는 전략으로 볼 수 있을 것이다. 여기에서 말하는 '간접전략'은 군사적 요소 뿐 아니라 비군사적 요소를 이용한 책략까지를 포함하는 전략의 형태로 이해하기 바란다. 본서에서의 군사전략은 우리나라에서 분류하는 전략의 형태, 주요군사이론가들이 말하는 전략의 형태, 현대의 군사이론가의 주장 등을 중심으로 하여 서술하기로 하겠다.

▸ 주요 군사이론가들의 견해를 분석한 전략의 형태

구 분	전쟁 수행에 대한 견해	전략형태
손 자	시계편 : "병자국지대사(兵者國之大事)" → 전쟁수행은 신중해야 함을 강조 모공편 : "시고백전백승(是故百戰百勝), 비선지선자야(非善之善者也), 부전이굴인지병(不戰而屈人之兵), 선지선자야(善之善者也)" → 백전백승이 중요한 것이 아니라 싸우지 않고 적을 굴복시키는 것이 중요	억제전략
	모공편 : "상병벌모(上兵伐謀)" → 꾀로 적을 굴복시키는 것이 상책 "기차벌교(其次伐交)" → 외교수단으로 적을 굴복시키는 것이 차선책 "기차벌병(其次伐兵), 기하공성(其下攻城)" → 다음이 전투 수단으로 적을 굴복시키는 것이며, 하책이 적의 성을 공격하는 것	마비전략 동맹전략 섬멸전략
	군쟁편 : "선지우직지계자승(先知迂直之計者勝)" → 돌아갈지라도 목적지에 더 빨리 가는 자가 승리한다.(적의 약점에 전투력을 집중하는 것을 아는 자가 승리한다.)	간접접근전략
클라우제비츠	"전쟁이란 상대를 굴복시켜 자기 의지를 실현하기 위하여 사용하는 폭력행위이며, 적 전투력 격멸이 목표"	섬멸전략 마비전략
리델하트	전략론에서 30개 전쟁, 280개 전역을 분석 결과, 280개 전역 중 6개 전역만이 직접접근(Direct Approach)을 통해 승리했고 나머지 274개 전역은 모두 간접접근 (Indirect Approach)[34]에 의해 승리를 달성 했다고 결론	간접접근전략 마비전략
퓰 러	"군사전략의 목표는 적의 물질적 파괴가 아니라 정신적으로 굴복시키는데 있다."	마비전략
나폴레옹	"전쟁은 모략에 의해서 승리할 수 있다."	간접전략

34) 직접접근은 적의 군사력에 대응하여 아군의 군사력을 사용하는 것을 말한다. 반면에 간접접근은 적의 약점을 찾아 교전을 최소화하는 방법으로 군사력을 운용하는 것이며, 비군사적인 방법도 동원된다. 그러므로 간접접근은 적이 예상하지 못하는 다양하고 창의적인 수단으로 유연하게 대응하는 것을 의미한다. 『삼국지』에서 등장하는 간첩활용과 이간계 역시 간접접근의 한 예로 볼 수 있다.

손자는 제1편 시계편(始計篇)에서 "兵者國之大事(병자국지대사, 전쟁은 국가의 중대한 일)"라고 하면서 전쟁의 신중한 결정을 주문하였다. 그는 백전백승보다도 싸우지 않고 승리하는 것을 최고로 여겼다. 이것은 그의 부전승사상을 말한다는 것을 전쟁의 정의에서 살펴보았다. 손자가 말한 '싸우지 않고 승리'한다는 말은, 가상의 적국이 감히 공격할 엄두를 내지 못하게 하는 억제전략을 의미하는 것으로 이해하면 될 것이다. 이를 위해서는 주변의 국가들과 외교관계를 수립하여 동맹관계를 체결하는 방법도 전쟁을 억제하는 중요한 수단이다. 이러한 점을 고려하면 동맹전략은 억제전략의 범주에 해당한다고 볼 수 있다. 그렇지만 여기에서는 동맹관계를 억제전략의 수단으로만 간주하지 않고 전략의 형태로 보고자 한다. 동맹전략은 상황에 따라 상대국에 대한 공격을 준비하는 과정에서 이루어지는 경우가 많이 있다. 역사적으로 보면 제2차 세계대전 이전에 독일이 소련과 체결한 '독소불가침조약' 등이 대표적인 경우이다.[35)]

클라우제비츠는 전쟁의 정의를 통하여 전쟁의 목적은 '자기의 의지를 적에게 강요하는 것'이라고 하였다. 군사력의 실력 행사를 수단으로 하여 적 부대를 격멸시켜 자신의 의지를 관철하는 것을 말하고 있다. 이것은 적에게 전쟁수행의 좌절감을 안겨주어야 함을 말하는 것이다. 이를 적 부대의 격멸이나 적의 영토를 점령(가능하면 전략적으로 중요한 지형 등)하는 것으로 달성할 수 있다고 보았다. 따라서 유혈의 전투 수행은 불가피한 것으로 보았다. 유형의 전력인 적 부대를 격멸하게 되면 적은 전의를 상실하고 항복하거나 협상에 나오게 된다는 논리이다. 이를 목표로 하는 전략이 마비전략과 섬멸전략이다. 적 부대 격멸은 적 부대의 병력만을 격멸하는 것은 아니다. 적의 전략적 지형과 주요시설도 이에 해당한다. 이러한 지형과 시설 등은 적의 전의와 밀접한 관련을 갖는다. 따라서 국가적으로 중요한 지역을 확보하거나 주요시설을 파괴하는 것은 적의 심리적 마비를 달성할 수 있는 목표가 되기도 한다. 수도가 갖는 의미가 그러한 측면에서 의미가 크다.

리델하트는 전략의 목적을 '적의 저항 의지를 말살하는 것'에 두었다. 그가 주장한 간접접근전략은 적의 심리적 교란을 도모하는 것이며, 이를 위해서는 적의 약점에 기습적으로 전투력을 집중시켜 마비를 유도하는 것이다. 그는 힘의 사용 방향을 적이 예기치 않은 불의의 방향에 집중해야 한다고 주장하였다. 그렇게 함으로써 불의의 일격

---

35) 1939년 8월 23일, 독일과 소련이 맺은 조약이다. 이들 국가는 상대방을 침략하지 않겠다는 내용을 골자로 하는 조약을 맺었다. 히틀러는 독일이 폴란드를 공격하고자 했으며 이를 위해 소련과는 평화를 유지하는 것이 전선의 확대를 방지하는 방법이었다. 즉, 타국을 공격하기 위하여 맺은 조약이었다. 히틀러는 동맹전략을 통하여 폴란드의 침공에 유리한 여건을 조성하고자 한 것이다.

으로 적을 타격하면 동요하게 되어 균형을 상실하게 된다는 전략이다. 즉, 적 군사력의 '최소 저항선'에 전투력을 집중하는 것이다. 따라서 그는 기계화부대를 이용한 전략기동으로 적의 방비가 취약한 방향과 지점에 전투력을 집중시켜 적의 전투의지를 말살하는 것을 중요시하였다. 이와 같은 기동은 작전술에 오히려 가깝다는 평가를 받는다. 이러한 간접접근전략은 기동을 통하여 적과의 최소의 전투를 추구한다는 차원에서는 작전술의 핵심내용과 일치되는 부분이 있다. 그러한 이유로 이를 작전술과 동일한 차원으로 이해하기도 한다. 리델하트는 기계화부대의 기동력을 이용한 간접접근전략을 통하여 마비전략을 중시한 인물 중의 한명이다. 리델하트가 말한 간접접근전략은 적의 약점으로 군사력을 운용한다. 그러므로 이것은 군사력의 빠른 기동이 핵심이다. 비록 전략이라는 용어와 함께 쓰이고 있으나 작전술의 영역에 가까운 것을 말한다. 6·25전쟁에서 큰 획을 그은 인천상륙작전은 간접접근전략을 제대로 해설한 것과 같은 장면을 선보였다.

일본에서 상륙훈련을 마친 상륙군은 바람처럼 기동하여 한반도의 옆구리에 해당하는 인천을 기습적으로 타격하였다. 북한군은 무방비상태의 인천에서 강한 타격을 당했다. 맥아더는 타격지점으로 선정한 인천보다는 오히려 낙동강선의 북한군이 더 신경 쓰였을 것이다. 왜냐하면 그들은 인천상륙작전에 결정적으로 방해를 할 주력이었기 때문이다. 당시에 낙동강선에 투입된 북한군은 주력인 제1, 2군단이었다. 그들이 맥아더의 기

» 장사동상륙작전 기념비

장사동 상륙작전은 인천상륙작전 실시일보다 하루 앞선 14일에 감행되었다. 하루 앞선 이날은 기만을 위한 선택이었다. 작전을 위하여 민간선박인 문산호가 동원되기도 하였다. 작전 도중에 태풍 캐지아호의 영향으로 문산호가 암초에 걸려 좌초되기도 하면서, 작전은 악전고투 끝에 수행되었다.

도를 알아채고 병력을 전환한다면 일은 그르치게 되어 있었다. 그러나 북한군 전쟁지도부의 시야는 오로지 부산에 고정되어 있었다. 적의 전쟁지도부는 전장을 균형 있게 관찰할 여유를 잃고 있었다. 낙동강선에서 방어작전을 수행하는 국군과 미군은 이들을 상륙작전 날짜까지 고착시키기 위하여 많은 피를 쏟아야 했다. 또한 적을 기만하기 위하여 9월 14일에는 장사동에 상륙작전을 감행하였다. 기만작전을 수행하기 위하여 학도병 772명을 중심으로 편성된 부대는 장사동에 상륙하였으며, 작전수행 과정에서 수많은 학도병들이 희생되기도 하였다. 맥아더의 의도대로 상륙군 주력은 북한군의 배치가 가장 미약하고 저항이 적을 것으로 판단한 서해안의 해상 기동로를 따라 어떠한 방해도 받지 않고 인천으로 접근할 수 있었다. 최소 저항선과 최소 예상선을 택해 적의 배후를 지향한 것이다. 즉, 상륙군은 강한 적은 회피하고 약체가 배치된 인천으로 진입할 수 있었던 것이다. 인천에서 대규모의 상륙작전이 전개된다는 소식을 들은 북한군의 지도부는 아연실색하였으며 그 여파는 고스란히 낙동강선의 주력부대에게 전달되었다. 상륙작전이 대성공을 거두며 서울을 수복시키자 북한군의 마비 증세는 빠르게 전염되기 시작하였다. 낙동강선에 투입된 북한군을 성공적으로 견제[36]한 것이다.

간접전략은 군사력 이외의 다양한 수단을 사용하는 것도 이에 해당한다.[37] 이에 대한 용어의 정의는 '핵 억제력 또는 정치적 억제력에 의해서 무력행사가 제한되어 있는 경우에 주로 정치, 외교, 경제, 심리 등의 비군사적 방법을 사용하여 소기의 목표를 달성하려는 전략'이라고 하고 있다. 이를 보면 전략의 차원에서 사용되는 것임을 알 수 있다. 『삼국지』의 다양한 계책에 등장하는 '간첩, 미인계' 등은 비군사적 분야로 볼 수 있다. 따라서 당시의 상황을 고려해 보면 간접전략으로 보아도 타당하리라 본다. 국가목표를 달성하기 위한 비군사적인 분야를 포함한 다양한 방법은 넓은 의미에서 용어의 정의가 갖는 의미를 고려하면 간접전략의 일환으로 이해할 수 있다는 것이다. 『삼국지』에서 나오는 각종 계략으로 간첩을 활용하는 내용은 기만을 핵심으로 하고 있다. 적을 속이기 위한 계책이다. 이런 점은 작전술로 보기에는 적절하지는 않아 보인다. 즉, 간접접근전략으로 보기에는 곤란하다는 것이며, 이것이 간접접근전략과 간접전략의 차이점이라고 할 수 있다.

36) 견제란 적부대의 전부 또는 일부가 아군의 주력이 지향하는 방향으로 전환하지 못하도록 하는 것이다. 이를 위해서 요망하는 장소에서 적부대를 고착시키는 행동을 말한다.

37) 프랑스의 앙드레 보프르는 간접접근전략과는 다소 다른 의미로 간접전략이라는 용어를 사용하였다. 간접전략에는 외교, 경제, 사회, 심리 등의 다양한 수단이 사용됨을 주장하기도 하였다.

❖ 현대 군사이론가의 군사전략 형태

미국의 안툴리오 에체베리아(Antulio J. Echevarria II)[38]는 그의 저서 'Military strategy : a very short introduction' (2017)에서 군사전략의 형태를 '섬멸과 마비', '소모와 소진', '억제와 강압', '테러와 테러리즘', '참수와 표적살해', '사이버 전략' 등으로 구분한 바 있다. 특히 '테러와 테러리즘', '참수와 표적살해', '사이버 파워' 등은 전통적인 공격과 방어라는 전쟁 수행방식에서는 쉽게 볼 수 없었던 전략의 형태이다. 그가 말하는 전략의 형태를 간략히 정리해 보면 다음과 같다.[39]

◇ 섬멸전략 마비전략

모든 군대는 신속한 승리 추구를 목표로 한다. 군사전략으로서 섬멸전략과 마비전략은 신속한 승리를 달성하는 고전적 방법이다. 섬멸전략의 목적이 저항하는 적의 물리적 능력을 파괴하여 승리하는 것이라면, 마비전략은 예측하기 어려운 기동을 통해서 기습하거나 상대방을 타격하여 심리적 균형을 흩트린 뒤 승리하는 것이다. 마비는 상대방의 핵심시설을 제거함으로써 적의 전쟁수행 의지와 능력을 말살하는 것이다. 특히 적의 '능력 말살'에 중점을 두는 전략이다.

» 독일군의 기동력을 이용한 기습

독일군의 속도를 이용한 기습적인 작전은 연합군을 공포로 몰아넣었다. 그 결과 초기의 전투에서 승기를 잡고 유럽을 점령해 나갔다. 독일군의 전광석화와 같은 작전을 전격전이라 하며, 심리적 마비를 목적으로 한다.

---

38) 육군대학 교수와 전략연구소 소장을 역임하였으며 미국 육군을 대표하는 군사이론, 전략사상, 군사전략 분야의 최고 권위자로 알려져 있다.

39) 이하의 내용에 대해서는 안툴리오 에체베리아의 저서 'Military strategy : a very short introduction' (2017)의 내용을 요약한 것이다.

◇ 소모전략과 소진전략

소모전략은 상대방의 물리적 역량을 고갈시켜 승리하는 것이다. 소진전략은 상대방으로 하여금 싸우는 것 자체를 질리게 만들거나 혹은 승리하는 것이 불가능하도록 끌고 가는 것이다. 이러한 전략은 장기전으로 진행 될 가능성이 높게 된다. 그러므로 싸우는 자들의 정신적이며 물리적인 자원의 소모가 크다. 먼저 소모를 당하면 패하게 될 확률이 높게 된다. 소모전략과 소진전략은 적의 '전쟁의지 말살'에 중점을 두는 전략이다.

◇ 억제전략과 강압전략

억제는 상대방으로 하여금 무엇인가를 하지 못하도록 나의 힘을 행사하는 것을 말한다. 강압은 상대방에게 특정한 행동을 하도록 압박하는 것을 말한다. 적의 공격을 억제하기 위해서는 적의 공격이 패배로 끝날 것이라는 강력한 태세와 힘을 보여주어야 할 필요가 있다. 그러므로 상황에 맞추어 억제전략을 실행 하여야 한다. 그렇지만 자신을 무장하는 행동은 자칫 주변국으로부터 선제공격을 당할 명분을 제공하기도 하며, 공포와 불신을 불러올 수 있다.

◇ 테러와 테러리즘

테러와 테러리즘들 모두는 군사행동으로 간주할 수 있다. 이들의 힘은 군사력을 근간으로 하고 있기 때문이다. 이러한 전략은 상대방의 전투의지를 소진시키거나 주요 정책의 변환을 이끌어 낼 수 있다. 그러므로 소기의 군사적 목적을 달성하는 효과를 가져 온다. 테러는 오래된 전쟁 수행 방식 중의 하나였다. 현대는 디지털 통신기술의 발달로 인해 이러한 유형의 전략이 더욱 확산되고 있는 추세이다. 테러는 심각한 공포심 유발을 목적으로 한다. 테러리즘에 대해서는 미 국무부에서 '반국가 단체나 비밀 요원이 비전투원을 대상으로 치밀하게 준비하여 행사하는 정치적 이유에 의해 촉발된 폭력행위'라고 정의하였다. 이것은 양면성을 갖고 있다. 테러리스트의 행동이 자국 또는 조직의 군사전략에 긍정적인 영향을 미칠 경우에는 이를 자유를 위해 싸우는 투사의 모습으로 추앙된다. 그러나 반대의 진영에서는 타도해야 할 대상으로 비난받기도 한다. 테러와 테러리즘은 전략이 아닌 전술로 보아야 한다는 견해도 있다.

» 9·11 테러

◇ 참수와 표적살해

참수는 핵심인물 제거를 통하여 조직의 기반을 와해시키는 것을 말한다. 적의 심장부 또는 두뇌의 역할을 하며 영향력을 크게 미치는 인물이 대상이 된다. 즉, 적의 중심(重心)이다. 따라서 최소의 공격으로 적의 굴복을 이끌어 낼 수 있다. 참수가 적의 핵심 중의 핵심이라면 표적살해는 적의 주축을 이루는 조직원 다수를 체계적으로 공격하는 것을 말한다. 그러므로 중간 단계의 지도자급도 공격의 대상이 된다. 최근에는 발달된 드론 등을 이용하여 참수와 표적살해가 증가하고 있는 추세이다. 이를 성공시키기 위해서는 월등한 정보력과 기동성 있는 장비를 갖추어야 한다.

◇ 사이버파워

미국은 2012년에 사이버 공간을 '새로운 국경'이며, 전쟁의 '새로운 영역'이라고 선포하였다. 현대의 군사력 사용은 사이버 능력과 밀접한 관련을 갖고 있다. 이는 상대국의 물리적 능력뿐만 아니라 심리적인 전쟁 의지를 감소시키는 강력한 수단이기도 하다. 그렇지만 일부는 사이버파워는 직접적인 살상효과는 없는 영역이므로 이를 전쟁에 포함시키는 것은 과장된 개념이라고도 주장하고 있다. 그렇지만 나날이 진화되는 무기체계는 사이버체계와 연동되면서 깊은 연관을 맺고 있기 때문에 이를 어떻게 수용할 것인가에 대한 논의는 계속되어야 할 것이다.

6. 『삼국지』에서 보는 전략

한나라 황실의 전략

진나라는 중국대륙 최초의 통일시대를 열었으나, 진시황제가 갑자기 죽으면서 곧 바로 혼란의 시대에 접어들었다. 이후 중국대륙은 다시 분열의 시대를 맞았다. 이때 나타난 두 강자는 한나라와 초나라였는데, 한나라의 유방에 의해 다시 통일의 시대를 열었다. 한나라는 400여년을 지속하면서 찬란한 문명을 이끌었지만, 이 역시 혼란의 시대를 피하지 못하고 다시 분열되기 시작하였다. 바야흐로 한나라는 말기에 해당하는 징후를 보이고 있었다. 그렇지만 나라를 부패하게 만든 원흉이 누구인가를 명확하게 지목하고 있었고, 그들을 제거하기 위한 노력도 진행되었다. 여기에서는 한나라 말기에 기울어가는 국가를 붙들기 위해 펼쳤던 전략을 살펴보기로 하겠다.

▸ **한나라의 말기의 전략**

전략의 중점	전 략
[1] 나라를 어지럽히는 원흉 십상시를 제거하라	섬멸전략
[2] 십상시의 공백으로 권력을 잡은 동탁을 제거하라	간접전략, 참수전략

[1] 절대권력 십상시 섬멸전략

십상시는 후한 영제(靈帝)시절에 무소불위의 권력을 남용하던 10명의 환관을 말한다. 정사 『삼국지』에는 10명이 아닌 12명으로 기록되어 있다. 장양(張讓)과 조충(趙忠), 하운(夏惲), 곽승(郭勝), 손장(孫璋), 필람(畢嵐), 율숭(栗嵩), 단규(段珪), 고망(高望), 장공(張恭), 한회(韓悝), 송전(宋典) 등 12인을 말한다.[40] 이중에서 우두머리는 장양과 조충이었으며, 이 둘은 황제를 완전히 장악하였다. 이들에 장악 당한 영제는 "장양은 내 아버지요 조충은 내 어머니"라고 말할 정도였다고 한다. 이들은 영제가 어린 나이에 등극하자 황제를 조종하면서 온갖 전횡을 일삼아 결국은 나라를 망하게 만든 전형적

---

40) 『삼국지연의』에는 건석(蹇碩), 봉서(封諝), 장양(張讓), 단규(段珪), 후람(侯覽), 조절(曹節), 조충(趙忠), 곽승(郭勝), 하운(夏惲), 정광(程廣) 등의 이름으로 10명이 등장한다.

인 인물들이다. 십상시는 영제의 관심을 주색(酒色)으로 돌려서 정치에는 관심을 갖지 못하게 하였다. 이를 이용하여 십상시는 매관매직(賣官賣職)등을 일삼으면서 국정을 농단하기에 이르렀다. 국정농단[41]은 이들에 국한되지 않았다. 이들의 세력을 이용한 가까운 무리들은 나라 전체에서 횡포를 일삼아 민생은 크게 어려워졌다. 결국 황건적(黃巾賊)의 난이 일어나게 된 배경을 제공하는 계기가 되었으며 그 중심에 있었던 인물들이다. 환관은 정치인이 아니라 황제의 측근에서 황제를 보좌하면서 궁의 일을 하는 거세된 남자들이다. 이들은 최고의 권력자와 항상 가깝게 있었으므로 때때로 권세를 남용하는 일이 발생하기도 하여 왔다. 이들은 황제의 외척과도 갈등을 빚었다. 영제의 황후는 하진의 여동생이다. 출신은 백정 집안이었지만 환관의 도움으로 입궁하게 되었고 황후로 책봉되기에 이르렀다. 그러한 영향으로 그의 오빠 하진은 대장군까지 오르게 되었다. 따라서 영제의 외척으로 대표되는 자는 대장군 하진이었다. 환관의 도움으로 황후가 되고 오빠는 고위직까지 오르게 되었으나 십상시의 전횡이 너무 심하다 보니, 하진은 이들을 제거하기 위하여 골몰하게 되었다. 따라서 조정은 영제를 중심으로 2개의 세력이 형성되어 있었다. 십상시를 대표로 하는 환관과 하진을 대표로 하는 외척으로 대립구도가 형성되어 있었던 것이다.

대립이 지속되는 과정에서는 힘의 균형이 유지된다. 그러나 어느 한쪽이 약해지거나 양쪽 모두가 소멸되면 급격한 힘의 공백 상태가 초래되는 법이다. 189년에 영제가 병으로 죽음을 앞두고 있었다. 그러자 후계를 옹립하는 과정에서 갈등이 초래되었다. 영제는 하태후의 소생 '변'과 궁녀 왕미인에게서 낳은 아들 '협'이 있었다. 영제의 외척인 대장군 하진은 하태후가 낳은 자신의 조카를 차기 황제로 세우려 하면서 십상시와 정면으로 충돌하였다. 십상시 중의 한 사람인 건석은 영제에게 협으로 하여금 황위를 계승하게 해야 한다고 건의하였고, 영제는 이를 받아들여 하진을 제거하고자 하였다. 십상시는 치밀한 계획을 세워 하진을 궁으로 들어오게 한 후에 제거하고자 하였으나 하진에게 발각되었다. 하진은 원소에게 군사 5천을 주어 환관 건석을 죽이게 하였다. 그런 후에 변을 황제로 옹립하였는데, 그가 소제이다. 하진은 위치를 굳히기 위하여 다른 십상시까지도 모두 죽이려 하였다. 그러자 십상시들은 하진의 동생 하태후에게 그들의 생명을 지켜주기를 간청하였다. 하태후는 동생 하진에게 십상시를 살려 달라는 부탁을 하게 되었다. 이렇게 되자 하진은 십상시를 죽일 수 없는 상황에 이르렀다. 그러자 그는 각지의

41) 농단(壟斷)이란 말은 직역하면 '깎아지른 듯 솟아 있는 언덕'이라는 뜻이다. 옛날에는 중국뿐 아니라 대부분의 국가가 물물교환에 의해 시장이 형성되었다. 그런데 어떤 사람이 시장을 한눈에 볼 수 있는 높은 언덕에 올라 장사를 하면서 이익을 독점했다. 농단은 이처럼 남들보다 높은 곳을 독점하여 이익을 내는 장사치를 말하는 것이었다. 후한말의 십상시는 권력을 농단하였다. 권력은 잡게 되면 돈이 따라오게 되니 무엇보다 필요한 것은 권력을 잡는 것이었다.

군벌들에게 사신을 보내 도움을 요청하였다. 그중의 하나가 동탁이었다. 십상시들은 하진이 동탁을 불러들여 자신들을 죽이려 하자 이를 알아채고 하진을 제거하기로 하였다. 그들은 하진에게 하태후의 명이라 속이고 입궐하라고 하였다. 십상시들은 궁궐에 무사를 매복시켜 하진이 입궐하면 즉시 죽이는 계획을 세운 것이다. 이를 모르는 하진이 궁궐로 들어서자 매복한 무사들은 하진의 목을 베었다. 하진의 죽음을 알게 된 원소와 조조군은 궁궐로 진입하였다. 이들은 무력을 이용하여 십상시 뿐만 아니라 궁궐의 모든 환관들을 살해하였다. 죽은 환관이 2천여 명이었다고 한다. 결과는 힘의 공백을 틈탄 군벌들이 난립하는 계기가 되었다. 외척과 환관 모두의 패배였으며 군웅할거 시대의 개막을 열었을 뿐이다. 이를 십상시의 난(亂)이라고 한다. 십상시의 난을 겪으면서 조정의 권력은 동탁이 장악하게 되었다. 동탁은 소제를 폐하고 그의 동생을 헌제로 옹립하였다. 힘의 공백이 순간적으로 발생한 결과였다. 이 사건을 계기로 후한은 사실상 망국을 맞게 된 것이며『삼국지』의 주연으로 등장하는 조조를 비롯한 유비 등의 수많은 군웅들은 동탁을 토벌하고 새 시대를 개막하고자 치열한 다툼을 전개하기 시작하였다. 변방의

» **중국의 고색 깃든 도시 풍경**

출처 : 주한중국문화원

군웅들은 중앙의 세력이 약해지자 점차 세력을 형성하기 시작한 것이다. 이렇듯 급격한 힘의 공백은 예기치 못한 사태를 초래하면서 그 결과를 예측하기 어렵게 한다. 힘의 공백을 고려하지 못한 전략의 부재는 이처럼 큰 혼란을 가져온다. 영제의 무능은 십상시와 외척으로 하여금 거대한 힘을 키우게 하였다. 동탁은 공백을 파고들어 세력을 확장하는 계기로 삼았다. 무분별하게 힘을 불러들인 결과였다. 만약 군권을 장악하고 있던 하진이 보다 치밀하게 십상시를 제거했다면 급격한 힘의 공백은 초래하지 않았을 것이며, 지방 군벌들의 할거를 차단할 수 있었을 것이다. 또한 자신의 죽음도 맞지 않았을 것이다. 전략의 부재가 어떠한 결과를 가져오는지 보여주는 대목이다. 힘의 공백은 또 다른 힘의 진입을 가져오는 것이다. 이로써 후한은 동탁과 반동탁 연합군으로 또 다른 세력의 대치를 이루게 되었다. 그러나 황실의 권위는 더욱 추락하면서 유명무실하게 되었으며, 백성은 도탄에 빠지고 말았다.

힘의 공백에 따른 또 다른 힘의 진입은 우리나라에서도 있었다. 어느 나라를 막론하고 말기에는 부패가 심해지면서 혼란한 상황이 발생한다. 그리고 그 틈을 타고 또 다른 세력이 나타나면서 몰락의 길을 걷는다. 이것은 특정한 시대와 국가만의 사례가 아니다. 멸망한 국가에서 나타나는 일반적인 현상이다. 조선은 말기에 이르자 부패가 심해지면서 힘의 상실이 찾아왔다. 이러한 공백 상태에서는 어느 힘인가는 그 공백을 채우게 되어 있다. 조선에 찾아온 힘은 외세였다. 그 결과 멸망의 운명을 피할 수 없었다. 힘의 공백을 채우기 위해 찾아온 외세는 개방을 요구하였다. 긍정적인 측면에서의 순수한 의미의 개방이 아니었다. 그 이면에는 그들의 실리를 챙기겠다는 야욕을 숨기고 있었다. 개방은 부정적인 의미보다는 발전적이고 포용적인 의미로 사용되는 것이 일반적이다. 그러나 허약한 나라에 대한 개방 요구는 그 성격이 다르다. 이것은 외세의 압력에 의해 이루어지는 것이며 필연적으로 수탈을 당하는 역사로 진행된다.

강대국은 약한 나라를 대상으로 세력을 확장하고자 하였으며, 항상 그 시작은 개방이었다. 백년 전의 조선말기의 상황이 이러하였다. 1874년 이후 조선은 권력의 이동을 겪으며 큰 전환기를 맞고 있었다. 쇄국정책으로 일관하던 흥선대원군에서 고종에 의한 친정체제로 전환되는 시점이었다. 권력다툼에서 민비의 세력이 대원군을 밀어내고 있던 시기였다. 이 시기의 우리나라는 허약한 나라였으며 일본, 청나라, 러시아, 미국 등의 강대국들에 의해 개방 압력을 받고 있었다. 그들은 개방이라는 미명으로 문호개방을 요구하였다. 준비되지 않은 상태에서의 강요에 의한 문호개방은 강대국에 의한 지배권 추구였다. 이 과정에서 전쟁은 필연적으로 진행되었으며 백성의 삶은 더욱 피폐해져 갔다. 조선말기의 상황은 강대국으로부터의 문호개방 요구와 이를 힘으로 관철하기 위한 전쟁의 연속이었다. 전쟁의 결과는 너무나 당연하였으며 그들의 뜻에 따라 개방은 이루어졌다. 우리의 의지와는 관계없이 불평등한 조약이 체결되면서 외세는 걷잡을 수 없이 밀려들었고 혼란은 더하여 갔다. 조선이라는 먹잇감을 앞에 둔 강대국들에 의해 조선의 혼란은 더하고 있었다. 조선이 힘을 상실한 결과였으며, 그 공백을 비집고 들어오기 위한 강대국들의 혈투는 한반도를 어지럽혔다. 모든 것은 힘의 공백이 발생한 결과였다. 그중에서 대표적인 사례를 보면, 조선의 실권을 장악하기 위해 벌이는 대원군과 민비의 세력 다툼에서 야기된 청나라의 군사적 개입이었다. 즉, 이들의 권력다툼 과정에서 청나라의 힘을 빌리려 했던 민비의 요청에 따라 청나라는 군대를 출병시켰다. 그 과정을 살펴보면 임오군란으로 거슬러 올라간다.

조선은 일본의 강압으로 체결된 강화도조약 이후 군사력의 중요성을 실감하였다. 그리하여 군제개혁과 군비증강을 도모하기로 하였다. 이에 따라 신식군대인 별기군을 창설하였다. 그들은 양반자제들로 구성되어 신식 군대 교육을 받았다. 그들의 교육을 담당한 자는 일본군 공병소위인 호리모토였다. 그 반면에 별기군의 위세에 밀려 구식군대는 냉대를 받고 있었다. 당연히 그들의 불만은 날이 갈수록 높아지고 있었다. 또한 군제개편은 그들의 자리마저도 위협하고 있었다. 조선에서 수 백 년을 유지해온 5군영이 폐지되었다. 그리고 그 자리는 무위영과 장어영의 2영으로 축소하였다. 한 마디로 구조조정의 위기까지 다가왔다. 거기에다 대원군을 밀어내고자 하는 민비 정권은 구식군대에게는 관심을 보이지 않았다.

구식군대는 냉대는 물론이고 급기야는 13개월치의 봉급이 중단되기도 하였다. 1882년 6월에 봉급 대신 미곡을 지급하였는데 여기에는 겨와 모레가 많이 섞여 있었다. 이러한 냉대와 멸시가 이어지자 그들은 결국 총구를 정권으로 돌렸다. 이것이 1882년 7월에 발생한 임오군란이다. 여기에서 빈민들도 구식군대의 봉기에 동참했다. 빈민들이 가세한 이유는 조선에 대한 일본의 자본착취로 인해 백성들의 삶은 더욱 곤궁해지고 있었기 때문이었다. 강화도조약 체결 이후에 일본은 한반도를 그들의 생산품 소비처로 전락시키고 있었다. 결과는 일본에 의해 모든 자본이 독점되면서 일본에서 만든 생산품은 값비싸게 판매되었다. 자연히 일반 백성들은 폭등하는 물가에 시달리면서 빈민으로 전락하고 있었다. 따라서 도시의 빈민들과 구식군대는 국가로부터 받는 냉대에 대해서 동일한 감정을 갖고 있었다. 이러한 동질성을 갖고 있던 빈민들은 구식군대의 봉기에 자연스럽게 동참하게 되었다. 이때 이러한 상황을 바라보는 대원군은 며느리 민비에 의해 빼앗기다시피 한 정권을 다시 한번 잡을 수 있다는 확신을 갖게 되었다. 당연히 대원군은 봉기하는 군대와 빈민들을 응원하였다. 구식군대는 민비의 일족과 일본군 교관을 제거하였다. 이에 힘입은 대원군은 다시 한번 정권을 잡기에 이르렀다. 이렇게 되자 민비를 중심으로 하는 세력들은 묘책을 짜내고 있었다. 그들은 난을 진압하기 위한 명분을 내세워 청나라 군대의 출병을 요청하였다. 고종은 북경에 있던 김홍집 등에 일러 청나라의 출병을 독촉하였다. 청나라는 이처럼 좋은 기회가 없었다. 그들은 즉시 군대를 출병시켰다. 청나라 군대는 구식군대를 제압하고 대원군을 납치하기에 이르렀다. 대원군은 재집권 1개월 만에 막을 내렸다. 그렇지만 난을 진압하고도 청나라의 군대는 철병하지 않았다. 무력을 앞세워 우리나라에 대한 지배를 더욱 공고히 하고자 한 것이다.

한편 일본은 임오군란으로 입은 피해에 대해 배상금 지불을 요구하였다. 그 결과 배상금 지불과 일본의 공사관 경비를 위한 일본군의 한성 주둔을 내용으로 하는 재물포조약이 체결되었다. 일본군과 청나라군의 주둔은 전쟁을 예견하고 있었다. 남의 나라 땅에서 세력 다툼을 준비하는 상황이었다. 힘의 공백은 이처럼 도사리고 있던 또 다른 힘의 유입을 뒤따르게 만든다. 권력의 암투는 국내정세를 어지럽게 만들면서 외세까지도 불러들이는 실책을 자행하였다. 외세는 조선이라는 먹잇감을 사이에 두고 동상이몽에 빠져있었다.

이러한 상황을 『삼국지』와 대입해 보면 너무나 흡사한 장면과 겹치게 된다. 『삼국지』에서 야망을 품은 각 지방의 군벌들은 중앙무대를 바라보며 데뷔할 명분을 찾고 있었다. 동탁은 중앙무대의 실세인 대장군 하진으로부터 십상시 제거라는 러브콜을 받았다. 이로써 중앙무대의 핵심으로 진출할 기회이자 명분이 갖추어 졌다. 그는 오랫동안 예의 주시하던 먹잇감이 눈앞으로 왔다는 것을 직감하였다. 서둘러 중앙으로 군대를 이동시켰으며 손쉽게 권력을 장악할 수 있었다. 대장군 하진은 십상시라는 거대한 권력을 없애야 한다는 명분으로 동탁의 군대를 불러들였다. 그렇지만 결과는 참담하였다. 동탁은 권력을 잡게 되자 십상시들이 행했던 과거의 행태보다 더욱 포악한 정치를 일삼았다. 조선에서의 상황도 흡사하였다. 조선을 사이에 둔 주변의 강대국들은 조선으로 진입할 무장력을 이미 갖춘 상태였으며, 고종의 군대진입 요청을 받은 청나라에게는 한입에 조선을 먹어치울 절호의 찬스를 만났던 것과 『삼국지』의 지방군벌들이 중앙으로 달려들었던 것과는 공통점이 있다. 시대와 장소는 달랐으나 힘의 공백은 강한 흡입력이 있었다. 한치의 망설임도 없이 움직이는 군대의 모습은 너무나 닮아 있었다. 동탁의 힘을 빌려 십상시를 제거하고자 했던 한나라 말기의 상황과 청나라 군대를 불러들여 대원군을 몰아내려 했던 것에서 흡사한 공통점을 발견할 수 있다. 그것은 결과까지도 닮아 있었다. 이처럼 힘의 공백은 또 다른 힘의 유입을 불러온다.

6·25전쟁의 발발원인에서도 공의 공백과 이를 방치한 군사전략의 부재에서 찾아 볼 수 있다. 전쟁의 원인을 단순하게 하나의 원인만을 가지고 말하기는 곤란하다. 그러나 가장 큰 것은 힘의 공백이었다. 한반도의 남북을 나누어 진주한 미군과 소련은 각각의 군정을 시행하였다. 분할의 대상이 되어서는 안 될 한반도는 이때부터 분단의 길을 걷기 시작한 것이다. 미국과 소련은 한국의 임시정부 수립과 이를 지원하기 위한 양국의 공동위원회를 설치하기로 합의하고 회담을 추진하였다. 그러나 양측의 주장이 대립하면서 타협점을 찾지 못하고 결렬되면서 우리나라의 문제는 유엔으로 이관되었다. 그 후 유엔감시하의 선거가 가능한 남한만의 선거를 통하여 1948년에 정부가 수립되었다. 분단이 현실화된 것이다. 이때 북한에서는 외국군 철수를 요구하였는데, 이것은 소련과 협의한 치밀한 전략이었다. 이에 따라 소련은 1948년 12월까지 철군을 완료하겠다고 발표하였다. 소련은 이어서 미국에서도 상응한 조치를 주문하였다. 이러한 요구에 따라 남한에 주둔하고 있던 미군은 1948년 9월부터 철군하기로 하였다. 그러나 미군의 철군이 시작되던 시기부터 안보상의 중대한 문제가 발생하기 시작하였다.

북한은 남한의 정부수립이 있었던 다음 달 9월에 그들의 정권을 수립하면서 군사력을 증강하기 시작하였다. 이러한 문제점을 초대 국방장관이었던 이범석은 1948년 11월 20일 국회에서 지적하였다. 그는 '미군 철수에 따른 정부의 입장과 전략적 문제점'을 말하면서 소련의 미군과 소군의 동시철군의 저의를 평가하였다. 따라서 미군의 계속 주둔을 요청할 필요성을 강조하였다. 이에 따라 국회는 '현재의 국내정세를 고려하는 것과 대한

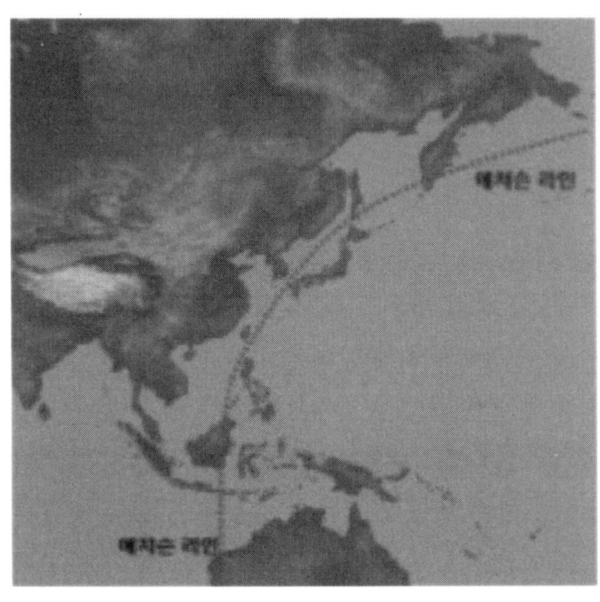

» 애치슨라인

6·25전쟁 원인의 하나로 우리나라가 애치슨라인에서 제외된 것을 꼽기도 한다. 애치슨라인은 미 국무장관 애치슨이 미국의 태평양 지역 방위선을 발표한 것을 말한다. 지도에서 보듯이 우리나라는 여기에서 제외되어 있다.

출처 : 『2012 국방백서』

민국의 방어태세가 정비될 때까지 미군의 남한 주둔이 필요함을 결정한다'는 요지의 결의를 하였다.[42] 그러나 미군은 1949년 6월까지 모두가 철군하였다. 단지 495명의 군사고문단을 남기는 전면적 철수였다. 미군의 철수는 힘의 공백이 발생함을 의미하고 있었다. 설상가상으로 1950년에는 미 국무장관 애치슨이 일명 '애치슨라인'을 발표하였다. 미국의 태평양 방위선을 알류산 열도-일본-오키나와-필리핀을 연결하는 선으로 정한다는 것이었다. 미국이 이처럼 한반도를 미국의 극동방위선 제외하기로 한 것은 그들의 대외정책에서 찾아보아야 한다. 당시에 미국은 소련의 팽창정책에 맞서 봉쇄정책을 추진하고 있었으며 주된 관심지역은 유럽이었다. 미국은 주일미군만으로도 한반도에서의 전쟁억제 효과를 달성할 수 있다는 정책적인 판단을 하고 있었다. 미군 철군에 따른 한국군의 증강은 중요하게 판단하고 있지 않았다. 소련과 북한의 입장에서는 이러한 미국의 정책변화의 의미를, 미국이 한국을 완전히 포기한 것으로 판단하게 만들었다.

김일성은 미국의 힘이 완전히 한반도에서 빠졌다는 것으로 받아들인 것이다. 6·25 전쟁이 끝난 이후부터 한미동맹에 근거하여 미군은 남한에 주둔하여 왔다. 이후에도 주한미군의 철수문제는 몇 차례 있었다. 미국의 존슨 대통령 시기에는 베트남전쟁 한국군 파병을 매개로 가까운 관계를 유지하고 있었다. 그러나 닉슨 대통령이 들어서면서 큰 전환을 맞게 된다. 1970년대에는 닉슨 대통령의 정책에 의해 한미의 갈등이 고조되었다. 닉슨은 대통령 취임 이후 괌 독트린을 발표하였는데, 이것은 '아시아인에 의한 아시아 방위'를 천명한 것이다. 이를 계기로 주한미군철수가 본격화되기 시작하면서 한미관계는 갈등을 겪었다. 우리나라는 미군의 철수에 따라 한미상호방위조약에 근거하여 전력증강을 요구하였다. 이후 우리나라는 '국군 현대화 5개년 계획'이라는 정책을 수립하고 자주국방을 위한 방위산업의 건설을 추진하였다. 힘의 공백을 최소화하고자 하는 정책이었다.

[2] 동탁제거를 위한 간접전략

십상시의 난을 진압하는 과정에서 힘의 공백은 수많은 군웅들이 권부의 핵심으로 진입하는 계기가 되었다. 그중에는 동탁이라는 자도 있었다. 『삼국지』에서 동탁은 부정적인 인물로 묘사되어 있다. 그는 소제를 폐위시키고 헌제를 황제로 등극시켰다. 그리고 그 뒤에서 권력을 주물렀다. 일개 무장이 황제를 폐위시킨 사건은 가장 큰 부정적인 이미지였다. 이어서 그는 수도를 장안으로 옮기면서 낙양을 모두 불태우는 잔인성을 보였다. 낙양성 주변 200리에 사람의 그림자도 없게 하였다고 한다. 장안에서 그는 황제를

42) 국방군사연구소, 『6·25전쟁 상』, 1995, p.52.

전면에 내세우고 천하를 뜻대로 움직였다. 동탁은 서량(양주)지역 출신이었다. 유목민의 땅인 서량지역에서 자라서인지 전투에 능한 면모를 보였다. 황건적의 난이 일어나자 그는 황보숭과 함께 188년에 황건적 토벌에 큰 공을 세우기도 하였다. 그런데 그는 공로로 받은 병주목이라는 벼슬자리를 사양하였다. 그는 자신을 도와 고생한 병사들과 함께 고향땅인 양주에 머무르겠다는 것이 벼슬길로 나서지 않겠다는 이유였다. 이것은 그가 나름대로 천하의 흐름을 읽고 있었다고 볼 수 있다. 당시는 대단히 어지러운 세상이었고 군사를 확보하고 있으면 언젠가는 더 큰 기회가 올 수 있다고 본 것이다. 그가 병주목으로 떠나면 군사를 포기해야 한다. 난세에는 군사보다 더 좋은 버팀목은 없다. 그러는 사이에 영제가 죽게 되었다. 당시 조정의 실권을 잡고 있던 하진 대장군은 십상시를 제거하기 위하여 동탁을 부르게 되었다. 드디어 때를 만난 것이다. 낙양 입성은 동탁에게 기회의 땅임을 예고하고 있었다. 때마침 하진이 죽게되자 십상시를 제거한다는 명분으로 수많은 군벌들이 입성하였다. 낙양에 입성한 군웅들에 의해 여 십상시의 난은 평정되었다. 동탁에게 행운이 따랐는데, 그것은 낙양으로 진군하는 과정에서 소제와 진류왕(후에 동탁에 의해 헌제에 추대)을 북망이라는 곳에서 만나게 된 일이었다. 이 일을 계기로 그는 황제를 보호한다는 명분을 갖게 되면서 막강한 입지를 구축할 수 있었다. 따라서 그는 낙양에 입성한 수많은 군웅들을 물리치고 실권을 장악할 수 있었다. 이를 보면 그는 시대를 읽을 줄 아는 능력과 적절한 운이 따라준 인물이었음을 짐작할 수 있다. 그러나 그는 황제를 배경으로 선정을 베풀지를 못했다. 온갖 패악질을 일삼게 되자 조정은 동탁 대 반통탁의 구도로 정립되었다.

여기에서 초선이 등장하면서 연환계가 시작된다. 동탁의 약점은 사익에 밝은것과 여색을 좋아했다는 점이다. 또한 그는 여포라는 인물을 양아들로 삼아 항상 자신을 호위하게 하였는데 그도 여색을 좋아한다는 것이었다. 이를 사도[43] 왕윤이 이용한 것이다. 적의 약점을 집요하게 괴롭히는 것은 전술의 핵심이기도 하다. 왕윤은 동탁과 여포의 약점을 정확하게 짚어낸 것이다. 그는 먼저 여포를 표적으로 정하였다. 초선[44]은 왕윤의 가기(歌妓)이며 미모가 출중하고 총명하여 왕윤이 친딸처럼 아꼈다. 왕윤은 자신의 고민을 초선에게 말하자, 초선은 고맙게도 그의 뜻에 따르겠다고 하였다. 사도 왕윤은 초선의 마음을 알게 되자 계획을 실행하였다. 사도 왕윤은 어느 날 자신의 집으로 여포를 초청하고 싶다고 하였다. 여포는 마다할 이유가 없었으며 기꺼이 승낙하였다. 초청을 받은 여포는 날짜

43) 현재의 관직으로 보면 교육과 내무에 관련된 업무를 총괄하는 수장으로 볼 수 있다.
44) 초선은 경국지색의 미모를 가진 인물로 묘사된다. 그러나 가공의 인물이다. 왕윤을 도와 동탁과 여포를 이간질시키는 연환계를 성공시키는 주역이다.

» 여포와 초선의 만남

출처 : KBS 2TV, 「신 삼국지」에서 캡처

를 정하여 왕윤의 집을 방문하였다. 왕윤은 그에게 술을 대접하면서 자연스럽게 초선을 등장시켰다. 초선을 보자마자 여포는 그녀의 자태에 매료되었다. 이를 눈치 챈 왕윤은 초선을 첩으로 보내겠다고 하자 여포는 크게 만족하였다. 밤이 깊게 되자 아쉽게도 여포는 술자리를 끝내고 자리를 뜰 수밖에 없었다. 왕윤은 좋은 날을 택일하여 초선을 부중으로 보내주겠다고 하였다. 여포는 이를 철석같이 믿고 들뜬 마음을 안고 돌아갔다. 왕윤은 여포의 마음을 동요하게 만든 후 다음의 표적으로 향하였다. 그는 동탁이었다. 며칠이 지난 후 궁궐에서 동탁을 만났다. 때마침 항상 그의 곁을 떠나지 않았던 여포가 없었다. 왕윤은 동탁에게 다음과 같이 말하였다. "나라의 큰일을 하시느라 수고가 많으십니다. 제가 태사를 모시고 저의 집에서 술 한잔을 대접하려고 하는데 시간을 내주실수 있는지요?" 동탁은 왕윤이 조정에서 신망이 두터우며 강직한 성품을 소유한 자라는 것을 알고 있는 터라 이러한 초청에 크게 반가워하였다. "사도께서 초청해 주신다면 내일이라도 당장에 가겠습니다. 마침 내일은 다른 약속이 없습니다." 그러자 왕윤은 즉석에서 약속을 하였다. "그럼 내일 일을 마치고 저의 집으로 와 주시면 성심껏 대접하겠습니다." 이렇게 하여 사도 왕윤은 동탁을 자신의 집으로 불러내는데 성공하였다. 왕윤은 집으로 돌아오자 내일의 거사를 위한 치밀한 준비를 하였다. 진수성찬을 준비하게 하는 것은 물론이고 만찬 장소에 병풍을 설치하고 휘장을 두르는 등 최대한 화려하게 장식하게 하였다. 그리고 초선으로 하여금 동탁의 곁에 앉아 시중을 들게 하였다. 이윽고 다음 날이 되자 동탁은 그의 집을 방문하였다. 왕윤은 조복을 갖추고 그의 방문을 예를 다하여 맞이하였다. 동탁이 좌정하자 왕윤은 초선을 불렀다. 그리고 그는 말하였다. "초선아 노래와 춤으로 태사님을 기쁘게 해드려 보아라." 초선은 노래를 마치고 동탁을 바라보았다. 갖은 진수성찬에 미녀 초선까지 분위기를 더하니 동탁은 넋을 잃을 수밖에 없었다. 왕윤은 초선에게 동탁의 잔에 술을 따르게 하였다. 동탁은 그의 곁에 앉아 술잔을 채우는 초선을 바라보니 절로 한숨이 나왔다. 동탁은 이미 초선에 반하고 있었다.

동탁이 이윽고 그의 본심을 보이기 시작하였다. "그런데 이 아이는 누구요?" 왕윤이 그의 가기라고 말하면서, "태사께 보내드리고는 싶은데 태사께서 맘에 들어 하실지 몰라 망설여집니다."라고 하자 동탁은 망설임 없이 말하였다. "맘에 들고 말고요, 저에게 보내 주신다면 은혜로 알겠습니다."라며 보내 줄 것을 간청하다시피 하였다. 이렇게 하여 초선은 동탁을 따라 나섰다. 이제 시간만 지나면 자연히 여포와 동탁은 서로 원수지

» 왕윤의 계략에 넘어가는 동탁

출처 : KBS 2TV, 「신 삼국지」에서 캡처

간이 될 것임을 왕윤은 짐작하고 있었다. 그는 초선의 결심에 감사하면서 한 줄기 눈물을 흘렸다. 초선의 어쩔 수 없는 희생이 필요하다는 것을 왕윤은 알고 있었다. 이후에 여포와 동탁은 크게 반목하였고 여포에 의해 동탁은 죽임을 당하였다. 왕윤은 여포를 이용하여 동탁을 제거하는데 성공한 것이다.

초선을 이용한 이러한 전략은 이이제이(以夷制夷)전략의 전형이다. 왕윤은 문신이었다. 그러한 그가『삼국지』에서 최고의 무용을 자랑하는 여포와 대결할 수는 없다. 전쟁은 용맹한 힘만으로 되는 것이 아니다. 상대의 힘을 이용하는 것이 오히려 더욱 효과적이다. 이를 적절히 이용하여 싸우지 않고 적들끼리 싸우게 하여 스스로 멸망하게 하는 것이 이이제이전략의 진수이다. 결국 여포와 동탁은 둘 다 멸망의 길을 걷게 되었으니 완윤의 이이제이전략은 적중한 셈이다. 중국에서는 이것을 연환계라고 한다. 연환계는 반지의 고리처럼 엮이게 하는 것이다.

여기에 둘 이상의 적이 엮이게 되면 그들은 혈투를 벌이게 되고 전력은 크게 약화되거나 멸망하게 되는 것이다. 왕윤은 적과 적끼리 싸우게 함으로써 소기의 목적을 달성하였다. 여포와 동탁의 공통된 특징은 호색한이라는 약점을 갖고 있었으며, 왕윤은 이에 주목하였다. 이 둘을 절세의 미녀인 초선이라는 연환의 고리에 엮이게 만든 것이다. 그들은 연환의 고리에서 빠져나오지 못하고 결국 서로를 공격하는 끝없는 회전만을 할 뿐이었다.

중국 역사 속의 4대 미녀

중국인들은 대륙의 기질을 갖고 있다고 한다. 그래서인지 표현에서도 지나친 과장이 많이 등장한다. 또한 거창한 표현 못지않게 상상하기 힘든 내용을 등장시킨다. 그들의 역사에서 손꼽는 미녀들을 표현하는 방법에서도 특유의 과장을 보이고 있다. 중국의 역사에서 나타나는 4대 미녀를 시대순으로 꼽아보면 다음과 같은 인물이 있다.

서시(西施)

서시의 아름다움을 침어(侵漁)라는 말로 표현한다. 서시의 모습을 보고 그 아름다움에 취해 물고기가 헤엄치는 것도 잊어버렸다는 의미이다. 오월춘추(吳越春秋)에서 그녀의 이름 유래를 설명하는 구절이 있다. 그녀는 항주 출신 여인으로 서호 서쪽에 산다고 해서 서시, 또는 서자(西子)로 불렸다는 것이다. 본래의 이름은 시이광(施夷光)이라고 한다. 그녀는 기원전 6세기에 등장하므로 지금으로부터 약 2천 5백년 전의 인물이다. 서시와 관련된 고사성어로 와신상담(臥薪嘗膽)이 있다. 오왕 합려는 월왕 구천에게 크게 패하여 죽게 되자 그의 아들 부차가 뒤를 이었다. 부차는 나무 위에서 잠을 자면서 칼을 갈았다. 와신의 유래는 여기에서 나왔다. 그 결과 부차는 구천과의 전투에서 드디어 승리하였다. 그러자 이제는 구천이 복수를 다짐하였다. 그는 쓸개를 곁에 두고 그 맛을 보면서 절치부심하였다. 이것이 상담의 유래이다. 이때 구천은 미인계로 부차를 무너뜨리는데, 그 여인이 서시이다. 서시를 본 후 부차는 정치를 게을리하다가 오나라를 멸망에 빠뜨리고 말았다.

초선(貂蟬)

초선의 아름다움을 폐월(閉月)이라는 말로 표현한다. 초선의 모습을 보고 그 아름다움에 달도 구름 속으로 숨어 버렸다는 것이다. 그러나 초선은 『삼국지』에 등장하는 가공의 인물이다. 여포를 이용하여 동탁을 제거할 때 희생을 한 여인으로 등장한다. 여포는 『삼국지』에서 무용이 가장 출중한 인물로 묘사되어 있다. 소설에서 초선은 모든 역할을 마치고 자살로 생을 마감한다. 그의 주인 왕윤은 그녀가 총명하고 미모가 뛰어나 친딸처럼 아낀 것으로 나온다. 그러나 왕윤이 초선을 정말로 친딸처럼 여겼다면 이러한 계획을 하지는 않았을 것이다. 소설이라 하여도 하녀는 하녀 이상의 대우를 받을 수 없음을 나타내는 대목이기도 하다. 그러므로 친자식처럼 생각했다는 등의 말 또한 과장된 표현이다. 나관중이 초선이라는 가공의 인물을 등장시킨 것은, 미인계를 하나의 전략으로 이용하고 있었음을 반증하는 것이다. 중국의 병법서 『36계』에도 나오는 것을 보면 그들은 이미 미인계를 오래전부터 중요시하였음을 알 수 있다. 역사가 깊다는 것은 그만큼 효과를 증명했다는 것이기도 하다.

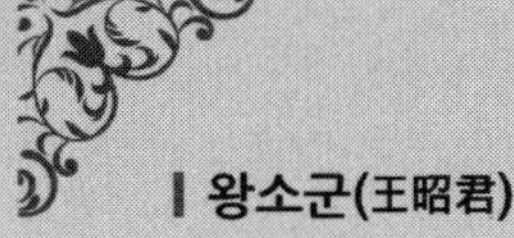

왕소군(王昭君)

왕소군의 아름다움을 낙안(落雁))이라는 말로 표현한다. 날아가던 기러기가 넋을 잃고 땅에 떨어질 만큼 아름답다는 의미이다. 한나라는 흉노와 맺은 화친조약에 따라 원제의 후궁 왕소군을 변방으로 보내게 되었다. 왕소군은 원제에게 간택 받지 못한 후궁이었다. 황제에게 간택 받기 위해서는 화공에게 뇌물을 주어 예쁘게 그려 달라고 부탁해야 했으나 그럴 형편이 되지 못했기 때문에 추녀로 그려졌다. 나중에 그 사실을 난 원제는 관련된 화공들을 처형했다고 한다. 왕소군은 흉노에 시집가서 농업기술과 옷 만드는 법 등을 가르쳐 주어 흉노 백성들의 사랑을 받았다고 한다. 그러나 그녀의 마음은 편하지 않았다. 언제나 고향을 그리워하는 처지였다. 그녀가 지은 '소군원(昭君怨)'이란 시에서 '춘래불사춘(春來不似春), 봄이 와도 봄 같지가 않구나' 라는 말로 심경을 담기도 하였다. 그러나 끝내 고향 땅을 밟지 못하고 지금의 중국 내몽골 자치구 오르도스(Ordos) 지역에 묻히고 말았다. 왕소군의 이야기는 중국문학에 많은 소재로 쓰이기도 한다.

양귀비(楊貴妃)

양귀비의 아름다움을 수화(羞花)라는 말로 표현한다. 꽃이 부끄러워할 만큼 아름답다는 의미이다. 양귀비의 본명은 양옥환(楊玉環)이다. 귀비(貴妃)는 비빈(妃嬪)의 관직 중 하나이다. 태어날 때 손목에 옥으로 된 팔찌를 두르고 있었다는 이름이다. 아편꽃의 이름으로 양귀비가 있는 것을 보면, 그녀는 사람을 중독시키는 미모를 가졌던 것 같다. 또한 비파 연주 실력이 당대 최고였다는 평가를 받을 정도의 천부적인 예술가적 기질을 갖추고 있었다. 당 현종 역시 음악을 무척 좋아했다고 하니 미모와 음악이 현종의 마음을 사로잡았던 것으로 보인다. 그녀는 최초부터 당 현종의 여인은 아니었다. 처음에는 며느리였는데 미모가 워낙 출중하다 보니 시아버지인 현종이 아들의 처를 빼앗은 것이다. 이후에 현종은 정사를 돌보지 않았고, 그 결과 당나라는 부패가 만연하면서 백성의 삶은 더욱 어려워졌다. '花無十日紅 權不十年(화무십일홍 권불십년) 꽃은 열흘 이상 붉은 것이 없고 권세는 10년을 가지 못한다' 이란 말을 증명이라도 하듯이 양귀비의 권세도 몰락을 맞았다. 양귀비가 총애하던 장수중에 안록산이 있었다. 그의 세력이 크게 성장하자 양귀비의 오라비인 양국충은 이를 시기하여 안록산을 제거하고자 하였다. 이 과정에서 '안록산의 난'이 발생하였고 수도 장안이 함락되자 현종은 피난을 떠났다. 피난 중에 성난 백성들은 이들을 둘러싸고 처벌을 하여야 한다고 하였다. 결국 양귀비는 자결을 할 수밖에 없는 상황을 맞이하면서 부귀영화도 끝을 맺었다.

유비의 전략

고대에는 전략이라는 용어가 존재하지는 않았다고 한 바 있다. 그렇다고 해서 전략이라는 개념 자체가 없었던 것은 아니었다. 다만 용어상으로 존재하지 않았다는 것에 대하여 이미 살펴보았다. 그런 관계로 동양병법의 고전이라 여기는『손자병법』에서도 전략이라는 용어를 발견할 수는 없다. 그렇다고『손자병법』에서 전략의 의미를 담아 낸 용어가 없다고는 할 수 없다. 문장의 의미를 놓고 보면 전략의 의미를 나타내는 용어는 곳곳에서 발견되는데, 그중의 하나가 병(兵)이라는 용어이다. 문장의 의미를 놓고 보면, 병은 전쟁과 전략 모두를 의미하는 것으로 보는 것이 타당하리라 본다. 그 예를 찾아 보면 '병자국지대사(兵者國之大事, 전쟁은 국가의 큰 일)와 상병벌모(上兵伐謀, 최상의 전략은 적의 모략을 깨는 것)' 등에서 전쟁과 전략의 의미를 찾아 볼 수 있다. 이를 보면 고대에는 전쟁의 의미에 전략의 의미까지도 부여하고 있었다고 보인다.

앞에서 전략이라는 용어는 군대의 조직과 무기체계가 발달하면서 생성된 용어라고 밝힌 바 있다. 국가와 생존을 함께 하는 군대 조직이 복잡해지고 거대해지면서, 이들이 구사하는 전문적인 특정상황을 표현할 전문용어가 생성된 것이며, 여기에는 전략도 해당된다. 다만『삼국지』가 쓰인 시기에 전략이라는 개념은 존재했으나, 용어가 없었을 뿐이라고 이해하면 될 것이다.『삼국지』장면의 곳곳에서 전략이라는 용어가 존재하지는 않지만, 주요 장면을 분석해 보면 전략과 전술에 해당됨을 알게 해주는 용어와 대목이 많이 나타난다. 전략과 전술이라는 용어의 정의를 바탕으로『삼국지』의 주요장면을 대입해 보면 이에 대해 보다 쉽게 수긍할 것이다. 따라서 여기서부터는『삼국지』의 주요 장면을 가지고 전략과 전술을 이해해 보고자 한다.

먼저 촉나라의 전략에 대한 내용을 발췌해 보고자 한다.『삼국지』의 배경무대가 되는 시기의 특징을 살펴보면, 군주는 곧 국가의 최고 장수에 해당한다. 특히 전란이 다반사였던 시기에는 그러한 경향이 더욱 강하였다. 물론 오늘날에도 국가원수인 대통령 또는 최고의 행정수반은 군대에 대한 통수권을 갖고 있는 것이 일반적이다.『삼국지』를 살펴보면 전략과 전술에 이르기까지 최고직위에 있는 군주에 의해 많은 부분이 직접적으로 이루어졌다. 즉, 전쟁에 대한 지침으로부터 전투의 시행까지를 군주가 직접 관여하는 경우가 많았다. 이렇다 보니 상대적으로 하위의 제대에서 구사하는 전술까지도 모두 관여하는 경향이 일반적으로 나타난다. 이러한 것은 소설 특유의 흥미를 주인공을 중심으로 전개해 나가다보니 다소 과장되었으리라 보인다. 여기에서 분석해 보는 촉나라의 전략은 곧 유비의 전략이자, 그로부터 군사 분야를 위임받은 제갈량의 전략이기도 하다. 그러므로 주요 내용은 유비와 제갈량에 의한 활동상이라고 해도 과언은 아니다. 먼저 유비의 전략 수립을 시대별로 구분해 보았다. 유비 사후에는 제갈량의 주도로 북벌이 단행되는데 이 모든 것을 '유비의 전략' 단원에 포함하였다. 유비의 전략은 '건국준비를 위한 전략, 건국과 부흥을 위한 전략, 통일을 향한 전략'으로 나누어 보았다. 이중에서 통일을 향한 전략은 제갈량에 의한 북벌 과정에서의 주요 전쟁을 기반으로 하고 있다. 전략에 대한 이해를 높이는 차원에서 세계전쟁과 6·25전쟁에서 찾아 볼 수 있는 전략과 비교해 보았다.

1단계 : 건국준비를 목표로 한 전략

유비의 건국준비는 무에서 유를 창조하는 과정이었다. 근본이 되어야 할 백성은 물론이고 기반이 될 영토마저도 없는 상태였다. 이처럼 빈약한 상태에서 사나이 셋이 모여 웅지를 펼치고자 하였다. 출발은 이처럼 미약했으나 힘을 합쳐 가는 곳마다 선정을 펼치니, 그를 따르는 무리는 늘고 늘어 어느덧 백성이라는 군집된 형세를 보이게 되었다. 초반의 유비는 정처없는 유랑의 처지로 일관하였다 하여도 과언이 아니었다. 매번 전투에서 쫓겨 누군가에게 의탁해야만 하는 처지였다. 그렇지만 그는 항상 신의를 저버리지 않았다. 그 결과 참담한 상황에서도 그와 함께 하겠다는 백성은 오히려 넘쳐났다. 그것은 사람을 대하는 진정성 덕분으로 분석할 수 있다. 유비의 건국준비를 위한 전략은 힘을 합치는 것에서부터 출발하고 있으며 인재를 얻기 위해 노력하는 과정에서 출발하고 있다.

▸ 건국준비를 목표로 한 전략

전략의 중점	전 략
[1] 동맹으로 힘을 합친다(도원결의).	동맹전략
[2] 천하를 삼분한다.	동맹전략
[3] 생존과 웅비를 위한 핵심지형을 선점한다.	억제전략
[4] 장판교를 이용하여 적의 전의를 상실시킨다.	마비전략
[5] 동맹을 체결하고 적을 섬멸한다.	동맹전략
[6] 결전에 앞서 적으로 적을 제압한다.	간접전략
[7] 연환계로 적을 섬멸한다.	간접전략

[1] 도원결의(桃園結義)와 동맹전략

시대가 어지러워지고 백성이 살기 어려운 세상이 되었을 때 이를 구제할 영웅이 등장하는 장면을 역사적인 사실에서도 발견한다. 『삼국지』에서도 예외는 아니다. 한나라 말기에 이르러 어지러운 세상에 직면하자 이름 없는 세 명의 사나이가 복숭아나무 아래에 모여 형제의 의를 맺었다. 그리고 그들은 세상에 정의를 실현하고 한 날 한시에 죽기를 맹세하였다. 이 장면에서 도원결의라는 고사성어가 생겼으며 이때 모인 세 인물이 유비, 관우, 장비이다. 이 장면은 『삼국지』의 서막을 알리면서 독자들의 뇌리에 깊게 각인되는 대표적인 상징성을 갖는다. 그들이 도원결의를 맺었다는 것은 소설이 갖는 허구의 한 장면에 불과하다. 그렇지만 이 장면을 전략적인 관점에서 본다면 국가와 국가 간의 동맹관계로 이해할 수 있다. 물론 유비가 나라를 건국하기 이전이므로 이를 대입하는 것에는 문제를 제기할 수는 있을 것이다. 그렇지만 이들 각자를 국가 또는 하나의 정치집단으로 바라보면서 이해해 주기 바란다. 또한 전투력 측면에서 본다면 우승열패(優勝劣敗)의 원리이다.

그렇다면 작가는 왜 도원결의를 소설의 서막에 등장시켰을까? 이것은 당시의 시대적인 분위기에서 찾아야 할 것이며 작가의 주인공 설정을 위한 전략이었다고 평가할 수 있다. 나관중이 『삼국지』를 저술하던 시대와 관련지어 살펴보자. 그가 왕성하게 활동하던 시기는 명나라 시대였다. 명나라는 성리학을 통치의 기본이념으로 하고 있었으며, 성리학의 기본은 명분과 의를 숭상한다. 그러므로 그는 한나라를 계승하겠다는 대의명분을 갖고 군사를 일으킨 유비를 주인공으로 내세우고자 했을 것이다. 유비는 입신출세를 위하여 군사를 모으겠다는 것이 아니었다. 지극히 대의명분을 중시하는 측면에서 군사를 일으키고자 한 것이었다. 충과 효를 특히 강조했던 성리학의 이념에 철저하게 부합되는

도원결의(桃園結義)는 삼국지의 서막을 알리는 대표적인 사자성어 중의 하나로 꼽힌다. 직역하자면 복숭아 정원에서 의를 맺었다는 뜻이다. 어지러운 세상을 평정하고자 삼국지의 주인공으로 등장하는 유비는 관우와 장비를 만나 의형제를 맺게 된다. 의형제 결의를 위한 의식을 복숭아나무 밑에서 하였다. 먼저 하늘에 제사를 지내면서, 태어난 시는 각자 다르지만 한 날 한 시에 죽기를 맹세한다는 의식을 치렀다. 오늘날에도 각종 의식 등에서 뜻을 함께 하는 사람끼리 공동의 목적을 달성하기 위한 일을 도모하고자 할 때 '도원결의를 맺었다.' 등으로 굳은 맹세와 각오를 표시하기도 한다. 신의에 바탕을 둔 맹세를 하였다는 의미이다.

» 도원결의하는 삼형제

출처 : EBS세계테마기행,「중국 도읍지전」에서 캡처

시나리오의 설정이며 국가의 목표와도 일치된다. 유비를 핵심으로 하는 삼형제를 주요 인물로 정하고, 이들의 행위에 정당성과 명분을 부여하면서 신비감을 더하여 세간의 이목을 집중시켜야 했다. 우선 이들은 하늘에 제를 지내면서 한나라를 중흥시키고 함께 죽기를 맹세하였다. 이것은 국가의 충성을 최고의 가치로 여기게 하여 국가의 질서를 확립하기 위한 좋은 자료이다. 특히 통치이념에 딱 들어맞는 것이다. 그리고 삼형제의 서열을 정하였다. 이 또한 충성을 중요시하는 하나의 구체적인 행위이다. 위계질서를 정립하는 것은 구체적인 충성의 대상을 확고히 하며 질서유지를 위한 핵심으로 볼 수 있다. 이들은 여기에서 유비를 맏형으로 하고 관우, 장비의 순으로 질서를 구축하였다. 눈에 띄는 장면은 나이는 관우가 가장 연장자라는 것이다. 그러나 유방이 건국한 한나라의 종친인 유비가 맏형이 되어야 한다는 논리를 내세우고 있다. 철저하게 황실에 대한 복종과 대의명분의 중요성을 보여주는 대목이기도 하다. 이처럼 도원결의는 명분을 명확히 밝히면서 충성의 대상을 구체화시켰으며, 여기에 동양적인 신비감을 도모하고자 하였다. 따라서 신비감을 더 하기 위하여 복숭아나무라는 소재를 등장시킨 것이다. 복숭아는 맛이 좋을 뿐 아니라 보름달 아래서 바라보는 꽃의 군락은 신선의 세계를 보는 듯한 착각에 빠지게 한다. 무릉도원은 복숭아나무가 우거지고 꽃이 만발하며 복숭아가

주렁주렁 열린 곳이다. 이곳은 신선이 사는 이상향이다. 그러므로 동양에서는 복숭아를 신선이 먹는 선과라고 여겨왔다. 신선이 먹는 복숭아는 영원한 생명을 상징하고 있다. 대의명분을 중시하는 주인공 유비에게 불멸의 이미지를 덧붙이고자 한 것으로 짐작할 수 있다. 이렇게 함으로써 비록 세 사람만의 결의를 다짐하는 의식이었지만 내면에는 장엄하면서도 가장 이상적인 목표를 지향시키고 있다. 작가는 그가 전개할 소설의 서막에서 전체적인 맥락의 흐름과 주인공을 암시하면서 추구하고자 하는 가치를 담고 있다. 이것이야 말로 전략적인 전개이다.

특히 이중에서도 관우의 유비를 향한 충성과 신의는 오랫동안 인구에 회자되고 있다. 『삼국지』에서도 관우의 이러한 신의를 묘사한 대목이 나타난다. 관우가 조조에게 항복을 하였을 때의 일이다. 유비와 장비가 소패에서 조조와의 전투에서 패하여 생사를 모르게 되었다. 이때 관우는 하비성에서 유비의 두 부인인 감부인과 미부인을 보호하고 있었다. 그 후 관우도 조조의 공격을 받아 성이 함락되었고 조조에게 쫓기는 신세가 되자 자결을 하려 하였다. 그 찰나에 장요가 자결을 막았다. 장요는 조조의 부하장수이기도 했으나 관우와도 친분이 있었던 인물이다. 그러나 관우는 뜻을 굽힐 수 없다고 하자, 장요는 자결을 하면 안되는 이유를 설명하였다. 그 중에서 도원결의를 들었다. 삼형제가 한날한시에 죽기로 했는데 여기서 자결하면 신의를 팽개치는 무책임한 것이라는 것이었다. 그 뿐 아니라 형님의 부인인 감부인과 미부인을 어떻게 보호할 것인가를 말하였다. 그러면서 그는 대의(大義)를 세우기 위해 일어선 삼형제의 의기를 말하면서 항복을 권유하였다.

관우도 느낀 바가 있어 조건을 내세우고 투항을 하게 된다. 그 조건은 첫째로 나는 조조에게 항복하는 것이 아니라, 한(漢)나라에 항복을 하는 것이다. 둘째는 두 형수님의 안전을 보장해 주어야 한다. 셋째는 유비가 있는 곳을 알게 되면 언제든지 떠날 수 있게 해 달라는 것이었다. 조조 역시 관우의 무용과 인품을 아끼는 터라 이를 받아들였다. 조조는 관우의 마음을 돌리고 싶어 선물 공세부터 연회에 이르기까지 모든 수단을 동원하였다. 하루는 관우의 낡은 무명전포를 보고는 화려한 전포를 선물하였다. 그러자 관우는 선물 받은 전포를 속에 입고 그 위에 낡은 전포를 입었다. 조조가 그 이유를 묻자 낡은 전포이지만 유비 형님으로부터 받은 선물이라고 하였다. 항상 유비가 내려 준 전포를 보면서 신의를 지키겠다는 의미였다. 어느 날 조조는 당대의 명마로 모든 장수들이 탐내던 적토마를 선물하였다. 그러자 관우는 절을 하였다. 조조는 "관공은 어째서 절을 하는가?"라고 묻자 관우는 "적토마는 하루에 천리를 간다고 들었습니다. 이제 형님의 거처만 확인되면 이 말을 타고 하루 만에 형님을 만날 수 있을 것이기 때문입니다."라고 대답하였다. 이처럼 신의를 향한 관우의 마음은 요지부동이었다. 이윽고 관우는 유비가 원소에게 의탁하고 있다는 말을 듣고는 적토마를 타고 조조로부터 떠나게 된다. 이 과정에서 그 유명한 관우의 '오관육참'이 나온다. 관우의 신의를 볼 수 있는 대표적인 사례이다. 관우는 죽음의 순간에서도 신의는 여전하였다. 맥성에서 손권에게 포로가 되어 목을 베이게 될 때, "옥은 깨져도 그 빛은 변하지 않는다."라는 의미심장한 말을 남겼다. 죽어도 신의는 변함이 없다는 것을 표현하면서 스스로를 옥처럼 고귀하게 표현하였다.

이들 세 사람이 맺은 결의를 국제관계에서는 동맹으로 표현할 수 있다. 국제관계에서의 동맹은 공동의 적을 목표로 체결하는 것이 일반적인 현상이다. 그러므로 공동의 적이 소멸되면 동맹관계는 깨질 수 있다. 대체적으로 공동의 적이 소멸되었을 때 둘의 관계는 적과 적으로 만나는 경우가 많았다. 미국과 소련(러시아)은 일본을 공동의 적으로 하고 있었으며 동맹관계였다. 그러나 일본이 패망하면서 제2차 세계대전이 끝나게 되자 둘은 적과 적으로 변하여 첨예한 대립을 하였다. 제1차 세계대전이 발생하기 이전에는 유럽의 국가들이 각국의 이해관계에 따라 삼국동맹과 삼국협상을 체결하였다. 당시에 열강들의 이면에는 각국의 실리관계가 복잡하게 얽혀 있었다. 이러한 실리관계에 따라 국가 간에는 동맹과 협상이라는 이름으로 보다 굳건히 지위를 유지하고 세력을 확대하고자 하였다.[45] 동맹의 중요성은 독일의 히틀러도 잘 이해하고 있었다. 히틀러는 이를 이용하여 제1차 목표를 달성하는데 걸림돌을 제거하고자 하였다.

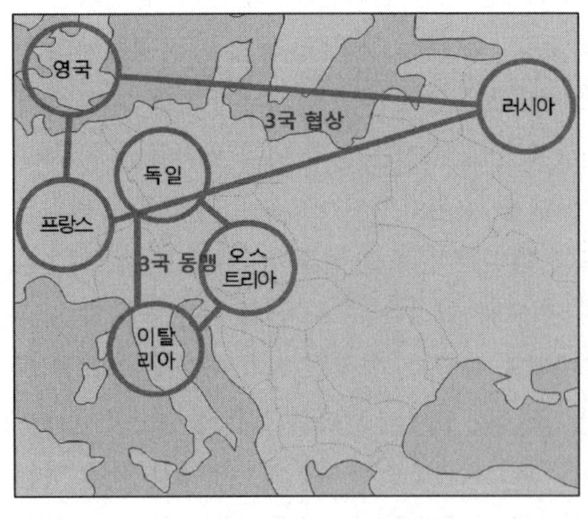

» 제1차 세계대전 이전의 각국의 상황

독일의 급부상에 따라 주변국들은 연합체를 결성하여 이를 억제하고자 하였으나 독일 역시 동맹관계로 맞섰다. 결과적으로 제1차 세계대전은 3국협상과 3국동맹의 구도로 맞이하게 되었다.

45) 김창진, 『전쟁사와 무기체계』, 2019, pp.192~193에서 정리.

≫ 베르사유조약을 위해 모인 각국의 대표들

패전국 독일과 연합군은 1919년 6월 28일 파리 근교 베르사유 궁전 '거울의 방'에서 베르사유조약을 체결하였다. 이날로부터 48년 전 독일은 프랑스를 패배시키고 이곳에서 통일 독일제국을 선포하였다. 프랑스의 입장에서는 치욕의 장소였던 셈인데, 이를 갚을 기회를 잡은 것이다. 조약의 체결은 국제연맹을 창설하는 계기가 되었으며, 새로운 국제 질서를 예고하였다. 이즈음 일본은 약삭빠르게 행동하고 있었다. 1911년의 제3차 영일동맹을 근거로 하여 1914년 8월 독일에 선전포고를 하고 전쟁에 뛰어 들었다. 그 결과 독일이 지배권을 갖고 있던 중국 청도(淸島)를 할양받았으며 남태평양의 독일령 섬들에 대해서도 통치권을 차지했다. 결과적으로 일본은 조선을 비롯한 아시아지역에서 세력을 강화할 수 있었다.

히틀러의 제1차 목표는 폴란드였으며, 이를 달성하고자 폴란드와 동맹을 체결하고 이어서 폴란드의 동부접경에 위치한 소련과도 동맹을 체결하여 2개의 전선 형성을 방지하려고 하였다. 제1차 세계대전의 패전국 독일은 베르사유조약에 따라 막대한 피해를 입었다. 많은 인명이 손실된 것은 물론이고 영토의 손실도 있었다. 또한 전쟁 배상금도 물어야 하는 형편이었다. 무엇보다도 군사력의 제한을 강요받았는데 병력은 10만 명이상을 보유할 수 없었다. 주요 전쟁 장비인 항공기, 잠수함, 전차 등도 보유할 수 없게 조약이 체결되었다.

히틀러는 이처럼 패전의 어려운 상황에서 베르사유체제를 혁파하고 독일제국을 재건하겠다며 특유의 선동적인 연설로 집권에 성공하였다. 결과적으로 베르사유조약은 독일의 입장에서는 국가 차원의 단결을 불러왔고 또 다른 전쟁을 예고하고 있었다.

히틀러는 집권한 지 불과 1년 만에 독일을 일사불란하게 움직이는 전체주의 국가로 탈바꿈시켰다. 이어서 그는 대외관계를 통하여 독일이 전쟁수행을 원활히 전개할 수 있는 토대를 구축하고자 하였다. 그는 1934년 1월 인접의 폴란드와 불가침협정을 맺었다. 폴란드는 18세기 후반에 독일·오스트리아·러시아에 의해 분할되어 있었으나, 제1차 세계대전이 끝나면서 주권을 회복한 상태였다. 또한 독일이 패전국이 되면서 폴란드는 군사력 건설에 집중하여 주변국 중에서는 군사대국으로 성장해 있었다. 그렇지만 폴란드는 인접의 독일이 전범국에서 해제되면 군사대국으로 성장하게 될 것을 우려하고 있었다. 그렇게 된다면 잃어버린 영토를 되찾고자 할 것이며, 결과적으로 폴란드의 평화도 장담하기 어렵다는 것을 고민하지 않을 수 없는 상황이었다. 이러한 불안감이 내재되어 있는 폴란드에 히틀러가 불가침조약을 제의하였다. 폴란드의 독립으로 독일은 동부의 영토를 상실한 상태였는데 그럼에도 불구하고 폴란드와 불가침조약을 체결하자고 한 것은 놀라운 것이었다.

1934년 1월에 양국은 불가침조약을 맺었으며, 이후 5년간 독일과 폴란드는 우호관계를 유지할 수 있었다. 그렇지만 독일의 속셈은 전쟁을 준비할 시간을 확보하는 것에 있었고 분위기가 조성되면 폴란드를 집어삼키겠다는 야욕을 갖고 있었다. 그 당시 폴란드의 가장 중요한 동맹국은 프랑스였다. 프랑스는 폴란드가 독립하는데 크게 후원을 하였던 국가였다. 그런데 프랑스가 마지노선을 구축하는 등의 방어전략으로 일관하자 폴란드는 프랑스에 대하여 의심하기 시작하였다. 만약 전쟁이 발생하면 프랑스가 폴란드를 도와줄지를 의심하게 되었다. 그뿐 아니라 독립에 기여해 주었다는 명분을 가지고 프랑스가 폴란드에 대하여 주인처럼 행세하는 것이 못마땅하기도 하였다. 이러한 상황 속에서 독일과 손을 잡게 된 것이다. 적의 야심을 꿰뚫지 못한 순진한 발상이었다. 이후 독일은 동맹을 확대하여 나갔다. 소련과는 1939년 8월에 불가침조약을 체결하였다. 이로써 독일은 폴란드를 침공하여도 소련이 개입할 명분을 차단함과 함께 2개의 전선이 형성될 수 있는 가능성을 미리 방지하여 불리점을 최소화시킨 것이다. 마치 제갈량이 동오와 동맹을 맺은 것과 같은 이치이다. 제갈량은 위나라를 공격하면서 발생할 수 있는 2개의 전선을 방지한 것과 동일한 맥락이기도 하다.

제1차 세계대전을 일으키기 이전에도 독일은 비슷한 행보를 보였다. 독일을 비롯한 유럽의 국가들이 제1차 세계전쟁 이전에 체결한 동맹과 협상을 살펴보면 이를 알 수 있다. 독일은 프랑스와 1870년부터 1871년까지 벌인 보불전쟁을 통하여 유럽의 강자로 부상하였다. 프랑스는 보불전쟁에서 알사쓰-로렌 지방을 독일에 빼앗겼다. 당연히 프랑스는 이를 만회하기 위한 국가적 차원의 노력을 통하여 전쟁의 피해를 복구하는 기회를 찾고자 노력하고 있었다. 강대국으로 부상한 독일의 재상 비스마르크는 프랑스의 부상을 막고 고립시키기 위한 정책을 추진하였다. 독일을 중심으로 한 동맹관계는 강대국으로 부상한 독일의 프랑스 고립정책과 관련이 깊다. 그 첫 번째는 러시아·오스트리아와 함께 삼제동맹을 체결한 것이다. 그러나 삼제동맹은 오스트리아와 러시아가 대립함으로써 해체되었다. 그러자 독일은 1879년에 오스트리아와 동맹을 체결하여 관계를 유지하였다. 그 후 1881년에는 다시 삼제동맹을 체결하였는데, 독일 등 3국은 3년 단위로 갱신하는 동맹관계를 유지하였다. 두 번째로는 이탈리아를 끌어들인 것이다. 당시에 이탈리아는 프랑스에 의해 아프리카의의 튀니지가 점령당하자 크게 반발하고 있었다. 이탈리아도 식민지 진출의 야심을 갖고 있던 상황이었기 때문이다. 이러한 상황을 활용하여 독일은 오스트리아·이탈리아와 삼국동맹을 맺게 되었다. 독일은 프랑스의 외교적 고립을 더욱 확대하기 위하여 삼제동맹이 종료되자 오스트리아를 배제하고 러시아와 1887년에 독러 재보장조약을 맺게 되었다. 그러나 독일은 이즈음 변화가 발생하였다. 1888년에 즉위한 빌헬름 2세는 비스마르크를 해임하면서 러시아를 배척하였다. 독일의 팽창에 위기를 느낀 러시아는 프랑스·영국과 삼국협상을 체결하였다. 이렇게 됨으로써 유럽은 프랑스의 고립을 목적으로 하는 삼국동맹, 독일의 팽창을 막기 위한 삼국협상의 두 세력으로 대립하는 양상을 보였다.

발칸반도를 둘러싼 세력 경쟁에는 인종주의도 한몫을 하고 있었다. 독일을 위시한 범게르만주의와 러시아의 후원을 받는 범슬라브주의는 경쟁관계를 유지하고 있었다. 독일은 오스트리아를 후원하며 게르만 민족의 정치적 통합을 시도하였으며, 러시아는 세르비아를 후원하며 슬라브 민족의 정치와 문화적 통합을 시도하고자 하였다. 이처럼 발칸반도는 각국의 실리 추구와 함께 인종과 민족적 문제를 안고 있었던 것이다.[46] 유럽의 각국은 동맹과 협상이라는 방법을 통하여 힘을 결속하면서 첨예한 식민지 쟁탈을 준비하고 있었다. 즉, 시장을 확보하기 위한 일전의 준비였다.

이러한 세계사의 흐름을 보았을 때 한반도를 사이에 두고 중국, 러시아, 일본 등이 서로의 지배권을 확대하기 위해 벌였던 구한말의 상황도 결코 우연의 결과는 아니었을 것이다. 이때에도 다양한 동맹과 밀약이 체결되었는데, 조선이라는 시장을 차지하려는 열강의 욕심이 작용한 결과였다. 국제관계에서의 동맹은 각국의 실리를 최우선으로 하여 결속을 추진한다. 그러나 도원결의에 나타난 이들 삼형제의 동맹은 실리를 떠난 대의명분에서 출발하였다. 따라서 그들의 동맹은 다소의 오해로 인한 갈등이 나타나기는 하지만, 근본적인 결속력은 약화되지 않았고 처음의 상태를 유지하였다. 『삼국지』의 주요 대목에서 이들의 우정은 그들이 보여준 무예 실력 못지않게 많은 감동을 선사하고 있

46) 발칸반도가 '유럽의 화약고'라는 별명은 이때부터 시작되었다. 발칸반도는 보스니아·세르비아·몬테네그로·알바니아·그리스·루마니아·불가리아 등의 다양한 민족이 분포하고 있었으며, 이에 영향을 받아 종교문제도 복잡하게 얽혀 있었다. 이러한 복합적이고 복잡한 관계는 항상 전쟁의 위험을 안고 있기 마련이었다.

다. 이것이 독자들로 하여금 그들에 환호한 이유이기도 하다. 민중의 밑바닥 정서에는 세상이 아무리 척박하여도 순수함을 추구하는 본성이 있다. 그렇지만 냉엄한 국제현실을 개인 간의 의리와 비교하기에는 무리감은 있다.

[2] 천하삼분지계를 위한 동맹전략

◇ 냉정한 현실 통찰이 낳은 '천하삼분지계' 전략 구상

제갈량은 천하삼분지계를 구상하고 그 기틀을 마련하였다는 평가를 받는다. 그렇다면 '천하삼분지계'를 구상한 제갈량의 현실 인식을 살펴보는 것이 필요하다. 당시의 상황은 삼국이라고는 할 수 없었다. 유비는 여전히 유랑하는 처지였다. 반면에 조조는 북방을 평정하고 막강한 세력을 더욱 확장하고 있었으며, 손권은 강남을 공고하게 다지면서 입지를 다지고 있었다. 위나라는 13개 주 가운데 7개, 오나라는 4개 주를 차지하고 있었다. 따라서 남은 것은 2개 주에 불과하였다. 유비의 입장에서는 필사적으로 어디에선가 정착지를 마련해야 했다. 그렇지 못한다면 양국의 시대로 굳어질 형세였다. 유비는 근거지가 필요하였으며, 근거지는 힘을 비축할 여건이 되는 곳이어야 했다. 제갈량은 이를 꿰뚫고 있었으며, 그에 맞는 적절한 지역을 점찍어 두고 있었다. 그가 찾은 지역이 형주와 익주(현재의 운남성 진령 동쪽)였다. 물론 그렇다고 이곳이 무주공산은 아니었다. 형주는 주인이 있었으나 그 주인의 능력으로 보아 지켜낼 능력은 부족하였다.

형주는 지리적으로도 매우 중요하였다. 북으로 진출하고 동으로 진출하기에 유리한 지형적인 이점을 갖고 있었다. 즉, 북으로는 위나라, 동으로는 오나라와 인접한 전략적 요충지였다. 익주는 비옥한 토지가 풍부하여 대군을 양성하여 훈련시킬 여건이 충분한 곳이었다. 따라서 형주와 익주의 확보는 생존과 미래의 발전 동력을 얻은데 꼭 필요한 곳으로 평가한 것이다. 여기에 인접의 오나라와 연합하기에도 유리하였다. 오나라는 그 입지가 날로 안정되고 있었으나 위나라와 단독으로 맞서기에는 부족하였다. 오나라의 입장에서도 힘의 연합이 필요한 형편이었다. 제갈량은 강동의 손권과 연합하여 중원의 강자 조조와 맞서는 전략이 최선임을 간파하였다. 연합한 세력으로 조조를 몰아내고 최후의 결전을 오나라와 벌여 승리한다면 천하통일과 함께 대의명분으로 내세웠던 한실의 중흥을 가져올 수 있다는 전략이었다. 그러므로 형주를 선점한다면 오나라와 연합할 수 있는 환경적인 여건은 쉽게 마련되는 것이다. 양국이 연합하여 위나라를 공략한다면 이길 수 있는 싸움을 치를 수도 있었다. 그렇게 된다면 삼국통일의 대업은 눈앞에 다가온 것이나 마찬가지였다. 제갈량은 냉정하게 현실을 분석하여 최선의 답안을 구상한 것이다. 중요한 것은 구상한 전략의 목표를 달성 가능하게 하여야 한다. 그러기 위해서는 현재의 능력을 고려하여야 하며, 현재의 힘이 부족할 경우에는 주변의 힘을 이용할 줄 알아야 한다. 제갈량은 현재의 능력과 주변의 환경을 최대한 활용하여 그가 펼칠 전략의 기틀을 마련하였다. 형주의 중요성은 그 이후에 더욱 증명되었다. 적벽대전 이후에 형주를 차지한 유비는 이곳을 기반으로 하여 익주까지 손에 넣었다. 유비는 익주에 머물면서 전략적 요충지 형주는, 그가 가장 신임하는 장수이자 동생인 관우에게 책임을 맡겼다. 천하삼분지계를 완성한 것이다.

동맹은 맺는 것도 중요하지만 유지하는 것이 더 중요하다. 적국에서는 이를 단절시키기 위해 다양한 전략을 동원한다. 우리나라의 실존하는 적국은 북한이라는 데는 이견이 없을 것이다. 한미동맹은 북한에게는 대단한 위협이다. 세계 제일의 국력과 군사력을 보유한 미국과 대한민국의 동맹은 반드시 깨뜨려야 할 과제이다. 북한은 이를 위하여 지속적으로 미군철수와 연합훈련 중단을 요구하였다. 특히 남북대화를 추진하고자 하면 어김없이 이 문제를 집중거론 하였으며, 현재도 동일한 패턴을 반복하고 있다. 북한에서 연합훈련 중단을 요구하는 것은 동맹의

» 북한 노동당 창당 75주년(2020년) 행사에서의 신형 LCBM(북극성5ㅅ)

출처 : YTN 뉴스에서 캡처

의미를 무용지물로 만드는 것이다. 궁극적으로는 동맹 깨기 전략으로 이어가고자 하는 경향을 보인다. 북한에서의 노동당규약은 헌법보다도 상위의 성격을 갖고 있다. 북한은 노동당이 국가에 우선하므로 노동당규약이 헌법보다 상위의 지위를 갖는 것은 당연하다. 그러므로 북한의 노동당규약은 모든 것을 총괄하는 절대적인 성격을 갖는다. 노동당규약을 살펴보면 그들은 미국을 배격해야 할 외세로 보고 있다. 즉, 대한민국과의 동맹을 해체하는 것을 제일의 목표로 삼고 있다.[47] 이를 위해 북한에서 요구하는 근본적인 문제는 한미 연합훈련 중단과 미국 군사무기 반입 중단 등이다.

연합훈련은 한미동맹과 직결되는 문제이다. 그런 관계로 정부 단독으로 결정할 수는 없다. 미국과의 입장 조율이 필요한 부분이다. 현재 미국은 대북제재를 지속적으로 유지 중에 있다. 공화당 트럼프의 뒤를 이어 출범한 민주당의 바이든 행정부에서도 이와 같은 기조는 지속될 것으로 보인다. 만약 정부에서 북한과의 관계 개선을 위하여 그들이 요구하는 대규모의 경제지원과 협력을 강행한다면 대북제재 문제와 관련하여 한미관계는 부정적으로 흐를 수 있다. 미국은 북한의 비핵화 목표를 달성하기 위하여 우리나라에게 적절한 템포 조절과 연합훈련 등을 요구할 수 있다. 북한의 의도와는 완전히 정반대의 길이다. 그러므로 북한에서 요구하는 연합훈련 중단 등에 치중한다면 미국과의 관계는 불편해 질 수 있다. 가장 우려되는 부분은 한미동맹의 약화라는 것은 틀림없는 사실이며, 북한은 이를 노린다는 것이다. 동맹의 균열은 어느 시대를 막론하고 상대국이 바라는 목표였다.

◇ 생존을 넘은 건국의 길, '천하삼분지계'의 기틀 구축

위나라의 조조는 막강한 국력을 바탕으로 천하를 통일하려고 했으며, 오나라는 위나라를 능가하기는 어려웠다. 그렇지만 유비에게는 기반을 갖고 있는 상대적인 강대국임에는 틀림없었다. 유비는 아직 변변한 자립 기반을 갖추지 못하고 있었다. 하지만 이들 두 강대국과의 사이에서 하나의 축을 형성하고자 하는 야심을 버리지는 않았다. 이러한 세력관계 속에서 오나라의 손권은 유비를 이용하여 위나라를 견제하면서 안정된 상황을 추구하는 것을 목표로 삼고 있었다. 이러한 구도속의 유비는 위나라의 힘에 눌려 언제 사라질지 모르는 형편이었고, 오나라에

47) 2021년 개정된 노동당규약 전문에는, '(전략) 조선로동당은 남조선에서 미제의 침략무력을 철거시키고 남조선에 대한 미국의 정치군사적지배를 종국적으로 청산하며 온갖 외세의 간섭을 철저히 배격하고 강력한 국방력으로 근원적인 군사적 위협들을 제압하여 조선반도의 안전과 평화적 환경을 수호하며 민족자주의 기치, 민족대단결의 기치를 높이 들고 조국의 평화통일을 앞당기고 민족의 공동번영을 이룩하기 위하여 투쟁한다. (후략)'

게는 이용만 당하기 십상인 처지였다. 그렇지만 유비는 제갈량이라는 걸출한 군사를 만나 이러한 상황을 반전시켰다. 분수령이 된 것은 적벽대전이었다. 유비는 적벽대전을 통하여 천하삼분지계의 꿈을 이루게 되었다. 적벽대전은 결과를 놓고 보면 위나라는 촉과 오의 연합군에 패배함으로써 그 위세가 많이 꺾이게 되었으며, 오나라는 보다 탄탄한 입지를 구축하였다. 가장 큰 소득은 촉나라가 챙긴 것으로 볼 수 있다. 촉나라는 형주를 손에 넣게 되면서 삼국정립의 시대를 형성하게 되었다. 그 과정을 살펴보면 다음과 같다.

조조는 하북지방에서 원소군을 물리친 후 대군을 이끌고 형주를 향하여 남하하였다. 형주를 점령한 조조는 계속하여 양자강을 따라 동으로 진군하였다. 강릉을 향하여 조조가 진군을 계속하자 오나라의 상황은 급격하게 위급한 지경에 빠져들었다. 손권은 노숙에게 계책을 묻자 노숙은 유비와의 연합으로 조조군을 막아야 한다고 건의하였다. 이때 유비는 남쪽으로 도망치고 있는 초라한 상황이었다. 절박한 순간에 유비는 제갈량을 곧장 오나라로 보내 구체적인 전쟁계획을 수립하게 하였다. 이후에 그 유명한 동남풍과 연환계를 이용한 신묘한 계책으로 조조군을 적벽에서 대파하였다. 오나라는 이 싸움에서 형주를 얻고자 했으나 촉나라의 제갈량이 이를 방관할 인물이 아니었다. 한발 앞서 형주를 점령한 제갈량은 이를 촉나라의 기반으로 삼고자 하였다. 오나라의 대장군 주유는 형주를 촉에게 넘겨주게 되자 크게 탄식하였고 얼마가지 못하여 죽음까지 맞이하였다.

적벽대전에서의 유비는 보잘 것 없는 군세였지만 형주를 손에 넣을 수 있었다. 오나라의 손권은 형주를 돌려달라고 하였으나, 제갈량은 익주(사천)를 차지하면 그때에 가서 돌려주겠다고 약속하였다. 오나라는 더 이상 방법이 없었다. 오나라는 유비를 완벽하게 굴복시킬만한 힘은 아니었기 때문이다. 그렇지만 이것은 큰 차원에서 보면 오나라에게도 손해를 끼치는 전략만은 아니었다. 조조가 막대한 피해를 입었지만 여전하게 막강한 세력을 갖고 있었다. 이러한 상황에서 오나라와 촉나라의 연합은 생존을 위해 필연적으로 유지해야했다. 당장은 손해가 명백했으나 오나라의 입장에서는 앞을 내다보았을 때 필요한 전략이었다. 또한 촉나라에게는 건국의 기틀을 다지는 전략적인 과제였던 것이다. 이것은 결과적으로 오나라와 촉나라에게는 전략의 성공을 의미하고 있는 것이다. 특히 촉나라의 경우는 더욱 지대하였다.

[3] 형주선점과 억제전략

국가 차원의 유리한 지형을 선점한다는 것은 대단히 중요한 의미를 갖는다. 위·촉·오의 삼국정립 과정에서도 이와 같은 내용이 나오는데 유비의 형주 선점이 그것이다. 위·촉·오의 삼국정립은 제갈량의 작품으로 볼 수 있으며 여기에서 형주가 중요한 지형으로 떠오른다.48) 제갈량이 없었다면 유비는 형주와 익주를 터전으로 하는 촉을 세우지 못했을 것이다. 유비가 형주와 익주를 차지하지 못했다면, 평생을 유랑하는 신세로 마치고 말았을 것이다. 유비는 형주에 이어 익주를 차지하면서 도약의 발판을 구축하였다. 형주선점을 억제전략으로 구분한 것은, 촉나라는 형주를 토대로 하여 국가의 기틀을 다지는 계기로 삼았다는 것이다. 초기의 국가에 해당하므로 우선은 웅비를 위한 준비를 할 수 있는 여건을 마련하여 했으며, 이때의 전략은 주변국과의 전쟁을 하기보다는 전쟁을 억제하여 힘을 비축해야 했다. 그러므로 형주선점은 억제전략을 펼 수 있는 토대가 되었다고 볼 수 있다. 이후 유비가 온전하게 하나의 주를 얻은 것은 익주49)였다. 유비는 익주와 형주의 일부 지역을 확보하고 통일을 이루기 위한 전략으로 억제전략을 구상하였다. 억제전략은 전쟁 발생을 방지하는 것을 핵심으로 한다. 그렇지만 공세의 터전이 마련되면 억제에서 공세전략으로 전환할 수 있다. 특히 『삼국지』의 전개과정을 보면 이러한 것은 더욱 명확해진다.

유비는 형주와 익주를 얻게 되면서 힘을 비축하여 위나라를 치고자 하였다. 그렇지만 관우의 죽음과 함께 형주를 다시 빼앗기는 과정을 겪는다. 어쨌든 유비는 형주와 익주에서 힘을 비축하게 된 것은 자명하다. 비록 그의 생전에 북벌을 단행하지는 못했다 해도 북벌의 여건을 여기에서 마련하였다. 그의 사후에 후주 유선은 북벌을 단행하였다. 성공 여부를 떠나서 억제전략 후 공세전략으로 전환되었음을 알 수 있으며, 이는 지형의 이점을 이용한 힘의 비축이 있었기에 가능한 일이었다. 개인적인 인생사에서도 적절한 터전을 잡지 못하면 유랑신세를 면하지 못하지만, 이점을 주는 중요한 지형에서 터전을 잡게 되면 날로 번성하는 것과 같은 이치이다. 형주는 양자강의 중류에 위치한 요충지답게 사방으로 통할 수 있는 통로를 갖고 있다. 이처럼 예로부터 형주는 인구와 물산이 풍부한 곳이었다. 익주는 험준하지만 일단 진입하면 비옥하고 드넓은 평야가 자리 잡고 있다.

---

48) 형주는 오늘날의 후베이성의 한 지역이다. 2020년 코로나19가 창궐하여 도시를 폐쇄한 지역은 우한인데, 이 도시도 후베이성의 한 지역이다. 우한 외곽에 형주의 성터가 남아 있다고 하는 것을 보면 우한과 형주는 근처였던 것으로 보인다. 성터의 지명이 징저우(荊州, 형주)라는 것을 보면 『삼국지』의 형주와 어느 정도 연관성이 있어 보인다. 1993년 4월 우한 경제기술개발구가 발족되어 자동차 산업을 중심으로 외국의 투자가 이루어졌으며 중국 제조업의 중심지로 발전하였다. 우한은 중국 혁명의 심장부이기도 하다. 1911년 신해혁명의 도화선이 된 우창봉기의 진원지였으며 중국 역사상 최초로 공화국이 수립되는 동력을 제공하였다.

49) 당시의 익주는 파군(巴郡)과 촉군(蜀郡)으로 나누어져서 양천(兩川)으로도 불렸다. 여기에서 유비는 청두를 수도로 정하고 제갈량과 북벌의 기회를 엿보고 있었다. 양천은 송나라 시기에 4개로 나누어지면서 사천(四川)으로 되었다.

오늘날에도 중국 곡물 생산의 선두를 달리는 지역이다. 중국 최초로 통일제국을 건설한 진나라 역시 사천지방의 힘이 바탕이 되었기에 가능하였다는 평가를 받는다. 땅이 넓으면 곡식도 많이 생산할 수 있고 그렇게 되면 자연스럽게 인구도 증가하는 것이다. 인구의 증가는 보다 강력한 군대를 가질 수 있는 원천이다. 진나라는 이러한 지형적인 이점을 활용하여 힘을 비축하였으며 마침내 중국을 통일시킬 수 있었다.

통일제국 진나라가 멸망하자 대륙은 유방과 항우가 패권을 다투게 되었다. 유방은 항우를 물리치고 한나라를 건국하였다. 항우와의 싸움이 한창일 때 진나라의 옛 지역을 선점한 것은 유방이었다. 사천과 관중 일대를 유방이 차지한 것이다. 유방이 건국한 한나라는 그의 사후에 잠시 멸망의 길을 걸었다. 기원후 8년에 왕망이라는 관료가 한나라를 무너뜨리고 신나라를 건국하여 25년까지 유지하였다. 그러나 신나라는 오래가지 못하고 왕망이 죽자 멸망하였다. 잠시 혼란의 시기가 왔으나 한나라의 후손인 광무제에 의해 혼란은 진정되고 한나라는 다시 존속되었다. 이를 기준으로 하여 전한과 후한으로 구별 짓는다. 이 과정에서 광무제는 앞의 사례와는 반대로 익주(사천)지역을 제외한 모든 지역을 점령하여 서서히 사천의 신나라를 멸망시켰다. 이때 관중은 광무제가 점령하고 있었다. 자연스럽게 사천은 고립을 면하기 어려운 형국이 되고 말았다. 중요한 지형을 빼앗긴 신나라는 아무리 물산이 풍부한 사천을 차지하고 있었다 하여도 고립되는 처지가 되었다.

지형이 국가의 존망에 관계됨을 알게 해주는 사례이다. 사천과 그 일대의 유리점은 이렇게 역사적으로 증명되고 있다. 제갈량 역시 중국의 이러한 역사적인 사실을 직시하고 있었을 것이다. 따라서 제갈량은 익주를 중시하게 되었으며, 유비는 이를 옳게 여겨 제갈량의 뜻에 따랐던 것이다. 유비는 익주의 성도(청두)를 수도로 정하였다. 그렇지만 촉나라는 오나라와의 전쟁에서 형주를 잃게 되면서 고립되는 형국을 맞게 되었다. 어쩌면 촉의 흥망은 형주와 관련이 깊다고 볼 수 있다. 거기에 관중은 위나라가 차지하고 있었다. 결과적으로 지형적인 이점은 선조 유방에 비하면 절반밖에는 되지 못했다. 형주는 굵직한 전투가 자주 일어난 지역이다. 적벽대전과 이릉대전이 대표적이다. 그만큼 전략적 중요도가 높다는 뜻이다. 형주의 중요성은 제갈량의 '천하삼분지계'에서 처음 등장하였다. 제갈량은 지형의 이점과 이를 기반으로 세력을 확장하는 비상한 안목을 가지고 있었다. 지형의 이점은 국가전략에서 이처럼 중요한 요소가 된다. 전략적으로 유리한 지형을 선점한다는 것은 전쟁지속 능력을 보장하며, 적의 전투의지를 무력화시킬 수도 있다. 한반도의 지정학적 위치는 각국의 이해관계에 첨예한 전략적 요인을 제공하고 있다. 중요한 것은 이를 우리가 어떻게 이용하고 지렛대로 삼을 것인가 하는 문제이다.

[4] 지형을 이용한 마비전략

장판교전투는 전략적인 측면과 전술적인 측면에서 분석해 볼 수 있는 전투이다. 비록 조그마한 다리이지만 전략의 보다 쉬운 이해를 위해 이를 전략적인 측면에서 살펴보아도 좋은 사례가 될 것이다. 당시에 유비는 조조에게 하염없이 쫓기고 있는 신세였다. 조조는 10만이라는 대군을 이끌고 유비의 형주를 목표로 공격하였다. 유비는 신야성과 번성 전투에서 패배하였지만 그를 따르는 백성은 여전히 많았다. 유비는 그를 따르는 백성을 데리고 후일을 도모하고자 힘겨운 퇴각을 해야만 했다. 군졸들만 데리고 가는 것이 아니라 수많은 백성들과 함께 후퇴하는 상황이었다. 당연히 행군속도는 더디기만 하였다. 그에 비해 조조군은 별도로 선발한 날렵한 기마부대를 선두로 유비와 그의 백성들을 향하여 질주하고 있었다. 이러한 상태라면 곧 따라잡힐 상황이었다. 국가를 보전하고자 하는 전략적 측면에서 보자면 유비는 그의 군졸들의 전력을 온전히 유지하여 차후작전에 임할 수 있도록 준비해야 했으며, 동시에 백성의 안위를 보장해야 하는 것이 시급한 일이었다. 그러므로 쉴 틈을 주지 않고 뒤를 쫓는 조조군을 저지하는 전략이 필요한 상황이었다. 그렇지만 대응할 수 있는 전력은 크게 열세였다. 정면승부로는 불가능한 열세였다.

이러한 상황이었지만 유비는 지형을 적절히 이용한 장비의 활약으로 적의 진출속도를 최대한 늦추면서 안전하게 탈출에 성공하였다. 장판교라는 지형을 이용하여 이를 저지한 것이다. 하천이라는 장애물을 이용하여 저지한 것이며, 뒤쫓던 적은 장비의 기교에 넘어가 마비를 가져왔다. 이때 유비와 장비가 구사한 전략을 마비전략으로 보면 된다. 전술적 측면에서 보자면 열세한 병력으로 적을 상대할 때 지형의 이용이 얼마나 중요한가를 보여주었다. 또한 적을 심리적으로 제압하는 것이 중요함을 알게 해주는 전투이기도 하였다. 장비는 적이 이용할 수밖에 없는 장판교를 사수하는 전술적 목표를 달성하여 주력의 안전을 보장하였다. 그의 전술적 승리는 유비의 전략적 승리로 연계되었다. 결과적으로 전력의 보존과 백성의 안위를 지킬 수 있었다. 후퇴하는 과정에서 유비는 얼마나 정신없이 도망쳤는지 두 부인과 아들의 행방을 알지도 못하고 있을 정도였다. 충절의 표상 조자룡이 난관을 극복하고 아들과 부인을 가까스로 구해오기는 했지만 절박한 상황이었다. 장비는 장판교를 지키지 못하면 조조군의 손에 백성들은 물론이고 형님 유비의 생명도 위태롭게 된다는 사실을 직감하고 있었다. 그러나 휘하의 군졸은 얼마 되지 않았으며 사기는 더욱 저하되어 있었다. 이러한 군세로 대군을 상대하기에는 불가능하였다. 궁하면 통하는 법이 있다더니 장비는 순간적인 기지를 발휘하였다. 그것

» 장판교를 막아 선 장비

출처 : KBS 2TV, 「신 삼국지」에서 캡처

은 장판교라는 외길을 이용하겠다는 것이었다. 아무리 많은 병력도 외길에서는 일렬종대의 대형밖에는 별다른 도리가 없다. 장비는 이 다리를 홀로 지키겠다는 생각을 하였다. 그가 거느린 군졸들은 좌우의 수풀에 위치시켜 많은 군졸들이 매복한 것처럼 보이게 하였다. 다소 무모해 보이지만 달리 다른 방도는 없었다. 드디어 조조군의 기마병 모습이 시야에 들어왔다. 거리는 점점 좁혀지고 있었다. 조조군이 밀어 붙이면 천하의 장비라고 하더라도 당해 낼 수 없는 수적 우세였다. 그렇지만 조조군은 거침없이 달려들지 못하고 상황을 살펴보았다. 무언가 이상함을 느꼈다. 장판교 주변에는 군졸이 보이지 않고 장비 혼자 버티고 있는 모습이 시야에 들어왔다. 속임수에 대비하기 위해서는 신중함이 필요하였다. 조조는 이미 제갈량의 신기에 가까운 속임수에 몇 차례 곤혹을 치른 경험이 있었다. 분명 대군을 숨겨두고 장비 혼자서 유인하려는 태도로 밖에 보이지 않았다. 조조는 오히려 불안이 엄습해 왔다. 즉각적인 명령을 내릴 수 없는 무언가의 불안감이 되살아났다. 그러자 선봉자 하후걸이 앞으로 나왔다. "승상! 제가 가서 저놈의 목을 가져오겠습니다." 하후걸이 호기롭게 장비가 버티고 있는 장판교로 말을 몰았다. 이를 본 장비가 벼락같이 소리쳤다. "하루 강아지 같은 놈이 범 무서운 줄 모르는구나! 어디 좀 더 가까이 와봐라! 내가 바로 연인(燕人) 장익덕이다. 네 놈의 목을 내가 가져가겠다!" 호랑이 수염을 한 험상 궂은 얼굴로 고리눈을 부릅뜨고 비장의 장팔사모를 쳐들고 하후갈을 노려보는 모습은 기세가 범상치 않았다. 장비의 일갈이 얼마나 쟁쟁했던지 하후갈은 그만 말에서 떨어져 버렸다. 이를 본 조조군은 싸울 기세를 상실하였다. 이미 말 머리를 돌리는 군졸이 나타나기 시작하였다. 마비의 효과가 나타나기 시작한 것이다. 또한 장판교 너머의 숲속에서는 군졸들의 움직이는 모습도 함께 보였다. 장비가 저렇게 호기롭게 나오는 것과 다리 넘어 수풀 속에서 간간이 보이는 군졸은 필시 대병력이리라고 생각하기에 충분한 상황이 조성되고 있었다. 장비의 무모하리만큼 당당한 기세는 믿는 구석이 있다고 여길 수밖에 없었다.

협소한 다리는 대군이 통과하기에는 제한이 많은 구조물이다. 장비는 이러한 구조물을 이용하여 방어하면 적은 병력으로 많은 병력의 전진을 지연시킬 수 있음을 알았던 것이다. 전술적인 감각을 갖고 있었다고 보면 될 것이다. 또한 홀로 장판교에 버티고 서 있다는 것 자체가 적으로 하여금 불필요한 상상을 자극할 것으로 생각하였던 것이다. 장비의 이러한 판단은 적중한 것이다. 중요한 지형을 선점하여 적의 전의를 상실시키는 것은 마비전략으로 볼 수 있다. 조조군이 물러나자 장비는 다리를 끊었다. 후에 제갈량은 이 말을 듣고 다리를 그대로 두었더라면 조조를 더욱 완벽하게 속일 수 있었을 것이라고 아쉬워하였다. 즉, 다리를 끊지 않는다는 것은 숲속에 대군이 매복했을 경우에만 가능한 것이다. 그러므로 다리를 끊었다는 것은 적의 추격이 두렵기 때문으로 해석할 수 있다. 그러므로 이는 대병력이 없다는 것으로 판단할 수 있는 근거를 제공한다.

6·25전쟁에서 국군은 38도선이 돌파되자 지연전을 전개하기 시작하였다. 미군이 참전할 때까지 시간을 확보하는 것이 목표였다. 서울이 함락되자 지연전을 전개할 최적의 장소로 한강을 선정하였다. 한강은 천연장애물을 이용하여 방어하기 유리한 조건이었다. 이것이 전쟁초기의 한강방어선전투이다. 아쉬운 점은 조직적인 철수를 한 후에 한강이라는 천연장애물을 이용하지 못한 점이다. 졸속으로 한강교를 폭파하게 되자 철수 중인 국군은 한강 이북에 고립되었고, 다량의 무기와 장비는 방치한 채 도하할 수밖에 없었다. 그 결과 국군의 전력은 급격히 약화되었다. 당시에 군 원로급들은 대체적으로 적의 탱크를 앞세운 전력의 우위를 인정하고 한강을 이용한 하천선전투를 조기에 실시하자는 의견을 말하였다. 그러나 대책 없는 국방장관과 채병덕 총참모장은 이를 무시하였다. 의정부 상황이 혼미를 거듭하고 있던 이날 오전 신성모 국방부장관은 이승만 대통령으로부터 “군사경력자들의 자문을 받아 난국을 타개하라.”는 지시를 받고 이날 10시에 현역 및 재야 원로급 군사경력자들을 국방부로 소집하여 작전지도 방안을 논의하였다. 이 회의에는 각 군 총참모장, 김홍일 소장(참모학교장), 송호성 준장(전 경비대총

» 서울시청 앞에 등장한 북한군 T34 전차와 이를 바라보는 시민들

사령관), 유동열(전 통위부장), 이범석(전 국방장관), 이청천(전 광복군사령관), 김석원(전 제1사단장) 등이 참석하였다. 그러나 위급한 상황에서도 장관과 참모장은 다소 낙관적인 상황으로 전투상황을 보고하였다. 당시 참석했던 김홍일 소장은 한강 이남에서의 결전을 주장하였다. 이에 대해 김석원, 이범석도 이에 동조하기에 이르렀다. 대부분의 군 원로들은 상황을 그리 낙관적으로 보고 있지 않았다. 그러나 결국 이 회의는 신 장관과 채 총장의 서울 고수론에 막히고 말았다. 그때까지도 상황을 제대로 파악하지 못하고 있었던 것 같다. 물론 한강을 방어선으로 한다는 것은 서울 포기를 의미하는 것이었다. 그러나 현실적으로 탱크를 앞세운 적의 남진을 저지시키면서 서울을 사수하기는 어려웠다. 그러므로 한강이라는 천연적인 장애물을 이용하여 방어하는 것이 효과적이라는 주장은 당시의 상황으로 보아서는 타당성이 있었다. 군사경력자회의가 끝나자 신 장관과 채 총장은 11시부터 중앙청에서 개최된 비상국회에 출석을 요구받고 전황(戰況)을 설명하였다. 이 설명에서 신 장관은 "3일 이내에 평양까지 점령할 수 있는 만반의 준비와 군대를 가지고 있다."라며 호기를 부렸다. 또한 채 총장은 "적을 의정부 밖으로 격퇴하였다. 3일 안으로 평양까지 점령하겠다."라는 허황된 낙관론을 폈다. 그즈음 서울 문턱까지 북한군은 내려오고 있었다. 국회에서 전황보고를 마치고 육군본부로 돌아

온 채 총장은 의정부에서의 반격이 성공하기를 학수고대하고 있었다. 그러나 이미 의정부는 적의 수중으로 들어가 있었다. 북한군 제3·4사단과 제105전차여단은 28일 6시에 서울에 진입하기 시작하였다. 이로부터 북한군이 서울 시내의 중심부에 도달한 것은 28일 11시 30분경이었다. 서울을 장악한 북한군은 서대문형무소와 마포형무소를 비롯하여 죄수 등을 모조리 석방시켰다. 김일성은 28일에 서울점령 축하방송을 하고 서울에 인민위원회를 설치하였다.

그 이전인 26일 밤에 신성모는 각 군의 총참모장을 소집하여 긴급회의를 개최하였고, 수도를 이전하기로 하였다. 그리고 27일 새벽 1시의 비상국무회의에서는 수원으로의 천도를 결정하였다. 그리고 27일 아침에는 신성모 장관이 수원으로의 천도 소식을 KBS방송국에 전했다. 방송국에서는 이 같은 사실을 아침 6시 뉴스에 방송했다.[50] 그러나 서울시민의 피난 문제 등은 한 마디의 언급도 없었다. 전쟁지도부의 무능함을 보여주는 대목이다. 그는 26일에 의정부가 실함되면서 서울의 함락도 이미 예견했을 것이다. '북한이 전쟁을 일으키면 점심은 평양에서 먹겠다'던 말과 26일에 국회에서 전황을 보고하면서 "3일 이내에 평양까지 점령할 수 있는 만반의 준비와 군대를 가지고 있다."고 호기롭게 한 발언은 어디로 갔는지 모를 지경이다. 국민의 안전은 안중에도 없었던 지도부였다. 그 와중에 대통령은 발 빠르게 새벽 3시경에 특별 열차 편으로 피난을 떠났다. 그러나 그는 수원이 아닌 대구까지 내려갔다. 확실하게 피난을 간 것이다. 그 순간까지 서울시민들에 대해서는 어떠한 대책도 수립하지 않은 상태였다. 대구에는 27일 10시에 도착하였다. 그러던 중 12시 30분에 다시 북상한 대통령은 오후 3시에 대전에 도착하였다. 이날 밤 10시에 그 유명한 대국민 방송을 하였다. 그 내용은 "유엔군이 참전하니 안심하라."는 것이었다.

시민의 비극은 한강교가 폭파되면서 절정으로 향하였다. 한강교량의 폭파준비는 이미 의정부가 실함되고 창동으로 철수하던 26일 저녁에 채 총장이 최창식 공병감에게 지시함으로써 시작되었다. 공병감은 다음날 27일 9시에 공병학교장 엄홍섭 중령에게 폭파를 준비하라고 명령하였다. 엄 교장은 남한강파출소에 지휘소를 설치하고 황원회 중위와 이창복 중위에게 폭파임무를 부여하였다. 이들은 이날 오후 3시 30분까지 한강상의 5개 교량에 폭약설치를 완료하였다. 최초에 공병감은 총참모장으로부터 적의 서울 시내 진입 2시간 전에 파괴하도록 지시를 받았다. 이때 상황으로는 27일 오후 4시를 폭파 예정시간으로 계획하여 준비 작업을 추진하였다. 28일 새벽 1시경에 북한군의 전차

50) 노정팔, 『한국방송과 50년』, 1995, p.161.

가 미아리 고개를 넘어서자 사실상 서울의 함락은 시간의 문제에 불과하였다. 1시 45분경에 채 총장은 작전국장 강문봉 대령으로부터 적 전차가 시내에 진입하였다는 것을 보고 받았다. 그는 즉시 공병감에게 한강교를 폭파하라는 명령을 내렸다. 그 이전인 27일에 수원으로의 천도가 결정되자 채 총장은 전방부대의 전투지휘를 일선 지휘관과 김백일 참모부장에게 맡겨둔 채 용산의 육군본부를 떠나 한강을 건너 시흥으로 향하였다. 그러나 이날 시흥으로 철수한 육군본부가 27일 저녁에 다시 서울로 오면서 폭파는 연기되었다. 그것은 맥아더의 극동군사령부의 전방지휘소를 한국전선에 설치할 것이라는 연락을 받고 나서였다. 따라서 육군본부가 다시 용산으로 복귀함에 따라 폭파부대는 폭파장치를 일단 제거하여 차량과 열차의 통행에 지장이 없도록 조치한 후 대기하고 있었다. 그러던 중, 전방상황의 악화로 27일 11시 30분경 재차 폭파준비 명령을 받게 되자 억수같이 쏟아지는 비를 맞으며 제거한 폭약을 재장전해 두고 있었던 것이다.

총참모장의 폭파명령을 받은 공병감은 28일 2시 20분경에 엄 중령에게 폭파명령을 하달하였다. 엄중령은 즉시 대기하고 있던 황중위에게 장약점화를 지시하였다. 이때의 교량상황은 육군 헌병과 경찰이 명령 없이 후퇴하는 차량들을 저지하고 있었으나 통제는 거의 불가능하였다. 점화신호와 동시에 인도교에 이어 3개 철교에서 굉음과 함께 불꽃이 치솟았다. 그 바람에 수많은 인명과 차량이 희생되고 말았다. 이보다 약 1시간 30분 뒤인 4시경에는 광진교가 폭파되었다. 인도교를 건너 피난길에 나선 시민들은 영문도 모른 채 다리와 함께 사라졌다. 수많은 시민들이 수중고혼으로 불귀의 객이 되고 만

» 폭파된 한강인도교[51)]

51) 용산구 이촌동과 동작구 본동을 잇는 최초의 인도교이다. 1916.3월 착공하여 1917.10월 준공하였다. 한강철교를 준공하고 남은 자재를 활용하여 건설하였다. 차도 폭 4m, 좌우보도 1m의 다리였다. 폭파된 후 1957년 9월에 재착공하여 1958년 5월 15일에 준공하였다. 옆에 있는 한강철교는 1900년에 가설되었다.

것이다. 대략 약 800여 명의 피난민과 40~50여 대의 차량이 희생된 것으로 알려지고 있다. 이것은 후에 이승만 정권에 대한 민심 악화의 원인이 되었다. 결국 그 책임을 공병감에게 물어 1950년 9월 21일 부산의 외곽에서 총살형을 집행하였다. 책임을 전가한 것이다. 그렇게 그는 비극적으로 세상을 떠나게 되었다. 그나마 폭파작전은 완전히 성공하지도 못하였다. 장약의 불발로 경부선 복선철교와 경인선 상행 단선철교는 완전히 폭파되지 않았다. 따라서 다음날 미 공군 B-29폭격기가 폭격을 시도했으나 폭파에는 실패하였다.

한강대교 입구에 적 전차가 나타난 것은 그로부터 7시간 반 가량이 지난 28일 10시를 조금 넘은 시간이었다. 북한군은 서울을 점령한 후 남진하기 위하여 이 교량을 일부 보수하였다. 그 후 전차를 도강시키게 된다. 한강교의 폭파는 서울시민의 피난 조치나 전선부대에 대한 적절한 조치도 없는 상황에서 단행되었다. 대통령을 비롯한 전쟁지도부의 무능을 보여주는 대표적인 사례이다. 이로써 150만 시민의 대부분이 적 치하에 들어가야 했다. 그리고 북한군의 치하에서 모진 세월을 이겨내야 했다. 그러나 서울수복 후에는 북한군에 부역했다는 혐의로 다수의 시민들은 또다시 고초를 겪고 오랫동안 '빨갱이'라는 굴레가 덧씌워 졌다. 물론 그중에는 일제강점기 시절의 악질적인 친일파처럼 천인공노할 행위를 일삼으며 북한군에 협조한 사람도 있었다. 그렇지만 다수의 선량한 시민이 받은 피해만은 묵과할 수 없는 일이다. 지도층의 무능은 이처럼 국가의 비극은 물론이고 개인의 삶까지 파괴해 버리는 것이다. 무능이 얼마나 무서운지를 역사는 증명하고 있다. 한강교 폭파는 국군에게 막대한 피해를 입혔다.

한강은 폭이 700~1500m이며 평균수심 3m에 달하는 천연적인 장애물이다. 따라서 효과적인 방어에 아주 유리한 조건을 갖고 있다. 반면 공격부대는 이러한 수심과 강폭을 극복하기 위한 장비가 요구된다. 그러나 아무리 우수한 도하장비를 가지고 있다 하여도 강을 도하하기 위해서는 일단 정지해야 한다. 이것이 하천선방어에서 방자가 갖는 유리한 포인트인 것이다. 서울이 함락되고 한강교가 폭파되자 육군본부에서는 한강선 방어를 위해 28일 오후 2시에 시흥지구전투사령부를 설치하고 사령관에 김홍일 소장을 임명하였다. 김홍일은 임무의 막중함을 느끼며 한강선 방어를 준비하였다. 무엇보다도 시급한 것은 방어병력을 끌어 모으는 것이었다. 이를 위하여 삼삼오오 각자도생하여 한강을 건넌 병사들을 재편성하여 한강방어선에 투입하였다. 혼성수도사단, 혼성2사단, 혼성7사단이었다. 3개 사단이라고는 하지만 급조 편성된 말 그대로 패잔병들로 구성될 수밖에 없는 참담한 상황이었다. 병력도 열악하였지만 화기도 마찬가지였다. 105mm곡사포는 한강을 건너오면서 버려져 1문도 없었다. 박격포 2문과 기관총 2~3정이 고작이었다. 그러나 김홍일은 광복군 출신답게 용기를 잃지 않았다. 풍찬노숙하며 일본군과 싸워왔던 그였다. 따라서 어떠한 어려움 속에서도 부하들에게 용기를 불어넣어 줄 능력이 있는 지휘관이었다. 그는 "앞으로 3일이 나라의 운명을 좌우한다. 미군이 참전하려면 최소 3일은 버텨야 한다."라며 장병을 독려하였다. 전투시에 교량은 중요한 역할을 한다. 교량은 파괴의 대상이며 반드시 확보할 대상이기도 하다. 한강교는 국군이 철수하면서 반드시 파괴해야 할 대상이었다. 그러나 국군의 주력이 한강 이북에서 완전히 빠져나오지 못한 상황이었다. 물론 이에 대해서는 북한군이 국군을 근접해서 추격하고 있었으므로 혼재된 상황에서 불가피하였다고 볼 수도 있다. 그러나 결과적으로 국군 주력의 퇴로가 차단된 것이다. 스스로 우리의 퇴로를 차단한 결과가 된 것이다. 그와 함께 주요 장비 등과 보급물품이 한강 이북에서 갇히게 되어 적 수중으로 넘어가게 되었다. 어떠한 군사적인 이유를 갖다 붙인다 해도 시민의 희생에 대해서는 무책임한 조치였다. 전쟁이 발발한 당시부터 민심의 혼란을 방지한다는 이유로 정확한 전황을 계속하여 은폐해온 결과의 누적된 산물로 볼 수 있으며, 피해는 고스란히 시민의 몫으로 남았다.

중요한 지형은 영토의 문제로 비화되면서 전쟁으로 이어지기도 한다. 영토의 중요성은 어느 시대와 국가를 막론하고 있었으며 현재 이 시간에도 진행 중에 있다. 전쟁의 주요 원인 중의 하나가 영토와 관련한 문제였다. 영토의 문제는 자원의 중요성을 동반하는 문제이기도 하다. 특히 영토 중에서도 지형적으로 중요한 곳은 세력을 확장시킬 수 있는 발판을 제공한다. 또한 주요 길목에 위치한 지형은 교통로의 역할을 담당한다. 이곳을 통하여 대부분의 무역이 이루어지게 된다면 경제와 에너지 공급문제를 가져오기도 한다. 그렇기 때문에 세계도처에서는 중요한 지형을 사이에 두고 여전히 국지적인 분쟁이 지속되고 있다. 결국은 생존과 번영의 문제를 안고 있는 것이다. 영토문제는 자원을 확보하기 위한 중대한 문제와 함께 보다 세력을 확장하기 위한 진출로라는 점을 갖고 있다. 점차 국력이 강성해 짐에 따라 주변국에 영향력을 행사하여 세력을 확장시키고자 한다. 그러므로 이러한 문제가 확대되는 경우는 특정 국가의 국력 신장과 관련이 깊다. 대표적인 예를 들 수 있는 국가가 중국이다. 『삼국지』의 무대가 되는 중국은 특히 세계 4위[52]라는 거대한 영토로 말미암아 그 어느 나라보다도 많은 분쟁 구도를 갖고 있는 국가 중의 하나이다. 중국은 영토의 크기만큼이나 수많은 국가들과 국경을 맞대고

52) 우리나라 통계청에서 2016년에 발표한 세계 각국의 영토의 크기는 러시아, 캐나다, 미국, 중국 순이다. 각국의 영토는 러시아(1천707만㎢), 캐나다(998만4천㎢), 미국(982만6천㎢), 중국(959만6천㎢)로 나타났다. 우리나라는 223,404㎢이며, 남한은 100,266㎢, 북한은 123,138㎢이다.

있다. 동서남북으로 중국과 국경을 이루는 국가는 무려 14개 국가에 이른다. 수많은 국가와의 국경선으로 인해 그 어느 나라보다도 국경분쟁은 많이 발생할 수밖에 없는 특징을 안고 있기도 하다. 전쟁 원인 중의 하나는 영토분쟁이다. 육상에서의 국경뿐 아니라 해상에서의 국경분쟁도 뜨거운 문제이기는 마찬가지이다. 진시황에 의해 천하를 통일한 중국은 다시 분열과 통일을 거듭하면서 청나라 때에 이르러 최대 제국을 이루었다. 그러나 영국과의 아편전쟁에서 패하면서 서구 열강의 지배를 받기 시작하면서 '종이호랑이'라는 수모의 세월을 겪어야 했다. 100년의 세월이 흐르는 사이에 중국의 국력은 크게 신장되었다. 절치부심하던 중국은 마침내 2010년 국내총생산(GDP)에서 세계 2위의 일본을 제쳤다.[53] 약 40년간을 굳건히 지키던 일본은 세계 2위의 자리를 중국에게 내주고 말았다. 중국은 머지않아 미국마저 제치겠다는 야심을 보이고 있다. 경제적으로 강국이 되자 중국은 군사비의 지출도 크게 늘리기 시작하였다. 2009년에 중국은 780억 달러의 군사비를 지출하였으나, 2013년에는 1,122억 달러, 2018년에는 1,505억 달러, 2020년에는 1,810억 달러를 지출하였다.[54] 경제 강대국이 되면서 군사 강대국으로 이어지는 계기를 마련한 중국은 영토에 대한 야욕을 노골적으로 드러냈다. 대표적인 지역이 남중국해이다.

남중국해는 그중에서 핵심적인 이해관계로 얽혀 있다. 남중국해에 직접적으로 관련되는 분쟁 당사국은 필리핀, 베트남, 말레이시아, 브루나이 등이다. 그중 베트남과는 첨예하게 대립해 온 역사가 유구하다. 베트남은 1000년 넘게 중국의 지배를 받아 왔으며 938년 독립을 이뤄냈다. 그러나 그 이후에도 중국의 침공을 받아왔다. 통일된 베트남과 중국은 1979년 전쟁을 치르기도 하면서 불굴의 국민성을 보여주기도 하였다. 이때는 베트남이 거대한 중국을 물리치면서 다시 한번 세계의 이목을 집중시켰다. 그러나 해상에서는 그렇지 못했다. 1974년 1월 남중국해의 중국명 시사군도의 해전에서 중국에 패했으며, 1988년 3월 난사군도에서도 패배하였다. 결과적으로 중국과 베트남은 2000년 이상의 영토 전쟁을 벌이고 있다고 보면 될 것이다. 분쟁 지역화되어 있는 남중국해에 대한 중국의 영해 주장은 1953년부터 시작되었다. 그들은 남중국해 주변에 대하여 9개의 점을 연결한 U자 형태의 '남해 구단선(nine-dash line)'을 표시한 바 있었다. 이를 자신들의 영해라고 주장하고 있는 것이다. 2013년 11월말에 영유권 해역에 외국의 어선이 진입할 경우에는 허가를 받도록 하는 규정을 만들었고, 이를 2014년 1월 1일부터 시행한다고 밝혔다. 이에 대해 대만, 필리핀, 베트남 등의 국가들이 즉각 반발하였다.

53) 2010년 일본의 국내총생산은 5조 4772억 달러였으나, 중국은 5조 8786억 달러였다. 미국은 14조 7996억 달러였다.
54) 국방부, 『2010 국방백서』, p.270. 『2014 국방백서』, p.238, 『2018 국방백서』, p.13, 『2020 국방백서』, p.12.

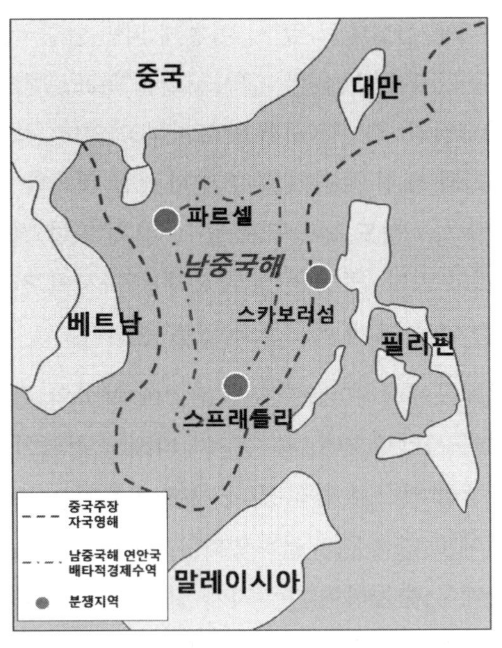

» 중국과 주변국들이 남중국해에서 영유권을 주장하는 군도와 암초

남중국해에서 영유권 분쟁이 발생하는 지역은 스프래틀리 제도(중국명 난사군도, 베트남명 쯔엉사 군도, 필리핀명 칼라얀 군도)와 파라셀 제도(중국명 시사군도, 베트남명 호앙사 군도), 스카보러섬(중국명 황옌다오)이다. 중국은 남중국해 주변을 따라 이른바 '남해 구단선'을 그어 놓았다. 구단선 내의 곳곳에 있는 섬을 중심으로 인공섬을 건설하여 군사기지화하고 있으며 영유권을 주장하고 있다. 이로 인해 주변국과는 물론 국제사회와 갈등을 빚고 있다. 그렇지만 미국은 항행의 자유를 앞세워 전함을 통과시키고 있다. 이러한 상황은 소규모 충돌 우려는 물론 전쟁으로 비화될 가능성을 갖고 있다.

여기에 대해 미국에서도 우려를 표시하면서 갈등은 더욱 확대되고 있다. 중국은 2012년에는 필리핀이 영유권을 주장하는 스카보러 암초를 강제로 점거하기도 하였다. 이는 중국의 힘이 강해졌다는 의미이며 과거의 영광을 되찾겠다는 신호로 볼 수 있다.

중국이 이처럼 남중국해의 해상 영유권에 강한 집착을 보이는 이유는 국가의 이익과 직결되기 때문이다. 이 해역을 장악하게 되면 동남아시아와 우리나라 및 일본에 대한 지형적인 유리점을 확보하게 된다. 주변국의 해양 수송로를 장악하겠다는 것은 필요시에 목줄을 쥐겠다는 의도이다. 해상으로의 에너지 공급에 막대한 차질을 줄 수 있는 요충지라는 것이다. 또한 이 해역은 미국에 있어서는 인도양과 말라카해협 그리고 태평양으로 이어지는 길목인 셈이다. 즉, 미국의 전략적 가치가 대단히 큰 해역이다. 그뿐 아니라 이 지역은 천연자원의 보고로 알려지고 있다. G2로 부상한 중국의 입장으로 보는 남중국해는 G1인 미국에 대한 방위선이기도 하다. 그러므로 남중국해의 U자형 해역에 대한 중국의 입장은 미국에 절대 양보할 수 없는 중대한 가치를 갖고 있다. 그렇지만 이 지역은 중국에게만 중요한 지역은 아니다. 전통적으로 갈등을 빚고 있는 국가들뿐만 아니라 우리나라의 경우에도 원유 등을 운송하는 대단히 중요한 길목이다. 역시 일본에게도 중요하기는 마찬가지이다. 이처럼 중요한 지역에 대해서는 첨예한 관심이 집중된다. 과거 『삼국지』 시대에 형주에 눈독을 들였던 것만큼이나 각국은 명운을 걸고 결전을 불사할 각오를 한다. 중국은 이 지역을 자국의 영토로 기정사실화하면서 군사력을 강화하고 있다. 곳곳의 암초에 인공섬을 건설하면서 군사기지를 건설하고 있다. 이렇게 되면 남중국해의 90% 가량은 중국의 영토로 굳어질 것이라는 우려가 나온다. 군사시설을 목표로 하는 인공섬을 만들기 위해 활주로를 건설하고 미사일과 레이더 시설을 설치하고 있다. 중국은 군사기지로 건설된 인공섬에 최신예 전투기와 대형 폭격기도 추가 배치할 것이다. 이렇게 된다면 우발적인 군사적 충돌을 발생시킬 가능성도 높아지게 될 것이다. 또한 최근에는 히말라야에선 인도와 국경분쟁을 일으키고 있다. 중국의 영토 분쟁은 아시아 전체로 번지는 추세이며 이로 인해 전쟁의 불씨는 더욱 크게 타오르고 있는 중이다.

인도와 중국의 국경지역 히말라야 서부 갈완계곡에서 2020년 6월 15일에 양국의 군대는 난투극을 벌였다. 이 충돌로 인도군 20명이 사망했으며, 중국군의 피해는 정확한 보도를 하지는 않았지만 수십 명의 사상자가 발생한 것으로 알려졌다. 사용된 무기는 몽둥이, 돌 등의 지극히 원시적인 무기였다. 이전에도 양국은 충돌하였다. 2020년 5월 5일과 9일에도 라다크 판공초 호수와 시킴 지역에서 충돌하여 부상자가 발생한 바 있었다. 그 이전인 2017년에는 부탄 국경지역 도클람(둥랑)에서 73일간 대치하는 일이 발생하기도 하였다. 1975년에는 인도 북동부 아루나찰프라데시에서 중국군의 공격이 있었다. 중국군은 매복공격으로 인도군 4명을 죽게 만들었다. 1967년에는 인도 시킴주에서 충돌하여 인도군 88명이 사망하였으며, 중국군도 수백 명이 죽었다.

이처럼 양국은 오래전부터 분쟁을 계속하여 왔는데, 원인은 국경선 문제였다. 양국의 국경선으로 인한 분쟁은 1956년부터 본격적으로 시작되었다. 1956년에 중국은 티베트와 신장(新疆)위구르자치구를 연결하는 도로를 건설하기 시작하였다. 카슈미르 지역의 아크사이친을 통과하는 도로를 건설하면서 양국은 크게 충돌하였다. 아크사이친은 중국에 의해 실효적 지배를 받고 있었으나 인도에 의해 영유권 주장이 계속되던 분쟁 지역이었다. 이때부터 양국은 본격적인 국경분쟁을 벌였다. 양국은 군사적으로 1962년에 충돌하였다. 이때 인도군은 일방적으로 패배하였다. 하지만 국경선을 확정하지는 못하였고 통제선(LAC)을 설정하였다. 그러므로 이번의 충돌은 표면으로 보자면 국경선을 확정짓지 못한 정치적인 원인으로 볼 수 있다. 좀 더 과거로 올라가 보면 완충지대가 사라지면서, 이와 같은 충돌이 빈번해 진 것을 알 수 있다. 과거에는 양국의 중간에 티베트가 있었다. 사실상 티베트는 양국의 완충지대였던 셈이다. 토번국이라는 국호를 가졌던 시기의 티베트는 중국의 당나라를 위협할 정도로 강력한 군사력을 보유하기도 했다. 그러나 토번국은 청나라의 건륭제에 의해 1750년 멸망하고 청나라 영토에 편입됐다. 청나라가 서구 열강에 의해 찢겨지기 시작하자 이틈을 타고 1913년 독립을 선언하였다. 그러나 대륙을 평정한 중공에 의해 1950년에 다시 침략을 받아 중국으로 귀속되었다. 힘

» 국경분쟁을 벌이는 갈완계곡

인도와 중국은 아직도 국경선을 확정하지 못한 상태이다. 3488km에 이르는 실질 통제선(LAC)을 두고 있으므로 언제든지 영토문제로 인한 전쟁의 위험성을 안고 있다.

의 원리가 지배하는 국제질서의 냉엄함을 보여 준 장면이기도 하다. 이로 인해 중국과 인도라는 거인국은 완충지대를 상실하고 직접적인 대치를 이어오고 있다.

인도와 중국은 핵보유국이다. 핵무기 보유량을 보면, 인도는 세계 7위, 중국은 3위를 차지하고 있다. 첨단 무기가 발달된 시대에 그와는 전혀 다른 비대칭 무기를 사용하고 있다. 현대식 무기 대신에 몽둥이와 돌 등이 동원됐다. 이것은 양국의 군사전략 목표를 짐작하게 해 주는 대목이기도 하다. 양국은 전면전은 하지 않겠다는 군사전략적인 목표를 갖고 있다고 보인다. 그렇지만 '전쟁은 정치의 연장이다'라는 클라우제비츠의 말을 되새겨 볼 필요가 있다. 즉, 양국이 국경선 문제를 정치적으로 해결하지 못한다면 언젠가는 전면전에 버금가는 전투를 발생시킬 수도 있을 것이다. 중국은 해외 인프라 투자건설 프로젝트의 일환으로 추진하는 일대일로(一帶一路)정책을 위해 인도와의 오랜 앙숙인 파키스탄과의 연대를 도모하는 등의 행보를 보이고 있다. 여기에 맞서 인도는 중국의 최대 라이벌인 미국과의 연합훈련 등을 전개하였다. 결과적으로 중국은 자극받았으며 양국은 예민한 상태에서 원시무기를 이용한 충돌을 가져왔다. 적국과의 동맹국은 적국으로 간주할 수밖에 없음을 보여주는 사례이기도 하다.

중국은 같은 사회주의 국가 러시아와도 국경문제로 충돌하였다. 먼저 지도를 살펴보면 중국의 입장에서는 매우 아쉬운 점이 눈에 띈다. 그것은 연해주(블라디보스톡)와 관련한 문제이다. 이곳은 러시아의 영토가 아니었다. 고대로부터 이곳은 우리나라와 만주족 등 다양한 민족이 살던 곳이다. 한때는 우리나라의 영토이기도 하였으며, 여진족이 살기도 하였다. 역사가 흘러 청나라가 건국되었다. 여타의 왕조와 마찬가지로 청나라도 한족의 중심지인 중원을 중시하였다. 그렇지만 이때의 러시아는 동쪽으로 영토를 확장

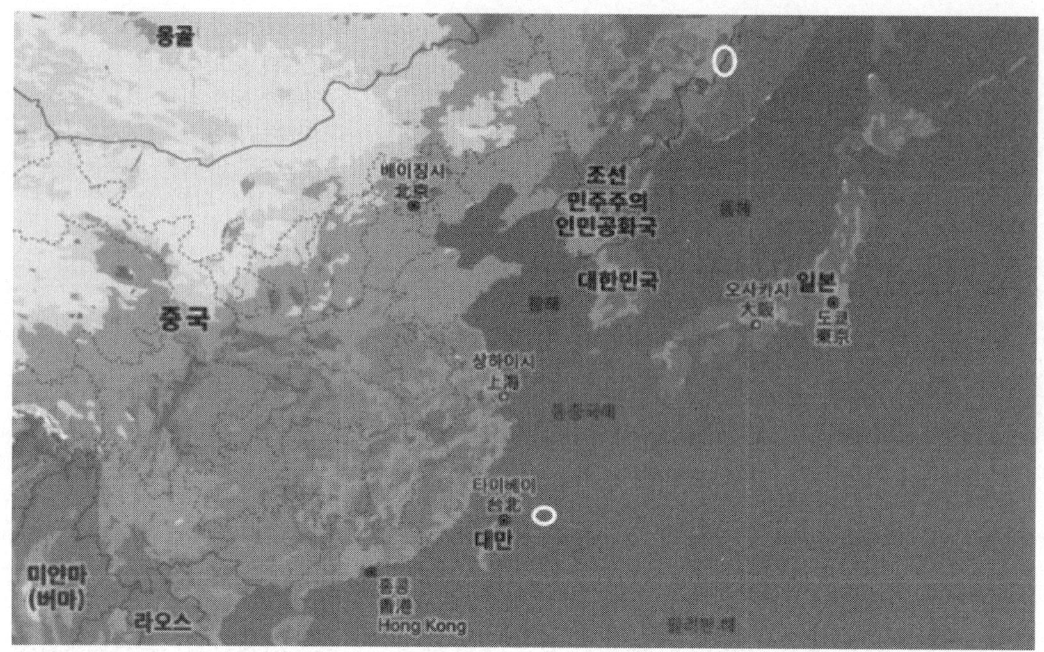

»» 분쟁을 벌이는 전바오(상단 O표시)와 센카쿠열도(하단 O표시) 위치

하기 시작하였고 북만주까지 도달하였다. 여기에서 청군과 러시아군이 충돌하였는데, 청군은 연속하여 패배하였다. 이에 청나라는 조선에 원병을 요청하여, 파병에 이르렀다. 이것이 나선정벌이다. 나선정벌은 두 차례에 걸쳐 이루어졌다. 효종 때의 일이다. 파병된 조선군은 발군의 사격 솜씨를 발휘하여 활약했으나, 청군은 러시아군의 남하를 막아내지 못하였다. 이에 따라 중국과 러시아는 1689년 국경선을 정하는 네르친스크 조약을 맺었다. 중국의 첫 국제조약이며 평등조약이다. 이어서 1858년에는 아이훈 조약을 체결하였다. 이때 러시아는 아무르강(헤이룽강)과 스타노보이산맥 사이의 거대한 땅을 차지하는 실속을 챙겼다. 약 60만㎢에 이르는 지역을 영토로 편입한 것이다. 그렇지만 아직은 부동항을 얻지 못한 상태였다. 이후에 중국은 계속되는 서구 열강의 침탈이 이어졌다. 아편전쟁에서 힘 한번 크게 써보지 못하고 패배함으로써 1860년 베이징에서 조약을 체결하였다. 중국으로서는 체면을 크게 손상시킨 조약이었다. 더 이상 중국은 세계의 중심도 강대국도 아니었다. 이로 인해 영국에게는 구룡반도를 할양해야 했으며, 러시아에게는 연해주[55]를 넘겨주어야 했다. 이 조약으로 러시아는 남쪽의 부동항을 얻었으나, 중

55) 러시아의 동남쪽에 있는 지역이며, 두만강을 사이에 두고 우리나라와 국경을 이룬다. 중심 도시는 블라디보스톡이다. 이곳은 우리나라와 인연이 깊은 곳이다. 1800년대 중반부터 함경도민 13가구가 이곳으로 이주하기 시작하였다. 한때는 항일운동의 중심지이기도 하였다. 이로 인해 많은 수의 동포들이 거주하기도 한 곳이다. 그러나 1937년에 러시아는 강제이주정책을 시행하였다. 따라서 17만여 명의 고려인들은 중앙아시아로 강제 이주하여야 했다.

국은 동해로 가는 길이 막히고 말았다. 즉, 태평양 진출로가 막혀 버린 것이다. 이후 소련은 고르바초프 정권시절에 아무르강 내의 작은 섬들 600여개를 중국에 넘기는 것을 내용으로 하는 중소국경조약을 체결한 바 있다. 중국이 태평양으로 직행할 수 있는 항구를 확보하고 있다면 미국의 인도-태평양전략을 억제하는 해상전력 전개에 보다 유리했을 것이다. 반대로 미국은 큰 걸림돌로 작용했을 것이다. 중국의 남중국해 무인도에 대한 영유권 주장은 이러한 전략적 문제를 해결하기 위한 것이다. 이처럼 과거의 역사를 살펴보면 중국은 러시아에 대하여 영토문제에서 앙금을 갖고 있다. 드디어 중국과 러시아는 1969년 3월에 대규모 군사 충돌을 피할 수 없었다. 우수리강 중류의 전바오(珍寶·다만스키) 섬에서 충돌하였다. 이것은 중국과 러시아의 오래전부터 누적되어 온 영토에 대한 문제를 보여준 사건이었다. 둘의 관계는 앞으로도 언제든지 충돌할 가능성이 매우 농후하다. 이처럼 영토문제는 오래된 분쟁의 역사를 갖고 있으며, 각국은 사활을 걸고 양보를 거부한다. 그것은 생존과 국가의 번영과 직결되는 문제이기 때문이다.

일본과는 태평양으로 향하는 길목인 센카쿠열도에서 분쟁을 벌이고 있다. 센카쿠열도는 중국명으로는 댜오위다오이다. 현재 센카쿠열도의 8개 무인도는 일본이 실효지배중이다. 그러나 중국은 이곳에 대하여 영유권을 주장하고 있다. 명나라 때부터 중국의 영토였으나 1895년 청일전쟁에서 일본이 승리하면서 강제로 빼앗겼다는 주장이다. 중국이 센카쿠열도를 장악하게 된다면 태평양으로 진출하는 중요한 요충지를 확보하는 것이다. 이처럼 지형이 갖고 있는 이점은 각국의 첨예한 대립을 불러일으킨다. 만약 북한에서 급변사태가 발생한다면 어찌 될 것인가? 중국은 반드시 동해안의 어느 한 곳은 차지하려 할 것이다. 동해는 태평양 진출의 전진기지 역할을 하는 중요한 지형이다. 중국의 영토에 대한 관심과 태평양으로 진출의 용이성을 감안한다면 남의 나라 일로 치부하면서 관망만 하지는 않을 것이다. 이에 대한 정교한 대비는 온전한 통일을 위하여 반드시 필요할 것이다.

[5] 결전의 장소 선정과 동맹전략

◇ 균형유지와 세력의 우위를 위한 동맹전략

위나라는 영토도 넓었으며 인구도 가장 많은 강국이었다. 위나라의 조조는 이러한 국력을 바탕으로 황제를 허수아비로 전락시키면서 실권을 장악하였다. 강성한 위나라의 주변에 있는 크고 작은 군소세력들은 조조의 휘하로 자진하여 편입되고자 하였다. 따라서 위나라는 수많은 인재가 모여들면서 넘치는 힘을 보여주고 있었다. 오나라는 양자강을 방어벽으로 삼으면서 비옥한 토지와 풍부한 해양 물산을 생산해 내고 있었다. 따라서 오나라는 위로는 양자강이라는 지형적인 유리점과 함께 남으로는 바다를 끼고 있어서 무역에서도 많은 이점을 갖고 있었다. 반면에 촉나라는 산간벽지에 틀어 앉아 있는 형국이었다. 모든 면에서 불리하였다. 양대 강국의 틈새에 촉이 위치해 있었던 것이다. 그러나 제갈량은 이러한 형세를 세력균형으로 만회하면서 유리한 위치를 확보하고자 원대한 계책을 그려냈다. 비록 세력은 미약하지만 보잘 것 없어 보이는 촉나라가 둘 중의 하나와 동맹을 맺는다면 남은 한쪽은 크게 위협을 느끼게 된다. 이러한 환경을 적절히 활용하고자 한 것이다. 유비의 군사 제갈량이 이를 이루기 위해 구상한 계책이 천하삼분지계이다. 천하를 삼분으로 나누어 실리를 구하겠다는 것이다. 그는 이를 위하여 삼국의 지리적 중심지에 해당하는 형주를 얻고자 하였다. 즉, 지정학적 이점을 충분히 감안하겠다는 것이다. 위와 오는 내심 천하를 양분하는 구도를 생각하고 있었겠지만, 촉은 그 어느 쪽에도 기울어지지 않고 있었다. 오히려 촉이 누구와 손을 잡느냐에 따라 향후의 정세는 중대한 분기점이 되는 것이다. 이를 이용하여 제갈량은 오나라와의 동맹을 제의하였다. 오나라 손권의 입장에서는 쉽지 않은 결정이었다. 촉과의 동맹은 현재의 나약한 촉을 호랑이라는 강자로 키우는 우려가 될 수 있음을 알고 있었던 것이다. 반면 이를 거부한다면 입술이 없어 이가 시리가 되는 순망치한(脣亡齒寒)의 형국이 될 것이다. 더군다나 촉나라가 위나라에 항복해 버리거나 동맹을 맺는다면, 오나라는 실로 난처한 형국에 빠지게 된다. 오나라 역시 동맹이 절실한 형편이었는데 조조가 공격해 오고 있었으므로 동맹 대상은 사실 정해진 것이나 다름없었다.

손권은 제갈량에게 위나라의 형세에 대해 물었다. "형주를 차지한 조조가 공격을 할 것 같소?" 제갈량은, "조조는 양자강에 진을 치고 군선을 준비시키는 것으로 보아 곧 강동으로 공격할 것으로 보입니다. 조조는 강동을 모두 점령하고 천하를 통일하겠다는 야심을 버리지 않을 것입니다. 지금의 상황은 매우 급박한 상태입니다. 결단을 내리지 않으면 재앙이 될 것입니다. 위나라는 수전에 약하니 촉나라와 동맹을 맺어 일전을 준비하여 싸운다면 크게 이길 수 있을 것입니다. 비록 촉나라가 위나라와의 싸움에서 패하긴 했지만 관우와 유기의 군대는 정예 병력입니다. 반면에 조조의 군대는 이기기는 했지만 먼 길을 행군해 오느라 지쳐있습니다. 강노지말(强弩之末)[56]처럼 조조의 군대는 힘이 약한 상태입니다." 제갈량은 손권

56) 강노지말(强弩之末)이란 강하게 날아간 화살도 멀리 날아가다 보면, 종국에는 비단 한 장도 뚫지 못한다는 말이다. 처음에는 맹렬한 기세의 힘도 마지막에는 결국 무력하게 되고 만다는 의미이다. 또한 세력이 강한 것도 한 때 뿐이므로 힘이 쇠퇴하는 시기는 피할 수 없다는 의미하기도 한다.

에게 촉과의 동맹을 재촉하였다. 손권은 제갈량의 말을 듣고 촉과의 동맹으로 기울어졌다. 그 후 촉과 오는 적벽에서 조조군을 궤멸에 가깝게 꺾으면서 동맹의 힘을 과시하였다.

천하삼분지계(天下三分之計)는 신생국 촉국이 살 수 있는 유일한 길이었다. 이를 제갈량은 명확하게 판단하고 있었으며 이를 이루기 위해서 최선을 다한 것이다. 그의 계책은 적벽대전을 통하여 윤곽을 뚜렷이 보이기 시작하였다. 위나라와의 적벽대전을 승리로 이끌면서 지형적으로 유리한 형주를 얻게 되었고, 이를 터전으로 천하삼분지계는 실현을 앞두게 된 것이다. 제갈량은 촉이 비록 가장 약한 국가였지만 양대 강국에 편입되는 길을 선택하지 않았다. 오히려 양대 강국 사이에서 교묘하게 그 힘을 역이용 하였다. 이때 촉나라가 양대 강대국을 상대로 적극적인 외교를 펼치지 않았다면 어찌 되었을까? 위나라와 오나라 둘 중 하나에게 가장 먼저 먹잇감이 되었을 것이다. 강대국의 틈에서 어느 편에 서느냐는 국가의 존망에 대단히 중요하다. 중요한 것은 국제관계에서 어정쩡한 중립은 파멸을 재촉할 뿐이라는 것이다.

이것은 우리나라의 삼국시대와 비교해 볼 수 있다. 당시에 중국을 통일한 수나라는 강성한 국가였다. 수나라는 먼저 고구려를 정벌하고자 군사를 일으켰다. 그러나 수나라는 잇단 전쟁에 참패를 면치 못하다가 결국 멸망에 이르렀다. 그렇지만 당나라는 백제와 고구려를 차례로 멸망시켰다. 승리의 이유는 동맹에서 찾을 수 있다. 수나라는 압도적인 국력의 우위만을 믿으면서 독자적인 공격을 한 반면에 당나라는 신라와 연합하여 공격하였다. 중국에서는 581년에 수나라가 건국되었으며, 수나라가 멸망하자 당나라가 건국되었다. 수나라는 그동안 분열되어 난립하던 세력을 모두 평정하였다. 모든 크고 작은 세력을 평정하고 나자 독주체제가 형성되었다. 수나라는 동북아의 패권국임을 자임하면서 동쪽의 한반도에도 눈을 돌리고 있었다. 당시에 고구려는 굴종을 강요하는 수나라에 완강히 맞서겠다는 의지를 분명히 하였고 군사력도 강성하였다. 오히려 군사력을 동원하여 요서지역까지 선제공격을 하기도 하였다. 이를 수나라는 보고만 있지 않았다.

수문제는 30만 대군을 보내 고구려를 공격하였다. 그러나 성과 없이 퇴각해야만 했다. 그러자 문제의 뒤를 이은 수나라의 양제는 113만 대군으로 침략하였다. 고구려는 요동성에서 이들의 공격을 무산시켰다. 수양제는 우중문에게 30만의 별동대를 주어 수도 평양을 공격하게 하였으나, 을지문덕에게 걸려 살수에서 전멸에 가까운 패배를 당하였다. 이것이 살수대첩이다. 이후에도 수나라는 고구려를 계속하여 공격했으나 번번이 실패하였다. 오히려 국력은 피폐해지고 민심만이 악화되어 각지에서 반란이 끊이지 않았다. 결국 멸망에 이르게 되면서 당나라가 건국되었다. 당나라 초기에는 주변의 국가들과 평화정책을 구사하였다. 그러나 내부의 안정을 되찾자 수나라가 그러했듯이 팽창정책을 추구하였다. 당태종은 대대적으로 고구려를 공격하기로 마음먹고 군사력을 강화하였다. 때가 되자 그는 직접 군사를 이끌고 고구려를 침략하였다. 그러나 안시성에서 좌절되었다.

고구려가 수나라와 그의 뒤를 이은 당나라와의 전쟁을 치르고 있는 사이에 백제의 의자왕은 신라를 공격하여 대야성(합천)을 비롯한 40여 개의 성을 빼앗으면서 세력을 떨치고 있었다. 신라는 위기를 느낄 수밖에 없었다. 그러자 신라는 당나라의 힘을 빌려 이를 모면하고자 하였다. 동맹의 필요성을 느낀 것이다. 당나라 역시 계속하여 고구려 정벌에 실패하자 동맹의 중요성을 알게 되었다. 둘의 동맹은 이루어졌으며 그들의 제1차 목표는 백제였다. 먼저 백제를 멸망시켜, 고구려가 백제와의 동맹으로 신라에 대항하는 것을 근원적으로 차단하고자 하였다. 그들의 뜻대로 백제는 나당 연합군에게 멸망되었으며, 고구려는 고립무원이 되었다. 설상가상으로 고구려는 연개소문이라는 걸출한 인물이 죽게 되자 그의 후계를 둘러싼 암투에 휩싸였다. 내분이 발생한 것이다. 그의 죽음은 권력의 공백이 발생함을 뜻하는 것이었다. 나당연합군은 제2차 목표인 고구려를 지향하였다.

고구려를 멸망시킨 연합군은 이제는 공동의 적이 소멸된 상태를 맞이하였다. 공동의 적이 소멸된 순간 동맹은 깨지게 된다는 역사적 사실에 따라 이들의 동맹도 자연스럽게 결렬되었다. 당나라의 제3차 목표는 한반도 전체를 복속시키는 것이었고, 신라의 제3차 목표는 신라를 주축으로 삼국을 통일시켜 단일국가를 만드는 것이었다. 공동의 적이 없어진 상태에서 각각의 목표는 달랐다. 이를 관철시키기 위해서는 한바탕의 전쟁이 불가피하였다. 이렇게 되자 당나라와 신라는 최종 승자를 가리는 전쟁을 피할 수 없었다. 나당전쟁이 시작된 것이다. 신라는 당나라를 완전히 축출하기 위하여 백제와 고구려 지역의 부흥세력과 다시 연합하였다. 이러한 물리고 물리는 동맹관계를 거쳐 신라는 전쟁의 주도권을 장악하여 당군을 대동강 이북지역으로 몰아내게 되었다. 비록 신라는 대동강 이남지역만을 차지하는데 그치면서 옛 고구려의 영토 대부분을 잃었지만 생존과 번영을 구가할 수 있었다.

» 이오지마에서 성조기를 세우는 미군

제2차 세계대전이 종전으로 치닫고 있을 무렵, 미군은 일본의 이오지마 섬을 1945년 2월에 점령하고 수리바치산에 성조기를 게양하였다. 사진은 세계대전의 장면을 촬영한 유명한 사진 가운데 하나인 '이오지마 성조기 게양'장면이다. 미군이 일본 본토를 공습하기 위해서는 이오지마 섬을 반드시 확보해야 했다. 미군은 30여일이 넘는 기간 동안 전투를 치르면서 2만5000여 명의 사상자를 감수해야 했다. 그렇지만 현재의 미국과 일본은 동맹국으로 발전하였다.

초강대국이라는 미국도 중국의 도전에 맞서기 위해서는 우방국과의 동맹 관계를 필요로 한다. 미국은 이미 우리나라와는 한미동맹을 체결하였으며, 일본과는 미일동맹을 체결하였다. 미국은 한·미·일 삼각동맹 체결을 바라고 있지만 한국과 일본의 과거사를 볼 때 쉽지 않을 전망이다. 미국에 있어서 중국은 위협 우선순위에서 단연 첫 번째로 꼽힌다. 중국은 2017년부터 일대일로(一帶一路)정책을 추진하고 있다. 중국의 일대일로는 육상 및 해상 실크로드 정책을 말한다. 이것은 태평양 지역으로의 진출을 육지와 바다 모두에서 완성하겠다는 것이다. 미국은 이에 대응해 인도-태평양전략을 추진하고 있다. 미국의 인도-태평양 전략은 중국의 일대일로에 맞서 태평양으로의 진출을 봉쇄하겠다는 외교전략이다. 즉, 미국은 태평양에서 페르시아만에 이르는 광범위한 지역을 경제(무역)와 군사(안보) 벨트로 묶겠다는 것이다.

미국은 이를 위하여 일본·호주·인도를 4각 동맹체제로 묶는 '쿼드(Quad) 방어선'을 구축하여, 이를 거점으로 삼아 이 지역에서의 경제와 안보에서의 패권을 유지하고자 한다. 이 내용은 앞에서도 언급한 바 있다. 미국은 보다 많은 국가들이 참여하기를 바라고 있다. 그러나 현재 우리나라는 이에 가입하지 않은 상태이며, 미국은 참가를 요구하고 있다. 중국과의 통상관계를 고려해 보면 쉽게 결정을 내리기 곤란한 입장이기도 하다. 미국의 인도-태평양전략에 대응하는 중국의 움직임도 예사롭지 않다. 한국방공식별구역(KADIZ·카디즈)에 대한 중국과 러시아

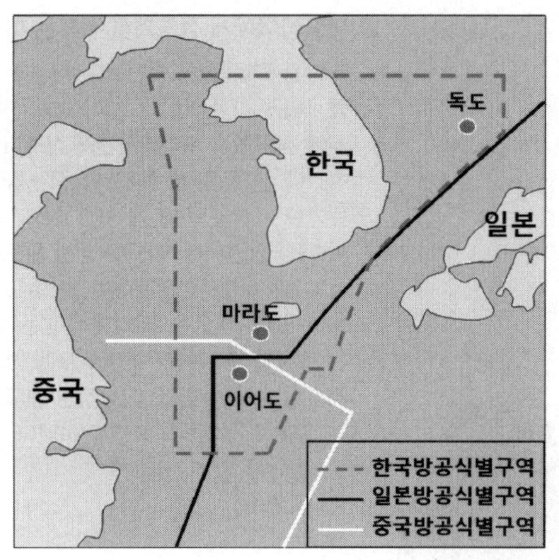

» 방공식별구역

방공식별구역은 국가안보 목적을 위해 항공기 식별, 위치 확인 및 통제가 요구되는 지상 및 해상의 일정 공역을 말한다. 방공식별구역은 미식별 비행체가 국가안보에 미치는 위협의 심각성을 인식한 미국에 의해 1950년 처음으로 설정되었다. 우리나라, 미국, 영국, 일본, 중국 등 약 30개국이 설정하여 운용하고 있다. 한국방공식별구역(KADIZ, Korea Air Defense Identification Zone)은 1951년 3월에 중공군의 공습을 저지할 목적으로 설정하였으며, 2013년에 이어도를 포함시키는 새 방공식별구역을 확정지었다. 중국의 경우 2013년에 11월에 이어도를 포함시킨 바 있다.

군용기의 진입이 잦아졌다. 이러한 사례가 갈수록 증가하고 있는 실정이다. 2019년 7월 23일에는 러시아 군용기가 우리 독도 상공 영공을 침범하기도 하였다.[57] 이는 우리의 안보에 심각한 위협으로 작용하고 있다. 특히 중국과 러시아의 연합훈련 일환으로 인한 이러한 움직임은 양국의 군사협력이 강화되고 있다는 것이며, 이것은 미국을 중심으로 하는 인도-태평양전략을 염두에 둔 견제의 성격이 짙다.[58] 양국의 훈련 과정에서 한국방공식별구역(KADIZ · 카디즈)과 일본방공식별구역(JADIZ · 자디즈)에 진입하였다는 것은, 우리나라와 일본에 대한 직접 압박으로 풀이된다. 전체적인 상황을 놓고 보면 미국을 중심으로 하는 국가와 이에 대항하는 중국과 러시아 등에 의한 군사협력 관계가 강화되고 있다는 것이다.

2019년 일본 방위백서에 따르면, 자위대는 최근 1년간 총 38회, 연장 일수로 406일간 미군과 단독 연합훈련을 한 것으로 밝혀졌다.[59] 이는 3년 전인 2016년의 훈련 횟수 26회, 연장 일수 286일과 비교하면 각각 40% 이상 증가하였다. 반면에 우리나라와 미국과의 연합훈련은 2018년 6월12일 1차 북미 정상회담 이후 중단 또는 축소되고 있는 형편이다. 키 리졸브 연습, 독수리 연습, 을지프리덤가디언(UFG) 연습 등의 주요 연합훈련을 중단시킨 바 있다. 또한 소규모의 연합훈련도 코로나19의 영향으로 축소되었다. 그렇지만 미일 연합훈련을 비롯하여 미

57) 국방부 보도자료, 「중 · 러 군용기 방공식별구역(KADIZ) 진입 및 러시아 군용기 영공 침범에 대해 엄중 항의」, 2019.7.23.
58) 2020년 12월 23일 인민일보와 중국 외교부 등 따르면 중국과 러시아의 양국 공군이 아시아태평양 지역 제2차 연합공중전략 훈련을 했다는 성명을 발표했다. 훈련에서 중국은 훙(轟 · H)-6 폭격기 4대, 러시아는 Tu-95 폭격기 2대를 각각 투입했다.
59) 동아일보, 「중러는 연합훈련 · 미일도 훈련 강화...한국만 소외 우려」, 2020.12.24.

국을 중심으로 한 쿼드 구성 국가들 간의 연합훈련은 계속 강화되고 있는 실정이다. 군사적으로 우리나라가 소외된다면 이는 안보의 문제로 다가온다. 이처럼 중국과 러시아의 군용기들이 우리나라와 근접한 지역에서 연합훈련을 하고 있다는 것과 미국이 일본을 비롯한 주요 국가들과의 연합훈련을 진행한다는 것은 우리에게 시사하는 바가 매우 크다.

우리나라는 태평양 일대에서 미국의 패권 유지에 중요한 위치에 있으면서, 미국과의 동맹을 통하여 우리의 안보를 강화해 나가야 하는 위치에 있다. 그뿐 아니라 중국과 지척에 있는 우리나라는 지정학적으로 중국에게는 비수에 가까운 존재이다. 그러므로 미국은 그들의 외교전략을 변경하지 않는 한 우리나라의 존재와 역할을 무시하기는 어려울 것이다. 미국과 우리나라는 이미 한미동맹을 체결한 상태에 있다. 1953년 10월 1일 체결 당시에는 우리의 적극적인 요구로 체결되었다. 전쟁 이후의 안전을 도모할 장치가 필요했기 때문이다. 이를 위하여 반공포로 석방이라는 극단적인 조치를 단행하기도 하였다. 현재의 우리나라 국력 수준은 당시와는 비교가 되지 않을 정도로 성장하였다. 한미동맹은 동북아시아에서 강력한 전쟁 억제의 수단이 되었으며, 부상하는 중국의 군사력을 견제하는데 있어서 중요한 수단이 되었다. 무엇보다도 중국은 G2의 위상과 함께 현존하는 미국의 최대 위협국이다. 따라서 이제는 보다 쌍방이 존중하는 동맹관계로 발전하는 것이 필요한 시점이다. 2019년에 미국은 한국에 방위비 분담금으로 기존의 5배가 넘는 금액을 요구하자, 우리나라에서는 동맹국에 대한 적절한 대우인지에 대한 의아심이 발생하기도 하였다. 미국이 급격하게 방위비 인상을 요구한 것은 나타나지 않은 여러 가지 이유가 있을 수도 있다는 것이 중론이었다. 그 중의 하나로 거론할 수 있는 것이 일본과의 지소미아(GSOMIA, general security of military information agreement 한일 군사정보보호협정)[60] 유지 지속을 촉구하는 미국의 의중이 압박으로 작용했으리라는 분석이 제기되기도 하였다.

우리나라와 일본은 2016년에 북한의 핵과 미사일 대응을 목적으로 지소미아를 체결한 바 있다. 2006년과 2009년 북한의 핵실험과 장거리 미사일 발사 등 거듭된 도발을 계기로 양국 모두 협정 체결에 긍정적인 입장이었다.[61] 그러나 정부는 2019년 8월 23일에 지소미아 종료 결정을 통보한 바 있었다. 상황이 이에 이르게

60) 군사비밀정보보호협정은 국가 상호 간 정보를 교환하는 방법과 교환된 정보의 보호, 관리방법을 정하는 조약이다. 2016년 기준으로 미국 등 20개국과 체결하였다.

61) 국방부, 『2016 국방백서』 (서울 : 국방부, 2016), p227.

된 것은 우리나라 대법원에서 강제징용피해자들에게 일본의 전범기업에서 배상할 책임이 있다는 판결을 내리게 되면서 비롯되었다. 대법원 판결에 일본의 전범기업들이 응하지 않자, 법원에서는 해당 기업의 국내 자산을 현금화하는 절차에 돌입하였다. 이렇게 되면 피해자들에게 배상금으로 지급된다. 이에 일본 정부는 곧바로

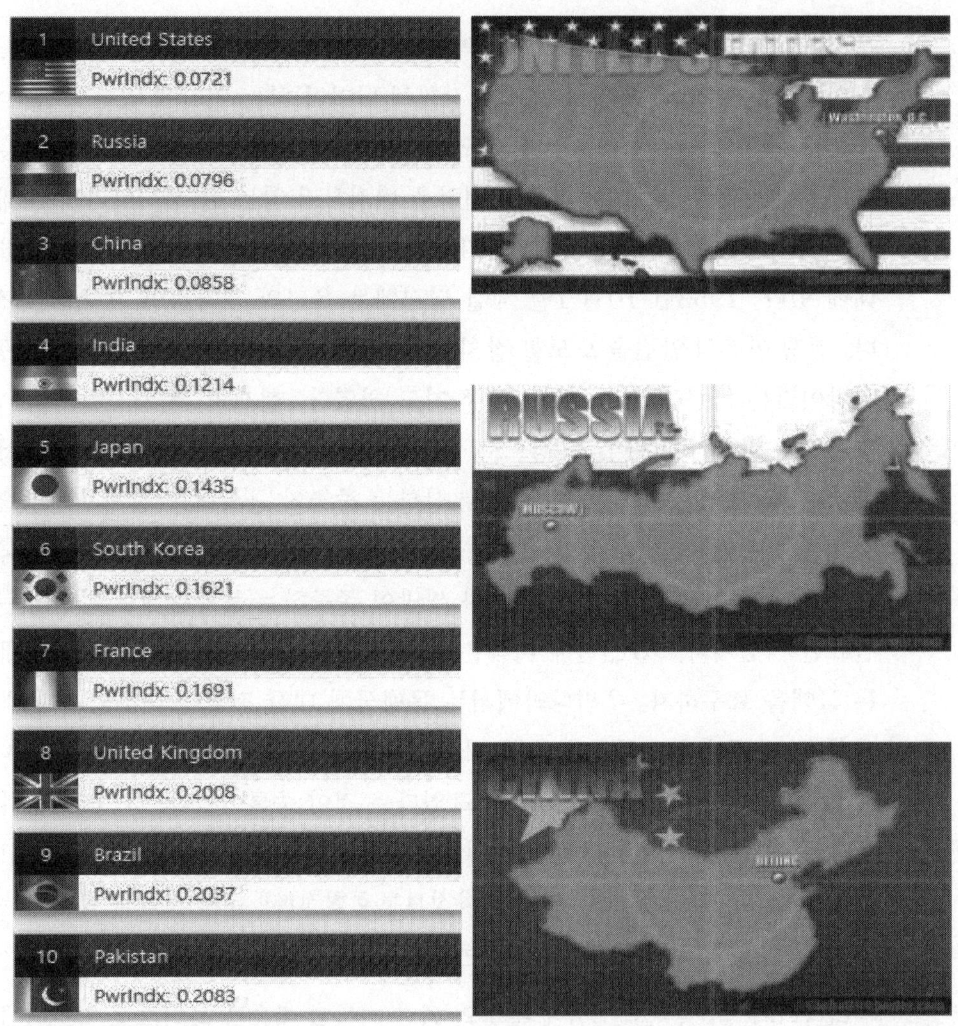

≫ 2021세계 군사력 순위

미국의 군사력 평가기관인 글로벌파이어파워(GFP)가 2021년 1월 16일에 세계의 군사력을 평가하였다. 평가는 인구와 병력, 무기, 국방예산 등 48개 항목을 종합하여 지수를 산출한다. 여기에서 핵무기는 제외한다. 0에 가까울수록 군사력이 강하다. 우리나라는 평가지수 0.1621을 받아 대상 국가 총138개국 중 6위를 기록했다. 10위까지의 순위로는 미국, 러시아, 중국, 인도, 일본, 우리나라, 프랑스, 영국, 브라질, 파키스탄의 순이다. 북한은 59위, 호주 19위, 베트남 24위를 차지하였다. 기관에서 밝힌 국방비 규모를 보면 우리나라의 국방 480억 달러, 미국은 7,405억 달러, 중국 1,782억 달러, 북한 35억 달러였다.

출처 : GLOBAL FIREPOWER 캡처

대응조치를 취하겠다고 하면서 격랑이 예상되었다. 이러한 과정을 거치면서 일본 정부의 수출 규제 조치 보복의 시작이 되었으며, 우리 정부는 한일 군사정보보호협정(GISOMIA, 지소미아) 종료 통보로 되받아친 상태였다. 이를 바라보는 미국의 입장은 그리 달갑지 않았다. 미국이 바라보는 시선은, 굳건한 한·미·일 안보협력 관계로부터 한국이 이탈하려는 것으로 보고 있었다. 이후에 조건부 연장 방침을 통보하여 지소미아는 유지되고 있는 실정이다. 하지만 미국이 체감하는 한국과 일본의 관계는 냉랭하게 보일 것이다. 미국은 지소미아를 통하여 한·미·일 안보협력 체제를 구축하고자 한다. 이를 삼각동맹으로까지 희망하고 있다. 삼각동맹까지 이르지 못하더라도 한미동맹, 미일동맹과 연계하는 주요 수단으로 삼고자 하는 의도에는 변함이 없다. 이렇게 함으로써 한·미·일 안보협력을 제도화하고자 하고 있다. 지소미아가 최초에는 대북 견제용이었으나, 이제는 여기에 중국과 러시아까지도 포함하는 것을 희망하고 있는 것이 미국의 속내이다. 결론적으로 대중국·북한, 나아가서는 러시아를 견제하려는 인도-태평양전략의 한축으로 발전시키고자 하는 의지를 갖고 있다고 보면 될 것이다. 미국의 입장에서 보면, 미국이 추구하는 인도-태평양전략은 쿼드 방위선을 중심으로 하고 있다. 그 기저 위에 한미동맹과 미일동맹이 있다. 그러므로 쿼드 방어선 구축은 한·미·일동맹이 구성될 때 강력한 방위선으로 발전할 수 있다. 우리나라와 일본의 군사력은 호주와 베트남 등과 비교할 수 없을 정도의 수준이다. 2020 세계군사력 순위를 보면 이를 확인할 수 있다. 미국은 초강대국임에는 틀림없으나, 동맹국이 자국의 패권 유지를 위한 수단이 아닌 동반자 관계임을 깨달아야 할 것이다. 이를 지속하기 위해서는 자국의 실리추구만이 아닌 동맹국에 대한 적절한 배려와 안보 공유가 함께 이루어져야 한다. 국제사회에서 영원한 동맹도 영원한 적도 없다는 것은 역사의 진리이다.

◇ 적벽대전 승리로 건국의 기틀 구축

『삼국지』 시작의 배경이 되는 한나라는 분열된 대륙을 하나로 합친 통일국가였다. 그러나 세월이 흐르게 되자 또 다시 분열의 조짐을 보이고 있었다. 분열의 조짐을 틈타서 수많은 군웅들이 출현하였다. 이들은 동탁이라는 공동의 적을 두고 반동탁연합군으로 뭉쳤다. 그러나 그 적이 사라지자 다시 분열되었다. 이러한 과정에서 삼국의 윤곽은 서서히 드러나고 있었다. 천자를 끼고 있던 조조는 명분의 유리점을 앞세워 북방을 평정하면서 천하 통일을 목전에 둔 듯하였다. 이제 남은 것은 남쪽과 강동이었다. 즉, 유표와 손책을 정벌하면 천하는 통일되고 모든 실권은 자신이 거머쥐게 되는 것이다. 당시에 유비는 형주를 차지하고 있는 유표의 도움으로 신야성에 머무르고 있었다. 여기에서 유비는 제갈량을 만나게 되면서 세력을 구축하기 위해 노력하는 중이었다. 강동에서는 오랫동안 손씨 가문에 의한 세력이 굳게 형성되어 있었다.

강동에서는 손권이 죽자 그의 뒤를 이은 손책이 뒤를 이었다. 그러나 그가 암살당하여 죽게 되자 손권이 다스리고 있었다. 조조는 이들 세력을 짓밟아 버리겠다는 생각으로 출병을 준비하였다. 조조는 이들을 그리 강하게 보지 않았다. 그만큼 조조의 위세는 굳건하였고 그의 군대는 강하였다. 드디어 조조는 208년에 공격을 명령하였다. 조조는 형주를 우선적으로 공격하였다. 당시에 형주의 유표는 죽고 그의 아들 유장이 있었다. 유장은 유약한 인물이었고 형주를 통치할 만한 인물은 되지 못했다. 그는 조조의 대군이 공격해 온다는 소식을 듣고는 바로 항복하고 말았다. 이렇게 되자 다음 차례는 유비였다. 유비는 강릉으로 후퇴하여 조조를 막고자 하였다. 후퇴하는 과정에서 장비의 이름을 떨치게 되는 장판교전투가 있었다. 그러나 장비의 선전에도 조조군은 공세를 늦추지 않았다. 제갈량은 고심하였다. 고심 끝에 내린 결론은 동오와 동맹관계를 맺어 이를 막아내는 것이었다. 이에 제갈량은 손권을 찾아가기에 이르렀다.

그즈음 손권은 조조의 남하 소식을 듣고 이를 두려워하고 있었다. 그가 형주를 평정하면 칼끝은 동오로 향할 것이라는 점은 너무나 당연하였기 때문이다. 손권을 찾아간 제갈량은 동맹의 필요성을 역설하면서 동맹 아니면 항복밖에 없음을 논리적으로 설명하였다. 그의 논리 중의 하나가 수전을 벌이면 크게 이길 수 있다는 것이었다. 조조군은 북방에 근거지를 두고 있었으므로 수전에는 약하며, 장거리 행군으로 몹시 지쳐 있으므로 승리의 가능성이 매우 크다는 내용이었다. 이에 손권은 유비와 동맹을 맺기로 결심하여 주유를 도독으로 삼아 조조와의 일전을 준비하는데 동의하였다. 드디어 유비와 손권의 연합군이 결성되었다. 연합군은 적벽에서 연환계와 동남풍을 이용한 지략으로 대승을 거두었다. 대패한 조조는 당분간 남쪽에 대한 정벌은 생각하지 못하게 되었다. 이를 계기로 삼국이 정립하게 되었으며, 이들 삼국의 패권경쟁은 가속화되기 시작하였다.

그렇다면 강력한 군대를 갖고 있었던 조조는 왜 정벌에 실패하였을까? 전술적인 측면에서도 많은 교훈을 찾을 수 있지만 전략적인 관점에서 보자면 동맹전략이 없었기 때문이다. 분명 그의 군대는 유비와 손책의 군대와는 비교할 수 없을 만큼 강하였다. 반면에 약체였던 유비는 동맹전략을 구사하여 전력을 배가시켰으며 적절한 전술적 수완을 발휘하여 전쟁을 승리로 이끌었다.

[6] 적으로 적을 제압하는 간접전략

적벽대전을 앞둔 오나라의 주유는 적을 알기 위해 많은 노력을 하고 있었다. 전장의 불확실성을 최소화하기 위한 노력을 한 것이다. 그 결과 적의 약점을 발견하게 되었고 이를 수행할 간접전략을 수립하였다. 간접전략으로 이이제이(以夷制夷)전략을 수립하였다. 이이제이란 중국이 주변의 국가들을 오랑캐로 부르면서 이들을 싸움질시켜 서로를 멸망에 이르게 하는 전통적인 전략을 말한다. 적으로 적을 제압한다는 전략으로 고도의 이간계이다.

83만 대군을 이끌고 양자강으로 남하한 조조는 촉오연합군과의 일전을 앞두고 군사적으로 월등한 우세를 보이고 있었다. 그러나 한 가지 치명적인 약점을 안고 있었다. 그것은 수전에는 약하다는 것이었다. 조조는 수전 능력을 향상시킬 지휘관을 물색하고 있었다. 마침 투항한 장수중에 채모와 장윤이라는 자가 있었다. 이들은 수전에 능한 장수로 인정받고 있었다. 조조는 이들로 하여금 수전에 대비한 훈련을 맡겼다. 나날이 수전 능력이 향상되자 조조는 승리를 낙관하게 되었다. 대군이라는 수적 우세함과 함께 훌륭한 지휘관에 의해 수전의 약점을 보완하고 있었으니 자신만만해지는 것은 당연하였다. 조조는 이미 승리에 도취되어 있다고 해도 과언이 아니었다. 조조는 시간이 지날수록 더욱 자신감이 높아지고 있었다. 이때 조조는 그의 모사 장간을 오나라 주유의 진영에 보내 적정을 염탐하면서 항복을 권유하고자 하는 계획을 꾸미고 있었다. 장간과 주유는 친구 관계에 있었으므로 이를 활용하였다. 나름대로 묘책을 내어 불확실성을 제거하면서, 싸우지 않고 승리하고자 하였다. 조조가 선택한 방법은 간첩을 활용하는 것이었다.

촉오 연합군의 사령관 주유는 수전에는 오나라 군대가 제일이라는 자부심을 갖고 있었다. 그러나 조조군의 수전에 대비한 훈련 소식과 그 지휘관이 수전에 능한 채모와 장윤이라는 사실에 근심이 쌓여가고 있었다. 주유는 이 두 장수를 제거하는 것이 무엇보다도 중요하다고 생각하고 있었다. 이러는 시기에 조조의 모사로 있던 장간이 주유를 만나겠다며 찾아왔다. 주유는 조조가 장간을 보낸 이유를 간파하였다. 주유는 이를 역이용할 한 가지 술수를 생각해 냈다. 장간의 방문을 잘만 이용한다면 조조를 속이고 채모와 장윤을 제거할 수 있는 절호의 기회로 삼을 수 있다고 생각하였다. 주유는 채모와 장윤이 그에게 보낸 것처럼 쓴 비밀 편지를 탁자위에 올려놓았다. 장간이 방으로 들어오자 술을 대접하면서 술에 취한 척 탁자에 엎드려 잠을 자는 척 하였다. 장간은 밀서를 발견하고 이를 자세히 읽어보았다. 그 내용은 채모와 장윤이 주유의 연합군과 협력하여 조조군을 치자는 것이었다. 이를 확인한 장간은 연합군의 진영을 나와 급히 조조에게 그 사실을 알렸다. 이 소식을 전해들은 조조는 깊이 생각할 틈도 없이 두 장수의 목을 베게 하였다.

이것은 적을 이용하여 적을 제압한 매우 뛰어난 전략이었다. 조조는 아주 유능한 장수를 자신의 손으로 죽인 결과를 낳았다. 당연히 수군의 사기저하는 물론이고 전력의 약화는 기정사실로 다가왔다. 주유의 반간계가 제대로 작동된 것이었다. 주유의 반간계로 조조는 돌이킬 수 없는 실수를 하게 된 것이다. 이것은 전투의 불확실성 극복을 위해 노력한 결과이기도 했다. 오나라의 주유는 전장의 불확실성을 제거하기 위한 많은 노력을 한 결과 조조군의 핵심인물로 채모와 장윤으로 지목하였고 전투에 앞서 이들을 제거하는 것이 필요함을 깊이 통찰하였던 것이다. 반면 조조는 평소의 그답지 않게 대형 실책을 범하고 말았다. 이것은 결심권자의 통찰력이 중요함을 보여주는 대목이기도 하다.

불확실성은 반드시 극복해야 할 과제이다. 이것은 피아가 마찬가지이다. 이를 극복하기 위한 방법으로 과거부터 인적자원을 주로 활용하였다. 즉, 간첩을 파견하는 방법이다. 장간은 조조의 밀명을 받고 간첩으로 임무를 수행하기 위해 주유를 방문하였다. 주유는 이러한 조조의 의도를 간파하였으며 이를 역이용하였다. 이것을 반간계라 한다. 그 결과 조조의 수군은 지휘관을 잃게 되면서 눈에 띄게 침체되기 시작하였다. 절대적인 우세에서 벌어진 전투에서 조조군은 주유의 연합군에게 대패를 당하였다. 전투의 불확실성을 해소하고자 간첩을 파견하였으나 거꾸로 본인이 당한 것이다. 정보의 출처는 그래서 중요하다. 또한 정보의 신뢰성을 통찰할 수 있는 능력은 결심권자의 중요한 덕목이다. 통찰력이 부족하게 되면 적의 농간에 놀아나게 된다. 전쟁의 승리를 위해서는 각종 속임수가 등장한다. 속이는 과정의 연속이라고 하여도 과언이 아니다. 전쟁을 지도하는 주요 결심권자는 통찰력을 유지해야 한다. 그러나 이를 방해하는 장애요소는 무수히 존재한다. 지나친 명예욕과 자신감도 그중의 하나이다. 적벽대전을 앞둔 조조는 지나친 자신감으로 차 있었다. 그로 인해 명석한 그는 통찰력을 발휘할 수 없는 상황이 되고 만 것이다. 그 결과 조조는 처절한 패배를 당해야 했다. 적벽대전의 승리는 이이제이전략의 성공이었다. 여기에서 주는 교훈은 보호할 아군 전력의 핵심과 반드시 제거할 적의 표적을 식별하는 통찰력이 있어야 한다는 것이다. 아군 전력의 핵심을 파괴하기 위한 적의 집요하고 치밀한 계획은 평시부터 진행형이라는 것을 알아야 한다.

『삼국지』에서는 이이제이(以夷制夷)를 이용한 간접전략이 많이 등장한다. 그만큼 역사가 깊은 전략이며 현재도 중국의 외교관계 등에서 많이 나타나고 있다. 임진왜란 당시에 중국은 원군을 파병하였다. 중국의 입장에서는 전통적인 순망치한의 원리에 따른 전략이면서, 한편으로는 일본의 강성한 힘을 조선을 이용하여 차단하려 한 것이다. 그들과의 전쟁을 조선 땅에서 조선의 힘과 함께 차단하겠다는 것이었다. 6·25전쟁에서의

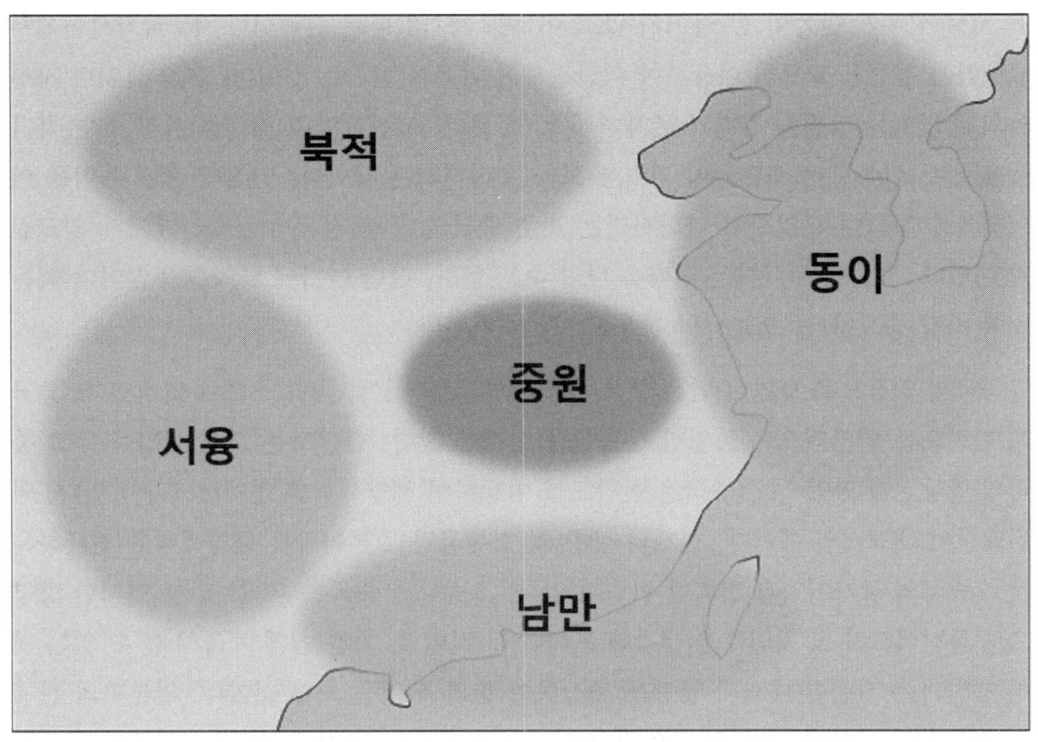

» 중국의 중화사상에 바탕을 둔 주변의 이민족

인류문명 발상지 중의 한 지역을 갖고 있는 중국은 주위의 여러 민족에 대해 문화적 우월 의식을 오래전부터 갖고 있었다. 그래서인지 중국인들은, 중국이 세계의 중심이며 중국의 문화가 가장 우수하므로 모든 것은 중국을 중심으로 하여 세계로 퍼져 나가야 한다는 중국 중심의 세계관을 갖기에 이르렀다. 이를 중화사상(中華思想)이라고 한다. 이것은 중원[63]을 중심으로 동서남북에 오랑캐가 있다는 화이사상(華夷思想)에 기초를 두고 있다. 화이사상은 문명국 중국을 중심으로, 동서남북으로 동이(東夷), 서융(西戎), 남만(南蠻), 북적(北狄) 등의 오랑캐가 있다는 사상이다. 중원은 한족이 일어난 황하(黃河) 중류의 양 기슭 지역을 말한다.

중공군 참전도 이러한 맥락에서 이해하면 될 것이다. 중국은 적대국과 직접적으로 국경을 맞대고 있는 것을 꺼려한다. 이것은 비단 중국 뿐만은 아닐 것이다. 이를 고려하면 중국은 북한을 끝까지 포기하지 않을 것이다. 적절한 지원을 통하여 북한을 최대한 활용하고자 할 것이다. 이것도 이이제이 전략의 일환이다. 이처럼 이이제이전략은 중국에서는 전통적으로 즐겨 구사해 온 전략이다. 그들은 자신들을 중심으로 하여 동서남북 주변에는 오랑캐가 있다는 소위 중화사상에 젖어 있다.[62] 그들의 주변에 있는 오랑캐들

---

62) 중국이 오래 전부터 그들을 중심으로 사방에 이민족이 있다고 하였다. 사방에 살고 있는 이민족을 그들은 오랑캐로 얕잡아 불러 왔다. 이민족을 지칭한 것은 예기(禮記)의 '왕제(王制)' 편에 등장한다. 여기에서 방위에 따라 동이(東夷)·남만(南蠻)·서융(西戎)·북적(北狄)으로 구분하였다. 원문은 다음과 같다. 中國戎夷, 五方之民, 皆有性也, 不可推移. 東方曰夷, 被髮文皮, 有不火食者矣. 南方曰蠻, 雕题交趾, 有不火食者矣. 西方曰戎被髮衣皮, 有不粒食者矣. 北方曰狄, 衣羽毛穴居, 有不粒食者矣. 中国, 夷, 蠻, 戎, 狄, 皆有安居, 和味, 宜服, 利用, 備器, 五方之民, 言语不通, 嗜欲不同. 이

을 서로 싸우게 만들어 힘 들이지 않고 이득을 챙기겠다는 전략이다. 두 국가사이에서 발생하는 갈등을 교묘히 이용하여 이간질하여 싸우게 만드는 것이다. 그렇게 되면 자신들의 주변에는 영원히 강자가 존재하지 않게 된다. 고만고만한 세력을 가진 주변 국가들을 모두 아우르는 패권국이 되기에 보다 유리해지는 것이다. 인접의 강한 세력을 이이제이를 통하여 분열시켜 약화시키는 것은 중국의 오랜 전통의 군사전략이자 외교전략 이었다. 그들이 구사하는 전략을 탓할 수는 없다. 다만 여기에 말려들지 않아야 하는 것이 가장 중요하다. 오늘날의 경우도 마찬가지이다.

중국의 입장으로 보면 주변은 한국, 미국, 일본, 러시아, 대만 등으로 얽혀있다. 중국과 한반도는 역사적으로 동일한 문명권을 형성해 왔다. 한반도는 오랜 세월을 두고 중국의 영향권에 있었으며, 중국은 한반도를 이용하여 해양세력을 견제하고자 하였다. 임진왜란이 대표적인 예이다. 현재의 상황 역시 미국과 일본이라는 해양세력을 견제하는 것이 중국의 국가이익과 밀접한 관련이 있다. 그렇다면 중국은 우리나라를 어떠한 방향으로 움직이고자 할 것인가를 생각해 보아야 할 것이다. 가장 쉽게 예측해 볼 수 있는 것이 북한과는 적절한 대립과 갈등을 조장하여 힘의 분열을 노릴 것이다. 일본과의 관계는 역사적인 사실에 기반 한 반일정서를 조성하고자 할 것이다. 또한 반미감정을 이용하여 미국과의 동맹에 균열을 조장하고자 할 것이다. 대표적인 예로 2016년 7월에 있었던 사드배치를 들 수 있다. 여기서는 무기 배치의 타당성을 논하지 않겠다. 순수한 이이제이의 차원에서 바라보겠다. 우리나라가 미국의 사드배치를 받아들이자 중국은 무역으로 대응하였다. 대중무역에 절대적으로 의존하는 우리나라는 심대한 타격을 받게 되었다. 자연스럽게 이를 반대하는 목소리는 더욱 커지게 되었다. 이것은 사드배치를 더 이상 추진하지 못하게 하면서, 동시에 한미동맹의 균열을 노린 이이제이전략이다.

우리나라와 일본과의 관계에서 마찬가지이다. 반일감정을 이용하여 일본과의 관계에서도 적당한 갈등국면을 조장하기 위한 외교적 노력을 기울일 것이다. 이이제이는 중국

를 풀이해 보면 다음과 같다. 5방(方)의 사람들은 모두 특성이 있다. 오방은 중원과 4방 이민족(오랑캐)들이다. 그들은 특성을 바꾸지는 못한다. 동방 사람은 이(夷)라 한다. 이들은 머리를 풀어 헤치고 문신을 한다. 음식을 날로 먹기도 한다. 남방 사람은 만(蠻)이라 한다. 이들은 이마에 무늬를 새기고 발이 엇갈리게 한다. 음식을 날로 먹기도 한다. 서방 사람은 융(戎)이라 한다. 이들은 머리를 풀어헤치고 문신을 한다. 곡식을 먹지 않기도 한다. 북방 사람은 적(狄)이라 한다. 이들은 깃털과 털로 옷을 해 입고 굴속에서 산다. 곡식을 먹지 않기도 한다. 중원과 夷·蠻·戎·狄(이·만·융·적), 모두는 자기들의 거주처와 먹는 음식, 의복, 기물이 있다. 5방 사람들 사이에 말이 통하지 않고 좋아하는 것이 서로 다르다. 중국은 한족이 전통적으로 차지하고 있었던 중원을 세상의 중심으로 보면서, 동서남북의 네 방향에 사는 민족들은 오랑캐로 간주하였다.

63) 한족이 일어난 황하(黃河) 중류의 양 기슭 지역을 말한다. 지금의 허난성(河南省)과 산둥성(山東省) 서부, 허베이성(河北省)의 동부를 포함한다. 일반적으로는 넓은 들판의 중심부를 말한다. 또한 정치적 의미로는 정권을 다투는 무대를 의미하기도 한다.

만이 구사하는 전략은 아니다. 일본의 경우 일제강점기 시절에 우리나라의 독립군을 잡기 위하여 이이제이를 이용하였다. 이를 위하여 창설한 부대가 '간도특설대'였다. 이 부대의 특징은 일본인 지휘관을 제외하고는 전원이 한국인이었다. '한국인의 습성은 한국인이 가장 잘 안다'는 점에 착안하여 특수부대를 운용하였다. 그 결과 수많은 독립군이 몰살을 겪기도 하면서 조직이 와해되었다. 한국인으로 한국인을 잡은 것이다.

해방 후 한국인 간도특설대 요원들은 어떻게 되었을까? 일본군의 군견 노릇을 했던 그들은 국군이 창설되면서 재빨리 일본군복을 벗고 국군복장으로 갈아입었다. 그리고 그들은 6·25전쟁을 거치면서 승승장구하였다. 일본군 출신의 이력을 갖고 있었음에도 이들은 군의 요직을 독차지하기 시작하였다. 대표적 인물이 백선엽이다. 사후에는 현충원에 안장되었다. 독립투사들이 묻힌 곳에 그들을 때려잡던 인물이 묻히는 기막힌 현실이 벌어진 것이다. 이렇게 된 배경에는 김일성이 있다. 김일성이 일으킨 전쟁은 이들을 영원히 단죄할 수 없게 만들었다. 오히려 그들의 위치를 더욱 굳건하게 해 주었다. 김일성 덕분으로 이들은 나라를 구한 호국의 영웅으로 재탄생되었다. 이를 보면 김일성은 민족사적 차원에서 영원히 단죄해야 할 대상이다.

이이제이전략은 군사분야에서만 적용되는 것은 아니다. 중국은 미국과의 분쟁에서도 이를 찾아볼 수 있다. 2018년에 트럼프 대통령은 무역적자에 따른 불균형을 바로 잡겠다며 중국에 대한 관세를 올리겠다고 선포하였다. 미국의 45대 대통령 트럼프는 당선되기 이전에 그의 저서를 통하여 이를 말한 바 있었다. 그는 2011년에『트럼프, 강한 미국을 꿈꾸다』라는 그의 저서에서, '중국이 계속해 미국의 앞길을 막는다면, 중국 제품에 25%의 관세를 부과할 대통령을 선출해야 한다'라는 말을 한 적이 있다. 이를 보면 트럼프는 중국의 패권 도전을 절대 받아들일 수 없으며, 차기 대통령은 이를 실천할 인물이 되어야 한다는 확고한 인식을 갖고 있었다는 것을 알 수 있다.

중국은 2015년에 '중국제조 2025'를 통하여 제조업 강국 대열에 2025년까지는 들어가겠다는 목표를 세운 바 있다. 여기에서, 과거에는 중국 경제 성장이 제조업의 양적 성장에 의존했다고 지적하였다. 따라서 앞으로는 질적 성장의 혁신역량이 중요성을 말하였다. 미국과 중국은 이미 무역분쟁을 예고하고 있었던 셈이다. 미국은 중국산 철강과 알루미늄에 대해 관세를 부과하였다. 그러자 중국은 미국산 돈육, 와인 등 128개 농축산물에 30억 달러 규모의 보복관세를 부과하였다. 이로써 미중 무역전쟁이 본격화되었다. 미국이 중국에 대하여 추가관세를 부과하자 중국도 보복적으로 관세를 부과한 것이다. 당시에 미국의 농촌에서는 연간 140억 달러 규모의 미국산 콩을 중국에 수출하고 있었

» 중국에서 로봇으로 자동차를 용접하는 모습

다. 미국의 농민들은 중국으로의 농산물 수출이 중단되거나 대폭 감소할 수밖에 없는 상황에 이른 것이다. 중국은 공화당의 텃밭인 농촌을 표적으로 삼은 것이다. 중국이 노린 상황은 미국내의 분열이었다. 또한 중국의 값싼 공산품을 사용할 수 있었던 미국인들은 어느 날부터 동일한 제품을 비싸게 사게 되었다. 당연히 그들은 트럼프 행정부에 반감을 나타내게 될 것이며, 이로 인해 내부에서의 반목현상이 발생하게 될 것을 예상하고 있었다. 중국이 노린 것은 미국 내에서의 분열이었다. 미국을 따라잡아 세계의 패권국을 꿈꾸는 중국과, 이를 저지하겠다는 미국의 전략은 숙명적으로 부딪히게 되어 있다.

간첩의 종류

고대의 전쟁에서나 현대의 전쟁에서나 적의 상황을 자세히 아는 것은 대단히 중요하다. 전투의 불확실성을 제거하는 것을 말하는 것이다. 즉, 손자가 말한 '지피지기(知彼知己)면 백전불태(百戰不殆)'인 것이다. 이를 위하여 고대로부터 즐겨 이용한 방법 중의 하나가 간첩을 운용하는 것이다. 손자는 간첩을 다섯 종류로 분류하였다.

① 향간(鄕間)

적국에 거주하는 사람을 이용하는 것이다. 일반적인 평범한 사람을 간첩으로 이용하는 것이다. 따라서 고급정보는 기대하기 어려우나 일반적인 여론이나 상황을 파악할 수는 있다. 특히 이들 중에 고위급에 접근할 수 있는 조건을 갖고 있다면 더욱 좋은 자원이다.

② 내간(內間)

적국의 주요부서에 근무하는 사람을 이용하는 것이다. 즉, 적의 내부 직원 등을 이용하는 방법이다. 포섭하고 관리하는 비용이 많이 들어가지만 비교적 고급정보를 얻을 수 있다. 『손자병법』 최고의 주석자 조조는 포섭하기 좋은 적의 관리를 다음과 같이 제시하고 있다. 재능 있는 실직자, 벌을 받은 사람, 총애를 받으며 재물에 욕심이 많은 사람, 굴욕을 참으며 낮은 자리에 있는 자, 능력에 맞는 자리를 못 얻은 자, 재기를 노리고 있는 자, 언제든지 마음을 바꿀 수 있는 이중인격자 등이다.

③ 반간(反間)

적의 간첩을 반대로 이용하는 것이다. 이중간첩이라고도 한다. 반간은 두 가지 종류가 있다. 적의 간첩을 회유해 이중간첩으로 만드는 방법과 모르는 척하며 거짓정보를 적에게 흘리는 방법이 있다. 모두 상황에 따라 적절하게 선택해야 한다.

④ 사간(死間)

사간은 죽을 각오를 하고 적에게 거짓정보를 전달하는 간첩이다. 자신의 목숨을 담보로 임무를 수행하기 때문에 돈을 가지고 포섭할 수는 없다. 상대방에게 원한이 있어 상대방이 망하기만을 바라는 사람이나 은혜를 입어 충성을 맹서한 의협심 강한 사람이 적당하다.

⑤ 생간(生間)

적진을 넘나들면 살아 돌아와 정의 실정을 보고하는 간첩이다. 속으로 영리하지만 겉으로는 멍청해 보이는 자, 날래고 용감한 자. 배고픔, 추위, 수치, 더러움을 견딜 수 있는 자 등이 생간으로 적당하다.

[7] 연환계와 고육계를 이용한 간접전략

연환(連環)이란 '고리를 이어서 만든 사슬 모양'을 말한다. 연환계는 정면대결을 해서는 이길 수 없는 경우에 쓰는 계략이다.[64] 음모를 연속적으로 구사하여 상대방을 혼란스럽게 하는 것이다. 이렇게 하여 상대방의 힘을 약하게 만들면 상대적인 전력의 우위를 달성하여 승리를 거머쥘 수 있는 확률을 높게 만든다. 이는 범위를 확장시켜 보면 첩자를 이용한 다양한 술책도 포함된다. 또한 계략에 의해 조조군의 함선과 함선을 연결시켜 화공에 취약하게 만든 것을 연환계라고도 한다.

◇ 적벽대전에서 연환계에 빠진 조조군의 궤멸

적벽대전에서 위나라 군세는 압도적이었다. 이를 이기기 위해서는 무언가의 계책이 필요하였다. 곧이 곧대로 싸운다면 아무리 수전에 약한 위나라일지라도 이기기는 어려웠다. 그만큼 군사력의 차이는 압도적이었다. 그러나 조조군은 먼 길을 행군한 탓에 피로에 빠져 있었으며, 새로운 지역에서의 적응에도 어려웠다. 일명 풍토병에 시달려야 했다. 갈수록 전투력이 저하되는 시점이었다. 무언가 대책을 강구해야 할 처지에 빠진 것이다. 이때 유비의 책사 방통이 나섰다. 그는 위나라

≫ 연환계에 빠진 조조군의 함선들

출처 : KBS 2TV, 「신 삼국지」에서 캡처

64) 연환계는 중국 고대 병법인 36계에서도 나오는 계책이다. 36계 중에서 35번째에 해당하는 계책이다. 연환계는 열세에 처한 국면을 역전시키기 위해 사용된다. 여기에는 고육계(苦肉計), 반간계(反間計), 공성계(空城計) 등이 있다.

의 군사들이 배멀미에 시달리는 것을 방지하기 위한 계책을 알려주겠다고 접근하였다. 방법은 단순하였다. 배와 배를 연결하여 하나의 부교와 같이 만들면 육지와 유사한 환경이 조성되어 군졸들의 배멀미는 사라질 것이라고 하였다. 덩치가 큰 배들은 상대적으로 흔들림이 덜 하다는 설명을 곁들였다. 조조는 그럴 듯하여 시행해 보았다. 방통의 말대로 배의 흔들림이 줄어들자 군졸들의 배멀미는 사라졌다. 조조는 육지와 비슷한 환경을 조성하기 배에 흙을 뿌리게 하였다. 차츰 군졸들의 건강은 회복되어가고 있었다. 뿐만 아니라 배와 배를 연결하여 이동의 편리성도 확보되었다. 이를 본 조조는 크게 만족하면서 승리를 장담하고 있었다. 그렇지만 화공에는 가장 취약한 단점을 갖고 있었다. 그러나 조조는 겨울이라는 계절을 너무 맹신하였다. 겨울은 북서풍이 강하다는 단순한 기상상식에 함몰되어 화공에는 대비하지 못한 것이다. 제갈량과 주유는 이를 노리고 화공으로 조조군을 궤멸에 빠뜨렸던 것이다.

항복을 가장한 황개의 배가 조조군의 배에 바짝 접근하자 무언가를 느꼈으나 이때는 너무 늦었다. 유황을 가득 싣고 기름칠을 한 불덩이가 접근하면서 승패는 결정되었다. 황개의 배는 조조군의 함선을 향하여 거침없이 들이 받았다. 서로를 묶은 배들은 남동풍이 부는 어느 날의 화공에 속절없이 무너지고 있었다. 죽어가는 군졸들은 무슨 생각을 했을까? 지휘관의 안목은 이래서 중요한 것이다. 상황을 통찰하는 능력의 중요성을 느끼게 해주는 전투의 한 장면이다. 배를 묶더라도 만약에 대비하여 이를 쉽게 절단할 수 있는 대책을 강구했다면 상황은 반전될 수도 있었다. 또한 아무리 투항하는 적이라 할지라도 지나치게 믿는 것은 문제가 발생할 수 있다. 적은 승리를 위해서라면 별의 별 수단을 강구할 것이다. 이에 대한 철저한 대비도 부족하였다. 이와 같이 조조는 그의 명성에 걸맞지 않게 아무런 대책을 강구해 두지 않았다. 전장에서는 최선책을 채택했다 하여도 취약점은 항상 도사리고 있다. 이를 포착하여 대비하는 것이 지휘관의 통찰력이고 역할이다.

◇ 거짓 항복으로 조조를 속인 황개의 고육계(苦肉計)

고육계는 적을 안심시키기 위하여 자신에게 위해를 가하는 것이다. 이렇게 함으로써 적의 의심을 제거할 수 있다. 아군으로부터 억울한 누명으로 배신을 당해 귀순하게 되었다는 것 등이 일반적인 내용이다. 그렇지만 통찰력이 뛰어난 적장은 이를 의심할 수 있다. 그러므로 이를 감추기 위한 방법을 찾아야 한다. 이를 위하여 신체에 위해를 스스로 가하는 방법 등을 동원한다면 적으로부터 의심을 피할 수 있을 것이다. 누구를 막론하고 자신의 몸에 위해를 가하지 않으려 하는 것은 상식이다. 따라서 신체에 상해를 입히는 것은 진실성을 보이게 된다. 이를 이용한 방법을 고육계라고 한다. 즉, 리스크를 감수해야만 하는 상황이다. 이것은 특정 개인에게는 처절한 방법이다. 이처럼 처절한 방법을 적벽대전을 앞두고 오나라의 황개가 자청하였다. 적벽대전의 성공을 위하여 자신의 몸을 바치겠다고 자청한 것이다. 그 과정이 얼마나 치밀하고 비참하였는지 주변의 누구도 이를 의심하지 않았다. 그러니 천하의 조조가 속을 수밖에 없었던 것이다.

적벽대전이 있기 얼마 전에 조조는 주유의 반간계에 의해 어이없이 두 장수를 참수하는 실수를 저질렀다. 이때 참수된 채모의 사촌 아우 채중과 채화 형제가 오나라에 투항해 왔다. 이유는 억울한 한을 풀고자 한다는 것이었다. 오군의 대도독 주유는 항복을 환영하는 척 하였지만 거짓 항복이라는 것을 눈치 채고 있었다. 얼마 후에 주유가 주재하는 회의에서 황개는 위나라에 항복할 것을 건의하였다. 그러나 이것은 미리 주유와 함께 짜놓은 각본이었다. 황개가 거듭하여 항복만이 최선책임을 건의하자 주유는 마침내 크게 화를 내었다. "지금 즉시 황개의 목을 베라! 그리고 앞으로 항복이라는 말을 꺼내지 말라." 원로 장수 황개를 참수하라는 말에 감녕을 비롯한 장수들이 극구 말리며 그간의 공을 생각하여 목숨은 살려주어야 한다고 건의하였다. 주유는 이를 들어주는 척하면서 다시 명을 내렸다. "살려주는 대신 태형 백대를 쳐라!" 황개는 태형을 맞아 거의 죽기 일보직전까지 갔다. 이미 그의 몸은 만신창이가 되었으며 곧 숨이 멎을 것 같아 보였다. 이를 본 주변의 장수들은 눈물을 흘리지 않는 자가 없었다. 그만큼 황개는 오나라의 충신이었으며 주변의 신망이 있는 장수였다.

며칠 후 황개의 부하인 감택이 위나라의 조조를 찾았다. "군졸을 이끌고 배를 이용하여 위나라에 투항하겠으니 받아주시기 바랍니다." 조조는 처음에는 이를 의심하였다. 그러나 채모의 동생들이 보낸 밀서를 보니 오나라에서 발생한 황개와 관련한 사건은 사실이었으며 황개는 몹시 분노하고 있다는 것이었다. 마침내 조조는 이를 곧이 믿게 되었다. 얼마 후에 황개로부터 전갈이 다시 왔다. "오늘 밤에 군졸을 이끌고 투항하겠습니다. 뱃머리에는 청룡기를 달겠으니 착오 없게 해주시기 바랍니다." 그날 이경이 되자 멀리서 함선의 모습이 보였다. 점점 다가오는 배를 보니 청룡기가 보였다. 위군은 드디어 황개의 투항이 시작되었다고 여겼으며, 지시받은 대로 공격을 하지 않았다. 그런데 이상한 점이 있었다. 가까이 오면 속도를 줄일 줄 알았는데 더욱 거세게 속도를 높이고 있었다. 조조의 군사들은 무언가 꺼림칙하였다. 그러나 정지시키기에는 이미 때가 늦었다. 그때 갑자기 동남풍이 불기 시작하였다. 배는 바람의 영향을 받아 가속도가 더욱 붙는 듯하였다. 항복을 가장한 배는 어느새 불을 붙였다. 바람을 맞으며 불길은 거대한 산을 이르는 듯하였다. 산처럼 거대한 불길이 마침내 조조군의 함선과 부딪혔다. 때를 맞추어 부는 동남풍과 촘촘히 엮인 조조군의 함선은 불길을 피할 길 없었다. 성난 불길은 조조군의 대군을 바다 속으로 밀어 넣고 있었다. 그 속에서 조조의 야망도 바다에 가라앉고 있었다. 황개는 자신의 몸을 희생한 보람을 느낄 수 있었다. 그의 고육책은 완벽한 승리를 한 것이며, 적벽대전은 촉과 오나라의 대승으로 돌아갔다.

여기서 한 가지 반드시 짚고 넘어갈 대목이 있다. 대도독 주유는 자신의 진영이라고 하여도 주변에는 수많은 첩자가 있음을 알고 있었다. 그러므로 함부로 계책을 말하기도 어려운 상황이었다. '화공'이라는 말이 나오기만 해도 그것은 조조의 귀에 들어가게 되어 있었다. 만약 촉오연합군이 화공을 계획한다는 것을 조조가 알게 된다면 연환계는 실패로 돌아갈 가능성이 크게 된다. 주유가 화공을 생각하고 있다는 것을 의심 많은 조조가 알게 된다면, '배와 배를 연결한 것과 황개의 투항'을 연계하여 생각했을 것이다. 상황판단 능력이 탁월한 조조는 반드시 무릎을 치며 역공을 준비했을 것이다. 그러므로 주유는 단 둘만의 비밀 유지가 필요하다는 것을 알고 있었던 것이다. 이를 황개가 지혜롭게 처신하였기 때문에 승리를 얻을 수 있었다. 주변에는 항상 적이 있다는 것을 알고 있었던 주유의 안목이 더욱 빛나는 전투였다.

2단계 : 건국과 부흥을 목표로 한 전략

▸ **건국과 부흥을 목표로 한 전략**

전략의 중점	전 략
[1] 전략적 요충지를 확보하고 힘을 비축한다.	억제전략
[2] 동맹으로 공동의 적을 공격을 막아낸다.	수세전략

[1] 전략적 요충지 확보와 억제전략

적벽대전을 통하여 유비는 건국의 기틀을 마련하였다. 건국을 선포만 하면 되는 상황을 맞게 된 것이다. 형주는 대단히 중요한 요충지였다. 그러므로 위·촉·오 삼국은 형주를 사이에 두고 치열한 경쟁을 벌였다. 마치 우리나라의 삼국시대에 한강을 차지하기 위하여 혈투를 벌였던 상황과 유사하다. 우리나라 삼국의 경우 한강이라는 요충지는 최종적으로 신라가 장악하였다. 신라 주도의 삼국통일이 가능했던 것은 전략적으로 현저한 이점을 주는 지형을 확보한 것도 많은 영향을 미쳤다. 중국의 경우에는 중원지역을 가장 중요하게 평가할 수 있다. 이 지역을 차지한 조조는 현저한 이점을 확보한 상태였다. 삼국 중에서 위나라가 가장 강성했던 것도 지형이 주는 이점을 차지한 결과였다. 가장 노른자위의 땅을 차지한 위나라는 여러모로 우위를 점할 수 있었다. 중원을 제외한 지역 중에서 중요한 곳은 형주를 들 수 있다.

삼국은 형주를 분할하여 차지하게 되면서 더욱 치열한 다툼이 예상되었다. 유비는 가장 신임하는 장수를 형주의 수비대장으로 임명하였다. 그가 관우였다. 형주를 방어하는 관우는 그의 이미지답게 부여된 임무에 충실히 임하고 있었다. 그러나 후에 관우는 형주를 오나라에게 빼앗기게 되었으며, 관우마저 죽임을 당하는 참극으로 다가왔다. 형주를 빼앗긴 이유는 관우의 성정과 전략적 마인드로 보아야 할 부분도 있다. 전장에서 패배를 모르던 관우, 유비의 절대적인 신임을 받고 있던 관우는 시간이 지남에 따라 자신감을 넘어 적을 무시하는 경향을 나타내고 있었다. 관우가 오나라와의 적절한 제휴를 하지 못한 것은 이러한 그의 이러한 성정에서 싹트고 있었다. 이러한 앞날을 예견한 것이었는지 제갈량은 형주의 중요성을 설파하면서 묘한 말을 한 적이 있다. “형주는 지혜롭고 덕이 있지 않고서는 지킬 수 없는 곳이다.” 지형의 중요성을 말하면서 이처럼 통치자의 인품을 덧붙였던 이유는 무엇일까? 그것은 형주의 중요성을 표현한 것이며, 삼국의 눈길이 쏠리는 지역이므로 전략적 마인드를 갖고 통치를 하여야 한다는 말로 이해할 수 있을 것이다.

형주는 지리적으로 대단히 중요한 위치에 있기 때문에 주변의 강자들은 모두가 이를 탐낼 수밖에 없다. 그러므로 형주를 지키기 위해서는 군사적인 식견 못지않게 내부를 단결시키는 통치자의 인품이 필요하다는 것이다. 또한 군사적인 식견은 전술적 식견을 넘어 전략적인 식견을 함께 갖추고 있어야 했다. 관우가 사라진 형주에서의 위세는 단연 위나라가 강하였다. 형주 점유율을 보면 위와 오가 가장 많았고 상대적으로 촉이 가장 적었다. 실질적으로 촉은 형주를 잃고 마는 결과가 된 것이다. 이렇게 되자 제갈량의 천하통일 계획에도 큰 차질을 빗게 되었다. 애초에 제갈량은 형주를 베이스캠프로 삼아 군사를 운용하고자 하였다. 그것은 형주의 지리적 이점 때문이었다. 동서남북 어디로든 연결할 수 있는 천혜의 요지였다. 위나라의 도읍인 요충지 낙양까지는 그리 멀지 않은 거리에 있었고 천하 어디로든 도달하기가 유리하였다. 그러나 형주를 잃자 촉나라의 진출로는 극히 제한될 수밖에 없었다. 상대적으로 위나라는 촉의 진격로를 예측하기가 한

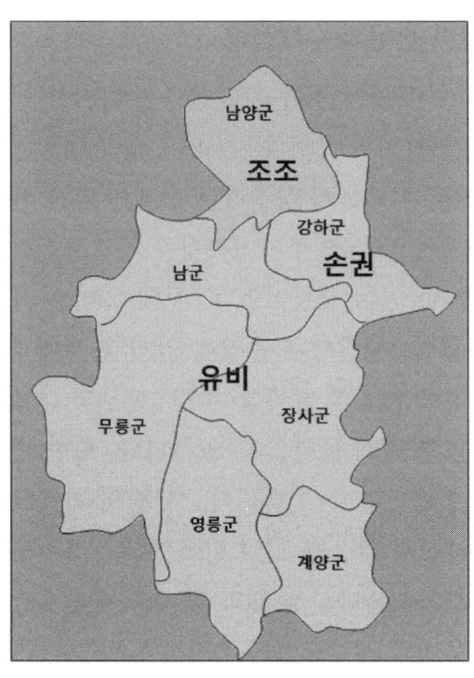

》 적벽대전 이후의 형주

적벽대전 이후에 손권은 형주를 모두 차지하는 것은 어렵지 않다고 여기고 있었다. 적벽대전의 공로로 유비는 남군지역의 강릉과 공안을 차지한 상태였다. 그것도 익주를 차지하면 물러나겠다는 조건이었다. 그런데 유비가 소유권이 명확하지 않은 무릉, 장사, 영릉, 계양군을 점령해 버렸다.65) 결과적으로 남양군은 조조, 강하군은 손권, 나머지는 유비의 차지가 되었다.

층 유리하였다. 그 지점에 집중하여 방어진지를 편성한다면 쉽게 촉군을 막아낼 수 있는 환경이 조성되었다. 형주를 잃게 되면서 촉나라는 운신의 폭이 크게 줄어들었다. 균형을 유지하고자 한 천하삼분지계는 균형을 잃어가고 있었다. 이제는 어떻게 생존하느냐가 중요한 과제였다. 균형이 상실된 상태에서의 생존전략은 정해져 있었다. 인접의 오나라와 우호적인 관계를 유지하면서 위나라를 견제해야만 했다. 그러나 현실적인 유비의 감정은 이를 허락하지 않았다. 관우를 죽게 만든 원수의 나라가 오나라였기 때문이다. 유비마저도 심리적인 균형이 무너진 것이다. 유비는 이를 복수하기 위한 이릉대전을 치렀다. 이릉대전은 관우의 복수를 위한 것이었지만 형주를 되찾기 위한 전략적 목표도 물론 갖고 있었다. 그러나 전력의 열세를 무시한 결심이었다. 결국 유비의 몰락을 가져오고 말았으며, 유비의 삼국통일 대업은 멀어져 갔다. 형주를 잃은 전략적 차질은 운신의 폭을 크게 제한시킨 것은 물론이고 리더의 심리적 균형마저 무너뜨린 것이다. 만약 형주를 끝까지 촉나라가 차지하고 있었다면 그리 쉽게 위나라에 멸망당하지는 않았을 것이다. 지형의 중요성은 이처럼 중요하다. 억제전략이 엉클어지는 순간이기도 하였다.

65) 유표가 조조에게 항복하면서 조조의 지역이나 마찬가지였다. 그러나 적벽대전에서 조조가 대패하자, 이 지역은 무주공산의 상태가 되었다. 이를 유비가 재빠르게 가로챈 것이나 다름없었다.

[2] 동맹과 수세전략의 중요성을 이해하지 못한 관우의 수세전략

『삼국지』 최고의 명장으로 손꼽히는 관우는 무용 못지않게 훌륭한 인품을 견지한 인물로 추앙받는다. 특히 깊은 충성과 신의는 그의 상징이기도 하다. 그러나 그의 최후는 너무나 허무하게 마무리 되었다. 유비는 적벽대전을 치르면서 형주라는 천혜의 땅을 차지하면서 도약할 수 있는 터전을 확보하였다. 형주를 넘어 익주지역까지를 차지한다면 위나라와 어깨를 견줄만한 전략적 이점을 확보할 수 있는 상황이었다. 이에 유비는 가장 신임하는 관우로 하여금 형주를 수비하게 하였다. 제갈량은 출정에 앞서 관우에게 다음과 같이 질문하였다. "관공께서는 형주를 어떻게 지킬 작정이십니까?" 관우의 대답은 짧고 명료하였다. "오나라의 손권이 공격한다면 가볍게 물리칠 수 있습니다. 또한 조조가 공격해 온다 해도 오나라와 위나라를 다 함께 깨뜨릴 수 있습니다." 무장의 기개가 넘치는 답변이었다. 그러나 제갈량은 깊게 탄식하면서 다음과 같이 말하였다. "그것은 대단히 위험한 발상이오. 우리의 힘은 아직 미약하니 오나라 손권과 함께 동맹관계를 유지하면서 위나라를 막아내야 합니다." 이것이 유비와 제갈량이 추구했던 동의 오나라와 화친을 유지하면서 북의 위나라와 전쟁을 한다는 국가전략이었다.

제갈량은 관우의 무용은 인정하고 있었으나, 자칫 그가 자신의 무용을 과신하여 대사를 그르칠 것을 염려하였다. 제갈량의 불길한 염려는 적중하였다. 관우는 그의 무용에만 함몰되어 이를 대수롭지 않게 여겼다. 즉, 국가전략의 개념을 깨닫지 못한 것이다. 오나라는 관우에게 화친의 뜻으로 정략결혼을 제의했지만, 관우는 냉정하게 거절하였다. 범의 딸을 개의 자식과 결혼시킬 수는 없다는 모욕적인 말로써 화친을 철저히 무시하였다. 그 결과 오나라가 조조와 동맹을 맺게 되는 빌미를 제공하고 말았다. 무용만 가지고 성을 지킬 수는 없다. 군사력 하나만을 가지고 만사를 해결할 수는 없는 것이다. 또한 군사력은 동맹을 통하여 배가된다. 오나라는 관우에게 모욕적인 거절을 당하자 조조와 힘을 합쳤다. 관우는 위나라와 오나라의 동맹국을 상대해야 하는 불리한 위치에 처하게 되었다. 여기에서 형주의 분할 과정을 잠시 살펴보기로 하겠다.

적벽대전의 결과로 형주의 대부분은 유비가 차지하였다. 그로부터 세월은 흘러 유비와 조조의 한중쟁탈전을 계기로 형주의 많은 고을이 오나라로 넘어갔다. 유비는 조조와의 한중쟁탈전에서 승리하기 위해서는 오나라와의 동맹이 필요하였다. 이에 따라 유비는 차지하고 있던 형주의 일부를 오나라에게 떼어 주었다. 또한 지속적으로 형주의 반환을 요구하는 오나라의 집요함도 하나의 이유로 작용하였다. 유비는 전선의 이중화를 우려하여 전략적인 관점에서 이를 넘겨준 것이다. 그러나 관우는 이에 대한 처사를 못마땅하게 여기고 있었다. 관우는 단독으로 위나라와 오나라를 상대하여도 이길 수 있다는 자신감에 차 있었다. 그렇지만 자신감 하나로 모든 것이 이루어질 정도로 세상의 이치는 단순하지 않은 것이다. 어쨌든 관우는 단순한 논리 하나로 전장을 바라보고 있었다. 그의 이러한 생각은 형주를 모두 석권하고자 하는 의지로 나타났다. 먼저 위나라의 조인이 지키고 있던 번성을 공격하기로 하였다. 관우가 번성을 공격하자 조조는 장안에 있던 군사를 증원하였다. 그렇지만 증원되었던 조조의 맹장 우금은 항복을 하였고 항복을 거부한 방덕은 참수되었다. 이러한 기세라면 조조의 증원지역으로 관우군이 몰려들 것이 뻔했다. 이 소식을 들은 조조는 크게 상심하면서 수도를 옮기고자 할 정도였다. 그렇지만 조조의 곁에는 수많은 책사들이 포진해 있었다.

책사들은 오나라와의 동맹을 통하면 번성을 되찾을 수 있을 것이라고 건의하였다. 특히 사마의는 이를 강력히 주장하면서, 오나라가 관우의 배후를 치게 하여 성공하면 형주를 오나라에게 넘겨주자고 하였다. 오나라는 동맹제의를 받자, 이제야 말로 형주를 온전하게 되찾게 될 수 있다며 흔쾌히 수락하였다. 그 당시에 유비는 익주를 차지했으나 손권과의 약속을 이행하지 않고 있었다. 형주를 돌려주지 않고 있었던 것이다. 이에 손권과 유비와의 관계는 악화일로의 생황을 맞고 있었다. 이런 상황에서 조조의 동맹제의는 반가운 것이었다. 이제부터 서서히 관우와 촉나라의 운명은 기울기 시작하였다. 이때 오나라는 여몽이 군의 실세였다. 여몽은 관우를 치기 위하여 한 가지 묘책을 세웠다. 자신은

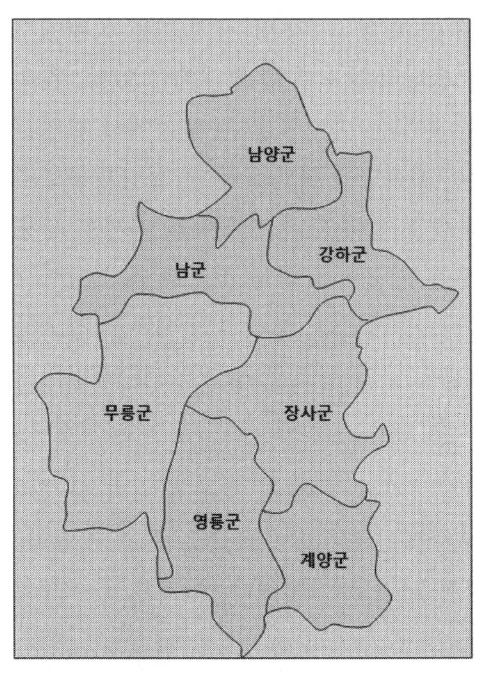

» 한중쟁탈전 전후의 형주

유비는 조조를 상대로 한중쟁탈전을 벌이면서 손권에게 장사, 영릉, 계양군을 넘겼다. 이에 대해 관우는 불만을 갖고 있었다. 결과적으로 형주는 무릉군과 남군만이 유비의 세력권에 놓이게 되었다.

≫ 독화살 맞은 팔을 치료 받는 관우

화타(?~208년)는 역사상 최고의 의술을 지녔다는 인물이다. 특히 외과부문에 뛰어났다고 한다. 관우를 치료했으며, 조조의 두통을 치료하고자 했으나, 조조는 자신을 죽이려 한다고 의심하여 죽이게 되었다.

출처 : KBS 2TV, 「신 삼국지」에서 캡처

병으로 물러나고, 무명의 육손이 뒤를 이었다는 것이었다. 이 소식을 들은 관우는 여몽의 의도대로 방심하게 되었다. 관우는, 오와 위가 연합하여 공격한다 하여도 문제가 없다고 판단하고 번성공격에 집중하고자 강릉의 군사를 급히 번성공격에 투입하였다. 이러한 관우의 방심은 큰 대가를 가져왔다. 설상가상이었는지 번성전투에서 관우는 팔에 화살을 맞았다. 명의 화타에게 치료를 받아 겨우 상처가 아물어 가고 있었다. 관우의 불행은 오의 육손은 상대가 되지 않는다는 방심이 두 번째의 큰 실책이었다. 오나라군은 번성의 후방에 위치해 있는 강릉과 공안을 기습적으로 공격하면서 점령하였다. 형주의 중심인 강릉이 함락했음은 의미하는 바가 컸다. 관우는 번성도 함락시키지 못한 상태에서 위로는 위나라의 계속되는 증원군을, 아래에서는 오나라의 육손을 상대해야 했다. 관우는 번성전투를 포기하고 맥성으로 퇴각해야 했다. 관우는 마지막 남은 맥성에서 결의를 다졌지만 중과부적이었다. 관우를 따르는 군사는 500여명에 불과하였다. 설상가상으로 군량미마저 바닥을 드러내고 있었다. 관우는 원군을 요청하였다. 맥성에서 가까운 상용에 있는 유봉과 맹달에게 원군을 요청하였다. 관우는 원군이 도착할 것으로 믿고 있었으나, 그들은 오지 않았다. 이제는 관우의 운도 다한 모양이었다. 오나라의 여몽은 집요하게 공세를 가하였다. 관우는 안전지대를 찾아 맥성을 나와 혈로를 찾고자 하였다. 그러나 결국 오나라의 여몽에게 사로잡혀 참수당하고 말았다. 220년 그의 나이 58세였다.

유비는 이 소식을 듣고 너무나 분한 마음을 진정시키지 못했다. 그는 오나라 공격을 명하였다. 그러나 이릉대전을 거치면서 대패를 당하고 유비마저 병으로 죽고 말았다. 국가전략의 개념을 구현하지 못하자 이처럼 허무한 결과로 이어졌다. 이것은 촉나라의 운명이 끝나고 있음을 암시하고 있었다.

형주는 지형적으로 대단히 중요한 전략적 위치였다. 이를 통하여 오나라와는 더욱 굳건한 동맹을 유지하기 유리한 위치였다. 또한 국력에 있어서도 촉과 오는 위나라와 비교할 바가 아니었다. 둘은 위나라의 공격에 대비하여 항상 동맹관계를 유지해야 했다. 오히려 이를 오나라는 이해하고 적용하려고 애쓴 흔적이 보인다. 관우와의 원만한 관계를 위해 혼인을 제안한 것만 보아도 알 수 있다. 그러나 관우는 냉정하게 거절하였다. 이는 전술에는 능했지만 전략에는 큰 흠결을 갖고 있었다고 볼 수 있다. 어쨌든 두 나라는 힘을 합쳤어야 했는데 이와는 반대로 싸움으로 일관했다. 위나라 입장에서는 이보다 더 좋을 수 없는 상황이었다. 위나라가 삼국을 통일하는 데에는 위나라의 월등한 국력도 있었지만, 이처럼 전략을 이해하지 못한 촉나라 최고의 무장 관우의 책임을 거론하지 않을 수 없다. 위나라보다 약한 두 나라가 동맹을 맺어도 부족할 판에 처절한 싸움을 하느라 바빴으니 어찌 위나라를 이길 수 있었겠는가? 위나라는 상대국의 치명적인 실수에 큰 덕을 톡톡히 본 것이다.

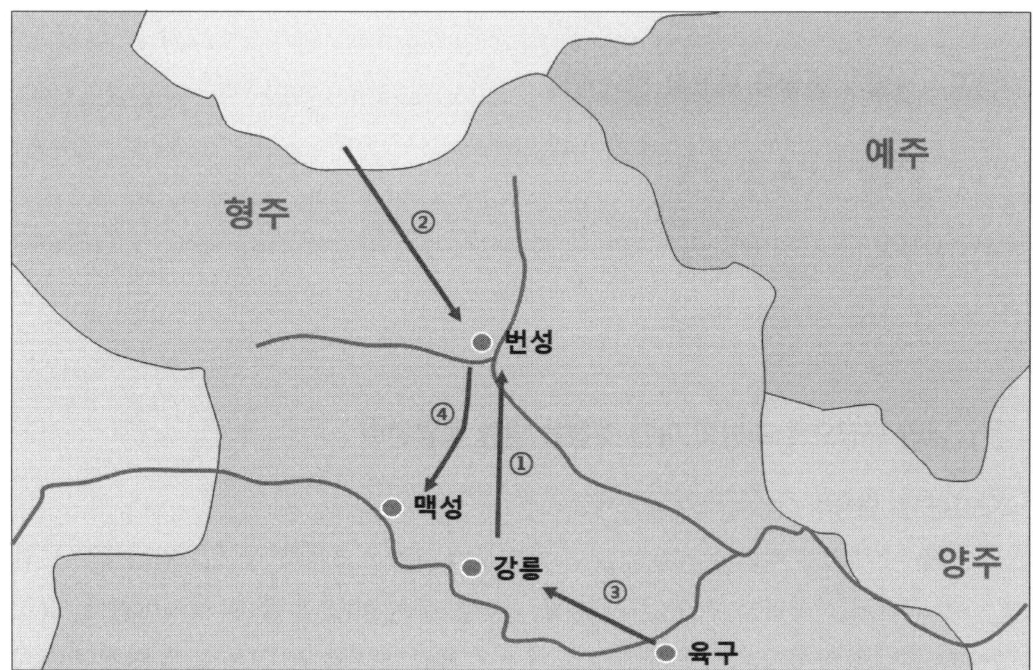

» 번성전투 전개도

① 관우는 강릉과 공안을 미방과 부사인에게 맡기고 위나라의 번성을 아들 관평을 데리고 공격하였다. ② 번성은 조인이 지키고 있었으며, 조조는 관우의 공격소식을 듣자 우금과 방덕을 증원군으로 보냈다. 그러나 관우에게 대패하였다. 조조는 중원지역의 위태로움을 느꼈고, 오와의 동맹을 서둘렀다. ③ 육구에서 오군이 강릉을 공격하였고 ④ 관우는 원병을 요청했으나 여의치 않자 번성공격을 포기하고 맥성으로 철수하였다.

동북아에서 절대강자 중의 한 국가로 인정받았던 고구려의 경우에도 동맹전략을 제대로 활용하여 만주대륙까지를 아우르는 영토를 확보하고 수·당나라와 대등한 관계를 형성할 수 있었다. 수나라가 대륙을 통일할 무렵에 북방에는 새로운 유목세력이 등장하였다. 그들은 돌궐(突厥)이었다. 이들의 군사력은 대단히 강성하여 수나라가 위협을 받을 정도였다. 이때 고구려는 돌궐과 우호적인 관계를 유지하고 있었다. 고구려의 동맹전략이 우수했다는 것이다. 당시에 고구려는 요동반도까지 장악하고 있었고, 돌궐과는 동맹관계였다. 그러므로 수나라의 입장에서는 중원의 평화에 위협적인 고구려를 멸망시켜야만 할 처지에 있었다. 이러한 결론에 도달하자 수문제는 군사를 동원하여 고구려를 침공하였다. 문제의 뒤를 이은 양제에 이르기까지 집요한 전쟁을 벌였지만 번번이 실패하였다. 그 결과 수나라는 국력이 소진되면서 신흥 세력인 당나라에 의해 멸망을 당하게 되었다. 공격을 성공시키지 못한 원인은 돌궐과의 동맹관계를 차단시키지 못했기 때문이었다. 결정적인 순간에 돌궐은 북방에서 수나라를 위협하였다. 전선이 두 곳 이상에서 형성된다면 대단한 부담을 안을 수밖에 없다. 수나라가 철군을 하지 않을 수 없었던 배경에는 고구려와 동맹관계에 있었던 돌궐의 영향도 크게 작용한 결과였다.

3단계 : 북벌과 통일을 목표로 한 전략

▸ **북벌과 통일을 목표로 한 전략**

전략의 중점	전 략
[1] 남만 평정으로 북벌의 여건을 조성한다.	섬멸전략
[2] 북벌은 단기결전으로 진행한다.	섬멸전략

[1] 남만 평정으로 북벌의 여건 조성을 위한 섬멸전략

◇ 내부의 결속과 주변국과의 동맹체결

떠돌이 생활을 하던 유비는 214년에 익주의 유장으로부터 항복을 받아내고 드디어 근거지를 마련할 수 있었다. 마치 '굴러온 돌이 박힌 돌'을 뺀 형국이었다. 유비가 유랑을 하다시피 하면서 결속을 다져온 제갈량과 관우, 장비 등은 언제나 의지할 대상이었다. 유비의 주류세력으로 분류할 수 있다. 반면에 항복한 익주의 토박이 세력이 있었으며, 유장을 따르던 법정, 이엄, 동윤 등의 무리가 있었다. 그러므로 유비의 난제는 깊게 자리 잡고 있는 3개의 파벌을 통합시키는 것이었다. 이것이야말로 유비가 가장 관심을 집중해야 할 과제였다. 익주는 지형이 험준하여 다른 어느 곳보다도 토착세력이 막강한 힘을 발휘하는 지리적인 특성으로 인한 특징을 안고 있었다. 유비는 이들에게 익주를 보호해 줄 능력이 있다는 것과 진정으로 이들을 신뢰하고 인정한다는 것을 보여야 했다. 유비의 한 가지 이점은 황실의 종친이라는 대의명분이었다. 그러나 이것만을 갖고 통치할 수는 없었다. 이러한 문제는 기존 세력과의 이해 다툼 등으로 인해서 쉽게 해결하기 어려운 것이다. 유비는 이를 해결하기 위하여 유장의 신하였던 이엄 등을 중용하였다. 아무리 항복한 권력이라고 하더라도 큰일을 도모하기 위해서는 포용이 필요하였다.

또한 유비는 그의 병이 깊어가기 시작하자 사후의 안정을 위하여 제갈량에게 후사를 맡기고 이엄으로 하여금 보좌하게 하였다. 내부의 혼란이 발생하면 지방의 호족세력을 장악하기 어려워지므로 이들이 분열되지 않도록 미리 제도적 장치를 한 것이다. 충성심이 강하고 지혜로운 제갈량은 이러한 구도를 유지하면서 내부를 결속시켰다. 그렇지만 언제까지나 수세적으로 머물 수는 없었다. 또한 이러한 상황이 장기화되면 내부의 분열이 서서히 나타날 것이며, 이러한 징후가 발생한다면 유비가 없는 이상 이를 제어하기는 곤란하다는 것을 제갈량은 알고 있었다. 그만큼 유비의 위상은 컸으며, 그가 빠진 공백은 단순한 조치로 메꿀 수 없다는 것을 제갈량은 예측하고 있었던 것이다. 이러 상황에서 제갈량이 선택한 것은 북벌이었다. 전쟁을 통하여 더 강해지고 더 단단한 결속이 될 것이라는 확신을 하게 되었다. 또한 선제가 남긴 유언을 실천하는 길이기도 하였으며, 한나라를 승계한 국가로서의 당연한 과업이라는 대의명분도 내세울 수 있었다.

제갈량은 227년에 출사표를 올리면서 북벌의 시작을 알렸다. 그러나 애석하게도 그의 희망은 이루어지지 않았다. 오랜 북벌로 인하여 촉의 국력은 오히려 약화되고 있었다. 제갈량은 북벌을 통하여 안정과 국력신장을 이루고자 했으나 실패한 것이다. 그러나 제갈량은 북벌을 단행하기 위한 준비 면에서는 전략적으로 임하였다. 인접의 오나라와 동맹관계를 맺은 것이다. 만약 오나라와 동맹관계를 맺지 못하면 외교적으로 고립되어 국가의 종말을 가져올 만한 위기였다. 제갈량은 등지를 사신으로 파견하여 손권의 마음을 얻고자 노력하였다. 그 결과 손권도 이에 호응하여 양국의 동맹관계는 복원되었다. 얼마 전까지는 이릉대전을 거치면서 더없는 원수지간 이었다. 더구나 전쟁의 결과는 유비의 사망으로 이어졌다. 그 이전으로 올라가면 관우의 목을 벤 것도 오나라였다. 그러나 국가의 목표를 정한 순간부터는 오나라와의 관계를 재정립할 필요가 있었던 것이다. 제갈량은 오나라와의 동맹을 통하여 위나라를 공동의 단일표적으로 선정하고자 하였다. 2개의 전선 발생 우려를 방지함으로써 전력의 분산을 방지하는 것이 필요하며, 이렇게 되어야 위나라를 향하여 가장 강력한 힘을 분출할 수 있다고 판단한 것이다. 제갈량의 북벌은 주변국과의 동맹을 통하여 상대적 전력의 우위를 달성하여 위나라를 공격하는 것이었으며, 이것이 제갈량의 군사전략이었다.

◇ 남만의 평정

『삼국지』의 후반부는 유비가 죽게 된 이후부터로 보는 것이 일반적이다. 223년 4월에 유비가 죽게 되자 그 뒤를 아들 유선이 이었다. 그즈음에 촉나라는 각지에서 반란이 끊이지 않았다. 그중에서 남만의 맹획이 일으킨 난이 있었다. 제갈량은 유비의 유지를 받들어 통일대업을 위한 계획을 실천하기 위하여 준비를 하면서 이를 평정하여야 했다. 제갈량은 북벌을 위해서는 각지의 난을 평정해야 했으며, 무엇보다도 남만의 난은 시급한 과제였다. 즉, 멀리 떨어진 후방을 안정시켜야 위나라를 정벌할 수 있는 여건이 조성될 수 있었기 때문이다.

남만을 평정한다는 것은 북벌에 전념할 수 있는 전략적인 환경을 조성하는 것이다. 그러나 정벌 후에 또 다시 난이 발생한다면 매우 곤란한 상황으로 전개될 것이다. 북과 남이라는 양개의 전선이 불가피해지므로 이를 사전에 정리할 필요가 시급하였다. 이를 위하여 제갈량은 남만을 정벌하는데 있어 적장 맹획을 생포하고자 하였다. 그가 맹획을 생포하고자 한 것은, 남만 주민의 마음을 얻지 못한 단순한 정벌은 또 다른 난을 불러 올 수 있다는 우려가 있었기 때문이었다. 만약 북벌 중에 변란이 발생한다면 2개의 전선을 맞아야 하는 것이다. 따라서 남만의 지도자인 맹획을 생포하여, 마음에서 우러나는 항복을 받아야 하는 이유가 여기에 있었다. 진정한 항복을 받아 촉나라의 심복으로 삼아야 북벌에 집중할 수 있는 여건이 조성되는 것이었다. 이에 따라 비록 소설속의 허구이지만 '일곱 번 놓아주고 일곱 번 잡았다는 칠종칠금(七縱七擒)'의 고사를 만들어 내기에 이르렀다. 제갈량이 남벌을 하기 위해서는 전쟁의 명분이 필요하였다. 그러던 중에 남만의 만왕 맹획(孟獲)이 군사 10만을 거느리고 촉나라를 침범하는 일이 발생하였다.

맹획의 군세가 강하여 촉나라의 일선 경계를 책임진 자들이 만왕에게 성을 바치고 투항하는 일까지 발생하고 말았다. 이에 제갈량은 친히 군사를 이끌고 정벌 길에 나서겠다며 전쟁을 선포하였다. 전쟁의 명분이 충분한 이상 전략적 환경조성

칠종칠금(七縱七擒)은 제갈량이 맹획을 일곱 번을 생포하고 다시 일곱 번 풀어 주었다는 고사에서 나왔다. 제갈량은 멀리 떨어진 남만에서의 반란을 억제하기 위해서는 믿을 만한 지역통치자가 필요하였다. 적임자는 맹획이었다. 따라서 그를 죽이는 것만이 능사가 아니라고 판단하여 마음으로 항복하기를 기대하고 사로잡을 때마다 풀어 준 것이다. 마침내 맹획은 진심으로 항복하였다. 이 말은 상대방을 자유자재로 다룰 때 쓰인다.

이 필요한 제갈량에게는 기회이기도 하였다. 북벌을 위해서는 후방의 안정이 필요하였으며, 촉나라의 입장에서는 오히려 바라던 바이기도 하였다. 그러나 많은 신하들이 정벌을 반대하였다. 그 이유는 거리가 너무 멀고 산세가 험하며 풍토병의 위험이 크다는 것이었다. 실제로 이러한 장거리 원정은 매우 불리한 환경이다. 갑자기 바뀌는 환경은 수많은 병사들에게 체력적인 소모를 가져오면서 각종 질병에 시달리게 한다.

강력한 전투력을 자랑하였던 몽골군도 1206년에 중국을 침략할 때, 기근과 흑사병이 만연하여 전투를 잠시 중단한 적이 있었다. 나폴레옹과 제2차 세계대전에서의 독일군도 모스크바를 공격하면서 동장군의 기세로 인해 패전의 늪에 빠져버린 전례가 수없이 많이 있다. 그러므로 장거리 원정길에 나서는 것은 실로 심사숙고해야 할 일이다. 그러나 제갈량은 뜻을 굽히지 않고 정벌을 떠나기로 결정하였다. 제갈량에게 남벌은 너무나도 중요한 전략적 포석이었다. 정벌을 감행한 제갈량은 맹획을 7번 잡았으나 주변의 반대 의견을 무릅쓰고 모두 풀어주었다. 그의 진심어린 항복을 받기 위해서였다. 그리고 끝내는 그의 변하지 않을 항복을 받아 내기에 이르렀다. 제갈량의 중간 목표가 이루어진 것이다.

정벌 도중에는 수많은 고초를 겪기도 하였다. 서이하라는 곳에서는 대나무로 만든 뗏목이 물에 가라앉았고, 독룡동에서는 독이 있는 샘물을 마신 군사들이 죽어나가기도 하였다. 그뿐 아니라 도술을 부리는 목록대왕이 나타나서 광풍을 일으키고, 맹수들이 공격하게 만들기도 하였다. 화살과 칼로도 뚫지 못하는 3만의 등갑군을 부리는 오과국왕을 만나기도 하였다. 소설 특유의 과장이 가미되었지만, 제갈량은 이러한 고초를 모두 물리치고 마침내 맹획의 항복을 받아내기에 이르렀다. 이로써 제갈량은 북벌을 위한 준비과정을 마친 셈이었다. 즉, 전선의 이중화를 방지하고자 한 전략목표를 달성한 것이다.

수나라를 멸망시키고 등장한 당나라는 수나라가 고구려를 멸망시키지 못한 원인을 명확히 알고 있었다. 당나라는 그 원인을 주변국에 대한 평정 미완성 상태에서의 전쟁도모로 보았다. 전략의 핵심을 이해하고 있었던 것이다. 당나라는 주변의 돌궐을 비롯한 이민족 세력을 모두 복속시키고 고구려로 칼끝을 향했다. 태종시기에는 고구려 공격에 성공하지 못했다. 그러나 고종에 이르러서는 621년에 신라와의 동맹을 체결하기에 이르렀다. 수나라가 고구려를 공격할 때의 판세와 비교해 보면 정반대의 전략적 환경을 조성한 것이다. 당나라의 고종은 동북아시아에서의 새로운 전략적 질서를 조성하였다.

신라는 당을 중심으로 하고자 하는 동북아시아의 국제질서에 순응하였다. 그 결과 고구려와 백제보다는 당나라와의 관계에서 유리한 위치를 확보할 수 있었다. 전략적 환경이 조성되자 신라는 660년에 당과 연합하여 백제를 멸망시켰다. 그로부터 8년이 지난 668년에는 당과 연합하여 고구려를 멸망시켰다. 수나라와 당나라가 기필코 없애겠다고 한 고구려는 이렇게 멸망하게 되었다. 당나라와 신라는 그동안의 숙원을 이룬 것이다.

동맹국 없는 단독적인 군사행동과 외교전략의 고립은 이처럼 국가적인 위험을 가져온다. 물론 고구려의 멸망은 외교전략의 고립 하나만으로는 설명하기 어려운 측면을 갖고 있다. 무엇보다도 연개소문 사후의 내분을 가볍게 볼 수 없기 때문이다. 그렇지만 역사를 통하여 알 수 있는 것은, 당나라는 신라와 연합하여 섬멸할 제1차 목표인 고구려가 백제와 연합하는 것을 차단하고 각개격파 했다는 것이다.

만두(饅頭)의 유래

만두는 중국의 전통적인 음식이다. 또한 우리나라에서도 평소에 즐겨 먹는 음식 중의 하나이기도 하다. 만두는 제갈량에 의한 남만 정벌에서 유래되었다고 전해지기도 한다. 소설 속에서 등장하는 내용은 다음과 같다.

제갈량이 남만을 정벌하고 복귀하는 과정에서 노수(瀘水, 현재의 금사강)를 건너게 되었다. 그러나 때마침 내린 폭우와 강풍으로 심한 풍랑을 만나게 되어 도저히 강을 건너기 어려웠다. 이에 제갈량은 주변에 거주하는 백성을 불러 강에 대한 정보를 파악하고자 하였다. 그들이 말하기를, "우리 풍습에는 사람 49명과 검은 소, 흰 양의 머리를 강에 제물로 바친다. 그러면 풍랑이 잠잠해 져서 무사히 강을 건널 수 있다."라는 말을 들은 제갈량은 고민에 빠졌다. 무엇보다도 사람을 죽여 제물로 삼아야 한다는 것이 수용하기 곤란한 문제였다. 그렇지만 제갈량은 그의 명성답게 묘안을 짜냈다. "죄 없는 사람을 죽여서 제물로 삼는다는 것은 대단히 잘못된 풍습이다. 밀가루로 사람의 머리처럼 반죽하여 그 속에 고기를 넣어 제사를 지낼 준비를 하라." 제갈량은 사람의 머리와 비슷하게 밀가루 반죽을 하여 그 안에 고기를 넣어 마치 사람으로 제물을 만든 것처럼 한 것이다. 제사를 지내자 풍랑이 잠잠해졌으며, 군사들은 무사하게 강을 건너게 되었다. 만두의 한자어도 처음에는 '남만인의 머리'를 뜻하는 만두(蠻頭)'였는데, '만두(饅頭)'로 바뀌었다고 한다. 만(饅)에는 '속이다'의 뜻도 있다. 따라서 만두는 '사람의 머리처럼 속인 음식'이라는 뜻을 갖고 있는 것이다. 또한 미개한 남만인을 교화시켰다는 중화의식도 작용하고 있는 듯하다.

만두의 기원을 제갈량과 연계시키기에는 무리가 있다. 정사에서는 윈난성(雲南省) 지역에 있던 부족이 반란을 일으켜 225년에 제갈량이 정벌에 나섰다는 기록이 있을 뿐이다. 이를 보면 정벌에 나선 것은 의심의 여지가 없지만 만두에 대한 이야기가 정사에는 등장하지 않는 것을 보면 소설의 허구로 보면 될 것이다. 제갈량의 뛰어난 재능과 신비감을 더하기 위한 소재에 불과하였다고 보면 될 것이다. 그렇지만 중국은 소설의 내용을 인용하면서, 만두를 자신들이 만든 고유의 음식이라고 주장할 가능성은 충분하다. 어느 민족이든지 자신들의 문화에 대해 자긍심을 갖고자 하는 것은 당연하다. 중국 역시 최근 들어 문화강국정책을 추진하고 있다. 이러한 정책의 영향을 받아서인지 이제는 김치마저도 그들의 고유음식이라고 주장하고 있다. 너무 지나치면 부족한만 못하다는 경구가 떠오른다.

[2] 단기결전을 북벌의 목표로 한 섬멸전략

『삼국지』에서는 촉나라를 정통으로 보면서 유비를 주인공으로 보고 있다. 그렇다면 주인공 유비가 다스리던 촉나라는 왜 가장 일찍 멸망하였는가? 한번쯤 의문을 갖게 하는 대목이다. 가장 큰 이유는 무리한 전쟁으로 인한 폐해였다. 전쟁의 위험에 대해서는 『손자병법』의 첫머리에서도 경고하였음을 전쟁을 개관하면서 살펴보았다. 손자는 전쟁에 대한 냉철한 현상이해와 통찰을 통하여 전쟁수행의 위험성을 말하였다. 전쟁은 아무리 승리로 종결하였다 하더라도 그 피해는 불가피한 것이다. 그래서 손자는 싸우지 않고 이기는 방법을 최선이라 하였음을 앞에서 알아보았다. 손자는 전쟁의 폐해에 대하여 깊은 통찰을 하고 있었다. 때문에 그는 이를 최소화하는 것이 으뜸이라는 결론에 도달하여 '싸우지 않고 이기는 것이 최선'이라고 한 것이다. 그런데 촉나라는 무려 7년에 걸쳐 5번의 북벌을 단행하였다. 이처럼 잦은 전쟁에서 모두 이긴다 하여도 국력의 소모는 엄청난 것인데, 매번 발길을 되돌려야만 했던 촉나라는 내상과 외상이 모두 깊었다. 그 결과 급속한 쇠락을 가져올 수밖에 없었던 것이다.

그렇다면 제갈량은 왜 무모한 북벌을 단행하였을까? 한나라를 멸망시킨 위나라를 정벌하겠다는 국가발전을 위해서는 촉나라가 처한 지리적 한계를 극복해야 한다는 국가전략과 대의명분이 있었다. 촉나라의 위치는 매우 열악하였다. 대륙을 통일하기 위해서는 울안에서 벗어나지 않으면 안 된다는 지리적인 영향이 크게 영향을 미쳤을 것이다. 촉나라는 험준한 산악지대에 위치하여 성장에는 한계가 있었다. 그러므로 위나라를 굴복시켜 국가의 발전토대를 구축하고자 한 대전략에서 비롯되었다고 볼 수 있다. 다음으로는 대의명분이었다. 촉나라는 한나라를 부흥시키겠다는 구호를 내세웠다. 이후에 위나라의 조조에 의해 한나라가 멸망에 이르자, 위나라를 응징하고 촉나라가 한나라를 계승해야 한다는 북벌론이 등장하였다. 또 하나의 이유를 내부에서 찾자면 내적 결속력 유지였다. 이것은 유비 사후에 자칫 침체될 수 있는 국가적 분위기와 내분의 위험을 전쟁을 통하여 결속시키고자 한 것이다. 이를 실질적인 총책임자인 제갈량이 기획하여 추진하였다. 이것은 국가차원의 대전략으로 이해하면 될 것이다. 이것이 북벌계획이며 이때 그 유명한 제갈량의 출사표가 등장한다. 그러나 순조롭게 보였던 첫 번째의 북벌은 가정전투에서 무참히 무산되었다.

여기에는 전술적인 식견이 노련한 위나라의 장합이라는 인물이 있었다. 전술적인 식견이 상대국의 전략을 뒤흔든 결과로 나타났다. 어쨌든 제갈량은 전쟁의 패배를 인정하지 않을 수 없었다. 전쟁의 폐해에 대해서는 일찍이 손자가 설파한바 있었다. 부득이 하게 하려거든 단기결전의 전략이어야 한다는 것이다. 그러나 제갈량은 제1차 북벌 실패 후에 연이어 재북벌을 단행하였다. 좀 더 충분한 기간과 준비를 두고 전쟁을 진행하는 것이 일반적이고 합리적인 시각일 것이지만 온 국력을 계속하여 소진하였다. 이 부분은 『삼국지』에서 최고의 책략가로 묘사된 제갈량의 능력을 고려해 보면 선뜻 이해되지 않는 부분이다.

『삼국지』에서는 자세하게 묘사되지는 않았지만 제갈량은 제1차 북벌로 전쟁을 종결시킬 계산을 하였을 것이다. 이러한 추론은 그가 가정전투의 책임을 물어 마속의 목을 베고 제갈량 스스로 자신의 직급을 강등시킨 것만 보아도 짐작된다. 대단히 크게 충격을 받았다는 것과 가정전투가 전략의 줄기를 끊었다는 것을 의미한다. 가정전투를 원활히 진행하여 촉군이 위나라의 증원을 차단했다면 위나라를 완전히 멸망시키지는 못했다 하더라도 소기의 성과를 달성했을 것이다. 그러나 완전한 실패로 제1차 북벌이 끝나자 제갈량의 흉중은 어떠했겠는가? 그에 대한 실망감은 그가 총애하던 마속의 목을 베는 것과 자신의 강등으로 나타났다.

이러한 원인은 제갈량 개인이 자초한 문제이기도 하다. 그는 뛰어난 인재임에는 틀림없었으나 자신의 뒤를 이를 우수한 인력풀을 미리부터 만들지는 못하였다. 그 결과 본인이 모든 일을 하지 않으면 안 되는 상황으로 국정이 운영되었다. 통일이라는 대업을 이어받을 후계자가 없었던 것이다. 그는 그의 사후에는 영원히 통일을 이루지 못할 것이라고 예견한 듯하다. 그렇지만 천하는 통일되었다. 비록 촉나라 주도의 통일이 아니었지만 통일은 이루어졌다. 촉나라의 종합적인 상황은 제갈량의 조급함을 촉진시키고 있었다. 이러한 것이 종합되어 그는 무리한 북벌을 반복하여 단행하였고 그의 생명까지도 단축시켰다. 촉나라는 위나라의 국력과는 비교가 되지 않았다. 이러한 국력으로 연이은 전쟁을 벌였다는 것은 아무리 대의명분이 뚜렷하여도 한계를 노출하기 마련이다. 전력이 열세한 상태에서 상대국과 전면전을 벌인다는 것은 대단히 위험한 상황을 스스로 만드는 것이다.

제갈량의 출사표(出師表)

출사표는 촉한의 유비가 위나라 땅을 정벌하지 못하고 죽으면서 "반드시 위나라를 정벌하여 한나라를 부흥시켜야 한다"는 유언에서 시작하였다. 제갈량은 227년(건흥 5년) 출병에 앞서 촉한의 제2대 황제인 유선에게 글을 바치는데 이를 출사표라고 부르게 되었다. 예로부터 '출사표를 읽고 눈물을 흘리지 않는 이는 충신이 아니다'고 할 정도였다. 출사표는 단순한 내용인데 크게 보면 3부분으로 볼 수 있다.

첫째는 북벌의 당위성을 말하였다. 제갈량은, 선제 유비가 한실의 부흥을 위해 노력했다고 하면서 위나라를 멸해야 된다는 명분을 말하였다. 둘째는 제갈량 자신이 전장터에 나가 있는 사이, 유선이 유능한 신하들의 의견을 경청하고 이들을 믿고 의지해 줄것을 당부하였다. 그리고 신하들 모두는 선제로부터 은혜를 입었음을 명심하고 더욱 충실히 유선을 보필할 것을 요청하였다. 유선에게 올리는 간곡한 신하의 충심을 담고 있으며, 신하들에게는 충성을 다할 것을 말하고 있다. 셋째는 자신이 선제로부터 입은 은혜를 말하였다. 삼고초려를 언급하는 이 대목은 출사표의 백미라고 평가하기도 한다.

그렇다면 단순한 내용의 출사표가 명문장이라는 평가를 받으며 후세에까지 회자되는 이유는 무엇일까? 그 이유는 제갈량의 인생에서 찾아야 할 것이다. 말이란 모름지기 그 말을 한 사람의 인생여정과 일치할 때 빛이 난다. 특히 사람의 심금을 울리는 말일수록 더한 것이다. 만약 제갈량이 재임하면서 부정축재 등을 하는 등 권력과 재물을 탐하였다면, 명문장이라는 평가는 따르기 힘들었을 것이다.

제갈량은 촉나라가 위기에 처해있을 때는 이를 극복하기 위하여 내부를 단속하고 밖으로는 외교술을 발휘하여 안정을 도모하였다. 대표적인 것이 이릉대전에 패하고 난 후의 일이다. 그는 후일을 도모하고자 부국에 내실을 기했다. 정의롭게 법률을 집행하였으며 어떠한 이해관계에도 관련이 없었다. 이것은 그의 인품과 공직자의 올바른 처신을 말해 주고 있다. 그러니 그가 쓴 출사표가 가치가 있는 것이다.

또 하나는, 비록 위나라에 비하여 국력은 약했지만, 그가 출병을 건의한 시점이 국제정세를 명확하게 통찰한 결과였다는 것이다. 당시의 위나라는 조조가 죽고 그의 아들 조예가 권좌를 이어받았다. 위나라는 모든 면에서 안정되지 못한 시점이었다. 위나라가 안정되기 전에 북벌을 성공시키고자 한 고뇌가 있었으며, 이를 정확하게 간파한 것이다. 그러나 마속이 주도한 가정전투에서의 패배는 북벌의 실패를 예고하였다. 아쉬운 것은 이후의 북벌을 좀 더 시간을 두고 신중하게 계획하지 않았다는 것이다. 그는 아마 그를 대체할 인물이 없었음을 가장 두려워하여 생전에 북벌을 마무리하고자 하는 마음이 앞섰을 것이다.

7. 잠룡(潛龍)들의 생존과 승천을 위한 전략

지금까지는 국가 차원의 전략에 대하여 살펴보았다. 전략은 앞에서 언급했듯이 다양한 분야에서 사용되고 있다. 미래의 목표를 정하고 이에 도달하기 위한 발전적 토대를 구축하기 위하여 전략수립이 필요하다. 이것은 비단 국가 또는 조직에서만 적용되는 것은 아니다. 개인에게도 생존과 성공을 위하여 필요한 개념으로 보아야 할 것이다. 『삼국지』에 등장하는 주요인물들은 각자의 생존을 위해 몸을 최대한 낮추고 때를 기다리는 전략을 실천해 왔다. 충분한 힘을 비축하기 전에는 결코 경거망동하는 법이 없었다. 앞에 나서기 보다는 힘을 기르는데 집중했으며 본인의 야망도 결코 드러내지 않았다. 이러한 처신은 국가 차원에서도 발견할 수 있다. 중국의 등소평은 거대한 대륙의 위상에 걸맞게 경제를 발전시키고자 하였다. 이때 그가 내세운 외교노선에 '도광양회'라는 말이 등장하였다. '존재를 드러내지 않고(몸을 낮추고) 힘을 기른다'는 의미이다. 이러한 처세 방법이 삼국의 영웅들이 생존경쟁을 벌이던 시절에도 나타나는 것을 보면, 유구한 역사를 갖고 있음을 알 수 있다. 『삼국지』에서 최대한 몸을 낮추며 시기를 저울질했던 주요인물들의 모습에서 현대의 중국 지도자의 모습을 오버랩하여 반추해 볼 수 있는 대목이다.

사마의의 생존을 위한 전략

사마의와 제갈량은 『삼국지』에서 맞수 중의 맞수로 묘사되고 있다. 이들이 벌이는 불꽃 튀는 지략의 대결은 재미를 더하는 요인이 되어 왔다. 두 지략가는 비슷한 연령대였다. 굳이 연령을 비교해 보면 사마의(179 ~ 251)가 제갈량(181 ~ 234)보다 두 살 위였다. 제갈량과 사마의 둘 중에 하나가 없었다면 보다 쉽게 한쪽을 멸망으로 이끌었을 것이다. 그렇지만 『삼국지』의 재미는 분명히 반감하였을 것이다. 비슷한 연령대의 둘은 운명적으로 전장에서 잦은 조우를 하게 되면서, 그들이 벌이는 지략에 감탄과 탄성을 자아내게 한다. 제갈량은 뛰어난 지혜와 충절로 후세의 사람들에게 각인되어 있다. 그의 정성을 다한 기도는 동남풍을 만들어 내면서 신격화되는 이미지를 만들기도 하였다. 그렇지만 이것은 앞에서도 언급한 바와 같이 오랜 기간 적벽에서 발생했던 자연현상으로 보

» 사마의(179년~251년)

『삼국지』 최종 승자는 사마의라고 할 수 있다. 그는 지는듯 했지만 항상 이겼다. 전투에서는 패배 했지만 전쟁은 승리로 이끌었다. 모든 일에 신중에 신중을 기한 사마의는 소심하다는 비아냥을 받기도 했지만 항상 이기는 싸움을 한 진정한 승자였다.

아야 할 것이다. 제갈량은 세심한 관찰을 통하여 이를 알아냈거나, 현지인으로부터 이러한 사실을 들었을 것이다. 중요한 것은, 범인들은 무심코 지나칠 자연현상을 놓치지 않았다는 것이다. 또한 절묘한 지혜를 동원하여 하룻밤에 수 만개의 화살을 간단하게 만들어 내기도 하였다. 연환계를 이용한 적벽대전에서의 화공, 빠져들면 나갈 수 없는 팔괘진을 펼쳐 육손의 추격을 물리치는 능력 등은 수많은 스토리를 만들면서, 그의 능력은 신기(神技)에 가깝다는 찬사를 불러일으켰다. 물론 흥미를 위한 가공된 부분이 많이 있지만 당대 최고의 지략을 가졌음을 인정해야 할 것이다. 그렇지만 도전장을 내밀 상대는 하늘 아래 항상 존재하는 법이다.

제갈량에 못지 않은 인물이 위나라의 사마의다. 그의 비범함에 대하여 후한 말의 정치가인 최염은 이렇게 평가한 바 있다. '총량명윤(總亮明允), 강단영특(剛斷英特)'이다. 즉, 총(지혜), 양(성실), 명(고명), 윤(공정), 강(굳건), 단(결단), 영(탁월), 특(독특)하다는 평가였다. 이러한 유능한 인물을 조조가 모를 리 없었다. 조조는 사람을 보내 그를 등용하고자 하는 뜻을 전했으나 병을 핑계로 이에 응하지 않았다. 이후에 그는 조조의 계속되는 부름에 응하기는 하였지만 능력을 최대한 감추며 근신하였다. 그는 조조의 인재 운영 철학을 명확하게 알고 있었다. 조조는 인재를 중용하지만, 본인의 권위를 위협받을 정도의 뛰어난 사람은 반드시 적절한 시점에 죽인다는 것을 알고 있었다. 이것까지를 통찰하고 있는 사마의는 자신의 명을 재촉하기는 싫었다. 토사구팽(兎死狗烹)의 주인공이 되기는 싫었던 것이다. 그러나 조조도 사람을 보는 안목만큼은 출중한 사람이었다. 조조 역시 사마의가 위험한 인물이라는 것을 한눈에 간파하였다. 따라서 조조는 그의 아들들에게 사마의를 조심하라는 말을 남기고 죽음을 맞았다. 조조 역시 그의 후손들이 대를 이어 위나라를 더욱 번성시키면서 천하를 통일하기를 바라고 있었다. 그러나 그의 희망은 뜻대로 되지 않았다. 후대에 이르러 그의 후손은 사마의의 후손에게 나라를 바치는 운명을 맞고야 말았다. 어찌 되었든 조조의 사람을 살펴보는 능력은 출중했음은 분명한 것 같다.

사마의의 비범한 능력은 그가 아무리 감추고자 하였지만, 그 본질마저 덮어질 수는 없었던 듯하다. 사마의는 그의 출중한 능력이 알려지면 목숨이 위태롭게 된다는 것을 알고 자세를 낮추고 좀처럼 두각을 나타내려는 법이 없었다. 그러나 그가 몸을 아무리 낮추어도, 그의 비범함은 소문에 소문을 더하고 있었다. 마치 주머니 속에 감추어 둔 송곳과 같았다. 이를 제갈량도 모를 리가 없었다. 제갈량은 북벌을 성공하기 위해서는 사마의를 제거해야만 가능함을 알고 있었다. 위나라의 가장 경계할 대상으로 사마의를 꼽고 있었던 것이다. 따라서 제갈량은 모략을 꾸미게 되었다. 그 모략은 그가 아끼던 마속에게 나온 것이다. 그것은 사마의가 반역을 도모하고 있다는 소문을 내자는 것이었다. 조조의 손자 황제 조예는 이러한 소문을 듣게 되자 신하들을 소집하였다. 신하들은 일제히 그럴 만한 가능성이 있을 것이라며 사마의를 일제히 공격하였다. 이러한 장면은 예나 지금이나 비슷한 것 같다. 능력있는 사람을 깎아 내리는 것은 조직의 구성원간에 흔히 나타나는 현상이기도 하다. 결국 사마의는 누구 하나 도와주려는 사람이 없는 상태에서 병권을 박탈당하고 쫓겨나게 되었다. 위나라의 신하들은 사마의가 출세가도를 달리는 것을 원하지 않았다. 그의 앞길을 막고자 했던 것이다. 그러나 사마의는 낙담하지 않았다. 그는 기회를 기다리며 조용히 자신의 수양을 위해 노력할 뿐이었다. 그러던 그에게 다시 기회가 찾아왔다.

촉나라가 위나라를 향하여 공격을 시작한 것이다. 이른바 제갈량의 출사표에 의한 북벌이었다. 위나라는, 제갈량이 이끄는 촉군이 총공세를 가하자 난국을 타개할 인물을 찾게 되었다. 당연히 조정의 신하들은 제갈량을 깨트릴 능력있는 적임자로 사마의를 지목하였다. 사마의가 긍정적으로 평가받는 부분은, 그는 추락하면서도 언제나 재기했다는 것이다. 그만큼 강한 생명력을 갖고 있었다는 것인데, 근원은 누구도 넘볼 수 없는 탄탄한 실력에 있었다. 그는 잡초와 같은 생명력을 갖고 있었으며, 이를 물려받은 그의 후손에 의해 마침내 삼국통일의 대업은 이루어졌다. 사마의는 숱한 모함과 수모, 견제 속에서 살아남은 인물로 평가받는다. 사마의는 기다림을 달관한 인물로 묘사되어 있다. 그는 항상 때를 기다리며 결코 날 선 그의 재능을 드러내지 않았으며 전투에서는 언제나 신중하였다. 그러한 면은 유비와 닮았다. 사마의는 제갈량과의 전투를 통하여 병법에서는 제갈량이 자신보다 확실히 한 수 앞선다는 것을 인정하였다. 그는 상대를 시기하고 무시하려 하지 않고 자신의 부족함을 인정하였다. 즉, 몸을 낮추고 시기를 포착하려 하였다. 그러므로 그는 결코 서두르지 않고 기다리는 여유를 갖고 있었다. 사마의가 보인 기다림은 제갈량의 죽음이었다. 자칫 황당해 보이는 기다림이었다. 그렇지만 제갈량은 사마의의 예측대로 그리 오랜 시간을 보내지 못하고 죽음을 맞이하였다. 위나라를 공격하여 전쟁을 한창 수행 중인 시기였다. 제갈량은 오장원에서 죽게 되는데, 사마의는 이를 예견하고 있었다. 그 내막을 보면 이러한 일이 있었다.

제갈량은 북벌을 완성하기 위하여 촉병을 이끌고 오장원(五丈原)에 주둔하고 있었다. 사마의는 제갈량과의 결전을 피하면서 기회를 보고만 있었다. 사마의는 좀처럼 싸우지 않으려 했다. 그러자 제갈량은 사마의를 끌어내기 위하여 어느 날 사자(使者)를 보냈는데, 이때 사마의를 분개하게 만들어 싸움터로 유인하기 위한 선물을 준비하였다. 선물은 부인용으로 쓰는 머리장식과 여자의 의복이었다. 이를 본 사마의는 심히 화가 났지만 이를 전혀 내색하지 않았다. 제갈량의 저의를 알고 있었기 때문이다. 장수로서의 기개와 전의가 없다는 의미로 제갈량은 이러한 선물을 보낸 것이다. 사마의는 이때 사자에게 엉뚱한 질문을 던졌다. "요즘 승상께서는 음식을 잘 드시는지요?" 질문의 의도를 깊게 헤아리지 못한 사자는 있는 사실 그대로를 대답하였다. "아닙니다. 많이 하시지를 못하십니다. 양을 아주 적게 해서 드십니다." 그러자 사마의는 다시 또 묻는다. "업무가 무척 많고 바쁘실 텐데요?" 사자가 대답하기를 "승상은 아침에 일찍 일어나고 밤에는 늦게까지 업무에 집중하십니다. 크고 작은 일까지 모두 챙기시느라 무척 바쁘십니다." 사자가 돌아가자 사마의는 안심의 미소를 지으며 부하들에게 말하였다. "이제 제갈량의 수명은 얼마 남지 않은 듯하다. 할 일이 많아 밤 늦게까지 업무를 보면서도 식사를 많이 못한다니 당연한 것 아닌가? 이제 승리는 우리에게 기울 것이다." 사마의를 떠 보기 위해 사자를 보낸 제갈량이 어이없게도 자신의 비밀을 노출하고 만 셈이다. 사마의는 그가 상대할 적장에 대하여 주도면밀하게 정보를 수집하고 있었다. 그의 치밀함은 사소한 징후도 흘려보내지 않았다. 그 결과 아주 사소한 징후를 포착하여 미래를 예측하는 능력을 보였던 것이다.

사마의는 그의 예측이 실현되는데는 그리 오랜 세월이 필요하지 않음을 직감하고 있었다. 사마의는 시간이 흐를수록 전황은 자신에게 유리하다는 확신을 갖고 기다리고 기다렸다. 그러나 주변의 장수들은, 사마의가 겁이 많아 싸움을 피하고 있다며 불평불만을 늘어놓기 시작하였다. 사자가 돌아오자 제갈량은 사자에게 사마의가 무슨 말을 하였는지 물었다. 사자의 말을 들은 제갈량은 깊게 탄식하였다. 제갈량은 사자의 말을 듣고 사마의의 치밀함과 기회를 기다릴 줄 아는 출중한 전략가임을 절감하였다. 이 당시에 제갈량은 계속되는 과로로 인하여 몹시 피로하였으며 각혈을 하기도 하였다. 건강 상태가 이상을 넘어 문제가 이미 있었던 것이다. 어느 날 제갈량이 죽었다는 소식을 세작(細作)을 통하여 전해 들었다. 제갈량이 죽고 없는 촉군은 안전한 철수만이 최고의 전략이었다. 반면 사마의는 촉을 멸망시킬 시기가 도래하고 있음을 직감하면서 공세의 고삐를 더욱 바짝 당기게 되었다. 오장원에서 사마의는 나라를 지켜낸 공로로 두터운 신임을 받을 수 있는 초석을 깔았다. 사마의의 출중함은 이처럼 사소한 부분에서 실마리를 찾아 전략을 구상할 줄 아는 것이었다. 무엇보다도 뛰어난 것은 신념을 갖고 기다릴 줄 알았다는 것이다. 그는 뛰어난 전략가이기에 앞서 움직일 때까지는 엎드릴 줄 아는 사람이었다. 이후에 사마의는 요동에서 공손연이 연왕을 사칭하며 반란을 일으키자 이를 평정하였다. 이로써 그의 위상은 더욱 높아졌다.

사마의는 때가 되었다고 생각할 때까지는 결코 그의 재능을 보이지 않기 위해 노력하였다. 그 과정이 실로 눈물겹다고 보아도 될 정도이다. 그는 재능을 감추기 위해 주도면밀한 행동을 했을 뿐 아니라 위기에 처했다고 판단되면 상대가 방심하도록 눈물겨운 연기를 하기도 하였다. 재기한 그에게 또 한번의 위기가 찾아왔다. 황제 조예가 술과 여색으로 서른여섯에 요절하자, 태자 조방이 승계하였다. 조정은 새로운 실력자 사마의와 황실의 친위세력인 조상의 대립으로 구도가 잡혔다. 조상은 대장군이었으며, 사마의와 함께 실력자의 자리를 굳히고 있었다. 끊임없는 권력투쟁 끝에 조상이 승리하자 사마의는 병권을 다시 상실하였다. 사마의는 몸을 보전해야 할 때임을 직감하고 벼슬을 버리고 다시 낙향하였다. 그러나 조상은 항상 그의 근황을 예의 주시하고 있었다. 언제 다시 일어설지 모르는 사마의에 대한 두려움이 컸기 때문이다. 사마의가 사라진 조정을 좌지우지하고 인물은 조상이었다. 그러나 그는 사마의에 대한 존재 자체가 부담스러워 어느 날 사자를 시켜 그의 일거수일투족을 알아보게 하였다.

조상이 보낸 사자가 방문하자, 사마의는 즉시 그 의도를 간파하였다. 사마의는 머리를 풀어헤친 채 병색이 깃든 모습으로 부축을 받으며 사자를 맞았다. 사마의는 사자와의 대화를 함에 있어서도 동문서답으로 일관하면서 귀까지 어두운 모습을 보였다. 돌아간 사자는 이를 조상에게 상세히 보고하였다. 조상은, 사마의가 곧 죽거나 그렇지 않더라도 판단력이 상실되어 아무 일도 도모할 수 없는 늙은이로 간주하였다. 조상은 그것이 사마의가 노리는 노림수라는 것을 모르고 있었다. 드디어 사마의가 노리던 때가 찾아왔다.

어느 날 실권자 조상이 황제를 모시고 사냥을 떠났다는 소식이 들려왔다. 이제야 궁궐을 칠 절호의 기회가 찾아온 것이다. 그는 전광석화와 같이 두 아들과 심복 장수들을 동원하여 궁궐을 기습하여 가볍게 점령하였다. 쿠데타를 성공시킨 것이었다. 그로써 권력은 다시 사마의에게 돌아왔다. 이제 황제는 실권 없는 존재였다. 황제는 사마의에게 구석(九錫)의 특전까지 내렸다. 그뿐만이 아니라 두 아들 사마사, 사마소는 실권을 쥐게 되었다. 그는 기다림의 처세를 바탕으로 진나라의 터전을 이룬 것이다.

적국의 유능한 인재를 관직에서 쫓겨나게 만들고자 하는 것은 비단『삼국지』에서만 존재하는 것은 아니다. 우리나라에서도 임진왜란 당시에 왜국의 간계에 의하여 이순신이 파직당하는 일이 발생하였다. 왜국은 조선 땅 대부분을 점령했으나 해상에서만큼은 사정이 여의치 않았다. 해상에서의 자유로운 기동이 보장되어야 보급로를 확보할 수 있었으나 이순신에 의해 번번이 좌절되었다. 그들은 무슨 수를 써서라도 이순신을 제거해야 했다. 해상 보급로만 확보한다면 완전한 정복을 이룰 수 있었다. 해상보급로 확보는 이순신 제거를 통해서만 가능하였다. 따라서 이순신을 제거하기 위한 치밀한 계획을 세워 거짓 정보를 흘렸으며, 선조는 이것을 덥석 물었다. 정유재란이 일어나기 전이었다. 왜군이 흘린 거짓 첩보는 왜군이 부산으로 상륙한다는 것이었다. 1597년 왜군의 세작은 경상우도 병마절도사 김응서에게 가등청정이 모월 모일 모시경에 이동할 것이라는 거짓 정보를 제공하였다. 이를 들은 선조는 이순신에게 출전 명령을 내렸다. 그러나 이순신은 그 정보가 속임수라고 판단해 따르지 않았다. 이로 인해 이순신은 겨우 목숨을 부지한 채 파직당하고 말았다. 그 후 이순신은 백의종군의 길을 걷게 되었다. 이순신 없는 조선 수군은 이빨 빠진 호랑이에 불과하였다. 왜군은 이를 노린 것이었다. 그 결과 불패의 신화를 간직한 조선수군은 대패를 당하는 결과로 이어졌다. 이순신의 뒤를 이어 삼도수군통제사가 된 원균은 칠천량에서 궤멸에 가까운 패전을 기록하였다. 조선수군의 유일한 패전이자 재기 불능에 가까운 패전이었다. 결정권자는 소문의 진원지를 면밀하게 살펴야 한다.

유비의 생존을 위한 전략

유비는 여포에게 쫓겨 조조에게 의탁했던 시절에 본심을 감추기 위해 후원의 채소밭을 돌보면서 야망이 없음을 보이려고 애썼다. 어느 날 조조는 유비를 불러 만찬을 베풀면서 그의 진심을 알기 위해 천하의 영웅론을 꺼냈다. 조조는 유비에게 물었다. "유황숙

》 조조가 유비에게 천하의 영웅론을 말하는 장면

출처 : KBS 2TV, 「신 삼국지」에서 캡처

께서는 큰 뜻을 품고 군사를 일으킨 후 천하를 돌아보면서 수많은 인물을 보아왔을 것이오. 그렇다면 그 많은 인물들 중에서 누가 천하의 영웅으로 보였소?" 유비는 순간 긴장되지 않을 수 없었다. 조조에게 자신의 본심을 들킨 것이 아닌가 싶었기 때문이다. 유비는 대답하기를, "명문가 출신의 하북의 원소, 회남의 원술과 강동의 손책 등이라고 생각합니다." 그러자 조조는 말하였다. "아닙니다. 그들은 영웅이라고 할 수 없습니다. 영웅이라면 위대한 뜻을 가슴에 가득 품어야 하고 또한 지략이 있어야 함은 물론이고 솟구치는 기상이 있어야 하는데, 그들은 그렇지 않소." 그러자 유비는 "그렇다면 누가 천하의 영웅이라고 생각하십니까?"이 말을 듣고 조조는 기다렸다는 듯이 유비를 가리키며 말하였다. "천하의 영웅은 제 앞에 있는 유황숙과 나 조조 두 사람뿐입니다." 유비는 이 말을 듣자 조조에게 본심을 들켰다고 생각하였다. 그 찰나 갑자기 하늘에서 천둥소리가 울렸다. 유비는 그 짧은 시간을 놓치지 않고 들고 있던 젓가락을 바닥에 떨어뜨렸다. 그러자 조조가 다시 물었다. "왜 그러시오?" 유비는, "천둥소리가 어찌나 큰지 깜짝 놀란 것입니다."라고 대답하였다. 조조는 그 말을 듣고 고개를 갸우뚱하지 않을 수 없었다. 그는 유비가 큰 인물이라고 생각하였는데 천둥소리에도 놀라는 모습을 본 것이다. 그 후로 조조는 유비를 겁쟁이로 생각하였다. 조조는 유비를 경계하지 않아도 될 인물로 판단하였다. 당시에 유비는 조조에게 의탁한 상태였다. 그러므로 그의 말 한마디에 유비의 목숨은 결정될 수도 있는 처지였다. 어찌 조조와 대등함을 보일 수 있었겠는가. 유비는 조조의 환심을 사는 것에서 그치지 않고, 그의 경계심마저 무너뜨렸다. 조조는 유비의 철저한 연극에 속아 그에 대한 의심을 거두었다. 만약 조조가 유비의 인물됨을 알았다면, 그는 후환을 없애고자 했을 것이다. 그 후 유비는 힘을 길러 조조와 대적할 능력을 갖추기에 이르렀다.

도광양회와 대륙굴기

유비가 힘이 없는 상태에서 생명을 부지하기 위해서는 상대방을 안심시키는 것이 무엇보다도 시급하였다. 따라서 그는 채소나 기르면서 소일하는 행동을 천연덕스럽게 하였던 것이다. 또한 천둥소리에도 크게 놀라는 척하면서 젓가락을 떨어뜨리는 여린 모습을 보였다. 이러한 모습을 직접 목격한 조조는 일순간에 그에 대한 의심과 두려움을 버리게 되었다. 마음 좋은 일개 서생을 굳이 해칠 생각은 없었다. 그렇게 하는 것이 이미지 관리에도 유리하다고 생각한 것이다. 조조는 이미 여백사를 죽이고, 서주성을 점령하면서 많은 백성들을 죽음으로 몰아넣어 잔혹한 이미지를 갖고 있었다. 그러한 그가 후덕한 이미지를 갖고 있는 유비를 죽이는 것은 크게 손해 보는 일이었다. 더구나 야망이 없는 겁쟁이 유비를 죽인다면 인간적인 큰 실수를 하는 것이다.

사마의도 자신의 능력을 스스로 알고 있었으나 결코 나서는 경우가 없었다. 사마의는 조조의 성정을 꿰뚫고 있었으므로 재능을 숨기며 근신하는 태도의 생활을 하였다. 중용되어서도 결코 나서는 법이 없었다. 이러한 그의 태도는 제갈량과 전쟁을 치르면서도 여전하였다. 지나친 신중함으로 전쟁을 지도하고자 하였으므로 주위에서는 비웃는 자들이 많았다. 그러나 그는 개의치 않았다. 자신의 페이스에서 벗어나지 않았다. 때문에 그는 제갈량을 이기지는 못했지만 지지도 않았다. 시간이 흐르자 그는 마지막 승자로 남았다. 이러한 그의 처세에 힘입어 사마의의 후손들은 최후의 승자로 기록되었다. 그는 이를 위한 초석을 마련한 인물이다. 이같은 그의 처신을 보고 도광양회(韜光養晦)라는 고사성어를 탄생시키기도 하였다. 사마의의 도광양회로 힘을 기른 그의 후손들은 대륙굴기(大陸崛起)를 실현하였다. 현대의 중국과 맞아떨어지는 구석이 있다.

등소평은 개방정책을 추진하면서 몸을 크게 낮추었다. 힘을 기르기까지는 겪어야 할 처신이었다. 현재의 시진핑은 대륙굴기를 내세우고 있다. 중국이 미국을 뛰어 넘어 대륙굴기를 실현할지는 두고 볼 일이다. 도광양회와 대륙굴기는 중국인의 기질을 반영한 말로 볼 수 있다. 직역하자면 '도광(韜光)은 빛을 감춘다는 말이며, 양회(養晦)는 어둠

» 중국의 첫 번째 중외합자기업에서 1980년대에 자동차를 생산하는 장면

등소평 시절의 중국은 미국 등 서방선진국과의 관계개선을 도모하기 위해 도광양회전략으로 몸을 한껏 낮추고 있었다. 1978년에 개혁개방을 선포하면서 '쥐만 잘 잡는다면 검은 고양이, 흰 고양이를 가릴 필요가 없다'는 '흑묘백묘론'을 주장하며 중국의 경제발전을 주도하였다. 중국의 경제는 눈에 띄게 발전하였으며, 1985년 10월에는 '상하이 산타나' 승용차 프로젝트에 의해 중국과 독일이 합작하여 자동차를 생산하기 시작하였다. 현재의 중국은 경제력을 바탕으로 군사력까지 증강하면서 패권국의 지위까지 넘보고 있다.

속에서 남몰래 힘을 기른다'의 뜻이다. 이 말은 사마의가 행한 처세에서 유래하였다. 이것은 개인의 인생 처세뿐 아니라 국가 차원의 전략을 나타내는 말이기도 하다. 미소 양국이 냉전체제를 이끌면서 패권을 유지하고 있을 때 등소평이 구사한 국가전략이었다. 당시 중국은 덩치는 크지만 미국이나 소련에 대적할 능력은 부족하였다. 등소평은 몸을 낮추고 상대방의 경계심을 풀어야 했다. 따라서 그는 "앞으로 50년간 미국에게 경계심을 주는 행동을 삼가라."고 할 정도였다. 당시 중국의 존재와 힘은 국제관계에서 미미했다. 등소평은 1980년대에 개혁·개방을 이끌면서 이를 대외정책의 근간으로 삼았다. 등소평은 힘을 기르기 위하여 자본주의 국가와 교류를 활성화하면서 경제대국의 기초를 닦기 위해 몸을 낮추었다. 그러한 그의 처신은 미국으로부터 많은 도움을 받게 되었다는 것이 일반적인 평가이다. 그 결과 미국과 중국의 양강 구도를 가능하게 만든 기초를 제공할 수 있었다.

현재의 중국은 미국과 패권 경쟁을 벌이고 있다. 명실공히 G2라는 인정을 받고 있다. 경제대국으로 성장한 중국을 이끌고 있는 시진핑은 대륙굴기 전략을 세우고 있다. 이것은 도광양회와 대조되는 의미이다. '굴기'를 직역하면 '몸을 일으킴. 보잘것없는 신분으로 성공하여 이름을 떨침'이다. '산처럼 크게 우뚝 솟구쳐 일어서다'라는 의미를 담고 있다. 그러므로 중국의 대륙굴기는 '세계의 강대국으로 솟구쳐 일어서겠다'라는 의미이다. 이제는 숨죽이며 강자의 눈치를 보지 않고 할 말을 하겠다는 뜻이며 세계의 질서를 주도하겠다는 의지이다.

그동안 중국은 청나라 시절 아편전쟁을 끝으로 한없이 국력이 추락하여 굴욕의 세월을 보내야 했다. 도광양회를 넘어 대륙굴기를 표면화하고 있는 중국의 행보가 주목되고 있다. 중국이 과거의 영광을 재현하겠다는 의지는 분명해 보인다. 과연 시진핑의 '중국몽'이 실현될 것인가는 좀 더 지켜보아야 할 것이다. 강력한 파워를 자랑하는 패권국 미국이 중국을 상대로 어떠한 전략으로 대응하면서 세계질서를 주도할지 궁금한 부분이기도 하다. 두 강대국 사이에서 지정학적으로 핵심의 위치에 있는 우리나라는 중대한 환경에 처해있다. 우리의 처신은 미국과 중국의 입장에서는 전략적 이점에 영향을 주는 문제에 그칠수도 있다. 하지만 우리에게는 생존과 번영의 문제로 다가오는 문제이다.

8. 『삼국지』에서 전략이 주는 교훈

동맹전략의 중요성

『삼국지』의 분수령이 되는 큰 사건은 관우의 죽음으로부터 시작되었다. 관우가 오나라에 의해 죽게 되자, 도원결의를 맹세한 유비는 오나라와의 전쟁을 선포하였다. 이어서 벌어진 이릉대전에서 촉나라는 국력을 모조리 쏟아부었지만, 전쟁을 승리로 이끌지는 못했다. 급속도로 하락하기 시작한 촉나라를 지탱시킨 중심에는 제갈량의 활약이 컸다. 그는 꾸준히 국력을 결집시켰으며, 선대의 숙원사업인 통일을 추진하였다. 첫 번째 목표는 위나라를 정벌하기로 한 북벌이다. 그렇지만 연이은 북벌에 실패하였고, 설상가상으로 제갈량이 죽게 되자 촉나라의 멸망은 눈앞으로 다가왔다. 일련의 연계성을 살펴보면 관우의 죽음은 큰 분수령이 되었다. 상황의 전개국면이 크게 바뀌는 시점에 관우의 죽음이 있다. 그렇지만 관우의 죽음을 촉나라의 멸망으로 연결 짓기에 앞서, 유비가 수립한 국가의 전략에 관해 살펴보는 것이 필요하다. 아무리 중추적인 역할을 하던 관우였을지라도 한 사람의 죽음을 가지고 국가의 멸망과 직결시키기에는 무리가 있다. 그러므로 국가의 전략이 올바르게 수립되어 추진되었는지를 따져보아야 할 것이다. 그 과정을 살펴보면 유비의 잘못된 전략을 발견할 수 있다.

비록 삼국 중에서 국력이 상대적으로 열세였던 촉나라였지만, 관우가 죽기 이전까지는 팽팽한 균형관계를 유지하고 있었다. 이러한 균형관계의 핵심에 관우가 자리잡고 있었다면 그의 빈자리가 컸을 것이다. 그러나 관우가 주도적으로 삼국의 균형관계를 유지시킨 것은 아니었다. 이를 보면 관우의 죽음과 촉의 멸망을 직결시키기에는 무리감이 있다. 분명한 것은 관우의 죽음을 기점으로 하여, 촉나라는 시스템이 아닌 군주 1인의 독단으로 전쟁이 결정되다시피 하는 크나큰 과오를 범하였다. 이로 인한 전쟁에서 실패하고 말았다는 것은 많은 시사점을 주고 있다. 촉나라의 운명 예고는, 정확히 말하면 관우가 죽기 이전에 행한 그의 행동에서부터 출발하고 있다. 관우는 오나라의 결혼을 통한 동맹제의에 강하게 반발하면서 보다 강한 결속의 기회를 차버리는 결과를 가져왔다. 오나라 손권의 아들과 관우의 딸을 혼인시키자는 오나라의 제의를 치욕적인 말로써 거절하였다. 이 사건으로 결국은 관우는 죽음을 맞게 되었다. 이를 보면 관우의 처신은 국제정세에 많은 변화를 몰고 왔다고 볼 수 있다. 그 이후에 이릉대전이 벌어졌다. 촉나라는 관우의 원수를 갚겠다며 오나라와 전쟁을 벌였으며, 이것이 이릉대전이다. 그 결과는 처참한 패배였고 이로써 삼국의 균형은 무너져 내렸다. 균형의 상실로 인해 가장 먼저 피해를 입은 국가는 촉나라였다. 그러므로 관우의 죽음과 촉나라의 멸망의 분수령을 이루고 있다. 그러나 그 내면을 들여다보면 리더였던 유비의 잘못된 전략에서 촉나라의 멸망을 찾을 수 있다. 당시의 삼국정세를 살펴보자.

오나라는 당시에 육손이라는 유능한 인물이 있었다. 오나라는 굵직한 전투를 치를 때마다 승리를 이끈 유능한 인물들이 있었다. 적벽대전을 승리로 이끈 주유, 형주를 지략으로 빼앗은 여몽, 그 뒤를 이은 육손이 포진하고 있었다. 사실상 여몽이 촉의 관우를 이길 수 있었던 것도 육손이 있었기에 가능하였다. 이러한 인물들의 선전으로 오나라는 나름대로 내실을 다지고 있었다. 그 결과 형주를 빼앗고 관우를 죽음으로 몰아넣는 위세를 보였다. 적벽대전에서 승리를 거둔 촉과 오는 안정과 함께 발전을 구가하였다. 특히 촉나라는 형주의 주인이 되면서 웅비의 여건을 구축하였다. 그러나 관우가 죽은 후 복수를 위해 벌이는 이릉대전에서 오나라에 패하면서 국력은 급속히 약화되는 상황에 직면하고 있었다.

관우가 죽은 후 위나라의 조조도 죽음을 맞게 되었다. 그의 죽음도 관우의 죽음과 연계되어 있다. 관우의 목을 벤 손권은 후환이 두려웠다. 그는 관우의 머리를 상자에 담아서

» 청룡언월도를 들고 적토마를 탄 관우

조조에게 보냈다. 조조는 이를 거절하지 않고 받아들였다. 그가 상자의 뚜껑을 열고 산 사람과 대화하듯이 말을 걸었다. "관공! 그간 잘 계셨는가?" 조조의 이 말을 알아듣기나 한 듯이 관우의 눈이 부릅떠졌다. 이를 본 조조는 기절하였다. 그는 그 후로 병을 얻게 되었고 마침내 자리에 드러눕고 말았다. 그렇게 되자 명의의 대명사 화타를 찾게 되었다. 화타가 진맥을 한 후 결과를 말하였다. "승상의 병은 너무 깊고 중합니다. 부득이 머리를 반으로 가르는 수술을 해야만 합니다." 화타의 말을 들은 조조는 특유의 의심이 발동하였다. 조조는 화타가 자신을 죽이려는 것으로 생각하였다. 즉, 누군가와 연계된 음모라고 여겼다. 생각이 여기에 미치자 조조는 화타를 죽여 없애게 하였다. 명의 화타를 죽게 한 것은 더 이상 조조의 병을 치료할 사람을 찾을 수 없게 만들었다. 화타를 오해하여 죽인 조조의 처신은 자신의 병을 치료해 줄 유일한 사람을 죽인 결과로 이어진 것이다. 이후에 조조의 병세는 계속 악화되었다. 그는 계속하여 건강이 악화되면서 불면의 밤을 보내게 되었고 자주 악몽을 꾸었다. 수많은 전쟁을 하면서 수없이 많은 무고한 인명을 살상하였다. 그뿐 아니라 자신의 정치적 야심을 달성하기 위하여 억울하게 죽인 인재가 얼마였으며, 그로 인해 고통 받은 식솔들은 어떠한 삶을 살았겠는가? 원한 맺힌 한이 병으로 쇠약해 진 조조의 꿈에 나오는 것은 당연하였다. 그중에는 관우의 혼령도 등장하였다.

마침내 조조는 대망의 통일을 이루지 못하고 예순여섯의 나이로 세상을 떠나고 말았다. 때는 220년, 건안 25년이었으며 한나라의 마지막 황제 헌제 시절이었다. 조조가 죽자 그의 뒤을 이은 셋째 아들 조비는 헌제를 협박하여 황위를 물려받았다. 이로써 조비는 한나라를 멸망시킨 인물이 되었으며 조조의 한을 푸는 듯 하였다. 폐위된 헌제는 산양으로 유배되던 중에 살해되었다. 이렇게 정세가 변화를 맞자 제갈량은 유비에게 촉의 황제로 등극할 것을 간청하였다. 유비가 후한의 정통성을 이어야 한다는 논리였다. 한나라가 멸망한 이상 시급히 정통성을 이어야 한다는 것이었다. 제갈량을 비롯한 신하의 요청에 따라 유비는 황제의 자리에 올랐다. 때는 221년, 건안 26년 4월이었다. 유비는 연호를 장무(章武)라 하였다. 그리고 유선을 태자로 삼는다고 밝혔다. 이후에 유비가 제시한 첫 번째 국정수행 과제가 충격적이었다. 전략이라고는 찾아볼 수 없는 사적(私的) 감정에 치우친 내용을 말했기 때문이다. 그는 형주를 탈환하고 관우의 원수를 갚기 위해 오나라를 공격해야 한다는 것이었다. 이를 들은 제갈량을 비롯한 대부분의 신하들은 극렬하게 반대하였다. 조자룡을 비롯한 대신들은 오나라 공격의 부당함을 들어 만류하였다. 오나라를 공격하는 것은 개인적인 감정의 문제이므로, 차라리 전쟁을 하자면 한나라를 멸망시킨 위나라를 먼저 공격해야 한다고 설득하기에 이르렀다. 위나라는 후한을 멸망시킨 정통성이 결여된 천하의 역적이므로 이를 먼저 공격해야 한다는 논리였다.

누구라도 인정하는 제1의 적국이었다. 그러나 유비는 오나라를 공격하겠다는 고집을 꺾지 않았다. 유비는 이때 심리적인 균형이 이미 상실된 후였다. 관우의 복수전에 불과한 이릉대전을 준비하던 과정에서 장비마저 그의 부하였던 범강과 장달에 의해 죽고 마는 등 악재가 잇따르고 있었다. 한날한시에 죽기를 맹세한 두 아우의 죽음은 그의 균형감각을 더욱 무너뜨리고 있었다. 이러한 상태에서의 판단은 전략의 차질로 직결되었다. 만약 전쟁에서 성공한다면 삼국 중에서 위나라를 넘볼 수 있는 강력한 군사력을 보이는 것이지만, 실패한다면 치명적인 국력의 상실은 물론이고 균형의 상실로 이어지는 것이었다. 결국 촉나라와 오나라와의 이릉대전은 삼국의 균형 상실을 가져오는 촉매의 역할을 하였다. 촉나라는 여기서 패배함으로써 급속히 몰락의 길을 걷게 되었으며 멸망으로 이어졌다.

당시의 국력으로 볼 때 위나라는 여전히 최강의 강국이었다. 그러므로 촉과 오는 서로의 동맹관계를 통하여 이를 극복하고자 노력했어야 했다. 이를 볼 때 균형의 중요성을 실감할 수 있다. 결국 위나라는 두 나라가 치열하게 싸우는 장면을 관망하면서 국력을 더욱 신장시킬 수 있었으며, 삼국을 제패하게 되는 결과를 견인하였던 것이다. 촉나라의 리더 유비는 다음과 같은 현상에 대하여 냉정한 판단을 하지 못한 결과 전략적 판단의 오류를 범하였다고 볼 수 있다. 첫째는, 관우가 죽고 없다는 것은 전력의 큰 부분을 손실했다는 것이다. 그러나 이를 무시하였다. 더불어 장비의 죽음은 이를 더욱 가속화시켰다. 둘째는, 이러한 무장들의 연이은 죽음으로 인해 병사들의 사기는 크게 저하되어 있었다. 사기가 저하된 상태에서 적국을 공격하는 것은 제대로 된 전력을 발휘하기 힘든 것이다. 셋째는, 개인적인 감정에 너무 깊게 매몰되어 있었다. 관우의 죽음에 대한 슬픔은 개인적인 감정이다. 이것을 삼국의 균형과 바꿀 수는 없다. 그러나 유비는 개인적인 감정에 치우쳐 이를 무시하고 오나라를 공격하였다. 넷째는, 전력을 고려하지 않은 공격이었다. 전력이 부족하면 이웃과 연합하여 부족한 전력을 증가시켜야 했다. 그러나 유비는 열세인 전력으로 무리한 공격을 감행한 것이다. 당연히 결과는 전쟁의 패배로 종결되고 국력은 쇠락의 길을 걷게 되었다.

그 반면에 위나라의 조비는 전략적인 판단이 아주 적절했음을 볼 수 있다. 조비는 촉과 오나라의 싸움에 개입하지 않았다. 그는 둘의 싸움 결과는 필연적으로 둘 모두의 전력 약화로 이어질 것으로 내다보고 있었다. 충분히 전력이 약화된 후에 서서히 정벌해도 늦지 않을 것으로 보았다. 약자끼리의 싸움은 그들을 더 약하게 만들 뿐이다. 싸움에서 이기는 쪽이라 해도 국력의 손실은 피할 수 없다. 그러므로 위나라의 입장에서 보면 전체적인 세력 균형에서 오히려 유리한 결과를 힘들이지 않고 가져올 수 있었다. 이처럼 유비는 조비에 비해 전략적으로도 대단히 큰 실수를 범한 것이다. 조비는 이릉대전이 끝나고 오나라를 치기 시작하였다. 그는 오나라를 공격해도 촉나라는 감정에 의해 오나라를 도와주지 않을 것으로 확신하고 있었던 것이다. 조비의 전략은 적중한 반면에 유비는 균형을 상실하여 패망의 나락으로 향하고 있었다. 유비는 사사로운 복수심에 사로잡혀 국가전략을 제대로 수립하지 못하고 있었다. 결론적으로 유비는 전체적인 세력의 균형을 유지하기 위한 대책에 서툴렀다는 비판을 받기에 충분하다. 삼국 중에서 가장 강한 위나라를 견제하기 위해서는 오나라와의 사이에 '상호 불가침조약' 등을 체결했어야 마땅했으나, 오히려 오나라를 적으로 규정하였다. 이릉대전 패배 후 유비는 병세가 깊어져 결국 백제성에서 세상을 떠나고 말았다.

그렇다면 당시에 오나라의 전략과 전술을 살펴보자. 오나라의 손권은 관우를 죽이고 나자 이에 대한 촉의 원한을 두려워하였다. 따라서 한편으로는 화해를 추진하면서 또 다른 한편으로는 전쟁을 준비하였다. 그러면서 위나라에는 조공을 바치는 등으로 환심을 사려고 하였다. 만약 위나라가 촉을 도와 오나라를 공격한다면 매우 위급한 상황이 도래할 수도 있다는 현실적인 판단에서 비롯되었다. 이처럼 오나라가 취할 전략은 정해져 있었고, 손권은 이를 명확하게 직시하고 있었다. 적에 대비하기 위해서는 누군가와 연합을 하였을 때 더욱 효과적이다. 이를 보면 오나라의 전략은 현실적 상황을 제대로 반영한 것이다. 이릉대전의 신호탄은 오나라가 쏘아 올렸으나, 그 시작은 촉에 의해서 이루어졌다. 물론 오나라는 전쟁을 걸기 위하여 관우를 죽인 것은 아니었다. 그렇지만 관우의 죽음이라는 상황을 맞게 되면서 급변하는 정세를 간파하였으며, 이에 대한 전략적 대비를 치밀하게 진행하였던 것이다.

전쟁이 시작되자 오나라는 지형의 이점을 충분히 활용한 전투를 전개하기 시작하였다. 전술적 측면에서도 성공한 것이다. 유비가 장강(양자강) 700리를 따라 진영을 구축하게 되자 대형은 신장되었다. 장강을 따라 험준한 지형이 형성되어 있었으므로 너무나 당연한 결과였다. 이러한 지형적인 영향은 대형의 신장에 따른 문제도 가져왔으며, 그 못지 않게 보급의 문제를 더 어렵게 하였다. 오나라의 육손은 이를 너무나 잘 예상하여 준비했으므로 장강을 따라 신장된 촉군을 토막내듯이 쉽게 격멸할 수 있었다. 유비는 대패하면서 백제성으로 들어가서 장기화를 대비하였다. 이에 오나라는 위나라의 공격에 대비하여 다시 한번 전략적 화해를 유비에게 제시하였다. 유비도 이때는 현실을 직시하였다. 그들은 모두가 전력이 쇠락한 상태였다. 반면에 위나라는 전쟁이 없는 상태에서 착실하게 국력을 쌓아 올리고 있었다. 위나라의 군사력은 가장 왕성한 시대를 맞고 있었다. 이러한 위나라가 촉이나 오나라를 공격한다면 두 나라의 동맹이 아니고서는 막기 힘든 상황이었다. 이를 촉과 오나라도 인식하고 있었다. 이로써 두 나라는 전쟁을 끝내게 되었지만 한번 기울어진 국력을 되돌리기에는 너무나 내상이 깊었다.

전쟁의 실패는 망국의 길

적벽대전에서 형주를 손에 넣은 촉나라의 국운은 상승세를 타고 있었다. 제갈량은 요충지 형주의 방어책임을 관우에게 맡겼다. 관우는 책임의 막중함을 알고 있었기에 형주를 철통같이 지키고자 하였다. 촉나라는 수세전략을 펼치고 있었던 것이다. 앞에서 언급했듯이 촉나라는 동맹전략에 실패하였다. 그에 따라 고립무원의 상태가 되었다. 그렇다고 하여 촉의 국력이 삼국 중에서 가장 월등한 것도 아니었다. 위나라와는 비교가 되지 않았으며, 오나라와 비교해도 열세였다. 이처럼 가장 약체인 국가는 주변의 어느 국가와는 손을 잡아야 생존을 도모할 수 있다. 그렇지만 촉나라는 이에 대한 전략이 부족하였다. 촉나라는 오나라와 전쟁까지는 가지 않았어야 마땅했다. 그러나 유비의 잘못된 사적인 감정의 발로에 따라 이릉대전을 치르게 되면서 쇠락의 길을 걷게 되었다. 그 중심에는 전략의 부재가 있었다.

이릉대전에서도 전술적인 수준에서의 싸움으로만 국한된 전투를 전개하였다. 전략을 성공시킬 작전적 수준의 큰 액션은 발휘되지 못했다. 그 반면에 오나라는 그동안 알려지지 않았던 신예 장수가 출현하면서 지구전을 펼쳐 전쟁을 승리로 이끌었다. 오나라의 신예 육손이『삼국지』에 등장하기 시작한 시기는, 여몽이 형주를 빼앗기 위해 고심에 고심을 더하던 시기이다. 형주를 지키는 관우는 그의 명성만큼이나 허점을 허용하지 않고 있었다. 관우는 주요 지점에 봉화를 설치하는 것으로 적의 공격에 대한 조기 경보체계를 구축해 놓았다. 매의 눈과 같은 경계태세와 실전에 대비한 훈련을 더하면서 한 치의 흐트러짐을 보이고 있지 않았다. 여몽은 허점이 없는 관우를 칠 계책을 마련하지 못하고 노심초사하고 있었다. 이때 육손이 여몽을 찾았다. 그는 여몽에게 다음과 같이 묘책을 건의하였다. "병이 중하여 임무를 수행할 수 없어 물러난다는 소문을 내고, 이름 없는 장수를 후임으로 발표하십시오. 그러면 관우는 방심할 것입니다." 그의 건의에 따라 여몽은 병을 핑계로 물러나면서 자신의 자리에 육손을 임명하였다. 당시에 육손은 이름 없는 무장에 불과하였다. 관우는 이름이 널리 알려지지 않은 장수가 최고의 군사권을

괄목상대(刮目相對)는 여몽과 관계있는 고사성어이다. 그는 용맹한 무장이었지만 학문적인 식견은 많이 부족하였다. 이를 안타깝게 여긴 손권이 그에게 학문의 중요성을 말하면서 학식을 갖출 것을 권유하였다. 여몽은 이 말을 듣고 깨달은 바가 있어 피나는 노력을 하였다. 후에 노숙이 그를 만나 대화를 해 보니 학문적 식견이 대단히 발전해 있었다. 이를 본 노숙이 그의 학문적 발전을 칭찬하였다. 그러자 여몽은 "선비가 만나서 헤어졌다가 사흘 후에 만나면 눈을 비비고 다시 볼만큼 달라져야 한다."고 하였다. 여기에서 괄목상대(刮目相對)라는 고사성어가 나오게 되었다고 한다. '눈을 비비고 다시 본다'는 뜻으로, 상대방의 학식이나 재주가 이전에 비하여 대단히 크게 발전하여 마치 다른 사람을 보는 것 같다는 말이다. 여몽은 손권의 권유에 따라 학문을 위해 많은 노력을 하였으며, 도중에 노숙의 격려를 듣고 더욱 분발하게 되었다. 마침내 여몽은 문무를 겸비한 손색없는 무장이라는 평가를 받기에 이르렀다. 후에 여몽은 노숙의 뒤를 이어 도독의 직책을 받았다.

갖게 되었다는 사실을 듣게 되자, 이에 대한 의문을 갖지 않고 방심하였다. 육손이 말한 대로 상황이 전개되고 있었다. 관우는 오나라의 상황에는 더 이상의 관심을 갖지 않고 위나라를 공격하였다. 관우가 위나라의 번성을 공격하자 형주는 텅 빈 상태가 되었다.

이렇게 되자 여몽은 형주를 공격할 때가 되었다고 판단하였다. 그는 육손과 함께 군사를 이끌고 형주의 강릉을 공격하여 가볍게 손에 넣었다. 천하의 명장이라는 관우는 허둥대기 시작하였다. 균형을 잃은 관우는 이미 무너지고 있었다. 여몽은 관우를 사로잡는 전공까지 세우기에 이르렀다. 관우는 상대방의 상황 변화를 심사숙고하여 분석하지 않았고 오히려 이를 얕잡아 보았다. 돌이킬 수 없는 관우의 실책이었다. 관우는 오나라의 손권에 끌려가서 목을 잘리게 되었다. 그 후에 촉나라는 관우의 원수를 갚기 위해 군사를 몰아왔다. 이릉대전의 막이 오른 것이다.

육손은 이때의 전략도 적으로 하여금 오군을 얕보게 만드는 것이었다. 육손은 작은 전투에서는 패하는 척하면서 후퇴만을 거듭할 뿐이었다. 방심한 유비군은 승세를 탔다고 생각하고 추격에 추격을 가하였다. 육손은 적을 피로하게 하면서, 적이 원하는 장소에서의 싸움을 회피하고 있었던 것이다. 겨울에 시작한 전쟁은 봄을 넘어 여름으로 접어들면서, 추격하는 촉군은 더위에 지쳐가기 시작하였다. 어느덧 촉군은 이릉 숲으로 접어들었다. 숲의 그늘은 촉군을 유혹하기 안성맞춤이었다. 촉군은 무거운 갑옷과 병장기를 손에서 내려놓고 그늘을 찾아 무질서하게 쉬고자 할 뿐이었다. 드디어 때가 왔다고 판단한 육손은 기회를 놓치지 않았다. 육손이 화공으로 공격하자 촉군은 무질서한 퇴각으로 대패하였다. 유비는 큰 충격을 받아 병까지 얻어 백제성에서 숨을 거두게 되었다. 반면에 오나라에서는 또 하나의 영웅이 탄생하였다. 이름 없는 무장이었던 육손은 화려하게 데뷔하였다. 육손은 오나라에서 그의 시대를 열고 있었다. 유비는 무명의 장수 육손에게 처참한 결과를 맞이한 것이다. 상대를 얕보게 되면 이처럼 큰 실책으로 연결된다. 따라서 모든 군사작전은 신중하게 접근하여야 한다는 교훈을 준다. 반대로 상대를 얕보게 만드는 전술은 이처럼 전략의 성공과도 연계된다. 전술의 승리만 가지고는 전략의 실패를 만회시키지는 못한다. 그렇지만 중요한 국면에서 전술의 결정적인 성공 또는 실수는 전략에까지 영향을 미칠 수 있다. 이릉대전에서 촉나라의 전략은 섬멸전략이었지만, 중요한 것은 이를 구현할 작전술 차원의 작전을 전개하지 못한 데에서 찾을 수 있다.

여기에서는 손자가 그의 저서 『손자병법』의 첫머리에서 언급한 '병자국지대사(兵者國之大事) 사생지지(死生之地) 존망지도(存亡之道) 불가불찰(不可不察)'을 떠올리게 한다. 손자가 경고한 대로, '전쟁은 국가의 존망을 결정하는 중대사'였음을 알 수 있다. 유비는, 손자가 강조한 '전쟁은 마땅히 살펴서 하여야 한다'는 말을 의형제 관우의 죽음에 눈이 가려 냉철하게 이해하지 못하였다. 그 결과는 참혹하였다. 결국에는 망국의 길로 향하였으며, 그의 아들 유선의 대를 넘기지도 못하고 위나라에 항복하고 말았다. 손자가 전쟁을 경고한 것은, 지도자의 잘못된 판단은 망국으로 향할 수 있음을 냉철한 현상 이해와 통찰을 통하여 알고 있었기 때문이다. 전쟁지도자는 이러한 손자의 말을 명언으로만 이해해서는 안 될 것이다.

관우의 동관묘

신의의 상징 관우는 중국인들에게 신격화된 인물이다. 우리나라에도 그의 사당이 있다. 그것은 임진왜란과 관련이 있다. 임진왜란에 참전한 명나라 장수 중에 진인(陳寅)이라는 자가 있었는데, 그는 관우의 숭배자였다. 개인적으로 관우상을 모시고 다닐 정도였다고 한다. 정유재란 당시 울산성전투(1597년 선조 30년)에서 가토 기요마사(加藤清正)군과의 전투 중에 부상을 당하였다. 다행히 완쾌되었는데, 그는 이것을 관우가 보살폈다고 생각하였다. 관우의 영험함에 대한 신봉이었다. 전쟁 후에 이러한 분위기가 주변의 많은 장수들에게 확산되어 관우의 사당 건립으로 발전하였다. 참전한 명나라의 여러 장수들이 자금을 만들었고 조선 조정에서도 건립에 필요한 비용을 보태게 되었다. 이렇게 하여 관우의 사당은 1598년 5월에 완공되었는데, 이것이 남관왕묘다. 이어서 1883년(고종 20년)에는 북묘, 1902년에는 서묘가 세워졌다. 현재는 동묘만 남아 있는데 정식 명칭은 동관왕묘(東關王廟)이며, 보물 제142호로 지정되어 있다. 동관묘는 힘이 없던 시절의 상징으로도 볼 수 있다.

▶ 동관묘와 관우상

임진왜란이 끝나고 명나라 황제 신종은 "조선을 왜란으로부터 구해 낸 것은 관운장의 영험함이 컸다. 그러므로 조선은 묘를 세워 기리는 것이 필요하다."라는 말과 함께 사당 건립에 필요한 4천금을 보내왔다고 한다. 당시에 명나라는 원병을 파병한 대국이었으므로 그들의 말을 따르지 않을 수 없었을 것이다. 이것이 현재까지 남아 있는 지금의 동묘이다. 동묘는 1602년(선조 35년) 봄에 세워졌다. 관우를 숭배하는 현상은 전국적으로 확대되어 관성교(關聖敎)라는 종교까지 나왔다. 관우는 『삼국지』에서 변치 않는 신의와 탁월한 무예를 지닌 장수였다. 관우에 대한 중국인들의 믿음은 그를 신으로 추앙하기에 이르렀다. 그러한 그가 우리나라에서도 신격화된 것이다.

관우는 오나라 여몽과의 전투에서 패하여 사로잡혔다. 손권은 항복하지 않는 그를 살려둘 수는 없었다. 『삼국지』의 영웅은 이렇게 하여 목을 베이게 되었다. 당시에 오나라는 위나라와 동맹관계였다. 오나라는 촉의 보복이 두려워 그의 머리를 조조에게 보냈다. 책임을 위나라에 전가하기 위한 방편이기도 했다. 조조 역시 후환이 두렵기는 마찬가지였다. 조조는 죽은 관우를 최대한 예우하였다. 몸이 없는 관우의 시신을 나무를 깎아 만들어 후하게 장사지내 주었다. 관우의 목은 조조에 의해 낙양에 묻혔으며, 몸통은 손권에 의해 당양에 묻혔다.

중국에는 림(林)이라는 글자가 들어가는 무덤이 2개가 있다. 공림(孔林)과 관림(關林)이다. 림(林)은 수풀이라는 의미 이외에도 무덤을 높게 부를 때 사용되기도 하는 글자이다. 다시 말하면 극존칭으로 사용되는 글자이다. 공림은 공자의 무덤이며, 관림은 관우의 무덤이다. 그중에서 관우의 목이 묻힌 낙양의 묘를 말한다. 시신이 묻힌 당양의 관우묘는 명나라 때에 관릉으로 봉해졌다. 황제의 묘와 동일한 격으로 대우한다는 의미이다. 관우의 고향인 산시성의 제현에는 그를 추모하는 사당인 관제묘가 있다. 이를 두고 후세 사람들은 "머리는 낙양을 베개 삼고, 몸은 당양에 누워있고, 혼은 고향으로 돌아갔다."라고 하며 그의 죽음을 애도하였다고 한다. 관우는 죽은 후에 신이 되었다고 중국인들은 믿고 있다. 이것은 그의 충절과 신의에 바탕에 둔 관우를 추모하는 마음을 담고 있다. 또한 그를 신으로 추앙하기 시작한 시대의 충절과 신의를 강조한 국가통치 이념과도 부합되고 있다. 관우의 생전 모습은 충절과 신의의 화신이었다.

중국에서는 오래전부터 관우를 신으로 모신 것으로 나타나고 있지만, 우리나라에서는 임진왜란 이후부터로 보고 있다. 중국인들이 관우를 신으로 모시게 된 연유는 무엇일까? 관우는 조조라는 인물이 애타게 얻고자 한 인물이었다. 관우가 조조에게 의탁하고 있던 당시의 상황은, 조조의 세력이 가장 강성한 반면에 유비는 변변한 거처가 없던 시절이었다. 조조는 이러한 시기에 관우를 붙잡아 두고자 하였다. 그렇지만 관우는 현실의 부귀영화를 마다하고 초연하게 형님 유비를 찾아 길을 떠났다. 이것은 요즘의 현실에서 보았을 때 찾기 어려운 장면이다. 예나 지금이나 대부분의 사람들은 권력에 굴종하면서 입신출세의 길을 걷고자 한다. 그렇지만 관우는 충절을 중시하면서 오히려 이를 멀리한 인물이다. 또한 그의 무용은 충분한 안식처로 느낄 정도의 현란함을 넘어 안정감을 주고 있다. 이러한 그의 처신과 용맹은 현실과는 너무 다른 이상향의 모습과 의지하고 싶은 감정을 갖게 해 준다. 정사와 소설 속에서의 관우는 백성들에게 특별히 애정을 쏟는 장면은 없었지만, 그의 이러한 처신과 능력이 혼탁한 현실과 오버랩 되면서 그를 신의 반열로 추앙하게 하였을 것이다.

『삼국지』의 명마 적토마(赤兎馬)

털이 붉어서 달리는 모습이 마치 불덩이가 날아가는 것 같으며 하루에 천리(400km)를 달린다고 『삼국지』에서 묘사하고 있다. 적토마를 한자어 그대로를 해석하면 '털이 붉은 토끼(兎)처럼 빠른 말'이다. 그러나 적토마는 '강하고 빠른 말'의 이미지를 갖고 있다. 한자어로 쓰인 兎(토끼)는 쉽게 이해하기 어려운 측면을 갖고 있기도 하다. 적토마의 주인은 몇 차례 바뀌었다. 처음에는 동탁이 타고 있었다. 이후 동탁은 당대 최고의 무예를 지녔던 여포를 회유하기 위해 선물로 주었다. 동탁은 정원을 죽여야만 그의 뜻을 이룰 수 있다는 판단으로 그의 양아들이었던 여포를 회유하기 위하여 최고의 명마 적토마를 선물한 것이다. 여포는 명마 적토마를 보는 순간 너무나 탐이 나서 그의 양부 정원을 죽이는 것을 고민조차 하지 않았다. 그리고 동탁의 양아들이 되었다. 동탁의 양아들이 된 여포는 때마침 동탁의 폭정에 분개하여 동탁을 제거하고자 하는 사도 왕윤의 미인계에 말려들었다. 여포는 그의 두 번째 양부 동탁을 제거할 때도 아무 망설임이 없었다. 여포는 적토마와 절세미인 초선의 등장에 판단력이 무력화된 위인이었다. 그 후 조조에 의해 여포가 죽게 되자 적토마는 조조의 차지가 되었다.

또 다시 시간은 흘렀고, 조조는 항복한 관우를 자신의 부하로 삼기 위하여 적토마를 선물하였다. 이로써 적토마는 관우의 애마가 되었다. 적토마는 관우의 인품을 알아보았는지 오나라의 마충에게 생포되어 죽게 된 후 먹이를 먹지 않고 관우를 따라 굶어 죽었다고 전해진다.

전문가에 의하면 적토마는 한혈마(汗血馬)의 한 품종일 것이라고 한다. 한혈마는 붉은 피땀을 흘린다는 의미이다. 그렇지만 실제로 피땀을 흘리는 것은 아니고, 피부가 붉은색이어서 땀을 흘리면 피땀처럼 보인다고 한다. 중앙아시아에서 생산되는 이 말은 지구력이 좋아 군마로 오래전부터 인기가 좋은 품종이었다고 한다.

말과 관련된 고사성어에 백락일고(伯樂一顧)라는 말이 있다. 백락은 최고의 말 감정가였다. 어느 날 말 장수가 말 한필을 팔기 위해 시장에 나왔다. 그러나 아무리 기다려도 그 말을 사려는 사람은 없었다. 그러던 중 백락이 말을 바라보며 지나갔다. 한참 가던 그는 길을 되돌아와서 말을 자세히 살펴보았다. 그는 잠시 후 세상에 둘도 없는 명마라고 하였다. 그러자 많은 사람들이 서로 그 말을 사려고 모여들었다. 백락이 '말을 다시 돌아 보았다'는 백락일고는 알아주는 사람이 있어야 그 진가를 발휘할 기회를 얻는다는 의미이다. 백락이 있어야만 명마가 있다는 것이다. 이 역시 누구를 만나는 가의 중요성을 말하고 있다.

능력을 알아보는 안목이야 말로 최고의 능력이라 할 만하다. 유비가 제갈량을 알아본 능력, 조조가 유능한 인물을 많이 모이게 만든 것은 출중한 사람 보는 안목이 있었기에 가능하였다. 마치 백락이 명마를 알아보는 능력처럼 그들도 사람을 알아보는 능력이 있었다.

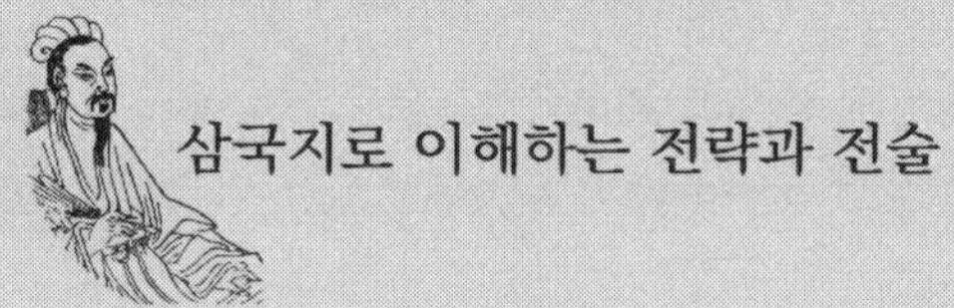
삼국지로 이해하는 전략과 전술

제4장
작전술

1. 작전술의 유래
2. 작전술의 정의
3. 작전술의 역할
4. 작전술의 원칙
5. 『삼국지』에서 보는 작전술
6. 『삼국지』에서 작전술이 주는 교훈

1. 작전술의 유래

용병술체계는 오랫동안 전략과 전술이라는 2개의 개념으로 구분하였다. 오랜 시간을 거치면서 전략과 전술에 대한 개념이 정착되고 난 후에 작전술(作戰術, Operational art)이라는 개념이 연구되었다. 작전술은 소련으로부터 개념이 정립된 것으로 보고 있다. 소련의 스베친이 그의 저서 『전략』(1926)에서 공식적으로 사용했다고 보는 것이 일반적인 견해이다. 그는 저서를 통하여 "작전술은 용병체계의 한 분야이며 주요 야전부대 또는 각 병종의 주요 부대에 의해 이루어지는 작전을 준비하고 수행하는 이론과 실제를 다루는 것이며, 전략과 전술을 연결하는 개념이다."라고 정의하였다.

여기에서 작전술이 전략과 전술을 연결하는 개념이라는 말에 주목할 필요가 있다. 그가 이렇게 표현한 것은 개별적인 전술의 승리가 전략의 승리로 연결된다는 것이 아니라는 것을 전례를 통하여 교훈으로 받아들인 결과로 보인다. 즉, 개별적인 승리를 전략의 목표로 연계시켜 줄 연결고리가 있어야만 전략의 목표를 달성할 수 있다는 교훈에서였다. 작전술이 갖는 위치와 중요성을 말한 것이다. 스베친이 그의 저서를 통하여 작전술을 언급하기 이전부터 소련에서는 작전술이라는 용어가 등장한 것으로 보인다. 등장한 시기는 제1차 세계대전 직전인 1914년 제정러시아 시절에서 찾아볼 수 있다. 러시아의 참모장교였던 겔루아, 메스너 대령이 공동으로 만든 '오뻬라찌까(Onepaunka)'라는 용어에서 나오기 시작하였다. 그렇지만 전략이라는 용어와 마찬가지로 작전술도 이미 존재하고 있었다. 다만, 그 개념이 정립되어 있지 않았을 뿐이었다.

나폴레옹이 전쟁을 승리로 이끈 요인 중의 하나는 그의 출중한 전략과 전술에 대한 해박한 개념과 이를 전장에 적용할 줄 알았던 능력이 바탕이 되었다. 나폴레옹이 전역을 휩쓸며 구사한 전투수행은 오늘날 말하는 작전술의 표상으로 볼 수 있다. 그는 전쟁에서 '기동 → 전투 → 추격'이라는 하나의 연속적인 스펙트럼을 구현시켰다. 그는 종전의 평면적이고 일차원적인 단순한 전투개념을 보다 속도감 있게 발전시켰으며 전장을 확장시켰다. 그가 실행한 '기동과 전투 그리고 추격'은 오늘날의 작전술에서 말하는 핵심요소이다. 그가 말하는 기동은 오늘날의 '작전선'개념으로 볼 수 있다. 작전선이란 '군사적인 목표를 달성하기 위하여 현 작전기지나 배치지역으로부터 일련의 목표들을 연결하는 개

》 러시아의 '불멸의 전사들' 행사

러시아는 제2차 세계대전에서의 전사자들을 기념하고 기리기 위해 매년 5월 9일 모든 도시 및 시골에서'불멸의 전사들'이라는 행사를 한다. 이날은 독일이 항복한 날이다. 전쟁 영웅의 자손들은 조상 사진, 깃발, 꽃 등을 가져와서 도시의 주요 거리로 나가서 행사에 참여한다. 그들은 이를 '작전'이라는 말로 표현한다. 그들은 작전술의 선도국답게 표현하는 용어에서도 차이를 나타낸다. 러시아는 제2차 세계대전을 '위대한 조국전쟁'이라고 말한다. 그들은 위대한 조국 전쟁이 이어졌던 1418일 동안 약 2천700만명의 동포들이 유명을 달리했다며, 추모와 승전행사를 하면서 이날을 기념하고 있다.

출처 : 러시아 대사관

념적이거나 지리적인 방향'을 말한다. 즉, 전투력을 지향할 주요지점의 확보를 말한다. 나폴레옹은 일찍부터 작전술에 의한 전쟁수행을 이끌었던 것이다. 나폴레옹시대부터 존재했던 작전술의 개념에 대한 용어를 겔루아, 메스너 대령이 정립한 것으로 보면 될 것이다. 이를 스베친이 인용하여 개념을 정립하였으며, 이로부터 작전술이라는 용어는 보편화되어 사용되기 시작하였다.[1] 미국에서는 1982년에 발간된『작전요무령』초안에서 처음으로 사용하였다. 그러다가 중간에 '작전적 수준'이라는 용어로 수정되기도 하였으나 1986년부터 작전술로 다시 복원하여 사용하였다. 미군은 작전요무령에서 육군의 작전개념 속에 현대전을 위한 미육군의 작전개념을 공지전투(Airland battle)라고 명시하면

1) 육군교육사령부,『군사이론연구 -용병체계중심-』(대전: 육군인쇄공창, 1987), p.237.

서 전쟁준비와 수행의 개념을 군사전략, 작전술, 전술로 정립하였다. 독일에서는 1950년대에 용병술체계에 '작전수준'을 명시함으로써 전략과 전술 그리고 그사이에 해당하는 작전술로 체계를 정립하였다. 우리나라는 1984년에 『전략전술용어집』에서 사용되기 시작하면서 이에 대한 연구가 이루어졌으며, 1987년의 『군사이론연구』에서 용병술체계에 포함하여 개념 등을 정리하였다. 그러나 공식적으로 한국군에서는 채택하고 있지는 않다고 밝히고 있었다. 이로 미루어 보면 우리나라는 작전술 연구에서 주변의 군사강국이라고 불리는 미국과 소련 보다는 좀 늦게 출발했음을 알 수 있다.

2. 작전술의 정의

각국의 작전술에 대한 개념 정립은 1980년대에 접어들어 미국 등에서 본격적으로 이루어지기 시작하였다. 소련의 스베친이 개념을 처음으로 정립하고 난 후 상당히 오랜 기간이 흐른 후에 개념의 발전이 이루어졌다. 그 사이에 미국은 우리나라에서의 6·25 전쟁, 인도차이나반도에서의 베트남전쟁 등을 거치면서 냉전시대의 한 축을 주도하고 있었다. 소련과 미국은 세계대전에서 주도적인 역할을 하였으며, 냉전시대에는 무기의 비약적인 발전을 이끌었다. 양국은 세계대전과 냉전시대를 거치면서 명실공히 군사선진국으로서 군사교리의 발전에서도 선도적인 역할을 담당하였다. 이들 두 국가는 용병술체계의 발전 역시 주도하면서, 작전술이란 전략과 전술의 중간에 위치하여 전략과 전술을 연결하는 개념임을 정립하였다. 전략을 구체적인 군사작전으로 전환하며, 전술을 전략의 목표 달성에 기여하게 만드는 개념이다. 우리나라의 경우에도 동일한 개념으로 받아들이고 있다.

그렇다면 이에 대한 정의를 살펴보기로 하겠다. 작전술(作戰術, Operational art)을 구성하는 단어의 의미를 살펴보면 '술'이라는 개념을 포함하고 있다. 작전술 구사를 위해서는 인간의 창의성이 대단히 중요하다는 것임을 글자에서 보여주고 있다. 각각의 단어가 의미하는 의미를 분석해 보면 Operational(작전적)과 Art(술)의 합성어이다. 여기에서 Operational은 Operation(작전, 作戰)의 형용사이다. Operation(작전)은 '군사적인 행동 또는 그 수행'이라는 의미를 갖고 있다. 이러한 의미를 갖는 명사로부터 파생된 형용사를 사용하고 있다는 것은 비중을 두는 주안점에 대하여 생각하게 해 준다. 즉, 예술에 많은 비중을 두고 있음을 짐작하게 해 준다. '작전의 예술은 예술과 같은 작전'을 의미하고 있다고 보아야 할 것이다. 직역하자면 '군사적인 예술'이다. 군사적인 행동 또는 그 수행을 마치 예술과 같이 하는 것이라고 의미를 부여할 수 있을 것이다. 전략에서와 같이 술적인 차원이 중요하게 적용되는 분야임을 알 수 있게 해 주면서, 술의 극치를 추구함을 짐작하게 해 준다. 용병술체계상의 전략과 전술 모두는 이처럼 술적인 측면인 창의성이 중요하게 요구된다는 것을 용어의 어원에서 보여주고 있다.

이에 대한 주요 이론가들의 견해와 각국의 정의를 정리하여 보기로 하겠다. 앞서 언급한 스베친은 그의 저서『전략』에서 '작전술은 군사전략의 목표를 달성하기 위하여 작전을 준비하고 수행하는 이론과 실제'라고 하였다. 프랑스의 앙드레 보프르는 '전투를 유리하게 전개하기 위하여 가용한 전력(戰力)을 배비 및 기동하는 술'이라고 하였다.[2] 미군은 '전쟁을 준비하고 수행하는 활동으로서 전구(戰區, theater)[3]내의 전략목표를 달성하기 위하여 가용한 군사자원을 사용하는 대부대의 작전이론'이라고 하였다.

우리나라에서의 정의는 '지휘관과 참모들이 군사전략목표를 달성할 수 있도록 전역 또는 주요작전을 구상하고 군사력을 조직하여 운용하기 위해 자신들의 숙련된 능력·지식·경험을 창의적으로 적용하는 것'[4]이라고 하고 있다. 정의에서 살펴본 바와 같이 작전술은 '작전목표 달성을 그 목적으로 대부대 차원에서 준비하고 시행하는 이론과 술적인 차원'으로 정리해 볼 수 있다.

우리나라의 건군과정을 살펴보면 창설기부터 미군의 영향을 크게 받았다. 일본의 항복에 따라 미군은 한반도 남부에 진주하게 되었으며, 뱀부계획에 따라 군 창설을 주도하였다. 뱀부계획과 군정법령 제42호(1946.1.14)에 기초하여 조선경찰 예비대 2만 5천과 해안경비대를 설치하게 되었다. 교육훈련은 치안유지 위주에 중점을 둔 내용으로 미군의 군사고문단에 의해 주관되었다. 전쟁 기간 동안 국군은 미군을 비롯한 참전국과 연합작전의 기회를 얻게 되었으며 양적으로 급속하게 팽창하였다. 그렇지만 양적증강에 걸맞게 교리의 발전까지는 이루어지지 않은 상태였다. 국군은 정전협정을 분기점으로 하여 미국과 군사동맹관계를 체결하면서 연합작전 능력의 기초를 갖추게 되었다.

1978년에는 급변하는 동북아에서의 안보정세와 주한미군 감축 등으로 인해 보다 효율적인 연합작전 능력이 요구됨에 따라 한미연합사를 창설하기에 이르렀다. 연합사령부의 창설은 미군과의 보다 많은 교류를 수반하면서 군사교리의 발전을 견인하였다. 우리나라에서 작전술이라는 용어는『전략전술용어집』(1978, 육군본부)에서 처음으로 정의가 정립되었다. 그 후 한국의 여건에 부합하는 기본전투개념을 연구하는 등 교리 정립에 많은 노력을 기울이면서 관련기관의 토의를 거쳐 기본전투개념을 발전시켰다. 당시의 군은 6·25전쟁과 베트남전을 거치면서 많은 교훈을 직간접적으로 축적시킨 상태였으며, 미국과 소련이라는 군사선진국에서는 현대전의 추세를 감안한 교리를 적극적

---

2) 육군교육사령부(1987), 앞의 책, p.242.

3) 전구는 단일한 군사목표를 달성하기 위하여 지상, 해상, 공중작전이 실시되는 지역을 말한다. 전구는 전역이 계획되고 실시되는 영역으로 미군은 지구 전체를 놓고 전구를 구분한다. 한반도는 미군이 구분한 하나의 전구급에 해당될 수 있다.

4) 육군본부(2012), 앞의 책, p.402.

으로 발전시키고 있었다. 따라서 우리 군에서도 휴전선을 사이에 둔 수세적인 작전개념에서 벗어날 필요성이 어느 때보다도 요구되고 있었다. 이러한 시대적인 분위기와 한국적 여건에 맞는 교리 발전의 열망은 작전술에서도 나타났다. 용병술체계를 정립한『군사이론연구(용병체계중심)』(1978, 육군교육사령부)를 살펴보면, '제2차 세계대전 초기, 불란서 국민의 간담을 서늘케 했던 독일의 전격전 이론'을 언급하면서, '지금까지 알게 모르게 용병의 개념으로 적용되었던 원리들을 종합하여 새로운 독일 상황에 부합하도록 운용했던 것에 불과했음을 알 수 있다'라고 하였다. 새로운 것처럼 보이지만 그 근원을 살펴보면 대체로 과거부터 존재했다는 말이다.

우리나라도 정립이 되지 않았을 뿐이지 작전술에 입각한 작전적 기동을 통하여 수많은 전승을 거둔 사실이 역사적으로 등장한다. 을지문덕의 살수대첩으로부터 시작하여 이순신의 한산대첩과 명량대첩 등은 작전적 기동으로 적을 유인하여 격멸한 대표적 사례이다. 그러므로 그동안 이를 정립하지 못하여 편린으로만 존재했던 귀중한 사례 등을 모아 구슬을 꿰듯이 꿰어 놓는다면, 이것이야 말로 곧 보배가 될 것이라는 군사교리의 발전방향과 방안을 제시하고 있다. 여기에서 작전술을 '군사전략목표를 달성하기 위하여 대부대가 가용부대를 배비시키고 기동하는 실질적인 부대운용기술'이라고 정의하였다.

3. 작전술의 역할

작전술은 군사전략의 목표를 전술에 연계시키며 이로 인해 얻어진 전술의 승리를 군사전략의 목표에 부합되도록 하는 역할을 담당하는 영역이다. 관념적인 측면의 군사전략을 구체적인 군사작전으로 전환시키는 것이다. 그러므로 작전술이란 군사전략 목표를 달성하기 위하여 전쟁을 수행하는 활동을 말하는 것이며 주로 대부대급의 작전을 주관한다. 작전술은 전술보다는 상위의 개념으로 작용하며 전술 활동을 조직 및 지도한다. 작전술은 전술 수행을 보다 유리한 위치에서 수행하도록 지도하는 역할을 한다. 유리한 위치에서의 전투수행 지도는 보다 효과적인 시너지를 창출시키며 전투의 국면에서 주도권을 획득하도록 상황과 여건을 조성한다. 이러한 과정을 거치면서 작전적 성과를 도출하여 군사전략의 목표 달성에 부합되도록 한다.

작전술은 그 용어에 내포된 의미에서 알 수 있듯이 '싸움을 만드는 기술'이다. 전술은 '싸우는 기술'인 반면에 작전술은 싸움을 조직한다는 의미가 내포되어 있다. 단어가 주는 의미만을 보아도 전쟁수행의 가장 핵심적인 역할을 수행한다는 것을 알 수 있다. 즉, 결정적인 시기와 결정적인 장소를 식별하여 전투력을 집중시키는 군사행동을 말한다. 작전술은 군사전략 목표 달성을 위하여 '기동, 배비, 전투'를 주요수단으로 하면서 최소의 전투를 추구한다. 이것은 '적의 심리적 마비'를 통하여 전쟁의 승리를 도모한다는 것이다. 여기에서 기동은 물리적인 측면을 말하는 것으로, '차후작전에 유리한 상황을 조성하기 위하여 적보다 유리한 위치로 병력, 장비, 물자 등을 옮기는 것'을 말한다. 이를 통하여 아군에게는 유리한 여건을 조성하고 적 부대의 균형을 와해시키는 것이다. 즉, 기습적인 기동을 의미한다. 기습이란 적이 예상하지 못한 시간, 장소, 방법으로 공격하는 것이다. 이렇게 하여 적을 심리적, 물리적으로 교란시켜 효과적인 대응을 하지 못하도록 하는 것을 말한다. 기습의 궁극적인 목적은 적의 심리적 마비를 달성하는 것이다. 또한 기습은, 적이 이를 알지 못하도록 하는 것도 중요하지만, 알았다 하더라도 대응하기에는 너무 늦게 만드는 것이 중요하다.

대표적인 사례로 우리나라에서는 6·25전쟁 당시의 인천상륙작전을 들 수 있다. 대표적인 기습의 성공이었다. 제2차 세계대전에서 독일군의 아르덴느숲 통과는 기습의 효과를 극대화시켜 전쟁의 주도권을 잡을 수 있었다. 독일군은 1940년에 프랑스를 공격하면서 주공의 기동로를 아르덴느숲으로 삼았다. 모두가 전차 기동이 불가능하다고 여겼던 숲이었다. 그러나 독일군은 이를 통과하여 프랑스군의 후방으로 공격하였다. 아르덴느숲을 극복한 독일군은 도버해협으로 군사력을 집중하여 프랑스군과 영국군을 무력화시켰다. 독일군은 최소의 희생으로 적의 전투의지를 마비시킨 것이다. 이것은 전혀 예측하지 못한 지역을 이용한 기습의 성공 결과였다. 독일군의 기습은 완벽한 승리를 가져왔다. 기동을 통하여 기습을 달성한 제2차 세계대전의 대표적인 전례로 꼽힌다.

독일군의 안르덴느숲 기동과 같은 극적인 기습의 성공은 6·25전쟁에서도 발생하였다. 맥아더는 모두가 불가능하다고 판단한 인천을 상륙지점으로 선정하여 기습적으로 상륙함으로써 북한군의 전의를 상실하게 만들면서 전쟁의 주도권을 한순간에 뒤바꾸었다. 만일 맥아더가 낙동강선에서의 전투에만 집중하면서 전투력을 보강한 후 차근차근 낙동강에서부터 북상하겠다는 작전을 구상하였다면 반격의 기회를 쉽게 마련하기도 어려웠을 것이며, 작전의 주도권을 확보하기도 어려웠을 것이다. 맥아더의 작전술 차원의 기동이 있었기에 전쟁의 주도권을 일순간에 바꿀 수 있었다. 인천상륙작전은 전술적 승리를 전략의 승리로 연결하는 역할을 하였다. 또한 인천상륙작전이 없었다면 낙동강선과 북진과정에서의 인명피해는 더욱 크게 나타났을 것이다. 인천상륙작전의 성공으로 북한군은 전투의지를 상실하였고, 저항은 무력화되면서 도주하기에 바빴다. 그 결과 큰 인명손실을 피할 수 있었다. 낙동강선에서 북한군은 8월 공세와 9월 공세를 통하여 영천을 빼앗으면서 크게 기세를 올리기도 하였다. 그들이 말하는 조국해방전쟁의 종결을

戰略價値없다' 動亂중 美軍철수계획

피난민 32萬명은 사바이섬으로 移住키로

KOREA THE UNTOLD STORY OF THE WAR Joseph C. Goulden

아이젠하워將軍이 撤軍計劃書 처음作成

» 망명정부를 구상한 「뉴코리아 계획」

영천이 함락되는 등 낙동강선에서의 위기가 계속되자, 미국은 한반도로부터 미군의 철수 문제를 심각하게 검토하였다. 미군은 일본으로 퇴각하는 한편 한국 정부의 고위관료와 군인, 그 가족 및 피난민들을 남태평양의 어느 섬으로 이주시킨다는 이른바 「'뉴코리아 플랜」이었다. 그러나 인천상륙작전을 성공시키면서 전세는 일거에 급변하였다.

출처 : 경향신문(1982.2.17.)

눈앞에 두는 듯하였다. 낙동강선의 전투에서 국군과 미군은 절체절명의 위기를 맞기도 하였다. 영천은 대구와 부산으로 이어지는 지리적 이점이 대단히 큰 도시였다. 영천의 실함은 곧바로 대구로 이어질 수 있으며, 이는 임시수도 부산의 함락을 예고하는 것이었다. 이로 인해 미국에서는 한국의 망명정부를 구상하기도 하였다. 즉, 한반도를 포기하고 망명정부를 수립시킨다는 복안이었다. 낙동강 방어선전투에서 국군과 미군은 북한군의 공세에 밀려 고전하게 되자, 미국은 한국을 포기하는 것이 현실적이라는 판단을 하기까지 하게 되었다. 한국민 62만명을 남태평양의 어느 섬으로 이주시켜 망명정부를 구성한다는 내용이었다. 이를 '뉴 코리아 플랜(New Korea Plan)'이라고 명명하였다. 그러나 이 구상은 다행히 실현되지 않았다.

리델하트가 말한 기동과 기습의 관계는 기동을 통하여 기습을 달성하는 것이며, 기습은 기동에 자극을 부여한다고 보았다. 이것은 둘의 관계는 항상 상호 보완적이며 개별적으로 존재하는 것은 아니라는 것을 의미한다. 그러므로 기동은 단순하게 이동하는 것과는 큰 차이가 있다. 작전술이 추구하는 적의 심리적 마비와 연계하여 해석하여야 한다. 배비란 '특정한 임무를 수행하기 위하여 부대를 배치하는 것'을 말한다. 이 역시 작전술이 추구하는 바를 달성하기 위한 행위이다. 이와 같이 작전술은 기동과 배비를 통하여 적의 심리적 마비를 이끌어 냄으로써 최소의 전투만으로 전쟁을 승리로 이끄는 것을 목적으로 한다. 기동과 배비는 아군 행동의 자유를 획득하는 것이고 주도권을 장악하는 작전수행의 기초가 된다. 이를 통하여 가장 유리한 조건을 조성하여 궁극적으로는 전투를 하지 않고 승리를 달성하는 것이다. 이러한 상황을 조성하는 핵심적인 주요 수단이 기동(機動)과 배비(配備)이며 이를 작전(作戰, Operation) 이라고 한다. 즉, 작전술은 군사전략이 부여한 목표를 달성하고 지원하기 위한 군사력의 기동, 배비에 대한 계획과 실행을 영역으로 한다. 이를 통하며 달성하고자 하는 효과를 작전술의 역할로 볼 수 있다. 작전술은 상위개념의 군사전략과 하위개념의 전술과의 연결을 보장하는 역할을 하며 전역(戰役)[5]과 주요작전을 담당영역으로 한다.

전쟁이 발생한다면 최소의 싸움으로 최소의 피해를 추구하면서 이를 종결지어야 한다. 억제전략이 실패할 경우 전쟁은 불가피하다. 이를 수행하기 위한 전략으로 섬멸전략, 마비전략 등을 언급한 바 있다. 군사전략의 목표가 정해진다면 이를 효과적으로 수행할 하위 차원의 군사작전 실행이 필요하다. 즉, 작전술 차원의 군사력 운용과 전투에서의 전술이 뒤따라야 한다. 이러한 실행은 근본적으로 최소의 전투를 추구하여야 하는

5) 통상 주어진 공간 및 시간 내에 공통목표를 달성하도록 지향된 일련의 관련된 군사작전을 말한다.

것이 가장 바람직하다. 피해를 최소화하면서 소기의 성과로 목표를 달성하는 것이 보다 합리적이고 이상적이기 때문이다. 이를 좀 더 구체적으로 표현한다면, 전쟁을 할 수밖에 없는 상황이라면 적의 전투력을 최대한 짧은 시간에 최저의 수준으로 만들어 놓고 싸워야 한다고 이해하면 된다. 이는 아군의 신속한 기동을 통하여 달성할 수 있다. 앞에서 언급하였듯이 리델하트는 이를 '기동을 통한 기습'으로 보았다. 기습은 아군의 신속한 기동을 통하여 달성할 수 있다. 적보다 유리한 위치로 기동하여 적의 전투의지를 마비시켜 저항의지를 무력화시키는 과감한 행동은 적을 혼란에 빠지게 한다. 기습에서 지향해야 할 중심(重心)은 적의 전투의지를 마비시킬 수 있는 것이어야 한다. 그러므로 이를 식별할 수 있는 폭넓은 안목과 전반적인 전황을 예측하는 통찰력은 작전술을 구사하는 제대의 지휘관에게는 대단히 중요하다. 작전술은 군사전략이 제시하는 목표를 달성하는 것을 수행 영역으로 한다. 그러므로 작전술은 '이겨 놓고 싸운다'를 그 목적으로 한다. '이겨 놓고 싸우는' 핵심요소를 무엇으로 볼 것이지는 대단히 중요하다.

작전술 역할의 중요성을 언급할 때 자주 등장하는 교훈으로 미국의 베트남전쟁의 실패를 든다. 미국은 지상전의 전투에서는 승리했으나 군사전략의 목표를 달성하지 못하고 철군하였다. 물론 철군의 명분은 있었으나 냉정히 평가하면 군사전략의 목표를 달성하지는 못했다. 이러한 사실은 미군에게 있어서 뼈아픈 대목이다. 그 원인으로 지목하는 것이 전투의 승리를 전략의 승리로 귀결시켜 줄 작전술의 부재를 가장 큰 이유로 보고 있다. 장기판을 예를 들면, 졸(卒)을 계속하여 전진시켜 '장군'을 불러서 이기겠다는 발상과 마찬가지일 것이다. 작전술은 차(車) 또는 포(砲) 등을 이용하여 적을 압박할 수 있는 퇴로를 차단하면서 '장군'을 외치는 것으로 이해할 수 있다. 물론 졸(卒)의 역할 역시 어느 경우이든지 무시할 수는 없지만, 기동과 배비라는 측면에서는 한계가 있다.

그렇지만 작전술이 반드시 빠른 기동을 전제로한 심리적마비를 달성하여 적의 전투의지를 격파하는데 중점을 둔 기동전만을 바탕으로 해야 함을 의미하는 것은 아니다. 작전술의 역할은 전략을 군사작전으로 전환시키는 것이므로 이에 대한 역할을 수행하는 접근방법을 채택해야 한다는 것이다. 이에 대한 문제는 전략이 제시한 목표를 달성하는 것이므로, 전략의 목표를 고려한 가장 합리적인 방법을 강구하는 것이 필요할 것이다. 또한 전쟁의 목적을 고려하여야 한다. 전쟁은 모든 외교적인 방법으로의 해결이 불가함에 따라 최후의 수단으로 사용하는 것이다. 그러므로 최소의 전투를 통하여 목적을 달성해야 한다는 것은 자명한 사실이다. 최소한의 유혈만으로 전쟁을 종결한다면 이는 전쟁의 목적을 가장 효과적으로 달성한 것으로 평가하여도 무난할 것이다. 따라서 기동전의 중요함을 말하는 것은 전쟁을 조기에 종결하는 것에 중점을 둔 개념으로 이해하면 될 것이다. 일단 시작한 전쟁의 종결은 승리를 통하여 이루어야 한다. 이는 적부대의 격멸이라는 물리력 파괴를 통한 전투의지 파괴에 중점을 둘 것인지, 적의 전투의지를 파괴하여 소유하고 있는 군사력의 무력화를 도모할 것인지는 상황을 고려하여 선택하여야 할 것이다. 그렇지만 그 둘의 차이는 분명히 존재할 것이다. 베트남전에서는 전략목표를 달성할 만한 작전술을 발휘하지 못했지만, 우리나라에서 전개된 6·25전쟁에서는 세계의 이목을 집중시키는 작전술이 등장하였다. 비록 통일로 귀결시키지는 못했지만 국경선까지 신속히 진출하면서 적의 전의를 말살하는 등 성공적인 작전을 전개하면서 전쟁의 주도권을 주도하였다. 그중에서 단연 돋보이는 국면은 인천상륙작전이었다. 이는 작전술 차원의 군사작전을 실행한 것이며, 이러한 과감한 군사작전이 있었기에 전쟁의 주도권 장악이 가능하였다. 낙동강선에서 인천상륙작전을 전개하여 수도 서울을 수복시키는 데에는 많은 시간이 걸리지 않았다. 9월 15일의 상륙작전으로부터 9월 28일의 서울 수복은 실로 보름도 채 되지 않는 기간이었다. 만약 낙동강선에서 전력을 보충하여 북진으로 연계하였다면 많은 시간이 필요했을 것이며, 적의 조직적인 지연

» 인천상륙작전을 지휘하는 맥아더

출처 : 국가기록원

전 전개에 따른 피해는 크게 발생했을 것이다. 국군과 유엔군은 인천이라는 적의 깊은 배후를 향하여 기습적으로 전투력을 집중시켜 반격의 발판을 삼았으며, 적의 주력이 위치한 낙동강선으로의 병참선을 단절시켰다. 국군과 유엔군은 적의 주력을 직접적으로 저격하지 않으면서도 기동과 기습을 통하여 적을 대혼란에 빠지게 하였다. 전황이 이렇게 전개되자 북한군의 선택은 단 하나로 정해지게 되었었다. 한시라도 빨리 낙동강선에서 벗어나는 길만이 생명을 부지할 수 있다는 것을 지휘관부터 병사에 이르기까지 쉽게 깨달았다. 뒤이어 무질서한 도주로 일관하게 되었고 국군과 유엔군은 너무나 빠른 속도를 보장받으며 북진대열을 유지할 수 있었다. 그렇다면 작전적 기동의 장소로 인천을 선택했을 경우의 이점을 분석해 볼 필요가 있다. 북한군의 가장 강력한 주력은 낙동강선에서 공세에 집중하고 있었으며, 인천은 비교적 적은 방어부대만을 편성하고 있었다. 즉, 적의 강점이 집중된 곳은 낙동강선이었으며, 약점은 후방지역이었다. 그중에서 인천은 수도 서울을 수복하기 용이한 지리적 이점이 있었으며, 북한군의 방어부대가 미약하게 배치되어 있다는 약점을 갖고 있었다. 그 당시의 낙동강선에서의 북한군은 오로지 부산을 목표로 전력을 다해 앞만 보고 질주하는 형국이었다. 그들의 눈에는 저 산만 넘으면 무지개를 잡을 수 있다는 환상에 빠져 있었다. 따라서 주변의 취약점에 대한 조치에서는 매우 큰 허점을 스스로 노출시키고 있었다.

이에 반해 맥아더는 후방지역의 취약점을 노리면서 일거에 전세를 역전시킬 구상을 하고 있었다. 맥아더는 서울과 근거리이면서 경계가 취약한 인천을 주목하였다. 맥아더는 인천으로의 상륙작전이 무모하다고 반대하는 워싱턴의 주요 인사들을 설득할 때도 북한군의 취약점을 거론하였다. 북한군의 전투부대는 모두 낙동강선에 집중하고 있으며 제대로 된 예비대가 없다는 점을 강조하였다. 이것은 『손자병법』의 시계편(始計篇)에 나오는 '공기무비 출기불의 (攻其無備 出其不意), 적이 준비되지 않은 곳을 치고, 적이 전혀 예상하지 못한 방법으로 나아간다'이다. 인천은 조수간만의 차이가 심하다는 것과 만조 기간이 2~3일에 불과하다는 불리점을 갖고 있었다. 이처럼 인천은 지리적으로는 불리한 여건에 있었으나 이를 성공시킨다면 보다 유리한 국면전환이 가능한 곳이었다. 우선 적의 병참선을 차단하기에 유리했으며, 무엇보다도 수도 서울로 진격하기에 유리한 도로망 등의 접근성을 갖추고 있었다. 수도 서울이 갖고 있는 상징성을 고려하면 인천은 상륙지점으로 더 없이 좋은 조건이었다. 맥아더는 이러한 장점을 활용한다면 전세의 역전을 넘어 군사전략의 목표를 조기에 달성할 것이라 굳게 믿고 있었다. 맥아더는 전쟁 초기부터 상륙작전을 구상하고 있었다. 미국의 전쟁 참전이 결정된 직후 맥아더는 적의 후방지역으로 상륙작전을 감행하여 일거에 전세를 역전시키겠다는 작전적 기동을 구상하였고, 이에 대한 구체적 방안 강구를 참모들에게 지시하였다. 이를 뒷받침하는 것이 맥아더의 회고록이다. 맥아더의 회고록에 의하면 인천상륙작전을 위한 그의 최초구상은 6·25전쟁 발발 후 1주일이 채 되지 않았던 1950년 6월 29일 한국전선을 시찰하기 위해서 한강변에 이르렀을 때였다. 맥아더는 서울을 연한 적의 병참선 중앙부를 타격하기 위하여 인천에 대한 상륙작전계획을 수립할 것을 그의 참모장 알몬드 소장에게 지시하였다. 맥아더는 작전의 목적을 분명히 하였다. 그것은 서울지역에 있는 북한군의 보급근원을 파괴함으로써 적의 군수보급체계를 완전히 분쇄하고 적의 전쟁수행능력을 철저히 와해시켜 버리는 것이었다.[6] 공격작전의 궁극적인 목적을 실현하고자 한 것이다. 인천상륙작전의 의미는 여기에서 찾아야 한다. 전투의지 파괴야말로 전쟁의 가장 큰 피해로 꼽는 인명피해를 최소화하는 길이기 때문이다. 이는 신속한 기동을 이용한 기습의 효과에서 비롯되는 것이다.

맥아더가 최초 구상한 상륙작전의 작전명은 블루하트(Blue-Hearts)계획이었다. 미 제24사단을 투입하여 남하중에 있는 북한군을 오산과 차령산맥을 연하는 선에서 저지하고, 미 제1기병사단을 7월 22일경 인천지역에 상륙시켜 북한군을 남과 북에서 협공하는 계획이었다. 일명 '망치와 모루의 전법'으로 적을 격멸하겠다는 것이었다. 그러나 블루하트 계획은 최초 참전한 미 제24사단이 북한군의 진출을 저지하지 못함으로써 자동적으로 취소되었다. 또한 상륙부대로 고려되었던 미 제1기병사단은 북한군의 남진을 저지하기 위한 지상작전에 투입시켜야 했다. 서울을 함락시킨 북한군은 초전의 상황에서와 마찬가지로 전차를 선두로 하여 남진을 계속하였다. 그러나 불행하게도 국군과 미군은 북한군의 T-34 탱크에 대적할 적합한 수단이 없었다. 북한군이 대전까지 남하한 이후에야 겨우 3.5인치 로켓포가 공수되었고 대전전투에서 처음으로 사용되었다. 그러나 비록 블루하트 계획은 취소되었지만, 극동군 사령부에서는 또 하나의 상륙작전 계획을 맥아더의 지시에 따라 진행시키고 있었다.

이 계획을 크로마이트(Chromite)계획이라고 하였다. 요지는 7월 중순에 샌디에고와 다코마를 출항하여 미 해병대 제1여단과 미 제2사단을 9월중에 상륙시킨다는 것으로 다음과 같은 세 가지 계획을 만들어 내었다. 그것은 다음의 세 곳을 상륙지점으로 검토한다는 것이었다. ① Chromite 100-B:인천에 상륙하여 서울과 수원지역 점령, 8군은 반격 ② Chromite 100-C:군산에 상륙하여 대전으로 공격하여 북한군 배후 장악 ③ Chromite 100-D:주문진에 상륙하여 강릉과 원주방향으로 공격, 북한군 후방 차단 등

6) 이종학, 「한국전쟁의 현대전략적 조명」, 『국방학술논총 제2집』, 1989년 8월, pp.110∽111.

세 가지의 방안에 대해서 논의하기에 이르렀다. 이 중에서 최종적으로 인천에 상륙하는 방안이 채택되었다. 여러 가지의 조건으로 보았을 때, 인천은 유리점보다는 불리점을 더 많이 안고 있었다. 그러나, 성공에 따른 엄청난 효과에 우선을 둔 맥아더의 신념을 꺾지는 못하였다. 상륙군은 서해안의 해상 기동로를 이용하여 인천으로 향하였다. 적의 배후를 기습하고자 한 것이며, 이곳은 유엔군이 판단한 최소저항선과 최소예상선이었다.[7] 인천상륙작전을 성공한 유엔군은 서울을 목표로 기동하였다. 이로써 국군과 유엔군은 적의 퇴로와 병참선을 차단해 적을 결정적으로 불리한 위치로 몰아넣고 있었다. 결과적으로 적의 저항을 최소화 시킬 수 있었으며, 그 결과 최소의 전투로 최소의 희생만을 남기면서 서울을 탈환하게 되었다.

서울은 국가의 심장이다. 수도라는 상징성과 함께 적의 퇴로와 병참선을 차단할 수 있는 효과를 함께 가지고 있다. 서울수복은 정신적인 면에서나 군사작전적인 차원에서나 의미가 각별하게 다가왔다. 국군과 유엔군이 서울을 수복함으로써 적은 결정적으로 불리한 위치에 처하게 되었다. 특히 적의 전투의지를 상실시켰다는 것은 완벽한 성공이었다. 이것은 작전술의 전형적인 성공이었으며, 작전술이 추구하는 최소의 전투로 희생을 최소화시켰다는 평가를 받기에 충분하였다. 인천상륙작전 이후에 북진과정에서 중공군의 대병력이 참전하면서 유엔군은 다시 후퇴하였다. 그러나 북한군과 중공군은 북한 지역을 회복하고도 대병력을 전선에 집중하는데 주저하게 되었다. 왜냐하면 그들은 국군과 유엔군의 상륙작전을 통한 작전적 기동을 염려해야 했다. 이전에 받은 일종의 학습효과였다.

인천상륙작전은 이처럼 이후의 전황에서도 견제 역할을 톡톡히 하였다. 북한군과 중공군은 유엔군의 해상과 공중장악력을 바탕으로 한 상륙작전을 다시 염려해야 하는 심리적인 위압감에서 벗어나기 어려웠다. 이처럼 작전술에서의 성공적인 기동은 적을 불리한 위치로 몰아넣어 전력 발휘의 제한은 물론이고 전의를 상실시킨다. 즉, 군사전략의 목표 달성에 유리한 조건을 제공한다. 이를 보면 인천상륙작전은 전략과 전술을 연계하는 작전술의 역할이 얼마나 중요한가를 알게 해 주는 전례이다.

---

7) 최소예상선 (最小豫想線, MLE : Minimum Line of Expect)이란, 적의 입장에서 아군이 공격하지 않으리라고 생각하는 지점 또는 지역을 말한다. 『손자병법』의 '출기불의(出其不意)'를 말하며 심리적인 면이 강조된 용어이다.
최소저항선 (最小抵抗線, MRL : Minimum Resistance Line)이란, 적의 입장에서 아군이 공격하지 않을 것으로 생각하여 군사적인 대비책을 강구하지 않은 지점 또는 지역을 말한다. 『손자병법』의 '공기무비(攻其無備)'를 말하며 물리적인 면이 강조된 용어이다.

4. 작전술의 원칙

사전적 의미에서의 원칙(principle)이란 '많은 경우에 두루 적용되는 기본적인 규칙이나 법칙'이다. 따라서 원칙의 의미는 거의 모든 대부분의 일에서 통용되는 기본을 말한다. 이러한 원칙은 일상의 생활을 영위하면서 지켜야 할 기본을 의미한다. 군사작전에서도 원칙이 존재한다. 작전술의 원칙이란 작전수행을 지배하는 근본적인 원리를 말한다. 이는 그동안의 발생했던 전쟁의 결과를 분석해서 얻은 결과를 바탕으로 하고 있다. 작전술의 원칙은 그동안의 전쟁을 분석하여 작전수행을 지배하는 기본적인 원리를 도출해 낸 결과물이다. 그러므로 보편성과 타당성을 갖추고 있다. 절대적인 진리는 아니지만, 적용할 가치는 충분히 갖고 있다는 것을 입증한 결과물로 이해하면 될 것이다. 전쟁의 상황은 실로 다양하여 각각의 원칙들이 적용될 때 상승작용을 일으키지만 상충되는 현상도 발생한다. 아무리 진리에 가까운 원칙이라 하더라도 상충을 무릅쓰고 적용한다는 것은 무모한 일이다. 그러므로 이를 효과적으로 적용하기 위해서는 상식적인 입장에서 보다 객관적으로 상황을 평가하는 것이 필요하다. 전쟁의 상황은 너무나 다양하며 시시각각으로 변화를 가져온다. 다양하고 변화하는 상황에 부합되게 각각의 원칙을 균형적으로 적용하는 것이 필요하다는 것이다.

작전술의 원칙은 국가별로 다소의 차이는 갖고 있다. 우리나라는 2002년 합동참모본부에서 발간된『군사기본교리』에서 군사작전 원칙으로 목표, 정보, 방호, 지휘통제, 주도권, 통합, 지속성, 사기 등 총 8개의 원칙을 내세웠다. 2013년에 육군본부에서 발간한『작전술』에서는 총 9개의 '지상작전 원칙'을 제시하였다. 여기에서는 이를 중심으로 열거하고자 한다. 과거에는 총 10개의 원칙에 대하여 '전쟁원칙'이라는 용어를 사용하였다. 목표, 공세, 집중, 기동, 통일, 기습, 경계, 정보, 창의, 사기의 원칙 등 이었다.[8] 이를 보면 원칙이 고정 불변적이지는 않다는 것을 알 수 있다. 그것은 무기체계의 발달과 군사교리의 변천 등이 복합적으로 작용한 결과로 이해해야 할 것이다. 이러한 원칙은 국가에 따라 다소의 차이는 있으나 핵심적인 아홉 가지는 대부분의 국가에서 대체적으로 적용하고 있다. 여기에서 언급하는 원칙은 독립적으로 작용하는 것은 아니다. 상

8) '전쟁원칙'으로 불렸던 용어는 2002년 발간된『지상작전』에서 '군사작전원칙'으로 변경되었다. 그 후 2011년 야전교범 0으로 발간된『지상군 기본교리』에서 '지상작전 원칙'이라는 용어로 9개를 선정하였다.

호보완적으로 연계하여 작용하므로 적용에 있어서도 이를 참고하여야 한다. 이를 적용하는 과정에서는 반드시 9개의 원칙이 적용되어야 하는 것도 아니다. 특정한 상황에서는 특정원칙이 더 중요하게 적용되기도 한다. 결론적으로 모든 것은 조화를 이룰 때 아름답듯이, 지상작전 원칙도 마찬가지의 이치이므로 적절한 적용의 묘수가 따라야 할 것이다. 여기에서는 9개의 원칙에 대한 개념을 설명하고 이에 대한 전례를 소개하여 이해를 돕도록 하겠다. 여기에서 말하는 원칙은 작전술에서만 적용하는 것은 아니다. 전쟁의 원칙에서 지상작전의 원칙으로 용어의 변천이 이루어졌음을 보면, 작전수행의 원칙은 전략, 작전술, 전술 등 전분야에 걸쳐 공통적으로 적용되는 개념으로 보아야 할 것이다. 즉, 전쟁(군사전략의 영역)과 전투(전술의 영역) 모두를 포괄하는 원칙으로 보는 것이 타당할 것이다. 군사전략에서는 전쟁 전반에 대하여 포괄적으로 적용되며, 전술에서는 전장의 환경에 따라 제한적으로 적용된다.[9)]

성공한 작전의 전례에서 지상작전의 원칙 적용을 분석해 보면, 보통의 경우 한 개의 원칙만이 적용된 것이 아니라 수 개 이상의 원칙이 적용되었음을 발견하게 된다. 이것은 지상작전의 원칙이 군사작전을 계획할 때 필수적으로 고려해야 할 요소라는 의미이기도 하다. 인천상륙작전의 전례를 분석해 보아도 이를 알 수 있다. 전쟁사 중에서 인천상륙작전은 작전수행의 원칙이 균형 있게 적용된 작전으로 평가받는다. 6·25전쟁 중 '크로마이트작전 (Chromite)'이란 암호명으로 시행된 인천상륙작전은 불리한 전세를 역전시킨 작전이었다. 이러한 성공의 이면에는 작전수행원칙의 적절한 적용과 함께 이를 수행하는데 주저하지 않았던 맥아더의 신념이 있었다. 잘 알려진 사실이지만 어느 누구도 이 작전을 찬성하지 않았다. 특히 미국의 전쟁지도부는 극렬히 반대하였다. 인천의 만조와 간조의 차이는 10m였다. 상당히 큰 차이를 보이는 지형적인 특성의 약점을 갖고 있었다. 또한 결정적인 것은 만조 시간마저도 2시간에 불과하였다. 이러한 조건은 2시간에 상륙을 완료하여야 함을 의미하였다. 동원되는 함선 역시 짧은 시간을 이용하여 해상으로 빠져나와야 피해를 방지할 수 있는 조건이었다. 이러한 지리적인 영향은 대규모 병력의 상륙에는 절대적으로 불리한 조건이었다. 그러나 맥아더는 신념을 굽히지 않고 실행하였고 성공하였다. 이것은 맥아더의 경험도 한몫하였다.

맥아더는 제2차 세계대전에서 '개구리 점프 뛰기'의 전법을 구사하여 성공한 이력을 갖고 있었다. 즉, 방어가 강화된 섬이나 진지는 회피하면서, 적이 예상하지 못한 곳을 공격하는 전법이었다. 일본군이 미군에게 처참하게 깨지기 시작한 것은 뉴기니전선에

---

9) 육군교육사령부(1987), 앞의 책, p.274.

서부터였다. 일본군은 솔로몬 제도의 섬들을 연하여 방어선을 구축하였다. 그리고 미군이 공격해 오기를 기다렸다. 그러나 미군은 이를 우회하여 북쪽의 라바울 섬을 점령해 버렸다. 맥아더는 취약한 지점을 공략하였고, 이러한 그의 의도는 적중하였다. 일본군은 혼란에 빠질 수밖에 없었다. 이렇게 되면 앞으로는 이에 대한 대비책으로 모든 지역에 병력을 분산 배치할 수밖에 없는 상황이 되면서 더욱 혼란스럽게 된다. 즉, 보급의 문제 등이 추가적으로 발생하는 것이다. 혼란은 의도했던 바가 계획대로 진행되지 않을 때 발생하는 것이며 균형의 상실을 가져온다. 이처럼 맥아더는 적의 의표를 찌르며 본인의 의지대로 전선을 형성하면서 의도한 지역으로 적을 끌어들이는 능력을 보였다. 적이 예상하지 못하는 지역은 공격에 용이한 지역이 아니라, 자연적인 조건 등으로 공격하기 곤란한 지역 등을 말한다. 바로 인천의 불리한 자연환경이 그러한 조건을 갖춘 지역이었다. 이를 지상작전 원칙에서 분석해 보면 다음과 같다.

▸ 인천상륙작전에 적용된 지상작전의 원칙

[1] 목표(目標, Objective)의 원칙	인천상륙과 서울수복
[2] 공세(攻勢, Offensive)의 원칙	적의 취약점(인천)에 대한 공격
[3] 정보(Intelligence/Information)의 원칙	인천에 대한 첩보 수집
[4] 지휘통일(Unity of command)의 원칙	유엔군 사령관에 맥아더 임명
[5] 기동(Maneuver)의 원칙	상륙군의 기동(일본 → 인천)
[6] 집중(Mass)의 원칙	별도의 상륙군 편성
[7] 기습(Surprise)의 원칙	예상하지 못한 지점(인천)을 공격
[8] 방호(Protection)의 원칙	일본에서의 상륙훈련으로 전투력 보존
[9] 사기(Morale)의 원칙	충분한 훈련과 보급으로 사기 앙양

목표의 원칙에서 맥아더는 서울을 수복한다는 명확한 목표를 부여하였으며, 그를 위한 발판으로 인천을 선정하였다. 기동의 원칙에서는 우세한 해상력과 공중력의 지원을 받으며 인천이라는 결정적인 장소로 정해진 시간에 맞추어 기동하였다. 기습의 원칙으로는 북한군의 입장에서는 전혀 예상하지 못한 지역이었다는 것이다. 또한 이를 기만하기 위하여 장사동 상륙작전을 전개하였으며, 주요 항구에 대한 대대적인 공중폭격을 감행하여 상륙지역을 판단하지 못하도록 양동작전과 양공작전을 병행하였다. 집중의 원칙에서는 인천을 상륙지점으로 정하는 순간 이미 결정되고 있었다. 북한군은 낙동강전선 돌파에만 매달려 대부분의 병력을 낙동강선에 투입한 상태였다. 인천을 방호하기 위

한 적절한 대책이 대단히 부족한 상황이었다. 반면에 유엔군은 별도의 상륙부대를 편성하여 집중을 달성하였다. 공세의 원칙으로 보면 낙동강선을 유지하면서 전선이 돌파될 때마다 적절한 공세행동으로 북한군의 공세를 좌절시켰다. 또한 그와는 동떨어진 인천에 대한 대규모의 공세행동을 실시하였다. 방호의 원칙으로는 상륙군으로 제10군단을 별도로 편성하여 일본에서 작전을 준비하는 등 상륙군의 온전한 전투력 보존을 도모하였다.[10] 다른 한 가지의 변수가 있었다. 우리나라는 9월을 전후하여 태풍이 많아진다. 상륙군은 태풍의 영향으로 이미 9월 초에 일본의 항구에 정박 중이던 함선이 일부 파손되기도 하였다. 맥아더를 더욱 불안과 초조로 몰아간 것은, 일기예보에서 발표한 12일의 태풍 소식이었다. 상륙군은 초조하게 해상에서 태풍이 지나가기만을 기다렸고 다행히 큰 피해는 없었다. 지휘통일의 원칙에서는 다양한 국가들이 참여한 상륙작전을 맥아더를 총지휘관으로 하는 일사불란(一絲不亂)한 지휘체계를 수립하여 작전을 지휘할 수 있는 여건을 마련하였다. 이와 같은 원칙이 적용된 9월 15일의 인천상륙작전은 대성공을 거두었다.

[1] 목표(Objective)의 원칙

목표는 구체적인 대상물을 말하며 행동의 집중을 도모할 수 있다. 이를 달성하는 것은 최종상태에 도달하는 것이기도 하다. 목표는 모든 군사작전의 활동을 집중시키며 이를 지배하는 역할을 한다. 군사작전에서의 목표는 명확하게 식별이 가능해야 한다. 또한 목표를 확보하게 되면 결정적인 이점을 제공하는 유리점을 갖고 있어야 한다. 군사작전에서의 목표는 임무를 완수하기 위하여 전 역량을 집중하여 지향하게 되는 최종 결승점을 말한다. 목표는 부대의 능력을 집중하였을 때 달성 가능하여야 한다. 즉, 수단과 능력을 고려하여 목표를 선정해야 하며, 목표를 달성하기 위하여 모든 수단을 집중시켜야 한다. 이것은 과학적인 근거를 바탕으로 계획을 수립해야 한다는 것이다. 현실성이 결여된 목표의 선정은 실패의 파국으로 치닫게 된다.

각급제대가 선정한 목표는 상급제대의 목표 달성에 기여할 수 있어야 한다. 전략 차원의 목표는 전쟁의 승리를 달성해야 한다. 작전술의 목표는 전략의 목표 달성에 기여해야 하며, 전술의 목표 역시 작전술의 목표를 달성하도록 선정하여야 한다. 목표의 원칙에서 분석해 보면, 맥아더가 인천을 상륙작전의 최적지로 선정한 것은 탁월한 선택이

10) 인천상륙작전을 위해 8개국의 260척이 넘는 함선이 동원되었다. 미국, 영국, 캐나다, 호주, 뉴질랜드 등이었다. 함선은 일본의 요코하마와 고베 등에서 출발하였으며, 이들 함선들은 제주도 남동쪽에서 만난 후, 부산에서 출발한 배들과 제주도 서쪽에서 합류하였다. 그리고 서해를 이용하여 인천까지 이동하였다. 7만 5천 명의 상륙군을 태운 함선이었다. 유엔군의 손실은 전사 21명 실종 1명 부상 174명이었다.

었음을 알 수 있다. 인천은 적의 방비가 약하면서도 서울을 최단거리로 삼을 수 있었다. 서울은 수도라는 상징성과 함께 낙동강선으로 이르는 북한군의 주보급로를 차단할 수 있는 길목이기도 하였다. 지리적인 중요성으로 본다면 핵심적인 위치였다. 인천 자체에는 북한군의 핵심시설은 없었지만 지리적 중요성은 핵심 중의 핵심이었다. 서울을 탈환한다는 것은 적의 보급로를 함께 차단한다는 효과를 갖고 있었으며, 이를 차단한다면 북한군의 전투의지를 마비시킬 수 있는 핵심적인 목표였다. 인천상륙을 발판으로 삼아 서울을 확보한다면 북한군은 허리를 잘린 상태로 만드는 것이었다. 이것은 적의 전투력을 급격히 저하시켜 지리멸렬한 상태로 만들 수 있는 이점을 갖고 있었다. 이러한 효과를 달성한다면 차후의 작전에서 주도권을 확보할 수 있는 중요한 목표였다. 적의 배치가 약하면서도 핵심적인 장소를 목표로 선정한 것이다.

[2] 공세(Offensive)의 원칙

공세는 전장에서의 주도권을 장악해야 한다는 의미이다. 공격작전은 공격의 시간과 장소 등을 선택하여 적극적인 행동을 수행하면서 적에게는 행동의 자유를 억제하여야 한다. 반면에 방어작전에서는 적의 공격에 맞서 행동하는 수동적인 측면이 있다. 이를 극복하기 위해서는 공격작전 못지않게 방어작전에서도 보다 다양하고 적극적으로 공세적인 행동이 이루어져야 한다. 공격과 방어작전을 막론하고 항상 전장의 주도권을 유지해야 한다는 의미이다. 이는 『손자병법』의 허실편(虛實篇)에서 나오는 '선전자(善戰者) 치인부치어인(致人而不致於人), 싸움을 잘하는 자는 적에게 끌려다니지 않는다'라는 말과 일치한다. 아군이 의도하는 대로 전장을 지배해야 함을 말한다. 의도하는 대로 적을 끌어들일 수 있는 것은 공세행동을 통하여 달성할 수 있다. 그러므로 승리를 달성하기 위해서는 아군의 의지를 적에게 강요하는 것이 필요하다. 이것은 능동적이고 적극적인 공세행동을 전개하는 것이며, 이를 통하여 전장의 주도권은 확보된다. 전장의 주도권은 전장을 지배하는 기세를 말한다. 우리가 흔히 기선을 제압한다고 말하는 것과 일맥상통하는 의미이다. 주도권 확보는 공격작전에서는 공격행위 자체로 이루어지기도 한다. 이러한 행동이 제한되는 방어작전에서는 공세행동을 통하여 이를 달성하여야 한다. 주도권 확보방법은 적의 과오나 약점을 발견하면 최대한 활용 가용한 전투력을 과감하고도 공세적으로 운용하는 것과 기습의 효과를 달성하여 적의 전투의지를 파쇄하는 것이 필요하다. 방어작전에서의 주도권 확보방법에는 역습, 역공격, 파쇄공격, 촌단공격 등의 공세행동이 있다. 방자는 보다 유리한 지형을 선점하여 방어지대를 편성할 수 있다. 유리한 지역의 선정은 전투력을 보존하기에 유리점을 제공하며, 적의 약점과 과오에 대한 즉각적인 반응이 가능하게도 한다. 공격과 방어작전 모두에서의 중요한 관건은 전장의 흐름을 아군의 의지대로 움직이는 능력이며, 이는 공세의 원칙으로 달성된다.

[3] 정보(Intelligence/Information)의 원칙

정보는 Intelligence와 Information으로 구분하여 살펴볼 수 있다. Intelligence란 적대적 무력 또는 잠재적 적대세력과 실제적·잠정적 작전지역 환경에 관련된 가용한 모든 첩보자료를 수집 및 처리, 융합, 분석 및 평가과정을 거쳐 획득된 지식 또는 이 같은 결과물을 생산하는 활동뿐 아니라 그 활동과 관련된 조직을 칭한다. Information은 다양한 형태에 내포된 일반적인 사실이나 자료를 말하며, 광의의 정보에는 첩보를 가공하여 유익한 산물로 정리된 모든 자료를 포함한다.[11] 이와 같은 정의를 살펴보면 정보는 가장 기초가 되는 원칙이다. 군사작전은 적에 대한 정보를 바탕으로 계획이 수립되고 자원이 할당되며 병력운용이 결정된다. 주력의 기동 방향과 배치지역이 결정되는 근거로 작용한다. 그러므로 정보는 적의 능력과 의도에 대한 판단이 무엇보다 중요하다. 공격계획이나 방어계획 등은 적의 정보에 기초를 두고 작성된다.

정보의 중요성은 손자가『손자병법』의 모공편(謀攻篇)에서 '지피지기(知彼知己) 백전불태(百戰不殆), 적을 알고 나를 알며 백번 싸워도 위태롭지 않다'에서 핵심을 말하고 있다. 이 구절은 오래전부터 인구에 회자되어 왔다. 정보는 그 오랜 옛적부터 전쟁과 전투 수행을 위한 중요한 핵심요소로 인정되고 있었다. 그러므로 정보는 모든 작전에서 필수적인 요소임은 물론이고 작전을 계획하고 실시하는데 있어 가장 먼저 고려해야 할 원칙으로 손꼽혀 왔다. 정보의 정확성 여부는 전투의 승패를 결정하는 중요한 요소이다. 군사작전에서의 정보는 적 부대의 구성 및 배치, 편성과 장비 등을 탐지 및 분석하여 적의 능력과 기도를 파악하는데 중점을 둔다. 이는 작전술에서 말하는 적의 약점을 파악하여 전투력을 집중시키고 강점을 회피하기 위한 것이다.

현대전에서는 위성을 비롯하여 드론에 이르기까지 다양한 수단으로 정보를 획득하기 위하여 노력한다. 상황에 따라서는 병력을 직접적으로 투입하여 적에 관한 정보 파악에 주력한다. 각국에서는 천문학적인 예산을 투자하면서 첩보위성 등을 활용하고 있으며, 장차전에서는 더욱 다양한 첩보수집 장비를 대거 이용할 것이다. 정보수집 수단의 다양화와 능력이 더욱 중요시되고 있다. 정보는 적에 대한 수집활동도 중요하지만 아군의 정보를 지키는 것도 그 못지않게 중요하다. 이를 위한 다양한 대책이 제대별로 특성에

11) 육군본부,『군사용어사전』(대전: 국군인쇄창, 2012), p.483.

부합되게 강구되어야 한다. 아군의 작전계획은 적에게 입수되지 않도록 철저한 보안 즉, 방첩이 보장되어야 한다. 그러나 정보를 알고는 있었지만 내분으로 인하여 그 해석을 달리한 결과 실패한 전례도 수없이 존재한다.

이승만 대통령도 북한이 남침할 가능성이 있다는 것을 인지는 하고 있었다. 국방부와 육군본부에서는 북한군의 활동을 대체적으로 정밀하게 분석하고는 있었다. 하지만 그에 대한 준비는 철저하지 못하였다. 정보판단을 통하여 적정을 비교적 정확하게 파악하고 있었으므로 1950년 3월에는 육본 차원의 방어계획을 수립하였으며, 5월에는 적의 남침은 시간문제라고 경고하였다. 그러나 이런 판단과 경고에도 제대로 된 준비는 갖추지 못하였다. 그 결과 수많은 인명과 시설이 파괴되는 전쟁을 겪게 되었다. 이를 보면 전쟁지도부의 능력이 얼마나 중요한가를 알 수 있다.

제1차 세계대전 당시 독일군은 슈리펜(Schlieffen)계획에 따라 전쟁을 수행하고자 하였다. 서부에 전투력을 집중하고 동부는 전략적인 방어에 치중한다는 것이 큰 줄기였다. 이에 따라 동부러시아(Russia)와의 국경선에는 1개군(8군)으로 방어하고 있었다. 러시아군은 2개군(1군 및 2군)으로 1914년 8월 20일 선제공격을 실시하기로 하였다. 그러나 그에 대한 공격명령을 평문으로 하달했기 때문에 독일군은 사전에 이를 감청할 수 있었다. 그 결과 독일군은 적의 공격에 철저히 대비할 수 있었다. 8월 30일까지 있었던 전투에서 프러시아(Prussia)군은 1/2의 병력으로 탄넨베르그(Tannenberg)에서 러시아 2군을 포위 섬멸하는 전과를 이루어 냈다.

제2차 세계대전 당시 일본은 진주만 기습을 앞두고 있었다. 일본은 그해 가을에 미 태평양함대가 하와이 해역에서 함대연습을 행하고 있을 때, 무전도청을 실시하면서 진주만 기습을 준비하였다. 1941년 12월 8일의 진주만 기습은 성공적이었다. 즉, 연습기간 중에 양쪽 함대의 기함에 타고 있는 심판관이 6시간마다 기상통보를 하고 있었으며, 그 전문은 최초의 함정 위치에 경도와 위도를 삽입하도록 되어 있었다. 시간 숫자에 미리 정하여진 수를 추가해서 발신하고 있는 것을 발견하여 6시간마다 각 함대의 위치를 도상에 표시할 수 있게 되었고, 이것을 알게 됨으로써 연습부대의 구성과 양 함대의 행동반경도 쉽게 알게 되어 호출부호 등으로부터 양군의 편성 등도 추정할 수 있었다. 이러한 자료의 축적과 해석, 여기에서 새로 얻어지는 정보를 가지고 공격을 준비하여 진주만 기습작전은 크게 성공하였다.

1942년 6월 3일부터 6월 5일까지 실시된 미드웨이(Midway)해전에서는 미군이 일본군의 무전을 감청하여 이를 분석한 결과 승리로 이끌었고, 일본은 전쟁의 패전으로까지 연결되었다. 일본군은 대규모 연합함대를 구성하였으며, 사령관 야마모도는 알레우씨아군도(Aleutian Islands)에 견제공격을 가하고자 하였다. 그렇게 함으로써 솔로몬(Solomon) 지역에 있는 미 해군 주력을 유인하기로 계획하고 있었다. 미 해군이 유인되면 그로 인해 방어력이 미약하게 될 중앙지대인 미드웨이(Midway)는 취약점을 안게 되며, 이를 공격하여 미 해군을 양분하려 하였던 것이다. 그러나 미군은 이 계획을 사전에 음어를 해역하여 일본군의 의도를 간파하고 있었다. 역으로 이러한 계획을 알게 된 미태평양 함대사령관이던 니미츠(Nimitz)대장은 미군 주력을 미드웨이 해상에 대기시켜 일본해군을 기다리고 있었다. 전투준비를 마친 미군은 다가오는 일본해군의 주력을 격파함으로써 일본을 대패시켰다. 결국 미드웨이해전을 계기로 일본군은 패전의 전환점을 맞게 되었다. 그 이후 1943년 4월 18일 솔로몬(Solomon)해전의 결과로 함재기를 상실하게 된 일본 기동함대는 8방면군이 있는 라바울(Rabaul)기지를 철수하게 되었다. 함재기 지원 없는 해군 지상부대(육전대)를 위로차 야마모도는 참모를 대동하고 일본군 제6사단이 작전하고 있던 부게인빌(Bougainville)도 남단 부인(Buin)으로 비행하고 있었다. 역시 이때도 미군의 암호 해독으로 인해 사전에 대기한 미군기에 의해 격추되어 이들은 비극적으로 죽음을 맞았다. 미국과 일본은 정보를 탐지하고 탐지당하면서 웃고 웃는 비극을 되풀이하였다. 이러한 작전결과도 결국은 통신도청 작전이었으며 정보의 수집 능력과 방첩의 중요성을 보여주는 전례였다.

[4] 지휘통일(Unity of command)의 원칙

지휘의 통일이란 단일지휘관에 의해 조직이 운영되는 것을 말한다. 이는 일사불란한 지휘체계를 유지함으로써 노력의 낭비를 막고 목표에 대한 노력의 통일을 달성하고자 하는 것이다. 노력의 통일은 상이한 계통의 부대들이 혼재된 상태에서도 상호 협조와 협력으로 부여된 공동의 목표 달성에 노력이 지향되도록 한다. 지휘의 통일이 이루어진 부대는 보다 탄탄한 조직력을 바탕으로 가용한 전투력의 발휘를 용이하게 하는 장점을 갖고 있다.

특히 현대전은 다양한 국적의 군대가 모여 작전을 수행하는 경우가 더욱 많아지고 있다. 대규모의 합동작전과 연합작전 등에서는 다양한 군종과 기능뿐 아니라 국적까지도 다양하다. 이러한 다양성은 군종별 국가별로 독특한 군대문화를 향유하고 있다는 것이며 자칫 갈등의 요인이 되기도 한다. 이들을 하나의 목표 아래 공동의 가치를 공유시키기 위해서는 우선적으로 지휘의 통일이 이루어져야 한다. 여러 성격의 부대가 혼재한 상황에서는 자칫 노력의 낭비가 많이 발생하게 된다. 그러므로 노력의 통일을 위해서는 단일화된 지휘체계는 더욱 중요시되고 있다.

» 유엔기를 받아드는 맥아더, 1950.7.4.

군조직은 그 어느 조직보다도 지휘관의 지휘권에 의한 통일된 행동을 중요시한다. 지휘관에 의해 행사되는 권한을 지휘권이라고 하는데, 지휘권은 지휘관이 계급과 직책으로 예하부대에 대해 합법적으로 행사하는 권한을 말한다. 이에 따라 지휘관을 핵심으로 노력의 집중과 통일이 이루어져야 효율적이고 효과적인 작전수행이 가능하게 된다. 6·25전쟁 당시에 유엔군의 참전이 결정되자 맥아더는 총사령관에 임명되었다. 이는 일사불란한 지휘체계 구성으로 노력의 통일을 기하고자 하였기 때문이다. 미국은 북한의 전면 남침을 확인하자 곧바로 유엔 안전보장이사회의 긴급소집을 요청하였다. 유엔 긴급안전보장이사회가 처음 열린 때는 25일 오후 2시(한국시간 6월 26일)였다. 미국 대표는 "북한의 행동은 평화에 대한 파괴 행위이며, 북한군은 즉시 38도선 이북으로 철수하라."고 요구하는 결의안 초안을 낭독했다. 긴급 안전보장이사회 결과 미국의 결의안은 소련을 제외한 총 10개국이 참석하여 9개국이 찬성표를 던지면서 가결되었다. 그러나 북한은 유엔의 권고를 무시하고 계속 공격을 하자, 미국은 제2차 결의안을 유엔에 상정하였다. 6월 27일(한국시간 6월 28일) 오후 3시에 안보리 회의를 개최하였다. 소련은

Enclosure 1

217 - 1/22/52
1 PUSAN

MEMORANDUM

To: Chief of Staff, Korean Army.
Through: Minister of Defense.
Subject: Assignment of Command Authority over all Korean Forces to General of the Army Douglas MacArthur.

1. General of the Army Douglas MacArthur has been designated Supreme Commander of all United Nations Forces fighting in or near Korea, on behalf of all United Nations supporting the Republic of Korea against communist aggression. At the present time these Forces include land, sea and air forces from the United States, the United Kingdom, Australia, the Netherlands and Canada, and others have been offered.

2. The establishment of the principle of unity of command is essential to the winning of this war against the communists, and hence to the liberation of our country.

3. I have assigned to General MacArthur command authority over all land, sea and air Forces of the Republic of Korea during the period of the continuation of the present hostilities, to exercise this command either personally or through such military commander or commanders in Korea to whom he may delegate the exercise of this authority within or over Korea or in adjacent seas.

4. You are directed to take appropriate action to arrange to receive, transmit and execute such orders as may be received directly from General MacArthur's designated commander or commanders in Korea.

5. The Supreme Commander will maintain the organic and organizational integrity of the units of the Korean military forces, and of the Korean Army itself.

6. As previously directed, the activities of the police, Youth Corps and other semi-military organizations are to be coordinated through you.

7. It is a great privilege for the Republic of Korea and the Korean Army, Navy and Airforce to serve alongside all the combat forces of the United Nations under the command of so able and distinguished a soldier who also is such a long time friend of Korea.

/s/ SYNGMAN RHEE

3

» 맥아더에게 보낸 이승만 대통령의 국군 작전통제권 이양각서

각서의 주요내용은 다음과 같다. "대한민국을 위한 국제연합의 군사적인 공동 노력으로 말미암아 귀하가 유엔군 총사령관으로 임명되어 대한민국과 그 인접 지역에서 싸우고 있는 모든 국제연합군이 귀하의 작전지휘권에 편입되게 된 사실에 비추어, 본인은 현재의 전쟁 상태가 지속되는 동안 대한민국군을 귀하에게 이양함에 있어, 직접 귀하 자신이나 대한민국 내 또는 그 인접 지역에서 동 작전지휘권 행사에 관하여 귀하에게서 권한을 받은 특정 또는 각급 지휘관들이 동 지휘권을 행사할 수 있도록 이를 이양하게 된 것을 다행으로 생각하는 바입니다."

이번에도 참석하지 않았고 유고슬라비아의 반대 1표를 제외한 9표의 찬성으로 가결됐다. 보다 적극적으로 "대한민국에 대한 무력 침략을 격퇴하고 그 지역에서 국제 평화와 안전을 회복하는 데 필요한 원조를 제공해 줄 것을 유엔회원국에 권고한다."는 내용의 결의안은 미국 시간 27일 오후 3시에 열린 제2차 유엔 안전보장이사회에서 결의되었다. 이 결정은 유엔 회원국을 중심으로 한국에 병력을 파병하게 되는 근거가 되었다. 이어서 7월 7일 유엔 안보리는 제3차 결의를 통해 유엔군사령부 설치를 결의하였다. 따라서 일본에 주둔하고 있던 미 극동사령부(FEC : Far East Command)가 유엔군사령부의 기능을 겸하게 되면서, 맥아더가 유엔군사령관으로 임명되었다. 14일에는 미 제8군사령부가 정식으로 대구로 이전하여 유엔군의 지상군을 지휘하게 됐다. 유엔군사령부는 7월 24일 창설되었다. 전쟁이 진행되면서 영국·프랑스·터키·오스트레일리아·필리핀 등 16개국에서는 전투 병력을 파병하였다. 유엔 해군에는 미국·영국·호주·프랑스·네덜란드·캐나다·뉴질랜드 등이 참가했다. 유엔 공군에는 미국·영국·캐나다·호주 등으로 구성되었다. 이 외에도 의료 및 시설 지원국이 5개국 등이 참여하였다. 대규모의 다국적군이 구성된 것이다. 이에 따라 작전에 대한 지휘권 설정이 필요하였다. 당시에 우리나라는 유엔회권국이 아니었다. 그렇지만 지휘의 통일은 중요한 문제였다. 1950년 7월 14일 이승만 대통령은 중대한 결심을 하기에 이르렀다. 주한 미 대사를 통하여 한국군에 대한 '작전통제권(Operational Command)'[12]을 맥아더 유엔군사령관에게 이양하는 것이었다. 이로써 유엔회원국의 군대뿐 아니라 한국군까지 맥아더의 지휘 아래 놓이게 되었다. 작전권 이양은 군사적 관점에서 볼 때 지휘권 통일의 이점을 갖고 있었다.

[5] 기동(Maneuver)의 원칙

기동과 이동은 구별되는 개념이다. 병력, 장비, 물자 등을 옮긴다는 측면에서는 동일한 의미를 갖고 있다. 이들에 대한 이동이라 함은 단순하게 어느 지점으로부터 타 지점으로의 전환을 말한다. 그렇지만 기동이란 이들의 전환에 대한 분명한 목적을 갖고 하는 것인데, 이는 유리한 상황을 조성하기 위하여 보다 유리한 위치로 이동시키는 것을 말한다.[13] 기동의 중요성에 대하여 손자는 그의『손자병법』구지편(九地篇)[14]에서 '병지정주속(兵之情主速) 승인지불급(乘人之不及) 유불우지도(由不虞之道) 공기소불계야(攻其所不戒也), 작전은 신속한 것이 으뜸이다. 적이 미치지(도달하지) 못하고 있을 때, 예상하지 못하는 길을 이용하여, 경계하지 않는 장소를 쳐야 한다'라는 말로써 그 중요성을 말하였다. 이는 속도의 중요성을 강조한 것이다. 이를 보면 기동의 요체는 적보다 빠른 것이며, 이로 인한 성과는 빠르면 빠를수록 비례하여 그 효과를 극대화할 수 있다는 것을 일깨우는 말이다.

적보다 먼저 움직여야 선수를 칠 수 있다. 선제적인 용병도 중요하지만 속도를 유지해야 하며, 보다 빠른 속도가 중요하다. 속도는 전기(戰機)를 놓치지 않게 하며, 전기를 만들 수도 있다. 빠르게 움직이는 군대를 본 적은 갈팡질팡하는 혼란에 빠진다. 그 속에 적의 취약점이 나타난다. 또한 속전속결 해야 기세를 유지할 수 있다. 아무리 날카로운 창끝도 시간이 지나면 무뎌지게 된다. 그러므로 파죽지세의 기세를 살려 천재일우의 기회를 놓쳐서는 안되며, 적의 취약점을 만들고 이를 포착하여야 한다. 그 중심에 기동이 있다. 기동은 장비의 뒷받침도 필요하지만 지휘관의 결단력이 동반되어야 한다. 속도를 유지하기 위해서는 전장을 분석하여 결단의 순간을 포착하는 통찰력이 필요하다.

---

12) 작전통제권 이양각서는 각서와 서한으로 이루어져 있다. 한국 정부는 1994년 12월 1일 '평시작전통제권'을 환수했다. 한국군에 대한 작전통제권(Operational Control) 문제는 1950년 한국전쟁 당시 이승만 대통령이 맥아더 유엔군 사령관에 이양함에 따라 시작되었는데, 김영삼 정부 시절인 1994년 평시작전통제권이 환수되었다. 이후 전시작전통제권에 대한 환수 논의가 한국과 미국 사이에서 진행되고 있다.

13) 육군본부, 앞의 책(2012), p.112.

14) 구지(九地)에서는 아홉 가지에 이르는 지리적인 조건을 가지고 용병의 법에 대해서 논하고 있다. 아홉이라는 숫자는 반드시 아홉 가지만을 의미하지는 않는 경우도 있다. 이것은 대단히 많다는 의미를 갖고 있기도 하다.

신속한 기동의 중요성은 『삼국지』의 사례에서도 등장하는 장면이다. 사마의는 『삼국지』에서 제갈량의 맞수로 인정하는 인물이다. 하늘의 이치를 꿰뚫고 있다는 제갈량과 그를 동급의 반열에서 인정하고 있다는 것은, 그의 능력이 비범했음을 알게 해 준다. 그는 두뇌도 비상했지만 행동에서도 남달랐다. 정확한 판단력과 빠른 실행으로 촉나라의 제갈량과 손에 땀을 쥐게 하는 싸움을 전개하는 인물이었다. 한 가지 예를 들면 제갈량과 내통하면서 반란을 도모하던 위나라의 맹달이라는 장수를 조기에 진압하여 제갈량의 계획을 무산시킨 일이 있었다. 애초에 맹달은 유비의 수하에 있었으나 관우의 억울한 죽음과 연루되어 조조에게 투항하였다. 앞에서 언급했던 관우의 죽음과 관련이 있는 인물이다. 관우가 오나라와의 싸움에서 곤경에 처하자 맹달에게 도움을 요청하였으나, 그는 이에 선뜻 응하지 않았다. 관우가 죽고 나자 그의 책임도 수면 위로 떠오르게 되었다. 그러자 그는 위나라에 투항하였다.

시간이 흘러 제갈량의 북벌작전이 전개되면서 다시 촉으로 투항하겠다는 의사를 보내왔다. 위나라에서 그의 입지가 곤경에 처하고 있었기 때문이다. 제갈량은 그를 이용하여 내란을 일으켜 위나라에 내분을 일으키고자 하였다. 그렇게 되면 위나라는 협공을 받는 형세가 될 것이며, 이로 인해 군사력은 분산될 것이었다. 그러나 사마의는 이러한 정보를 입수하고 맹달을 치기로 결심하였다. 당시의 지휘체계로 보면 사마의가 군사를 출동시키기 위해서는 위나라 조정의 승인을 받아야 했다. 사마의는 이러한 절차를 모두 거치면 전기를 상실한다고 판단하여 독단을 단행하였다. 곧바로 군사를 기동시켜 맹달의 성문 앞에 도달하였다. 맹달은 사마의가 자신의 배신을 알아챘다고 하여도 승인을 득한 후 군사를 기동시킬 것으로 판단하고 있었다. 그렇다면 상당한 시간이 소요될 것이었다. 그런데 그가 성 앞에 도달하자 놀랄 수밖에 없었다. 그는 안일한 생각으로 방비를 보강하지 않고 있었다. 충분한 시간이 있다고 판단한 것이다. 그렇지만 사마의는 한 걸음 빨리 기동하여 맹달을 잡은 것이다. 군사작전은 빠를수록 유리하다는 교훈을 주는 대목이다.

[6] 집중(Mass)의 원칙

집중의 중요성은 자원의 한정과 연관하여 생각해 볼 문제이다. 작전에 투입되는 부대와 장비 및 물자는 한정된 자산이다. 자산은 무제한적으로 사용할 수 없는 경우가 대부분이다. 집중은 절약을 통하여 달성할 수 있다. 이를 위해서는 정확한 정보판단을 기초로 주전력을 운용할 지점과 지대를 선정하여야 한다. 집중은 전투력의 비율이 열세하더라도 결정적 시간과 장소에서 상대적 우세를 달성함으로써 주도권을 장악하여 전투를 승리로 이끄는 중요한 요소이다. 전투력의 우세는 절대적 우세와 상대적 우세가 있다. 절대적 우세란 적과 동등하거나 언제나 적보다 우세한 것을 말한다. 상대적 우세란 적과 동등하거나 그 이하의 전투력을 확보하고 있다 할지라도, 결정적인 지점에서는 적보다 우세하도록 운용한다는 것이다. 그러나 시간과 공간을 초월하여 항상 적보다 우세를 달성할 수 있는 절대적 우세는 실현이 사실상 곤란하다. 그러므로 결정적인 시간과 장소에 상대적 우세를 달성하기 위하여 노력해야 한다. 전력의 절대적인 우세는 극히 제한된다. 그렇지만 상대적 우세는 지휘관의 통찰력으로 충분히 가능하게 할 수 있는 부분이다. 비록 병력과 장비가 절대적으로는 동등하거나 부족하더라도 상대적 우세는 달성할 수 있다. 결정적 시간과 장소를 선택하는 통찰력이 있다면 상대적 우세를 달성할 수 있다. 또한 전력의 특성과 기능에 따라 유기적으로 통합시켜 능력을 극대화하는 것도 하나의 방법이다. 집중은 작전술의 원칙을 결합시키는 것으로 달성하기도 한다. 집중된 전력으로 기습을 달성하는 것도 하나의 방법이다. 공격작전에서의 양공과 양동작전도 이를 달성하는 방법이다. 손자는 『손자병법』의 허실편(虛實篇)에서 '무소불비(無所不備) 즉무소불과(則無所不寡), 모든 곳을 지키면 모든 곳이 약해진다'는 역설적인 말로써 절약을 통한 집중의 중요성을 설명하였다.

한니발(Hannibal)은 칸네(Cannae)에서 방어형 작전을 전개하면서도 오히려 작전의 주도권을 장악하였다. 적장 바로(Varro)는 주도권을 상실하자 한니발의 의지대로 움직이고 있었다. 이로써 한니발은 승리하게 되었다. 한니발은 그가 원하는 시간과 장소에서 싸웠다. 한니발은 그가 원하는 시간과 장소에 전력을 집중하였고, 바로를 기다렸다. 한니발이 사전에 계획한 지역으로 바로를 유인하여 일대 섬멸전을 전개하여 전투에서 승리한 것은, 전투력을 집중시켰기 때문에 가능하였다. 성공적인 작전의 수행을 위해서는 우세한 전투력을 결정적인 시기와 장소에 집중하여야 한다. 모든 지역에서의 전력 우세는 현실적으로 불가능할 경우가 대부분이다. 그것은 절대적 우세를 말하는 것이기 때문이다. 그러므로 집중이란 타지역에서의 절약을 통하여 결정적 시간과 장소에 가용한 전력을 최대한 결집시켜 상대적 우세를 달성하여야 한다.

지휘관은 변화하는 전장을 면밀히 관찰하여 집중할 지역과 시간을 결심하여야 한다. 집중에 대하여 나폴레옹의 부관은 적보다 적은 수의 병력으로도 항상 승리하는 나폴레옹에게 비결을 물었다. 그러자 나폴레옹은, "나는 항상 적보다 우세한 병력으로 싸웠다. 그러기 위하여 나는 오직 하나만 생각하였다. 그것은 집중이다. 집중을 통하여 항상 병력의 우세를 달성하였다."라고 대답하였다. 즉, 이기는 전투는 전력의 우세를 달성하는 것이며, 이것은 집중을 통하여 만들 수 있다는 말이다.

[7] 기습(Surprise)의 원칙

기습이란 적이 예상하지 못한 시간·장소 및 방법으로 불의의 일격을 가하는 것을 말한다. 일찍이 손자는 『손자병법』의 계편(計篇)에서 '공기불비(攻其不備) 출기불의(出其不意), 상대가 준비하지 않으면 공격하고, 상대가 예상하지 못한 곳에 나타난다'는 말로 기습을 정리하였다. 기습은 적이 예상하지 못하게 하는 것이 기본이다. 즉, 기습의 기본은 적을 속이는 것임을 강조한 것이다. 따라서 기습은 적의 무방비한 상태를 놓치지 않고 일격을 가하는 것이므로 가장 효율적이며, 단시간 내에 성과를 획득할 수 있는 공격 행동이다. 또한 기습은 적이 모르도록 하는 것도 중요하지만 적이 알았다 하더라도 대처하기에는 너무나 늦도록 하는 것이 더 중요하다. 기습은 적의 전투력의 균형을 와해시켜 혼란에 빠지게 함으로써, 피·아 전투력의 균형을 아군에게 유리하게 전환시켜 작전의 주도권을 장악하는데 결정적인 역할을 한다. 즉, 주도권 장악의 가장 유리한 기본적인 요소이다. 이 때문에 대부분의 국가에서는 전쟁원칙에 기습을 공통적으로 포함하고 있으며, 이는 그 가치의 중요성을 인정받고 있다는 의미이다. 기습은 물리적인 전투력의 격멸뿐 아니라 심리적으로 미치는 영향이 오히려 더 크게 나타난다. 즉, 심리적인 공황(恐慌)이 발생하는 것이다. 이런 상태에서는 어떠한 상황도 제대로 판단하지 못하고 대응도 불가능하게 된다. 기습의 성공을 위해서는 다양한 기만술을 구사하는 능력이 필요하다. 이러한 능력을 갖추는 것이 술(術)에 능통한 사람이다.

일반적으로 싸움하는 방법을 말할 때, 정공법(正攻法)과 기공법(奇攻法)이 있다고 하였다. 정공법은 정해진 대로 싸우는 것을 말하며, 기공법은 다양한 술을 사용하여 싸우는 것을 말한다. 이를 가지고 장수를 다음과 같이 등급을 매기는 경우도 있다. 정공법(正攻法)만을 구사하는 자는 하급, 정공법과 기공법(奇攻法)을 병행하는 자는 중급, 어느 상황에서나 자유자재로 기공법을 구사하는 자가 상급이라고 하였다. 기공법을 상급으로 말하는 것은 술적인 요소를 중요시하기 때문이며, 대표적인 것이 기습이다. 기습은 어디에도 나와 있지 않는 기상천외한 계책으로 현재의 상황을 타개하는 묘책이라고 말할 수 있다.

인간의 심리는 자신이 예상하고 있지 않았던 의외의 상황에 직면하게 되면 큰 충격을 받아 스스로 당황하여 마음의 균형을 잃어버리게 되며, 나아가서는 정상적인 사고가 마비되게 된다. 이 마비의 정도는 그 사람의 심리적인 대비태세에 따라서 다소의 차이는 발생한다. 즉, 어느 정도라고 상상할 수 있었는가의 여부에 따라 다르게 나타나게 된다. 그러므로 기습의 효과를 극대화하기 위해서는 적이 모르게 하는 것이 중요하다고 한 것이다. 심리적인 사고가 마비된 가운데 정상적인 행동은 있을 수 없는 것이므로 마비된 적을 격멸하는 것은 비교적 손쉬운 방법이 된다. 그러므로 기습의 대상은 어디까지나 적의 정신적 자세, 특히 적 장수의 심리 상태라 할 수 있다. 즉, 어떠한 적 부대 자체를 격멸하거나 전투장비 등을 파괴하는 것 등도 기습의 목적이 될 수 있으나, 최종적인 결과로 바라는 것은 적의 심리적 대응을 마비시키는 것이다. 부대가 적으로부터 기습을 받으면 대오에 혼란이 일어나고 지휘통제 능력 발휘가 불가능해지는 것은 지휘관과 구성원들이 정신적 불안과 공포 그리고 무기력한 현상이 발생하기 때문이다. 이러한 현상은 심리에서부터 발생하기 때문에 심리적 마비는 기습에서 추구하는 목적이 된다. 전례를 통해 볼 때 기습을 당한 부대는 전투장비의 부족이 아닌 심리적 마비가 가중되어 대부분 와해되고 격멸되었다.

6·25전쟁 당시 낙동강 전선에서 필사의 노력을 하며 국군을 격멸하려 했던 북한군이 어느 순간 지리멸렬했던 것은 기습적인 인천상륙작전에 따른 심리적 마비의 영향이 크게 작용하였다. 심리적 마비가 온 북한군은 무질서한 퇴각으로 지리멸렬하게 되었다. 이것은 국군의 경우에도 예외는 아니었다. 중공군의 5월 공세가 있었던 현리전투에서 이와 같은 상황이 발생하여 군단이 해체되기까지 하였다. 국군 역사에서 치욕의 패전으로 꼽힌다. 1951년 5월 15일 밤을 기하여 중공군 제3·9병단[15] 예하의 21개 사단은 미 제10군단과 국군 제3군단이 담당하고 있는 동부전선에 주공을 지향하였다. 서부전선에서는 북한군 3개 사단이, 동부전선의 동측에서는 북한군 2개 군단의 6개 사단이 공세에 가담하였다. 그 이전에 유엔군은 중공군의 공격을 격퇴한 후 반격하지 않고 중부전선에서 위력수색을 실시하였다. 그 결과 중공군이 동부산악지역 일대로 주력을 지향하는 징후를 포착하고 있었다. 따라서 밴 플리트는 미 제8군 예비인 미 제3사단을 중동부 지역으로 이동시키는 준비명령을 내렸다. 팽덕회의 작전구상은 다음과 같았다. 국군 제3군단 예하의 제3·9사단과 미 제10군단의 국군 5·7사단을 양익포위로 섬멸한다는 것이었다. 이에 따라 제9병단이 주공으로 좌익인 양구와 인제에서 상남리와 속사리로, 한계리와 풍암리로 우회하고, 북한군 제2·5군단은 우익으로 인제와 한계령으로 기동하여 현리 동쪽의 속사리 방향으로 진출하여 양익 포위한다는 것이었다.

그리고 이 작전을 기만하기 위하여 서부전선의 중공군 제19병단과 북한군 제1군단은 자신들이 주공인 것처럼 기만공격을 펼친다는 것이었다. 이러한 작전을 구현하기 위하여 중공군은 주공이 공격하기 이전인 5월 초에 제19병단이 서울 동측에서 도하작전을

15) 중공군의 병단은 우리의 야전군에 해당하며, 군은 우리의 군단에 해당하는 제대이다.

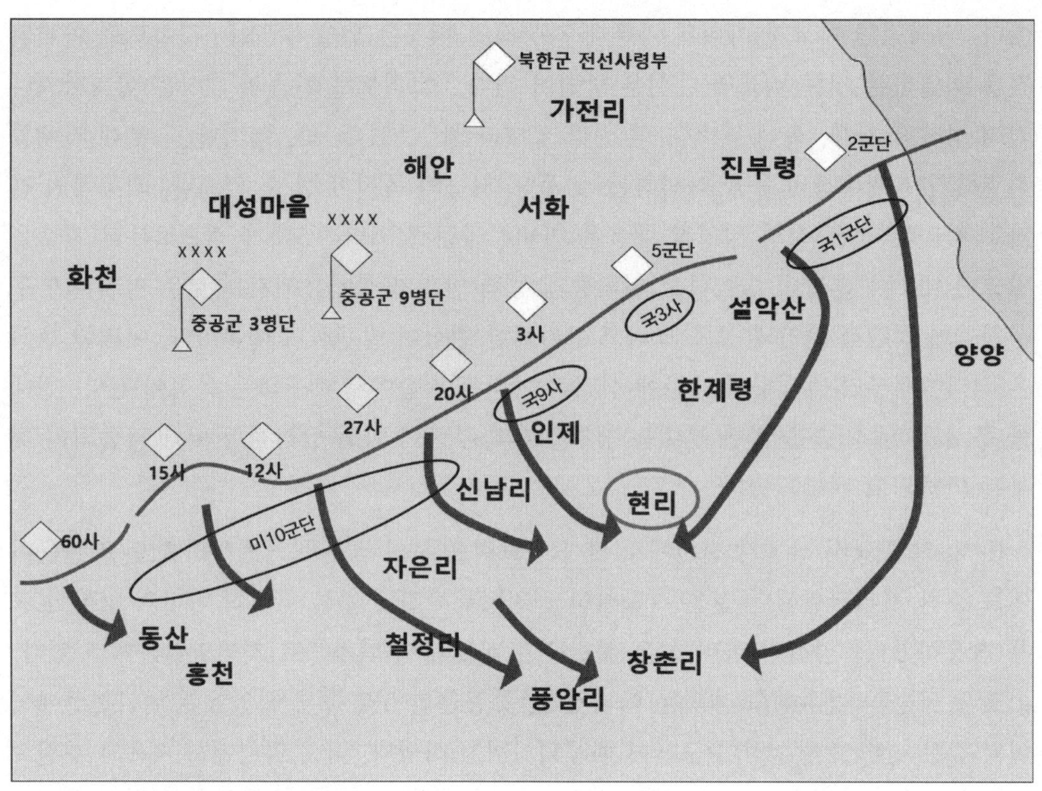

» 중공군 제5차 공세 현리전투 상황도

하였고, 예비인 중공군 제39군이 춘천과 홍천방향에서 공격을 하면서 주공방향을 기만하고자 하였다. 마침내 중공군은 5월 15일과 16일 밤에 주공을 인제지역으로, 조공을 가평지역으로 투입시켰다. 인제방향으로 투입된 중공군 주공은 미 제10군단의 국군 제5·7사단 정면과 전투지경선을 따라 돌파하여 국군 제3군단의 배후로 신속하게 진출하였다. 이를 흔히 '현리[16]전투'라고 부른다. 강원도 인제군 현리에서 벌어진 전투로써 당시 인제지역은 국군 제3군단이 방어하고 있었다. 그리고 우측에는 국군 1군단이 방어전선을 형성하고, 좌측에는 미 제10군단 예하의 국군 7사단과 5사단이 배치되어 있었다. 중공군은 화력이 미군에 비해 상대적으로 미약하였던 국군의 정면을 노렸다. 5월 16일 밤에 총공격을 개시하여 제7사단의 우측으로 집중 돌파하여 돌파구를 형성하고 신속히 미제 10군단 후방으로 침투하였다. 그리고 산악을 이용하여 오마치를 점령하였다. 오마치고개는 제3군단이 퇴각할 경우의 유일한 퇴로였다. 제7사단의 진지를 돌파한 지 불과 12시간 만이었다. 약 30km를 산악으로 기동한 것이다. 신속한 기동을 통한 기습이

16) 현리는 인제군에 속하며 인제를 기준으로 볼 때 남쪽에 위치해 있다.

었다. 그들은 중공군 제20군 60사단의 예하부대였다. 제7사단은 전선이 붕괴되었지만 이를 인접의 제3군단에 통보하지 않았다. 제3군단이 이를 뒤늦게 알고 현리로 집결하게 되자 완전히 포위망 속에 갇힌 꼴이 되었다. 군단에서는 인접의 사단이 붕괴된 것을 알고 군단장에게 전방사단의 철수를 건의했으나 유보하고 있었다. 제3군단의 보급로는 오마치고개라는 작은 통로 하나뿐이었다. 이 고개가 유일한 보급로이자 퇴로인 것이다. 오마치고개는 국군 5·7사단이 소속된 미 제10군단의 작전지역이었다. 제3군단은 유일한 보급로인 이곳의 중요성을 알고 병력을 배치했다고 한다. 그런데 미 제10군단이 자신들의 책임지역이라는 이유로 제3군단의 병력배치에 이의를 제기하였다. 이로 인해 그 중요한 고개에 배치된 병력은 철수하게 되었다.

그 사이 중공군은 밤사이에 산악으로 기동해서 오마치고개를 점령해 버린 상황이 되었다. 당시 오마치고개를 점령한 중공군은 1개 대대 병력 규모였다. 약 400여 명의 중공군에 의해 군단이 포위된 것이다. 제3군단 병력은 약 2만 2천여 명에 달하였다. 비극은 퇴로차단 자체보다도 퇴로를 차단당했다는 사실에 대한 심리 상태에 있었다. 제3군단이 포위당하자 당시 군단장이던 유재흥은 17일 오후 2시에 비행기로 현리를 방문하였다. 군단의 주력부대가 그 지경이 되었으면 현장에서 전투지휘를 하는 것이 마땅한 것이다. 그런데 그는 부군단장에게 군단장을 대리하여 전투지휘를 하라며 지휘권을 위임하였다. 그리고 사단장들에게 협조된 공격으로 퇴로를 확보하여 창촌리로 철수하라는 지시를 남기고 비행기를 이용하여 군단으로(후방지역)복귀하고 말았다. 무책임한 지휘관의 자세였다. 그에 따라 양 사단은 각각 1개 연대를 동원하여 적의 포위망을 돌파하기로 하였다. 그날 밤 9시쯤 제3사단 18연대와 제9사단 30연대의 공격이 개시되기 전에 중공군이 선제공격을 개시하였다. 오히려 아군이 대혼란에 휩싸이게 된 것이다.

조직적인 철수가 불가능하다고 판단한 제3·9사단장은 방태산을 통해 창촌리로 철수하라고 명령했다. 이후부터 3군단은 지휘통제가 불가능한 와해 상황이 되었다. 사단장들을 비롯한 모든 지휘관들이 지휘를 포기하고 계급장을 떼고 각자가 살기 위해 무질서한 도피를 시작했다. 퇴각 명령이 내려진 상황에서 중공군에 완전히 포위됐다는 소식이 제3·9사단 병력에 전달되고 있었다. 병사들과 예하 부대에서도 '군단장이 도망갔다'라는 소문이 돌면서 제3·9사단의 조직적인 철수는 기대할 수 없었다. 단 하나뿐인 퇴로를 차단당하자 부대는 크게 동요하기 시작한 것이다. 심리적 공황상태가 온 것이며 이로 인해 저항능력은 자동적으로 상실되었다. 중공군의 추격부대에 쫓기면서 70km 후방의 하진부리를 향하였다. 결국 현리에서 국군 3군단 예하 제3·9사단 병력 1만 9천여 명이 희생되었다. 5월 20일 하진부리에서 겨우 패잔병을 수습할 수 있었다. 병력의 40% 가량만 복귀했으며, 주요 화포는 도주 전에 파괴하거나 방치하여 적에게 노획되고 말았다.

제3군단의 와해로 동부전선의 돌파구 형성에 위기를 느낀 제8군사령관 밴 플리트는 제8군 예비인 미 제3사단을 긴급 투입해 운두령을 확보함으로써 돌파구 확장을 저지했다. 이어서 국군 제1군단의 수도사단이 대관령을 점령하고 미 제2사단이 벙커고지를 지켜냄으로써 전선을 안정시킬 수 있었다.

5월 21일에 제3군단은 하진부리에서 철수하였다. 5월 26일 밴 플리트는 단호하게 말하였다. "현리지구에서 대패한 한국군 제3군단을 해체한다. 그리고 한국 육군본부의 작전통제권도 없어진다. 육군본부의 임무는 작전을 제외한 인사와 행정, 군수와 훈련에만 국한한다. 한국군 제1군단은 내 지휘를 받으며, 육군본부 전방지휘소도 폐지한다." 제3군단장 유재흥은 이로써 전쟁 이후 총 3개의 부대를 해체당하는 무능력한 지휘관의 대명사가 되었다. 개전초기 제7사단, 청천강전투에서의 제2군단, 현리전투에서의 제3군단은 그가 지휘관으로 재직하고 있을 때였다. 밴 플리트와 유재흥과의 유명한 일화가 남아있다. 밴 플리트는 "유 장군, 당신의 군단은 지금 어디 있소?"라고 묻자, 유재흥은 "잘 모르겠습니다"라고 대답했다고 한다. 이에 밴 플리트는 "당신의 예하 사단은 어디 있소? 모든 포와 수송장비를 상실했단 말이오?"라고 힐문하자 "그런 것 같습니다"라고 답했다. 이에 밴 플리트는 "당신의 군단을 해체하겠소. 다른 보직이나 알아보시오!"라고 말했다고 한다. 유재흥은 두 번째 군단 해체라는 치욕을 겪었으나 아무런 징계나 처벌을 받지 않았으며, 오히려 승승장구하였다.[17] 일본군 출신의 이러한 인물이 예편 후에도 주요요직을 거친 것은 물론이고, 사후에는 현충원에 안장되었다.[18] 이러한 현실을 보면 통탄하지 않을 수 없다.

[8] 방호(Protection)의 원칙

인원, 무기 및 장비, 정보체계, 주요시설에 대한 피해를 최소화하고 가용 전력을 보존하여 작전능력을 계속 유지하도록 하는 기능을 말한다. 방호는 적의 유도탄 및 적의 항

---

17) 1957년 합동참모본부 의장을 지낸 뒤 4·19 혁명으로 이승만 대통령 하야 이후 정군대상으로 지목돼 육군 중장으로 예편하였다. 하지만 5·16 군사 쿠데타 성공 뒤 박정희 정권에 의해 다시 등용돼 타이, 스웨덴, 이탈리아 대사 및 대통령 특별보좌관, 국방부 장관 등을 지냈다. 퇴임 뒤에도 정부 산하 기관의 요직을 지냈다. 1974년 대한석유공사 사장, 1978년 석유화학공업협회 회장, 1991년 성우회 회장을 지냈으며 노무현 정부 때는 작전권 반환 반대 운동에 앞장서기도 했다. 친일파 장교에서 해방 뒤 한국군 장교로 변신해 미군에게 작전권을 빼앗기는 빌미를 제공한 인물이 군에 있을 때나 군문 밖에서나 영전을 거듭하는 현실은 대한민국의 왜곡된 현대사를 상징적으로 보여 준다.

18) 한겨레 신문, 「한국전 최악의 패전 장군, 국립현충원에 안장」, 2011.11.30.
민족문제연구소, 『친일인명사전』, 2009, pp.613∞614.

공기를 파괴, 구축, 공중우세 달성 또는 무력화시키거나 공격효과를 감소시켜 아군의 전력 보존과 행동의 자유를 보장하기 위해 지속적으로 수행하는 활동이다. 방호는 적의 기습을 방지하여 아군의 전력을 보호하는 생존성 보장을 우선적인 목적으로 한다. 결정적인 시간과 장소에 운용하기 위한 전력은 언제라도 보호되어 있어야 한다. 경계는 이를 위한 대표적인 활동 중의 하나이다. 이동 중이거나 정지한 부대의 전방, 측방, 후방에서 적의 지상관측, 직접사격, 기습공격으로부터 본대를 방호하기 위해 조기 경고하는 것은 전력을 보존하는 경계 활동이다. 이를 통하여 작전반응시간과 기동 공간을 확보할 수 있다. 방호의 범주에서 볼 때 경계는 생존성을 보장하는 중요한 활동이다.

앞으로의 방호기능은 단순한 은폐와 엄폐에서 벗어나 더욱 다양한 방어적 방책과 수단을 발전시켜야 하며 적극적이고 공세적인 방호를 추구하여야 한다. 각종 장비 및 시설에 대한 적의 공격을 경고하고 방지하는 개념으로 무기체계의 발전도 함께 이루어져야 한다. 이를 통하여 생존성 보장 대책의 향상을 이루어야 한다. 미래전에서의 방호기능은 고도로 정밀화하고 치명성이 증대된 적의 무기로부터 우군의 인원, 무기 및 장비, 주요시설, 지휘통제시설, 전투근무지원시설 등을 효과적으로 보호하는 대책을 마련하는 것이다. 특히 화생방 공격과 대량살상무기에 대한 방호를 강화하면서, 각개 장병들의 생존성 강화를 위한 대책을 발전시켜야 한다. 나아가 적부대의 격멸과 마비를 통하여 방호를 달성하는 공세적인 개념을 발전시켜 나가야 한다.

[9] 사기(Morale)의 원칙

전력은 전투력 또는 군사력 등으로 표현하기도 한다. 전력은 목표를 달성하는 능력의 집합체이다. 그러므로 전력은 무력 수행을 위해 조직적으로 구현되는 통합된 힘이다. 전력은 유형전력과 무형전력으로 구분한다. 유형전력은 병력, 장비, 물자 등을 말하며, 이것은 수량화되어 비교할 수 있다. 반면에 무형전력은 수량화할 수 없는 상태를 말한다. 앞에서 전략의 정의에서 말했던 술(術)을 구사하는 능력은 무형의 요소이다.

무형전력은 내면의 가치를 포함한 정신상태, 전투력 발휘를 위한 내재 된 능력 등을 포함한다. 내재 되어 있는 능력을 정신력이라고 표현한다. 사기는 이 중의 하나에 해당하며, 임무를 완수하겠다는 강한 의식을 견지하고 있을 때 '사기충천(士氣沖天)'이라는 말로 표현하기도 한다. 그 기세가 하늘을 찌를 듯이 높다는 의미이다. 사기는 전투력의 무형적 요소이며 임무수행에 대한 개인과 집단의 정신적이고 심리적인 상태이다. 싸워 이기겠다는 의지는 높은 사기에서 나오며, 이것이 사기의 중요성이다. 비록 수치상으로 표현되는 유형전력이 아무리 강하다 하더라도 싸우고자 하는 의지가 없다면 승리할 수

» 미국의 한국전 참전 기념비

1995년 7월에 미국의 워싱턴에서는 '한국전참전용사기념비'가 건립되었다. 정전협정으로부터 42년째가 되는 해이다. 미군은 6·25전쟁에 참가하여 총33,686명이라는 사상자를 냈다. 19명의 미군병사들이 승리의 V자 대형을 이루며 행군하는 동상을 세웠다. 동상의 인물들은 미국이 합중국임을 상징하는 다양한 인종으로 구성되었다. 백인, 흑인, 아시아인, 남미인, 인디언 등 이었다. 여기에는 다음과 같은 글귀가 새겨져 있다. '미국은 알지도 못하고 만나지도 못했던 나라와 국민을 지키기 위해 나라의 부름을 받고 나선 이 나라의 아들과 딸들을 기린다' ('OUR NATION HONORS/HER SONS AND DAUGHTERS/WHO ANSWERED THE CALL/TO DEFEND A COUNTRY/THEY NEVER KNEW/AND A PEOPLE/THEY NEVER MET/1950,KOREA 1953')

없다. 클라우제비츠는 "유형전력이 칼집이라면 정신력은 칼의 날이다."라는 말로 무형전력의 중요성을 말하였다. 손자 역시 무형전력의 중요성에 대하여『손자병법』의 모공편(謀攻篇)에서 '상하동욕자승(上下同慾者勝), 장수와 병졸 모두가 한마음 한뜻이 되면 이길 수 있다'고 하였다. 부대의 한뜻은 단결을 의미하며, 이는 높은 사기로 연결된다. 따라서 사기가 충만한 부대는 확고한 사명감으로 목표를 달성하고자 하는 의욕이 우수하며 어려운 상황에서도 이를 능히 극복하면서 전통을 쌓아 간다. 사기를 유지하기 위해서는 부여된 목표 달성에 대한 당위성과 사명감을 갖게 하는 것이 필요하며, 실전에 부합한 교육훈련을 통하여 자신감을 견지하도록 하여야 한다. 이를 통하여 어떠한 적과 싸워도 반드시 이길 수 있다는 확고한 필승의 신념을 간직하게 하는 것이 중요하다. 6·25전쟁에서도 사기가 충천한 부대는 혹독한 악조건도 능히 극복한 전례를 찾아볼 수 있다.

북진작전에 참여한 미 해병대는 장진호에서 중공군의 포위 속에서도 성공적으로 철수를 완료함으로써, 부대의 전통을 더욱 빛나게 했다. 1950년 11월 26일에 미 해병 제1사단에게는 혹독한 시간이 다가왔다. 인천상륙작전에 성공하고 북진의 대열에 있었던 미 해병 제1사단은 개마고원의 저수지 장진호(長津湖)[19]에서 중공군과 마주쳤다. 중공군은 미 해병대의 예상되는 철수로를 따라 미리 매복을 한 상태였다.

매복의 대형은 무려 20여㎞에 달하였다. 미 해병 1사단 1만 2천 명은 중공군 제9병단 12만 명 규모에게 포위된 것이다. 계곡을 따라 형성된 포위망에 미 해병대는 갇힌 상태가 되었다. 중공군은 압도적인 수적 우세와 유리한 지형을 방패 삼아 미군을 공격하기 시작하였다. 그러나 지휘관 스미스 소장은 사기를 유지하기 위하여 병사들에게 "우리 해병대는 후퇴하는 것이 아니라 다른 방향으로 공격한다."라는 말을 하면서, 해병대의 전통과 자긍심을 이끌어 냈다. 결국 전통에 빛나는 미 해병대는 중공군의 포위망을

» 장진호전투에서 철수하는 미군

19) 장진호는 함경남도 장진군에 있으며, 일제강점기에 전력을 생산하기 위하여 1934년에 댐을 완성하면서 생겨난 인공호수이다.

극복하고 함흥으로 철수하였다. 미 해병대가 직면한 것은 중공군뿐 아니라 추위에도 맞서야 했다. 당시의 기온은 밤이 되면 체감온도가 영하 40도 이상으로 내려갔다고 한다. 전투에 의한 전사자보다 동사로 인한 사망자가 더 많았다고 할 정도였으니 그 추위를 짐작할 수 있다. 10여 배에 달하는 적과 혹독한 추위 속에서도 해병대 특유의 정신력으로 극복한 장진호전투의 성공은 흥남부두를 이용한 해상으로의 조직적인 철수를 가능하게 하였다. 또한 흥남철수에서는 피난민 10만여 명도 포함되어 있었다. 이들이 무사히 피난하게 된 배경에는 미 해병대의 성공적인 철수작전이 있었다. 장진호에서의 철수작전은 성공적이었음은 물론이고 전쟁사에 길이 남을 기념비적인 의미를 갖는다. 참전자들은 현재에도 모임을 만들어 그 당시의 혹독한 참상을 기억하면서 전사자들을 추모하고 있다.[20)]

---

20) 전투에 참가한 미군들은 '초신휴(The Chosin Few)'라는 단체를 1983년에 창설하였다. 이 단체는 장진호전투의 전사자 및 실종자 가족을 돕는 일을 하고 있다. 초신(Chosin)이라는 명칭은 장진호의 '장진'에 대한 일본식 발음이다. 당시에 사용한 지도에는 지명이 일본어로 표기되어 있었던 관계로 이러한 현상이 생긴 것이다. 참전자들은 장진호(長津湖)전투를 초신전투(combat of Chosin)로 부른다. 그리고 '휴(Few)'는 전투에서의 살아남은 군인들을 의미한다.

5. 『삼국지』에서 보는 작전술

작전술 원칙의 중요성

세계대전이 끝나자 인류는 이념에 의한 경쟁을 펼쳤으며, 이것은 전쟁으로 이어지기도 하였다. 따라서 세계대전 이후의 전쟁 배경에는 대체적으로 이념이 자리 잡고 있었다. 그렇기 때문에 냉전체제가 막을 내리게 되자 전쟁의 소멸에 대한 기대도 함께 나타났다. 그렇지만 또 다른 원인에 의해 전쟁은 계속되면서 인류의 역사는 전쟁의 역사임을 입증시켜 주고 있다. 하루가 다르게 발달하는 과학기술은 전쟁을 보다 효과적으로 수행하게 하기 위한 무기체계를 개발하면서 지속적인 개량을 통하여 보다 성능을 향상시키기 위해 노력하고 있다. 이에 따라 무기의 첨단화는 가속화되고 있다. 아무리 첨단무기를 발달시킨다고 하더라도 그 운용의 주체는 인간이다. 운용의 시기와 지점 등에 대한 결정은 인간의 영역이다. 이는 전반적인 상황과 직면한 상황을 고려하여 결정하게 될 것이다. 첨단화된 정밀한 무기는 인간의 승인을 받고 목표를 향해 추진될 것이다. 전쟁과 전투에서의 상황 변화는 일정한 규칙성이 없으며, 비록 상황의 변화를 나타내는 징후가 있다 하더라도 이에 대한 대응책을 제시하는 것은 대단히 어려운 과제이다. 적으로부터 획득한 징후는 적의 의도된 계략일 수도 있다.

전략, 작전술, 전술에서의 공통점은 모두가 술적인 측면을 갖고 있다. 이것은 적의 입장에서도 마찬가지이며, 의도적으로 특정 징후를 노출할 수도 있다. 그러므로 이를 가장 명확하게 판단하고 대응할 수 있는 주체는 인간일 수밖에 없다. 인공지능이 해결할 영역은 아니다. 전쟁과 전투의 주체인 인간은 생존과 세력 확장을 위하여 수많은 전쟁을 치렀다. 이처럼 인류는 수많은 전쟁을 수행하면서 전쟁수행에 대한 일정한 원칙을 발견하였다. 시대와 무기체계는 변했어도 변함없이 적용되는 원칙이 있었다. 특히 성공적인 전쟁과 전투에서는 이러한 원칙이 시대를 불문하고 공통적으로 적용되었다는 것을 앞에서 살펴보았다. 전쟁과 전투를 성공적으로 수행한 인물들은 비록 동일한 조건의 전쟁과 전투를 치르지 않았으면서도 공통적인 사고의 영역이 있었음을 알 수 있었다. 어찌 보면 가장 평범하면서도 너무나 당연한 이치이기도 하다. 당연한 이유를 찾아보라면 그것은 기본기에 해당한다는 한마디면 족할 것이다. 즉, 기본에 충실한 사고를 하였으며 이를 계획에 적용하였고 강력하게 실행했다는 것이 승리의 비결이었고 위대함이었다. 새삼 원칙의 중요성을 실감나게 해 주며, 원칙이야말로 시대를 초월한 불변의 진리임을 깨닫게 해 준다. 작전술 수행의 원칙에 대해서는 전례를 통하여 자세히 살펴보았다. 여기에서는『삼국지』에서 볼 수 있는 작전수행의 원칙을 주요 장면과 대입하여 보기로 하겠다.

제1차 북벌에서 보는 작전술

북벌은 227년부터 234년까지 단행되었다. 승상 제갈량은 북벌을 위하여 모든 것을 쏟아 부었다. 당시의 정세는 삼국이 정립되던 시기와 마찬가지로 위나라의 위세가 가장 강한 때였다. 그렇기 때문에 촉나라가 위나라를 공격할 것이라고는 감히 상상하기 힘든 상황이었다. 촉나라는 222년의 이릉대전을 거치면서 그다음 해에는 유비의 죽음을 맞이하면서 국력은 침체하였다. 이릉대전 이전에는 관우와 장비의 죽음이 있었다. 촉나라 건국의 1세대에 해당하는 이들이 줄줄이 퇴장한 상황이었으며, 군주 유비의 죽음은 큰 타격이었다. 그렇지만 제갈량은 선주(先主) 유비의 유지를 받들어 천하통일을 이루겠다는 마음은 여전히 간직하고 있었다. 특히 제1차 북벌에 대한 기대는 후한을 다시 세운다는 각오로 출발하였다. 유비는 촉나라를 건국하면서 후한(後漢)을 계승한 왕조라는 명분과 역사성을 중시하였다. 이러한 명분을 갖고 있었기에 후한을 무너뜨린 위(魏)를 정벌해야 한다는 것은 일종의 역사적 사명으로 받아들였다.

제갈량은 227년 황제 유선에게 올린 출사표에 '침불안석(寢不安席) 식불감미(食不感味)'라는 말로 자신의 심정을 표현하였다. '누워 있으되 자리가 편하지 않고, 먹어도 맛을 느낄 수 없다'는 말이다. 즉, 살아있어도 살아 있는 것 같지 않다는 마음을 표현하면서, 후한을 멸망시킨 위나라를 정벌해야 한다는 강한 의지를 표명하면서 북벌을 건의하였다. 유비가 죽은 후 약 5년이 경과한 시점이었다. 제갈량은 혼란한 정국을 수습하고 북벌에 필요한 준비를 5년에 걸쳐 집중한 결과 제1차 북벌은 228년 단행할 수 있었다. 그렇다면 북벌의 결과는 어떠했을까? 결론부터 말하자면 제갈량은 제1차 북벌에서 실패하면서 통일에 대한 기대는 멀어져 갔다고 보아도 무리는 없다.

북벌을 준비한 시기의 촉나라 상황을 먼저 살펴보기로 하겠다. 촉은 건국을 선포하자마자 오나라와의 이릉대전을 벌여 대패했다. 전쟁에서의 패배로 인해 군대의 손실은 물론이고 경제적으로 큰 타격을 받았다. 전쟁의 패전은 엄청난 복구 노력을 필요로 하였다. 설상가상으로 뒤이은 유비의 사망과 내부에서의 반란은 촉의 시련을 더욱 가중시켰다. 그렇지만 제갈량을 중심으로 한 촉나라는 이를 극복하고 숙원으로 여기던 북벌준비를 마쳤다. 이릉대전으로부터 북벌준비까지는 단지 5년에 불과하였다. 5년 만에 경제를 복구하고 군대를 양성한 것이다. 이것은 대단한 성과였다. 이러한 동력을 제공한 것은 제갈량이라는 명제상이 있었다는 것이 큰 이유로 꼽힐 수 있다. 또한 촉나라의 지정학적으로 중요한 지역을 차지하고 있었던 것도 하나의 원인으로 찾을 수 있다. 촉의 위치는 위나라가 공격하기에 지형적으로 너무나 험난하였던 반면에, 익주는 평야지대가 있어 곡물을 수확하여 비축하는데 유리한 조건이었다. 험난한 지형은 손쉬운 통제력을 제공하기도 하였으므로 중앙집권적인 통치에 보다 유리하였다. 위나라의 상황을 살펴보면, 조조의 뒤를 이은 조비가 죽고 조예가 226년에 즉위하였다. 위나라는 정권 교체에 따른 혼란이 있었으며, 이릉대전에서 크게 패한 촉나라에 대한 경계심은 무뎌진 상태였다. 이것은 촉나라에게 유리한 상황이었다. 제갈량은 이 시기야말로 북벌을 추진하기 위한 절호의 기회로 생각하였다. 마침내 그는 북벌을 위한 출사표를 올리고 전쟁계획을 수립하였다.

제갈량은 촉나라의 국력이 위나라에는 미치지 못함을 인식하고 있었다. 따라서 북벌은 단기결전으로 끝내야 함을 알고 있었다. 이를 실행하기 위한 계획은 다음과 같았다. 제갈량의 계획은 ① 기산으로 출병하여 위나라의 서쪽 지역인 양주와 옹주[21])를 우선적으로 정벌하여 병합한다. ② 위나라의 장안을 점령하여 북벌의 발판을 확보한다. 장안을 공격하기 위하여 가정을 점령하여 위나라의 증원군을 차단한다. 작전은 최대한 신속하게 종결한다. ③ 이후에 오나라와 동맹을 맺어 위나라의 본산인 허창을 공격한다는 것이었다.

▸ 제갈량의 제1차 북벌계획

구 분	중간목표	최종목표
1단계	주공에 의한 기산 점령 조공에 의한 기곡 공격 가정 선점	옹주점령 → 양주점령으로 위나라 혼란 유도 주공의 공격방향 기만 → 적 주력 유인 적 증원로 차단 및 보급로 확보
2단계	오나라와 동맹 체결	전선의 이중화 방지, 위나라 고립 가속화 유도
3단계	전쟁종결	허창을 공격하여 전쟁지속능력 박탈, 통일완성

21) 옹주는 촉과의 경계를 이루는 지역이며 옹주의 서북지역에 양주(서량)가 위치하고 있다. 제갈량은 우선적으로 이 지역을 병합하기로 한 것이다.

제갈량은 군대의 출발 거점을 한중으로 삼고 주력을 기산방향으로 향하고자 하였다. 이를 일명 기산출병이라고 한다. 기산출병을 기만하기 위하여 기곡으로 조자룡을 보내 적의 주력을 끌어들인다는 계획을 수립하였다. 이것은 기습의 효과를 달성하기 위한 기만대책도 강구하는 작전적 기동이었다. 반면에 촉나라의 주요 장수중의 한사람이었던 위연은 별동대를 이용하여 자오곡을 경유하여 장안을 급습하자고 주장하였다. 그러나 제갈량은 이를 받아들이지 않았다. 위연은 위나라가 혼란에 빠질 정도의 결정적인 목표를 기습으로 점령해야 한다고 주장한 것이다. 가장 빠른 기동에 중점을 둔 작전을 구상한 것으로 볼 수 있다. 제갈량은 신중한 공격을 계획한 반면, 위연은 과감하고 적극적인 공격을 주장한 것으로 볼 수 있다.

촉나라가 북벌을 성공시키는 발판은 가정의 확보였다. 북벌의 순조로운 진행을 위해서는 보급의 원활함이 따라야 하는데, 가정은 이를 위하여 필히 확보해야 할 중요한 지역이었다. 가정은 보급의 수송은 물론이고 장안으로 진입하는 요충지였으므로 이곳은 필히 확보해야 했다. 만약 위군이 증원군을 기동시킨다면 가정을 거쳐야만 가능하였다. 그러므로 가정은 전쟁 전체에 영향을 미치는 아주 중요한 지역이었다. 즉, 전략적인 중

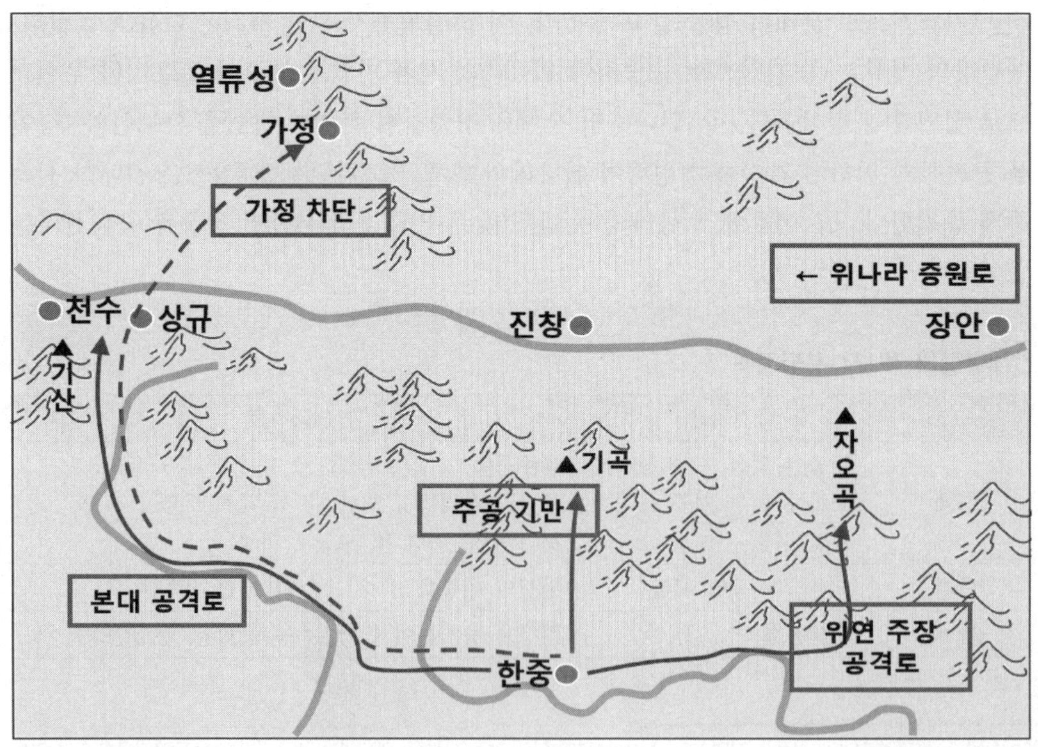

» 제1차 북벌계획

요성을 갖고 있었다. 그러므로 가정에서 전투가 벌어진다면, 전술 수준의 전투이지만 전략에 미치는 결과는 대단히 큰 영향을 미치는 아주 중요한 장소였다. 제갈량은 이와 같은 중요성을 인식하고 있었으므로 가정으로 보낼 장수는 가장 믿을 만한 인물을 보내기로 하였다. 제갈량이 가장 신임한 장수는 마속이었다. 제갈량은 중요한 지역으로 선정한 가정을 미리 확보할 필요가 있었다. 작전술은 주요수단으로 기동과 배비를 통하여 전체 국면에 영향을 미치는 주요지역이나 시설 등을 선점함으로써, 이를 통하여 최소의 전투로 전쟁을 종결시키는 것이라고 한 바 있다. 이러한 측면에서 보자면 제갈량이 주력부대를 기산으로 출병시키면서 마속으로 하여금 주요지역인 가정을 확보하라는 것은 합당한 조치였다. 또한 이를 적이 알아채지 못하게 하기 위하여 기곡을 목표로 한다는 소문을 내게 한 것과 실제로 조자룡에게 군사를 주어 기곡으로 공격한 것은 양동작전으로 보면 된다.

6·25전쟁에서 인천상륙작전을 기만하기 위하여 장사동 상륙작전을 학도병을 이용하여 시행한 것과 동일한 방법이다. 또한 배비 차원에서 마속에게 가정을 일찍 확보하여 적의 증원과 보급로를 차단하게 하였다. 이 계획이 성공했다면 6·25전쟁에서의 인천상륙작전의 효과와 동일하다. 맥아더는 인천으로의 상륙을 통하여 낙동강선의 북한군 주력의 보급로와 철수로를 차단시키고자 하였다. 맥아더의 계획은 한 치의 오차도 없이 진행되었다. 상륙작전은 성공하였으며 전략목표인 북한군 주력을 심리적 마비를 통하여 섬멸할 수 있었다. 즉, 섬멸전략의 달성을 위한 작전적 기동이었다. 제갈량의 가정 점령도 이와 같은 효과를 나타낼 수 있는 중요한 지역이었다. 전투가 전개되는 과정에서도 초기에는 제갈량의 계획이 맞아 떨어졌다.

기곡으로 출병한 조자룡 부대를 주력으로 판단한 위나라는 조진을 보내 이를 막고자 하였다. 조자룡의 부대는 기만을 위한 조공부대였던 반면에 조진의 부대는 주력부대였다. 조공부대 역할을 하는 조자룡 부대가 위군의 주력부대를 붙잡고 있는 형국이었다. 이를 보면 여기까지는 대성공이었다. 그 사이 제갈량은 기산으로 내달리고 있었다. 제갈량에 맞설 수 있는 위나라의 군대는 기산 좌우에 있는 양주 지역과 상규 지역의 군대뿐이었다. 설령 조진이 조자룡 부대를 깨뜨린다고 하여도 가정을 통과하기는 쉽지 않을 것이었다. 단, 가정지역을 확고히 지키고 있을 경우이다. 마침내 제갈량은 기산을 병합하고 가정으로 향하는 천수를 점령하였다. 제갈량이 마속에게 명하여 가정을 우선적으로 확보하라고 한 것은 신속하고도 명확한 조치였다. 명을 받은 마속은 가정으로 진군하였다. 무사히 가정에 도달했다는 보고를 하였다. 또한 가정의 위쪽에 있는 열류성을 고상에게 군사를 주어 점령하게 하였다. 그렇게 된다면 가정과 열류성은 연계된 힘을 발휘하여 위나라의 증원군을 수월하게 격파할 수 있는 효과가 있었다. 열류성의 부대는 상황에 따라 가정지역으로 추가 투입될 수 있는 융통성을 갖기에 충분하였다. 이로써 제갈량의 북벌은 성공을 목전에 두는 듯하였다. 이제 천수를 완전하게 병합시키고 진창으로 향하여 장안을 공격할 준비를 마치면 되었다. 그러나 위기를 맞은 것은 촉나라였다. 가정을 책임진 마속이 제갈량의 신신당부를 무시하고 산 위에 진영을 구축한 것이다. 제갈량은 마속에게 가정을 지키는 목적은 적의 증원군을 차단하는 것이며, 이를 위하여 위나라 증원군이 사용할 기동로를 지키면 된다는 것을 신신당부하였다. 제갈량은 가정의 중요성과 함께 위군의 증원만 차단하면 능히 목적을 달성할 수 있다는 것을 인식시켰다. 그러나 마속은 이를 시행하는 과정에서 돌이킬 수 없는 실책을 저지르고 말았다. 이즈음 위나라의 조예는 장안으로 이동하여 전쟁을 지도하고 있었다. 조예는 가정의 중요성을 알고 있었다. 조예는 급히 장합에게 명하여 가정으로 향하게 하였다. 촉과 위나라의 명운은 가정에서 결판난다는 사실을 제갈량과 조예 모두가 알고 있었다.

드디어 장합이 이끄는 위군은 가정에 접근하였다. 장합은 촉군이 산위에 영채를 구축한 것을 보고 안도의 숨을 쉬었다. 승리의 확신이 드는 순간이었다. 그는 산 정상의 촉군이 식수원으로 쓰는 물줄기를 우선적으로 끊어 버렸다. 가정전투는 지역으로 국한하여 보면 전술 차원의 전투였으므로 이후의 결과는 전술에서 별도로 다루도록 하겠다. 설상가상으로 열류성으로 향했던 고상은 상규지역에서 출병한 곽회가 이끄는 위군에게 패하고 말았다. 절망적인 상황은 계속되었다. 기곡으로 향했던 조자룡이 조예에게 패하였다. 연이은 패전의 소식만이 들릴 뿐이었다. 중요한 세 곳 모두에서 패전한 것이다. 이중에서 결정적인 것은 가정전투의 패배였다. 이로써 위군의 증원은 시간문제에 불과하였다. 이 소식을 들은 제갈량은 하늘이 무너지는 느낌을 받았다. 제1차 북벌은 접을 수밖에 없음을 직감하였다. 제갈량은 자신의 무능을 자책하였다. 어쩌면 자신의 사람 보는 안목에 대한 자책이었을 것이다. 전쟁의 결과에 대한 책임은 누군가가 져야 했다. 제갈량은 패전의 책임으로 스스로 자신을 두 계급 강등시키고 마속의 목을 베었다. 얼마나 낙담했었고 충격이 컸던가를 알 수 있는 대목이다. 그러나 이후에도 북벌은 집념을 갖고 계속하였으나 모두 실패하고 말았다. 제갈량의 꿈은 이렇게 저물어 갔다.

『삼국지』에 나타나는 유비와 제갈량은 의견의 대립을 보이는 경우가 없었다. 그만큼 유비는 제갈량을 절대적으로 신뢰하였다. 그러나 마속과 위연에 대해서만은 서로의 안목이 일치하지 않았다. 위연은 애초부터 유비의 부하는 아니었다. 형주를 점령한 유비가 장사군을 평정하면서 귀순한 무장이었다. 위연은 그의 태수였던 한현의 목을 베어 귀순하였다. 제갈량은 이를 옳지 않게 보고 참수하려 하였다. 그러나 주변의 만류로 그를 죽이지는 않았다. 당시에 능력 있는 무장이 부족한 촉나라는 명분에만 집착할 여유가 없었다. 이러한 일로 인해 제갈량은 그를 썩 좋게 보지는 않았다. 또한 제갈량은 위연의 관상이 반골기질을 갖고 있다고 하면서 경계하였다. 위연은 귀순한 후에 많은 공을 세웠다. 서촉을 평정할 때의 공로와 한중을 정벌할 때의 활약은 단연 돋보였다. 한중에서의 전투에서는 조조의 앞니를 활로 쏘아 부러뜨리기도 하였다. 이러한 공로로 유비가 서촉과 한중을 차지하고 한중왕에 올랐을 때 한중태수의 직책을 부여받기도 하였다. 유비는 그를 출중한 인물로 평가한 것이다. 유비의 사람 보는 기준을 알 수 있다. 유비 사후에 있었던 남만정벌에서도 출전하여 공을 세웠다. 그의 역량은 출중했으나 제갈량은 이를 인정하는데 인색하였다. 과거에 대한 선입관과 함께 그는 타고난 스타일로 인해 주변과의 마찰이 잦았다. 제갈량이 오장원에서 숨을 거두면서 군권을 양의에게 넘겼다. 위연은 이에 불만을 품고 촉으로 향하는 잔도를 불태우고 양의에게 항거하였다. 그러나 제갈량은 죽기 전에 미리 이에 대한 조치를 해 두었다. 위연은 능히 그러한 행동을 보일 것으로 예측하여 계책을 준비해 둔 것이다. 제갈량은 죽기 전에 위연의 배반에 대비하여 은밀한 명령을 내렸다. 위연의 배반 행위를 보면 따르는 척하다가 목을 베어 버리라는 명령이었다. 결국 반역 행위를 하던 위연은 마대의 칼에 목이 잘렸다.

제갈량과 마속의 관계는 혈연 이상의 것으로 맺어져 있었다. 제갈량은 마속의 형인 마량과 아주 친한 친구 관계였다. 둘은 일찍이 문경지교(刎頸之交)를 맺은 사이였다. 이러한 친구의 친동생이니 남달리 각별한 관심을 갖고 보살폈다. 또한 병법에 관해서 이야기하기를 좋아하였으니 제갈량은 이를 기특히 여겨 더욱 신임하였다. 마속의 형제들은 재주가 출중하였던 관계로 백미라는 말을 만들어 내기도 하였다. 이에 대한 유래가 마량으로부터 나왔다. 마씨(馬氏) 집안의 아들 오형제는 모두 뛰어났다는 평가를 받았다. 그중에서도 맏형인 마량(馬良)이 유독 사람들의 눈에 띌 정도로 뛰어난 인재였다. 그런데 그의 눈썹은 특이하게도 희었다. 이로 인해 마량을 백미(白眉)라고 불렀다. 말 그대로 '흰 눈썹'이라는 의미였다. 그가 워낙 뛰어났으므로 후세에는 가장 뛰어난 것을 지칭할 때 쓰이는 용어로 자리 잡았다. 이러한 여러 가지 연유로 제갈량은 마속을 후하게 평가하였다. 그렇지만 가정전투를 놓고 보았을 때 마속을 지나치게 과대평가한 측면이 있다.

사람을 보는 안목에 있어서는 유비와 제갈량은 차이가 있었다. 유비는 숨을 거둘 무렵에 제갈량에게 당부하였다. 마속을 경계하라는 것이었다. 이유는 실력보다는 말이 너무 크다는 것을 들었다. 크게 쓰지는 말아 달라는 말을 덧붙이며 신신당부하였다. 그러나 제갈량은 이를 듣지 않았다. 두 인물의 사람을 보는 안목은 이처럼 차이를 보였다. 제갈량은 하늘의 이치에 통달할 만한 재주를 갖고는 있었지만 사람을 보는 안목은 그렇지 못했던 것 같다. 만약 제갈량이 위연이 건의한 대로 자오곡을 통하여 기습적으로 장안으로 향했다면 어떠했을까? 이것은 개념적으로는 작전술을 정확히 구현하는 것으로 평가할 수 있으며, 전략과 작전술의 개념을 알고 있었던 것으로 볼 수 있다. 그런데 왜 제갈량은 위연의 주장을 받아들이지 않았는지에 대한 의문이 든다. 물론 자오곡은 험준한 지형이었으므로 기동에 대단히 불리하다는 양면성을 갖고 있다. 기습에는 유리하지만, 만약 장안을 빨리 점령하지 못하면 보급로가 차단되는 위험성을 안고 있었다. 단지 이러한 이유만으로 제갈량이 위연의 주장을 받아들이지 않았는지는 각자가 평가할 대목이다. 마치 독일군이 아르덴느숲을 전차를 이용하여 극복한 것과 비슷한 경우로 볼 수 있다. 당시에 아르덴느숲을 돌파한다는 것은 불가능하다고 판단하고 있었으나, 독일군은 이를 감행하여 기습에 성공하고 전쟁의 주도권을 장악할 수 있었다. 초기전쟁에서 독일군이 주도권을 쥐고 연전연승한 것은, 이와 같은 모험을 성공시킨 결과에서 비롯되었다.

우리나라의 6·25전쟁 초기의 춘천축선에서의 승리는 전술 차원에서의 승리였으나 전략적 가치가 있었다. 북한군에게는 전략적 실패를 안긴 전투였다. 가정전투는 이와 비교할 수 있다. 춘천전투는 6월 25일부터 30일까지 중동부전선의 화천–춘천 축선과 인제–홍천 축선에서 국군 제6사단이 북한군 제2군단의 2·12사단 및 고속기동부대인 제603모터싸이클 연대의 공격을 받아 치른 방어전투를 말한다. 제6사단은 사령부를 원주에 두고, 제7연대를 춘천방면에, 제2연대를 홍천방면에, 제19연대는 원주에서 예비

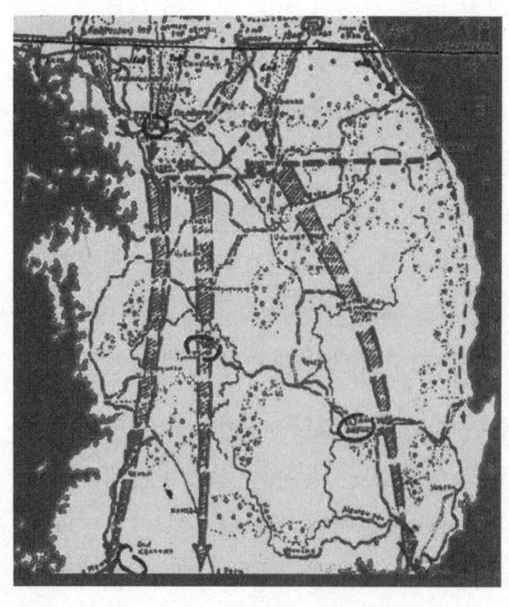

》 북한군의 선제타격계획

북한군의 전쟁계획을 크게 나누어 보면 총 3단계로 구분할 수 있다. 이 중에서 제1단계는 3일 이내에 서울을 점령하는 것이며, 이때 수원 이남을 포위하고자 하였다. 그러나 포위부대 중 북한군 제2사단은 춘천전투에서 막대한 손실을 입으면서 작전수행에 막대한 차질을 가져왔다.

로 하여 임무를 수행하고 있었다. 전략적 임무를 부여받은 북한군 제2군단은 개전과 동시에 제2사단을 춘천방면으로, 제12사단을 홍천방면으로 투입하였다. 북한군 제2사단은 1950년 4월에 실시한 검열에서 최우수부대로 선정된 사단이었다. 사단에 부여된 임무는 6월 25일에 공격하여 춘천을 점령하고, 춘천-서울을 연결하는 도로를 따라 가평-수원 방향으로 진출하여 국군 주력의 퇴로를 차단하는 것이었다. 북한군의 전략목표를 달성하는데 있어 우선적인 조건을 달성해야 하는 부대였다. 북한군 제2군단은 신속히 국군 제6사단을 돌파하고 수원 이남으로 기동하여 포위망을 구축해야 했다. 포위전투에서 퇴로를 차단하는 임무를 부여받은 부대였다. 그러나 국군 제6사단은 유일하게 북한군의 공격을 막아냈다. 북한군은 막대한 피해를 입었으며 전략적 임무에 차질을 주는 것은 물론이고 차후 작전에 참여할 수 없는 막대한 피해를 입기에 이르렀다. 제6사단은 춘천북방에서 북한군의 공격을 3일간 막아냈다.

전선 조정을 위해 육본의 철수명령을 받고 나서야 작전지역에서 조직적인 철수작전을 하였다. 북한군은 협조된 작전을 위해 진출이 늦어지는 제2군단을 기다리느라 서울에서 3일간을 지체하였다.[22] 이로써 막대한 전략적 실책을 초래하였다. 북한군은 작전 실패의 책임을 물어 군단장과 양개 사단장을 교체하기에 이르렀다. 춘천전투는 한국전쟁 서막에 한국군이 거둔 최초의 전술적 승리로 전략적 의미를 가진 승리였다. 만약 이 전투가 북한군의 의도대로 진행되었다면, 한강 이북에서 한국군 유생역량을 포위하여 섬멸시키고 한강방어선 전투 자체를 불가능하게 만들었을 것이다. 북한군은 중동부전선의 관문인 춘천을 점령하고, 즉시 서울을 후방에서 포위하기 위하여 수원 이남으로 진격하겠다는 계획이었다. 그러나 이러한 기도를 무력화시킴으로써 북한군의 남진을 저지한 결과, 국군이 한강방어선에서 전열을 재정비하는 시간과 미군이 한반도에 투입되는 시간을 얻게 된 것이다. 따라서 이 춘천전투는 한국전쟁 서전의 전투양상을 가른 것으로 단순한 전술적 승리를 넘어 양측에 주는 전략적 의미가 매우 큰 전투라 할 수 있다. 춘천전투는 나라의 운명을 구한 전투라는 평가를 받는 대첩이었다.

22) 북한군의 서울점령 후 3일 지체는 여러 가지 견해가 있다. 그중의 하나가 북한군 2군단의 춘천전투 실패이다.

6. 『삼국지』에서 작전술이 주는 교훈

확립되지 않은 지휘통일의 한계

동탁은 십상시 제거를 목적으로 하진이 불러들인 인물이다. 그러나 하진은 어이없게도 십상시에게 피살되었고, 원소는 십상시를 모조리 살육하였다. 낙양에 입성한 동탁은 권력을 잡게 되자 황제를 넘어서는 위세를 부리며 폭정을 일삼았다. 이에 백성은 물론이고 조정의 신하들까지 동탁에 등을 돌리는 상황이 전개되었다. 동탁은 이러한 분위기를 아는지 모르는지 황제와 하태후를 폐위시키고 아홉 살에 불과한 유협을 즉위시키니, 그가 마지막 황제 헌제(181~234)이다. 이러한 사건은 군웅들이 할거하는 명분을 주게 되었다. 그들은 나라를 바로잡겠다는 명분으로 반동탁 연합군을 편성하여 동탁에 항거하였다. 반동탁 연합군은 동탁을 제거한다는 명분으로 수많은 제후들이 힘을 합쳤지만 속마음은 합쳐지지 않았다. 비록 명목상으로는 원소를 맹주로 추대했으나 진심으로 복종하자고 한 것은 아니었다. 모두가 천하의 주인이 되고자 하는 야망을 갖고 있었으니 힘을 모을 수 없는 처지였다.

연합군은 서로 연합하였지만 언제라도 반목할 수밖에 없는 구조의 한계를 갖고 있었다. 그렇지만 동탁은 거대한 몸집의 연합군을 깨트리기가 어려웠다. 여러 번의 싸움에서 동탁의 맹장들이 죽어 나갔지만, 그렇다고 반동탁연합군이 승리를 종결짓지도 못하는 상황이었다. 이 과정에서 동탁은 이유의 건의에 따라 수도를 옮기기로 결정하였다. 동탁은 낙양을 불태우고 장안으로 천도를 단행하였다. 실권자 동탁이 떠난 낙양은 무주공산이었다. 반동탁 연합군은 동탁이 떠나 버린 낙양을 점령하지만 곧이어 분열을 맞게 되었다. 비록 동탁이 장안으로 수도를 옮겨 떠났으나 여전히 동탁의 군대는 강하였다. 군대의 수적 우세는 있었으나 누구 하나 선뜻 나서지 못하고 있었다. 이를 본 조조는 공격을 주장했으나 모두들 모른척할 뿐이었다. 조조는 패주하는 동탁을 쫓아 공격하자고 하였다. 즉, 현대적 개념으로 보면 추격하여 적부대를 격멸하자는 의미로 볼 수 있다. 여기에서 좀 더 구체적으로 장안을 위협할 수 있는 중요한 지형 등이 거론되었다면 작전술 차원의 기동으로 보기에 충분하다. 이러한 조조의 발언은 그의 용병술 개념을 엿보게 해주는 대목이기도 하다. 모두가 동의하지 않자 조조는 홀로 동탁을 추격하였다. 확립되지 않은 지휘통제의 단면을 볼 수 있는 대목이다. 정상적인 지휘통제가 확립되어 있었다면 원소의 통제하에 목표를 선정하여 조직적으로 공격하였을 것이다. 그렇지만 반동탁연합군은 내심에 품고 있는 뜻은 저마다 달랐다. 애초부터 지휘통일을 기대하기 어려웠던 조직이었다. 추격에 나선 조조는 동탁군의 책사였던 이유의 책략에 크게 패하여 하마터면 목숨을 잃을 상황까지 맞이하였다. 화살을 맞고 낙마한 것이다. 주변의 도움으로 가까스로 목숨을 구하고 겨우 빠져나올 수 있었다. 이러한 와중에서 손견은 우연히 낙양의 어디에선가에서 솟아나는 한줄기 광채가 솟아나는 것을 보았다. 이에 손견은 빛을 따라 가보니 어느 우물 속으로부터 빛이 나오는 것을 발견하게 되었다. 즉시 군졸을 시켜 우물을 수색해 보니 어느 궁녀의 옷 속에 옥새가 숨겨져 있었다. 손견은 황제의 상징인 옥새를 갖게 되자 더 이상 연합군과 함께 할 마음을 버리게 되었다.

반동탁 연합군은 이처럼 각자가 추구하는 목표가 달랐다. 그중에서도 가장 큰 문제점은 지휘의 통일이 이루어지지 않고 있었다. 그러므로 효과적이고 효율적인 작전은 기대하기 어려운 상황이었다. 연합군은 해체되었으며 각자의 본거지로 돌아간 제후들은 서로 경쟁 관계에 돌입하게 되었다. 본격적인 군웅할거의 시대를 맞이한 것이다. 자신의 본거지인 서량과 가까운 장안으로 수도를 옮긴 동탁은 자신의 양아들이자 경호책임자인 여포에 의해 죽음을 맞이하게 된다. 동탁은 반동탁연합군의 무력으로 진압된 것이 아니었다.

명확한 목표의 중요성

『삼국지』의 3대 전쟁은 관도대전, 적벽대전, 이릉대전이다. 이릉대전은 중국의 지형을 놓고 보면 동서전쟁 이었다. 서쪽의 촉군과 동쪽의 오군이 치른 전투였다. 이전의 관도대전은 하북에서의 강자를 가리는 북쪽 지방에서의 전쟁이었다. 적벽대전은 지형으로 보면 남북전쟁에 해당된다. 하북을 평정한 조조는 양자강을 따라 내려오면서 손권과 유비를 치려 했다. 이에 맞서 손권과 유비가 연합하여 벌인 전쟁이었다. 모든 전쟁에서 보급로 유지는 대단히 중요하다. 이를 원활히 하지 못하게 되면 전쟁은 필패한다. 오나라의 육손이 이릉대전에서 승리한 것은 촉군의 보급로 신장을 적절히 활용하면서 지연전술을 효과적으로 전개한 측면이 크다. 반면 유비는 적의 약점에 전투력을 집중시키는 과감한 기동을 통한 전투를 도모하지 못하였다. 즉, 작전술 차원의 병력 기동이 없었다는 것이며, 명확한 목표를 선정하지 않았다. 그저 대군을 이용하여 밀고 내려가는 형국이었다. 그 결과 촉군은 과도히 신장된 보급로와 이를 따라 늘어선 병력은 오군의 타격

목표로 적합하였다. 유비는 양자강을 따라 서진하였는데 보급이 어렵고 행군장경은 700리(약 280km)에 걸쳐 크게 늘어진 상태였다. 길게 신장된 대형은 병력의 분산을 가져온다. 이것은 적에게 각개격파 당할 위험이 크게 되는 결과를 낳는다. 집중된 전투력을 발휘하지 못한다. 이를 대비하지 못하였다는 것은 사전에 보급의 중요성을 간과한 결과였다. 지나치게 신장된 보급로는 대단히 취약하다. 그러므로 이에 대한 적절한 대비가 필요하다. 그러나 유비는 이를 대비하지 못하였다. 양자강을 따라 유비군은 행군을 거듭하였다. 험준한 산악이 이어지는 지형의 특성상 행군장경은 길게 이어질 수밖에 없었다. 이러한 특성을 육손은 절묘하게 이용하였다. 육손은 유비의 행군장경과 보급선이 늘어지기 시작하였지만 전투를 회피하였다. 적군이 지쳐가기를 기다리고 기다렸다. 그는 계속하여 유비군의 전선을 신장시키고자 하였다. 오나라의 장수들은 전투를 건의하였지만 육손은 이를 거절하였다. 그는 이미 촉군을 전멸시킬 전략을 수립한 상태였다. 이릉지역은 중국에서도 기후가 더운 지역이다. 쉬지 않고 공격하는 촉군은 더위에 지칠 것이며, 이들은 필연적으로 그늘을 찾아 숲을 찾게 될 것이다. 육손은 이를 간파하고 있었다. 촉군이 더위를 피하여 숲에 들어가면 1단계 작전으로 화공을 계획하고 있었다. 그리고 다음의 2단계 작전은 후퇴하는 촉군을 추격하여 전멸시키겠다는 전략이었다. 육손의 판단은 적중하였다. 신장된 상태의 촉군은 전력을 집중시킬 수 없었으며 상대적으로 집중한 오나라군의 공격에 속수무책이었다.

유비는 보급로의 신장과 병력의 분산을 극복하지 못하였다. 오히려 적이 먹잇감으로 던져준 소규모 전투에서의 승리에 도취한 결과 이러한 약점은 더욱 확대될 뿐이었다. 결과는 당연하였다. 유비는 처절한 패배를 피할 수 없었다. 양자강을 따라 오나라를 치기 위해서는 이에 대한 대책이 필요했다. 그중의 중요한 것이 보급로의 신장이었으며 험준한 지형에서의 적의 기습에 대비한 전력 집중에 대한 문제해결이었다. 유비를 보좌하는 제갈량이라는 천재적인 군사가 있었음에도 이를 극복하지 못한 것을 보면 전쟁을 너무 급하게 서둘렀다는 감이 든다. 이후의 일이지만 제갈량은 군량미 수송을 위하여 목우와 유마를 만든 인물이다. 그것은 보급의 중요성을 충분히 인식한 결과였다. 이처럼 유능한 군사가 이릉대전에 대한 준비를 제대로 하지 못했다는 것은 유비의 사사로운 감정이 너무 앞선 결과로 볼 수 있다. 급히 서두르다 보니 준비가 미흡하였다.

'모든 길은 로마로 통한다'는 말이 있다. 이 말의 의미는 길이 있어야만 문화도 번성하고 경제도 활력을 갖는다는 것이다. 이것은 전쟁에 있어서 보급의 중요성과도 일맥상통한다. 보급을 통하여 군사들은 힘을 얻고 정상적인 전투력을 유지하는 것이다. 전쟁사를 보면 보급에 승리한 군대는 항상 승리해 왔다. 칭기즈칸의 군대는 전투부대의 완벽한 보급문제 해결을 보여주었다. 별도의 보급부대를 운영하지 않으면서 보급문제를 해결한 부대였으므로 기동력은 상상을 초월하였다. 그 결과 가장 광활한 영토를 점령한 군대가 되었다. 6·25전쟁에서의 북한군도 보급에 실패하면서 마지막 힘을 상실하였다. 적절한 지원을 잃게 된 북한군은 전력의 급격한 하락을 가져왔다. 반면에 국군과 유엔군은 시간이 지날수록 부산항을 통한 군수물자의 공급에 힘입어 전력이 높아지고 있었다. 이런 상황에서는 북한군이 제아무리 공세를 취한다 해도 한계에 봉착할 수밖에 없었다. 이어서 인천상륙작전이 전개되자 북한군은 완전하게 보급로가 차단되었다. 심리적 마비는 당연히 수반되었다. 이릉대전에서 유비군의 상황도 이와 유사했던 측면이 있다. 다른 원인으로는 유비군의 과감한 기동이 부족하였다. 대군의 일부를 선발하여 적의 중심(重心)을 타격하기 유리한 지형을 선점하여 적의 심리적 교란을 유도하거나, 주요 시설 등을 공격하여 적의 전쟁지속능력을 억제하는 등의 작전술 차원의 작전을 전개하지 못하고 선형전투 형식으로 전투를 전개하였다. 즉, 작전술 차원의 명확한 목표 선정을 하지 못하였다. 목표의 중요성을 알게 해주는 전쟁이었다. 이러한 점이 이릉대전의 패착으로 작용하였다.

신속한 기동과 기습으로 적의 전투의지 상실

신속한 기동은 기습을 성공시킨다. 그러므로 기동과 기습은 분리될 수 없는 개념이기도 하다. 『손자병법』 작전편(作戰篇)에 '병귀승불귀구(兵貴承不貴久), 전쟁은 승리를 이루는 것이 가치가 있는 것이지, 오래 끈다고 가치가 있는 것은 아니다'라는 말이 있다. 이것은 속전속격의 중요성을 말하는 대목이다. 병문졸속(兵聞拙速)과도 같은 의미이다. 제갈량은 북벌을 도모하면서 속전속결을 이루고자 하였으나, 과연 계획에서도 이러한 그의 의지를 담고 있었는지 살펴볼 필요가 있다.

제갈량의 신중한 성격은 위나라를 공격할 때도 다름이 없었다. 촉나라의 제갈량은 북벌에 실패하였지만, 위나라의 등애는 촉나라를 함락시켰다. 촉에서 위로 향하는 길과 위에서 촉으로 향하는 길은 변동 없었다. 그렇지만 위나라의 등애는 좀 더 공세적이고 창의적인 방법으로 촉을 멸망시켰다. 만약 위나라의 등애가 촉나라를 공격할 때 제갈량이 선택한 진격로를 택했다면, 검문각 요새에 막혀 좌절하였을 것이다. 그러나 등애는 이를 과감히 우회하여 촉나라의 수도에 대군을 몰아갔다. 등애는 작전의 신속함을 최고로 알고 있었으며, 이는 속도만을 뜻하는 것이 아니라 적의 허점을 이용하는 것도 하나의 좋은 방법임을 알고 있었다. 즉, 촉군의 경계가 없는 험준한 준령을 통과하였다. 전혀 예상하지 못한 기동로를 선택하여 촉의 수도에 입성하였다. 263년에 위나라의 두 장수는 원정군을 이끌고 촉을 향하였다. 종회와 등애였다. 촉의 장수 강유는 검문각(劍門閣) 요새를 이용하여 위군을 막고자 하였다. 강유는 제갈량의 총애를 받던 장수였다. 위나라의 종회는 수차례의 공격을 감행했으나 워낙 험준한 성문은 열리지 않았다. 검문각은 좌우가 병풍처럼 절벽으로 이루어진 천혜의 요새였다. 대군이 일시에 전투력을 쏟아부을 수 없는 지형적인 특징을 갖고 있었다. 전쟁이 길어지자 보급에 문제가 생겼다. 촉으로 가는 길은 험난하였으므로 당연한 결과였다. 이에 반해 등애는 검문각을 정면공격하지 않았다. 원거리를 우회하여 검문각을 회피하였다. 등애의 부대는 무려 7백 리를 산악으로 행군하였다. 제대로 된 길이 없어서 임시도로를 개통하였다. 없는 다리를 만들고 울창한 나무를 베어냈다. 드디어 촉의 수도 성도가 눈앞에 들어왔다. 등애는 마지막 기세를 모아 성도로 내달렸다. 촉의 황제 유선은 전혀 의도치 않은 상황을 맞았다. 그가 선택할 길은 정해져 있었다. 항복으로 등애를 맞을 수밖에 없었다.

촉나라는 천혜의 요새 검문각을 너무 믿고 있었다. 검문각만 수비하면 위나라는 접근하지 못할 것이라는 자만감에 빠져 있었다. 반면 등애는 검문각이 천혜의 방어요새라는 것을 인정하였지만 검문각에서 승부를 내고자 하지 않았다. 검문각을 돌파하는 것은 거의 불가능에 가깝다는 것을 알고 있었다. 등애는 적의 강점을 회피하고 허점을 찾고자 했다. 촉군은 전혀 의도하지 않은 장소를 선택하여 기동한 등애군을 막아낼 수 없었다. 이를 보면 제갈량의 북벌을 다시 돌아보게 한다. 제갈량은 실패를 거듭하였으나 기동로를 과감히 변경해 보는 지혜는 발휘하지 못했다. 등애와 제갈량을 비교해 보는 것도 필요할 것 같다. 제갈량은 우직지계(迂直之計)의 묘수를 찾지 못했다고 평가할 수 있다. 단거리 접근로라고 해서 반드시 목표에 빨리 도달하는 것은 아니다. 때로는 돌아가는 것이 오히려 더 빨리 도착하기도 한다. 위연이 주장한 자오곡으로의 기동은 비록 모험은 수반되어야 했으나 오히려 우직지계에 해당하는 경우였다고 볼 수 있다. 반면에 제갈량은 지나치게 안정적인 경로를 선택하고자 한 측면이 있다.

정보를 기반으로 한 신속한 기동으로 주도권 확보

정확한 정보에 기초하여 적의 반응보다 빠른 신속한 기동은 작전의 성공을 보장한다. 『삼국지』에서도 이에 대한 중요성이 나온다. 맹달의 반란과 관련된 사례를 보면, 정확한 정보의 중요성과 적의 반응보다도 빠른 기동의 중요성을 알 수 있다. 제갈량은 227년 북벌에 나서면서 촉을 배신하고 위나라에 귀순한 신성태수 맹달을 설득하여 위나라를 협공하고자 했다. 그러나 사마의의 정보망에 맹달의 배신 기도는 걸려들었다. 사마의는 생존의 차원에서 다양한 정보망을 가동하고 있었다. 그는 낙향하여 있으면서도 조정의 소식을 시시각각으로 알고 있었다. 그러한 그가 맹달의 반역 음모를 모를리가 없었다. 신뢰할 만한 정보 출처를 갖고 있었으므로 시간을 지체하지 않았다. 그의 정보력에 기반한 판단력과 실행력을 보여주고 있다. 주도권은 맹달을 잡으면서 사마의편으로 기울었다. 제갈량 보다 빨리 움직인 결과였다. 어쩌면 제갈량의 패배는 여기에서부터 시작하고 있었다고 보는 것이 타당할 것이다. 주도권의 확보는 이처럼 빠른 기동에서 출발한다. 군사작전은 빠를수록 좋은 것이지만, 신뢰할 수 없는 정보에 따라 빠르게 움직인다면 패전을 재촉할 뿐이다. 신뢰할 수 있는 정보에 따라 군대를 최대한 빨리 움직인다면 기습의 효과를 달성할 수 있다는 교훈을 주는 대목이다.

사마의는 전략적인 안목과 전술적 식견을 두루 갖춘 인물로 묘사되고 있다. 전체적인 상황분석에 밝았으며, 신뢰할 수 있는 정보 수집에 뛰어났다. 조조는 한중을 평정하고 군사를 돌리려고 하였다. 이때 옆에 있던 사마의가 서촉까지 공격하여 빼앗을 것을 건의하였다. 그의 판단은 기세가 올라 있을 때 멈추지 말고 공세를 유지해야 한다는 것이었다. 그가 이렇게 본 것은, 유비가 서촉을 빼앗은 지 얼마 되지 않아 안정되지 않았으므로 혼란한 시기를 놓쳐서는 안 된다는 것이었다. 적의 혼란을 최대한 이용하여 전과를 확대해야 한다는 것이었다. 그동안 사마의는 좀처럼 어떠한 건의도 하지 않으면서 조용히 있었지만, 이번에는 처음으로 건의하였다. 그러나 조조는 그의 말을 듣지 않았다. 과도한 욕심이라고 생각하였다. 그 후에 조조는 한중을 유비에게 빼앗기고 말았다. 그때 가서야 조조는 후회하였다. 그러나 이미 일은 끝나 있었다.

『삼국지』에서는 그의 외모를 특이하게 묘사하고 있다. 사마의는 보통사람과 달리 고개를 한바퀴 돌린다는 것이다. 이것은 이리와 같다는 의미이다. 즉, 이리를 닮은 낭고상(狼顧相)임을 말하고 있다. 이를 보고 조조는, 사마의가 반골(反骨)의 기질을 갖고 있다고 경계하였다. 사마의는 조조에 의해 발탁되어 기용된 인물이다. 그는 조조 못지않게 임기응변이 있었다. 탁월한 재능을 가지고 있다는 것을 조조는 알고 있었으나 중용하지는 않았다. 특히 작은 군권도 맡기지 않았다. 이를 보면 그는 충성심은 별로였던 것 같다. 그러나 사마의는 기다리고 기다렸다. 마침내 조조가 죽고 조비가 뒤를 이었지만 즉위한 지 7년 만에 죽고 말았다. 그의 어린 아들 조예가 뒤를 이었다. 즉위한 조예는 15세에 불과하였다. 조비 때부터 능력을 보이기 시작한 사마의의 위상은 높아 있었다. 그러던 차에 서북 변방의 서량 지역의 근무를 자청하였다. 그는 군권을 장악하는 길을 엿보고 있었던 것이며, 변방의 서량은 조예를 안심시키기에 적절하다는 판단을 하고 있었다. 조예는 의심하지 않고 이를 승인하였다. 그는 마침내 변방에서 착실하게 군사를 키울 수 있었다. 사마의는 마지막 승자로 가는 길목을 지나고 있었다. 조조는 살아 생전에 그의 자식들에게 사마의에게는 군권을 주지 말라고 신신당부하였다. 그러나 그의 손자는 이를 망각하고 있었다. 그렇지만 사마의에게 시련이 찾아왔다. 북벌을 준비하던 제갈량에 의해서다. 제갈량 역시 사마의의 인물됨을 알고 있었다. 제갈량은 유언비어를 퍼뜨렸다. 내용은, 사마의가 서량에서 군사를 길러 역모를 꾀하고 있다는 것이었다. 이 소식을 들은 조예는 사마의로부터 군권을 회수하였다. 사마의가 축출되자 제갈량은 출사표를 올리고 북벌길에 올랐다. 위나라는 하후무와 조진을 차례로 대장군으로 임명하여 촉군을 막게 하였다. 그러나 계속 패전할 뿐이었다. 황제 조예는 어쩔 수 없이 낙향한 사마의를 다시 불러 제갈량을 막게 하였다. 이때부터 『삼국지』의 두 지장(智將)은 드디어 전선에서 불꽃 튀는 결전을 벌이게 되었다. 사마의는 제갈량 때문에 잃은 군권을 제갈량으로 인해 다시 찾게 되었으니 참으로 아이러니라 하지 않을 수 없다.

사마의는 아들 중에 출중한 두 아들을 두고 있었다. 둘은 그를 닮아 대단히 뛰어난 지략을 보이고 있었으며, 사마의는 그들은 항상 전선으로 데리고 다녔다. 아들에게 차근차근 병법을 물려줄 심산이었다. 제갈량의 1차 북벌은 가정전투의 실패로 끝나면서 사마의에게 승리는 돌아갔다. 제갈량의 지략이 극에 달한 것은 호로곡전투에서 화공으로 사마의와 그의 두 아들을 거의 죽음 직전까지 몰고 간 일이다. 엄청난 위험을 겪은 사마의는 전략을 변경하였다. 그는 이기기보다는 지지 않기 위한 전략으로 전쟁을 이끌었다. 이런 과정에서 부하들로부터 겁쟁이라는 수모까지 당해야 했으나, 그는 참고 참았다. 그의 위대함은 참아내는 것이었다. 사마의가 제갈량의 북벌에 맞서 설정한 전략목표는 수세전략이었으며, 전술적 목표는 '적의 격퇴'였다. 격퇴는 할지라고 추격은 하지 않았다. 또한 군이 격멸도 하려 하지 않았다. 사마의는 명확한 전략과 전술목표를 설정하고 있었다. 그는 그가 수립한 목표를 바라보면서 절제된 전투를 치르고 있었다. 그러므로 전투에서는 지는 것처럼 보였지만, 전쟁에서는 이기는 결과를 가져왔다. 그는 참으로 현명했다.

사마의는 제갈량의 전략과 전술능력을 알고 있었으므로 적극적으로 촉군을 격멸하려고 하지 않았고, 방어에 치중하는 전략을 수립하였다. 그는 제갈량을 이길 수는 없다고 판단한 것이다. 이길 수 없는 사람과 싸운다는 것은 패배를 의미한다. 그러므로 그는 최소한의 전투만을 한 것이다. 사마의는 이 과정에서 온갖 수모를 견디어 냈다. 그는 결정

» 병든 척 연기하는 사마의

출처 : KBS 2TV, 「신 삼국지」에서 캡처

적인 단 한 번의 칼을 휘두르기 위하여 그 칼을 갈고 닦았다. 이러한 사마의를 보는 제갈량은 초조함이 더해 갔다. 사마의가 대군을 이끌고 나오기만 한다면 전멸시킬 자신이 있었지만 기회를 잡을 수 없었다. 수많은 미끼를 던졌으나 사마의는 물지 않았다. 주변의 배고픈 신하들은 먹이로 보았으나, 사마의는 주린 배를 움켜지고도 이에 현혹되지 않았다. 미끼를 먹이로 착각시키고자 하는 제갈량의 노력은 끝도 없었으나 번번히 무산되었다. 기나긴 신경전은 제갈량이 오장원에서 숨을 거두면서 멈출 수 있었다.

제갈량은 방어에 치중하는 사마의를 전장으로 불러내기 위하여 그에게 모욕적인 선물을 보냈다. 그러나 그는 이를 본 척 만척하였다. 오히려 제갈량이 보낸 사자와의 대화를 통하여 제갈량의 수명이 얼마 남지 않았음을 알아내기까지 하였다. 시간만 지나면 승리를 거머쥔다는 것은 기정사실로 다가왔다. 그는 더욱 더 수세로 일관할 뿐이었다. 제갈량은 초조함으로 속이 타들기 시작하였다. 제갈량은 마침내 오장원에서 숨을 거두었다. 북벌에 나서 연전연승하였으나 결정적인 순간에 사마의에게 뒷덜미를 번번이 잡히고 말아 실패를 되풀이 해야만 했다. 반면에 사마의는 능력을 알고 달성 가능한 목표를 세웠으며 이를 지키려 노력하였다.

정보를 기반으로 한 절제된 마음에서 안정적인 전투를 추구하여 전쟁의 승리를 이끈 것이다. 제갈량을 물리친 사마의는 거칠 것이 없었다. 그는 위나라를 지킨 공신이 되었다. 위나라의 실권은 오롯이 그의 차지가 되었다. 그즈음 위나라 황제 조예는 절제되지 못한 행동으로 일찍 죽게 되었다. 그의 나이 36세였다. 당연히 보위를 이를 조예의 아들 태자 조방은 8세의 어린 나이로 황제에 즉위하였다. 이때 조정에서는 황실의 친위세력인 조상과, 군권을 장악한 사마의 간에 치열한 권력투쟁이 벌어지고 있었다. 그렇지만 마침내 조상이 승리하게 되자, 사마의는 병을 핑계로 또 다시 낙향의 길에 올랐다. 이제부터 조정의 실력자는 조상이었다. 사마의는 낙향해서도 기회를 살피고 있었다. 최고의 실세가 된 조상 역시 사마의에 대한 경계를 풀지는 않았다. 그는 사마의에 대하여 염탐을 목적으로 사자를 보냈다. 그러나 사마의는 사자가 온 목적을 훤히 꿰뚫고 있었다. 사마의는 머리를 풀어헤친 채 정신이 혼미한 척 하였다. 그러면서 시녀들의 부축을 받으며 찾아온 사자를 맞았다. 사마의는 말을 알아듣지 못하는 척하면서 병자 행세를 하였다. 돌아간 사자는 조상에게 사마의는 얼마 살지 못할 병자라고 보고하였다. 사마의의 연극에 조상은 속아 넘어간 것이다.

어느 날 조상이 황제를 모시고 사냥을 떠나면서 궁궐을 벗어났다는 소식이 사마의에게 날아들었다. 그는 지체하지 않고, 하늘이 준 기회라 여겼다. 두 아들과 심복 장수들은 군사들을 몰아 비어 있는 궁궐을 기습 점령했다. 하루아침에 권력은 다시 사마의의 차지가 되었다. 완벽한 성공이었다. 그는 맹달을 잡았던 것처럼 신뢰할 수 있는 정보에 기반하여 거병을 하여 쿠데타를 성공시킨 것이다. 실권 없는 황제 조방은 사마의의 눈치를 보아야 했다. 사마의는 그의 두 아들이 실권을 물려받을 수 있도록 기반을 다져 놓은 후 죽음을 맞았다. 사마의는 정보력에서 특출난 강점을 갖고 있었다. 따라서 그는 지나치게 소심하다는 핀잔을 들을 정도였지만, 찾아온 기회만큼은 절대 놓치지 않았다. 그것이 가능했던 것은 신뢰할 만한 정보를 제공받고 있었기 때문이었다. 그는 정보를 기반으로 그럴듯하게 대응하여 위기를 모면하기도 하면서, 신속하게 기동하여 주도권을 일순간에 거머쥐는 과감성을 보였다. 그의 정보력은 끈질긴 생명력을 제공하였으며, 최후의 승자로 만든 원천이 되었다.

제5장 전술

1. 전술의 유래
2. 전술의 정의
3. 전술의 역할
4. 전술의 특성
5. 전투의 3요소

1. 전술의 유래

전술의 등장과 발전은 인간의 생존 본능에서 찾아볼 수 있다. 인간은 본능적으로 자신의 생명을 지키려는 습성을 갖고 있으며, 위협에서는 이를 위한 행동을 반복하게 된다. 주변의 위협으로부터 생명을 지키기 위한 대비(방어)를 본능적으로 하면서 자신의 생명과 종족을 보존하여 왔다. 또한 생존을 위해서 사냥(공격)을 하게 되었으며, 무리를 이루어 보다 효율적인 사냥술을 터득할 수 있었다. 이러한 사냥술은 전술과 일맥상통하고 있다. 칭기즈칸의 몽골군이 세계최강의 군대로 평가받았던 이유 중의 하나가 전술훈련을 많이 한 결과였다는 분석이 있다. 그들의 전술훈련은 사냥에 기반을 두고 있었으며 유목민의 특성상 오래전부터 사냥은 생존을 위한 필수적인 활동이었다. 그들의 생존을 위한 활동은 무리를 지으면서 전술로 발전되었고, 어느 나라의 군대보다도 조직적이고 효율적인 전투능력을 갖게 되었다.

원시시대의 인류는 최초에는 단독 혹은 소수로 살아가다가 점차 모이고 모이면서 보다 큰 무리를 형성하게 되었다. 시간이 지나면서 사람들이 많아짐에 따라 조직의 규모도 커지면서 사냥의 규모도 자연스럽게 조직화되었다. 초보적인 사냥술은 인구가 증가하면서 점차 집단화되었고 집단과 집단의 결합은 보다 큰 집단이 되면서 조직화 되었다. 조직화 된 집단에서는 사냥법에 있어서도 보다 전문화되는 경향을 나타내기 시작하였다. 오늘날 우리가 일반적으로 말하는 전술이 태동하기 시작한 것이다. 무리들은 각자의 특성에 따라 그룹을 나누어 효과적이고 효율적인 사냥법을 터득해 나갔다. 짐승을 찾는 무리, 짐승을 쫓는 무리, 미리 길목을 지키는 무리 등으로 분류되어 각각의 특성을 고려한 임무를 부여받았다. 전술의 형태를 충분히 갖추어 가고 있었던 것이다. 그렇지만 전술이라는 용어는 존재하지는 않았을 것이다. 개인만의 사냥법은 싸움법에 불과하다. 즉, 개인의 전기(戰技)에 해당된다. 전기는 부여된 임무를 수행하는데 필요한 장비, 도구 등을 운용하는 능력을 말한다. 그러므로 원시시대의 전기란, 그 당시의 단순한 사냥도구를 능숙하게 사용하는 것에 지나지 않았다.

전술은 무리를 지어 살기 시작하는 순간부터 태동하기 시작하였다. 시간이 지남에 따라 집단을 형성하면서 보다 지혜롭게 사냥하는 것과 살아가는 방법을 찾아가기 시작하

» 사냥하는 사람들

출처 : KBS 역사저널 「한반도의 첫 사람들」에서 캡처

였다. 분화된 임무를 부여받은 각자는 임무를 수행하기 위한 많은 고민을 하면서 전문화되기 시작하였으며, 보다 편리하고 효율적인 도구에 대한 고민도 자연스럽게 병행되었다. 역할 분담에서 오는 전문화였으며, 오늘날의 병종(兵種)과 비교할 수 있는 차원이다. 이러한 생각과 조직의 활동은 경험과 학습을 통하여 보다 다양한 방법을 개발하면서 사냥법과 종족보존을 도모하였다. 또한 도구를 발전시키면서 인적자원(병력)과 도구(무기 등)를 활용한 지형이용 등의 다양한 방법으로 공격과 방어행동을 구사하였다. 그들은 수많은 시행착오를 통하여 그 방법을 발전시켰을 것이다. 군대 조직이 벌이는 전투는 개인적인 측면에서는 지극히 본능적이고 원초적인 활동의 시작에서 출발한다. 그렇지만 조직의 측면에서 보면 일정한 방식이 존재하며, 이것으로부터 전술의 개념은 정립되기 시작하였다. 이러한 인류 생존의 역사를 전술의 시작과 발전과정이라고 이해하면 될 것이다. 그리고 인류의 역사에서 나타난 인간의 본능적인 행동으로부터 전술을 이해하려 한다면, 그것이 가장 쉽게 전술에 입문하는 길이 된다는 것을 밝혀 두고자 한다. 전술(Tactics)이란 용어의 어원은 그리스어의 TAKTIKOS로 원래는 '배열한다, 정돈한다'의 뜻을 지니고 있다. 고대의 전쟁에서 전투대형을 연상해 보면 이해가 될 것이다. 고대 그리스군은 팔랑크스라는 전투대형을 형성하였다.

≫ 고대전쟁에서의 팔랑크스

팔랑크스 대형은 보통 8열~16열로 이루어진다. 그렇지만 고대의 마라톤전투에서는 중앙부분은 4오로 줄이고 좌우열을 보강한 대형을 만들어 포위에 유리하게 변형시켰다. 이를 통해 최초의 포위전술을 선보였다.

팔랑크스는 고슴도치를 연상할 수 있다. 고슴도치는 외부의 공격을 받게 되면 특유의 가시를 이용하여 자신의 몸을 보호하는 자세를 취한다. 팔랑크스는 방패를 이용하여 밀집된 방진을 고수하면서 대형을 유지하는 것을 말한다. 그리고 긴 창을 이용하여 적에게 접근하여 적을 제압하는 전술을 구사하였다. 인간으로 만들어진 성벽 같은 요새가 움직이면서 적을 공격하는 것이다. 팔랑크스는 열과 오를 엄격히 적용하여 진영을 갖춘 대형이다. 즉, '배열하고 정돈한 대형'이었다. 이러한 대형이 전진하는 것은 공격이었다. 대형이 적을 밀어내면 승리하는 것이며, 무너지는 것은 패배를 의미하였다. 이는 지극히 단순한 공격과 방어의 방법이었다. 팔랑크스 대형은 전쟁을 수행하기 위해 고대에 개발한 최초의 전술대형이었다. 이처럼 적을 단순히 밀어내면서 승리를 거두는 방식은 하나의 단순한 대형에 불과하였다. 그렇지만 시간을 거듭하자 단순한 대형으로 앞과 뒤로 움직이는 것에서 탈피하여, 적을 포위하는 개념으로 발전하기 시작하였다. 앞과 뒤로 움직이던 대형에서 좌우로 이동하면서 목표물을 에워싸기도 하는 방식으로 변화하기 시작하였다. 포위라는 공격전술의 기동형태를 생각해 낸 것이다.

기원전에 이미 포위라는 전술행동이 개발되었다. 마라톤전투는 기원전 490년 9월 12일에 그리스의 마라톤 평원에서 페르시아군 2만 명과 아테네군 1만 1천 명이 벌인 전투이다. 기원전 6세기 이후 그리스는 도시국가가 발달하였으며, 아테네도 그중의 하나였다. 당시에 동쪽에서는 페르시아가 제국을 건설하고 세력을 더욱 확장하고자 하면서 서진하고 있었다. 따라서 양대 세력의 충돌은 불가피하게 되었으며 이를 그리스와 페르시아전쟁이라고 한다. 이때 발생한 전쟁에 마라톤전투가 있다. 양국은 마라톤 평원에서 대치하였다. 이때 아테네군은 팔랑크스 대형을 이용하여 양익포위라는 전술을 구사하였다. 최초의 포위라는 공격의 기동형태가 나온 전투이다. 이처럼 아테네군은 당시에는 어느 누구도 고안해 내지 못한 독창적인 방법을 구사하였다. 페르시아군 역시 전혀 예상하지 못하고 있는 공격방법이었다. 거대한 성벽을 구성한 아테네군이 공격을 하자 당

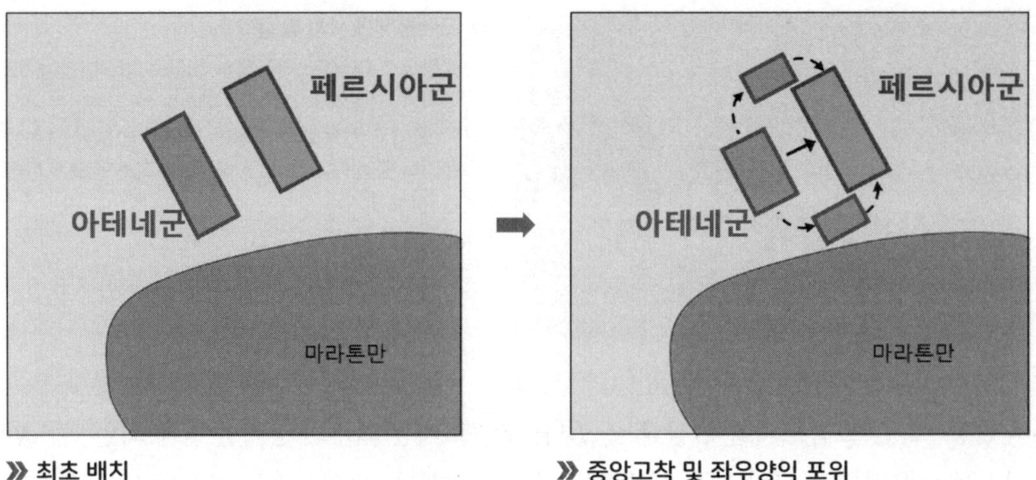

≫ 최초 배치

≫ 중앙고착 및 좌우양익 포위

황한 페르시아군은 도끼병을 이용하여 방진을 격파하려 하였다. 그러나 아테네군은 이를 역이용하였다. 공격전에 방진을 미리 변형시켜 놓았던 것이다. 방진의 중앙을 좌우측보다 약하게 대형을 편성하여 공격했던 것이다. 페르시아군의 도끼공격에 방진의 중앙이 밀리게 되자 자연스럽게 좌우측의 날개가 형성된 것이다. 페르시아군은 포위망 속으로 스스로 갇히게 되는 결과가 되었다. 여기에서 양익포위라는 공격전술의 기동형태가 최초로 모습을 보였다.[1] 그 후에는 아테네군은 포위망에 갇힌 페르시아군을 무자비하게 살육하기 시작하였다.

칸네전투에서 한니발은 포위섬멸전투의 전형적인 전투를 보여주었다.[2] 칸네전투는 기원전 218년에 한니발이 알프스를 넘으면서 서막을 예고하고 있었다. 코끼리부대를 포함해 5만의 대군을 이끌고 나폴레옹보다 무려 2천여 년이나 앞서 험준한 알프스를 넘은 한니발은 그 자체가 전설이었다. 최초 로마군은 정면대결을 피하면서 소규모의 전투를 통한 지연전술을 구사하고자 하였다. 반면에 한니발은 결전을 도모하고자 하였다. 따라서 한니발은 적을 본격적인 전투로 끌어들이기 위한 전술을 구사하고자 하였다. 로마군과 카르타고군이 진을 형성한 칸네는 아우피두스강이 흐르고 있었다. 로마군의 오른쪽으로 아우피두스 강이 흐르고 있었으며, 후방의 5㎞ 지점은 바다였다. 로마군은 칸네의 남서쪽에 위치하고 있었다. 로마군의 진은 중앙에 경장보병, 그 뒤에는 중장보병을 배치하고 좌우에는 적의 중앙을 격파하기 위한 기병을 배치하였다. 한편 한니발은 중앙전방에 경장보병, 그 후방에 중장보병을 배치하고 좌우에 기병을 배치하였다. 대형은 양

1) 김창진, 『전쟁사와 무기체계』 (서울: 문운당, 2019), pp.56~58.
2) 김창진, 앞의 책 (2019), pp.83~85.

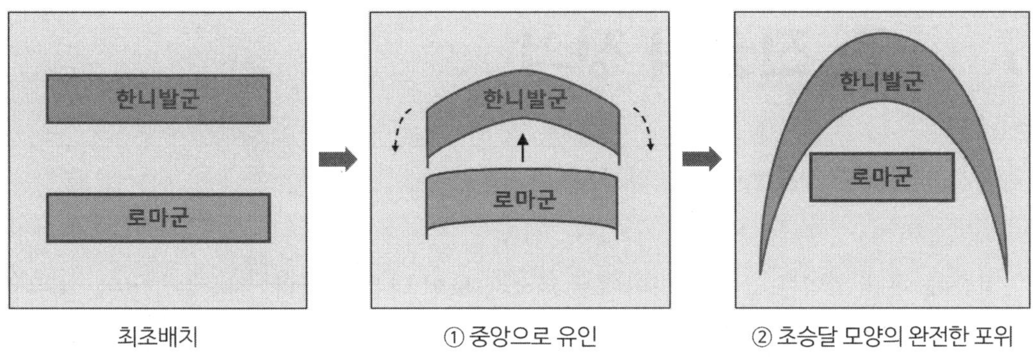

최초배치 ① 중앙으로 유인 ② 초승달 모양의 완전한 포위

» 한니발의 칸네 포위섬멸전투

군이 동일한 형태였다. 그러나 한니발은 이 대형의 모양을 초승달과 비슷하게 하였다. 즉, 중앙을 두텁게 편성한 것이다. 한니발의 의도는 중앙으로 적의 주력을 붙잡고, 좌우익의 기동력이 우수한 기병을 이용하여 적을 완전하게 포위하겠다는 것이었다. 이러한 구상을 하게 된 것은 한니발의 기병이 로마군보다 우위에 있었으며, 보병은 열세였기 때문이다. 즉, 열세한 병력으로는 적을 고착시키고, 기동력에서 우위에 있는 기병을 이용하여 적을 포위하여 섬멸하겠는 구상을 한 것이다. 드디어 로마군의 선공으로 전투는 시작되었다. 전투가 시작되자 한니발의 중앙은 로마군에 밀리게 되었다. 계속 밀리자 완전한 초승달 모양은 점점 로마군을 가운데에 두고 조여드는 모양이 되었다. 완전한 포위의 형태를 취하게 된 것이다. 대형은 초승달에서 원형으로 바뀌었다. 로마군을 완벽하게 포위한 것이다. 전투는 로마의 참패로 끝났다. 로마군은 참혹한 참패를 당하였다. 이처럼 오래전의 고대전쟁에서도 뛰어난 전술을 개발한 흔적을 찾아볼 수 있다.

2. 전술의 정의

전술에 대한 정의를 글자의 의미에서 분석해 보면 다음과 같다. 전술은 '전(戰, 싸움)'과 '술(術, 재주)'로 이루어진 글자이다. 직역하면 '싸우는 재주 또는 기술'을 뜻함을 알 수 있다. 이를 전투라는 상황에서 풀이해 보면 다음과 같이 정의할 수 있다. 전술(Tactics)이란 '전투 시 부대의 운용', '아군 상호간 및 적과 관련하여 부대의 모든 잠재력을 발휘하기 위한 질서 있는 부대배치 또는 기동'을 말한다.[3] 즉, 부대와 병력의 운용술을 말하고 있다. 이는 적의 약점에 전력을 집중하는 기동을 핵심으로 한다. 또한 이러한 상황을 조성하기 위한 부대기동을 포함하기도 한다.

부대규모에서는 군단 이하의 제대로 보고 있다. 이들 제대가 기동을 통하여 전투력을 집중함으로써 '전투에서 승리하기 위하여 전투력을 조직하고 운용하는 과학(科學, Science)과 술(術, Art)'이라고 보면 될 것이다. 여기에 나오는 과학과 술에 대해 살펴보면 다음과 같다.[4] 과학(Science)의 영역은 전사를 통한 공통점을 발견하여 이를 적용하는 것이다. 고금의 전투를 대상으로 관찰과, 연구, 실험을 통하여 입증된 전술의 객관적인 원리와 원칙, 방법, 기술 및 절차, 또는 각종 제원 등을 말한다. 이것은 논리적이고

» 전술훈련하는 모습

전술 운용의 주체는 지휘관이다. 지휘관은 술(術)과 과학(科學)을 효과적으로 결합하여 전술 능력을 발휘하여 작전수행을 주도하는 위치에 있는 핵심인물이다.

3) 육군본부(2012), 앞의 책, p.439.
4) '과학과 술'에 대해서는 육군에서 정의하고 있는 내용을 인용하여 정리하였다.

체계적인 경험 지식이다. 즉, 전술에는 그동안의 오랜 세월을 거치면서 증명된 보편적이고 객관적인 법칙이 존재한다는 것이다. 술(Art)은 직관과 통찰력에 의한 운용능력이며, 고도의 전투감각이 지배하는 영역으로 이것은 창의력과 직결된다. 창의력은 과학적인 능력에 부과하여 교육, 훈련, 연습, 실전경험 등을 통해 얻을 수 있는 발전된 능력이다. 즉, 전술은 다양한 환경과 상황 속에서 오랜 경험을 통하여 축척한 기예(技藝)가 총합체로 존재한다는 것이다. 중요한 것은 술적 측면에서의 능력은 과학적 측면에서의 능력이 기반이 되어야 제대로 발휘될 수 있다는 사실이다. 전술은 과학적 원리의 바탕 위에서 다양한 운용의 기술을 발휘하는 과학(科學)과 술(術)의 복합체라는 것이다. 이러한 전술은 용병술체계에서는 가장 하위의 개념이며, 이는 상위의 작전술 및 군사전략의 성공에 기여하는 것을 목적으로 하여야 한다. 전술에 대한 정의는 주요 군사이론가와 국가별로 다양하게 나타나고 있지만, 그 본질에서는 거의 유사함을 볼 수 있다. 주요 이론가의 정의를 참고해 보면 다음과 같다.

▸ 주요 군사이론가들의 전술 정의

이론가	전술 정의
크라우제비츠	전투에서 부대를 사용하는 기술이다.
웨벨	전술은 과학적인 합리성에 입각한 자유스러운 기술이어야 한다.
大몰트케	가장 곤란한 상황과 압박하에서 활용하는 기술이다.
리델하트	직접 전투행위를 위해 병력을 배치 및 운용하는 기술이다.
마한	전술은 예술과 같이 무한히 다양한 형상을 창조하는 술이다.
나폴레옹	전술은 결코 버릴 것 없는 일정한 원칙이 있는 기술이다.

표에서 보듯이 주요 군사이론가들은 전술을 정의하면서 '기술'이라는 용어를 대체적으로 사용하였다. 기술은 '어떠한 원리나 지식을 적용하여 생활에 유용하도록 만드는 수단'을 말한다. 이를 보면 전술이라는 것은 과학의 영역을 바탕으로 하여 개인의 창의성을 발휘하여 전투력을 운용하는 것으로 볼 수 있다. 이것은 우리나라 군에서 전술을 정의한 것과도 유사하다. 대부분의 군사이론가들도 전술을 술(術) 또는 기술의 차원으로 보고 있다는 것을 알 수 있다. 주요 군사이론가들의 견해를 종합하여 본다면 전술이란 '전투시 부대를 운용하는 술'로 정리된다. 결국 전술은 전사를 통한 공통의 원리를 도출하여, 이를 기반으로 삼아 반복행동에 의한 숙련으로 다양한 상황에 적용하는 술(術)적인 능력이 중요한 분야임을 말하는 것이다. 다시 말해 합리적 직관과 통찰력을 바탕으로 운용능력에 많은 비중을 두고 있는 것이 전술이다.

3. 전술의 역할

전술은 용병술체계에서 최하위의 개념이다. 전술이 전개되는 무대는 적과 직접적인 접촉을 하고 있는 전장이다. 적과의 접촉 공간은 필히 유혈의 전투를 수반한다. 전술이 궁극적으로 추구하는 목적은 적의 격멸에 있다. 그러므로 유혈의 전투를 감수해야 하는 것은 전술의 숙명이라고 보아야 할 것이다. 이를 통하여 전술은 전략과 작전술에서 제시하는 목표 달성에 기여하여야 한다. 그렇지만 작전술은 적의 전투의지 마비에 기반을 둔 승리를 달성하고자 하며, 전략은 싸우지 않고도 이기는 무혈의 승리를 최고의 가치로 삼는다. 전쟁에서 승리하겠다는 목표와 목적은 동일하더라도 이처럼 각각의 역할 수행은 차이를 보인다.

제 아무리 작전술과 전략을 책임지는 상급제대에서 고차원적인 목표와 목적을 가지고 있다고 하더라도, 적과 접촉한 지근거리에서 이루어지는 전투는 적 전투력을 격멸하는 것이 일차적인 목표가 될 수밖에 없다. 이것은 비교적 지근거리에서 벌어지는 전투의 특성을 생각해 보면 쉽게 이해될 것이다. 유혈의 전투로 승리를 추구하는 전술은 기동과 기습, 배비를 통하여 적의 의지를 마비시켜 최소의 전투를 목적으로 하는 작전술과는 대비되는 점을 갖고 있다. 이렇듯이 적 전투력 격멸은 전술의 핵심 목표이자 특징이다. 그렇지만 누적된 전투의 승리가 작전술과 전략의 승리를 보장하지는 않는다.

전술의 승리를 작전술과 전략의 승리로 귀결시키기 위해서는 이들 상위 개념의 목표와 목적을 이해한 전투수행의 능력을 요구한다. 전략과 작전술에서 제시하는 목표와 목적을 이해한다는 것은 두뇌를 통한 활동만으로도 가능하게 되겠지만, 전투현장에서 이를 실천하는 것은 두뇌만으로는 이룰 수 없는 한계를 갖는다. 이점은 전술제대 지휘관에게 더욱 어려운 현실적인 문제로 다가 온다. 특히 스스로 목표를 선정하고 이를 확보하는 문제는 두뇌와 손발이 모두 일체감을 이룰 때 가능하다. 목표는 일반적으로 상급제대에서 제시해 주기도 하지만, 전술제대 지휘관 스스로 상급부대 작전의 목적을 이해하여 스스로 선정하여야 한다. 전술제대가 상급제대로부터 부여받은 목표와 작전목적에 기여하기 위하여 부여된 임무와 스스로 염출한 임무를 바탕으로 목표를 선정하여야 한다. 또한 시기를 상실하지 않고 이를 확보하기 위한 구체적인 행동을 필요로 한다. 그러므로 전술을 수행하는 제대의 지휘관은 전투현장을 면밀히 분석하여 차후 작전을 준비하는 능력을 갖추어야 한다. 무엇보다도 능동적이고 적극적으로 상급제대의 목표 달성에 기여하고자 하는 의지를 품고 있어야 한다. 유혈을 감수한 전투에서 승리하였다고 해도 승리의 전투결과를 확장시키지 못한다면 작전술과 전략에 기여하지 못한다. 이렇게 된다면 피를 흘린 보람을 찾을 수 없을 것이며 고귀한 희생의 빛은 퇴색할 것이다.

6·25전쟁에서 북한군은 서울 점령 후 3일간을 허비하였다. 이것은 전체적인 틀에서는 전략적 실패로 규정할 수도 있을 것이다. 그렇지만 전술적 차원의 실패에 더 근접해 있다. 북한군이 소련군의 지도를 받아 수립한 전쟁계획에서는 부산까지를 목표로 하고 있었다. 즉, 한반도의 완전한 점령이었다. 북한군의 전쟁지도부에서는 전쟁단계별로 적절한 목표를 부여하였다. 서울을 점령한 이후의 단계별 작전은 이미 수립되어 있었다. 그러나 초반의 승리에 도취한 북한군은 3일간의 시간을 허비하였다. 북한군의 예하사단들은 서울을 점령한 후 그들의 전략에 기여할 전술적 차원의 목표 확보에 대한 노력을 하지 않았다. 한강변의 주요선착장 등 도섭에 용이한 지점을 확보하여 도하를 준비했어야 마땅하였다. 그렇지만 북한군의 어느 사단도 그러한 노력에 집중하지 않았다. 이를 보면 북한군은 전략의 목적과 목표를 구현하기 위한 전술적 차원의 노력에서 실패한 것으로 규정할 수 있다. 3일이라는 시간은 전쟁의 양상을 변화시키기에 충분하였다. 3일간에 발생한 상황은 실로 전쟁의 양상을 변화시킬 굵직한 사건의 연속이었다. 당시에 발생한 국군과 미군의 주요 변화를 살펴보면 다음과 같다.

▸ 서울점령 후 발생한 주요상황과 초래된 결과

주요상황	초래된 결과
① 맥아더 전선시찰(6.29) 및 전황파악	미 지상군 파병 결심 및 미국에 건의
② 국군 철수부대 수습 및 재편성	시흥지구전투사령부 창설(6.28) 한강방어선전투 조직적 준비
③ 한강방어선전투 전개(6.28~7.3)	미 제24사단 34연대 부산항 도착(7.2) 선발대(스미스부대) 전투배치(오산, 7.3)
④ 국군과 미군 지연전 전개	주한미군사령부 창설(대전, 7.4) 전선조정(서부: 미군, 동부: 국군) 유엔 안보리, 유엔군사령부 창설(7.7)

북한군은 6월 25일 새벽에 공격을 개시하여 6월 28일 새벽에 서울을 점령하였다. 불과 3일밖에 소요되지 않았다. 38도선에서 서울까지의 거리는 약 45km였으므로, 진격속도는 1일 15km 정도였다. 이것은 국군이 최대한 저항한 결과였으며, 그나마 무기 등은 있는 상태였다. 그렇지만 북한군의 공격에 밀려 후퇴하면서는 전력이 크게 약화되었

으며, 한강교 폭파에 따라 중화기는 거의 유기한 채 맨몸으로 강을 건넌 상태였다. 그러므로 북한군이 서울에서 지체하지 않고 비무장이나 다름없는 국군을 향하여 25km의 공격속도를 유지했다면 7월 4일에는 대전을 점령했을 것이라는 계산이 나온다. 대전을 점령하는 데에는 서울 점령 후 6일이 소요되었을 것이다. 그러나 북한군은 서울 점령 후 전술적 목표 확보를 서두르지 않는 등의 명백한 전술적 차원에서의 과오를 범하였다.

이러한 전술적 차원에서의 과오에 대한 내용은 소련 군사고문단의 보고서에도 등장한다. 그 주요내용을 발췌해 보면 다음과 같다.[5] '적(국군)은 전투장비와 탄약을 버린 채 한강 남쪽 강변으로 황급히 퇴각하였다. 각 사단장들은 서울에서 퇴각하는 적을 적극적으로 추격하거나 한강 도선장을 점령하지 않은 채, 결단을 내리지 못하고 모호하게 행동하였다. 또한 제105땅크여단 예하부대들도 서울을 점령한 후 3일 동안 적을 추격하지 않은 채 아무런 행동도 취하지 않음으로써 적에게 한강의 남쪽 강변을 강화하고 교량을 파괴할 수 있는 여유를 주었다. 또한 적의 저항으로 땅크사단의 기계화연대는 병력의 약 35%가 전사 또는 부상하였다. 6월 29일 서울 점령 후에 곧 바로 땅크사단이 도하하였다면 최소의 손실로 도하를 마쳤을 것이다.' 내용으로 보면 소련의 군사고문관도 전술 차원의 적극적인 노력을 하지 않은 점과 호기를 놓쳐 위기를 자초했다고 비판하고 있다.

그 결과 국군과 미군은 효과적으로 지연전을 전개하는 여건을 조성할 수 있었으며 오합지졸이 되다시피 한 패잔병들이었지만 이를 모아 시흥지구전투사령부를 창설하여 한강방어선전투를 전개할 수 있었다. 국군은 이 기간을 이용하여 전투력을 회복하면서 미군의 증원 시간을 벌었다. 무엇보다도 미군이 참전하면서 유엔군 사령부가 창설되는 시간을 확보할 수 있었다. 북한군이 이처럼 3일을 허비하고 있을 때, 국군은 재편성할 시간을 확보한 셈이었다. 북한군의 핵심 기동부대인 전차부대는 6월 30일이 되어서야 교두보를 확보하고 7월 1일에 이르러서야 일부 부대의 도하가 이루어질 수 있었다. 그렇지만 국군의 격렬한 저항에 막혀 제105전차사단(서울 입성 후에 사단으로 개칭되면서 '근위' 칭호를 받았다.)은 차후작전에 영향을 미칠 정도의 많은 병력의 손실을 보아야 했다. 북한군은 서울 점령 후 일주일이 지난 7월 3일에야 겨우 교량을 복구하는데 성공하였으며, 오후 2시 무렵에 본대의 전차를 도하시켰고, 7월 4일에야 부대전체가 도하하였다. 초기의 진출속도와는 너무나 대조적이었다. 속전속결로 전쟁을 끝내지 못하게 되면서 유엔의 참전을 바라보아야 했다. 시간이 지나면서 국군과 유엔군의 전력은 북한군을 압도하기 시작하였다.

---

5) 국방부 군사편찬 연구소, 『소련 군사고문단장 라주바예프의 6·25전쟁 보고서』 pp.166~167. 2001.

국군은 비록 후퇴는 하고 있었으나 시간이 지나면 곧 미군이 참전한다는 사실을 기정사실화하면서 안정을 찾아가고 있었다. 또한 국군은 낙동강방어선으로 향하는 과정에서도 오히려 군단을 창설하는 등 전력을 증강시킬 수 있었다. 반면에 북한군은 3일간의 지체로 인해 전쟁 목표 달성은 멀어져 가고 있었으며, 전력은 약화되고 있었다. 북한군은 서울을 점령하고도 이후의 적절한 전술적 조치에서 크게 과오를 발생시킴으로써 공격기세 유지에 실패하였다. 그 결과는 전략 목표 달성에 막대한 지장을 초래하였다.

전쟁의 개막과 함께 이루어지는 초기전투는 대단히 중요하다. 자칫하면 전략과 작전술에서 제시하는 방향에서 벗어나기도 한다. 북한군은 이미 춘천지구전투에서 국군 제6사단의 선전에 막혀 전쟁지도부에서 수립한 방향과는 어긋나고 있었다. 설상가상으로 서울 점령 3일간의 시간 허비는 제시한 방향에서 더 크게 벗어나는 결과를 초래하면서, 스스로 목표 달성을 불가능한 상황으로 만들었다. 비록 전술의 성공이 전략의 실패를 만회하지는 못하지만, 중요국면에서의 전술의 실패는 전략 수행에 막대한 영향을 미친다는 사실을 알게 해 주는 전례이다. 전술의 역할이 전략에 미치는 영향은 이처럼 막중하다.

4. 전투의 특성

전술은 적과 접촉하고 있는 전투 현장에서 발휘하는 싸움의 기술이다. 전투현장은 생사의 갈림길이 교차하는 현장이다. 그러므로 여기에서 겪는 스트레스는 그 어느 경우와도 다르다. 인간을 편리하게 해주는 기계문명이 발달한 현대사회의 일상생활은 아이러니하게도 그로 인해 생명을 위태롭게 하는 경우가 비일비재하며 이로 인해 하루아침에 유명을 달리하기도 한다. 이처럼 우리는 수많은 위험에서 생사를 넘나들며 생활하고 있다. 그렇지만 일반사회에서의 생명에 대한 위협은 근로 도중이나 자동차를 이용하여 이동하는 과정 등으로 한정이 되며 대체적으로 예측이 된다. 만약 모든 사람이 24시간을 생사의 갈림길에서 고통을 받는다면 그 심정은 어떠하겠는가? 아마 일상생활을 정상적으로 영위하기 힘들 것이다.

24시간을 넘어 종료를 기약할 수 없는 생사의 현장이 있다. 그곳을 우리는 전장(전투현장)이라고 부른다. 전장은 피아가 첨예한 대립을 벌이는 장소이다. 따라서 전투라는 현상을 동반한다. 전투는 살육을 통해서 그 목적을 달성하는 것이다. 때문에 이 과정에서 예상하지 못한 다양한 상황의 전개와 이로 인한 극심한 고통 등이 함께 한다. 이것을 전투의 특성이라고 한다. 많은 군사전문가와 이론가들은 전투의 특성을 열거하면서 이를 해소하기 위한 방안을 제시하였다.

전투의 특성을 제대로 이해하고 대비하지 못하였을 경우에는 전장에서 겪게 되는 심리적 부적응으로 인한 돌발행동, 판단의 오류로 인한 전기(戰機)의 상실 등으로 치명적인 실책을 범하기도 한다. 그러므로 전투의 특성을 살펴보면서 이를 극복한 사례를 찾아보고 통찰력과 균형감각을 유지하는 것은 전술적 식견 못지않게 중요하다. 어떠한 상황에서도 평정심을 잃지 않는다면 이것이야 말로 명확하고 적시적인 판단을 가능하게 하며, 결과적으로 부대의 전투력과 부대원의 안위를 보장할 수 있다. 아무리 치열한 삶의 현장일지라도 전투를 동반하는 전장은 이와는 차원이 다른 특성을 갖고 있다. 여기에서는 전투현장에서 발생하는 특성을 살펴보기로 한다.

인간적 요소의 중요성

일반사회 현장에서도 인간적인 요소는 대단히 중요한 비중을 차지한다. 이른바 호감도가 높은 사람과 함께 할수록 주변의 사람들은 업무수행에 있어서 탁월한 효율성과 효과성을 보인다. 이것은 전문지식 못지않게 인간적인 매력이 중요하다는 것이다. 이를 위해 현대인은 건강하면서도 균형잡힌 신체, 사교술과 유머능력, 패션 감각, 교양 등 모두를 갖추기 위해 노력한다. 이 모두가 자본으로 인정받는 시대이기 때문이며, 이러한 다양한 요소는 자신의 가치를 높여주는 중요한 요인으로 작용한다. 이처럼 조직에서의 성과 중심에는 인간이 있다. 이것은 전투에서도 예외는 아니다.

인간적인 요소는 어느 조직에서나 중요한 것이며, 이는 일반사회와 전장을 구분하지 않는다. 생산현장인 직장생활의 주체가 인간이듯이, 전투를 수행하는 주체 역시 인간이다. 아무리 인간을 대체하는 장비가 발달한다 하여도 전장에서 이들을 작동시키고 제어하는 일은 인간의 몫이다. 특히 전장에서의 불확실한 상황을 극복하여 위험의 부담을 덜고, 마찰을 최소화하고자 하는 노력은 인간으로부터 출발한다. 전장의 특성 중에서 인간적 요소의 중요성을 이해하는 것은 미래전을 대비하는 것이기도 하다. 전쟁사에서 도출할 수 있는 인간적 요소의 중요성으로는 인간 상호작용으로 나타나는 단결력 증대, 사기앙양, 전우애로 고난 극복 등을 들 수 있다. 이들 요소의 결합은 전승에 크게 영향을 미쳤음을 전쟁사에서는 말하고 있다.

무기체계의 중요성 못지않게 인간적 요소의 중요성은 전장에서 볼 수 있는 특징중의 하나이다. 이러한 현상은 미래전에서도 동일한 특징으로 나타날 것이며, 인간의 감성적인 부분과 전문지식의 중요성이 더욱 크게 대두될 것이다. 각종 네트워크의 발달로 수많은 정보가 넘쳐 나면서 결심에 오히려 혼란을 주기도 한다. 과거에는 정보의 부재를 극복하는 것이 주요과제였다면 이제는 이를 선별하는 능력이 더 큰 과제가 되었다. 이를 선별하여 결심하는 능력은 인간 고유의 영역이다. 그러므로 균형감 유지에 필요한 전술가로서의 기본적 자질과 판단력을 갖춘 인간적 능력을 더욱 요구하고 있다. 또한 최신무기를 조작하고 운용하는 능력의 습득과 이를 목적에 부합되게 투사하는 능력을 필요로 하고 있다. 미래전에서는 고도로 발달한 무기체계의 중요성이 점차 확대될 것이며 더욱 우수한 무기체계의 개발을 요구할 것이다. 무기체계의 소요를 제기하는 과정에서부터 인간의 창의성이 개입하게 될 것이다. 또한 전력화되어 배치되면 이를 목적에 부합되게 사용하게 될 주역도 인간이다. 결국은 사용하는 인간의 능력에 의해 효과가 결정될 것이다. 무기

매림지갈(梅林止渴)이란 망상을 이용하여 고통을 잊게 해 준다는 거짓말을 말한다. 그렇지만 비록 거짓말이지만 잠시 동안 이라도 힘을 주게 된다면 꼭 나쁘다고 만은 말하기 곤란하다. 이 말은 거짓말이지만 꿈과 희망 또는 목표를 제시해 주는 활력을 말한다는 것이 오히려 타당할 것이다. 조조는 이처럼 응기응변적인 능력도 있었으며, 마음 저변에는 어떠한 고난에서도 꿈과 희망을 잃지 않겠다는 의지를 갖고 있었다.

체계가 아무리 발달되어도 이를 운용하는 인간이 전투수행의 주체라는 것은 변함이 없을 것이다. 그러므로 인간적 요소의 중요성은 무기체계가 발달하면 할수록 더욱 중요시 되고 있다. 현대의 전장은 민간과 혼재된 상태에서 피아가 사투를 벌인다. 이로 인해 전투행위가 전쟁범죄와 관련될 가능성은 더욱 증대되고 있다. 군대에 의한 민간인에 대한 부도덕한 행위는 국제사회로부터 고립을 자초하기도 한다. 전투현장에서도 역동적으로 움직이는 언론은 이러한 행위에 대해 묵인하지 않는다. 설령 그 순간을 벗어났다 하여도 언젠가는 밝혀진다. 도덕과 비도덕 사이의 갈등을 해결하는 것 역시 인간의 이성에 의한다.

조조는 대군을 이끌고 한 여름철에 행군을 하고 있었다. 여기저기에서 군졸들이 갈증에 힘들다는 보고가 올라오고 있었다. 그러자 조조는 "저 능선만 넘으면 드넓은 매실나무 숲이 펼쳐져 있다. 저곳의 매실은 아주 시고 달다고 한다. 조금만 참으면 우리의 갈증을 해결해 줄 것이다." 조조는 행군 도중에 식수가 고갈되어 갈증에 시달리는 군졸들을 달래기 위하여 이렇게 말하였다. 이 말을 들은 군졸들은 달면서도 신맛이 도는 매실을 그리게 되었고 입안에 침이 고였다. 조조의 한마디로 갈증을 쉽게 해결한 것이다. 조조는 머리가 현실과 상상을 구분하지 못하기도 한다는 점을 착안하여 응기응변으로 갈증상황을 해결한 것이다. 여기에서 나온 고사성어가 매림지갈(梅林止渴)이다.

불확실성

불확실한 전투의 특성을 제거하기 위해서는 적에 대한 충분한 정보를 확보해야 한다. 그러나 정보는 양보다는 신뢰가 중요하다. 크라우제비츠는 "전투는 불확실성의 영역이다. 전투 중에 지휘관이 취하는 행동의 근거는 그 3/4이 불확실의 안개 속에 잠겨 있다.

진실을 찾기 위해서 날카로운 지성이 요구되는 영역이다." 라는 말로 전투 현장에서의 불확실성에 대해 설파하였다. 이것은 정보의 중요성을 강조한 말이다. 정보의 부족은 전투원을 더욱 피로하게 만들고 극심한 스트레스를 유발시킨다. 이러한 불확실성은 전장현장을 육안으로만 관측 가능했던 고대의 전투현장에서 뿐 아니라 오늘날과 같이 감시체계가 발달한 현대전에서도 동일하게 나타나는 현상이다. 전투현장에서의 적에 관한 사항, 기상조건, 익숙하지 않은 지형, 아군의 상황변동 등은 정확한 판단과 결심을 어렵게 만드는 요인이다. 또한 오판을 유도하기 위한 적의 다양한 기만활동 등은 상황판단과 결심을 더욱 어렵게 만든다. 마주한 적은 간첩을 운용하여 기밀을 탐지하면서 그릇된 정보를 흘려서 판단에 치명적인 오류를 유도하기도 할 것이다. 이러한 불확실성은 전투가 격렬해지고 결정적인 순간이 되면 더욱 다루기 어렵게 된다. 불확실성은 우연과 항상 밀접한 관계를 맺고 있다. 불확실성을 해소하지 못하면 우연과 직면하게 된다. 우연이란 피아 공히 통제할 수 없고 합리적으로 예견할 수 없는 사건들을 말한다. 아무리 치밀한 작전계획을 수립하였어도 사소한 요소나 환경으로 인해 자신의 의도와는 전혀 다른 상황이 전개될 수 있고, 일사불란한 지휘체계 속에서도 예상치 못한 혼란이 일어날 수 있으며, 완벽한 승리를 지향하는 상황 속에서도 갑자기 패배의 요인이 출현할 수도 있다. 우연을 최소화하고 전장을 예측 가능하게 하는 것은 전장의 주도권을 원하는 방향으로 이끌 수 있다. 이를 위해서는 신뢰성 있는 정보를 획득해야 한다.

적의 공격으로 돌파구가 형성되게 되면 지휘관은 예비대 투입을 검토하게 된다. 이때 중요한 것은 예비대를 투입할 위치, 시간 그리고 적절한 규모 등이다. 그렇지만 이를 오판시키기 위한 적의 활동도 치열하게 전개된다. 따라서 전투현장에서는 명확하지 않은 정보 등이 난무하게 되며, 이러한 요인은 지휘관의 결심을 더욱 어렵게 만든다. 특히 적장이 수립할 것으로 예상되는 계획을 간파하는 것은 대단히 중요하다. 이것은 적의 기만술에 대비하는 것이다. 사소한 징후를 포착하여 불확실성을 최소화시키는 능력이 요구되는 것은 이 때문이다. 『삼국지』에서도 이와 같은 장면이 많이 등장한다.

전투상황에서 절대적으로 열세한 전력을 극복하기 위해서는 전투의 특성 중의 하나인 불확실성을 이용하기도 한다. 불확실성의 특성을 이용하여 허세를 부린 제갈량의 전술적 조치를 두고 공성계(空城計)라고 한다. 제갈량은 촉나라의 요충지인 서성(西城)을 방어하기 위해 가장 위험한 공성계(空城計)를 사용하였다. 제갈량의 촉군이 가정전투에서 패한 후의 일이다. 사마의는 공격기세를 유지하면서 요충지 서성으로 15만 대군을 몰아 질주하였다. 서성에는 제갈량의 3천 군사만이 있을 뿐이었다. 절체절명의 순간이 다가왔다. 그러나 제갈량은 당황하지 않았다. 그는 사마의가 이끄는 15만 대군이 보란

» 거문고를 타는 제갈량

출처 : KBS 2TV, 「신 삼국지」에서 캡처

듯이 성문을 활짝 열어 놓게 시켰다. 열려진 성문 앞에서는 어린아이가 빗자루를 들고 청소를 하고 있었다. 마치 사마의 군대를 예를 갖춰 맞이하겠다는 표현 같았다. 그뿐 아니라 학창의를 단정하게 차려 입은 제갈량이 성루에 올라 태평스럽게 거문고를 타고 있었다. 사마의는 이 모습을 보고 머리가 혼란스러워졌다. 이처럼 태평스러운 모습의 뒤에는 필시 제갈량이 파놓은 함정이 있기 때문이라고 생각하였다. 제갈량이 함정을 마련하고 펼치는 고도의 연출일 수 있다는 생각이 든 것이다. 그의 머릿속은 제갈량에 대한 의심이 증폭되기 시작되었다. 그리고 이것이 제갈량의 유인책이라고 생각하기 시작하였다. 그는 매복을 염려하였다. 그동안 겪어 왔던 제갈량이라는 인물이라면 필시 무언가가 있을 것 같았다. 수많은 전투에서 제갈량은 일반적인 인물들의 평범한 전술은 구사하지 않았다. 평범한 사람들은 상상할 수 없는 계책으로 적을 궤멸시켜왔다. 이러한 제갈량의 특성을 알고 있는 사마의는 눈앞에 펼쳐진 광경을 보는 순간 몹시 혼란스러웠다. 혼란은 즉시 의심으로 발전하였고 의심은 의심을 더하였다. 또한 사마의의 특성은 절대로 모험을 하는 인물이 아니었다. 언제나 신중하게 접근하는 것이 그의 장점이자 단점이기도 했다. 사마의는 여기에서도 신중함을 잃지 않았다. 너무나 태평스러운 광경을 마주하자 사마의는 갑자기 온몸에 소름이 돋는 것을 느꼈던 것이다. 그의 머릿속에는 제갈량이 파놓은 함정에서 빠져 나와야 한다는 생각만으로 가득 찼다. 생각이 여기에 미치자 그는 급히 군사들에게 퇴각명령을 내렸다. 주변의 군사들은 이러한 사마의의 결정에 의아해 했다. "보잘것 없는 군세인데 왜 그냥 퇴각을 하라는 것입니까?" 너무나 황당하다는 반응을 주변의 장수들이 보였다. "아니다. 제갈량은 무언가 큰 계략을 갖고 있다. 잘못하다가는 전멸을 당하게 된다. 속히 여기를 벗어나는 것만이 살길이다." 사마의는 달리는 말에 채찍을 가할 뿐이었다. 그러나 실상은 제갈량이 아무것도 가진 것 없이 큰소리 친 것에 지나지 않았다.

후세에 이를 두고 사람들은 제갈량의 뛰어난 임기응변의 기지에 감탄하면서, "역시 제갈량이다."를 연발하게 만드는 장면이었다. 제갈량은 위험의 순간을 맞았지만 이에 당황하지 않고 사마의를 심리적으로 제압한 것이다. 위험을 감소시키기 위해서는 적에 대한 정보가 중요하다. 전장에 임할 때는 지피지기(知彼知己)의 마음가짐이 중요하다. 사마의는 조심성이 깊은 인물이었다. 제갈량은 이를 꿰뚫고 있었다. 따라서 적장의 심리상태까지 간파한 제갈량은 급박한 상황에서 이를 절묘하게 이용한 것으로 평가할 수 있다. 다소 과장되기는 했으나 위험의 영역을 극복하는 응기응변과 침착함을 잃지 않는 장수의 모습을 보여주는 장면이기도 하다. 이와 함께 시기를 놓치지 않는 과감한 군사행동의 중요성을 알게 해 주는 교훈을 주고 있다. 의심은 의심을 낳는다. 그러므로 지나친 의심과 지나친 신중함은 오히려 모처럼 만난 시기를 놓칠 수 있다는 교훈을 주는 대목이다. 제갈량의 예상대로 사마의의 조심성 있고 신중한 성격은 텅 빈 성을 보고 제갈량이 꾸미는 계략으로 의심하였다. 이를 제갈량의 공성계(空城計)라 한다. 탄금주적의 고사성어를 만드러 낸 배경이 되었다.

제갈량은 가정전투에서 실패할 것에 대해서는 정작 아무런 대비를 하지 않았다. 그만큼 승리를 확신하고 있었다. 따라서 서성에는 최소한의 병력만을 두기로 하였으며, 주요 전투를 벌이는 지역으로 군사를 몰아주었다. 그만큼 가정전투는 이길 것이라는 확신을 갖고 있었던 것이며, 주력부대를 보강하여 속전속결로 전투를 종결하고자 하였다. 그러

탄금주적(彈琴走賊)이란 거문고를 울려 강력한 적을 손쉽게 쫓아냈다'는 뜻이다. 이것은 제갈량이 사용한 공성계의 계략에서 유래하였다. 서성탄금(西城彈琴)이라고도 한다. 서성에서의 전투였기 때문이다.

나 마속의 판단 실패는 대패를 가져왔으며 전세는 절대적으로 불리하게 전개되었다. 제갈량은 서성에서 예측하지 못한 위험에 직면하였다. 그러나 제갈량은 적으로 하여금 불확실성에 집착하여 스스로를 의심하게 하여 위험에서 벗어날 수 있었다.

북한의 허장성세(虛張聲勢)와 공성계는 닮은점이 있다. 일명 '벼랑 끝 전략'은 북한의 대표적인 허장성세 중의 하나이다. 미국이라는 초강대국을 대상으로 이러한 방법을 과거부터 구사해 왔으며, 많은 부분에서 양보를 얻어 내기도 하였다. 이것은 일종의 '너 죽고 나 죽자는 식의 허장성세'였다. 북한의 허장성세는 지금도 계속된다. 그들의 단골 메뉴이다. 2019년 12월 13일, 북한은 동창리 서해위성발사장에서 중대한 시험을 단행했다고 발표하였다. 이로부터 6일 전에는 대륙간탄도미사일(ICBM)을 발사하였다. 1단 엔진 시험을 한 것으로 보인다. 대륙간탄도미사일 발사는 표적을 미국으로 하고 있다는 신호였다. 여차하면 미국 본토를 향하여 핵폭탄을 투하하겠다는 엄포였다.

북한은 2018년 4월에 핵무기를 완성했음을 선언하면서 핵실험 중단을 선언하기도 하였다. 핵 보유를 선언한 것으로 볼 수 있다. 남은 과제는 완성된 핵무기를 보다 정확하고 강력하게 미국 본토를 목표로 발사하는 능력이다. 2019년 12월 6일에 발사한 것은 이를 달성하기 위한 것으로 판단된다. 즉, 미국 본토를 공격할 능력을 갖추었으니 경제제재를

» 2016년 북한의 장거리 미사일 발사 모습

풀고 핵보유국으로 인정하라는 제스처였다. 그러면서 미국과의 막판 담판 의사를 풍기고 있었다. 미국이 이에 응하여 경제제재를 해제하고 북한을 핵보유국으로 인정한다면 그들의 의도는 관철되는 것이다. 그러나 미국은 그들의 의도에 말려들지 않았다. 미국은 오히려 대북감시를 강화하였다. 한반도에 투입된 주요 정찰자산을 보면, 통신감청 정찰기인 RC-135W는 2019년 12월 초부터 한반도 상공을 정찰하였다. 21일(토요일)에는 조기경보통제기 E-8C가 한반도 상공을 비행하였는데, 이는 대단히 이례적인 일이었다. 통상 주말에는 정찰비행을 하지 않으나 이와 같은 관례를 깬 것이다. 미국의 대북압박이 오히려 더욱 강화되고 있었음을 알 수 있다. 미국의 대북전략은 더 이상 '전략적 인내'가 아님을 명확히 하였다.

미국의 전략은 북한의 비핵화이며 그 이전에는 경제제재를 풀지 않겠다는 것이다. 또한 이것이 여의치 않으면 '레짐 체인지(regime change, 정권 교체)'로 가겠다는 신호였다. 제갈량의 공성계(허장성세)는 상대가 신중을 기하는 사마의였기에 가능하였다. 만약 장비와 같은 저돌적인 적장이었다면, 이는 통하지 않았을 것이다. 오히려 제갈량은 포로가 되기 십상이었다. 이것은 적장이 누구인가를 알고 그에 적합한 전술을 구사해야 한다는 것을 의미하고 있기도 하다. 북한은 중요한 것을 모르고 있다. 상대방 결정권자의 성향을 전혀 모르고 과거의 전략을 구사하고 있다. 지피지기(知彼知己)의 개념 이해를 못하고 있다는 것이다. 북한은 그동안 너무도 많이 공성계를 써먹었다. 전략과 전술은 상황에 따라 변화하고 발전시켜야 국가의 생존을 지킬 수 있다. 지도자가 변화에 뒤처지면 그 국가와 조직은 멸망만이 있을 뿐이다.

위험

크라우제비츠는 "위험과 모험은 전투의 요소이다. 마치 격류에 뛰어들 듯이 우리의 정신은 이러한 위험의 요소에 뛰어드는 것이다." 라고 하면서 전투의 특성인 위험에 대해 말했다. 전투현장의 참혹성은 단순한 칼과 창 등의 무기를 사용했던 고대의 전장보다 가공할 살상력을 가진 현대전장에서 더 커졌다. 위험은 경우에 따라 감수할 만한 가치 있는 위험이 있으며, 감수할 수 없을 만큼 중대한 위험도 있다. 패튼은 "계산된 위험은 감수하라. 이는 단순히 무모한 것과는 완전히 다른 것이다." 라는 명언을 남겼다. 지휘관은 임무달성을 위해 필요할 때는 위험을 감수하는 대담성을 견지해야 한다. 이때 위험을 감수한다는 것은 만용을 의미하는 것이 아니라 최소의 대책을 강구하거나 감수한 결과보다

» 영화「위 워 솔저스」에서 전투현장의 병사들

더 큰 결과를 얻을 수 있다는 계산된 모험[6]을 의미하는 것이다. 또한 지휘관은 신변의 위험이 노출된 전장에서 자신의 안전에 집착하지 않고 최전선의 병사들과 위험을 같이 나눔으로써 그들의 사기를 높이려는 노력이 절대적으로 요구된다.

제2차 세계대전 당시 아이젠하워 원수는 위험한 전투상황에서 지휘관의 역할에 대하여, "내가 전장에 나타나면 병사들이 위안을 얻고 전투상황에 대해서 안도감을 가졌었다. 자기들끼리 속삭이기를, '여기는 우리가 생각하는 것보다 덜 위험한 게 틀림없어, 그렇지 않으면 사령관님께서 여기까지 오시지 않았을 것이거든'이라는 말을 하고 있었다."[7] 이는 위험의 영역에서 지휘관의 진두지휘가 얼마나 큰 의미를 갖고 있는가를 보여주는 좋은 예이기도 하다. 전장에서의 위험은 불확실성을 해소하여 감소시킬 수 있다. 또한 위기를 호기로 전환시키는 대담함이 필요하다. 리스크는 언제 어디에서나 존재한다. 다만 이를 감수할 가치가 있는가의 판단이 필요하다. 나폴레옹은 "나는 영토를 잃을지라도 결코 시간은 잃지 않을 것이다." 영토를 잃는 리스크를 감수하고 호기를 이용하여 적을 격멸하는 것이 더 중요하다는 것을 역설적으로 표현한 것이다.

6) 롬멜이 말한 '계산된 모험'이란 성공여부에 대한 완전한 확신은 없으나 실패했을 경우 어떤 상황이 발생하든 이에 대처할 수 있는 대응능력을 보유하는 것이다. 반면 '군사적 도박'이란 자기부대를 완전한 승리, 완전한 패배라는 둘 중 하나라는 식의 승부수를 던지는 것이라고 하였다.

7) 최세인, 『지휘·통솔, 그 실제와 본질』, p71. 2003.

출사표를 올린 제갈량은 북벌을 단행하였으나 번번이 실패를 맞았다. 그렇지만 그는 물러서지 않고 제5차 북벌을 단행하고 있었다. 이에 맞서는 위나라의 사마의는 제갈량의 약점은 먼 원정길의 보급문제임을 꿰뚫어 보고 지구전을 전개하였다. 그렇지만 제갈량은 점령지에서 자급자족할 수 있는 둔전제(屯田制)를 실시하면서 보급의 문제를 해결하고 있었다. 또한 호로곡에 식량을 저장해 둔 보급기지를 만들었다는 헛소문을 퍼뜨리게 하였다. 이러한 소문을 들은 사마의는 놀라지 않을 수 없었다. 촉군이 보급문제를 해결했다는 것은 장기전을 수행할 능력이 있다는 것임을 의미한다. 사마의는 보급기지를 습격하기 위하여 서둘러 호로곡으로 쳐들어갔다.

호로곡은 그 모양이 마치 호로병처럼 생긴 좁은 협곡으로 이루어진 곳이다. 따라서 한번 들어가면 나오기가 어려운 불리점이 있었다. 특히 입구가 봉쇄되면 대병력이 회군하기에는 대단히 불리하였다. 사마의의 부하들은 호로곡에 다다르자 불안감이 엄습하였다. 제갈량이 협곡에 군사들을 매복시켜 두었을 것처럼 보였다. 그들은 사마의에게 회군을 건의하였다. 그러나 사마의는 이를 듣지 않았다. 사마의는 대군을 이끌고 호로곡에 진입하였다. 멀리 보급창고가 보였다. 사마의는 더욱 대군을 휘몰아 들어갔다. 그런데 잠시 후 어디선가 유황냄새가 나면서 곳곳에서 지뢰가 폭발하였다. 순식간에 계곡은 화염으로 뒤덮였다. 뒤이어 촉군은 불화살로 공격하기 시작하였다. 위나라의 대군은 저항할 겨를도 없이 쓰러져 갔다. 사마의는 자신의 죽음을 직감하였다. 모든 것이 끝났다고 생각하였다. 그런데 그 순간 하늘이 갑자기 어두워지면서 세찬 소나기가 쏟아졌다. 사마의가 불에 타 죽기 직전에 하늘이 돕고 있었다. 사마의는 주변 군졸들의 도움을 받아 겨우 목숨을 건지고 있었다. 제갈량의 이를 보면서 깊게 탄식하였다. "모사재인(謀事在人) 성사재천((成事在天)이로다!" 전투현장에서의 적은 위험을 탐스럽게 위장해 놓고 기다리고 있는 법이다. 또한 공명심에 들뜨게 만들어 큰 성과를 이루고 싶은 적의 심리를 이용하기도 한다. 배고픈 물고기의 심정을 이용하듯이 현란한 미끼를 던져 놓는 법이다.

모사재인(謀事在人) 성사재천((成事在天)은 호로곡에서 제갈량이 한 말이다. 호로곡에 사마의를 가둔 제갈량은 마지막 일격만을 남기고 있었다. 그러나 때 마침 쏟아진 소나기로 인해 화공은 순식간에 물거품으로 변하면서 사마의는 구사일생으로 위기를 벗어났다. 이를 본 제갈량이 깊은 탄식을 하면서 한 말이다. "일을 꾸미는 것은 사람이지만, 그 성사는 하늘에 달렸다."

마찰

크라우제비츠는 "전투 시 종이 위에 이루 다 어림할 수 없이 많고 하찮은 사건의 발생으로 제반 계획이 늦어지고 본래의 목표에 차질이 생기게 된다."는 말로 전투현장을 설명하였다. 전투는 의지력을 갖고 있는 쌍방 간의 행동이 충돌하는 것이며, 이 과정에서 마찰이 나타난다. 즉, 나의 의지대로 상대가 움직여 주기를 기대할 수 없다. 전투시의 작전지속지원의 제한, 원활한 의사소통의 제한에 따른 인적구성원간의 갈등, 침체된 사기에서 오는 불안감과 공포 등 이루 말할 수 없는 각종 요인에 의한 수많은 마찰요인이 존재하는 것이 전투이다. 이러한 요인은 지휘관이 구상한 모든 계획 등의 실행에 큰 어려움을 겪게 만든다. 마찰을 최소화하기 위해서는 인적 구성원인 지휘관과 지휘관, 지휘관과 참모, 참모와 참모간의 원활한 의사소통과 협조체계가 구축되어야 하며, 실시간으로 변화하는 적에 대한 상황, 지형 및 기상의 영향, 작전지속지원을 위한 노력, 사기 및 군기의 유지 등에 대해서 면밀한 계획은 물론 전투 실시간에도 마찰요인을 극복하기 위한 노력을 기울여야 한다. 전장마찰에는 기동마찰과 화력마찰 이외에 기상조건, 지형의 원근(遠近)이나 험준(險峻) 등에 의한 지형마찰 등이 있다.

육체적 피로와 고통

크라우제비츠는 "전투는 육체적 피로와 고통의 영역이다. 만약 지휘관이 이러한 전투의 특성에 압도되지 않으려면 그는 선천적이든 후천적이든 육체적, 정신적 강인성을 갖고 있지 않으면 안 된다."라고 하면서 이를 극복하기 위한 강인성의 구비를 강조하였다. 모든 전장에서는 육체적 피로와 고통을 겪게 된다. 앞에서 말한 바와 같이 전투의 특성은 위험과 마찰 등이 항상 존재하는 특성을 갖고 있는 것이므로 당연히 육체적 피로와 고통은 항상 함께 수반될 수밖에 없다. 아무리 육체적으로 건강하고 정신적으로 단련이 되어 있는 사람일지라도 생명의 위험이 상존하는 전투현장에서 이러한 고통을 피하기는 어려울 것이다. 전투현장은 육체적 고통뿐만 아니라 정신적 고통도 함께 겪게 된다. 주변의 동료가 죽거나 부상당하는 처참한 장면을 보게 되면 극심한 정신적 고통도 함께 나타나게 된다. 따라서 고통의 영역을 극복하기 위한 지속적인 심신의 단련은 모든 장병이 갖추어야 할 필수 조건이 되는 것이다. 이외에도 연구자에 따라 역동성[8]을 전투의 특성에 포함하고 있다.

8) 피아 전투력이 시간 및 공간요소와 인과관계를 이루면서 한 치의 양보도 없이 활발하게 대립하는 역동적인 과정인 것이다.

5. 전투의 3요소

전투는 쌍방의 힘(전투력)이 일정한 공간과 시간에서 충돌하여 발생한다. 힘과 공간, 시간이 전투를 지배하며 이를 전투의 3요소라 칭한다. 전술을 정의하면서 '전술이란 전술제대가 전투에서의 승리를 위하여 여러 가지의 수단과 방법을 구사하는 전투기술' 이라고 하였다. 전투는 통상 군단급 이하 제대에서 발생하는 무력전을 지칭하는 것이며 전술적인 차원의 싸움(Combat)을 말한다. 즉, 전투는 무력사용을 조직적으로 표현하는 행동이다. 특정한 지역 또는 지점을 확보하기 위하여 공격하거나, 이를 계속 확보하기 위하여 방어하며, 기타 작전목적을 수행하기 위하여 적과 직접 싸우는 군사행동이다. 전술은 전투를 통하여 구체적으로 이루어진다. 전투를 통하여 부여된 목적을 달성하는 것으로 의지를 관철시키는 행위이다. 전투는 인간의 의지와 힘에 의해 수행되며 상대가 있고, 그 쌍방이 주체가 되어 조우한 공간과 시간에서 이루어진다. 이것은 어느 하나가 절대적으로 우세하다고 하여 전투에서의 승리를 보장받을 수 있는 것은 아니다. 중요한 것은 이 세 가지의 전투요소를 균형있게 활용하여 적보다 상대적인 우세를 달성하는 것이다. 전투상황은 변화한다. 변화하는 상황은 유리점과 불리점이 규칙성 없이 반복되어 나타난다. 그러므로 변화하는 상황을 유리하게 이용할 수 있는 능력을 필요로 한다. 변화하는 전장을 통찰하는 탁월한 전술적인 안목과 전투의 3요소와 전투의 특성에 대한 깊은 이해를 가져야 가능하다. 전투의 3요소는 전투에서 상호 연관성을 가지고 있다. 이것은 결합하면서 승수효과가 발생하기도 하지만, 특정한 분야의 저조는 균형을 상실하여 전투에서의 패배를 초래하기도 한다. 즉, '유리한 시간 + 유리한 공간 + 적보다 상대적으로 우세한 전투력'의 조합이 중요하다는 것이다. '이겨놓고 싸운다'는 것은 이러한 조합을 말하는 것이다.[9)]

전투력은 일반적으로 힘(Energy)을 의미하며 이것은 적을 타격하는 기본요소이다. 이 힘을 이용하여 직접적으로 적을 격멸하거나 굴복시키기 위해 적과 싸우는 행위를 하는 것이다. 뒤에서 언급하겠지만 이 힘에는 유형적 요소와 무형적 요소가 있다. 전투는 단순히 힘이 우위에 있다고 승리하는 것은 아니다. 즉, 병력이 적에 비해 많다고 해서

9) 김창진 외, 앞의 책(2017), pp.23~94, 이후의 전술에 대한 이론적 내용은 앞의 책 내용을 인용하여 정리하였다.

반드시 승리를 보장하지는 못하는 것이다. 물론 병력의 많고 적음은 중요한 요소임에는 틀림이 없다. 그러므로 압도적인 우세는 전승의 중요한 요인이 될 수도 있다. 그러나 그것은 전투의 3요소 중 하나의 요소이며 다른 요소에 의해 변수는 얼마든지 작용할 수 있다는 것을 인식해야 한다.

시간(Time)은 기상현상을 나타내는 밝고 어두움, 차고 더움, 맑고 흐림(비, 눈 등) 등의 자연적인 현상과 시기를 말한다. 이 시간의 의미에는 적에 대한 타격의 시기 또는 상황에 따라 병력을 전환하는 시기(전기, 轉機) 등이 포함된다.

공간(Space)은 지형과 지물의 특성을 말하며 자연 현상적으로 생성된 지형과 인위적으로 조성한 인공구조물 등이 있다. 적에 비해 상대적으로 유리한 지형과 지물을 이용하는 것은 공간이 주는 유리점을 선점한 것이다.

전투에서 승리의 요체는 전투의 3요소를 어떻게 결합시키고 통합하느냐의 문제이다. 3요소는 서로 밀접하고 유기적인 관계를 맺고 있다. 따라서 전투의 3요소에 대한 상호작용을 완벽히 이해하여 이를 운용해야 한다. 우리는 흔히 '안목이 있다, 없다'는 말을 사용한다. 이는 사물의 한 단면만을 보는 것이 아니라 입체적으로 보는 능력을 의미한다. 전투현장을 통찰하는 안목을 흔히 전술안(戰術眼)이라고 한다. 전술안(戰術眼)은 전투의 3요소와 전투의 특성에 대한 통찰 능력을 의미한다.

전투력

[1] 전투력의 유형

전투력은 유형과 무형요소로 구분한다. 유형전투력은 병력이나 무기, 장비 등 수량화할 수 있으며 직접 물리적 힘을 발휘하는 것을 말한다. 특히 유형의 전투력은 힘의 원리라는 과학이 지배하는 영역이다. 유형적인 요소는 물리적인 힘이며, 이것은 과학의 원리가 지배한다. 동일한 조건에서 직접적이고 물리적인 힘을 과학의 원리와 부합되게 사용하면 가장 강력한 힘을 발휘한다. 전투력도 마찬가지의 원리를 갖는다. 그러므로 전투력은 과학의 원리를 고려하여 운용하여야 한다. 유형전투력은 양적인 요소와 질적인 요소로 구분할 수 있다. 양적인 요소가 단순한 수량 등을 나타내는 것이라면, 질적인 요소는 장비 등의 전투 효율성을 고려한 전투력 지수로서 계량화하여 표현한다. 유형전투력은 살상력, 파괴력, 기동력 등의 물리적 힘으로 작용하게 되며 전투력의 기초를 이룬다. 유형전투력은 구체화되어 있고 식별이 가능하다. 반면에 무형전투력은 추상적인 개념의 전투력이다. 부대를 구성하는 개인 및 단체의 정신력과 사기 및 군기 등을 말하며, 여기에는 지휘관의 리더십과 전술적 식견까지도 포함된다. 무형전투력은 정신적인 요소이며 유형적인 힘을 상승시키는 역할을 한다. 전투력은 운용하는 사람에 의해 그 힘의 크기는 지형과 시간의 영향보다 더욱 큰 차이를 보인다. 특히 무형전투력의 경우에는 더욱 효과의 편차가 크게 나타난다. 사람의 중요성을 근간으로 하는 무형전투력은 사람의 능력에 따라 많은 차이를 보인다는 사실은 이미 수많은 전례를 통해 입증되었다.[10)]

무형전투력은 그 위력을 일정한 수치로 표현하기도 제한되며 실험적 방법으로 증명하기도 어렵다. 이것은 사람의 중요성이며, 이에 대해서는 이미 언급하였다. 무형적 요소는 유형적 요소와 불가분의 관계이며 승패를 결정짓는 근본요소라 할 수 있다. 이것은 사람과 상황에 따라 크게 변하기도 한다. 지휘관의 능력에 따라 부대의 사기가 좌우되기도 하며 전투의지를 고양 또는 저하시키기도 한다.

고대로부터 한 번 무너진 사기의 저하는 회복하기가 쉽지 않으며, 사기는 승패와 직결된다고 전사는 전하고 있다. 그러므로 고대의 전쟁에서는 물론이고 현재 및 장차전에 있어 무형전력인 부대원의 사기와 군기, 전투의지, 정신력, 지휘관의 리더십, 전술 운용능력 등은 더욱 중요한 요소가 될 것이다. 피아의 전투력을 비교할 때 일반적으로 유형전투력의 양적(量的)인 요소와 질적(質的)인 요소를 고려하여 전투력을 평가한다. 그러므로 이런 의미로 볼 때 전투의 3요소에서 원천적인 힘을 제공하는 것은 유형전투력이다.

[2] 전투력의 원리와 원칙

원리는 사물이나 현상의 근본이 되는 이치를 말한다. 필연적인 결과로 귀결되는 이치를 말한다. 그러므로 보편적 진리에 해당된다. 원칙은 대체적으로 적용되는 기본적인 법칙이나 규칙을 말한다. 결과와의 관계에 개연성이 있다는 것이다. 전투에서의 원리는 '우승열패(優勝劣敗)'가 대표적이다. 지극히 당연한 원리이다. '우세하면 승리하고 열세하면 패배한다'의 말은 진리에 해당한다. 그렇다면 우세하게 만드는 것이 무엇인가 하는 물음이 생긴다. 우승열패에 미치는 직접적이며 물리적인 요소는 전투력이다. 전투력은 직접적인 힘의 원천이다. 물리적인 힘의 본질은 '집산동정(集散動靜)'이라는 네 가지의 원리를 갖고 있다. 이를 통하여 강해지기도 하며 약해지기도 한다. 집산(集散)의 원리는 합치면 강해지고, 분산되면 약해진다. 동정(動靜)의 원리는 움직이면 강해지고,

10) 월남전에서 장비와 물자 등은 월남군과 비교할 수 없었던 월맹군은 사상무장과 전투의지 등의 무형전력이 상대적으로 우세하여 승리할 수 있었다.

정지하면 약해진다는 것을 말한다. 따라서 전투력은 집중과 신속한 운용으로 그 힘을 크게 해야 하며, 방어시에도 공세적인 전투행동으로 이의 원리가 구현되도록 전투를 수행하여 주도권을 장악해야 한다. 원리를 기초로 한 운용의 결과는 큰 차이를 나타낸다. 물리적인 힘의 원리인 과학과 전술 운용능력인 술이 적절히 결합하게 되면 물리적인 힘의 원리 이상의 효과를 발생시킨다. 그러므로 전투력에 대한 과학적 이해와 전술에 대한 깊은 통찰력으로 전투력 발휘의 극대화를 도모하여야 한다.

원칙은 작전술에서 언급한 지상작전의 원칙을 말하며, 이는 전술에서도 동일하게 적용된다. 주요원칙은 모든 작전계획에서 적절하게 적용되어야 한다. 그렇지만 다양한 상황에서의 원칙 적용은 대단히 고난도의 일이다. 특히 무리하게 모든 원칙을 적용해야 한다는 강박관념은 탈피해야 한다. 아무리 지상작전의 원칙을 반영했다 하여도, 상황과 여건을 고려하지 않고 무리하게 억지로 꿰어 맞춘 계획수립은 곤란하다.

전쟁역사의 한 페이지를 승리로 장식한 전투를 살펴보면 원칙 적용의 중요성을 알게 해준다. 전쟁사에서 많은 교훈을 주는 전투를 분석해 보면 하나같이 작전수행의 원칙이 조화를 이루고 있다. 그렇지만 어느 전투를 막론하고 전투를 계획하기 이전에 작전의 원칙을 계획에 반영하기 위해 고심했다는 대목은 발견할 수 없다. 다만 당면한 적과 아군의 상황을 바탕으로 작전의 목적을 달성하기 위한 방안을 고심했을 뿐이다. 상황과 여건을 고려한, 물이 흘러가는 듯한 계획은 실행에서도 순조롭게 진행됐을 것이다. 그 결과 전쟁과 전투를 승리로 이끌게 되었다. 전투의 특성과 전투의 3요소를 고려하여 적에 대한 정보를 바탕으로 계획을 수립한 결과이다. 전투는 전술제대인 군단급 이하제대에서 자유의지를 가지고 있는 쌍방이 적 전투력 격멸을 목표로 하여 충돌하는 행위이다. 전투의 3요소 중에서 시간과 공간은 누구에게나 공평한 요소로 볼 수 있다. 하지만 전투현장에서는 이를 활용하는 인간의 능력에 따라 유리하게 되거나 불리하게 작용하기도 한다. 그로부터 나타나는 결과는 큰 차이를 보인다. 이러한 결과는 이미 수많은 전례를 통해 입증되었다. 운용하는 능력에 따라 불리한 요소는 극복될 수 있고 유리한 요소는 더욱 유리하게 만들 수도 있는 것이다. 이것은 전투력에서도 역시 마찬가지이다.

◇ 우승열패(優勝劣敗)의 원리

우승열패의 기준에서 수와 양의 문제는 가장 기본으로 제시된다. 부대의 수(數), 병력의 많고 적음, 장비와 물자의 수량 등은 전투의 승패를 결정짓는 주요 요인으로 작용하였다. 이러한 전투력의 수량적 우세는 어느 정도가 적정하다고 일률적으로 정하기는 곤란하다. 대부분의 경우 수량이 우세한 부대가 대체적으로 승리한 전례가 많았지만, 반드시 그렇지는 않았다. 수적인 열세를 극복하고 승리한 전례도 많이 찾을 수 있다.『삼국지』에 나오는 관도대전에서의 조조의 승리와 당 태종의 공격을 물리친 고구려의 명장 양만춘 장군의 안시성 전투 등에서 찾아볼 수 있다. 이것은 전술의 오묘함으로 설명할 수밖에는 없다. 전술을 구사하는 장수의 능력은 우승열패의 원리를 극복하기도 한다. 모든 조건이 거의 대등할 경우에는 우승열패의 원리는 대체적으로 적용되지만, 전술적 능력이 탁월한 장수는 이를 극복하기도 한다는 것을 알아야 한다.

동탁의 폭정이 계속되자 원소를 중심으로 한 반동탁 연합군이 결성되었다. 사수관에서 용맹을 자랑하며 반동탁 연합군을 궁지에 몰아넣던 화웅이 관우의 청룡언월도에 목이 잘렸다. 화웅은 낙양으로 향하는 주요 지점에 있는 사수관을 지키던 장수였다. 화웅이 죽었다는 소식에 동탁은 대군을 이끌고 호로관으로 향하였다. 낙양에 입성하여 동탁을 몰아내기 위해서는 사수관과 호로관을 거쳐야 했다. 그러므로 양측에게 사수관과 호로관은 중요한 지형에 해당된다. 화웅이 죽게 되자 사수관은 이미 반동탁 연합군의 세력하에 장악되었다. 이에 동탁은 호로관에서 적을 막고자 하였다. 동탁은 여포에게 영채를 구축하게 하면서 싸움을 준비하였다. 동탁이 신임하는 여포는『삼국지』등장인물 중 최고의 무예를 자랑하는 무장이다. 여포의 무용은 당대 최고였다. 어느 누구도 여포의 방천화극을 피하지 못하고 피를 뿌리며 죽어 나갔다. 여포는 1:1의 싸움에서는 적수가 없는 무적의 무장이었다.

호로관에 동탁이 대군을 이끌고 나왔다는 소식은 반동탁 연합군에게 곧바로 전해졌다. 원소를 비롯한 주요 장수들은 이를 공격해야 한다는데 의견의 일치를 보았다. 원소는 제후들에게 명령하여 군사를 이끌고 호로관으로 향하게 하였다. 그중에서 하내태수 왕광이 군사들을 거느리고 먼저 도착하였다. 왕광은 부장을 바라보며 말하였다. “누가 나가서 여포의 목을 가져오겠느냐?” 이에 방열이 나섰다. 그러나 채 몇 합을 겨루기도 전에 목이 떨어진 것은 방열이었다. 여포는 기세를 몰아 왕광의 군사를 치기 시작하였다. 왕광은 도망쳐 겨우 목숨을 부지할 수 있었다. 이어서 상당태수 장양의 부장 목순도 달려 나갔으나 여포의 방천화극을 피하지 못하고 목이 달아났다. 철퇴를 잘 쓰는 북해태수 공융의 부장 무안국도 철퇴의 위력을 보이지 못하고 여포의 방천화극에 어깨가 반쯤 잘려져 겨우 도망쳐 왔다. 이를 보고 있던 공손찬이 직접 나섰다. 그러나 여포를 이겨낼 수 없었다. 그는 말머리를 돌려 도망치기 시작하였다. 여포의 적토마는 하루에 천리를 달리는 명마였다. 그 간격이 좁혀지면서 공손찬의 목숨이 경각에 다다르고 있었다. 이때 수염이 덥수룩한 장수가 그 틈을 막아서며 외쳤다. “여기 장비가 왔다. 여포는 나의 창을 받아라.” 유비 삼형제 중 장비가 어느새 달려 나온 것이다. 그의 장팔사모가 햇빛을 받아 번쩍였다. 이에 여포는 주저없이 장비에게 방천화극을 날렸다. 그러나 장비 역시 뛰어난 무공을 보였다. 둘의 승부는 쉽게 갈리지 않았다. 마치 한 마리의 용과 범이 싸우는 모양이었다. 양측의 진영은 모두가 긴장을 하며 바라보고 있었다. 일찍이 이처럼 현란한 무예를 본 적이 없었다는 듯 긴장감 속에서도 흥미를 맛보고 있었다.

천하의 장비였지만 힘이 부치는 모습을 보이고 있었다. 그러자 그의 형 관우가 청룡언월도를 비껴들고 말을 달려 나왔다. 이제는 2:1의 싸움이 되었다. 『삼국지』 최고의 무공을 가진 여포의 방천화극 소리도 점차 둔탁해져 갔다. 그렇지만 여포는 전혀 밀리는 기세가 없었다. 둘의 공격을 막아내면서 결정적인 실수는 하지 않고 있었다. 이를 보고 있던 맏형 유비가 쌍고검을 휘두르며 가세하기 시작하였다. 여포는 3:1의 싸움을 하게 되었다. 여포는 장팔사모, 청룡언월도, 쌍고검의 공격을 차례로 막아내고 있었다. 셋의 공격에 방어로 일관할 수밖에 없는 처지였다. 점차 그의 힘도 떨어지는지 격한 숨소리가 커지고 있었다. 오로지 지치지 않는 것은 적토마일 뿐이었다. 여포는 유비 삼형제의 공격을 막고는 있었지만 결정적인 공격을 할 수 있는 형편은 아니었다. 방어만 하기에도 버거운 형편이었다. 여포는 점차 힘이 떨어져 가고 있음을 느꼈다. 여포는 더 이상 승산이 없음을 알고 도망갈 채비

» 유비 삼형제

출처 : KBS 2TV, 「신 삼국지」에서 캡처

를 하였다. 여포는 위협적인 공격으로 적을 당황하게 만든 후 도망치고자 머리를 굴렸다. 여포는 유비의 쌍고검 공격을 막아내면서 빈틈을 찾아 방천화극의 칼날을 유비의 면전으로 깊숙이 찔러 넣었다. 유비가 이에 놀라 멈칫하자 관우와 장비의 공격이 일순간 멎었다. 그 사이에 여포는 잽싸게 말을 돌렸다. 찰나의 순간에 도망가는 혈로를 찾은 것이다. 여포는 말을 몰아 뒤도 돌아볼 겨를도 없이 호로관으로 질주하였다. 여포는 더 이상 싸울 맘이 싹 사라졌다. 이제까지의 전장에서 그가 도망친 것은 이번이 처음이었다. 여기에서 우승열패의 원리를 단적으로 보여주고 있다. 1:1의 싸움에서는 우열을 가리기 힘들었으나 상대할 적의 수가 둘과 삼으로 증가함에 따라 우열이 보이기 시작하였다. 지극히 상식적인 원리이다. 조건이 비등 할 경우에는 수적으로 우세한 쪽이 승리할 가능성이 훨씬 높아진다. 합치면 강해지고 흩어지면 약해진다는 평범하면서도 당연한 원리이다.

◇ 집산(集散)의 원리

전투는 우승열패의 원리가 지배하고 있으나, 이것은 전술 능력에 따라서 극복할 수도 있다. 방법은 집산의 원리를 이용하는 것이다. 집(集)과 산(散)은 병행하여 운용하는 것이 일반적이다. 집중에 대해서는『손자병법』의 허실(虛實)편에서 다음과 같이 말하고 있다. '형인이아무형(形人而我無形) 즉아전이적분(則我專而敵分) 아전위일 적분위십(我專爲一 敵分爲十) 시이십공기일야(是而十攻其一也), 적은 드러나게 하고 나는 드러내지 않으면, 아군은 집결되고 적군은 분산된다. 아군은 집결되어 하나가 되며, 적군은 열로 나누어진다. 그러므로 이는 열로써 그 하나를 치는 것이다'라는 말로 집중을 설명하고 있다. 전투력이 합해져서 상대적으로 우세하면 이길 수 있고 열세하면 패한다는 우승열패(優勝劣敗)의 필연적인 원리를 설명한 말이다.

집(集)이란 분산의 반대되는 개념으로, 합산된 힘의 강함을 말한다. 전투력은 집중하면 강해진다. 하나의 힘보다는 2개 이상의 힘이 합해지면 상대적으로 더 강한 힘이 된다. 한 손으로 해머를 내리치는 것보다는 두 손의 힘을 이용하여 내리치면 그 힘은 더 강하게 된다. 이처럼 힘은 합쳐질 때 강해진다는 것이 집(集)의 원리이다.

산(散)이란 힘의 분산을 말한다. 분산된 힘은 원래의 힘보다 약해진다. 그러므로 적의 힘을 분산시키려는 술적인 능력은 대단히 중요하다. 힘이 분산되면 약해진다는 것이 산(散)의 원리이다. 힘의 원리에서 집중(集中) 〉 분산(分散)의 등식이 성립된다. 이와 같이 힘은 속성상 모여질 때와 흩어질 때에 강약의 차이가 존재하게 된다. 이러한 원리는 전투력에서도 동일하게 적용되는 원리이다. 따라서 전투력은 분산되면 약해지고 집중하면 강해진다는 하나의 전투원리가 나오게 된다. 그러나 현실적으로 모든 시간과 장소에서 적보다 우위의 전투력을 집중한다는 것은 대체적으로 제한될 것이다. 따라서 집중시킬 부분을 찾아야 한다. 적보다 압도적으로 힘의 상대적 우위를 확보하기 위해서는 적의 약한 부분을 찾아야 한다.

약한 부분은 적을 타격하기가 유리한 곳과 시간 그리고 병력의 배치 상태가 약한 곳을 말한다. 유리한 지형, 유리한 시간, 적의 전투력이 약하게 배치된 곳은 우승열패의 원리를 적용하기에 적절한 곳이며, 집중할 지점이고 시간이다. 적의 약한 부분에 대하여 강한 힘을 집중하게 되면 그 효과는 더욱 크게 나타난다. 그러므로 가용 전투력을 운용함에 있어서는 시간과 공간이라는 요소와 전투력을 적절하게 결합하는 것이 전투력의 상승작용으로 이어지게 되며 주도권을 확보할 수 있다. 전투의 승패는 우승열패의 원리대로 이루어지는데 이는 단순한 수의 우세뿐 아니라 시간과 공간을 적절히 결합시켜 힘을 집중시키는 술적인 차원이 중요하다고 할 수 있다. 집중은 필요성과 위험성을 동시에 고려해야 한다. 집중하고자 하는 공간적 지역과 시간적인 시기를 정한다는 것은 필요성에 의해서다.

전투력의 집중은 결정적인 목표를 공격하거나 반대로 적의 주력이 공격할 것으로 예상되는 지역과 시간에서 이루어져야 한다. 이것이 집중의 필요성이며 집중할 공간과 시간이다. 집중할 시간과 방향에 대한 확고한 신념이 요구된다. 신념은 이유와 목적이 명확할 때 확고부동해 진다. 그러므로 지휘관은 정확한 판단을 바탕으로 확고부동한 결심을 하고 강한 실행력으로 전투력을 집중하여야 한다. 이를 위해서는 전투의 특성 중에서 불확실성을 제거하는 것이 필요하다. 집중은 위험성을 내포하기도 한다. 전술적인 상황에서 집중은 상대적으로 취약점도 함께 동반한다. 집중하고 있는 아군을 적이 발견하게 되면 타격하기에 적합한 밀집된 표적으로 변한다. 적의 집중공격을 받게 되면 대규모 피해로 연결될 것이다. 특히 현대와 같이 정밀성과 파괴력이 발달된 무기체계의 경우에는 그 피해가 더 극심할 것이다. 핵공격의 위험이 따르는 상황에서는 전술적 차원의 소산 활동을 더욱 필요로 하게 된다. 따라서 위험에 대비한 대책을 강구하지 않고 집중을 중시하다 보면 적의 대량살상무기에 의한 표적이 될 수 있으며 심대한 피해가 따르게 된다. 그러므로 전투력을 집중할 때에는 명확한 이유가 전제되어야 한다. 공격에서 집중은 적의 약한 부분에 대하여 이루어져야 하고, 방어에서의 집중은 반대의 개념이 적용된다. 다양한 첩보수집 수단을 이용하여 적의 약한 지점을 파악해야 하며, 약한 지점을 확인하여 집중하게 되면 보다 손쉽게 적보다 상대적인 전투력의 우위를 달성할 수 있다. 적의 약점이 발견되지 않을 때는 적의 전투력에 대하여 적절한 전술적인 행동을 통하여 분산시키는 노력이 필요하다. 적의 전투력 분산은 적의 약점을 조성시키는 결과로 이어진다. 이렇게 하여 적의 약점이 조성되면 전투력을 신속히 집중시켜 아군의 상대적 우세를 달성해야 한다. 그러나 주의할 점은 적이 의도적으로 약점을 조성하여 유인할 경우도 발생한다는 것이다.

적벽대전에서의 연환계는 집중과 분산의 필요성과 위험성을 잘 보여주고 있다. 촉오동맹군의 계략에 의해 조조는 함선을 모두 연결시키게 만들었다. 이후에 제갈량은 화공으로 조조군을 대패시켰다. 이때 제갈량은 간첩을 이용한 첩보전을 벌여 조조를 속아 넘어가게 만들었다. 이 과정에서 조조는 배와 배를 연결시키게 만들었다. 일반적으로 집중은 강하다는 원리가 적용되지만 위험성도 내포하고 있다. 즉, 필요성과 위험성을 동시에 지니고 있다. 조조군의 함선은 집중함으로써 스스로 약점을 만든꼴이 되었다. 이는 적으로 하여금 집중하게 함으로써 적의 전력을 오히려 약하게 만든 전례이다. 전술적인 차원에서 적의 전투력을 분산시키는 것은 적을 더

» 적벽의 모습

출처 : EBS세계견문록, 「삼국지」

욱 약하게 만드는 것이지만, 그 반대로 적을 집중시켜 취약점을 조성하는 상황을 유도할 수도 있다. 이는 적의 집중을 유도하여 화공의 위험성을 증대시킨 것이다.

그 결과 촉오동맹군은 집중의 원리를 반대로 이용하여 대승을 거둘 수 있었다. 거대한 표적은 일거에 격멸하기 안성맞춤이다. 『삼국지』의 명장면 중의 한 장면인 적벽대전은 집중을 역이용한 것이다. 조조군의 입장에서 패인을 분석해 보면 집중의 필요성과 위험성을 균형 있게 조화시키지 못하였다. 필요성 측면에서는, 함선을 하나로 연결시키면 편리성과 안정감 유지에 유리하였다. 이렇게 함으로써 배 멀미에 시달리지 않을 수 있었으며, 정박한 해상에서 이동의 자유를 부여하였고 충분한 휴식의 여건을 만들 수 있었다. 그러나 이것은 큰 위험성을 내재하고 있었다. 위험성 측면에서는, 적의 기습적인 집중공격에는 속수무책의 표적에 불과하였다. 또한 방호력 발휘의 약점이 있었다. 배와 배가 연결되어 안정감은 있는 반면에 민첩성이 없었다. 적의 공격에 기민하게 대응하기에는 결정적인 약점을 갖고 있었다.

거대한 배의 집합체는 고정표적이면서도 더 없이 좋은 화공의 대상이 되기에 충분한 조건을 갖고 있었으며, 적의 공격을 피하기 어려운 구조였다. 그 결과 촉오연합군의 화공 앞에 속절없이 무너져 내린 것이다. 이처럼 집중은 위험성과 필요성이라는 양면성을 지니고 있다. 집중은 앞을 내다보는 안목을 가질 때 그 진가를 더욱 발휘한다. 장차 발생할 상황을 미리 예측하여 대비하는 능력을 말한다. 적벽대전을 좀 더 이어서 살펴보면, 조조가 화용도에서 관우와 조우하는 장면이 나온다. 여기에서 제갈량의 예측을 통한 집중을 보여준다. 미리 예측하여 조조의 예상 도주로를 지키게 하여 조조를 잡도록 한 것이다.

적벽대전에서 대패를 당한 조조는 몇 번의 위기를 겨우 넘기며 목숨을 부지해 도주에 도주를 계속하였다. 조조는 처절한 패배를 맛보며 쫓기고 있었다. 그는 어느덧 화용도(華容道)에 이르렀다. 화용도는 그 입구를 막는다면 마치 독안에 쥐를 몰아넣는 지형이었다. 절제절명의 와중에서 조조는 크게 웃었다. 뒤를 따르던 부하들이 의아해했다. 조조는 이렇게 말했다. "내가 만약 제갈량이었다면 이곳을 반드시 지키게 했을 것이다. 알고 보면 제갈량은 한심한 인물이구나." 그의 말이 떨어지는 찰나에 어디선가 적토마의 울음소리가 들렸다. 청룡언월도를 든 관우였

》 관우에게 사로잡힌 조조

출처 : KBS 2TV, 「신 삼국지」에서 캡처

다. 조조는 소스라치게 놀랐다. 제갈량은 조조의 도주로를 판단하여 이미 이곳을 지키게 한 것이다. 조조는 말에서 내려 관우의 갑옷 자락에 매달렸다. 엎드려 울면서 목숨을 구걸하는 조조는 더이상 영웅의 모습이 아니었다.

관우는 한동안 조조의 진영에서 머무르면서 그로부터 회유를 받은 적이 있었다. 당시에 조조는 관우의 마음을 잡기 위하여 무던히 애쓰고 있었다. 잠시 당시의 배경을 살펴보기로 하자. 동탁이 제거되었으나 궁궐은 진정되지 않았다. 동탁의 부하였던 이각과 곽사는 난을 일으켜 세력을 크게 키웠으며, 황제는 이들의 난을 피해 장안에서 낙양으로 몸을 피해야 했다. 이때 조조는 황제(헌제)를 자신의 세력권에 있던 허창으로 모시게 되었다. 황제를 모시고 있다는 것은 대단한 명분을 갖게 만들었다. 모든 것을 황제의 명령으로 둔갑시킬 수도 있는 배경이 되었다. 이렇게 된 상황에서 조조는 당시 북방의 최대 군벌인 원소와의 일전을 겨루게 되었다. 이를 관도대전이라 하며 원소의 몰락을 가져왔다. 이때 조조는 자신의 배후를 위협할 수 있는 유비를 먼저 정벌하고자 서주를 공격하였다. 조조는 승리하였으며, 유비는 다시 쫓기는 신세로 전락하였다. 뿐만 아니라 삼형제가 뿔뿔이 헤어져야 했다. 유비는 쫓기는 과정에서 원소에게 의탁했으며, 하비성을 지키던 관우는 조조에게 항복하게 되었다. 그렇지만 관우는 그의 명성에 걸맞게 그 유명한 '관공삼약(關公三約)'의 조건을 제시하였다. 첫째, 나의 항복은 조조에게 항복하는 것이 아니라 황제에게 항복하는 것이다. 둘째, 형님 유비의 두 부인을 보호하고 예우해야 한다. 셋째, 나의 형님 유비의 거처를 알게 되면 가게 해주어야 한다는 것이었다. 이때 조조는 관우를 자기의 수하로 삼기 위하여 별의별 호의를 베풀었다. 심지어는 여포로부터 뺏은 적토마를 선물로 주기까지 하였다. 그러나 관우의 마음은 요지부동이었다. 조조가 이처럼 관우의 마음을 잡고자 한 배경은 관도대전을 치르면서 더욱 확고해졌다.

관도대전에서 조조는 원소의 부장 안량과 문추에 의해 고전을 하고 있었다. 이때 관우는 이 둘의 목을 베어 조조군이 승기를 잡게 만들어 주었다. 물론 그 이전에도 반동탁 연합군 시절에 이미 조조의 뇌리에 깊이 각인되는 장면이 있었다. 여포의 부하인 화웅에게 반동탁 연합군이 고전할 때 관우가 나서 그의 목을 벤 일이었다. 관도대전에서 조조에게 보답을 했다고 느낀 관우는, 때마침 유비가 원소 진영에 있다는 소식을 듣고는 미련 없이 떠나고자 하였다. 관우가 항복하면서 제시한 약속대로였다. 그는 그동안 조조에게서 받은 모든 선물을 창고에 남겨두었다. 다만 적토마만을 가지고 길을 떠났다. 떠나는 관우를 죽이자고 조조의 부하들은 건의했지만, 조조는 그렇게까지 하는 것은 도의가 아니라며 거절하였다. 이때 관우는 5개의 관문을 지나게 되는데 이곳을 수비하면서 관우의 길을 막던 조조의 장수 여섯 명의 목을 베었다. 이것이 '오관육참(五關六斬)'이라는 유명한 사건이다.

관우는 갑자기 조조로부터 환대받던 그때의 일이 떠올랐다. 그러자 인간의 사사로운 정이 가슴 밑에서 올라왔다. 순간 관우의 머릿속에 번민이 밀려왔다. 그러나 그의 가슴은 이미 길을 정하고 있었다. 그는 부하들에게 명령하였다. "길을 비켜 드려라." 조조의 질긴 목숨이 다시 한번 연장되는 순간이었다. 제갈량이 조조의 예상도주로를 예측하여 관우로 하여금 길목을 지키게 한 것은 예측을 기반으로 한 집중이었다. 그의 예측이 어긋났다면 집중은 분산으로 작용하여 전투력의 낭비만을 초래했을 것이다.

◇ 동정(動靜)의 원리

움직이는 힘은 정지하고 있는 힘보다 강하다. 집중과 분산에 의해서도 강해지고 상대적으로 약해지기고 하지만, 움직임에 따라서도 그 강약에 차이가 발생한다. 즉, 힘의 크기는 움직임에 따라 변화가 있다는 것이다. 이것은 물리학의 $F = ma$

(힘 = 질량 × 가속도)라는 공식으로도 설명할 수 있다. 이 공식에 따르면 속도(動)는 힘의 크기에 영향을 미친다는 것이다. 전술에서 움직인다는 것은 공격만을 의미하는 것은 아니다. 물론 공격은 방어에 비해서 상대적으로 움직임이 더 많이 수반된다. 그러므로 방어는 공세적인 방어를 추구하여야 한다. 공격하는 적의 허점을 노려 타격을 가하는 공세적인 방어가 필요하다. 그 자체가 움직이는 것이므로 더 큰 힘을 만들어 낸다. 궁극적으로는 공격의 여건을 조성하는 결과를 가져오게 만든다.

『삼국지』에서 촉나라의 세력은 가장 미약하였다. 제갈량이 북벌을 주도하던 시기의 삼국의 국력을 비교해 보면 확연히 열세였다. 공격 목표로 삼은 위나라는 13개 주에 91개 군이었으며, 오나라는 5개 주에 45개 군이었다. 반면에 촉한은 2개 주 22개 군에 불과하였다. 절대적인 열세였다. 공격은 방어하는 상대보다 전력이 압도적이어야 승산이 있다. 그런데 왜 제갈량은 이처럼 보잘것 없는 국력을 가지고 가장 대국이었던 위나라를 공격하고자 출사표를 올렸을까?

제갈량이 생각한 것은 수세에 몰리기 시작하면 언제 무너질지 모른다는 절박감을 갖고 있었다고 보인다. 촉나라는 짧은 종심으로 적의 공격을 받았을 때 역전의 기회를 마련하기는 대단히 어려운 형편이다. 그러므로 제갈량은 선제공격으로 전쟁의 위험을 억제함은 물론이고 통일의 대업을 이루려는 야심찬 계획을 가지고 있었다. 비록 열세인 전투력이었지만 공격을 통하여 힘을 확장하고자 하였다. 즉, 움직이는 것이야말로 본래의 힘을 더욱 크게 만들 수 있다는 평범한 진리에서 근원을 찾고자 한 것이다. 열세한 전력으로 적을 무너뜨리려면 조직적인 방어가 불가능하게 하여야 한다. 그러므로 제갈량은 제1차 북별에서 기습적으로 위나라를 공격하기로 한 것이다. 주력의 공격방향을 기만시키고자 하였으며 주력부대가 승기를 잡기 위해서 적의 증원을 차단하기 위하여 증원로를 차단시키는 계획을 수립하였다. 앞에서 언급한 가정전투이다.

제갈량의 영원한 맞수로 등장하는 사마의는 좀처럼 싸움에 응하지 않았다. 그러나 그는 막연히 수세적인 위치에 있지 않고 공세의 시기를 노리고 있었다. 즉, 방어로 일관하고 있었지만 언제라도 공세로 전환할 준비를 하고 있었다. 비록 군사력은 싸울만 했으나 싸울 시기가 아니라는 판단에서였다. 그는 아무리 군사력이 우월하여도 제갈량을 이긴다는 것은 어렵다는 판단을 하고 있었다. 비록 국력과 군사력 면에서는 위나라가 압도적이었으나, 제갈량이 건재하고 있는 한 위나라의 승리는 장담할 수 없다고 본 것이다. 우승열패의 원리는 모든 것이 비슷한 경우에 해당된다. 적보다 압도적으로 우수한 무기체계를 보유하고 있다면 비록 수적으로 열세라고 하여도 승리한다. 또한 비슷한 규모의 군사력이라면 뛰어난 전략가와 전술가를 보유한 군대가 승리할 가능성이 높다. 사마의는 비록 군사력 면에서는 위나라가 우위에 있으나 제갈량이라는 신출귀몰하게 전술을 운용하는 유능한 책사가 있는 한 승리는 어렵다고 생각하고 있었던 것이다. 그러므로 충분한 시기가 올 때까지 힘을 비축하고자 하였다. 그 시기는 제갈량이 죽는 시기였다. 마침내 제갈량이 오장원에서 숨을 거두자 사마의는 공세로 전환하였다. 위나라의 군사력은 강했으며, 적시에 공격하는 위나라 군대의 힘은 더욱 강하였다. 군대가 기동하는 힘은 정지할 때보다는 더 강해지는 법이며 강한 군대가 기동하면 그 힘은 강한 만큼 비례하여 나타난다. 전광석화와 같은 기동은 작전의 진수를 보여준다. 신속한 기동은 전투력의 보존과 함께 상승작용을 돕게 되어 결과적으로 더 강하게 된다. 움직이면 강해진다는 원리를 보여주는 것이다. 즉, 빠른 기동은 더욱 강한 힘을 만들어 낸다. 이를 위해서는 빠른 결단력과 추진력이 요구된다.

『삼국지』에는 명장면이 수없이 등장한다. 그중에서 빠른 결심과 빠른 기동으로 전투력의 열세를 극복하고 적을 제압한 장면이 있다. 빠르게 움직이는 것은 전투력의 열세를 극복하는 수단이며 이를 통하여 승리가 결정된다. 사마의가 맹달을 평정하는 장면이 대표적인 사례이다. 이것은 속도의 위력이 만들어 낸 결과였다. 빠르게 움직인다는 것은 그 힘이 더 크게 되는 원리로 이해할 수 있는 대목이다. 이는 전투의 3요소인 시간의 중요성과도 연관되어 있다. 맹달 제거작전은 전투력의 3요소 중의 하나인 시간과도 밀접한 관련이 있다. 사마의는 정보력을 바탕으로 곧장 군사를 몰아갔으며, 지체하지 않고 공격기세를 몰아 성을 공격하니 맹달은 일순간에 무너졌다. 속도와 힘의 원리가 접목되는 순간이었다. 맹달의 목은 사마의에 의해 잘려나갔으며, 제갈량의 협공계책은 실패로 끝나게 되었다. 이것은 움직이는 힘은 더욱 강해진다는 원리와 시간의 중요성을 보여 주는 대목이다.

전술에서의 움직임[動]은 이와 같은 것이다. 다시 말하면 '정확한 판단 → 빠른 결심 → 과감한 실행'이 전술에서 말하는 움직임이다. 움직인다는 것은 공격과 방어 등의 모든 작전에 적용되는 개념이다. 그렇기 때문에 '공격은 동(動)이고 방어는 정(靜)'이라는 말은 일반적으로 보았을 때 각각의 작전형태의 특성으로 인해 동과 정이 상대적으로 많이 포함되었다는 개념일 뿐이다. 그렇지만 항상 움직이거나 정지해 있을 수는 없다. 움직임과 정지함은 조화를 이루어야 한다. 힘의 원리에서 동이 힘의 크기를 크게 한다고 해서 항상 동(動)의 상태를 유지할 수는 없는 것이다. 상황에 적합하게 이를 조화롭게 조절하여야 한다. 움직일 상황과 정지할 상황을 정확하게 판단하는 것이 필요하다. 이러한 것은 조직에서 살아남기 위한 개인의 처신에서도 찾아볼 수 있다. 이를 제대로 이해하여 움직임과 정지함을 정교하게 적용한 인물이 『삼국지』의 사마의이다. 사마의는 그의 출중한 능력으로 인해 견제의 대상에서 벗어나지 못하였다. 낭중지추(囊中之錐)의 인물이었다. 조조는 그를 등용하였으나 그의 비범함을 알았기에 중용하지는 않았다. 조조는 그를 경계하였으며, 그의 자식들에게도 사마의를 경계할 것을 당부하였다. 조조의 뒤를 이은 조비에 이르러서도 여전하였다. 그는 이러한 분위기를 알고 있었기에 특별히 행동에 신중하였다. 어리석은 척도 하였으며, 건강에 문제가 있다는 듯한 연기도 하였다. 즉, 때를 기다릴 줄 알았다. 그를 두고 '겁쟁이' 등으로 묘사하는 것은 그의 표면만을 본 결과이다. 정(靜)은 단순히 정지함만을 의미하는 것은 아니다. 사마의는, 그를 견제하는 적이 쳐놓은 그물에 걸리지 않으려고 부단히 노력하였다. 항상 경거망동하지 않았으며 침착함과 냉정함을 유지하고자 했다. 사마의는 미끼가 아닌 먹이를 물고자 하였다. 그는 미끼와 먹이를 구분할 줄 아는 인물이었다.

전광석화와 같은 움직임의 작전은 일거에 전세를 결정한다. 제2차 세계대전 당시에 독일의 기습적인 공격을 받은 프랑스군은 불과 33일 만에 항복하였다. 1940년 6월 22일 독일군은 프랑스군으로부터 항복을 받았다. 제1차 세계대전의 패전국 독일이 항복한 지 22년 만이었다. 그리고 히틀러는 6월 25일이 되자 프랑스의 파리를 돌아보았다. 그는 파리의 에펠탑을 둘러보면서 세계를 제패하겠다는 야망에 젖어들었다. 프랑스군이 철옹성으로 믿었던 마지노선은 독일군의 전격전(Blitzkrieg, 電擊戰)으로 인해 무용지물로 전락하였다. 정확히 말하면 기습적인 기동을 위해 마지노선은 절대적으로 피해야 할 장애물이었고, 독일군은 이를 피했을 뿐이다. 그 결과 마지노선은 독일군의 공격에 대하여 힘 한번 쓰지 못한 돈만 쏟아부은 콘크리트 장벽에 불과하였다. 독일군은 프랑스군이 도저히 통과할 수 없을 것이라는 아르덴느숲으로 전차를 기동시켰다. 전차의 속도를 이용하여 움직이는 작전을 추구하였다. 마지노선은 프랑스군을 정(靜)에 빠지게 했다. 그러나 독일군은 전력의 차이를 속도로 뒤집으려 했으며, 이것은 적중하였다. 독일의 기갑부대는 전차가 기동할 것으로 예상하지 못한 아르덴느숲으로 공격방향을 정하고 이를 돌파하였다. 울창한 숲을 전광석화처럼 돌파하고 5월 14일과 15일

» 에펠탑에서의 히틀러

파리를 함락시킨 히틀러는 가장 먼저 에펠탑을 찾았다. 에펠탑은 1889년 프랑스 혁명 100주년을 기념하여 320m 높이로 세워진 탑이다. 처음에는 파리의 미관을 해친다는 비판이 거셌다고 한다. 특히 프랑스의 유명한 단편소설 작가 모파상은 이를 몹시 싫어하여, 에펠탑이 보이지 않는 에펠탑의 아래 식당에서 점심을 해결했다고 한다. 그러나 지금은 프랑스의 명소이자 상징이 되었다.

에는 뮤즈강을 도하했다. 이후 독일군 기갑부대는 불과 열흘 만에 도버해협에 도달하였다. 영국과 프랑스군의 연합군을 프랑스 북부로 몰아붙이면서 포위하였다. 이렇게 되자 프랑스는 남북으로 토막이 난 모습이 되었다. 연합군은 6월 4일에 덩케르크로 내몰렸다. 여기는 막다른 골목이었다. 영국군은 목숨을 부지하는 것이 급선무였다. 장비와 물자를 모두 버리고 나서야 겨우 탈출에 성공할 수 있었다. 덩케르크의 비극이 발생한 것이다. 이후부터 독일군은 프랑스 전역을 거침없이 휩쓸었다. 프랑스군은 대항할 엄두를 내지 못했다. 6월 14일에 독일군은 파리에 무혈 입성하였다. 프랑스는 전쟁을 시작한 지 한 달이 지나자 수도 파리를 빼앗기고 말았다. 독일군의 움직임은 더 큰 힘을 만들었으며 여기에 빠른 속도를 추가하자 더욱 큰 힘으로 작용하였던 반면에, 프랑스군은 마지노선에 의지하여 움직이지 않자 더욱 약하게 된 결과였다.

이전의 전투수행 방식에서 볼 수 없었던 전격전은, 빠른 속도를 이용하여 적의 허점을 깊게 찌르고 들어왔다. 전격전은 독일어의 번개를 뜻하는 Blitz와 전쟁을 뜻하는 Krieg를 한하여 만든 용어이다. 독일군은 제2차 세계대전 일으키면서 전력의 한계를 전술로 극복하고자 하였다. 따라서 이전에는 볼 수 없었던 전투수행 방법을 개발했는데, 기갑부대의 기동력을 이용하여 속도감 있게 전장을 돌파하는 것이었다. 보병, 항공, 포병부대를 유기적으로 통합한 입체감있는 부대운용으로 적을 순식간에 포위하여 전투의지를 상실시키며 주도권을 장악하는 방식으로 전쟁을 주도하였다.

◇ 랜체스터의 법칙

랜체스터의 법칙을 보면 전투력의 우승열패와 집산의 중요성을 알 수 있다. 영국의 항공공학자인 프레더릭 윌리엄 랜체스터(F.W. Lanchester)에 의해 제시된 이론이다. 그는 제1차 세계대전의 공중전을 분석 대상으로 삼았다. 전투기의 숫자면에서는 차이가 있지만, 성능과 조건이 비슷한 상황에서의 전투결과를 분석하였다. 그 결과 최초 보유한 전력 차이의 제곱만큼 격차가 커진다는 것을 발견하였다. 개별적인 전투에서는 산술적인 숫자가 많은 쪽이 이길 가능성이 높다. 그러나 쌍방이 총력전을 전개하게 되면 전력의 차이만큼 제곱으로 패한다는 법칙을 말한다. 이것이 랜체스터의 법칙이다. 즉, 교전결과는 병력 제곱의 차이에 따라 나타난다는 것이다. 이를 단순하게 비교해 보면 제1차 세계대전에서 연합군 전투기 9대와 독일군 전투기 7대가 전투를 벌였다면, 전력의 차이는 2대가 아니라 81대와 49대의 차이라는 것이다. 이렇게 되면 동일한 조건에서의 결과는 전력이 낮은 측이 절대적으로 불리한 상황을 맞게 된다. 그렇다면 이를 극복할 수 있는 방안은 무엇일까? 집중과 분산의 적용에서 그 해답을 찾을 수 있다. 수적으로 열세한 병력으로 정면대결을 벌인다면 랜체스터의 법칙에 따라 적에게 패전하는 결과로 나타난다. 그러므로 제곱의 차이를 극복하는 것이 필요하다. 그것은 특정 부분에 전투력을 집중시켜 적보다 상대적 우세를 달성하는 것이다. 즉, 전투지역을 토막으로 분리시키는 것이다. ① 집중에 유리하고 주력을 집중시킬 지역을 선정 ② 적을 분리하여 분리된 한 개의 전투지역에서 상대적 우세를 달성 ③ 적을 격멸 ④ 타지역 잔여의 적을 격멸하는 방법이다. 이것은 적보다 빠른 기동력으로 적을 분리하여 각개격파하는 것이 핵심이다.

그렇다면 적의 어느 부분을 분리시킬 것인가의 문제이다. 주력이 지향할 지역(분리할 지역)을 판단하는 문제는 전투력의 우세를 달성한다는 것이 목적이며, 이는 우승열패의 원리이다. 역사상 위대한 전략가와 전술가들은 비록 그 당시에 랜체스터의 법칙이라는 말이 생겨나지 않았던 시대였지만, 이러한 법칙을 전투에 적용하여 승리하였다. 즉, 승리의 근간은 항상 우승열패와 집중이라는 원리를 생활화하고 있었다고 보면 될 것이다. 세계 4대 해전으로 살라미스해전, 칼레해전, 트

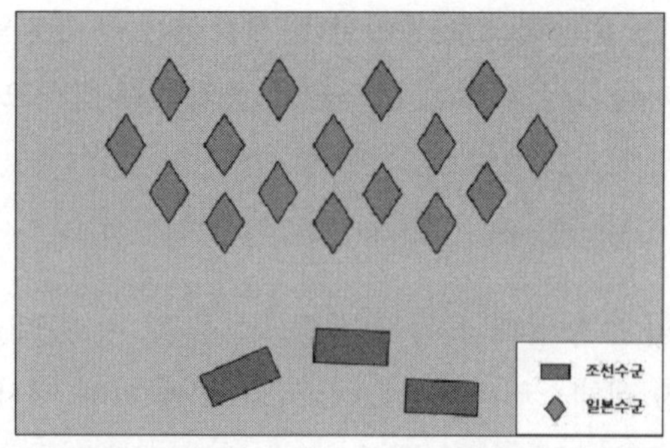

① 소규모 함선으로 유인

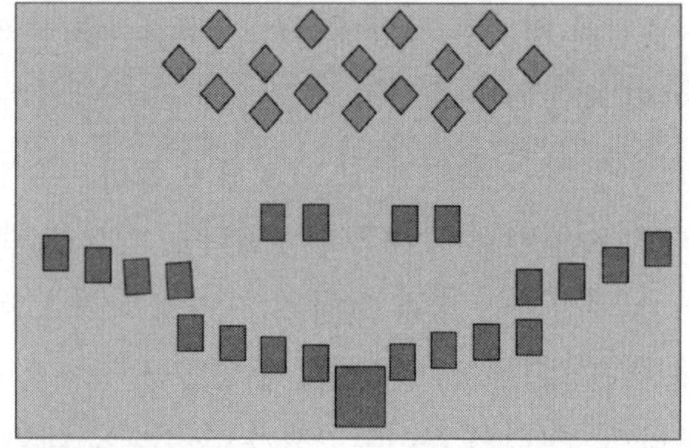
② 포위대형으로 전개

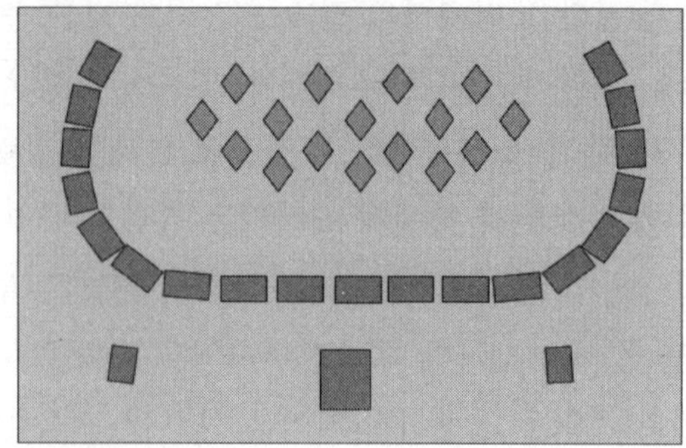
③ 학 날개 완성

» 학익진 전법의 전개 과정

이순신은 좁은 수로의 전방 넓은 바다에서 적을 기다렸다가 부채꼴 모양으로 대형을 전개하여 전투면적을 최대한 크게 하여 화력을 집중시키고자 하였다. 조선수군의 전투면적은 크게 만든 반면에, 왜선의 전투면적은 상대적으로 좁아지게 한 것이다. 전투면적을 넓게 잡은 것은 조선군의 화력 우세를 최대한 이용하는 것이 전투에 절대적으로 유리했기 때문이다.

당시의 왜군은 등선육박전술(登船肉薄戰術)을 구사하고자 하였다. 왜군은 전국시대를 거치면서 육박전 형태의 전술에는 익숙해 있었으므로 그들의 장점을 최대한 활용하고자 하였다. 그렇지만 조선수군은 왜선의 근거리 접근을 허용하지 않았다. 조선수군은 포를 활용하여 왜선을 원거리에서 타격하여 침몰시켰다. 구경 13cm의 천자총통은 사거리가 약 1km에 달했다.

라팔거해전, 한산해전을 꼽는다. 이 중에서 우리나라의 이순신제독과 영국의 넬슨은 대표적인 명장으로 평가받는다.

이순신 제독은 1592년 7월 8일 한산도 앞바다에서 학의 날개를 펼치는 학익진으로 대승을 거두었다. 조선의 함선은 48척이었으며, 왜선은 70여 척이었다. 수적으로는 조선의 함선이 불리하였다. 이 전투를 앞둔 이순신은 수적 열세를 극복하기 위한 대책이 필요했다. 그는 거제도와 통영의 길목에 해당하는 견내량에 대한 지형을 분석하였다. 견내량은 지형이 좁고 암초가 많아 판옥선이 전투하기에는 마땅하지 않았다. 당시 조선 수군의 장점은 포사격에 의한 원거리에서의 격멸이었다. 판옥선에 천자총통(天字銃筒) 지자총통(地字銃筒) 등의 화포를 이용하여 왜선을 상대하기에 유리하였다. 반면 왜병의 장점은 등선육박전술(登船肉薄戰術)이었다.[11] 왜선 세키부네는 크기가 작아 날렵하다는 장점은 있었으나, 화포를 이용하기에는 어려움이 있었다. 이러한 점을 이순신은 최대한 활용하는 전술을 펼쳤다. 왜선에서 발사하는 조총사거리를 벗어난 거리에서 먼저 쏘아 적선을 격침시키는 것이었다. 이를 위해서는 화력을 집중시킬 필요가 있었다. 화력의 집중으로 수적열세를 극복하고자 한 것이다. 이순신은 왜선을 한산도 앞바다로 유인하여 학인진을 펼쳐 대승을 거두었다. 한산도 앞바다를 결전의 장소로 선정하여 전투의 면적을 넓게 만든 후 적을 해상에서 포위하여 전력의 열세를 극복하는 방법을 선택한 것이다. 한산도에서의 승리로 조선수군은 제해권을 완전하게 확보할 수 있었다. 이는 해상의 주도권을 조선수군이 장악했음을 의미한다.
그 결과 남해와 서해를 통해 북상하는 왜군의 보급로를 확보하겠다는 왜군의 계획은 큰 차질을 빚게 되었으며, 토요토미 히데요시의 조선침략 야욕을 좌절시켰다. 반대로 명량해전에서는 협로를 이용하여 적 함선의 수적 우세를 무력화시켰다.

넬슨은 프랑스와 스페인의 연합함대에 맞서 승리하였다. 영국의 넬슨은 1805년 10월 21일의 트라팔거해전에서 56척으로 프랑스와 스페인의 연합함대 67척을 격파하였다. 당시에는 일렬횡대 대형의 전투를 하였는데 넬슨은 이를 사용하지 않았다. 그는 종대대형으로 적을 분리한 후 각개격파하는 방법으로 전투를 하였다. 넬슨은 단 한 척의 전선도 잃지 않으면서 나폴레옹의 영국 정복을 무산시켰다. 두 해전의 공통점은 수적인 열세를 극복하고 승리했다는 것이다.

랜체스터의 법칙과 우승열패의 원리를 함께 살펴보면 전술개발의 중요성을 더욱 실감할 수 있다. 우승열패의 원리는, 동일한 조건에서의 전투는 전력이 우세한 측이 승리한다는 것을 의미한다고 하였다. 여기에서 우세하다는 것은 여러 가지가 나올 수 있으나 병력수로 한정시켜 보겠다. 병력의 수적 우세는 승패를 달성하는 주요 원인이 될 수는 있다. 그러나 언제 어디에서나 절대적 우세를 달성하기는 불가능에 가깝다. 그러므로 상대적 우세를 달성하는 것이 필요하며, 이것은 전술을 통해 가능하다. 그렇기 때문에 전술을 구사할 때에는 과학적인 사고와 술이 균형을 이루어야 한다. 약한 전력으로 강한 적을 이기기 위해서는 싸울 장소와 싸우는

11) 조선수군과 일본수군의 무기체계는 차이가 있었다. 조선수군은 포, 왜군은 조총이었다. 이순신은 그 차이를 전술에 적용하였다. 왜군은 조선군의 전함에 빠르게 접근하여 갈고리 등을 이용하여 조선군의 함선을 잡아당긴 후 백병전(白兵戰)을 구사하고자 하였다. 이를 등선육박전술(登船肉薄戰術)이라 한다.

방법을 개발해야 한다. 랜체스터의 법칙은 경영전략에서도 많이 도입되고 있다. 한정된 자본을 어디에 집중투자할 것인가의 문제를 고민하게 만드는 것이므로 당연히 경영에서 필요로 할 것이다. 핵심으로 삼는 분야에 집중하느냐 또는, 오히려 분산을 통하여 다양한 분야로 진출하는 것이 생존에 유리할 것인가를 결정하기는 대단히 어려울 것이다. 랜체스터의 법칙은 집중과 분산의 경영전략을 고민하는 경영주에게 많은 시사점을 줄 수 있으리라 본다.

『삼국지』에서도 랜체스터의 법칙이 적용된 장면을 볼 수 있다. 박망파전투와 관도대전이다. 제갈량이 그의 데뷔전이라고 할 수 있는 박망파전투에서 수적열세를 극복하고 위군을 물리칠 수 있었던 것은 그의 전술적 안목에 있었다. 제갈량은 박망파전투에서 적의 우세한 병력수를 무력화시키기 위하여 협곡을 이용하였다. 협곡에서는 아무리 대병력이라고 할지라도 실제 투입되는 병력은 한정된다. 이렇게 함으로써 수적열세를 극복하는 것이다. 박망파전투는 협곡이라는 지형을 이용하면서 아군의 분산을 통하여 수적열세를 극복하였다. 앞에서 분산은 집중에 비해 힘이 감소된다고 하였다. 그러나 전술 상황에서는 항상 그렇지 않다. 이것이 전술이 갖고 있는 오묘함이기도 하다. 제갈량은 조조의 10만 대군이 신야를 목표로 공격해 온다고 하자 즉시 작전을 지시하였다. 작전의 핵심은 지형을 이용한 병력의 분산이었다. 관우에게 1천, 장비에게 1천의 병력을 주어 박망파 좌측의 예산과 안립의 산골에 매복하게 하였다. 관평과 유봉에게는 5백을 주어 박망파 뒤의 양편에서 매복하게 하였다. 남은 군사 5백은 신야성을 지키게 하였다. 그리고 조자룡을 시켜 적을 유인하게 하였다. 상식을 초월하는 병력의 분산이었다. 집중하여도 부족할 마당에 분산을 택한 것이다.

제갈량은 전투력의 통합이 아닌 분산으로 전투를 계획하였다. 그러나 궁극적으로는 지형의 이점을 이용한 전투력의 우위를 달성하고자 한 것이다. 그가 결전지로 선택한 박망파는 지형의 이점을 살려 수적열세를 만회할 수 있는 곳이었다. 박망파는 협로였다. 겨우 사람 한둘이 지날 수 있는 좁은 길이었다. 험지로 유인하자 조조군의 대군은 대군의 힘을 발산시킬 수 없었다. 즉, 수적우세의 무력화를 노린 것이다. 드디어 조자룡이 적을 유인하여 박망파로 들어왔다. 조조군은 박망파의 좁은 협로에 도달하자 자연스럽게 일렬종대가 되었다. 10만 대군의 집중된 힘을 발휘할 수 없는 대형이었다. 조조군은 오히려 큰 피해를 입고 퇴각해야만 했다. 지형을 이용한 힘의 분산을 유도하였고 아군도 분산을 통하여 적과의 전투면적을 넓게 한 것이다. 제갈량은 그의 데뷔전을 성공적으로 치렀다.

이와 같이 전투력은 언제 어느 곳에서나 절대적인 것이 아니다. 상대적인 우세를 어떻게 달성하느냐가 중요하다. 제갈량은 지형을 이용하여 전투력의 상대적 우세를 달성하는 기지를 발휘한 것이다. 유비는 삼고초려 끝에 제갈량을 그의 군사로 삼게 되었다. 이렇게 되자 기존 세력들의 불평이 끊이지 않았다. 경력도 없는 어느 인물이 어느 날 갑자기 유비의 최측근이 되면서 모든 군사 권한을 독점하자 불만이 생겨난 것이다. 이를 불식시키기 위해서는 그의 능력을 보여주는 수밖에 없었다. 군사천재라 불리는 제갈량의 첫 번째 전투가 박망파전투였으며, 그는 여기에서 수적열세를 극복하는 절묘한 기동으로 유비의 삼고초려가 헛되지 않았음을 증명하였다.

관도대전에서도 랜체스터의 법칙은 적용되었다. 관도대전은 압도적인 원소에 맞서 조조가 승리를 거둔 전쟁이었으며, 우승열패의 원리를 술로써 뒤집은 결과로 볼 수 있다. 그렇다면 어째서 원소는 압도적인 군사를 가지고서도 조조를 당해내지 못했는지 의문이 든다. 더군다나 고대의 전쟁에서는 무기체계의 수준이 거의 대등했으므로 병력의 수에 의해 결판이 나는 경우가 많았기 때문에 더욱 그렇다. 여기에서도 맨체스터의 법칙을 생각할 수 있다. 조조는 원소의 급소를 노렸으며 이를 공격함으로 원소군의 분산을 이끌어 냈다. 분산된 원소군은 상대적으로 열세한 처지로 몰렸다. 조조는 분산된 약한 고리를 선택하여 여기에 전투력을 집중시켰다. 매체스터의 법칙에 근거한 술적인 능력을 보인 것이다. 조조의 전술관을 엿보게 하는 장면이다.

조조는 집중과 분산을 통한 전술을 구사하여 상대적인 병력의 우위를 달성하였다. 조조는 원소의 급소에 해당하는 보급기지를 습격하여 이를 불태웠다. 그 소식을 들은 원소는 이를 역이용하겠다며 조조의 본진을 공격하였다. 보급기지를 공격한 것은 적의 주력일 것이니, 이 틈에 주력이 빠진 본진을 공격하면 성공할 수 있다는 판단이었다. 그러나 그것은 오판이었다. 조조는 이를 역이용하고자 미리 대비를 마친 상태였다. 결과적으로 조조의 계략에 말려든 원소군은 병력의 분산만을 초래하여 대군의 위력을 효과적으로 발휘하지 못한 채 조조군에게 대패하여 더이상 등장하지 못하고 사라져야 했다. 한때 가장 큰 세력을 가지고 있던 원소는 큰 힘을 제대로 쓰지도 못하고 몰락의 길로 내몰렸다.

이상에서 정리한 바를 살펴보면 집(集) 동(動) 〉 정(靜) 산(散)의 등식이 성립한다. 집중과 움직임은 분산과 정지함 보다 강하다고 볼 수 있다. 그렇지만 이 네 가지는 항상 양면성을 내포하고 있다. 전투력이 움직이면 적의 화력 표적에서 보다 유리하게 벗어날 수 있으며 은폐와 엄폐에도 유리하다. 또한 적보다 유리한 위치를 먼저 선점할 수 있는 이점이 있다. 그러나 움직임이 많다는 것은 적의 관측으로부터 쉽게 노출되는 단점과 움직임에 따른 마찰의 영향으로 피로도가 증가하기도 하며, 집중되어 있는 표적은 대량피해를 초래하기도 한다. 전투력이 정지하면 적의 고정표적이 되고 유리한 위치를 적보다 미리 확보하지 못하는 불리점이 있다. 그러나 차지하고 있는 지역이나 지점에서 보다 충분한 시간을 갖고 지형과 지물을 이용한 전투준비가 가능하고 충분한 휴식 등으로 전투 피로도를 감소시킬 수 있는 유리점도 갖고 있다.

전투력이 강하다는 것은 눈에 보이는 것만을 의미하지는 않는다. 그러므로 전투력이 갖고 있는 본질을 잘 이해하고 이를 절묘하게 활용하는 전술 능력은 보다 차원 높은 승리의 조건이 된다. 오래 전부터 강대한 전투력을 보유하면서도 이 원리를 잘못 적용하여 참패한 전례는 수 없이 많았다는 사실을 명심해야 한다. 전술가의 능력은 과학적 원리와 그동안의 경험에서 우러나는 술의 조화이다. 역사상 위대한 장수들은 이러한 원리와 술을 조합하여 승전의 역사를 써 왔다. 수나라와 당나라의 대규모 병력을 동원한 거듭된 침략에도 고구려의 을지문덕, 연개소문은 적을 피로하게 하는 전술을 구사하면서 병력을 집중하여 효과적으로 격퇴한 경우가 여기에 해당된다. 수적인 열세를 국가의 지리적 특수성과 국민성을 고려한 독특한 술과 집중이라는 과학적 원리로 극복하였다. 따라서 전투력의 본질이자 원리인 이 네 가지를 전투상황에 따라 어떻게 조합하여 활용하는가 하는 문제는 대단히 중요하다. 이 원리에 따라 전투력은 강하게 되기도 하지만 약하게 나타나기도 한다.

과학적 원리가 술과 결합했을 때 전승(戰勝)을 관통하는 핵심 역할을 한다는 사실을 명심해야 한다. 즉, 전투력은 전투의 3요소인 공간과 시간과는 달리 하나의 살아있는 생명체처럼 작용하는 중요한 요소이다. 그러므로 운용하는 자의 술적인 차원은 결과에서 많은 차이를 가져온다. 값비싼 첨단무기를 생산하고 보유하는 것도 중요하지만 이를 전술 원리에 적합하게 운용하는 것은 더욱 중요하다.

[3] 전투력의 소멸과 부활

전투력이 제대로 발휘하기 위해서는 앞서 설명한 전투력의 본질인 집산동정(集散動靜)의 원리를 이해하여 한다. 또한 가용한 전투력에 적절히 조합하고 응용하는 능력은 대단히 중요함을 전례에서 찾아보았다. 여기에 추가하여 기후와 기상이라는 시간적인 요소와 공간적인 요소를 함께 고려하여야 한다. 즉, 전투력 발휘는 유무형의 전투력을 기본바탕으로 하여 전투력의 본질인 집산동정(集散動靜)을 전투상황에 부합되게 적절한 조합을 하는 것이 필요하다는 것이다. 또한 여기에 시간 및 공간을 적절하게 이용할 때 전투력은 한 단계 더 상승의 효과로 나타난다. 이것을 전투력의 상승성이라고 한다.

움직이는 물체는 마찰과 저항을 받게 되면 어느 순간에 멈추게 될 수밖에 없는 현상이 나타난다. 축구공을 운동장에서 차게 되면 땅에 접촉한 이후에도 어느 정도의 거리는 굴러서 간다. 그러나 일정한 시간이 지나면 축구공은 더 이상 구르지 못하고 멈추게 된다. 그 이유는 축구공이 지면을 구르면서 마찰을 받기 때문이다. 이러한 현상은 장애물이 군데군데 있는 경우라면 더 빨리 나타난다. 운동장 군데군데에 굴곡이 있거나 큰 돌이 있다면 저항을 더 크게 받게 되며 축구공의 이동거리는 짧아지게 된다. 이처럼 속도(힘)가 약해지면서 마침내 정지하거나 어느 순간에는 파괴되는 현상을 탄성한계[12]라 한다. 이러한 원리는 전투의 주체인 인간도 예외일 수 없다. 또한 아무리 강력한 전투의지를 갖고 고강도의 격렬한 훈련을 받은 부대라 할지라도 기동에 의한 전투력의 소모는 피할 수 없다.

전투현장은 그 어느 지역보다도 강한 마찰과 저항이 존재하므로 전투력도 본래의 힘을 유지하기는 매우 어렵다. 결국에는 축구공이 운동장에서 멈추듯이 전투력도 저하되며 심한 경우에는 소멸되기도 한다. 전투의 특성 중의 하나가 마찰의 영역이다. 전장에서의 마찰과 전투력은 반비례의 관계에 있다. 마찰이 많으면 많을수록 전투력은 약해진다. 전투에서의 마찰은 필연적으로 수반된다. 그러므로 시간이 지나면 지날수록 전투력은 저하되는 현상을 나타내게 된다. 마찰에는 적으로부터의 마찰, 지형과 기상으로부터의 마찰, 아군 상호간의 마찰 등이 있다.

적으로부터의 마찰은 기동 과정에서 겪게 되는 적과의 대립이다. 기동하는 부대는 적의 표적이다. 따라서 적으로부터의 마찰을 최소화하기 위해서는 빠른 속도로 기동해야 하며, 최대한 아군의 행동을 은밀히 하여야 한다. 이를 위하여 끊임없는 적정파악과 적의 예상되는 움직임을 분석하는 능력이 구비되어야 한다. 지형과 기상으로부터의 마찰은 자연현상으로부터 받는 마찰을 말한다. 지형의 조건은 아군에 대하여 유리점과 불리점을 반복시킨다. 불리한 지형은 회피해야겠지만 유리한 지형이라고 해도 결코 유리하지도 않은 것이 전장이다. 아군의 기동에 유리하다면 적은 반드시 대책을 강구할 가능성이 매우 높다. 따라서 더욱 큰 마찰과 직면할 수 있다. 지형의 마찰은 적으로부터의 마찰과 연계하여 분석하고 판단해야 할 문제이다.

---

12) 외부의 힘에 의해 변형된 물체가 그 힘을 없애면 본래의 형태로 되돌아가는 힘의 범위를 말하며 탄성한도라고도 한다. 외부의 힘을 받아 생긴 변형이 탄성한계를 넘어서면 외부의 힘을 제거한다 하여도 완전히 본래 상태로 되돌아가지 않고 변형된 상태로 남게 된다. 이를 소성변형이라고 한다.

기상조건에서도 많은 마찰을 가져온다. 기상조건은 작전을 시도하기도 전에 실패로 내몰기도 한다. 몽골군이 일본을 정벌하기 위하여 고려와 연합군을 조직하여 공격했으나 태풍의 영향으로 철군하여야 했다. 나폴레옹의 모스크바 원정과 독일군의 소련 공격도 기상으로부터의 마찰이 너무나 크게 작용하여 실패한 작전이었다. 그렇지만 중세시대의 몽골군은 러시아원정에 성공하였다. 이는 기상이라는 마찰요인을 극복할 능력을 미리 강구하였기 때문이다. 아군 상호간의 마찰은 명령에 대한 수용 문제, 원활하지 못한 의사소통 등이 있다. 이것은 앞에서 열거한 두 가지의 마찰로부터 발생하기도 한다. 기상과 지형의 조건은 명령 수용 불가의 원인으로 작용하기도 한다. 특히 기상조건은 때때로 명령 수용 곤란의 타당한 사유로 작용하기도 하였다. 이성계는 위화도 회군에서 전쟁 불가를 말하면서 그중의 하나로 기상조건을 들면서, 회군을 감행하였다. 장마철이므로 활과 화살의 아교가 녹아내릴 수 있다는 것이었다. 기상은 무기체계와의 연동작용을 일으키므로 타당성을 충분히 갖고 있는 설명이다.

의사소통의 문제 등으로 인해 상황 공유가 제한된다면 아군 자체의 갈등으로 확대될 수도 있다. 이것은 자칫 전투력의 분산이라는 최악의 상황으로 나타나기도 한다. 전투는 의지를 갖고 있는 인간과 인간의 대결이므로 그 상황은 항상 역동적이며 변화를 동반한다. 또한 특유의 전장소음과 상대방을 속이고자 하는 계략의 난무는 잘못된 분석과 판단을 유도시켜 큰 혼란에 빠지게 한다. 명확하지 못한 명령과 허위 첩보에 의해 생성된 정보는 원활하지 못한 의사소통으로 발생할 가능성이 매우 높다. 그러므로 명확한 첩보와 적의 의도에 말려들지 않는 냉정함이 이러한 마찰을 극복할 수 있으며, 원활한 의사소통과 상황 공유는 중요성이 높아진다.

마찰로 인해 전투력은 시간이 흐름에 따라 소모될 수밖에 없는 한계성을 갖고 있다. 전투력은 초기에는 강하게 나타나지만, 시간이 지나면서 점차 약해지다가 마침내는 그 힘을 잃게 되는 시기가 나타난다. 따라서 전투력의 한계성을 명확히 인식해야 하며 이를 감각적으로 알아내는 본능적인 감각이 필요하다. 그러므로 공격작전에서는 전투력이 한계점에 도달하기 이전에 목표를 달성하여야 한다. 불가하다면 전투를 단계화하여 시행하면서 적절한 대책을 강구하여야 한다. 즉, 예비대를 투입하여 새로운 전투력으로 계속 공격하게 하는 등의 효과적인 전투수행 방법을 강구해야 한다. 이것을 작전의 단계화[13]라고 한다. 방어작전에서는 주도면밀한 전장관찰을 통하여 공격하는 적 전투력

13) '작전을 단계화한다'는 의미는 부대의 능력이나 수행해야 하는 작전의 성격을 고려하여 단계화시키는 것을 말한다. 공격작전에서의 단계화는 통상 통제선을 부여하여 통제하고, 지연전에서는 지연선을 설정하는 경우 등이다. 그러나 불필요한 단계화는 작전을 복잡하게 하고 효율성을 감소시킬 수 있다.

의 한계점을 정확히 판단하는 능력을 갖추어 호기를 놓치지 않고 공세적인 전투로 전세를 역전시킬 수 있어야 한다.

전투에서는 우승열패가 불변의 원리이지만 모든 전투에서 적보다 우세한 전투력을 보유할 수는 없다. 따라서 전투력 운용기술 차원에서 시간과 공간상의 결정적인 지점을 선택하여 상대적 전투력의 우세를 달성하는 것이 필요하다. 이러한 상대적 전투력의 우세는 특정 시간과 장소에서의 전투력의 양적 우세를 달성했다는 의미이다. 전투력은 항상 일정하게 유지되는 것이 아니다. 시간이 지남에 따라 저하되기도 하고, 적절한 대책으로 원상으로 회복하거나 더 강하게 되기도 한다. 다만 이를 간파하고 전투력을 관리하는 능력이 필요하다.

[4] 마찰에 의한 전투력의 한계와 극복

전투력은 살아 움직이는 생물체와 마찬가지로 생각하여야 한다. 전투력은 시간이 지나면서 저하되기도 하고 소멸되기도 하지만, 적절한 조치를 취해 주면 다시 회복되어 원래의 상태를 유지하기도 한다. 그러므로 전투력 저하 또는 소멸 조짐에 대한 직관을 갖고 이에 대처하는 것이 중요하다.

전투력의 소모는 위에서 열거한 마찰과 관계가 깊으며, 이것은 작전의 형태에 따라 전투력의 소모 정도를 예측할 수 있다. 기동이 많을수록 마찰의 정도는 크다. 따라서 공자는 방자에 비해 전투력의 하강 폭이 크게 나타난다. 공자는 방자에 비해 행동의 범위가 넓다. 상황에 따라 전선의 분산과 확대를 반복해야 하므로 육체적 피로에 더욱 많이 노출된다. 또한 노출된 상태로 전진하여 피해가 가중되며, 불리한 지형을 극복함에 따라 전투력의 소모가 크고 빠르다. 특히 피아간의 전투력이 대등할 때 적의 저항도 그만큼 커지므로 전투력의 소모도 증대될 수밖에 없다. 그렇지만 전투력의 원리에서 언급했듯이 속도는 힘을 증가시킨다. 특히 은밀한 기습공격은 결정적인 순간에 전투력을 집중시켜 작용하는 힘을 크게 만든다. 즉, 소모의 위험은 있으나 집중된 힘과 속도는 효과를 크게 높일 수 있다. 그러므로 전투력을 보존하기 위해서는 가속도를 유지하는 것이 중요하다. 빠른 속도는 마찰에 노출된 시간을 단축시킨다. 마찰의 증가 현상이 계속되면 전투력은 저하된다. 따라서 빠른 속도로 전투력의 소모를 최소화하여야 한다.

공자의 경우 전투력 발휘는 초기에 가장 높게 나타난다. 초기에는 높게 나타나는 전투력도 시간이 지남에 따라 여러 가지 마찰요인이 계속 증가하면 점차 감소된다. 또한 적의 타격을 받게 되면 결정적으로 급격히 약화된다. 따라서 마찰요인을 최소화 하는 방법이 전투력 발휘와 유지에 대단히 중요하다. 전투력의 역전이 시작되는 부분을 전력 전환점이라 한다.

[5] 전력전환점 인식의 중요성

전력의 한계는 시간이 흐르면서 필연적으로 발생한다. 그렇지만 그 시기를 인식하기란 매우 곤란하다. 마치 끓는 물속의 개구리가 서서히 익혀가는 과정과 비슷하다. 이러한 현상은 공격과 방어 모두에 적용되지만, 공자의 경우가 더욱 심하게 나타나는 것이 일반적이다.

공격작전에서는 공자의 전투력이 방자의 전투력을 더 이상 압도하지 못하는 시간과 장소상의 어는 시기에 도달하게 된다. 이는 더 이상 공격작전의 수행이 제한되는 시기라고 보아야 한다. 공자는 전력전환점 이전부터 마찰 등으로 인해 전투력 저하가 발생한 상태를 서서히 맞이하게 된다. 공격이 계속됨에 따른 전장의 확대와 이를 지원하기 위한 병참선의 신장으로 인한 적절한 재보급의 제한 등에서 오는 장비 및 물자의 부족 등과 육체적 심리적 피로 등의 누적 등이 결합되어 공격능력의 한계에 도달하게 된다. 공자가 이러한 시기에 도달하게 되면 적으로부터 역습을 당할 우려가 증대하는 것은 물론이고, 공격을 계속한다 하여도 패배의 위험도 감수해야 한다. 과감한 조치를 해야 하는 시기이지만 이를 인식한다는 것은 어려운 일이다. 방자 역시 더 이상 공세로 이전할 수 있는 능력을 갖지 못하는 상태가 나타난다. 따라서 방자는 이러한 시기에 도달하기 이전부터 적절한 증원을 통하여 전투력을 유지해야 한다. 이때에는 현재의 능력으로 방어선 고수가 적절한가를 판단하여 방어의 형태를 결정해야 한다.

▸ **전력전환점과 전투력의 소멸과 부활**

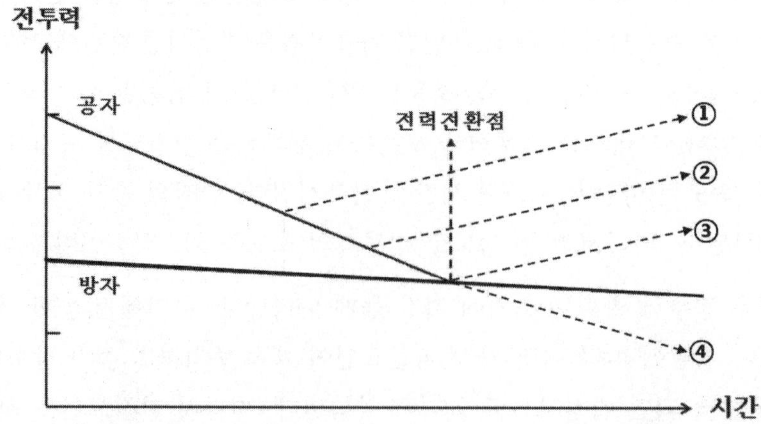

전력전환점은 공자와 방자 모두에게 대단히 중요하다. 공자가 전력전환점에 도달하면 더 이상의 공격행동은 곤란해진다. 그러므로 전력이 한계점에 도달하기 이전에 작전을 종결하여야 한다. 공자는 이를 위하여 작전의 템포(Tempo)[14]를 조절하고 적절한 증원이나 재보급, 부대교대 등을 통하여 목표 확보 이전까지는 전력전환점을 연장시켜 나가야 한다.

도표에서 보듯이 공자의 전투력은 전력전환점 도달 이전부터 서서히 저하되기 시작한다. 이는 앞에서 살펴 본 전투의 특성에서 오는 결과이다. 그러므로 이를 방지하기 위한 대책을 강구하여 시행하여야 한다. ①과 같이 ②와 ③보다 상대적으로 빠른 조치를 한다면, 그 회복 속도는 빠르게 나타나게 되며 원상태에 근접할 가능성이 커진다. 그러나 ④와 같이 조치를 강구하지 않는다면 전투력 발휘 불가에 가까운 현상을 나타낼 것이다.

반면에 방자는 지속적인 공세행동 등으로 공자의 전력을 전력전환점 이하로 끌어내리기 위해 노력하여야 한다. 이것이 공세적인 방어를 해야 하는 이유이다. 방자는, 공자가 전력전환점에 도달했음을 인식하는 능력을 갖고 있어야 한다. 이 시기를 이용하는 것은 공세이전을 할 수 있는 절호의 기회가 된다. 방자에게도 전투력의 감소 현상은 나타나지만, 공자에 비해서 훨씬 느리게 발생한다. 방어작전의 이점을 활용하기 때문이다. 또한 방자의 전투력은 적절한 증원이 이루어졌을 때 공자의 전투력에 비해 보다 빨리 복원되어 공자의 전투력을 앞서게 된다. 따라서 방자는 공자의 전투력을 급격히 소모시키고, 자신의 전투력을 적절히 증원시킴으로써 공자로 하여금 조기에 전력전환점에 도달하게 만들어야 한다. 그 결과 공자가 공격능력을 상실했다고 판단되면 시기를 상실하지 않고 적극적으로 공세이전하여야 한다. 이처럼 전력전환점은 쌍방 모두의 작전전환에 대한 중요한 결심이 요구되는 상황을 의미하므로 면밀한 상황의 통찰을 필요로 한다.

[6] 전력전환점을 인식하게 하는 징후

공자의 공격개시 당시의 전투력은 점차 감소하다가 공세의 능력이 상실되면서 작전능력이 현저히 감소한다. 그 대표적인 이유로는 전선의 확대, 병참선의 신장, 병력과 장비 및 물자의 손실 증대 등이다. 그러나 이러한 현상을 인식하지 못하는 경우가 많아 공격을 계속하는 무모한 행동으로 역전을 허용하게 된다.

---

14) 적에 대한 상대적인 작전의 속도이자 리듬을 말한다. 전투 상황과 적의 탐지 및 대응 능력 평가에 따라 작전을 조정하는 능력으로 주도권 장악의 필수적인 요소이다. 템포는 상대성, 적시성, 지속성을 구비하여야 한다. 즉, 적에 대한 절대적인 우세의 속도보다는 전장상황에서 적보다 상대적인 속도의 우세를 달성하고, 속도가 요구되는 결정적인 시기와 장소에서 지속적인 속도의 우세가 보장되어야 한다.

6·25전쟁 당시에 북한군의 낙동강전선에서의 전투가 대표적이다. 북한군은 초기에는 우월한 전력으로 공격하였으나, 낙동강전선에 이르러서는 전력이 점차 수그러들고 있었다. 특히 앞에서 열거한 남진에 따른 병참선의 신장, 공격이 계속됨에 따른 병력과 장비 및 물자의 손실 등이 증대되었다. 반면에 보급은 원활하지 못한 형편이었다. 이처럼 불리한 상황은 북한군을 절대적으로 불리한 상황으로 급진전시키고 있었다. 그러나 그들의 전쟁지도부는 이러한 현상을 인식하지 못하고 있었다. 오히려 8월과 9월 공세를 통하여 공세를 독려할 뿐이었다. 그렇지만 미군과 유엔군은 점차 참전국이 증가하면서 전력은 점차 회복을 넘어 강해지고 있었다. 그 결과 피아의 전투력이 완전히 역전되는 현상이 나타나게 되었다. 전력전환점에 도달한 것이다.

이와 같은 상황은 전체적인 작전의 국면이 반전 가능할 정도가 되었음을 뜻한다. 즉, 새로운 작전계획과 시행을 고려해야 할 시간적, 공간적인 시기에 도달했다는 것을 말하는 것이다. 북한군은 전력전환점에 도달하였다. 공세를 지속한다면 심각한 상황을 초래할 수 있는 상황이므로 이에 대한 판단과 대비책을 강구하는 것이 필요하였다. 그렇지만 명확하게 이 시기를 인식한다는 것은 앞에서 언급했듯이 대단히 어렵다. 전투의 현장은 불확실성이라는 특성으로 인하여 신뢰할 만한 정보의 제한은 물론이고 명확하지 않은 첩보에서 파생되는 오류의 정보를 언제나 접하고 있다. 그러므로 적시에 냉철한 판단을 한다는 것은 대단히 어려운 일이다. 이를 극복하기 위해서는 부단한 노력으로 전장을 통찰하여야 한다.

» 낙동강전선의 병사들

북한군의 전쟁지도부는 이를 인식하지 못하고 있었지만, 전력전환점을 인식할 수 있는 징후는 꾸준히 나타났다. 낙동강전선에서도 이러한 징후를 북한군의 전쟁지도부는 심각하게 여기지 않았다. 심각하게 인식했다면 과감한 결단이 필요했는데 이를 하지 못한 결과 인천상륙작전을 허용하였다. 그들의 눈앞에 나타난 상황은 곧바로 손에 잡힐 것 같이 보였던 부산함락이라는 무지개와 같은 환상이었다. 현실과 환상의 차이는 심각하였다. 북한군의 현실은 심각한 전투력 손실, 신장된 병참선으로 인한 보급의 곤란, 국군과 유엔군의 방어 능력 증대, 전장의 확대에 있었다. 북한군은 낙동강방어선에서 공자의 장점인 공격 방향 선택마저도 유명무실한 상황이었다. 미군의 월등한 화력과 공중우세까지 더하여 돌파하는 지점에 대해서는 무자비한 화력의 공세가 가해져 번번이 돌파에 실패하였으며, 이것은 전장의 확대와 같은 효과로 다가왔던 것이다. 북한군은 곧 손에 잡힐 듯해 보이는 부산에 집착하여 심각한 전력의 하락을 체감하지 못하고 있었다. 체감을 하고 있었다고 하여도 이를 애써 무시하고자 했을 것이다.

전례에서 나타난 교훈을 바탕으로 전력전환점의 징후를 찾아보면 다음과 같다. 첫째는, 병력과 장비의 손실이 지속적으로 크게 발생하는 경우이다. 일반적으로 공자의 전투력 소모는 방자에 비해 크다. 공격에 따른 불가피한 손실로만 치부할 수는 없다. 공자의 전투력 손실은 방자에 비해 크게 나올 수 있지만 이것을 단순하게 인식하면 곤란하다. 적의 손실과 대비하여 분석해 보아야 할 문제이며, 적절한 보충이 이루어져야 한다. 둘째는, 보급이 원활하지 못한 경우이다. 공자는 병참선의 신장에 따라 병참선 유지를 위한 전투력의 소요가 발생한다. 그 결과 전선의 전투력은 자연적으로 감소시키는 영향을 가져온다. 반면에 방자는 오히려 병참선이 단축되어 전투력 보강이 용이하게 되어 상대적으로 전투력은 증대된다. 증대된 전투력은 다른 작전을 고려하는 여유 전력이 될 수 있다. 6·25전쟁 당시 낙동강전선에서의 북한군은 병참선의 신장에 따라 전력의 하락을 가져왔다. 셋째는, 방자의 방어수행 능력이다. 유엔군은 시간이 지남에 따라 참전국의 증강 등으로 점차 전력이 증강되고 있었다. 이는 별도의 상륙부대를 편성하여 인천상륙작전을 도모할 수 있게 하였다.

공자의 충분한 공격에도 방자의 방어능력이 견고한 것은 지속적인 전투수행 능력이 보장되고 있다는 것을 의미한다. 즉, 효과적인 증원병력 투입과 장비와 물자의 적시적절한 보급 등이 보장되고 있다는 증거이다. 그러므로 공자는 적의 전투수행 능력을 면밀히 분석해야 한다. 이러한 징후를 식별한다면 중대한 시기로 인식해야 한다. 이에 대한 극복책으로, 공자는 방자의 후방에 위치한 전투근무지원시설을 기습하는 등의 다양한 공격 방법을 통하여 방자의 강점을 약화시켜야 한다. 이러한 행동은 전장을 확대시켜 방자의 능력을 분산시키는 효과를 가져온다. 반대로 변함이 없는 동일한 전선을 유지하고 있다고 하더라도 방자의 공세행동 등은 공자로 하여금 보다 많은 전투력을 투입하게 유도한다. 결과적으로 전장의 확대를 초래시키며, 공자의 전투력은 더욱 급속히 약화된다. 그러므로 공자는 모름지기 속전속결이 승리의 핵심임을 인식해야 한다.

제2차 세계대전에서 독일의 스탈린그라드전투는 히틀러의 전력전환점 인식의 부재가 가져온 패배였다. 전쟁을 시작한 지 2년째에 접어들자 히틀러는 하계작전을 계획함에 있어서 주작전 정면을 남부전선으로 결정하고, 스탈린그라드 및 코카서스 지방에 대한 공세를 통해 석유와 식량을 장악하고, 소련을 피폐화시키는 한편 자신들의 전투력을 증강시켜 나간다는 구상을 했다. 공격을 담당한 남부 집단군(공세를 하는 동안에 A, B 2개 집단군으로 분할)은 동맹국군을 포함하여 88개 사단을 보유하고 있었고, 가을까지 약간의 증강이 예정되어 있었다. 1942년 6월 28일 독일군은 공격을 개시하였다. 같은 해 5월 하리코프 전역에서의 선전에도 불구하고 패배를 거듭한 소련군은 독일군의 공세에 압도되어 후퇴를 시작했다. 히틀러는 비교적 질서정연하게 후퇴하는 소련군을 이미 격멸시킨 것으로 오판하고 스탈린그라드와 코카서스에 대한 동시공격을 시도했다.

재편성을 실시한 독일군은 각각 동쪽과 남쪽으로 전진을 재개함에 따라 증대되는 북부지역에 대한 엄호를 위해 많은 병력이 필요했다. 스탈린그라드로 향하는 B집단군 병력은 당초 제6군뿐이었고, 이것도 돈강을 도하하여 최초공격 가능한 병력은 불과 8개 사단뿐이었다. 그러나 독일군 각 부대의 노력으로 인해 9월 초에는 스탈린그라드 방면에서 그 외곽지대를 점령하는 한편 코카서스 산맥의 주요고지 부근까지 진출했다. 그럼에도 불구하고 공격 개시전에 800km였던 전선은 2,600km로 증가했고, 병참선은 500～800km가 신장 되어 독일본토(베를린)로부터는 3,000km에 달했다. 또한 철도는 거의 단선으로 운행횟수도 적고 믿었던 자동차 수송도 연료의 제약으로 인해 파괴된 유전지대를 동물을 이용해 통과하는 상황이 전개됐다. 그리하여 전선은 교착상태에 빠지게 되었고 격렬한 시가전을 반복한 스탈린그라드 정면의 독일군 전투력은 많은 상실을 가져 왔다. 9월 20일경 제1선 중대는 병력 60명 이상을 상실했으며 기갑사단의 전차수는 60～80대로 감소되었다. 독일군은 작전지속지원의 곤란과 계속되는 전투력 저하로 전력전환한계점에 도달하게 되었다. 전장의 지휘관은 이를 인식하고 전쟁지도부에 철수를 건의했으나, 히틀러는 계속 공격만을 고집할 뿐이었다. 한편 모스크바 병참기지에 가까운 소련군은 기도비닉을 유지하면서 대규모 반격을 준비했다. 11월 19일 독일군의 전투력이 약화된 지역을 일제히 공격, 11월 23일 스탈린그라드의 독일군을 완전히 포위했다. 그 결과 독일군은 전력전환점을 극복하지 못했고 드디어 전력비의 역전이 시작되는 전력전환점에 다다르게 되자, 소련군은 이 시점을 놓치지 않고 총공세를 감행하였다. 공방의 주역이 바뀌는 순간이었다. 히틀러의 지시 때문에 탈출이 불가능했던 독일군 제6군은 1943년 2월 2일 궤멸되고 이후 독·소전에서의 독일군의 우위는 소멸되었다. 스탈린그라드 전역은 전력전환점을 뚜렷하게 보여 준 전례로 특히 유명하다.

[7] 전력전환점의 극복

공자는 최초 우세한 전투력으로 공자의 유리점인 행동의 자유를 앞세워 공격을 개시한다. 하지만 시간이 지남에 따라 쌍방 간의 전투에 의한 마찰로 인한 전투력 저하, 병참선의 신장에 따른 작전지속 능력의 상실 등의 요인에 의하여 더 이상 공격할 능력을 상실하게 된다. 그러므로 전쟁을 하게 될 경우에는 속전속결이 전쟁수행 방법의 최상이라고 한 것이다.

이를 손자는 『손자병법』 작전편에서 언급하였다. '병문졸속(兵聞拙速), 미도교지구야(未睹巧之久也), 부족하더라도 전쟁을 빨리 끝낸다는 것은 들었어도, 매끄럽게 하기 위해 시간을 오래 끄는 것은 보지 못했다'는 말로 장기전의 폐해를 지적하였다. 이것은 전투에서도 동일하다. 시간이 길면 길수록 마찰은 더욱 심해지며 전투력의 저하는 기정사실화 된다. 이것은 공자에게 더욱 심하게 나타난다. 그러므로 비록 준비가 덜 되었어도 호기를 잡게 되면 속전속결로 전투를 정리해야 한다.

속전속결이 필요한 이유는 다음과 같다. 첫째, 속도감 있는 공격은 적을 심리적으로 위축시킬 수 있다. 둘째, 방자로 하여금 예측하기 곤란한 상황을 조성시킬 수 있다. 즉, 공격의 방향과 방법에 대한 대비책 강구에 혼란을 일으키게 된다. 차후작전을 위한 준비여건을 초토화시켜 행동의 혼란을 가중시킬 수 있다. 셋째, 빨리 끝낼수록 인력과 장비 및 물자의 낭비를 감소시킬 수 있다. 넷째, 적의 방어 조직력 완성이 되지 않은 시기를 이용하는 것이 승리의 호기이다. 이러한 이유로 전쟁과 전투는 속전속결이 필요하다. 특히 공자에게는 더욱 필요하다. 따라서 공자는 전력전환점에 이르기 전에 계속 공격기세를 유지하여 전투를 종결시키는 것이 중요하며, 방자는 적의 공격기세를 무력화시키는 방법을 강구하여 전력전환점에 가급적 빨리 도달하게 만들어야 한다. 전력전환점을 극복하기 위해서는 예비대 투입, 공격기세의 지속 유지, 집중과 분산을 통한 부대운용 등이다. 이러한 방법의 근본을 이루는 것은 손실된 병력과 장비보충으로 정상적인 전투력 발휘를 보장하는 것이며, 전투 중에 발생한 고장 장비에 대한 정비와 전투에 필요한 물자 및 급식을 보급하는 것이다. 이를 위해서는 전투상황을 예측하는 능력과 적절한 통합 및 분배를 통한 균등한 전투력 발휘 여건 보장이 필요하다.

맨체스터의 법칙에서 언급한 관도대전을 전력전환점에서 다시 한번 예로 들기로 하겠다. 관도대전에서 조조는 전력전환점으로 막강한 원소를 밀어 넣으면서 중원의 패권에 다가섰다. 현재의 중국은 양자강을 중심으로 남부와 북부로 나누어져 발달되어 있지만, 후한 말기까지의 남부는 미개발지로 불모지였고 북부에 인구가 밀집되어 있었으며 농업

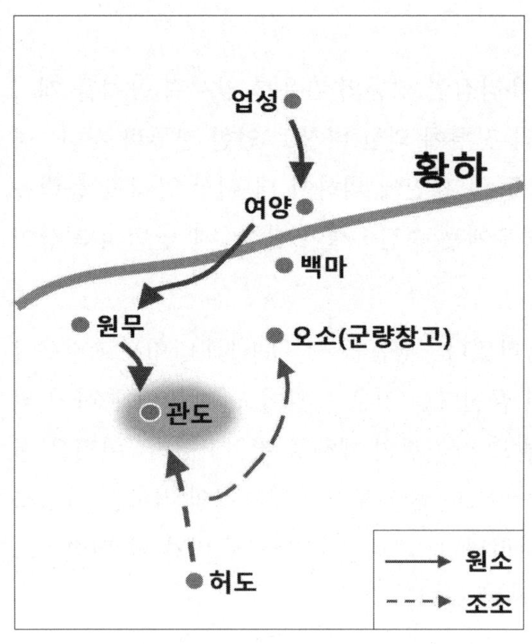

»관도대전 요도

관도대전의 승패는 중원에서의 세력장악과 밀접한 관련이 있다. 조조는 관도대전 승리로 강력한 기반을 갖추게 되었다. 관도대전은 지구전으로 이어지면서 세력이 강한 원소가 유리한 전투였다. 그렇지만 조조는 원소의 급소인 군량창고를 기습함으로써 전세를 역전시켰다.

활동도 집중되어 있는 중심지였다. 따라서 이 지역을 차지하는 세력이 대륙을 통일할 힘을 얻게 되는 유리점을 갖고 있는 지역이었다. 중원을 차지하는 자가 대륙을 차지할 수 있는 여건을 마련할 수 있었다. 조조는 여포와 원술을 격파하고 양자강 이북지역의 일부(황하의 아래부터 양자강 북부지역)를 차지하고 있었으나, 가장 큰 위협은 황하 유역의 4주(청주, 기주, 유주, 병주)를 차지하고 있는 원소의 세력이었다. 따라서 중원에 대한 패권을 둘러싼 두 야심가인 조조와 원소의 대결은 피할 수 없는 상황으로 다가왔다.

원소군은 보병 10만, 기병 1만 등 총 11만명으로 보급상황이 양호하였고, 계속되는 싸움에서 승리한 뒤라 자신감이 상승 중이었다. 반면에 조조군은 총 3만명으로 원소군에 비해 열세였다. 또한 근거지인 허도가 주변세력에 의해 계속 위협받는 상황이라 집중이 어려웠고, 관도대전 이전의 계속되던 싸움에서 이기긴 했으나 힘겨운 승리로 전력의 손실 등이 많았으며 보급에 애로사항이 많은 상태였다. 당시는 보급문제가 대단히 중요하였는데 수로를 통한 보급이 가장 쉬운 조달방법이었다. 조조는 육로를 이용할 수 밖에 없어 힘든 반면 원소는 황하 이남까지를 장악한 상황이었기 때문에 보급수송에서 유리한 상황이었다. 결과적으로 병력과 보급 등에 있어 조조에게는 불리한 싸움이었다.

처음의 싸움은 황하의 이남에 근접해 있는 백마에서 있었다. 병력에서 우세한 원소는 조조군을 포위하여 일거에 격멸하려 했으나, 조조의 조직적인 유인작전 등으로 기병대가 몰살되는 피해를 입고 사기가 저하되었다. 이후 조조는 관도로 이동하여 결전을 준비하였고, 마음이 급한 원소는 대군을 이끌고 관도로 진군하였다. 치열한 공방전을 주고받으며 시간이 흐르자, 병력과 보급에서 열세인 조조는 시름이 깊어 갔다. 이때 원소의 모사인 허유가 투항하였고, 원소의 보급창고가 위치한 오소를 치게하여 숨통을 끊는 계책을 제시하였다. 조조는 무릎을 치며 좋은 계책이라고 하며 회심의 미소를 지었다. 곧바로 이를 실행하여 성공시키기에 이르렀다.

반면 원소는 기습을 받아 보급창고가 초토화 되었고 설상가상으로 유능한 장수들이 조조에게 투항하게 되자 진영이 크게 동요하였다. 조조는 이때를 놓치지 않고 총공세를 감행하여 대승을 거두었으며, 원소는 8만 여명의 병력을 잃고 도주하였다. 관도대전으로 대부분의 토지와 백성이 조조에게 돌아감으로써 이후의 판세를 결정짓는 분수령이 되었다. 즉, 조조는 경제력의 원천인 중원의 패권을 움켜쥐었다. 원소는 절대적인 병력과 보급의 월등한 우위에도 불구하고, 치밀한 계획의 부재와 지도력의 부족으로 대패하였다. 패인은 무엇보다 중요시설의 경비를 소홀히 한 점이다. 병력의 우세도 중요하지만 이에 못지않게 이를 유지하는 보급의 중요성은 대단히 중요한 것이며, 이를 유지하지 못하면 전투력은 급격히 저하된다. 조조는 병참의 문제를 적의 병참기지를 급습함으로써 해결하였고, 원소는 충분한 보급 능력에도 불구하고 한순간에 전력전환점에 도달하게 되었다.

시간(時間)

[1] 시간의 개념

전술에서의 시간은 시각(時刻)[15]의 연속적인 개념으로 주야(晝夜), 계절(季節), 기후(氣候), 기상(氣象)과 같은 자연현상으로서의 시간과, 전투승리의 갈림길이 되는 전기(戰機)로서의 시간을 모두 포함한다. 시간은 피아에게 모두 균등하지만, 특정 상황에서 대응하는 속도는 비슷한 상황일지라도 각기 상이하게 나타날 수도 있다. 지구는 1년에 태양을 중심으로 한 바퀴 도는 공전을 하며 이와 같은 지구의 공전현상은 계절의 변화를 가져온다. 또한 스스로 자전을 하면서 주간과 야간이라는 현상을 보인다. 이처럼 태양의 주위를 공전하고 스스로 움직이는 지구 운동의 규칙성은 시간을 측정하는 기본이 된다. 자연적인 개념의 시간은 작전의 성격을 구분 짓는 기준이 되기도 하는데 계절적인

15) 사전적 의미에서의 시각은 '시간의 어느 한 시점'이고, 시간은 '어떤 시각에서 어떤 시각까지를 말 한다.' 군사용어에서는 주로 시간으로 통일하여 쓰고 있는 실정이다. 그 예로 '공격개시시각'이 아닌 '공격개시시간'으로 통일하여 쓰고 있다.

측면에서는 동계작전과 하계작전, 일별로는 주간작전과 야간작전 등으로 구분한다. 여기에는 기상과 기후가 중요한 요소로 각각 포함된다.

손자는 전투의 3요소 중 시간의 중요성에 대하여 『손자병법』을 시작하는 계편(計篇)에서, '전쟁은 나라의 중대한 일이기 때문에 깊이 살펴야 한다. 그러므로 전쟁을 시작하기 전에 다섯 가지 요건을 헤아려서 승산이 있을 때 전쟁을 결정해야 한다'고 하였다. 그 첫머리에 다섯 가지의 중요성을 언급하며 이것을 신중하게 비교해야 한다고 하였다. 다섯 가지는 '일왈도(一曰道), 이왈천(二曰天), 삼왈지(三曰地), 사왈장(四曰將), 오왈법(五曰法)'이다. 그 중에서 시간에 해당하는 말은 2번째에 등장한 二曰天의 天이다. 이것은 '천자, 음양, 한서, 시제야(天者, 陰陽, 寒暑, 時制也), 시간이라는 것은 밤과 낮(맑고 흐림), 추위와 더위, 사계절의 변화를 말하는 것이다'라고 하였다. 지형편(地形篇)에서는 '지천지지(地天知地) 승내가전(勝氖可全), 천시와 지리를 알면 온전한 승리를 할수 있다'고 함으로써 시간의 중요성을 강조하였다.

천시(天時)는 전기로서의 시간까지 포함하는 것으로 전투의 3요소인 전투력과 적절하게 결합하게 되면 주도권을 장악할 수 있는 결정적인 계기로 삼을 수 있다. 이처럼 시간의 중요성이 전세에 미치는 영향을 간파한 손자는 전쟁을 하는데 있어서 기상과 전기까지를 포함하는 시간에 대해서 그 가치를 매우 중요시했음을 알 수 있다. 시간의 흐름에 따라 전술 상황은 수시로 변화하게 되는데, 그것은 유리함과 불리함의 계속적인 반복이다. 변화하는 전술상황에서 유리함과 불리함을 정확히 파악하여 그 순간을 상실하지 않고 부대를 과감하게 운용하는 대담성이 필요하다. 즉, 유리함의 순간적인 기회인 전기를 포착하는 능력이 주도권을 장악하는 요체이다.

[2] 시간의 특성

전투에 임하는 부대는 어떠한 일이 있어도 지정된 시간을 엄수해야 한다는 것은 군대의 오래된 불문율이다. 군대가 지정된 시간과 장소에서 제시된 과업을 수행치 못할 경우 전체의 부대작전을 망칠 수 있고 해당부대는 생존의 기로에 놓일 수도 있는 것이다. 시간은 다음과 같은 특성을 가지고 있다.

◆ 적시성

군대는 적시적 이어야 한다. 계획시간, 요망시기, 결정적인 시기, 호기 간파, 전기(Timing Point) 등의 용어들은 부대가 전술행동을 수행함에 있어서 적시적으로 반응해야 한다는 것을 전제로 한다.

퓰러(Fuller)는 시간의 중요성에 대해 “시간을 낭비하지 말라. 전쟁에서의 시간은 인간의 생명보다 더 귀중하다. 모든 명령은 가능한 한 간략하게 하고 형식을 찾지 말라. 계획 때문에 낭비되는 매 5분은 1km 혹은 2km의 결정적인 거리를 뜻한다. 정확하게 때에 맞는 기동이 결정적인 승리의 어머니가 된다. 전사에서 여러 번 입증된 것처럼, 확실한 시기와 지점에서의 소수 병력은 동일 장소에 24시간 후의 10배 병력보다 더 강력한 전쟁의 수단이 되는 경우가 허다하다.” 라는 말로 시간의 적시성이 중요함을 말하였다. 적시성의 유지는 전투행동에서 매우 중요하며 시간의 선택 그 자체가 전투의 성공을 좌우하게 된다. 일단 선택되어 결정된 시간은 어떠한 장애와 곤란을 극복하고서라도 철두철미하게 지켜져야 상하제대가 일치된 전투행동을 가능하게 해준다. 적시성은 정보의 획득을 위한 적의 행동을 감시하고 관측하는 활동에서부터 전투를 종결할 때까지 반드시 유지되어야 한다. 정확하게 관측을 했지만 시기를 상실한 보고는 의미를 상실한다. 특히 전투 실시간에 상황판단, 결심, 명령하달 및 조치에 이르기까지의 모든 절차에서의 적시성 유지가 전투성과에 미치는 영향은 지대한 것이다. 시간은 운동하고 변화하는 일종의 반복과정으로서 작전수행 시 대응속도의 적시성은 전투승패를 좌우하는 결정적 요인이 되는 것이다.

『삼국지』에서 제갈량과 맹달을 보면 적시성이 얼마나 중요한지를 알게 해준다. 사마의의 뛰어난 시간감각과 배신의 대명사 맹달이 보이는 안일한 전술감각이다. 맹달은 관우의 죽음과 연관되어 있던 인물이었음은 앞에서 언급한 바 있다. 그는 처벌이 두려워 조조에게 투항하여 조조의 신임을 받았으나, 조조가 죽자 입지가 곤란해지고 있었다. 이때 마침 제갈량이 북벌을 진행하면서 기산까지 진격한 상황이었다. 위나라는 위기를 맞고 있었다. 위나라의 관료라면 위기를 극복할 고민을 하는 것이 당연한 것이지만, 그는 또 다시 배신할 마음을 먹고 있었다. 맹달은 제갈량에게 귀순의사를 보내왔고, 제갈량도 이를 이용하여 위나라를 협공하고자 하였다.

그러나 위나라에는 정보력과 통찰력이 남다른 사마의가 있었다. 사마의도 이러한 맹달의 배신 소식을 듣게 되었다. 사마의는 즉시 맹달을 제거하기 위한 계획에 착수하였다. 맹달이 사마의로부터 제거되는 과정은 그의 배신보다 더 극적인 부분이며, 사마의의 한 템포 빠른 대처를 보여주고 있다. 즉, 사마의의 남다른 능력과 시간을 놓치지 않고 일을 처리하는 과단성을 보여주는 대목이다. 결과적으로 사마의는 상황을 꿰뚫는 통찰력으로 전투의 불확실성을 제거하고 전승의 기초를 닦았다. 이것은 사마의 특유의 뛰어난 통찰력과 정보력을 보여주고 있다.

전투의 불확실성을 제거하게 만든 정보력과 상황을 꿰뚫는 통찰력을 보여주면서, 시간의 중요성을 말하고 있다. 만약 그가 맹달을 제거하지 못했다면 내부의 적에 의해 위나라는 크게 위태롭게 되었을 것이다. 제갈량은 맹달과의 거사계획을 사마의가 알아챌까 두려워 밀사를 보내 기밀에 각별히 주의하라고 당부하면서, 하루빨리 거사를 일으키기를 바라고 있다고 하였다. 그러나 맹달은 이를 심각하게 받아들이지 않았고 즉시 거사를 일으키지도 않고 있었다. 맹달은 오히려 제갈량에게 걱정 말라는 편지를 보내기에 이르렀다. "설령 사마의가 반란계획을 알았다 하여도 이를 황제에게 보고하고 군사를 준비하여 이끌고 오기까지는 한 달은 족히 걸릴 것입니다."라는 요지였다. 이를 받아본 제갈량은 깊게 탄식하였다. 사마의의 능력을 익히 알고 있는 제갈량은 앞날을 예견할 수 있었다. 그러는 사이에 마침내 사마의는 금성태수 신의로부터 맹달의 음모를 전해 듣게 되었다.

사마의는 권력을 잃고 낙향하여 인생의 추운 계절을 보냈다. 이제 새로운 어명을 받아 재등용되는 순간에 맹달의 반란 음모를 전해 들은 것이다. 당시에 사마의는 제갈량의 반간계에 당해서 파직된 상태였다. 그가 파직되자 촉의 북벌은 맹렬하게 시작되었다. 그러자 위나라 조정에서는 촉의 공격을 극복할 적임자는 사마의뿐이라는 결론을 내렸다. 조정에서는 사마의에게 급하게 칙사를 보냈다. 어명은 촉병을 막으라는 내용이었다. 그는 어명을 받았음에도 불구하고 황제에게 인사하는 예를 미루고, 곧바로 맹달을 치기 위해 출발하기로 하였다. 사마의의 명확한 판단력을 말해주면서 그의 능력이 비범함을 증명하는 대목이다. 그렇지만 이러한 그의 행동은 문제가 될 수도 있었다. 황제의 명을 즉시 따르지 않았다는 문제였다. 그러나 그는 이러한 일을 모두 무시하였다. 시기를 상실하면 위험하다는 것을 알고 있었다.

이처럼 적시성을 포착하고 행동하는 것은 승리와 직결되는 것이다. 이 부분은 사마의의 천부적인 전술감각으로 평가할 수 있다. 그는 이러한 사실을 위의 황제에게 보고 후 처리하기에는 너무 급함을 직감하고 있었다. 즉, '선조치 후보고'의 중요함을 알고 있었다. 시급히 출동명령을 내린 사마의는 밤낮을 달려 맹달을 제거하는데 성공하였다. 그가 얼마나 적시적인 작전을 중시했는가를 보여 준다. 그러나 맹달은 사마의가 그토록 빨리 행동할 줄은 상상도 하지 않고 있었다. 이 소식을 들은 제갈량은 천재일우의 기회를 놓쳤다며 아쉬워했으나, 이미 시간은 적시성을 상실한 후였다. 기회를 상실한 촉군이 다시 주도권을 장악하기에는 너무 시간이 지나 있었다.

맹달을 중심에 두고 벌인 이러한 음모와 모략은 전투에서 시간의 중요성을 말해주고 있다. 적당한 시간을 포착하지 못한다는 것은 기회를 놓치는 것이다. 흘러간 시간 속에는 기회를 놓친 시간도 포함되어 있다. 즉, 운명을 결정지을 만한 귀중한 내용이 포함되어 있기도 하며, 이것으로 국가의 흥망이 결정되기도 한다. 결과적으로 『삼국지』 제일의 전략가이자 명참모였던 제갈량이 사마의에게 보기 좋게 한판을 패배했음을 인정해주는 대목이기도 하다. 사마의가 처해 있던 당시의 상황을 고려해 보면 사마의가 선택한 '선조치 후보고'는 상당히 위험한 방법이었다. 사마의는 복직되기 이전에 주변의 모함을 받아 파직된 상태였는데, 그 이유가 사사롭게 군대를 모아 반역을 하고자 한다는 의심이었다. 그러므로 그가 황제의 승인 없이 적을 치겠다는 구실로 출병한다는 것은 의심을 받기에 충분하였다. 사마의가 없었다면 촉의 북벌은 완전성공에까지는 이르지 못하였더라도 실패로 귀결되지는 않았을 것이다. 최소한 촉은 보다 더 넓은 영토를 확장했을 것이다.

◇ 상대성

적을 공격할 때 공자의 입장에서는 적이 효과적으로 방어하기 곤란한 시간을 선택하여 전투력을 집중하는 것이 유리하다. 이것은 하루 중의 어느 특정 시간이 되기도 하지만, 혹한, 혹서 등과 같이 활동에 제한을 주는 계절이 되기도 한다. 자연계에 존재하는 모든 물질이 상대성이 있듯이 전투력을 구성하는 시간도 공자 또는 방자 모두에게 상대적으로 유불리점을 가지고 존재한다. 그렇기 때문에 상대적으로 유리한 시기와 시간을 선택하여 이용하는 것이 필요한 것이다. 상대적으로 유리한 시기를 선택하기 위해서는 기상에 대한 이해와 세심한 관찰로부터 얻은 결과 등은 매우 유용하다. 또한 대상국가의 정치·경제·문화·종교적인 특징까지도 이해가 필요하다.

북한군은 6·25전쟁에서 시간의 이점을 활용하였다. 전쟁 이전에 북한은 계속적인 평화공세로 경계태세 이완을 유도하고 있었다. 이것은 그들이 상대적으로 유리한 전쟁개시 시간을 조성하고자 한 것이다. 북한은 1949년 6월 29일, 조국통일 민주주의 전선(조평통)을 결성하고 그해 6월 30일, 그들의 방식에 의한 평화적 통일 방안을 제시하였다. 그 후 1950년 3월에는, 스톡홀름 평화대회에 참가해

원자무기 사용금지와 군비축소 주장에 찬성하면서, 위원회를 조직하여 북한 전역에서의 서명운동을 전개하였다. 1950년 6월 19일에는 "민족지도자 조만식과 거물 남파간첩을 교환하자."는 제의를 하였다. 또한 "남한의 국회가 동의한다면, 국회에 의한 통일 방법을 협의할 용의가 있다."는 선전을 전개기도 하였다. 이것은 상대적으로 유리한 시기와 시간을 조성하기 위한 북한의 노력으로 볼 수 있다.

제3차 중동전쟁에서의 이스라엘도 적국보다 상대적으로 유리한 기습공격의 시간을 선택하였다. 잠시 아랍국과 이스라엘의 상황을 살펴보기로 한다. 이집트의 나세르는 1958년 1월 21일 압도적 다수의지지 속에 시리아와 통일 아랍공화국을 만들고 초대 대통령이 되었다. 이후 시리아를 마치 이집트의 속국처럼 대하자 통일 아랍공화국 가입을 고려하던 요르단과 이라크가 이를 취소하는 상황이 되었다. 시리아에서도 1961년 9월 쿠데타로 정권을 군부가 이러한 불만 등으로 1963년 통일 아랍공화국에서 탈퇴하였다. 이로써 이집트의 위상 추락은 물론이고 나세르의 정치적 권위에 위협요인으로 작용되었고 설상가상으로 경제개발 정책도 실패로 돌아갔다. 이스라엘은 1962년대에 이르러 신세대의 구지배 계층에 대한 도전이 급증하고 있었다. 이러한 경향을 신세대의 영도자로 추앙받는 벤구리온이 직접지원하게 되자 내부분열의 중요한 잠재적 요인으로 형성되고 있었다. 특히 이스라엘 내의 대아랍 및 소련과의 관계에 있어 벤구리온과 모세 다얀을 중심으로 한 강경파와 메이어와 에반을 중심으로 한 온건파의 대립으로 사회내부의 분열이 심화되고 있었다. 이집트의 나세르와 이스라엘 모두 국가적 결속 차원의 전쟁 필요성이 있는 상태였다. 이러한 상황은 전쟁의 불씨가 되기에 충분하였다.

나세르는 1964년 1월 카이로에서 개최된 아랍 수뇌회의에서 요르단 강의 수원을 내륙으로 돌려 이스라엘에 경제적 압력을 가하자고 주장하였다. 아랍과 이스라엘 간의 분쟁이 계속되는 가운데 아랍 게릴라들에 의해 1964년에 소위 파타(Fatah: Harakat- Tahir Falastin)[16] 조직이 형성되면서 이 지역의 위기를 고조시켰다. 결정적인 사건은 1967년 4월 초 갈릴리호 부근에서 경작 중이던 이스라엘 농부에 대해 시리아가 포격을 가했다. 이를 이스라엘은 공군기를 이용하여 제압하고자 하였는데, 이것이 4월 7일 대규모 공중전으로 이어졌고 시리아의 MIG기 6

---

16) 주로 팔레스타인의 젊은 대학생 및 고교생으로 조직되어 군사훈련을 받으면서 동시에 카이로 대학, 바그다드 대학 및 베이루트의 아메리칸 대학 등에서 아랍민족주의의 신성함과 유태의 취약성과 악랄성을 교육받았다. 주목적은 이스라엘에 침투하여 그들의 생명과 재산을 파괴하고 보복을 유도하여 전쟁을 이끌어 내는 것이었다.

대가 격추되었다. 여기에 소련의 중동정책은 시리아의 바트당 정권을 지원하고 있었는데 이집트로 하여금 이에 개입할 것을 촉구하였다.

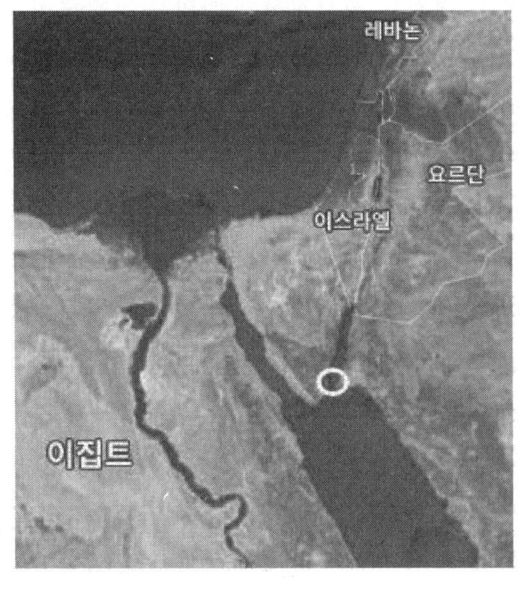

» 티란해협(O표시)

마침내 이러한 불안한 상황이 계속되던 중 이스라엘의 국방상 다얀은 선제공격을 계획하였다. 다얀이 제시한 전쟁 이유는 "나세르가 티란(Tiran)해협을 봉쇄하고자 하므로 이를 개방하기 위해서는 전쟁이 불가피하다. 이집트가 초기에는 우세할 것이므로 선제기습공격을 해야 한다."는 것이었다. 상대적으로 유리한 시간을 선택하여 공격하여 전쟁의 주도권을 확보하겠다는 것이었다. 마침내 6월 5일 아침 7시 45분에 이스라엘은 선제기습공격을 감행하였다. 이스라엘이 아침 이른 시간을 선정한 이유는 다음과 같았다. 적의 공중감시 및 공중대기 비행이 적고, 이집트 공군기 조종사들이 가장 많이 대기 위치를 떠나며, 주요 지휘관 및 정부 인사들의 출근 시간으로 즉각적인 조치가 제한됨을 이용하는 것이 유리하다는 판단이었다. 이스라엘은 최대한의 기습효과를 달성하기 위하여 11개의 목표를 동시에 타격하기로 하였다. 이를 위하여 비행대의 출격시간을 기지별로 조정하여 적을 기만하면서 목표에는 동시에 도달하도록 하였다. 이스라엘은 가장 취약한 시간을 선정하여 기습공격을 감행한 것이다. 시간이 주는 상대적 우세를 충분히 활용한 것이다.

6일 전쟁은 극히 짧은 기간에 끝났지만 결과의 중대성은 높이 평가되고 있다. 10여년간 소련 등의 공산권으로부터 군사적 지원을 받아온 아랍국 44만의 군사력은 치명상을 입었다. 전투에 참가한 아랍국의 병력손실은 이스라엘 대비 엄청난 피해였다. 전사(28배/19,600여명), 부상(12배/30,760여명), 포로(411배/6,584여명)의 피해를 보았으며, 장비 피해는 항공기(17배/451대), 전차(12배/990대), 함정(3척)이 심각한 피해를 입었다. 반면에 이스라엘은 수많은 장비 등을 노획함으로써 전력증강의 일대 계기가 되었다. 아랍국은 그들의 결집 및 '삼부정책'[17] 합의를 이끄는 계기가 되기도 하였다.

◈ 한계성

시간은 멈추지 않고 흐르는 연속의 개념이지만 전투현장에서의 시간은 그와는 다른 개념으로 이해해야 한다. 승패를 결정할 적시적절한 상황을 포착하여 주저없이 전투행동으로 실행하는 노력이 필요하다. 그렇기 때문에 적시적절한 시점은 연속의 개념이 아닌 잠깐의 찰나에서부터 몇 초 또는 몇 분에 불과한 상황이 비일비재하게 나타난다. 전투에서의 이와 같은 유한의 시간을 한계성이라 한다. 따라서 그 시기를 포착하는 상황에 대한 예리한 판단력이 요구된다. 만약 상황의 호기를 상실한다면 그러한 호기는 다시 오기 어렵다. 전술상황에서의 호기란 나의 의지로 상황을 호기로 조성하는 경우도 있지만, 적의 잘못된 판단에 따른 과오에서 많이 발생한다. 시간이 지남에 따라 적도 자신이 범한 과오를 알고 대비하기 때문에 한번 상실한 기회를 다시 기대하기 어렵다는 것은 시간의 유한함을 알게 해준다. 자연계의 모든 현상도 "봄이 오면 꽃이 피고, 가을이 되면 낙엽이 진다."라는 말과 같이 모든 만물은 시간의 질서를 지키고 있으며, 이 질서를 어길 수 없는 스스로의 한계성이 있음을 알 수 있다. 전투력도 적시에 그 힘을 발휘하여 결과를 얻지 못하면 여러 요인의 작용으로 그 힘이 점차 약해지면서 소멸되고 만다. 무한하지 않은 한계성을 갖고 있다. 따라서 적시에 힘을 발휘하는 것이 필요하며 그 시기를 놓치면 힘이 소멸되고 만다.

[3] 전기(戰機)와 전기의 포착

전기란 적에게 결정적 타격을 가하여 전승을 획득 할수 있는 기회를 말하며, 이 기회를 포착하여 성공시켰을 경우에는 전장에서 적에 비해 상대적 우위를 기대할 수 있다. 그러한 기회는, 전투상황에서 전투력의 균형을 아군에게 유리하게 전환시킴으로서 상대적 우위를 달성한 시점을 의미한다. 그러므로 이 시기야 말로 적을 격멸하기 위해 전투력을 집중할 절호의 기회이다. 그러나 이 기회는 모든 사람의 눈으로 볼 수 있는 객관적 대상이 아니다. 오직 전투에 대한 예민한 감각을 소유한 사람만이 직관을 바탕으로 하여 느낄 수 있고 감각적으로 알 수 있다. 그렇기 때문에 이러한 호기가 '언제 왔었는지' 조차도 알기 어려운 것이고, '언제 올 것인가'를 아는 것은 더욱 어려운 일이다. 대부분의 경우에 있어서 온 것조차도 인식하지 못한 채 흘려보내는 경우가 허다하다.

---

17) 전쟁직후인 1967년 8월 20일 수단의 하트룸에서 개최된 아랍정상회담에서 아랍연합에 의한 이스라엘의 견제를 결의하였고 이것이 구체화된 것이 "이스라엘과는 협상하지 아니하고, 이스라엘을 인정하지도 않으며, 이스라엘과는 평화를 구하지도 않는다."는 것이 삼부정책이다.

시간은 한계성이라는 특성에 의해 번개처럼 지나가 버릴 수도 있다. 따라서 그 순간을 절묘하게 포착하는 능력이 있어야 한다. 식별하기 어려운 이 기회를 어떻게 알아내고 잡느냐 하는 것은 오로지 지휘관의 전술 감각에 달려있다. 일단 기회를 포착하면, 정글에서 맹수가 먹잇감을 일격에 절명시키듯이 포착한 기회를 상실하지 않는 감각과 집요함이 필요하다. 전기를 포착하게 되면, 비록 적에 비해 열세한 전투력이라 하더라도 우세한 적을 격파할수 있는 기회이다. 그러므로 이 기회를 반드시 잡아야 한다. 그것은 가장 고귀한 생존의 문제와 직결되는 중대한 문제이다.

전기는 항상 유동적이며 소멸되는 한계성을 나타내는 것이기 때문에 포착하기도 어렵고, 포착하여도 시기를 상실할 우려가 높다. 하지만 일단 포착하여 적에게 일격을 가하게 되면 그 효과는 전세를 역전시킬 정도로 지대하다. 전기는 우연히 올 수도 있으나 적극적인 전투행동을 통하여 창출해 낼 수도 있다. 공격시에는 적으로 하여금 전투력을 분산시킬 수밖에 없는 상황을 조성시켜 적의 균형을 와해시키는 등의 방법을 강구하여야 한다. 적의 균형을 와해시킨 것은 노력을 통해 전기를 포착한 것이다. 방어시에는 유리한 지형을 선점하여 적의 공격력 발휘를 곤란하게 만드는 등의 방법을 강구하는 것이 필요하다. 이렇게 하여 적의 약점을 극대화시키는 것은 전기를 만드는 방법이다. 또한 피아를 막론하고 지속되는 작전활동은 과오와 약점이 노출되기도 한다. 이를 놓치지 않기 위해 끊임없는 전장감시를 하여야 하며, 노출된 약점과 과오는 시기를 놓치지 않고 적극적으로 타격하여야 한다. 이러한 모든 활등이 전기를 만들고, 찾아온 전기를 놓치지 않고 유리하게 이용하는 것이다. 노력하는 자에게 기회가 온다는 것과 같은 이치로 이해하여야 한다. 승리를 보장하는 절호의 기회는 최악의 상황에서 최대의 노력을 다했을 때 비로소 나타날 수 있다. 최선을 다해 노력해야만 변화가 생기는 것이고, 변화가 생겨야 비로소 길이 열린다. 이는'궁즉통(窮卽通), 궁하면 통한다'의 속담과도 일치된다.

6·25전쟁에서 인천상륙작전의 경우에도 북한군의 전투력이 한계점에 도달하기 시작한 시점에 이루어진 작전이다. 이것은 결과론적으로 보면 전기를 정확하게 포착한 성공적인 전례이다. 만약, 북한군의 공격능력이 충분한 상태였다면 후방지역에 대한 경계부대를 충분히 보강했을 것이다. 그러나 당시 낙동강전선에서의 북한군은 지속되는 병력과 보급의 부족으로 이미 한계점을 지나고 있었다. 그러므로 북한군은 후방지역을 경계할 여력이 없었다. 전력한계점에 도달한 북한군은 낙동강 방어선도 돌파하기 어려운 전투력을 유지하고 있었으며 이것을 유엔군은 정확하게 포착하여 전기로 삼은 것이다.

이러한 내용은 후에 밝혀진 전쟁사료에서도 확인된 결과이다. 그 당시 적의 전투력은 유엔군에 비해 현저히 저하되는 시점였던 것으로 밝혀졌다. 유엔군은 9월 중순의 북한군 병력을 98,500여명으로 판단하고 있었는데 후에 사료에서 밝혀진 바에 따르면 70,000여명 이었다. 반면 유엔군은 157,000여명으로 오히려 2:1규모로 방어하는 유엔군의 전투력이 우세하였다. 충분히 공세이전 할 여건이었다. 결과적으로 적의 전투력이 상대적으로 약화된 상태, 그리고 적의 병참선이 과도하게 신장되었을 때 감행된 1950년 9월 15일의 인천상륙작전은 가장 정확하게 전기를 포착하여 일격을 가한 작전이었다. 전기의 포착 못지않게 중요한 것은 적으로 하여금 전기포착을 그르치게 하는 것이다.

적이 전기포착에서 과오를 범하면 반대로 아군의 전기포착은 한결 용이하다. 6·25 전쟁 초기전투에서 북한군이 서울 점령 후 적극적인 추격없이 3일간의 시간을 서울에서 허비한 것 등은 지휘관의 판단력 결여에서 나타난 전기상실의 좋은 예이다. 북한군은 서울 점령 후 전기상실로 그들의 전쟁계획에 막대한 차질을 초래하였다. 6월 28일 북한군은 서울을 점령하였다. 북한군 제4사단(사단장 소장 이권무)은 28일 새벽 5시 30분에 서울의 동북쪽에서 공격 개시하여 서울의 북쪽 변두리 쪽을 점령하였고, 이후 여의도 대안을 점령하여 장차 영등포 쪽으로 도하하고자 하였다. 제105전차여단은 새벽 5시 30분부터 서울 북동 및 동쪽에서 진입하여 주로 방송국, 발전소, 우체국, 전신국 등 행정기관 등을 점령하였다. 마침내 28일 오후에 이르러서는 서울의 대부분을 완전히 점령하였다. 북한군은 한강 북쪽의 도하점을 폐쇄하는 한편 시내의 주요지점과 기관을 점령하고 유린하기 시작하였다. 북한군은 강력한 전차를 선두로 하여 태풍처럼 빠른 속도로 국군의 미아리 방어선을 돌파하고 서울을 3일 만에 점령하였다. 그러나 북한군 사단장들은 서울에서 퇴각하는 국군을 적극적으로 추격하거나 한강 도선장을 점령하지 않았다. 그들은 계속하여 남진할 것인가에 대한 결단을 내리지 못하고 있었다. 이것은 전술적으로 이해가 되지 않는 전투지휘였다.

북한군의 28일 낮은 전승의 분위기에서 그대로 흘려보내고 3일을 허비함으로써 결정적인 전기를 상실하였다. 다행히 국군은 북한군의 과오로 인하여 3일의 시간을 벌 수 있었다. 이 기간에 국군은 재편성 후 한강선방어를 준비하였다. 만약 그때 지체없이 공격기세를 유지한 채 예봉을 부산으로 향했으면 어찌 되었을까? 결과적으로 북한군의 과오는 국군이 한강선 이남으로 후퇴하여 재정비할 수 있는 여건과 시간을 확보하는 계기를 만들어 주었다. 그로 인해 한강방어선전투를 가능하게 하였으며, 낙동강선으로 향하는 지연전을 가능하게 해주었다.

[4] 기상(氣象)

기상이란 대기 중에서 일어나는 물리적인 현상을 통틀어 이르는 말로 '바람, 구름, 비, 눈, 더위, 추위' 등을 이르는 말이다. 날씨는 그날 그날의 비, 구름, 바람, 기온 따위가 나타나는 기상 상태를 말한다. 기상과 함께 기후라는 말도 많이 쓰이는데, 이것은 특정 지역에서 오랜기간 동안에 걸쳐 뚜렷하게 나타나는 평균적인 기상 상태를 일컫는 말이다. 군사작전에 영향을 미치는 주요 기상요소는 다음과 같다. 기상은 피아에게 있어서 동일한 자연현상이지만 이용하는 능력에 따라 전세를 유리하게도 하며 파국으로 몰아가기도 한다. 예로부터 유능한 장수는 자연현상에 각별한 관심을 갖고 이에 대한 법칙성을 찾아내기 위해 많은 노력을 기울인 특징이 있다.

- **강우**
  강우는 비, 눈, 우박, 진눈깨비 등을 총칭한다. 강우는 차량의 도로이동이나 도보부대의 산악통과에 영향을 미친다.
- **기온(혹한, 혹서)**
  계속되는 혹한은 하천과 수답지대를 결빙시키기도 한다. 결빙은 도로상에 빙판을 조성하여 차량 이동을 제한한다. 혹서에는 전투요원들의 활동에 제한을 주고 각종 질병의 발생률을 높이며, 지속성 화학작용제의 효과를 감소시키고 화생방 상황에서는 보호의 착용 등에 제한을 주어 방호활동을 어렵게 만든다.
- **안개**
  주야간 안개는 시계를 극히 제한하므로 관측과 사계뿐만 아니라 항공사진 촬영, 항공정찰, 포병관측, 근접항공지원에 영향을 미치게 된다. 따라서 공자는 기습달성이 용이하고 방자에게는 추가적인 경계 대책이 요구된다.
- **강설**
  강설은 그 정도에 따라 기계화 부대와 각종 기동장비의 이동에 영향을 미친다. 강우시와 유사하게 정찰활동, 화력지원에 제한사항을 주며 전투원의 행동을 위축시킨다.
- **바람**
  바람은 타 기상 요소와 합쳐질 때 작전에 영향을 미치게 된다. 관측과 사계를 제한하고 항공정찰이나 포병관측에 영향을 미치게 되며, 각종 화기의 탄도에 영향을 주기 때문에 사격효과를 감소시킨다.
- **습도**
  습도는 대기중에 포함된 수증기의 양을 말하는데, 화기의 탄도에 간접적인 영향을 미친다. 높은 습도는 지속성 화학작용제의 효과를 증대시키고 장비의 부식을 가져온다.
- **구름**
  구름은 근거리 육안 관측에는 영향을 주지 않으나 항공정찰이나 항공사진 촬영, 포병관측 및 근접항공 지원에는 지대한 영향을 미친다.

명량해전에서 이순신 장군은 명량해협의 조류의 방향이 만조시가 되면 일시적으로 정반대로 방향이 바뀐다는 사실을 알고 해전에 임하였다. 때문에, 최초 개전은 불리한 조류의 영향으로 어려움을 겪었으나, 일정한 시간에 도달하게 되자 조류의 방향은 반대로 바뀌어 유리한 위치에서 적을 공격할 수 있었다. 이처럼 명장이라 불리는 사람들은 기상 상태를 파악하고자 노력하였으며 기상에서 법칙성을 찾아내어 아군에 유리하도록 작전을 계획하였다. 자연조건을 이용하여 아군의 장점을 살리고 적의 단점을 극대화시킨 것이다. 기상조건은 그저 감수하기만 할 대상이 아니라 적극적으로 이용할 대상으로 본 것이다. 이러한 예는 전례에서 많이 찾아볼 수 있다.

제2차 세계대전을 종결짓기 위하여 미국은 원자폭탄을 일본의 2개의 도시에 투하하게 된다. 그런데 그날 날씨의 영향으로 다른 도시에 투하되는 일이 발생하였다. 바로 나가사키가 그 비극의 도시이다. 최초의 계획은 고쿠라(현재의 기타큐슈시)에 투하할 계획이었으나 당일 짙은 구름으로 폭격이 어렵게 되자 예비도시로 선정한 나가사키로 목표를 변경하게 되었다는 것이다. 기상의 영향으로 한 도시는 비극을 면하고 또 다른 도시는 큰 피해를 본 것이다. 이처럼 첨단무기체계도 기상에서는 예외일 수 없다. 1945년 8월 6일 8시 15분 히로시마 상공의 600m 지점에서 원자폭탄이 폭발하였다. 이를 직접 쳐다본 사람은 눈이 멀게 되었고, 이때 발생한 3~4천도의 폭열은 근처의 모든 형체 있는 물체를 소멸시켜 버렸다. 그로부터 사흘 후에 나가사키에 2번째의 폭탄이 투하되었는데 역시 많은 피해를 입혔다. 그 당시 나가사키 인구는 27만명이었다. 그 중에서 사망

≫ 천리안 위성과 위성에서 촬영한 기상 사진

기상은 하루의 시작에 중요한 영향을 미친다. 우산을 챙겨야 하는지 썬크림이 필요한지를 판단하는 요소가 되기도 한다. 날씨에 따라 외출 여부가 결정되기도 하며, 식사 메뉴를 정할 때에도 영향을 미친다. 스포츠 경기에도 영향을 미쳐 대회가 중지되거나 취소되기도 한다. 군사작전에서 기상이 미치는 영향은 더욱 지대하다. 주요무기의 사용여부와 작전의 실행 여부를 결정짓기도 한다.

》 **트렌치코트와 병사들**

트렌치코트는 trench(참호)라는 말에서 유래되었다. 패션의 한 분야를 차지하고 있는 트렌치코트는 최초에는 군수용으로 만들어졌다. 제1차 세계대전은 기나긴 참호전의 연속이었고, 이로 인해 기상은 참호속의 병사들에게 중요하였다. 군에서는 참호전을 효과적으로 수행하기 위하여 방수에 유리한 전투의류의 개발을 추진하였다. 이에 따라 길이를 짧게 하여 참호에서의 전투행동에 제한이 없으면서, 습한 기후와 우천에 유리한 의류를 개발하게 되었다. 시간이 흐르면서 민간의 패션으로 대중화되는 파급효과를 가져왔다.

2만 4천여명, 부상 4만 1천여명, 행방불명 2천여명, 기타 피해자 17만 7천여명과 도시 대부분의 건물이 파괴되는 비극을 맞았다. 기상은 모든 군사작전의 기본적인 환경을 조성한다. 고쿠라는 악기상으로 재앙을 피했지만, 나가사키는 맑은 기상으로 인해 큰 피해를 보았다. 기상은 이처럼 희비를 교차시키기도 한다.

제정 러시아는 당시로써는 세계최강의 군대라고 하는 나폴레옹군과 독일군의 대규모 공격을 무난히 물리친 역사를 가지고 있다. 이것은 오로지 러시아의 영원한 친구라고 부르는 겨울의 혹한과 여름의 진흙땅과 같은 기상여건 때문이었다. 반대로 공격부대는 이러한 기상을 예측하는데 소홀히 했거나 준비의 부족 그리고, 기상을 극복할 대책에 대한 지혜가 부족했거나 가볍게 본 결과로 해석하여야 할 것이다. 제2차 세계대전을 앞두고 독일과 소비에트연방(소련)은 1939년 8월 23일 모스크바에서 독소불가침조약을 체결하였다. 그러나 1941년 6월 22일 히틀러는 이를 과감히 폐기한다고 선언하고 소련을 침공하였다. 독소전쟁이 발발하게 된 것이다. 소련의 스탈린그라드는 볼가강 하류에 위치한 도시이다. 스탈린이 집권한 뒤 1925년 차리친(Tsaritsyn)에서 스탈린그라드(Stalingrad)로 개명한 도시이다. 히틀러는 스탈린그라드를 반드시 확보하고자 했다.

유전지대를 연결하는 석유 공급로라는 이점 때문에 스탈린그라드를 차지하는 것은 전략적 요충지를 확보하는 것이었다. 1942년 7월 17일부터 시작된 스탈린그라드 전투에서 독일군의 제6군 사령관이었던 프리드리히 파울루스(Friedrich Wilhelm Ernst Paulus, 1890~1957)는 33만여명의 병력을 투입하였고, 600대의 폭격기로 공격하여 초반 유리하게 전세를 유지하고 있었다. 그러나 독일군의 전차부대는 소련군의 기관총부대에 비해 시가전에서 취약하였다. 또한 전투가 장기전에 돌입하자 소련 특유의 혹한의 날씨, 군복과 식량 등의 고갈로 전투력이 점차 고갈되기 시작하였다. 그러자 그해 11월부터 소련군의 반격이 이어졌고, 결국 독일군의 보급로까지 차단되면서 22개 사단이 스탈린그라드에서 포위당하였다. 결국 파울루스가 항복하면서 스탈린그라드전투는 소련군의 승전으로 마무리되었다. 독일군은 22만여명의 전사자와 9만 1,000여명의 포로가 발생하는 심각한 피해를 입었다. 동맹군(이탈리아군·루마니아군·헝가리군)도 30만명 이상의 피해를 입었다. 소련군은 47만 8,000여명이 전사하고 65만여명의 부상자가 발생하였다. 전쟁 역사상 가장 많은 사상자와 포로, 민간인 피해를 유발한 전투로 기록되었다. 스탈린그라드전투로 심각한 전력 손실을 입은 독일군은 이후 제2차 세계대전에서 패전하는 하나의 요인이 되었는데, 그 원인은 기상의 영향이 오히려 더 컸다.

미드웨이해전에서도 기상은 중요한 역할을 하였다. 태평양전쟁 초기인 하와이 북서쪽 미드웨이 앞바다에서 있었던 미일 양군 사이의 해전으로 미드웨이섬 지역은 지정학적 특성상 안개가 자주 발생하는 지역이다. 일본군은 야마모토 해군대장이 지휘하는 전함 11척, 항공모함 8척, 순양함 18척 등 연합함대 주력과 나구모 중장이 지휘하는 기동부대를 합친 350척의 대병력을 동원하여 미드웨이섬의 미군 기지를 공격하고자 하였다. 공격 도중 안개로 인해 처음에는 함대의 기동에 유리했으나, 안개가 개이자 후속하던 항모가 보이지 않게 되었다. 이는 사흘간이나 식별이 되지 않았다. 할 수 없이 미군의 도청 위험을 무릅쓰고 무전으로 호출하게 되면서 미군에게 위치가 노출되었다. 미군은 이를 놓치지 않았다. 위치를 확인한 미 함재기의 공격으로 항모 등이 침몰하는 결과를 맞이하게 되었다. 일본군은 주력 항공모함 4척과 병력 3,500명, 항공기 300대를 상실하였다. 태평양전쟁 개전 이래 태평양과 인도양에서 우위를 지켜 온 일본의 해군 기동부대는 이 해전의 패배함으로써 이후부터는 주도권을 미군에 내주게 되었다. 이것은 전쟁의 중대한 전환점이 되었으며, 이를 계기로 일본은 패전으로 기울고 있었다.

이러한 기상을 제대로 활용한 사례는 『삼국지』의 적벽대전에서도 나오는 장면이다. 시기는 208년 12월이었다. 조조는 원소를 깨뜨리며 원소의 무대였던 하북을 차지하였다. 이제는 실질적인 중원의 맹주가 된 것이다. 이에 만족하지 않고 대륙통일을 위하여 남진을 계속하였다. 조조의 목표는 우선 형주을 얻고자 하였다. 형주목 유표의 급사로 그의 아들이 뒤를 이었지만, 유약한 유종은 조조에게 항복하였다. 손쉽게 형주를 차지하고 강릉으로 달아나는 유비를 추격하며 양자강을 따라 동쪽으로 이동 중에 적벽에서 촉오연합군과 대치하게 되었다. 기상조건은 북서풍이 불고 있었다. 화공(火攻)으로 전투 시에는 위군(조조)은 북서풍에 유리하고, 촉오연합군은 동남풍에 유리한 지형적 위치였다. 때는 겨울이라 북서풍이 발달되어 있었고 현재의 기상이 계속된다면 조조에게 유리한 상황이었다. 그러나 제갈량은 동짓날을 전후하여 적벽일대에서는 동남풍이 분다는 것을 일기관측과 주변의 어부들의 경험을 듣고 알고 있었다. 제갈량은 이러한 자연현상을 이미 알고 있었으므로 동남풍을 불게 할 수 있다고 자신있게 말할 수 있었다. 이때를 이용하여 위군을 공격하자고 제안하였고 연합군이 결성되었다. 제갈량은 동남풍을 불게 하기 위해서는 하늘에 치성을 드려야 한다며 제단을 만들었다. 제갈량은 주변의 접근을 금지하고 기도에 들어갔다. 소설의 허구이지만 제갈량의 치밀한 면모를 볼 수 있다. 제갈량을 군사로 내세운 유비군과 손권군은 계략을 꾸며 조조군의 함선을 한 개의 덩어리로 묶게 만들었다. 조조는 겨울철이라 북서풍이 불고 있으므로 연합군의 화공 위협은 없을 것으로 여겼다. 또한 오나라의 황개는 거짓 항복을 하겠다는 밀서를 조조에게 보냈다. 조조는 다시 한번 기만에 넘어갔다. 마침내 오나라 장수 황개가 거짓 항복을 하는 것처럼 꾸미고 염초 등을 가득 실은 배를 이용하여 조조군을 화공으로 공격하여 크게 성공시켰다. 기상에 대한 면밀한 대비와 예측이 부족한 조조는 대패하는 결과를 맞이하였다. 따라서 원정을 계속하는 것이 곤란하게 된 조조는 형주를 떠나 허창으로 귀환하고 말았다.

아무리 우세한 전투력을 보유하고 있다 하더라도 자연현상과 군사작전의 상관관계를 이해하지 못하면 효율적으로 전투력을 운용할 수 없다. 즉, 자연이 주는 무서운 재앙을 피할 수 없는 것이다. 그러나 열세한 병력으로도 기상과 기후조건을 효과적으로 활용하면 전투력의 효율지수는 높아진다. 인간은 모름지기 자연 앞에서 겸손해져야 자연을 극복할 수 있다.

공간(空簡)

[1] 전투공간의 개념과 발전

전투영역에서의 공간은 지상, 해상, 공중과 가상의 영역인 사이버 공간까지 확장된다. 흔히 우리나라를 지정학적으로 중요한 위치에 있다고 한다. 이 말 역시 공간이 국제정치에 미치는 중요성을 나타내고 있다. 국가정치적 또는 국가 전략적 차원의 공간을 말할 때 흔히 쓰이는 말이다. 공간의 사전적 의미는 어떤 물질이나 물체가 존재할 수 있거나 어떤 일이 일어날 수 있는 영역을 말한다. 전술적인 차원에서의 공간(空間, Space)이란 시간, 전투력과 더불어 전투의 3요소를 구성하며 시간 요소와 함께 전투의 객관적 환경을 형성하는 기본요건이다. 이러한 공간은 형질, 거리, 방향의 성질을 갖고 있으며, 점에서 선으로, 선에서 면으로, 면에서 입체 그리고 사이버 공간 등으로 확장되고 있다.

고대의 전투공간은 육상이 주를 이루었으나 점차 해상으로 확대되었고 항공기의 발달은 공중까지 그 영역을 확장시켰다. 이제는 공중의 영역이 점차 확대되어 우주까지를 포함한다. 우주까지를 전투공간으로 편입함에 따라 각국은 우주군 창설을 천명하고 있다. 2019년 8월에 미국은 우주사령부 창설 선포식을 열었다. 미국의 우주군 창설은 이미 미소냉전시대에 시작되었다. 1985년에 미사일 방어와 감시업무를 통합하기 위하여 우주사령부를 창설하였다. 그러나 2001년 9·11테러가 발생하자 테러와의 전쟁에 집중하기 위하여 2002년에 통합전략사령부로 통합되었다. 미국은 2018년에 독립된 우주사령부 설치를 시작으로 2019년에 다시 문을 열었다.

이미 우주공간에는 각국의 인공위성이 다양한 목적으로 운용되고 있는 것이 현실이며, 이것은 국가의 전략목표와도 연계되어 있다. 그러므로 이를 보호하기 위한 국가 차원의 대책 강구는 시간이 가면 갈수록 더욱 치열해질 것이다. 프랑스도 우주군 창설을 2019년 7월에 선포하였다. 일본은 2020년 5월 18일에 우주작전대를 창설하였다. 우주작전대는 항공자위대 소속으로 출발하였는데, 우주공간의 안정적 운용을 위한 조치라고 배경을 설명하였다. 각국의 우주군은 공군 또는 독립된 군에 소속되어 역할을 수행할 것이다. 이는 각국의 판단에 따르겠지만 우주영역의 주도권 다툼은 이미 시작되었다고 보면 될 것이다. 또한 공간의 개념중에서 공중에 대한 인식이 더욱 세분화 되고 있으며 우주 상황인식[18] 체계의 변화를 보이고 있다. 우주에서는 이미 레이저 등을 이용한 공격, 전자신호에 따른 교란, 위성통제소에 대한 해킹, 대위성 직접파괴 등의 위협이 커지고 있는 현실이다. 이러한 현실적인 위협에서 각국은 '우주기본법'을 제정하는 등의 발빠른 행보를 보이며 주도권 다툼을 더욱 치열하게 벌이고 있다.

전투에서 말하는 공간의 개념은 무기체계의 발전 그리고 산업기술의 발전과 함께 정립되어왔다. 고대의 전쟁은 육상에서의 일정한 선을 중심으로 한 지상전투 위주로 이루어졌으며, 선박의 기술에 따라 바다의 이용이 활발해지면서 육지와 해상까지로 전투공

18) Space Situational Awareness(SSA)

간의 개념이 확장되었다. 항공기의 발달에 따라 그 영역은 하늘에까지 이르게 되었다. 이처럼 무기체계의 발달은 공간의 개념과 그에 따른 전투수행을 입체화시켰다. 또한 전쟁의 형태까지도 발전시켰으며 그 발전은 지금도 계속되고 있다. 대표적인 형태가 사이버전이라고 볼 수 있는데 이로 인해 전쟁과 전투의 공간에 우주를 비롯하여 가상의 공간이 추가된 셈이다.

전쟁뿐 아니라 전술에 있어서의 공간도 계속 확장되고 있다. 따라서 앞으로의 전투는 점, 선, 면, 입체 및 사이버 공간 등의 특성까지도 심도 있게 연구하여 이에 대한 이해의 폭을 넓혀야 할 것이다. 이것이 다가오는 전투환경에 적응하는 준비이기도 하다. 이처럼 공간은 전쟁과 전술의 관점으로 볼 때, 지형은 물론이고 우주와 가상의 영역까지도 포함하는 대단히 큰 개념으로 보아야 한다. 그러나 여기에서는 앞에서 열거한 모든 영역을 모두 포함하여 다루기에는 제한된다. 따라서 한정된 범위에서 기술하기로 하겠다. 여기에서는 지상전투 상황에서 중요하게 고려할 요소인 지형과 지물로 한정하기로 하겠으며 이를 지형(Terrain)이라는 용어로 기술하기로 하겠다.

지형이란 땅의 형편을 말한다. 토지의 높낮이, 산천의 상태 등 지표면의 자연적 상태인 지구 표면의 고저기복(高低起伏)에 대한 상태이다. 자연적으로 형성된 수목, 배수, 토양, 경사 또는 요철과 같은 지물을 자연지물이라고 말하며, 인공적으로 형성한 도로, 교량, 댐, 항만, 비행장, 건물, 도시지역 같은 상태를 인공지물이라고 한다. 군사적으로 말할 때의 지형이란, 위에서 말한 지형 그 자체는 물론이고 자연지물과 인공지물까지도 포함하여 말하는 것이다. 전투공간은 지형과 지물에 의해 형성되어 있는 지리적 공간을 말하며, 전투력 운용을 통제하기 위한 정면과 종심이 전투지경선에 의해 구분된다. 즉, 전투공간이란 특정 부대가 전투를 위해 부여받은 특정한 공간을 말하며, 여기에서 전투력을 발휘한다. 지형은 고정적이고 영속적인 존재이며 지표면의 복잡하고 다양한 특성은 지역에 따라 특색 있는 전투공간을 형성하고 있으며, 전투수행기능[19] 발휘에 많은 영향을 미치게 된다. 정보기능에서는 관측을 위한 시계, 지휘통제에서는 통신 소통, 기동에서는 토질 상태에 따라 기동가능 여부와 속도 발휘의 용이성, 화력에서는 사계와 탄도, 방호에서는 은폐와 엄폐의 효과 그리고 원활한 작전지속지원 등에 유리하게도 작용하고 불리하게도 작용한다.

19) 정보, 지휘통제, 기동, 화력, 방호, 작전지속지원, 네트워크 환경의 총 7대 기능으로 이루어져 있다.

[2] 지형과 작전형태와의 관계

지상군 부대의 전투력은 특히 지형의 직접적인 영향을 받기 마련이다. 지상군은 그 어느 때라도 지상이라는 공간에서 발휘되는 전투력의 특성상 지형과 밀접한 관련을 갖고 행동하게 되며 반응하게 된다. 지형의 이용 정도에 따라서 고유의 전투력이 강약으로 나타나기도 하며, 전투력 발휘 방향과 전투력 발휘 방법 등이 지형에 따라 좌우되기도 한다. 따라서 지형을 고려한 축성, 인공적인 장애물 지대 구축 등은 지형을 아군에게 유리하게 활용하는 방법이 된다. 이렇게 함으로써 전투력을 향상시킬 수도 있지만, 지형요소가 작전활동에 불리하게 작용하거나 제대로 운용하지 못한다면 전투력은 약화되기도 한다. 또한 전투부대의 특성에 따라 지형의 가치는 다르게 나타난다. 울창한 삼림과 지형의 기복 등은 보병부대에게는 은폐와 엄폐를 제공하고 기동에도 제한점이 없으며 상황에 따라서는 은밀침투에 더욱 유리하게 이용되는 지형이다. 반면 기계화부대는 기동에 제한이 있게 되어 전투력 발휘가 곤란한 상황으로 작용하기도 한다. 이러한 지형은 고정적인 특성은 있지만 불변의 상태로 존재하는 것은 아니다. 지형은 시간이 경과하면서 변화하기도 하며 기상조건과 결합하여 다양한 효과를 나타내기도 한다. 따라서 지형은 움직이지는 않지만 계속 변화하고 있다고 인식하고, 이를 활용하여 전투력 운용에 유리하게 이용하여야 한다. 그러므로 부대의 특성 및 작전목적에 따라 이에 적합한 중요지형지물을 선정하고 전투력 발휘에 적합하도록 지형을 활용하는 것이 중요하다.

[3] 지형이 전투에 미치는 영향

손자는 지형의 중요성에 대하여 『손자병법』 구변편(九變篇)에서 '장통어구변지리자(將通於九變之利者) 지용병의(知用兵矣) 장불통어구변지리자(將不通於九變之利者) 수지지형(雖知地形) 불능득지리의(不能得地之利矣), 장수가 구변의 이로움에 통달하지 못한다면 비록 지형을 알지라도 지형의 이점을 얻지 못할 것이다'라고 하였다. 즉, 지형을 제대로 분석하지 못하면 지형이 주는 이점을 활용할 수 없다는 것을 말하였다.

전투공간이란 전투수행에 필요한 전투지대를 말하는 것으로서 일반적으로 전투정면과 종심 등 전투지역내에 존재하는 각종 지형지물에 의해 구성된 지상에서의 공간적 특징과 그 상공을 총칭하는 말이다. 전투공간은 크게 지상공간과 공중공간으로 구분되며, 그 공간을 구분하는 것을 전장편성이라고 한다. 공중공간은 지상공간의 상공을 말하는데 공역통제와 같은 공지합동전투에 필요한 요소이지만 여기서는 지상공간에 대해서만 기술하기로 한다. 전투공간은 부대의 기동에 직접적인 영향을 주는 요소들이 산재되어 있다. 우리는 흔히 전장이라는 용어를 많이 사용하는데 전장이란 전투행위가 전개되고 있는 장소를 말한다. 그리고 전장편성이라고 말하는 것은 전술상황에서 작전의 효율적인 수행을 위하여 전장을 구분하고 전투력을 할당하는 것을 말한다. 전투시 책임과 권한을 부여하기 위하여 전장을 구분하고, 그 역할에 따라 전투력을 부여한다. 전투공간에서의 지형은 그 특성에 따라 기동속도에 영향을 미친다. 곡선이 심한 지형은 기계화부대가 기동시 속도의 발휘가 제한된다. 경사가 급하고 높은 산악지형은 도보부대의 기동속도에 영향을 미친다.

이처럼 지형은 기동과 밀접한 관련이 있으며, 전투력을 할당하는데도 영향을 준다. 도하가 필요한 하천이 있으면 공병부대를 할당하여 도하에 필요한 여건을 보장해주어 정상적인 전투력 발휘를 가능하게 하여야 한다. 전투공간에서의 지형은 그 특성에 따라 전술운용에 필요한 부대를 할당하는 근거를 제공한다. 즉, 지형은 전술운용의 지배적 고려요소가 된다는 것이며, 지형의 특성은 부대의 소요제기에 영향을 미친다. 예를 들어 교통망의 유무 또는 노폭 등의 상태는 기계화부대의 소요를 결정하고, 산악의 험준도는 보병의 중요성이나 전문 산악부대의 소요를 제기하게 된다. 해안이나 하천선의 발달 정도는 상륙부대나 도하부대의 규모를 결정하고 설한과 결빙이 심한 지역을 극복하기 위해서는 특수부대나 그에 필요한 장비의 소요를 제기하게 된다.

전투공간에서의 지형은 그 특성에 따라 전투임무를 부여하는 기준으로 작용한다. 충분한 공간과 은폐와 엄폐의 정도, 관측과 사계의 보장 등 전투임무를 부여하는 하나의 요소로 작용한다. 공격시에는 주·조공의 접근로를 선정하는 기준적인 요소가 되고, 방어시에는 방어형태의 결정에도 많은 영향을 미친다. 주어진 전투정면에 따라 배치될 전투부대의 규모를 결정하고 종심의 장단은 예비대의 소요와 운용에 결정적 영향을 미친다. 이처럼 전투공간은 전투력의 구조나 소요, 그리고 전투력 운용에 결정적인 영향을 미치게 되는 것이므로, 지휘관은 전투공간에 대한 명확한 이해와 활용능력을 가져야 한다.

임진왜란 당시 탄금대 전투는 초기에 있었던 최대의 전투이자 조선이 믿었던 전력이 전멸하다시피 한 가슴 아픈 전투이다. 신립(申砬)의 조선군 8,000여 명이 탄금대에서 왜군에게 전멸되자, 선조는 더이상 믿을 군사력이 없게 되었고 북으로 피난을 가야 했다. 흔히 탄금대 전투를 말할 때 조령의 험준함을 포기한 것을 실책으로 지적한다. 그 당시 신립이 조령을 포기하고 평지인 탄금대에 진을 친 이유는 크게 두 가지로 요약된다. 첫째, 신립은 보병이 아닌 기병전에 능한 사람이었다. 신립은 과거 여진족과의 전투에서 기병을 이용한 근접전에서 연승한 그 당시에는 조선 제일의 장수였다. 따라서 왜군과의 전투에서도 기병을 이용한 전투가 통할 것으로 판단하고 있었다. 둘째, 일본군에 비해 병력수와 훈련도가 열세였기 때문에 이를 병사들의 투지로 극복하기 위해 배수진을 친 것이었다. 그러나 탄금대는 평지인 관계로 왜군의 조총사격에는 절대적으로 유리한 조건을 제공하였으며 설상가상으로 비가 내렸다. 지형과 기상 모두가 조선의 기병 전투력 발휘에는 불리한 조건이 되었다. 진흙 속에서 기병이 특유의 기동력을 발휘하기에는 불리한데, 이것은 말의 특성이기도 하다. 이런 관계로 조선군의 피해는 더 클 수밖에 없었고 결국은 크게 패했다. 부대의 성격에 따른 지형의 유불리점과 조총이라는 무기체계를 연계하여 결전의 장소를 선택하지 못한 점이 아쉬움이 남는 대목이다.

그러나 이러한 배수진으로 크게 승리한 전례도 있다. 해하전투(垓下戰鬪)에서 배수진을 이용하여 중국 한나라의 명장 한신은 크게 승리하였다. 항우의 40만 정예군사에 비해 열세하다는 것을 잘 알고 있는 한신은 해하강을 이용하여 배수의 진을 쳤다. 초나라의 항우는 대군을 이끌고 있었다. 항우는 한나라군을 해하강의 물속에 몰아넣겠다는 기세로 공격했으나, 강을 등지고 불퇴전의 각오로 저항하는 한나라 군사에 패하고 말았다. 지형을 이용하여 군사들의 정신력을 높인 결과였다.

『삼국지』에 등장하는 그 유명한 읍참마속(揖斬馬謖)이라는 고사도 마속이 지형의 이점에 대한 오판을 하였기 때문이다. 일찍이 클라우제비츠도 "지형적 요소의 영향을 받지 않는 전투란 생각할 수 없다."라는 말로 지형의 중요성을 말하였다. 즉, 전투는 공간에서 시작되어 공간에서 끝나는 것이다. 공간요소인 지형의 중요성을 강조한 말로 이해할 수 있다.

227년에 촉은 북쪽의 위나라를 정벌하기 위하여 전쟁을 서두르고 있었다. 촉은 서남쪽에, 위는 북쪽에, 오나라는 동쪽에 위치하고 있었다. 촉의 제갈량은 북쪽에 위치한 위를 공격하고자 하는 계획을 갖고 있었다. 그는 출정을 결심하고 그 유명한 출사표(出師表)를 올렸다. 가정전투는 출사표를 올린 제갈량이 228년에 제1차 북벌 중에 일어난 촉과 위와의 전투를 말하며, 제갈량은 사마의가 가정으로 진군할 것을 예상하고 마속과 왕평을 보내 가정을 지키도록 하였다. 가정은 위나라의 증원로가 되는 중요한 지형이었다. 그러므로 가정을 확보한다는 것은 위나라의 증원로를 차단하는 효과를 가져올 수 있었다.

제갈량은 이 전투에서 마속에게 선봉을 맡기며 반드시 산 아래에서 적을 맞이하라는 지시를 하였다. 식수의 중요성과 적의 포위를 의식했기 때문이다. 그러나 마속은 제갈량의 지시를 어기고 산꼭대기에서 산 아래로 공격하는 것이 적을 격멸하기에 유리하다

읍참마속(泣斬馬謖)이란 '눈물을 흘리며 마속을 베다'라는 말이다. 가정 전투에서 패한 마속을 참형에 처하면서 제갈량이 눈물을 흘렸다고 한데서 유래하였다. 읍참마속은 군율의 엄격함을 강조할 때 주로 쓰이고 있다. 마속은 제대로 된 지형 평가를 하지 못하여 전투에서 무참하게 패하였다. 제갈량은 총애하고 아끼는 장수 마속에게 전투의 실패에 대한 책임을 묻지 않을 수 없었다. 마속의 전투 실패는 북벌 실패로 연계되었기 때문이다. 전투의 실패는 이처럼 전략에 큰 영향을 끼치기도 한다. 가정전투는 촉나라의 북벌을 실패하게 만든 전투로 평가받는다.

고 판단하여 산의 정상부근에서 진을 형성하였다. 이때 부장인 왕평은 산 아래에 진을 쳐야 한다고 하였으나 듣지 않았다. 왕평이 말하기를 "승상께서는 산 아래의 길에 진을 치라고 하셨소. 그래야 적의 진로를 직접 가로막기에 유리하여 이길 수 있다고 생각하셨기 때문일 것으로 생각하오. 만약 진을 산 위에 치게 되면 적이 산을 애워싸게 되었을 때는 어떻게 할 것이오?" 마속은 비웃듯이 웃으며 "현지의 지형을 직접 보지 않았으니 승상께서는 잘 모르셨기 때문에 그런 지시를 하신 것으로 생각하오."라며 제갈량의 지시는 물론이고 왕평의 건의도 무시하였다. 그리고 다시 말하기를 "병법에 이르기를 높은 곳을 점령하고 아래를 공격하게 되면 그 기세가 마치 파죽이나 다름이 없다고 하였소. 이곳으로 통할 수 있는 길은 오직 한 곳이고 나머지는 절벽이니 여기가 바로 그 파죽의 지세인 것이오. 그렇기 때문에 우리가 산 위에 진을 치고 경계하다가 적을 공격하게 되면 크게 이기게 되는 것이오."라고 하며 계속하여 산 정상부근에 진을 치겠다는 고집을 꺾지 않았다.

위의 장수 장합은 촉의 장수 마속이 산 정상 부근에 진을 쳤다는 것을 알게 되자 산을 포위한 채 공격하지 않고 지구전으로 맞섰다. 전투지형이 주는 유리점과 불리점을 알고 있었기 때문이다. 전투가 장기전으로 흐르게 되자 마속의 부대는 식수와 식량이 바닥을 보이기 시작하였으나 위군에 포위된 상태였으므로 지원을 받지 못하는 상태가 되었다. 보급의 제한으로 사기는 저하되고 전투력은 약화되기 시작하였다. 드디어 공격이 적시적절하다고 판단한 장합은 마속군을 공격하였고 마속의 군대는 크게 패배하였다. 마속은 지형을 평가한 결과 적을 공격하기에는 산 정상이 유리하다고 판단하였으나, 적이 산 아래에서 포위하였을 경우를 생각하지 않아 보급의 제한 등으로 크게 패배하게 되었다. 가정을 잃게 되자 제갈량은 더 이상의 북벌이 어렵게 되었다고 판단하고 철군을 서두르게 되었다. 제갈량은 자신의 지시를 어기고 산 정상에 진을 친 신임하는 장수 마속의 목을 베게 하였다. 이는 읍참마속의 고사가 생기게 된 배경이 되었다. 제갈량은 많은 장수들이 마속에 대한 용서를 구했으나 개인의 재능이나 친분보다 군율을 먼저 생각하지 않을 수 없었다.

협곡을 이용한 테르모필레전투는 지형의 이점을 활용하여 소수의 병력으로 대병력을 맞아 싸운 전투이다. 영화「300」은 테르모필레전투를 모티브로 제작되었다. 그리스의 스파르타를 중심으로 하는 연합군과 페르시아군이 테르모필레 협곡에서의 전투를 중심으로 한 영화이다. 영화의 결말은 테르모필레 협곡에서는 비록 그리스 연합군이 패배했지만, 그들의 선전으로 후에 이어지는 살라미스 해전을 승리로 이끌어 냈다. 그리스 연합군이 협곡이라는 지형을 적절히 이용하고자 한 점이 눈에 띈다. 스파르타는 아이가 태어났을 때 장애를 가졌거나 몸집이 왜소하면 절벽으로 던졌다고 한다. 그들은 국가

» 영화「300」의 한 장면

이 영화는 프랭크 밀러의 그래픽 노블을 원작으로 하였다. 그는 어린 시절 읽은 『300 스파르탄』에서 크게 감명 받아 이 이야기를 그리고 싶었다고 한다. 영화에서 스파르타군은 명예롭고 완벽한 영웅적인 전사의 모습이다. 그러나 페르시아군은 사악하고 악마와 같은 존재, 미개하고 야만적인 존재로 묘사되었다. 보는 시각에 따라 서양의 주류인 백인 우월주의를 느끼게 만들었다는 평가도 받는 영화이다.

구성원 모두를 전쟁을 위한 주요자원으로 보았기 때문이다. 스파르타는 전쟁에 대한 준비와 훈련이 그 어느 국가보다도 철저한 국가였다. 강인함의 대명사로 불리는 스파르타군은 페르시아의 대군을 막아내야 했다. 소수의 병력으로 대군을 막기 위해서 그들은 협곡이라는 지형을 이용하고자 하였다. 적을 막는 사이에 해군은 살라미스에서 일전을 준비한다는 전략을 수립하여 최대한 시간을 벌고자 하였다. 페르시아군은 수적 우세를 앞세워 공격하였지만 번번이 실패하였다. 우여곡절 끝에 겨우 협곡을 우회하는 통로를 찾게 되어 측후방에서 공격하기 시작하였다. 협곡과 우회한 소로를 이용한 공격으로 마침내 페르시안군은 스파르타군을 격파할 수 있었다. 스파르타군은 전원이 전사하였지만, 그들의 옥쇄 덕에 그리스 함대는 무사히 퇴각하는 시간을 벌었다. 결국 여기에서 전투력을 보존한 함대는 살라미스 해전에서 페르시아군을 크게 이겨 최종적으로 전쟁을 승리로 이끌게 되었다. 최초의 동서양전쟁은 서양의 승리였다. 동양에 비해 보다 빠르게 근대화에 성공한 서양의 열강은 세계의 질서를 주도하였다. 현대까지도 주도권을 잡은 그들은 그들 선조의 옥쇄를 가치 있게 묘사하고 싶었을 것이다. 그에 비해 페르시아를 조상으로 하는 이란은 테러를 지원하는 '악의 축'[20]으로 불리고 있었으니 당연하기도 하였을 것이다.

전투의 3요소에 대한 결론

지금까지 전투의 3요소에 대하여 살펴보았다. 결론적으로 보면 어느 것 하나 중요하지 않은 것이 없다는 것이다. 일찍이 맹자는 그의 저서『공손추』에서 천(天, 기상)과 지(地, 공간)와 함께 인적요소의 중요성에 대하여 다음과 같이 말하였다. "하늘이 주는 시기는 지리의 중요성만 못하고, 지리는 인화(人和)만 못하다." 여기에서 인화는 전투력으로 볼 수 있을 것이다. 전투의 3요소에 대하여 우열을 논한다는 것은 적절하지 않다. 전투의 3요소는 상호 유기적인 관계를 맺고 있다. 그러므로 이 세 가지의 요소는 서로 조화와 균형을 이루어야 할 대상이지, 우열의 순위를 가릴 대상은 아니다. 전투의 3요소를 균형있게 적용한 전례로는 명량해전을 들 수 있다. 시간과 공간의 유리점과 전투력의 원리를 가장 훌륭하게 접목시켜 승리한 전례이다.

---

20) 2001년 9·11테러가 발생하여 미국 뉴욕의 세계무역센터 빌딩이 무너져 내렸다. 이후 부시 미국 대통령은 테러와의 전쟁을 선포하였고, 2002년 1월 30일 연두교서에서 이란, 이라크, 북한을 '악의 축(axis of evil)'이라고 표현하였다. 부시 대통령은 이들 세 나라가 대량 살상 무기(WMD)를 개발해 테러를 지원하고 있다고 비난했으며, 이라크를 침공하는 명분으로 삼기도 하였다.

» 명량해전 재현행사

출처 : 진도군청 홈페이지에서 캡처

정유년 음력 1월 4일에 일본은 명과의 강화협상이 결렬되자 가토 기요마사가 이끄는 왜군 선봉대가 부산으로 상륙하였으며 이것이 정유재란이다. 왜수군은 이순신의 파직과 원균의 칠천량해전 대패로 남해안 대부분의 제해권을 장악하였다. 왜육군도 1597년 9월 25일(음력 8월 15일), 9월 29일(음력 8월 19일) 남원전투, 전주성전투에서 조명 연합군을 대파하고 전라도를 점령하고 충청도 지역까지 진격한 상태였다. 조선의 바다에서 이순신이 통제사로 재임하던 시절에는 단 한 번도 이기지 못했던 해전이었다. 그러나 이순신의 파직과 무능한 원균이 통제사가 된 후 칠천량에서 대승을 거두게 되자 이와 같은 상황이 조성된 것이었다. 왜군은 총 200여척의 대함대를 구성하고 있었는데 주요 장수로는 구루시마 미치후사, 도도 다카토라, 와키사카 야스하루, 가토 요시아키, 구키 요시타카 등이 있었다. 이 중에서 주력을 형성했던 구루시마 수군은 원래 해적 출신으로 물살이 빠른 지역에 익숙하여 명량해협 통과에는 무리가 없을 것으로 판단하고 있었다.

왜군은 충청도 지역까지 북상한 육군과 합류하기 위하여 목포 쪽으로 흐르는 북서류를 타고 명량해협을 통과하여 서해안 지역으로 서진할 계획이었다. 이러한 계획이 성공하면 육군과 수륙병진으로 한양을 공격하려 한 것이다. 왜군은 이순신이 복귀했다는 것은 알고 있었지만, 칠천량 패전으로 전력이 보잘것 없을 것이며 조선수군의 사기도 크게 저하되어 있을 것으로 판단하고 승리를 자신하는 오만에 찬 분위기였다. 구루시마 가문은 일본 전국시대에 최강으로 손꼽히는 해적이었다고 하며 후에 토요토미 히데요시의 신임을 받아 승승장구하게 되는데 형제가 나란히 임진왜란에 참전하였다. 형인 구루시마 미치유키는 1592년 거북선을 돌격선으로 앞세운 당포해전에서 이순신의 함대에 의해 처참하게 죽음을 맞았다. 이후에 그의 동생인 미치후사는 칠천량해전에서 원균의 함선을 빼앗았다고 전해지며, 명량에서 이순신과 일전을 벌이게 되었다. 그도 형의 원수를 갚겠다는 비장한 결의로 명량해협의 싸움에 나섰을 것이다. 그러나 명장 이순신의 적수는 되지 못하여 결국 울돌목에서 최후를 마치게 되었다. 이순신은 바다에 빠진 그의 목을 베어 돛대에 걸게 하여 왜군의 사기를 크게 저하시켜 전투의지를 상실시켰다. 결국 침략군의 두 형제는 이순신에 의해 목을 잘리는 비참한 결과를 맞이하였다.

1592년 5월 23일(음력 4월 13일) 임진왜란 발발 이후 조선수군은 이순신의 탁월한 지휘로 첫 해전인 옥포해전을 시작으로(6월 16일) 연전연승하였으나, 원균과 일부 서인 세력의 모함을 받고 이순신은 삼도수군통제사(三道水軍統制使)직에서 파직당하여 서울로 압송되어 4월 19일(음력 3월 4일)에 투옥되고 문초를 당하게 되었다. 이순신의 심문관에 임명된 우의정 정탁의 상소로 5월 16일(음력 4월 1일)에 가까스로 사형을 모면하였다. 도원수 권율 밑에서 백의종군하라는 명령을 받게 되는데, 이것은 이순신이 무관생활 중에 겪게 되는 2번째 백의종군이었다. 이순신이 투옥된 후 무능한 선조는 원균을 삼도수군통제사로 임명하게 되었는데, 그의 임명은 조선수군 최초의 패전과 제해권 상실을 가져오고 말았다. 원균은 1597년 8월 16일(음력 7월 4일) 칠천량해전에서 왜군의 기습을 받아 크게 패하여, 이순신 장군이 대첩을 거둔 한산도를 지나 춘원포의 어느 야산으로 도주하다 죽임을 당하였고 판옥선 대부분은 불타거나 왜군에게 노획당하는 처참한 결과를 가져왔다.[21] 이를 수습하기 위하여 조정에서는 병조판서 이항복(李恒福)등의 건의로 이순신을 다시 삼도수군통제사로 임명하였다.

이순신이 조선수군을 모아 정비했으나 함선은 12척밖에 남아 있지 않았다. 조정에서는 전력의 열세를 이유로 수군을 폐지하라는 명령을 내리게 되는데, 이때 이순신은 그 유명한 "미신불사(微臣不死) 상유십이(尙有十二), 아직도 12척의 배가 남아 있으며 신이 죽지 않는 한 적이 감히 우리의 수군을 업신여기지 못할 것입니다."라는 비장한 결의를 표하였다. 이러한 말은 군인으로서의 그의 능력과 강직한 인품을 생각해 볼 때 오직 이순신만이 할 수 있는 말이라고 여겨진다. 그 뒤 전열을 재정비하고 해전에 대비하기

21) 원균이 육지로 도주하다 죽은 장소를 '고성 춘원포'로 기록하고 있는데 현재의 춘원포는 행정구역으로는 통영에 해당하는 곳이다. 현재는 안정국가산업단지가 들어서면서 과거의 모습은 볼 수 없다. 다만 '춘원길'이라는 도로명이 있다. 원균의 묘로 알려진 봉분이 광도면 황리에 있다. 그러나 추정할 뿐이다. 마을 주민들에 의하면 '목 없는 묘'로 불려 왔다는 것이며, 원균의 도주로였던 춘원포를 고려하면 개연성이 있을 것이라는 주장이다. 원균의 가묘는 경기도 평택에 위치해 있다.

위해 남해안 일대 등에서 칠천량 패전 후 흩어진 병사들을 모아 수군 재건을 위해 노력하였다. 이 과정에서 진도의 벽파진으로 진을 옮기고, 다시 해남의 우수영으로 진을 옮기게 된 후 명량해전을 맞이하게 되었다. 이순신이 8월에 조정에 보고한 수군의 군사력은 12척에 불과하였다. 회령포에서 배설이 지휘하던 8척의 병선을 인수하였고 이후에 어란과 이진 등지에서 피신해 있던 병선을 수습하여 명량해전 직전에는 13척으로 함대를 겨우 이룰 수 있었다.

명량해협은 진도군과 화원반도 사이에 위치하고 있으며 예로부터 물의 흐름이 거세어 마치 울음소리처럼 들린다고 하여 '울돌목'이라고도 불리었던 곳이다. 이순신은 전력의 열세를 고려하여 왜군을 상대할 장소로 수로의 폭이 좁으며 일정한 시간에(만조) 바닷물의 흐름이 바뀌는 울돌목을 결전의 장소로 생각하고 있었다. 이순신은 이미 좁은 수로, 특유의 거센 물살과 조류의 방향이 일정한 시간에 변한다는 지형의 특징을 알고 있었다.

결전에 앞서 저하된 사기를 고취시키고자 명량대첩 직전 날인 음력 9월 15일, 이순신다운 비장한 결의를 다음과 같은 말로 표현하였는데, 이것은 각계에서 인용하는 명언이 되었다. "병법에 이르기를 '필사즉생(必死卽生) 필생즉사(必生卽死), 반드시 죽고자 하면 살고 반드시 살고자 하면 죽는다.'고 하였으며, '일부당경(一夫當逕) 족구천부(足懼千夫), 한 사람이 길목을 지키면 천명도 두렵게 할 수 있다."고 하면서 전의를 고취시켰

» 위성사진으로 본 진도와 해남 사이의 명량해협

» 강강술래

명량해전을 앞두고 이순신장군은 수적으로 열세를 극복하기 위한 대책을 구상하였다. 우선 함선과 군사들의 수가 많아 보이게 만들기로 하였다. 첫째로, 어선들을 모아서 함선의 뒤를 따르게 하여 함선의 수가 많게 보이게 하였다. 둘째로, 군사들의 수를 많아 보이게 하기 위해 동네의 아낙들로 서로 손을 잡고 원을 그리면서 노래를 부르게 하였다. 왜군들이 멀리서 보면 많은 함선과 군사들이 있는 것처럼 만들고자 한 것이다. 이 때 아낙들이 서로 손을 잡고 노래를 부른 것이 강강술래라고 전해져 내려오고 있기도 하다.

출처 : 진도군청 홈페이지에서 캡처

다. 즉, 명량이 결코 불리하지 않다는 점을 인식시킴과 동시에 전투지휘관의 결연한 의지와 장병의 저하된 사기 그리고 불굴의 전투의지를 높이는 말을 이처럼 짧고 간결하게 표현하면서 무한의 신뢰를 주는 무장다운 면모를 보였다.

폭이 294m 밖에 되지 못하는 천혜의 지형은 전력이 열세한 조선수군에게는 일자진(一字陣) 형성으로 화력의 집중이 가능하며, 적의 포위공격 위협이 없는 유리한 지형으로 적과의 일전에 유리한 조건이 되었다. 유속은 6.5m/s 정도로 대단히 빠르고, 밀물과 썰물 때에는 급류로 변하는 곳이며, 오후가 되면 조류(밀물과 썰물에 의해 발생하는 바닷물의 흐름)의 방향이 바뀌게 되는 시각이었다. 이때는 공격하는 왜군의 입장에서는 대단히 불리한 상황이 된다는 것을 이순신은 미리 알고 있었다. 좁은 수로를 이용하면 공격해 오는 왜선은 협로를 통과하면서 밀집된 대형이 되면서 종대대형이 된다. 반면, 조선수군은 적은 수의 전선이지만 협로 전방의 넓은 공간을 이용하여 횡대대형인 일자진(一字陣)을 형성하여 화력을 집중하기에 효과적이었다. 조류가 바뀌는 시간을 적절하게 이용하면 공격에 유리하다는 구상을 한 결과였다.

한산도 해전에서는 충분한 전력을 보유한 상황이었으므로 학익진으로 대승을 거둔 것과는 비교되는 대목이다. 뛰어난 전술적 식견과 장소와 시간을 꼼꼼하게 관찰하여 비교 분석하는 안목이 없었다면 가능하지 않았을 전투구상이다. 벽파진에서 우수영으로 본진을 옮긴 이튿날인 1597년 10월 25일(음력 9월16일) 새벽 3~4시경 어란진에서 출병한 왜선 130여 척이 7~8시 경 순조(順潮)를 타고 10여척씩 대열을 맞추며 울돌목으로 접근하고 있었다. 이때의 조류 방향은 동쪽에서 서쪽이었으므로 일본 수군의 진격 방향이 조류의 흐름과 일치하는 순방향으로 공격에는 유리한 상황이었다. 이순신은 보고를 받고 울돌목으로 향했는데 이미 적선의 선봉대열이 통과하고 있는 시점이었다. 이순신은 발포명령을 내렸다. 조선수군의 즉각적인 포격과 함께 전투가 시작되었다. 그러나 대규모 함선으로 명량을 가득 채운 적의 기세에 밀려 조선 수군은 겁을 먹고 전진하기를 머뭇거리는 형편이었다. 이순신을 태운 대장선만이 홀로 전방에 나가서 싸우고 있었다. 이순신은 함선의 부하들을 독려하면서 약 40분가량을 버티고 있었다. 마침내 초요기(대장이 장수를 부를 때 사용하는 깃발)를 올려 뒤로 물러나 있던 중군장 미조항 첨사 김응함과 거제현령 안위를 불러 크게 질책하며 독전을 명하였다. 이에 두 사람의 배가 적진으로 공격을 시작하였고 안위의 군선으로 일본 수군의 공격이 집중되자, 이순신의 대장선이 대포로 공격하여 구출하였다.

이 과정에서 안위의 배를 둘러쌌던 적장선을 포함한 3척의 적선이 녹도만호 송여종과 평산포 대장 정응두의 포격으로 격침되는데, 이때 바다에 죽은 채 빠져 있는 붉은 갑옷의 적장이 구루시마임을 항왜(降倭) 준사(俊沙)가 알렸다. 이순신은 병사 김돌손을 시켜 즉시 구루시마를 끌어 올려 머리를 베어 돛에 매어 달게 하였다. 이를 본 조선 수군의 사기는 급격히 올라간 반면에, 전투 중에 자신들의 지휘관이 참수된 것을 본 왜군의 사기는 크게 떨어졌다. 설상가상으로 오후12시 경이 되자 점차 조류의 방향이 바뀌기 시작하자, 이번에는 조류의 방향이 조선수군에게는 순조(順潮)가 되고 왜군에게는 역조(逆潮)가 되었다. 공격하는 왜군에게 대단히 불리한 상황이 조성되었다. 조선수군의 순조를 이용한 당파로 인해 전혀 반격할 수 없었으며, 군선이 많은 것이 오히려 독이 되어 왜선끼리 서로 부딪히면서 침몰되어갔다. 이러한 혼란 속에서 도도 다카토라는 부상을 당했으며 왜군의 공세는 수세로 바뀌었다. 전황은 130여척의 대함대를 10여척이 추격하는 형세가 되었다. 왜군은 유시(酉時 오후 5시~7시) 무렵, 물살이 느려지고 바람이 왜군 쪽으로 부는 것을 이용하여 퇴각하기 시작하였다.

전투는 지형을 제대로 이용한 조선수군의 승리로 막을 내렸다. 전투는 유시(酉時, 오후5시~7시)무렵에 끝났으며 전투에 참여한 왜군의 전선 130여척 중 30여척이 격침(전사자 약 3,000여명)된 반면, 조선수군의 함선 피해는 없는 완벽한 승리였다. 명량해전 승리의 요인은 전투의 3요소를 한 치의 오차도 없이 균형 있게 적용한 결과였다. ① 전투력 측면에서는, 수적 열세에서 오는 화력의 열세를 일자진(一字陣)으로 극복 ② 공간 측면에서는, 좁은 수로를 결전의 장소로 선택함으로써 왜군 대함대의 전투력 발휘를 제한 ③ 시간 측면에서는, 물결이 바뀌는 시간까지 버티며 악전고투한 끝에 유리한 상황에서 적을 공격하여 대승을 거둘 수 있었다. 명량해전의 결과 해상의 주도권은 다시 조선수군이 장악하게 되었고, 더 중요한 것은 칠천량의 패배로 뿔뿔이 흩어진 조선수군이 다시 뭉치는 계기가 되었다. 조선수군은 칠천량 패전 이전의 상태로 사기가 높아졌다는 것이 큰 성과였다.

이러한 유무형의 전투력 향상은 이후에 겪게 될 마지막 해전인 노량에서 조선수군의 투혼을 유감없이 발휘하게 하였다. 이순신은 명량해전이 끝나고 그날의 난중일기에 '천행(天幸)'이라고 기록하였는데, 이것은 그의 겸양의 성품이 나타나는 것을 느낄 수 있는 대목이다. 이순신은 자신의 노력을 하늘의 보살핌으로 돌리고 있었다. 그렇지만 그날의 승전을 견인한 것은 과학의 원리를 바탕으로 철저한 준비를 한 이순신이었다. 이순신은 과학적 근거를 바탕으로 술(術)적인 요소를 구사하는 뛰어난 전투지휘를 하였으며 어떠한 역경도 극복하는 불굴의 정신력을 소유한 인물이었다.

적은 수의 함선을 대규모로 보이게 하기 위해 어선단을 함대 뒤에 배치한 점과 사기가 저하된 장병을 독려하기 위해 직접 최선두에 위치하여 전투를 지휘한 점 등을 볼 때 장군의 술(術)적인 능력과 성품을 짐작할 수 있다. 명량해전을 전후하여 이순신 장군은 인간적인 면에서 가혹한 불행의 시기를 맞고 있었다. 백의종군 길에서 어머니의 죽음(84세)을 접하였고, 명량해전 후에는 고향 땅에서 셋째 아들 면이 왜군과 싸우다 전사하기도 하였다. 너무나 인간적인 이순신 장군에게 있어서 극복하기 힘든 시절이었다. 이순신의 탁월한 전투지휘와 불굴의 정신으로 명량해전을 불리한 여건 속에서도 대승으로 끝내게 되자 조정의 대신들은 선조에게 이순신 장군의 품계를 올려줄 것을 건의하였다. 그러나 선조는 "장수가 왜적을 물리치며 싸우는 것은 당연한 일 아닌가? 그럴 필요까지는 없다."라며 포상에서도 인색한 모습을 나타냈다고 한다. 선조의 무능과 이순신에 대한 그의 편협한 인품이 나타난 대목이다.

주도권

[1] 주도권의 중요성

주도권은 전술뿐 아니라 용병술체계의 모든 분야에서 모두 중요하게 취급된다. 전쟁과 전투에서는 분수령 역할을 한 결정적인 장면이 있었다. 결정적인 장면이란 주도권을 사이에 둔 치열한 싸움이다. 주도권 장악은 승리를 위한 전제조건이다. 동서고금의 승리한 전례의 공통점은 주도권을 장악했다는 것이다. 주도권을 확보하면 적을 나의 의지대로 유도할 수 있다. 주도권은 수세적인 입장보다는 공세적인 행동을 하는 측이 확보하게 되는 경우가 대부분이다. 따라서 방어작전에서도 수세적인 소극적인 방어가 아닌 공세적 방어를 해야 하는 이유가 여기에 있다.

주도권은 반드시 확보하여야 하며 일단 확보된 주도권은 계속 유지하여야 하는 것이 중요하다. 확보한 주도권을 유지하지 못하고 상실하게 되면, 이를 다시 회복하기 위해서는 많은 노력과 희생을 감수해야 한다. 또한 주도권 회복에 실패하게 되면 행동의 자유가 제한되며 수세적인 위치로 전락하게 되어 결전할 장소, 시기 등을 선택하기 어려운 것은 물론이고 상대의 행동에 대응만으로 일관하는 소극적 전투행동으로 이어진다. 주도권은 작전목적의 달성, 나아가 전투에서 승리하기 위하여 극히 중요하기 때문에, 모든 작전은 전장에서의 주도권 장악에 바탕을 두고 수행되어야 한다. 주도권 장악의 측면에서 본다면 방어보다는 공격이 유리한 면이 있으나, 공격이 주도권을 보장해주는 것은 아니다. 방어에서는 항상 공세적인 방어작전으로 주도권 장악의 계기로 삼아야 한다.

촉나라는 이릉대전에서 패함으로써 삼국의 관계에서 주도권을 상실했다고 평가하여도 과언은 아니다. 그렇지만 이릉대전 이후에 북벌을 단행하였다. 당시의 촉나라는 전쟁의 실패로 인해 전반적인 분위기는 침체되어 있었다. 이러한 와중이었지만 전쟁실패에 대한 책임을 규명하자는 움직임은 있었을 것이다. 가장 곤혹스러운 위기를 맞은 것은 제갈량이었음을 쉽게 짐작해 볼 수 있다. 국가 차원에서 단행한 전쟁 실패의 책임은 모든 것을 무리하게 주장한 유비의 책임이었다. 그렇지만 충성심 강한 제갈량이 이를 방관하기는 곤란하였을 것이다. 제갈량은 황실이 맞은 정치적 위기를 극복해야 했다. 이를 감안 해 보면 승상 제갈량은 정치적인 측면에서 흩어진 민심의 문제 해결을 도모하고자 북벌을 강행한 측면도 있어 보인다. 비록 유비의 유지를 받들고자 북벌을 단행해야 한다는 것과 이것이야말로 한나라를 계승한 촉의 건국이념을 실천하는 것이라는 명분을 제시하였지만 이면에는 정치적 위기극복이 있었다.

촉나라의 국력은 강대국 위나라를 상대로 한 전쟁을 수행하기에는 충분하지 않았다. 그렇지만 제갈량은 국내의 정치상황을 우선 고려하였을 가능성이 크다. 전쟁을 치르기에는 부족한 여건이었으나 전쟁을 단행하기로 정책은 이미 결정된 상황이었다. 제갈량이 제1차 북벌을 속전속결로 진행하고자 하였던 것도 전쟁을 장기화시킬만한 국력이 뒷받침되지 않았기 때문이 가장 큰 이유로 볼 수 있다. 물론 전쟁은 할 수밖에 없다면 속전속결이 최선책임은 이미 앞에서 충분히 살펴보았다.

어쨌든 이릉대전은 촉나라 운명의 분기점이었고, 그 후로부터 국력은 쇠퇴하기 시작하여 멸망에 이르렀다. 즉, 주도권을 상실한 시점이 되었다. 물론 『삼국지』에서의 전반적인 주도권은 위나라가 갖고 있었다. 국력의 차이로 보았을 때 당연한 이치이다. 그렇지만 촉과 오는 동맹을 형성하면서 위나라를 견제하면서 적절한 시기를 포착하면 공격으로 영역을 확장하고자 하였다. 촉과 오는 동맹을 통하여 위나라의 일방적인 주도권 장악을 제한시키면서 균형을 유지해왔다.

6·25전쟁 당시의 낙동강선에서의 북한군도 여기에 해당된다. 그들은 이미 주도권을 상실했음에도 줄기차게 공세를 계속하였다. 이미 주도권을 상실한 군대의 칼끝은 무디어졌으므로 결정적인 상황을 만들 수 없었다. 북한군은 8월과 9월에 대규모 공세를 펼쳤으나 뜻을 이루지 못하였다. 전력의 한계에 다다르자 주도권은 서서히 미군과 국군에게도 넘어가고 있었다. 인천상륙작전을 기준으로 하여 주도권은 급격하게 유엔군에게 쏠리는 현상으로 나타났다. 낙동강선에서의 성공적인 방어작전은 전쟁의 분수령이었다. 여기에서 성공적인 방어를 한 덕분에 인천상륙작전의 성공을 가져왔으며, 이를 통한 주도권 장악이 이루어졌다. 이후의 전쟁 주도권은 유엔군이 장악하게 되면서 순조로운 북진작전에 접어들게 되었다. 반대로 북한군은 주도권을 상실하면서 역전을 허용하게 되었고 패주하는 수순을 밟았다. 북한군이 다시 주도권을 잡은 것은 전력이 증강된 이후이다. 즉, 중공군의 참전으로 전력의 회복을 가져오기 시작했을 때이며, 중공군의 공세는 한때 주도권을 회복하는 계기로 작용하였다.

전술에서의 주도권 역시 전투 승패의 분기점이 된다. 전술에서의 주도권은 힘의 기세이다. 힘의 기세는 앞에서 살펴본 과학의 원리로 보면 될 것이다. 즉, 움직이는 힘은 더 강하다는 것이다. 『손자병법』 세편(勢編))에서는 '격수어질(激水之疾) 지어표석자(至於漂石者) 세야(勢也), 사납게 흐르는 물이 돌을 뜨게 만든다. 이것이 기세다'라는 말로 주도권을 표현하였다. 또한 주도권 확보와 유지의 중요성에 대해서는 허실편(虛實篇)에서 '선전자(善戰者) 치인이불치어인(致人而不致於人), 용병술에 능한 사람은 남을 움직이지, 남에게 끌려다니지 않는다'라는 말로 표현하였다. 즉, 적을 마음대로 움직이는 근원이 주도권임을 말하는 것이다. 전투의 승부는 결국 주도권을 누가 먼저 확보하는가와 누가 끝까지 이 주도권을 유지하는가에서 결판난다.

주도권이란 용어는 군사분야에서 뿐만 아니라 현대생활에서도 보편적으로 쓰이는 용어로 자리 잡고 있다. 대인관계 측면에서도 많이 쓰이고 있다. 『삼국지』의 장면에서도 제갈량과 관우의 관계를 살펴보면 주도권 장악을 두고 신경전을 벌이는 장면이 나온다. 삼고초려라는 어려움을 통하여 제갈량을 모신 유비의 입장에는 그에게 합당한 대우를 해주어야 하는 입장이었다. 그러나 오래전부터 유비를 섬겨온 관우와 장비의 입장에서는 이러한 만형의 처사가 못마땅할 수밖에 없었다. 어느 날 갑자기 들어온 제갈량이 그동안의 공을 세운 자신들 보다 직책은 물론이고 실질적인 권한에서도 현격한 차이가 나자 이를 못마땅하게 생각하고 있었다. 입각한 제갈량과 기득권 세력인 수뇌부 사이에는 갈등 관계를 형성하는 묘한 분위기가 만들어지기 시작하였다. 이것은 국정운영에 심각한 결과를 가져올 수 있었다.

갈등 관계는 적과 적의 관계로 설정되기 쉽다. 중요한 의사결정에 막대한 지장을 초래할 수도 있다. 극복해야 할 적은 외부와 내부에 모두에서 존재한다. 인천상륙작전을 실행하기 전에 맥아더의 가장 큰 적은 내부에 있었다. 그의 계획에 반대하는 세력이 가장 큰 적이었으며 해결해야 할 난제였다. 제갈량의 입장도 이러한 상황과 비슷한 처지였다. 제갈량에게 막강한 실세인 내부의 관우는 가장 경계해야 했으며 조속히 기선을 제압해야 할 상대였다. 그렇지만 출중한 무장을 재기불능의 상태로 만드는 것은 치명적인 결과로 연결된다. 그러므로 제갈량의 의도에 절대적으로 복종하게 하는 만드는 것이 최선의 결과였다.

제갈량은 이러한 상황에서 적벽대전을 치르게 되었으며, 제갈량의 뛰어난 능력을 목격한 관우와 장비는 수그러들기 시작하였다. 제갈량의 뛰어난 능력은 시간이 흐르면서 그의 입지를 서서히 다져주게 되었다. 관우와의 관계는 화용도에서의 작전을 거치면서 주도권이 완전히 제갈량에게 넘어왔다. 화용도에서 관우는 제갈량의 명을 어기고 조조를 살려 주었다. 제갈량은 이를 문제 삼아 관우를 참수하겠다고 하였다. 아무리 군율을 어겼지만, 유비가 이를 보고만 있기는 곤란하였다. 결국 유비의 간청으로 관우는 참수를 면하였다. 그렇지만 둘의 관계에서의 주도권은 이후부터 제갈량이 절대 우위를 확보하게 되었다.

[2] 주도권 확보

세계의 역사를 바꾼 주요 전사에서부터 소부대의 전례에 이르기까지 승리한 전쟁과 전투에서는 빠짐없이 등장하는 공통점이 있는데 그것은 바로 주도권이다. 이로써 주도권의 중요성과 의미는 충분한 설명이 되는 것이다. 동서고금의 수많은 군사적 영웅들을 살펴보면 유형은 다양하게 나타난다. 공격형과 방어형으로 구분이 되기도 하며, 기동전의 명장과 보병전술의 명장 등으로 분류되기도 한다. 명장들이 승리한 전투는 항상 주도권을 장악하여 전쟁 또는 전투를 화려하게 승리로 이끌었다는 공통점을 지니고 있다.

이처럼 주도권은 전쟁과 전투를 지배하는 요소라고 해도 과언이 아니다. 특히, 전력이 열세하거나 내선상의 상황일수록 주도권의 확보는 작전의 생명과 같다. 왜냐하면, 내선에서의 작전은 적에 의해 포위된 상태의 형국이기 때문이다. 따라서 내선상의 작전을 수행하면서 주도권이 적에 있다면 그것은 바로 포위 섬멸됨을 뜻한다. 그러므로 무릇 전투에서 승리하고자 하면 먼저 작전의 주도권을 장악하여 자신의 의지대로 전장을 운용해 나갈 수 있어야 한다. 낙동강방어선은 내선작전이었다. 워커는 내선의 이점인 보급지원의 유리점을 최대한 활용하면서, 충분한 예비대를 확보하여 작전의 융통성을 보장하고자 하였다. 그의 하루 시작은 "오늘 내가 운용할 수 있는 예비대의 규모는 어떻게 되는가?"였다. 그의 참모장은 이를 구현하고자 하는 것이 가장 힘들었다고 회고한 바 있다.

워커는 예비를 운용하여 북한군의 공세로 밀린 지역을 역습으로 복구하면서 방어선을 지탱하였다. 북한군은 미군의 우세한 기동력을 바탕으로 한 즉시적인 예비대의 투입으로 번번히 돌파한 지역을 다시 내주어야 했다. 북한군은 낙동강선에서 결정적인 주도권 장악 국면을 조성하지 못하였다. 자신의 의지대로 전장을 운용한다는 것은 결전의 시기와 장소 그리고 수단과 방법 등이 모두 나의 의지대로 움직인다는 것이다. 궁극적으로 나의 작전행동은 자유자재로 하면서, 적의 행동은 나의 의지에 종속되도록 만든다는 것이다. 주도권 획득에 관한 군사 이론가와 전략가의 주요 견해는 다음과 같다.

구 분	주도권 확보 방법
손자	고선동적자(故善動適者), 형지 적필종지(形之 適必從之), 여지 적필취지(予之 適必取之), 이리동지 이졸대지(以利動之 以卒待之) '적을 잘 움직이는 자는, 적으로 하여금 말려들게 하고, 적에게 뭔가를 주는 척하여 달려들게 한다. 이로움으로서 적을 끌어내어 졸지에 공격한다'
클라우제비츠	기습, 주 결전장에 전투력 집중
풀러	기습, 우세한 전투력 집중, 기동

구 분	주도권 확보 방법
리델하트	최소 저항선과 최소 예상선에 전투력 집중, 기습 달성
롬멜	최초 접촉 시 과감한 사격, 기만, 유인, 공방동시전투, 역습
맥아더	적 약점에 대한 기동, 기습
다얀	은밀한 접근에 의한 기습
알렉산더	신속한 기동
넬슨	독단에 의한 창의적 전투
도오고	정보에 의한 정확한 조치
을지문덕	지형이용 적 유인, 매복 섬멸
이순신	정보, 지형 이용, 적 유인 섬멸

주요 군사 이론가와 전략가들의 견해에서 나타난 주요 내용을 보면, 주도권과 관련된 용병술의 공통점은 기습과 전투력 집중으로 요약된다. 그리고 전투상황과 작전지역의 특성에 따른 창의적인 전투수행 방법으로 주도권을 장악하는 것이 효과적인 방법으로 인식하고 있다. 그렇다면 기습의 효과부터 살펴보기로 한다.

[3] 기습의 효과

기습이란 적이 예상하지 못한 시간·장소 및 방법으로 불의의 일격을 가하는 것을 말한다. 일찍이 손자도 『손잡병법』 계편(計篇)에서 '공기불비(攻其不備) 출기불의(出其不意), 상대가 준비하지 않으면 공격하고, 상대가 예상하지 못한 곳에 나타난다'는 말로 표현하였다. 기습은 적이 예상하지 못하게 하는 것이 기본임을 말하고 있다. 즉, 기습의 기본은 적을 속이는 것임을 강조한 말이다. 따라서 기습은 적의 무방비한 상태에 가하는 일격이므로 가장 경제적이고 효율적이며, 단시간 내에 성과를 획득할 수 있는 공격행동이다. 기습은 적의 전투력의 균형을 와해시켜 혼란에 빠지게 함으로써 피·아 전투력의 균형을 아군에게 유리하게 전환시켜 작전의 주도권을 장악하는데 결정적인 역할을 한다. 즉, 주도권 장악의 가장 유리한 기본적인 요소인 것이다. 이 때문에 대부분의 국가에서는 작전수행을 위한 원칙에 기습을 공통적으로 포함하고 있는데, 이는 그 가치의 중요성을 인정하고 있기 때문이다. 기습의 효과는 적이 모르게 하는 것을 기본으로 삼기 때문에 일단 성공하게 되면 적 부대의 정상적인 작전수행에 심대한 차질을 야기시킨다. 기습은 적의 의표를 찔러 적이 준비할 수 있는 대응시간을 박탈함으로써 정신적 충격에 의한 공황 상태를 유발하게 만든다. 이로 인한 영향은 지휘의 곤란, 사기저하 등으로 혼란한 상황에 빠지게 한다.

사람의 심리는 자신이 예상하고 있지 않았던 의외의 상황에 직면하게 되면 큰 충격을 받아 스스로 당황하여 마음의 균형을 잃어버리게 되며, 나아가서는 정상적인 사고가 마비된다. 마비의 정도는 그 사람의 심리적인 대비태세에 따라서 다소의 차이는 발생한다. 어느 정도라고 상상할 수 있었는가의 여부에 따라 다르게 나타나게 된다. 그러므로 기습의 효과를 극대화하기 위해서는 적이 모르게 하는 것이 중요한 것이다. 심리적인 사고가 마비된 가운데 정상적인 행동은 기대하기 어렵다. 마비된 적을 격멸하는 것은 어떠한 어려움도 없게 된다. 결론적으로 보면 기습의 대상은 어디까지나 적의 정신적 자세, 특히 적 지휘관의 심리 상태라 할 수 있다. 즉, 어떠한 적 부대 자체를 격멸하거나 전투장비 등을 파괴하는 것 등도 기습의 목적이 될 수 있겠으나 최종적인 결과는 적의 심리적 대응을 마비시키는 것이다.

주도권 장악은 '적보다 빨리 기선을 제압'하는 것이 핵심이다. 기선은 선제적인 공세 행동으로 장악된다. 따라서 적이 공격하기 전에 먼저 공격해야 한다. 그러나 반드시 공격을 먼저 했다고 기선을 제압할 수는 없다. 적의 약한 부분을 강하게 빨리 공격하는 것이 중요하다. 결정적인 지점을 타격하는 것은 주도권 획득의 전제조건이다. 결정적인 지점의 조건은 적의 전투력이 약하게 배치된 지점이다. 적의 약한 지점에서는 상대적인 전투력의 우위 확보가 보다 용이하다는 유리점이 있다. 다른 또 하나의 조건은 적의 약점과 과오가 발견된 지점이다. 적이 무질서하게 집결된 지점, 전투 지휘 중에 발생하는 전술적인 착오 등은 대단히 약한 부분이다.

적의 약점은 아군이 확보시 적 전투력의 균형을 무너뜨릴 수 있는 지점이다. 확보 또는 타격이 필요한 적의 약점을 목표로 선정해야 하며, 선정된 목표에 대해서는 전투력의 전역량을 집중하여야 한다. 중요하지만 상대적으로 전투력 배치 등이 취약한 지점으로는 후방에 위치한 지휘통제시설, 작전지속지원시설 등이 그 예가 될 수 있다. 다음의 문제는 '어떻게 그 시간과 장소에 기선 제압을 위한 전투력을 도달시킬 것인가?'이다. 목표까지 도달하는 수단과 방법의 문제이다. 가능하면 전투력을 보존한 상태로 보다 빠른 기동을 하여 전투력을 강하게 만들어야 한다. 따라서 전투력의 보존이 보장된 상황에서 가장 빠른 접근로와 기동수단을 이용한 가장 유리한 방법을 강구해야 한다. '언제(시기) 어디서(장소), 어떻게(방법)'라는 기습의 세 가지 측면(2WH)은 주도권 장악의 원리로 이해할 수 있다. 이를 요약하면 다음과 같다.

구 분	주도권 장악의 원리	주안점
시 기	적보다 빠른 기동 및 선제 타격	상황판단 → 결심→ 대응의 정확성과 신속성
장 소	결정적인 지점 확보 및 타격 목표선정과 일치해야 함	주도권 장악은 적 저항이 가장 적고, 적이 예상치 못한 방향 정면보다는 측후방 타격
방 법	기습달성, 창의력 발휘	전투력 집중 효과 달성

이상을 분석해 보면 기습의 성공을 보장하기 위해서는 기동과 집중에 의해 결정적 시간과 장소에서의 상대적 우세를 달성하는 것이다. 이들 세 가지 요소는 작전술 및 전술 수준에 공히 적용되는 주도권 획득의 원리이다. 이를 용병술체계의 수준별 영역으로 구분해 본다면 '언제, 어디서 주도권을 획득할 것이냐'하는 문제는 주로 작전술의 영역이며, '어떻게' 주도권을 획득할 것이냐의 문제는 작전술과 전술에서 함께 다루어야 할 영역이다.

인천상륙작전에서의 인천을 선택한 것은 작전술 차원으로 볼 수 있고, 상륙작전 간에 발생하는 전투는 전술의 차원으로 볼 수 있다. 표에서 정리하였듯이, 전 장병이 불굴의 전투의지를 갖고 보다 빨리 보다 정확한 방향과 지점에 기습적으로 전투력을 집중하여 적의 균형을 와해시키는 것을 주도권 획득의 원리로 볼 수 있다. 이를 위해서는 기동력과 적을 기만하기 대책 등이 요구된다. 기습을 위한 다양한 기만술을 구사하는 지휘관이 전술에서 말하는 술(術)에 능통한 사람이다. 전례를 통해 볼 때 기습을 당한 부대는 이러한 영향을 받아 대부분 와해되어 지리멸렬하게 된다. 6·25전쟁 당시 낙동강 전선에서 필사의 노력을 하며 국군을 격멸하려 했던 북한군이 어느 순간 지리멸렬했던 것은 기습적인 인천상륙작전에 따른 심리적 마비에서부터 비롯된 것이다. 기습은 적의 전투력을 격멸하기도 전에 심리적 마비를 먼저 가져오게 한다.

[4] 기습의 성공요소

기습의 성공요소는 속도, 기만, 예상치 않은 전투력의 적용, 정보 및 작전보안, 전술과 작전방법의 변화, 무기, 불리한 지형 및 기상의 이용 그리고 심리전 등이다. 동서고금의 전사에서 기습을 성공시킨 공통적인 요소를 찾아 보면 다음과 같다.

◇ 속도와 민첩성

기습을 달성하기 위해서는 적이 대처할 수 없도록 신속한 속도를 요구하고 있으며, 속도는 곧 민첩성을 말한다. 속도는 물리적인 속도와 상대적으로 적보다 빠른 속도를 의미한다. 속도가 빠르면 적이 알았다 해도 반응하기에는 늦게 되는 것이다. 적의 대응 능력을 박탈하게 하는 것이 속도이다. 이를 위해서는 정확한 상황판단, 빠른 결심, 보다 빠른 대응이 이루어지게 하는 것이 필요하다.

◇ 적 기만을 위한 노력

전술기만은 적으로 하여금 아군의 병력, 배치, 능력 및 의도 등에 대해 예측을 하지 못하도록 하거나 오판을 하도록 하는 것이다. 이렇게 하여 결과적으로 적에게는 불리하고 아군에게는 유리한 여건을 조성하는 것이다. 기만작전에는 양공, 양동, 계략, 허식의 네 가지가 있다.[22] 허식에는 모의, 가장, 연출이 있다. 이상과 같은 기만 대책 중의 어느 것을 적용하든 적이 알지 못하거나, 오판하도록 하는 것이 기습작전을 성공시키기 위해서 중요한 것이다.

294년 촉의 제갈량은 마침내 오장원에서 숨을 거두었다. 사마의는 정보망을 통하여 이 소식을 들었다. 사마의는 추격을 서둘렀다. 제갈량이 죽고 없는 촉군은 이미 혼란에 빠진 것으로 판단하였다. 여기에서 사마의와 제갈량의 최후의 결전이 벌어지는데, 무엇보다도 제갈량에 의한 계략의 극치를 보이는 장면이 나온다. 제갈량이 사망했다는 정보를 확인한 사마의는 철수하는 촉군을 공격했다. 기동력을 최대한 발휘한 추격작전을 전개하였다. 마침내 촉군의 철수하는 대열을 따라 잡을 수 있었다. 그런데 제갈량의 군기가 나부끼는 가운데 사륜거 안에는 학창의를 입은 제갈량이 여느 때와 마찬가지로 여유롭게 부채를 들고 있는 광경이 보였다. 이를 본 사마의는 제갈량의 사망설이 계략일 수도 있다는 의심이 들면서 공격을 멈추게 하였다. 위군의 장수들은 추격을 주장했으나 사마의는 일축하였다. 덕분에 촉군은 무사히 철수에 성공하였다. 제갈량은 자신의 죽음을 예견하고 미리 대비를 해 두었다. 그에 따라 사륜거 속에는 자신과 똑같은 나무로 만든 인형을 태우게 하였던 것이다. 제갈량은 죽기 전에 사마의를 속이기 위한 계략을 꾸몄는데 사마의가 보기 좋게 넘어간 것이다. 제갈량은 사마의가 자신의 모습을 보게 되면 공격을 감행하지 못할 것을 미리 알고 있었던 것이다. 그리하여 후세의 사람들은, 죽은 제갈량이 살아있는 사마의를 이겼다며, 사마의가 속아 넘어간 당시의 상황을 말하는 고사성어가 만들어졌다.

---

22) 양공은 적을 기만하기 실시하는 제한된 목표를 공격하는 것이며, 양동은 실제 공격을 하지는 않지만 그러한 행위를 하는 것을 말한다.

사공명 주 생중달(死孔明 走 生仲達)은 '죽은 공명이 산 중달(사마의)을 쫓아낸다'는 의미이다. 이 말의 숨은 뜻은, 탁월한 인물은 죽어서도 역할을 한다는 의미를 갖고 있다. 제갈량은 죽기 전에, 안전한 철수를 위해서는 자신의 죽음을 비밀로 하고 질서있게 철수할 준비를 하라고 일렀다. 이를 위하여 평소 타던 수레에 자신과 똑 같이 생긴 인형을 제작하여 싣게 하였으며, 이를 본 사마의는 겁을 먹고 공격하지 못하였다.

손자는 그의『손자병법』시계편(始計篇)에서 '병자궤도야(兵者詭道也), 용병을 하는 데에는 속임수나 기이한 꾀를 써야 한다'라며 기만에 대하여 말하였다. 병법은 기만술이라는 말이다. 적장을 속이는 자는 손쉽게 전투를 이길 수 있을 것이며, 그렇지 못하면 적장에게 속아 패전의 지휘관이 될 것이다. 누가 적장을 속이느냐 하는 지혜는 술(術)의 능력이다.

◇ 예기하지 않은 전투력의 사용

기습을 성공하는 데는 예기하지 않은 전투력을 사용하는 것이 또한 중요하다. 적이 알면서도 대응을 하지 못하는 이유는 기습부대가 예기하지 않은 전투력을 사용하기 때문이다.

6·25전쟁 당시 북한군이 초기에 기습을 성공한 것은 국군이 보유하지 못한 전차를 주축으로 한 전투력 때문이다. 신무기를 앞세운 기습이었다. 그로부터 약 보름의 시간이 경과 한 7월 10일에 이르러서야 미국으로부터 신형 3.5인치 로케트포를 보급받을 수 있었다. 대전전투에서 미 제24사단장인 딘 소장이 상황이 급박함에 따라 직접 사격을 하기도 하였다. 그 이후가 되어서야 대전차포로 전차를 파괴할 수 있었고, 8월에야 미군은 전차대대를 투입하여 대전차전을 전개하여 적 전차의 기동을 저지하는 것이 가능해졌다. 이때까지 적전차는 공포의 무기였다. 개전초기에 전차라는 예상하지 못한 전투력 사용으로 속수무책으로 무너진 것은 신무기의 기습으로 보면 된다. 6·25전쟁 당시 국군과 유엔군은 인천상륙작전에 성공하여 거칠 것 없는 북진을 계속하였다. 유엔군 사령부에서도 이미 국경선인 압록강 부근까지 진격했기 때문에 참전의 기회를 놓친 중국군은 개입하지 않을 것으로 판단했다. 국군 제7연대는 10월 26일 압록강변의 초산까지 진격하였다. 그 기념으로 수통에 압록강 물을 담아 대통령에게 전달하기도 하면서 통일을 눈앞에 두고 있었다. 맥아더 원수도 그해의 추수감사절인 11월 23일까지는 전쟁을 끝내

겠다는 목표로 총공세를 집중하고 있었다. 그러나 중공군은 이미 10월 16일경에 압록강을 도하하기 시작하였고, 투입된 병력은 25개 군 75개 사단이라는 대군이었다. 이처럼 전혀 예상치 못한 전투력을 투입하여 유엔군을 기습하여 큰 타격을 가하게 되어 다시 서울을 다시 내어주게 되었다.

◇ 정보 및 작전보안

손자는 정보의 중요성에 대하여 『손자병법』 모공편(謀攻篇)에서 '지피지기(知彼知己) 백전불태(百戰不殆) 부지피지기(不知彼而知己) 일승일부(一勝一負) 부지피부지기(不知彼不知己) 매전필태(每戰必殆), 적과 아군의 실정을 잘 비교 검토한 후 승산이 있을 때 싸운다면 백 번을 싸워도 결코 위태롭지 않다. 적의 실정을 모른 채 아군의 실정만 알고 싸운다면 승패의 확률은 반반이다. 적의 실정은 물론 아군의 실정까지 모르고 싸운다면 싸울 때마다 반드시 패한다'고 하면서 정보의 중요성을 말하였다.

정보의 첫째 임무는 적의 능력과 의도에 대한 판단이다. 공격계획이나 방어계획 등의 전투를 위한 작전계획은 적의 정보에 기초를 두고 작성된다. 그리고 아군의 작전계획은 적에게 입수되지 않도록 철저한 보안 즉, 방첩이 되어야 한다. 정보의 정확성 여부는 전투의 승패를 결정하는 중요한 요소이다. 전례에서 살펴본 예기치 못한 전투력에 속수무책이었던 그 근원은 정보의 부실이 한몫하고 있었다. 각국에서는 천문학적인 예산을 투자하면서 첩보위성 등을 활용하고 있으며, 장차전에서는 다양한 첩보수집 장비가 대거 이용될 것이다. 그러나 정보를 알고는 있었지만 내분으로 인하여 그 해석을 달리한 결과 실패한 전례도 수없이 존재한다.

◇ 전술과 전투방법의 변화

전쟁을 수행함에 있어서 새로운 전술의 개발은 기습의 효과를 높인다. 과거에는 존재하지 않았던 전술의 등장은 승리를 가져오는 원동력이 되었다. 칸네에서의 포위공격과 알렉산더의 망치와 모루전법 등이 그러하다.

『삼국지』에 등장하는 적벽대전에서의 화공법은 기상을 고려할 때 생각하지 못했던 전술이었다. 손권과 유비의 연합군은 기상을 면밀히 분석하여 화공을 사용한 것이며, 조조군은 기상분석의 오판으로 대패한 전례이다. 적벽대전은 다양한 전투방법의 적용을 승리의 원인으로 분석할 수 있다. 그 후 화공법은 임진왜란 당시 명나라 장수 이여송이 왜장 고니시군을 평양성에서 공격할 때 사용하였다. 고니

시는 이 전투에서 실패하고 서울로 철수했다. 임진왜란 3대첩 중의 한산대첩의 승리는 이순신 장군의 학익진법이었다. 당시에는 학익진은 육상에서만 사용가능한 전술로만 인식했으나, 이순신은 해전에서 과감하게 도입하여 왜군을 궤멸시켰다. 한산도의 좁은 수로를 이용하 공격해 오던 왜선은 협로를 통과하기 위해 종대대형으로 전환되었다.

제2차 세계대전 초기 1939년 9월 1일 4시에 독일군은 폴란드에 대하여 전격전(Blitzkrieg, 電擊戰)으로 주도권을 장악하였다. 9월 28일까지 약 1개월 만에 독일군은 전사자 1만명, 부상자 3만명이라는 적은 손실로써 60만에 달하는 폴란드군을 격파하였다. 또한 제2차 세계대전 당시 독일군이 네덜란드를 공격할 때에는 공수부대를 운용하는 새로운 수직포위의 전법에 의해서 기습에 성공했다. 1940년 5월 10일 독일은 최초로 공수부대를 네덜란드의 수도인 로테르담(Rotterdam)과 헤이그(Hague)에 투하시킴으로써 네덜란드군은 예기하지 않은 전법에 후방이 교란되었고, 전방의 주력군이 포위되고 병참선이 차단됨으로써 개전 5일 만에 항복하고 말았던 것이다.

◇ 무기와 장비

기습은 새로운 무기를 사용함으로써 달성시킬 수 있다. 임진왜란 때에는 일본군이 조총이라는 신무기를 앞세우고 공격하자 조선군은 연속으로 패하였다. 1592년 4월 14일 부산포에 상륙하여 한양을 점령하기까지는 약 20여 일 남짓밖에 걸리지 않았다. 신무기의 위력 앞에 조선의 상징인 경복궁은 5월 7일에 불타게 된다. 그러나 해전에는 이순신 장군이 거북선이란 신무기로 일본 해군에게 공포감을 갖게 해주었다.

러일전쟁 초기 일본군은 1904년 8월 19일(러일전쟁은 2월 10일)러시아의 여순요새를 1차 공격했으나, 러시아군은 콘크리트에 의한 강력한 요새지를 구축하고 기관총이란 신무기로 일본군을 상대하였다. 그로 인해 일본군은 그들 병력의 40%에 해당하는 16,000명의 손실을 보고 실패했다. 2차는 9월 6일, 3차는 11월 26일에 공격은 계속되었다. 결국 203고지는 일본군이 탈취하여 승리를 거두었지만 3차에 걸친 공방전에서 러시아의 새로운 무기로 말미암아 일본군의 피해는 막대하였다.

제1차 세계대전 당시 영국은 독일군과 교착상태에 있었던 프랑스의 솜므지역에 전차라는 신무기를 출현시킴으로써 교착된 전선을 돌파하는데 성공하였다. 독일군은 1차 세계대전 당시 1951년 4월 벨기에의 이프르전투에서 교착된 전선을 타개하기 위하여 독가스를 사용함으로써 전선돌파에 성공했다. 무엇보다도 가공 할 위력의 신무기는 제2차 세계대전 말기에 미군이 사용한 무기였다. 1945년 8월 6일 투하시킨 원자폭탄이라는 신무기는 일본을 항복하게 만들었다. 이와 같이 신무기의 개발은 적을 기습하는데 중요한 요소로써 작용한다.

『삼국지』에서는 보급을 위한 '잔도(栈道)'와 '목우유마(木牛流馬)'에 대한 이야기가 나온다. 이 역시 새로운 무기인 셈이다. 제갈량이 활약하기 이전부터 중국에는 '잔도(栈道)'라는 보급로가 있었다. 잔도는 험준한 촉으로 가는 길에 만든 길이다. 촉으로 가는 길이 참으로 험하고 먼 길이었다. 이러한 길을 군마를 동원한 대병력이 간다면 보통의 일이 아니었을 것이다. 당나라의 시선 이백은 이를 촉도난(蜀道難)에서, "촉도지난 난우상청천(蜀道之難 難於上靑天, 촉으로 가는 길은 하늘을 오르기보다 더 힘 들구나." 라는 구절을 낳게 만들었다. 촉은 지금의 사천(四天)성 일대를 말한다. 당나라의 수도였던 장안(長安, 현재의 시안)에서 촉으로 가는 길은 그만큼 멀고 험한 길이었다. 한고조 유방이 항우에게 쫓겨 파촉의 한중 땅으로 달아날 때 한중의 유일한 통로인 잔도를 불태워 없앴다는 것을 보면 오래전부터 중국에는 잔도가 있었던 것으로 보인다. 유방은 초나라의 항우보다 먼저 관중을 점령하는 일이 있었다. 이에 항우는 크게 노하였으며, 유방은 한중으로 도망치게 되었다. 이때 책사 장량의 조언에 따라 잔도를 불태웠는데, 이것은 유일한 통로를 없앰으로써 다시는 관중 땅을 탐내지 않겠다는 표현이었다. 그뿐만이 아니라 일단 한중땅으로 들어간 군사들이 밖으로 나갈 생각을 발본색원함으로써 훈련에 전념하게 하는 효과도 있었다.

유방을 쫓던 항우는 이러한 광경을 보고 방심하게 되었다. 유방이 잔도를 불태운 것을 본 항우는 자신을 두려워하여 공격로를 봉쇄한 것으로 생각한 것이다. 험준한 파촉의 한중으로 들어간 것은 더이상 욕심을 내지 않겠다는 뜻으로 보이게 만든 것이다. 적장의 방심을 유도한 효과를 거둔 것이다. 그러나 유방은 험준한 진령산맥을 넘어 중원으로 나아갔다. 진령산맥은 해발 2000~3000m에 달하는 고지군으로 형성되어 있다. 이처럼 험준한 산맥을 횡단한다는 것은 실로 어려운 일이었다. 항우는 대비가 없었으며 이로 인해 크게 일격을 맞았다. 기원전 206년의 일이었다. 이와 같이 잔도의 역사는 기원전까지 거슬러 올라간다. 한자의 뜻으로 풀이해 보면 '잔(棧)'은 '나무 사다리'라는 의미이다. 즉, 벼랑을 따라 사다리를 매

》 절벽에 길을 낸 잔도

촉으로 가는 길은 험준한 절벽으로 이루어져 있다. 절벽을 극복하기 위해서는 절벽에 구멍을 내고 다리를 만들었는데, 이를 잔도(棧道)라 한다. 촉은 북쪽의 위나라를 공격하기 위해서는 험준한 준령을 통과해야 했으며, 군사의 기동을 위하여 잔도를 내어야 했다. 잔도는 병력과 보급의 수송에 필요한 길이었다.

출처 : EBS세계테마기행, 「삼국지」에서 캡처

어 단 다리를 말한다. 중국인들은 벼랑을 따라 선반을 이어 만들 듯이 도로를 개설하는 지혜를 오래전부터 발휘하였다. 주로 험준한 산악지형을 따라 이러한 길을 만들었다. 이 길을 이용하여 군대를 보냈으며, 군대가 필요로 하는 양초 등을 운반하는 보급로의 역할을 하게 하였다.

제갈량은 이 잔도를 보수하면서 위나라를 정벌하고자 하였다. 제갈량은 여기에 더해 보급을 손쉽게 할 수 있는 수레를 만들었다. 제갈량은 전쟁과 전투 지속력을 보장하기 위한 장비를 개발하였다. 그것이 목우유마이다. 제갈량은 그가 만든 목우유마를 전시한 다음에 장수들을 모아놓고 이에 대한 설명을 하였다. 북벌을 하기 위해서는 원활한 보급이 필요하다는 것과 이를 위해서 효용성 있는 장비의 필요성을 말한 것이다. 무엇보다 많은 양의 보급품을 쉽게 운반한다는 것은 놀라울 뿐이었다. 자리에 모인 모든 장수들은 제갈량의 재주에 감탄하였다. "승상께서는 어떻게 이런 것을 만드셨습니까? 이제 필요한 물품을 제때에 받을 수 있게 됐으므로 북벌은 성공한 것이나 다름없습니다." 모두가 이러한 말을 하자 제갈량은 다시 한번 북벌의 의지를 다질 수 있었다. 출사표를 올려 북벌을 단행하였지만 제갈량은 이를 성공시키지 못하고 있었다.[23] 그러나 이를 포기할 수는 없었다. 북벌은 대의명분 뿐 아니라 촉나라의 오랜 숙원이었다. 따라서 제갈량은 포기하지 않고 계속하여 북벌을 단행하였다.

연이은 북벌의 실패는 여러 가지 요인을 들 수 있었으나 험난한 지형도 한몫 하고 있었다. 지형의 험난함은 보급의 어려움을 뜻한다. 촉군의 거점인 한중에서 위나라를 공격하기 위해서는 험난한 길을 통과하여야 했다. 또한 싸움이 길어지는 것에 대비하여 보다 원활하게 보급을 보장할 수단을 강구해야 했다. 목우유마는 '목우(木牛)와 유마(流馬)'의 두 가지였다. 목우와 유마는 능력의 차이가 있었다. 목우는 대량수송에, 유마는 소량수송에 사용되었다. 당시로서는 제갈량이 수많은 시행착오를 통하여 개발한 첨단기계였다. 목우와 유마는 참으로 신기한 물건이었다. 먹이를 주지 않아도 문제가 없었으며 휴식이 필요하지도 않았다. 이처럼 편리한 기계를 촉군이 가지고 있다고 하니 사마의는 궁금하지 않을 수 없었다. 그는 이것을 몇 마리 빼앗도록 하였다.

어느날 제갈량은 고상에게 목우와 유마를 이용하여 검각에서 기산(지금의 사천성과 운남성의 경계)까지 보급품을 운반하도록 하였다. 고상은 제갈량의 명령에 따라 기산의 군졸과 군마에게 먹일 식량과 건초를 싣고 손쉽게 보급 문제를 해결하였다. 이를 본 위군이 사마의에게 보고하였다. "촉군이 목우유마라는 기계를 이용하여 대량의 보급품을 힘을 들이지 않고서도 대량으로 수송하고 있습니다." "무엇이라고? 그렇게 된다면 촉군은 양초가 바닥날 일이 없다는 말 아니냐? 당장 그 목우와 유마를 빼앗아 오도록 하여라." 사마의는 심각해지기 시작하였다. 그가 촉군을 맞아 적극적으로 싸우지 않고 있는 것은 촉군의 보급에 어려움이 있기 때문이었다. 즉, 시간이 지나면 서서히 전력이 약화될 것으로 생각한 것이다. 그런데 목우와 유마로 보급품을 나르게 된다면 계획에 차질이 발생할 것은 뻔한 일이었다. 사마의는 장호와 악침 두 장수를 불러 이를 빼앗아 오라는 명령을 내렸다. 대체 어떻게 생긴 것인지를 알고 싶었으며, 이를 모방하여 위군도 보다 손쉬운 보급을 하고자 할 생각이었다.

사마의의 명령에 따라 위군은 어느 날 기습하여 목우와 유마를 몇 마리 빼앗아 갔다. 그러나 그것은 제갈량이 내심으로 바라던 바였다. 두 장수는 빼앗아 온 목우와 유마를 사마의에게 바쳤다. 사마의는 목공에 조예가 있는 자를 부르게 하였다.

23) 제갈량은 227년부터 234년까지 북벌을 단행하였다. 그러나 번번이 사마의에게 고전하였다. 제갈량은 그의 나이 54세 때에 오장원에서 북벌을 완성하지 못하고 천명을 다하였다.

» 목우유마

“너희들은 제갈량이 만든 이것과 똑 같이 움직이는 목우유마를 만들 수 있겠느냐?” 목공들이 살펴보니 그리 어렵지 않아 보였다. “그리 어렵진 않을 것 같습니다. 곧 제작하도록 하겠습니다.” 목공들은 촉군에게 빼앗은 목우와 유마를 해체하여 설계도를 만들었다. 솜씨 좋은 목공들이 이를 만드는 것은 그리 어렵지 않아 보였다. 드디어 목우와 유마가 만들어지자 사마의는 크게 기뻐하였다. 사마의는 이를 모방하여 천여마리의 목우와 유마를 만들게 하였다. “제갈량이 이렇게 하리라고는 생각지 못했을 것이다. 당장에 목우와 유마를 대량으로 제작하도록 하여라.” 사마의의 명령에 따라 손재주 있는 목공들을 선발하여 보름 동안에 천여 마리의 목우와 유마를 만들어 냈다.

사마의는 잠위에게 명령하여 이를 끌고 농서로 가서 양초를 운반하게 하였다. 복제품이 만들어지자 위군은 보다 손쉽게 보급품을 운반할 수 있었다. 위군은 과거보다 훨씬 적은 병력으로 많은 보급품을 운반하기 시작하였다. 그렇지만 이것은 제갈량이 노리는 바였다. 제갈량은 위군의 이러한 행동을 학수고대하고 있었던 것이다. 위군이 빈번하게 목우와 유마를 이용하여 보급품을 수송하고 있다는 소식이 전해졌다. 제갈량은 흐뭇한 미소를 지으며 말하였다. “사마의가 제법 총명하다고 알았는데 참으로 생각이 깊지 못하구나. 스스로 우리에게 양초를 준다는 것이니 받을 수밖에 없지 않느냐? 나는 오래전부터 사마의가 목우유마를 많이 제작하여 양초를 운반하기를 기다렸다."

제갈량은 왕평에게 명령을 내렸다. "왕평은 군사 1천을 이끌고 북원으로 가라. 갈 때는 위병으로 변장을 하라. 순량군이라고 속이고 위군의 운량군 속에서 움직이다가 적당한 곳에서 위군을 해치워라. 그리고 목우와 유마를 끌고 북원으로 돌아와라. 그러면 위군은 반드시 추격할 것이다. 그러면 너희들은 목우유마의 혀를 비틀어 놓고 도망쳐라. 위군은 목우유마를 끌고 가려고 하겠지만 목우유마는 움직이지 않을 것이다. 위군은 당황할 것이고, 이때 별도의 군대가 공격할 것이다. 위군이 쫓겨 가면 너희들은 목우유마를 다시 끌고 와라. 그러면 힘들이지 않고 위군의 양초를 우리가 가져올 수 있을 것이다." 제갈량의 명령은 이들을 기습하여 위군의 보급품을 탈취하라는 것이었는데, 목우유마에는 제갈량만이 알고 있는 비밀장치가 있었던 것이다. 드디어 위군의 잠위는 군사를 거느리고 천여 대의 목우와 유마를 이끌며 농서에서 북원[24]을 향하여 길을 떠났다.

목우와 유마는 양초를 가득 실고 있었다. 행군 중에 갑자기 앞에서 1천여명의 순량군이 다가왔다. 촉의 왕평군이었다. 위군으로 변장하고 있었으므로 위군은 이를 촉군으로 알아채지는 못하였다. 위군이 방심하는 사이에 왕평은 위군을 치기 시작하였다. 위군을 제압한 왕평은 목우유마를 끌고 북원으로 향하였다. 그렇지만 위의 곽회가 북원을 통하는 길에 나타났다. 곽회는 잠위가 죽고 촉군으로부터 위군의 양초를 탈취당했다는 소식을 듣고 추격한 것이다. 왕평은 제갈량의 지시대로 목우와 유마의 혀를 돌려놓고 도망쳤다. 곽회는 목우유마를 모두 되찾는 데는 성공하였다. 대열을 정비하고 출발 명령을 내렸다. 그런데 목우유마가 꼼짝도 하지 않는 것이었다. 위군은 아무리 끌고 가려 했으나 목우유마는 움직이지 않았다. 한 필도 움직일 수가 없었다. 당황한 분위기 속에서 갑자기 북소리와 괴성이 들렸다. 괴이한 분장을 한 무리들이 쳐내려오고 있었다. 그들은 강유와 위연의 군대였다. 제갈량은, 위군이 당황한 틈을 타서 이들을 습격하라고 한 것이다. 그러면서 괴상한 복색을 착용하고 분장을 하여 귀신처럼 보이게 하라고 시킨 것이었다. 위군은 황급히 달아나기 바빴다. 제갈량은 손쉽게 위군의 양초를 빼앗을 수 있었다.

---

24) 북원은 위수 북쪽의 요충지이며 위나라의 중요한 기지였다. 위수를 기준으로 제갈량이 숨을 거둔 오장원은 남쪽에, 북원은 북쪽에 위치해 있다.

마치 적벽대전에서 힘 안들이고 조조로부터 화살을 얻은 것과 같았다. 이러한 위군의 패전은 곧 바로 사마의에게 보고되었다. 사마의는 군대를 이끌고 직접 나섰다. 사마의가 구출부대를 이끌고 내달리던 도중에 촉군의 요화와 장익이 매복하고 있다가 급습하였다. 이 역시 제갈량이 미리 지시한 대로였다. 사마의는 황급히 도망치기 시작하였다. 도주하는 사마의를 요화와 장익이 뒤쫓았다. 장익이 소리쳤다. "사마의는 목을 내놓아라." 벼락 치는 듯한 소리와 함께 그의 칼이 사마의를 향해 내려쳤다. 그러나 아쉽게도 그의 칼은 빗나가면서 나무에 깊이 박혔다. 그 사이 사마의는 더욱 말에 채찍을 가하였다. 요화는 칼을 다시 뽑아 뒤쫓기 시작하였다. 열심히 말을 달리다 보니 길 위에 황금 투구가 눈에 띄었다. 분명히 장식으로 보아 대도독 사마의 투구가 확실했다. 요화는 더욱 새차게 말을 몰아 세웠다. 그러나 사마의를 잡을 수는 없었다. 절체절명의 순간에 사마의는 그의 투구를 길 위에 던지고 반대 방향으로 달렸던 것이다. 사마의의 천명은 아직 남아 있었다.

목우유마는 당시에는 제갈량이 만든 첨단무기였다. 첨단무기에는 제작국만이 아는 비밀장치가 있기 마련이다. 그 옛날 제갈량은 첨단무기를 제작했으며, 이를 적이 취한다 해도 사용하지 못할 장치까지 생각하고 있었던 것이다. 제갈량을 존경하는 인물로 삼는 사람들은, 그가 미래를 볼 줄 알고 특히 실리를 추구하는 현실적인 인물이었다는 것을 하나의 이유로 든다. 목우유마에서 그의 실리를 살펴볼 수 있다.

◇ 불리한 지형 및 기상의 이용

손자는 지형과 기상을 잘 알고 있으면 궁지에 몰리지 않고 승리한다고 하였다. 중요한 지형지물을 잘 이용한다는 것은 전투력을 증가시킬 수 있으며, 적이 예상하지 못하는 불리한 지형과 기상을 이용한다는 것은 기습성공의 요소가 된다.

19세기 초 나폴레옹은 오스트리아군으로서는 전혀 예상하지도 못한 험준한 알프스산맥을 넘어 공격하였다. 때문에 마렝고전투에서 오스트리아의 멜라스군을 격멸하여 대승을 거두었다. 제2차 세계대전 당시 프랑스군은 마지노선을 굳게 요새화하고 독일의 공격을 방어하려 했고, 제1차 세계대전 때와 같은 방향으로 공격해 올 것으로 예상하였다. 그러나 독일군은 마지노선 좌단의 험준한 아르덴느숲을 넘어 프랑스를 공격함으로써 기습을 달성하였다. 프랑스는 안일한 분석과 대비를 한 셈이었다. 불리한 지형을 이용한 대표적인 기습이었다.

제2차 세계대전 당시 1944년 12월 16일부터 1945년 1월 8일간에 걸쳐 독일군의 최후공격이었던 발지전투는 강우와 짙은 안개를 이용한 공격작전이었다. 히틀러는 제공권이 상실되자 연합군의 전술적 폭격을 불가능하게 하는 악천후를 이용하여 공격할 것을 결심했고, 공격의 시기를 일기예보에 따라 악천후를 선택했다. 그리하여 1944년 12월 16일 독일의 룬트슈테트 원수는 장갑 10개 사단을 포함한 24개 사단으로 강우와 짙은 안개를 이용하여 비밀리에 전방의 울창한 숲에 병력을 집결시키는데 성공하고, 공격을 개시하여 연합군의 제8군단 정면 40마일 전선을 돌파하는데 성공하였다. 이로 인하여 연합군의 브레들리 장군이 지휘하던 연합군 제12집단군은 남북으로 절단되었다. 돌파구의 북쪽에는 하지의 제1군단, 남쪽에는 패튼의 제3군으로 분리되었다. 이로 인하여 연합군은 공격작전에 약 6주간의 지연을 초래하였다.

◇ 심리전

심리전은 기본계획을 지원하는 작전이지만 때로는 대중의 마음을 움직일 수도 있다. 따라서 그 결과는 대단히 크게 나타나기도 한다.

을지문덕 장군은 수나라 우중문과의 전투에서 "장군의 그 뛰어난 계략은 천문을 능히 통달하였고, 그 오묘한 전술은 지리를 가히 다하였도다. 싸움마다 크게 이겨 그 공이 세상에 알려졌으니 이제 그 만족함을 알고 돌아간들 어떠리"라는 한 구절의 시를 우중문에게 건넸다. 우둔한 우중문은 항복하는 줄 알고 회군하던 중, 살수에 이르렀을 때 이를 공격하여 섬멸시켰다. 이는 을지문덕 장군이 심리적으로 적을 기습하여, 적이 스스로의 공격을 포기하게 만든 것이다.

1958년 6월 체게바라는 쿠바혁명의 과정에서 수적으로 많고 장비가 우세한 정부군과 싸우지 않고 승리하기 위하여 고민하고 있었다. 그리하여 마에스트라 근거지에서 혁명군 방송이라는 비밀방송을 실시했는데 그 내용은 이러했다. "정부군 여러분, 정부군의 중요 정보를 가지고 투항하면 우리는 보상을 하고 여러분이 원한다면 국제적십자를 통해 귀가시켜 드립니다." 하는 내용이었다. 이러한 방송을 계속하게 되자, 정부군은 무전기와 암호문을 휴대하고 투항이 속출하게 되었다. 이로 인하여 체게바라는 정부군의 활동을 사전에 탐지하여, 폭격기가 출현하면 정부군을 폭격하도록 유도할 수 있었다. 이리하여 정부군의 대부대가 마에스트라 산지에 투입된 지 2개월 만에 1,000여명의 손실을 냈고, 반란군이 국제적십자를 통해 인도한 포로만 해도 4,500명이나 되었다. 그 결과 정부군은 토벌작전을 중단하고 철수하게 되었다.

기원전 203년 중국 초나라와 한나라의 전투에서 한신의 기발한 아이디어에 의해 실시된 피리작전도 심리전이다. 초나라의 항우와 한나라의 유방은 서로가 천하를 평정하기 위해서 수차의 공방전을 계속하였다. 그러던 중 항우는 해하성에서 그의 10만 대군과 함께 한나라군에 포위되었다. 20만의 한나라군 유방의 선봉장이었던 한신은 초나라 출신 병사 중에서 노래를 잘 부르는 수십 명을 선발하였다. 이들을 3일간 훈련을 시킨 다음 초나라 강동지방의 노래를 피리로 불게 하였다. 항우의 군사들은 구슬픈 피리소리를 통해 듣게 되는 고향의 노래에 동요되었다. 포위된 상태의 두려움에서 듣는 고향의 노래는 고향에 대한 짙은 향수로 발전하여 전의를 상실하고 도망하는 자가 나오기 시작하였다. 이를 본 항우는 이미 천심이 기울어져 있음을 절감하였다.

백성 모두가 유방을 따른다고 판단하여 스스로 결전을 포기하고 호위병 80명만을 대동하고 대군을 버린 채 포위망을 뚫고 도주하였다. 그나마 그 과정에서 매복조에 의해 기습을 당하자 스스로 목을 베어 자결하였다. 역발산기개세(力拔山氣蓋世)의 힘과 기개를 상징하던 항우의 최후였다. 이것은 매복조에 의한 작전의 성공이 아닌 피리를 이용한 심리전의 기습이 성공한 전례이다. 이리하여 한신은 피리를 이용한 심리전으로 대승을 거두게 되었으며, 중국 천하는 한 고조 유방에 의해 통일시대를 맞았다. 이 전투에서 사면초가(四面楚歌)라는 고사성어도 만들어지게 되었다. 사면초가의 심리전은 중공군이 6·25전쟁에서도 많이 사용했다. 야간에 공격하면서 부는 피리소리는 소름을 유발하면서 전의를 상실시켰다. 지금도 상황이 아주 곤란할 때를 사면초가라는 말로 표현하는데 이는 앞에서 말한 항우의 처지를 말하는 것에서 출발하였다.

제2차 세계대전 중에 영국의 수상 겸 국방상이었던 처칠은 무솔리니가 실각하고 국민들이 전쟁에 혐오를 느낀다는 정보를 입수하였다. 처질은 미국의 루즈벨트 대통령에게 이탈리아에 전단 살포를 제안하였다. 그 내용은, "이탈리아가 존속할 수 있는 유일한 희망은 연합제국의 압도적인 군사력에 겸손히 항복하는 일 이외는 없습니다. (중략) 여러분이 이탈리아와 무솔리니 그리고 히틀러를 위해 죽을 것이냐, 그보다는 이탈리아를 위해 또는 문명을 위해 살 것이냐, 이것을 결정할 때는 지금입니다."라는 전략 전단을 1943년 7월 17일 이탈리아 전역에 살포함으로써 이탈리아 국민의 지지를 얻었다. 드디어 9월 3일 시실시의 시라쿠스에서 휴전이 조인되는 결과가 되었다. 이 전례는 이탈리아 국민의 심리를 이용한 것이다. 일종의 전략 전단에 의해서 귀중한 생명과 막대한 전비를 절약할 수 있게 한 심리전을 이용한 최대의 기습이었다.

[5] 전투력 집중의 중요성

집중할 시기와 장소를 선정하는 것과 어떻게 할 것인가는 대단히 어렵다. 그것은 전장의 특성인 불확실성이 존재하기 때문이다. 이 말을 먼저 언급하는 이유는 집중을 실행하기 위해서는 적정을 분석한 결과 얻을 수 있는 '언제, 어디서'와 이를 기초로 한 '어떻게'라는 문제를 해결해야 가능하기 때문이다. '내가 지휘관이라면 언제 어디에 집중할 것인가?'의 문제는 심각한 고민에 빠지게 한다. 전투는 생명의 희생이 따르기 때문에 더욱 그렇다. 집중은 전투력의 비율이 열세하더라도 결정적 시간과 장소에서 상대적 우세를 달성함으로써 주도권을 장악하여 전투를 승리로 이끄는 중요한 요소이다. 전투력의 우세는 절대적 우세와 상대적 우세가 있다. 절대적 우세란 적과 동등하거나 언제나 상대방보다 우세한 것을 말하며, 상대적 우세란 적과 동등하거나 그 이하의 전투력을 확보하고 있다 할지라도 결정적인 지점에서는 적보다 우세하도록 운용한다는 것이다.

나폴레옹은 이에 대해서 천재적인 소질이 있었다. 나폴레옹은 "나는 항상 다수로 소수를 이겼다. 나는 오직 하나만 생각한다. 그것은 집중이다." 상대적 우세의 중요성과 그것을 달성하는 깊이 있는 의미를 터득한 결과에서 나온 말이다. 리델하트 역시 집중에 대하여 "전쟁의 제원칙은 집중이라는 말로 요약된다. 즉, 적의 약한 곳에 대한 힘의 집중이다." 라는 말로 그 중요성을 말하였다. 역사상 이름을 날린 명장들은 모두가 집중을 통해 상대적 우세를 달성하고 기습, 적에 대한 분산의 강요, 유리한 장소와 시간 선택 등을 통해 주도권을 장악함으로써 전투에서 승리했다는 사실을 발견할 수 있다. '이기는 전투=집중'이라는 등식이 성립되는 말이다.

》 전쟁과 모정

성공적인 작전의 수행을 위해서는 우세한 전투력을 결정적인 시기와 장소에 집중하여야 한다. 그러나 모든 지역에서의 집중은 현실적으로 불가능할 경우가 대부분이다. 그것은 절대적 우세를 달성한 경우를 말하기 때문이다. 그러므로 집중이란 결정적 시간과 장소에 가용한 전투력을 최대한 결집시켜 상대적 우세를 달성하는 것이 핵심을 이룬다. 이것은 우승열패의 진리이기도 하다.

글을 마치며

역사의 흐름 속에서 인류가 세운 국가는 수없이 많았으며 당대를 아우르는 강대국이 존재하였다. 하지만 비록 강대국이었지만 많은 국가들이 역사 속으로 사라졌다. 흥망의 역사는 반복을 거듭하였지만 흥하고 망하는 배경에는 원인이 있었다. 국제질서는 자국의 이익을 우선시하는 약육강식의 논리에 따라 움직였음은 인류의 오래된 역사속에서 쉽게 찾아볼 수 있다. 강대국은 뛰어난 기술력을 바탕으로 강력한 군사력으로 무장하였으며, 이를 근원으로 삼아 세력을 확장하였다. 강대국은 세력확장의 수단으로 전쟁을 선택하였으며, 전쟁은 새로운 강대국을 탄생시키기도 했으며, 강대국을 더욱 강성하게 만들기도 하였다. 전쟁의 역사는 강대국을 탄생시키기도 하였지만, 강대국을 역사 속에서 지우기도 하면서 흐름을 멈추지 않았다. 그리고 그들 국가에 의해 세계의 질서는 주도되었다.

인류의 역사는 이와 같이 전쟁과 함께 흘러왔다. 이러한 전쟁의 역사를 주도한 중심에는 걸출한 인물이 있었다. 이것은 앞으로도 마찬가지일 것이다. 아무리 과학기술이 발전한다고 하여도 그 중심에서 인간을 제외하기는 어려울 것이다. 그만큼 인간은 무한한 창의력과 잠재력을 가지고 있는 존재이며 모든 사물을 통제하고 관리하는 능력을 갖고 있다. 과학기술이 발달하여 인간을 대신하는 로봇이 전투하는 시대가 온다고 할지라도 전쟁의 주체이자 주역은 인간으로 남을 것이다. 과학기술의 발달은 시공을 초월하게 만들고 있으며, 이는 과거의 전쟁에서 체험하지 못한 헤아릴 수 없는 다양한 상황을 만들어 내고 있다. 과학기술의 발달은 아이러니하게도 그동안의 전장에서 경험하지 못한 다양한 상황과 예측이 불가한 각종 상황을 넘실거리게 만들 것이다. 그러므로 처음으로 마주하는 각종 상황을 직관과 통찰력으로 처리해야 하는 상황은 더욱 많아질 것이며, 이로 인해 전장의 주체는 인간이 될 수밖에 없을 것이다.

2018년 1월에 한복을 차려입은 소피아로봇이 'AI 로봇 소피아 초청 컨퍼런스: 4차 산업혁명 로봇 소피아에게 묻다' 행사에 참석한 일이 있었다. 여기에서 소피아로봇은 여러사람들과 인터뷰를 하면서 질문에 대한 정확한 대답을 하기도 하여 놀라움을 주었다.

그러나 일반적인 내용에 대해서는 정확한 답변을 하였으나 그렇지 않은 경우에는 질문의 본질과는 맞지 않는 답변을 하였다. 본질을 알아내기 위해서는 통찰력이 필요하다. 내면 깊숙이 숨어 있는 의도하는 바를 알아내는 통찰력은 기술적인 요소만 가지고는 불가능하다. 경우에 따라서는 감성이 뒤따라야 한다. 이는 인간만이 가능한 것이다. 소피아는 입력되어 있는 자료와 관련된 질문의 답변에는 강했으나, 전혀 의도하지 못한 경우에는 답변 자료를 정리하지 못하는 한계를 보였다. 즉, 주입된 자료에 의존하는 것이 로봇의 한계이다. 편협성을 갖고 있다는 것이다. 전장의 상황은 과거의 상황이 반복되는 경우도 있지만 전혀 새로운 상황이 더 많이 전개되는 공간이다. 이러한 현상은 과학기술이 발달할수록 더욱 증대될 것이다. 그러므로 그동안 경험하지 못한 수많은 상황으로 꿈틀대는 현장은 더 많아질 것이며, 현장을 통찰하고 극복할 능력있는 사람을 더욱 필요로 할 것이다. 그에 따라 인간의 중요성은 더욱 대두될 것이다. 특히 균형감을 갖춘 인물을 요구한다. 기술문명의 발달에 힘입어 위험한 영역에서 활동하는 각개 전투원의 역할은 로봇과 무인으로 구동되는 드론 등을 비롯한 기계에 의해 수행될 것이다. 그렇지만 상황을 총괄하여 관리하는 영역은 인간에서 기계로 대체되기는 어려울 것이다. 어쩌면 사람을 대신하는 기계에 의해 이루어지는 전투영역이 확장되면 될수록 이를 통제하는 사람의 역할은 더욱 중요시될 것이다.

이러한 점이 우리가 용병술에 대한 이해를 필요로 하는 이유이다. 인간의 안전에 대한 욕구는 매슬로우의 욕구이론에서 보듯이 기본적인 욕구이자 본능이기도 하다. 과학기술의 발달은 이러한 인간의 욕구를 충족시키며 전쟁 수행을 보다 효율적으로 하고자 할 것이다. 무엇보다도 단 하나의 생명에 대한 안전 추구에 보다 심혈을 기울일 것이다. 이에 따라 위험한 영역에 대해서는 인간의 자리를 대체하는 로봇의 비율이 높아질 것이다. 전투수행의 직접적인 역할을 로봇으로 대체시키는 것은 미래에 나타날 당연한 현상이 될 것이다. 그렇지만 이들 로봇의 지휘관까지도 로봇으로 대체하기는 어려울 것이다. 다시 말하면, 술적(術的)으로 운용하는 영역에서의 역할은 로봇으로 할 수 없다는 것이다. 이들의 단점은 학습하지 않은 것에 대해서는 제대로 된 역할을 수행할 수 없는 한계를 갖고 있다. 로봇은 학습한 과거를 경험으로 가장 적합한 대응을 제시할 능력은 있으나, 새로운 전술관을 만들어내지는 못할 것이다.

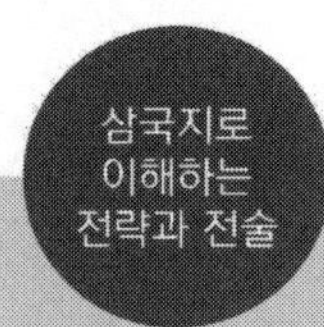

전쟁수행과 전투현장에서 이루어지는 행위를 입체적으로 분석하고 판단하여 대응하는 능력은 인간의 직관과 통찰을 바탕으로 한 창의력을 요구하는 영역이다. 활과 창이라는 단순무기를 사용했던 고대로부터 첨단무기가 넘쳐나는 현대에 이르기까지 전장을 지배하는 승리의 중심에는 전략과 전술이 있었다. 로봇은 미래의 전장을 관통하는 또 하나의 첨단무기가 될 것이다. 그렇지만 첨단무기의 출현이 모든 것을 결정짓기는 어려울 것이다.

인류가 존재하는 한, 창의력을 바탕으로 하는 고유의 능력은 어느 첨단기계에도 뒤지지 않을 것이다. 지금까지 『삼국지』를 살펴보면서 국가를 건설하고 세력을 키우기 위한 역동적인 현장에서 리더들이 펼치는 지략의 대결을 만나보았다. 영웅들이 펼치는 대서사시에서 사람의 중요성을 다시 한번 생각하면서, 전략과 전술을 보다 쉽고 친밀하게 이해하는 계기가 되었다면 이책을 쓴 소기의 목적을 충분히 달성했다고 생각하면서 보람으로 삼고자 한다.

희망찬 임인년을 바라보면서

참고문헌

1. 공식간행물 및 단행본

- 강성학, 『전쟁신과 군사전략』, 리북, 2012.
- 강영오, 『안보. 군사전략론』, 한국해양전략연구소, 2002.
- 강종일, 『한반도 생존전략』, ㈜해맞이 미디어, 2014.
- 강준만, 『한국 근대사 산책』, 인물과 사상사, 2008.
- 강창구 역, 『리델하트 전략론』, 병학사, 1978.
- 고은택 역, 『삼국지 대연구』, 진화, 1994.
- 고지훈, 『첩보 한국현대사』, 앨피, 2019.
- 곽노필, 『미래는 어떻게 올까?』, 산하, 2019.
- 권재상 역, 『최첨단 무기 시리즈8』, 자작나무, 1995.
- 국방군사연구소, 『6·25전쟁 상』, 군인공제회 제1인쇄사업소, 1995.
- 국방부군사편찬연구소, 『한미동맹 60년사』, 국군인쇄창, 2013.
- 국방기술품질원, 『국방과학기술용어사전』, 미래미디어, 2011.
- 국방대학교, 『군리더십 이해』, 경성문화사, 2009.
- 국방부, 『2010 국방백서』, 국군인쇄창, 2010.
- 국방부, 『2014 국방백서』, 국군인쇄창, 2014.
- 국방부, 『2016 국방백서』, 국군인쇄창, 2016.
- 국방부, 『2018 국방백서』, 국군인쇄창, 2018.
- 국방부, 『2020 국방백서』, 국군인쇄창, 2020.
- 국방부, 『참여정부의 국방정책』, 국군인쇄창, 2003.
- 국방군사연구소, 『한국전쟁上』, 군인공제회, 1995.
- 국방부 군사편찬 연구소, 『소련 군사고문단장 라주바예프의 6·25전쟁보고서 1∽4권』, 2001.

- 김경록, 『외국군 주둔과 용산의 군사역사』, 국방부군사편찬연구소, 2019.
- 김대욱, 『전쟁의 시대』, 채륜, 2012.
- 김상배, 『4차산업혁명과 남북관계』, 사회평론아카데미, 2018.
- 김석희 역, 『로마인 이야기 2 한니발 전쟁』, 한길사, 1995.
- 김승일 역, 『모택동 선집』, 범우사, 2001.
- 김원중 역, 『(정사) 삼국지』, (주)민음사, 2010.
- 김영수, 『국가안보, 위협과 취약성의 딜레마I』, 법문사, 2013.
- 김재웅, 『나관중도 몰랐던 삼국지 이야기』, 청년사, 2000.
- 김종윤, 『사람의 병법』, 오롬시스템, 1997.
- 김지원 외 역, 『전쟁연대기2』, 니케북스, 2013.
- 김창진 외, 『전사로 읽는 전술학』, 진영사, 2017.
- 김창진, 『우리에게 6·25전쟁이란?』, 진영사, 2018.
- 김창진, 『대통령과 통일정책』, 문운당, 2019.
- 김창진, 『전쟁사와 무기체계』, 문운당, 2019.
- 김태유, 『패권의 비밀』, 서울대학교출판문화원, 2018.
- 나종남 역, 『군사전략 입문』, 도서출판 황금알, 2018.
- 나채훈, 『마흔의 삼국지, 사마의를 읽다』, 북오션, 2012.
- 노양규, 『작전술』, 충남대학교출판문화원, 2016.
- 노중호, 『삼국지 용병학』, 증명, 2002.
- 노 훈 외, 『미래전장 스크랩』, 한국국방연구원, 2008.
- 대통령비서실, 『문재인대통령 연설문집 2권』, 문화체육관광부, 2017.
- 라종일, 『세계와 한국전쟁』, 대한민국역사박물관, 2019.
- 류상영 역, 『한반도 분단의 기원』, 나남, 2019.
- 류제승 역, 『전쟁론』, 책세상, 1998.
- 민병동 편저, 『명장명언』, 병학사, 1995.
- 민평식 역, 『미국의 월남전 전략』, 병학사, 1997.

- 박동찬, 『통계로 본 6·25전쟁』, 국방부 군사편찬연구소, 2014.
- 박명림, 『한국전쟁의 발발과 기원I』, 나남출판, 2006.
- 박명림, 『한국전쟁의 발발과 기원Ⅱ』, 나남출판, 2008.
- 박명진 역, 『삼국지 사전』, 현암사, 2010.
- 박태균, 『베트남전쟁』, 한겨레출판사, 2015.
- 박창희, 『군사전략론I』, 플래닛미디어, 2013.
- 정명복, 『한국의 군사사상I』, 플래닛미디어, 2020.
- 정명복, 『현대중국전략의 기원I』, 플래닛미디어, 2011.
- 박홍규, 『아돌프 히틀러』, 인물과 사상, 2019.
- 백기인, 『한국근대 군사사상사연구』, 국방부 군사편찬연구소, 2012.
- 방기환 역, 『대 삼국지』, 청화, 1989.
- 설순남 역, 『맹자와 공손추(남회근 저작선』, 부키, 2014.
- 성형권, 『전술의 기초』, 마인드북스, 2017.
- 송대범 역, 『전쟁이 만든 신세계』, 플래닛미니어, 2010.
- 송영조 역, 『전쟁의 역사』, 책세상, 1995.
- 신동숙 역, 『인간은 필요없다』, 한스미디어, 2016.
- 안계환, 『삼국지 생존법』, 나무발전소, 2019.
- 양욱, 『위대한 전쟁 위대한 전술』, 플래닛미니어, 2018.
- 온창일, 『전략론』, 집문당, 2003.
- 윤시원 역, 『클라우제비츠의 전쟁론 읽기』, 일조각, 2016.
- 윤지강, 『세계4대해전』, 느낌이 있는 책, 2007.
- 육군교육사령부, 『군사이론연구-용병체계중심-』, 육군인쇄창, 1989.
- 육군군사연구소, 『1129일간의 전쟁 6·25』, 국군인쇄창, 2014.
- 육군본부, 『군사용어사전』, 육군인쇄창, 2012.
- 육군본부, 『육군무기체계 50년 발전사』, 육군인쇄창, 2001.
- 육군사관학교, 『세계전쟁사』, 일신사, 1990.

- 윤지강, 『세계4대해전』, 느낌이 있는 책, 2001.
- 윤용남, 『입체고속기동전』, 육군군사연구소, 2009.
- 이내주, 『전쟁과 무기의 세계사』, 채륜서, 2017.
- 이동욱 외, 『무기의 역사이야기 100』, 진영사, 2013.
- 이동훈 역, 『오사마 빈 라덴 암살작전』, 길찾기, 2013.
- 이상호, 『전략과 전술』, 대경, 2019.
- 이언호 역, 『(한권으로 보는) 삼국지』, 큰방, 1999.
- 이유영 역, 『삼국지 전투에서 배우는 이기는 법』, 예문, 2004.
- 이정우, 『21세기 삼국지』, 신성문화사, 2000.
- 이종학, 『군사고전의 지혜를 찾아서』, 충남대학교출판문화원, 2012.
- 정명복, 『전략이론이란 무엇인가』, 충남대학교출판문화원, 2012.
- 정명복, 『종합세계전쟁사』, 박영사, 1968.
- 정명복, 『현대전략론』, 충남대학교출판문화원, 2013.
- 이중근, 『6.25전쟁 1129일』, 우정문고, 2014.
- 이춘근, 『미중패권경쟁과 한국의 전략』, 김앤김북스, 2016.
- 정명복, 『전쟁과 국제정치』, 북앤피플, 2020.
- 장선영 역, 『의리의 삼국지』, 옥합, 2000.
- 전경아 역, 『삼국지 100년 도감』, 이다미디어, 2018.
- 정명복, 『잊을 수 없는 생생 6·25전쟁사』, 지문당, 2014.
- 정정길, 『정책학원론』, 대명출판사, 2000.
- 조봉휘, 『연합 및 합동작전을 위한 무기체계론』, 2016.
- 조영갑, 『전쟁사 전쟁의 이론과 실제』, 북코리아, 2015.
- 조진태, 『나폴레옹의 군사전략』, 부크크, 2017.
- 조행복 역, 『세계전쟁사사전』, 도서출판 산처럼, 2012.
- 조행복 역, 『전쟁의 재발견』, 교양인, 2018.
- 천병희 역, 『펠로폰네소스 전쟁사』, 숲, 2011.

• 최세인, 『지휘·통솔, 그 실제와 본질』, 육군인쇄창, 2003.
• 한용섭, 『국방정책론』, 박영사, 2012.
• 합동군사대학교, 『6·25전쟁사(上)』, 국군인쇄창, 2015.
• 합동군사대학교, 『6·25전쟁사(中)』, 국군인쇄창, 2015.
• 합동군사대학교, 『6·25전쟁사(下)』, 국군인쇄창, 2015.
• 합동참모본부, 『군사기본교리』, 2002.
• 황성모 역, 『나의 투쟁』, 동서문화사, 2014.
• 황재현, 『미국의 아프가니스탄과 이라크 전쟁사』, 군사연구, 2017.
• 허남성, 『전쟁과 문명』, 플래닛미디어, 2015.
• 정명복, 『전쟁과 문명』, 플래닛미디어, 2015.
• 허진모, 『모든 지식의 시작, 전쟁사 문명사』, 미래문화사, 2017.

2. 논문

• 이종학, 「한국전쟁의 현대전략적 조명」, 『국방학술논총 제2집』, 1989년 8월.

3. 기타 참고자료

가. 신문기사 및 뉴스

• 경향신문, 「바이든, "한미동맹, 인도-태평양 안보 핵심"... 중국 견제 시사」, 2020. 11.12.
• 대한경제, 「정부, 중 '3불 약속'표현에 공식항의」, 2017.11.2.
• 동아일보, 「남관표, "3불원칙 중에 약속한 건 아니다」, 2020.10.22.
• 동아일보, 「美, 한미동맹에 '인도태평양' 대신 "동북아 린치핀"」, 2021.2.4.
• 동아일보, 「바이든 당선후 한미 방위비 협상 재개」, 2020.12.1.
• 동아일보, 「바이든, 시진핑 통화 다음날 "중이 우리 점심을 먹어버릴 것"」, 2021.2.15.
• 동아일보, 「중러는 연합훈련·미일도 훈련 강화...한국만 소외 우려」, 2020.12.24.
• 동아일보, 「하늘의 학살자 랩터」, 2017.12.5.
• 아시아경제, 「미 공화당의 반란, 트럼프 거부권 행사 국방수권법 무효화」, 2021.1.2.
• 한겨레 신문, 「한국전 최악의 패전 장군, 국립현충원에 안장」, 2011.11.30.
• 한국일보, 「"3불 약속 지켜라" 한국 거듭 압박하는 중국」, 2017.11.1.

나. 정부 간행물 및 보도자료

- 청와대 국가안보실, 「문재인정부의 국가안보전략」, 2018.
- 통일부 외, 「평화번영과 국가안보」, 2004.
- 국방부 보도자료, 「중·러 군용기 방공식별구역(KADIZ) 진입 및 러시아 군용기 영공
- 침범에 대해 엄중 항의」, 2019.7.23.
- 외교부 보도자료, 「강경화 장관, 미국 상·하원 대표단 면담」, 2017.8.22.
- 외교부 보도자료, 「제11차 한미방위비분담특별협정(SMA) 협상 최종 타결」, 2021.3.10.
- 청와대 정책브리핑 정책뉴스, 「한미정상회담 공동성명」, 2017.7.1.

다. 홈 페이지

- GLOBAL FIREPOWER 홈페이지
- 국방부 홈페이지
- 국가기록원 홈페이지
- 기상청 홈페이지
- 대통령기록관 홈페이지
- 주한 그리스대사관 홈페이지
- 주한 미국대사관 홈페이지
- 주한 러시아대사관 홈페이지
- 주한 중국대사관 홈페이지
- 주한 일본대사관 홈페이지
- 청와대 홈페이지

라. 영화 및 드라마 사진자료

- 영화, 「300」, 2014.
- 영화, 「남한산성」, 2017.
- 영화, 「아이, 로봇」, 2004.
- 영화, 「위 워 솔져스」, 2002.

• 영화, 「퓨리」, 2014.

• 드라마, 「삼국지」, 『EBS 세계견문록』, 2014.

• 드라마, 「삼국지 촉한의 땅」, 『EBS 세계테마기행』, 2013.

• 드라마, 「중국도읍지전」, 『EBS 세계테마기행』, 2019.

• 드라마, 「정도전」, 『KBS 드라마』, 2014.

• 드라마, 「신 삼국지」, 『KBS 2TV』, 2012.

• 드라마, 「한반도의 첫 사람들」, 『KBS 역사저널 그날』, 2019.

찾아보기

ㄱ

가정전투 ········· 344
간접전략 ········· 251
간첩의 종류 ········· 257
강노지말 ········· 242
검문각 ········· 63
고육계(苦肉計) ········· 259
고한행(苦寒行) ········· 82
곤설(袞雪) ········· 83
공성계 ········· 371
공세의 원칙 ········· 317
공세전략 ········· 185
관공삼약 ········· 390
관도대전 ········· 84
관우 ········· 99
괄목상대(刮目相對) ········· 293
국가안보전략 ········· 169
국가안보정책서 ········· 183
국가안전보장회의 ········· 178
국방수권법 ········· 13
국방정책 ········· 174
군사력 순위 ········· 248
군사전략 ········· 154, 177
기동의 원칙 ········· 317
기상(氣象) ········· 421
기습의 원칙 ········· 317

ㄴ

나관중 ········· 31, 88
나폴레옹 ········· 151
남만 평정 ········· 268
남중국해 ········· 236
남해 구단선 ········· 236

ㄷ

대륙굴기 ········· 284
도광양회 ········· 191
도원결의 ········· 215
도천지장법(道天地將法) ········· 71
동관묘 ········· 295
동맹전략 ········· 287
동탁 ········· 51
동학농민군 ········· 7

ㄹ

랜체스터의 법칙 ········· 395
러일전쟁 ········· 10
리델하트 ········· 147, 177
린치핀 ········· 18

ㅁ

마비전략 ········· 228
마찰 ········· 378
만두(饅頭) ········· 273
매림지갈 ········· 370
맥성 ········· 60
맥아더 ········· 44
맹달의 반란 ········· 350
명량해전 ········· 422

모사재인(謀事在人) 성사재천((成事在天) …… 377
모택동 …… 42
목우유마 …… 453
목표의 원칙 …… 317
무형전투력 …… 381
미드웨이해전 …… 424

ㅂ

박망파전투 …… 398
방위비분담금 특별협정 …… 20
방호의 원칙 …… 317
백제성 …… 62
번성전투 …… 267
불확실성 …… 370
블루하트(Blue-Hearts) …… 313

ㅅ

사공명 주 생중달(死孔明 走 生仲達) …… 448
사기의 원칙 …… 317
사드 …… 23
사마의 …… 64
삼고초려 …… 99
삼국지연의(三國志演義) …… 32
삼국지통속연의(三國志通俗演義) …… 32
삼배구고두례 …… 5
선제공격 …… 189
손권 …… 55
손자 …… 116
손자병법 …… 106, 116, 294
손책 …… 53
수세 후 공세전략 …… 185
수행전략 …… 185
십상시들 …… 201

ㅇ

애치슨라인 …… 205
억제전략 …… 185
여몽 …… 108
여백사 …… 76
여포 …… 76
연환계 …… 258
오관육참 …… 390
오관육참(五關六斬) …… 97
용병술 …… 130
용병술체계 …… 121
우승열패 …… 381
원소 …… 52
위험 …… 375
유비 …… 55
유표 …… 98
유형전투력 …… 380
육체적 피로와 고통 …… 378
읍참마속 …… 75
읍참마속(泣斬馬謖) …… 431
이릉대전 …… 290
이이제이 …… 251
인간적 요소의 중요성 …… 369
인도-태평양전략 …… 17, 126
인천상륙작전 …… 194
일대일로전략 …… 16

ㅈ

작전술 …… 301
작전통제권(Operational Command) …… 325
장비 …… 99
장사동상륙작전 …… 194
장진호(長津湖) …… 335
장판교 …… 229

적벽대전 ········· 56
적토마 ········· 79
전격전 ········· 450
전기(戰技) ········· 357
전략 ········· 145
전력전환점 ········· 404
전술 ········· 357
전쟁론 ········· 118, 149
전투공간 ········· 428
전투력 ········· 379
전투의 3요소 ········· 433
정관정요(貞觀政要) ········· 73
정보의 원칙 ········· 317
정책 ········· 159
제갈량 ········· 64, 74
제갈량의 출사표 ········· 276
조조 ········· 55
지소미아 ········· 247
지휘통일의 원칙 ········· 317
진궁 ········· 89
진시황 ········· 46
집산동정 ········· 381
집중의 원칙 ········· 317

ㅊ

참여정부 ········· 183
천하삼분지계 ········· 222, 243
청일전쟁 ········· 7
초선 ········· 207
촉한정통론(蜀漢正統論) ········· 33
춘천전투 ········· 345
칠종칠금 ········· 271

ㅋ

칸네전투 ········· 67
쿼드(Quad) ········· 19
크로마이트(Chromite) ········· 313
클라우제비츠 ········· 117

ㅌ

탄금주적 ········· 373
테르모필레전투 ········· 432
투키디데스의 함정 ········· 122

ㅍ

파촉지역 ········· 57
팔랑크스라 ········· 358
포위 ········· 361
필로폰네스전쟁 ········· 124

ㅎ

학익진법 ········· 450
한강교 폭파 ········· 234
한국방공식별구역 ········· 245
한미상호방위조약 ········· 15
한중쟁탈전 ········· 57
할발대수(割髮代首) ········· 92
핵전략 ········· 187
호로곡 ········· 377
화타 ········· 289
황건적의 난 ········· 49
후한13주 ········· 50

숫 자

16자전법 ········· 42

삼국지로 이해하는 **전략과 전술**

초판인쇄 | 2021년 12월 20일
초판발행 | 2021년 12월 24일

저 자 | 김창진
발 행 인 | 이성범
발 행 처 | 문운당
주 소 | 서울시 종로구 혜화로5길 16 (명륜1가 45-3)
전 화 | (02)762-6010
팩 스 | 영업 (02)745-0265 / 편집 (02)762-8758
이 메 일 | 영업 munun2@chol.com
편집 munundang@naver.com
홈페이지 | http://munundang.co.kr

ISBN 979-11-5692-575-0 03390

정가 30,000원